프렌즈 시리즈 12

프렌즈 독일

유상현 지음

Germany

중앙books

Prologue
저자의 말

2015년에 〈프렌즈 독일〉이 처음 출간되었다. 〈프렌즈 독일〉은 저자의 첫 책이다. 바꾸어 말하면, 그때는 여행 경험만 많고 책을 만드는 경험은 전무했다. 이제 와서 하는 이야기지만, 당시 이 책의 초고는 1,000페이지 이상의 분량이었다. 거기서 약 1/3을 줄여내 〈프렌즈 독일〉의 초판이 완성된 셈이다.

그래도 약 680페이지에 달하니 두껍다. 인정한다. 더 줄이고 싶었다. 그렇다고 해서 정보량을 줄이고 싶지는 않았다. 〈프렌즈 독일〉 출간 후에도 어마어마한 학습을 거친 지금의 저자에게 리미트 없이 독일 여행 가이드북을 써보라고 하면 사진 한 장 없이 2,000페이지는 너끈히 채울 것 같은데, 내가 아는 정보를 꾸역꾸역 넣기보다는 독자가 알고 싶어 하는 정보의 핵심을 추려서 보다 알찬 책을 만들고 싶었다.

77개 도시를 67개로 줄였다. 책의 두께도 약 100페이지 줄였다. 그 대신 대도시와 주요 도시의 정보량은 더 늘렸다. 2015년에 초보 작가가 겪은 시행착오가 있었기 때문에, 2024년에 10년 차 여행작가가 '총량은 줄이되 정보량의 내실을 채운' 거짓말 같은 〈프렌즈 독일〉 ver 2.0을 자신 있게 선보일 수 있노라 이야기한다.

사실 이 개정판은 적어도 4년 전에는 나왔어야 했지만, 한창 빌드업하던 중 팬데믹이 터져 모든 게 멈추어버렸다. 지긋지긋한 팬데믹이 지나간 뒤 다시 독일을 훑었고, 정보를 가다듬었다. 그렇게 우여곡절 끝에 '뉴 버전'이 탄생했지만, 여전히 저자는 독일의 기본에 집중한다. 유행처럼 바뀌는 가벼운 정보보다는, 언제 가도 유효한 본질적인 정보에 집중한다. 잠깐의 자랑거리보다는, 두고두고 기억나고 되새길 논리와 구조에 집중한다. 〈프렌즈 독일〉은 지난 10년간 그런 책이었고, 앞으로도 그런 책일 것이다. 하지만 그 본질을 더 효과적으로 전달하고 이해하도록 '가이드'로서의 전략과 전술은 계속 변화할 것이다.

2024년 8월, 파주 헤이리에서 작가 유상현

Thanks to 10년간 이 책의 파트너 문주미 씨, 깐깐한 작가를 만나 고생길이 열린 허진 씨, 그 외 각자의 영역에서 책의 탄생을 이끈 중앙북스 모든 분에게, 배고픔을 잊게 해준 두레샘과 안재영 대표님, 르·종·소·호 크루에게, 물심양면 버팀목인 네 분의 부모님에게, 내가 버틸 이유가 되는 꽃보다 아름다운 마눌님과 그만큼 어여쁜 따님에게, '투 잡'에 심신을 모조리 갈아 넣고도 아직 제 발로 걷는 게 신기한 나에게, 이 모든 걸 주관하고 있을 그분에게.

How to Use
일러두기

이 책은 2024년 8월까지 수집한 정보를 바탕으로 제작되었습니다. 입장료, 운영시간, 대중교통 노선, 물가 등 현지 정보는 출간 후 변경될 수 있음을 염두에 두고 계획을 세우기 바랍니다. 아울러 주요 관광지의 공사 정보를 미리 확인한 경우 책에 따로 언급하였지만, 모든 공사 정보를 반영하기는 어려우므로 책에 기록한 관련 홈페이지를 충분히 활용하기 바랍니다. 그럼에도 불구하고, 책의 정보가 업데이트되지 않아 불편이 발생할 수 있습니다. 독자 여러분의 넓은 양해를 바랍니다. 오류 신고 또는 제안은 저자 이메일(travel@upd.kr)로 연락 바랍니다.

지역의 구분

이 책은 독일 전국을 9개 지역으로 구분한다. 각각의 구역마다 거점 도시를 정한 뒤, 해당 거점 도시에서 원데이 투어로 근교를 왕복하는 방식으로 여행 전략을 제안한다. 거점 도시는 교통과 숙박 인프라가 뛰어난 곳으로 정하였으며, 식당과 쇼핑 및 축제 정보까지 충분히 수록하였다. 근교 소도시는 주로 볼거리 소개에 집중하였다.

이러한 여행 방식은 독일의 지역성과 열차 네트워크를 생각했을 때 최적의 방식이라고 저자가 결론을 내린 것이며, 자세한 내용은 P.58에 부연한다.

시내 들어가기 & 이동하기

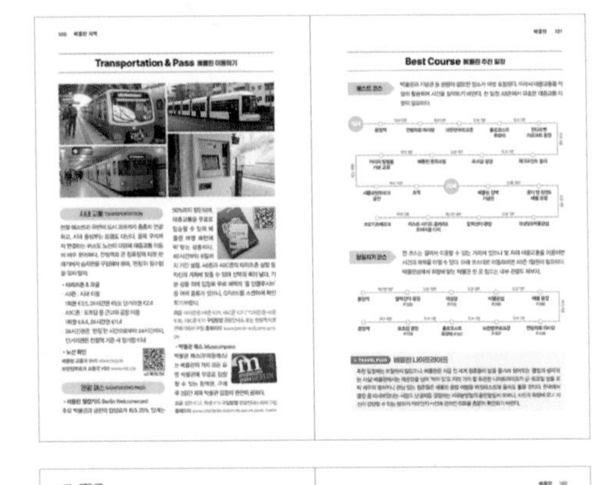

온라인과 모바일 사용이 간편한 최근 여행 패턴을 고려하여 관광안내소 소개를 줄이고, 시내 교통과 관광 패스 소개를 보강하였다. 또한, 지면 관계상 모두 담기 어려운 세부 사항을 작가 블로그에 캡처 화면과 함께 정리하고 QR코드로 연결하였으니 널리 활용하기 바란다.

추천 일정

특별한 경우를 제외하고 모든 도시는 기차역을 기준점으로 하는 베스트 코스를 제안하였다. 코스에 표기된 이동시간은 일반적인 성인 남성 기준이다. 또한, 베스트 코스 순서대로 각 스폿의 설명을 '보는 즐거움'에 담았으며, 이동 순서에 맞춰 '가는 방법'을 정리하였다. 또한, 베스트 코스에는 포함되지 않으나 자연스럽게 들르거나 지나치게 되는 여행 명소를 '여기 근처' 꼭지로 소개하였다.

식당 & 쇼핑 & 숙소

❶ **식당** : 당연히 유명세를 고려하지만, 그와 함께 여행 동선 중 찾아가기 편한 위치를 중요한 선정 기준으로 삼았다. 원데이 투어와 도보 여행이 주를 이루는 독일 여행 특성상 한 끼 식사를 위해 일부러 먼 길을 가는 게 상당히 비효율적이기 때문이다.

❷ **쇼핑** : 하나의 스폿보다는 쇼핑가 위주로 소개하고자 하였으며, 특별히 찾아가도 좋은 특산품 매장이나 기념품 숍 등을 함께 소개하였다.

❸ **숙소** : 어떤 하나의 호텔 · 호스텔을 소개하기보다는, 숙소 위치를 기준으로 예약에 도움을 주고자 하였다.

독일어 표기 원칙

❶ 독일어 발음은 기본적으로 외래어 표기법을 준수하였으며, 통일성을 위해 고유명사 역시 같은 기준을 따랐다. 단, 다음은 예외로 한다.

- '-ngen'은 과거의 외래어 표기법으로는 '–ㅇ겐'으로 적어야 하지만, 현행 외래어 표기법에 별도 규정이 없는 관계로 원래 발음에 가까운 '–ㅇ엔'으로 적는다. 마찬가지로 '-nger' 역시 '–ㅇ어'로 적는다(예: Tübingen 튀빙엔, Karolinger 카롤링어).
- '-ar'로 끝나는 도시명은 외래어 표기법에 따르면 'ㅏ어'로 적어야 하지만, 이미 관용어처럼 굳어진 도시명이 너무 유명한 관계로 예외적으로 'ㅏ르'로 적는다(예: Weimar 바이마르, Goslar 고슬라르). 그러나 도시명 외에는 외래어 표기법을 따랐다(예: Neckar 네카어)
- 한국에 지사가 있는 브랜드명 표기는 외래어 표기법을 심각하게 훼손하지 않는 한 존중하였다(예: Porsche 포르셰→포르쉐, Bosch 보슈→보쉬). 단, 브랜드 표기가 외래어 표기법 또는 원래 발음과 차이가 클 때에는, 이 책이 브랜드 홍보물이 아닌 독일 여행서이므로 외래어 표기법을 준용하거나 병기하였다(예: Volkswagen 폴크스바겐).

❷ 거리나 광장 등 지명을 표시할 때는 여행의 이해를 돕기 위하여 다음과 같은 규칙을 두었다.

- 일반명사는 가급적 한국어로 바꾸어 이해를 쉽게 하도록 하였다(예: Platz 플라츠→광장). 그러나 두 개 이상의 일반명사가 합쳐진 지명은 장소의 성격을 직관적으로 전달함에 중점을 두었다(예: Marktplatz 시장 광장→마르크트 광장).
- 두 단어가 합성되는 과정에서 연결어미가 변형되기도 한다. 이때에는 의미 전달을 우선하여 어미가 변형되기 전의 의미로 표기하였다(예: Marienplatz 마리엔 광장→마리아 광장).
- Schloss는 궁전 또는 성을 뜻하는데, 그 건축 목적에 따라 권력자의 거주지는 궁전으로, 군사적 목적 또는 은신처로 만든 곳은 성으로 표기하였다.

❸ 독일어가 아닌 다른 언어에서 파생한 단어는 독일에서도 외국어처럼 발음한다. 이런 곳은 발음에 가깝게 독일어 외래어 표기법을 적용하지 아니하고, 원래 발음에 가깝게 적었다(예: Orangerie 오랑주리, Passage 파사주).

지도에 사용한 기호

● 명소	● 식당	● 쇼핑	● 숙소	i 관광안내소
공항	버스정류장	전철역	95 고속도로	66 1 국도

약자

- 주소나 지역 등에 붙는 N, S, E, W는 방위를 뜻합니다.

Contents
독일

베를린 지역 BERLIN AREA

프랑크푸르트 지역 FRANKFURT(MAIN) AREA

뮌헨 지역 MÜNCHEN AREA

뉘른베르크 지역 NÜRNBERG AREA

슈투트가르트 지역 STUTTGART AREA

뒤셀도르프 지역 DÜSSELDORF AREA

함부르크 지역 HAMBURG AREA

하노버 지역 HANNOVER AREA

라이프치히 지역 LEIPZIG AREA

여행 준비 Getting Ready

Willkommen
Hausordnung

독일 미리보기
Before You Go

독일 키워드 5

독일은 어떤 나라일까? 우리는 독일에서 무얼 보고 즐길 수 있을까? 여기 독일이라는 나라를 한 방에 이해할 수 있는 다섯 가지 키워드를 정리하였다.

가장 즐거운 도시 뮌헨

독일은 [일상이 곧 축제]다

누가 뭐라 하든 독일 하면 가장 먼저 떠오르는 것은 '맥주·축구·자동차'일 것이다. 독일인은 늘 청량한 맥주를 물처럼 마시고, 남녀노소 모두 축구의 열기로 뜨겁게 불타오르며, 세계 최고의 명차를 타고 속도 무제한 고속도로를 질주한다. 혹시 독일이 딱딱하고 재미없다는 선입견이 있다면 거두시기를. 독일인의 일상은 규칙과 질서 속에 뜨겁게 불타오르는 축제이며, 여행자도 늘 활기찬 에너지를 느끼며 여행을 즐길 수 있다. 옥토버페스트와 크리스마스 마켓 등 시즌마다 독일 전역에서 열리는 다양한 축제는 이러한 재미를 더욱 극대화한다.

여기를 보세요 ▶ 뮌헨(P.202), 도르트문트(P.428), 슈투트가르트(P.324)

독일은 [낭만의 포토 존]이다

독일은 도시 규모와 관계없이 수백 년 이상의 시간을 간직한 중세의 시가지를 애써 지키고 있다. 동화 속에서 갓 튀어나온 것 같은 앙증맞은 거리와 광장, 산 위의 고성 등 독일의 풍경은 낭만 그 자체! 어디를 가든 수백 년 전으로 시간을 되돌린 듯한 풍경을 배경으로 인증샷을 남길 수 있다. 유럽 곳곳에 예쁜 소도시는 많지만, 우수한 철도 인프라를 바탕으로 소도시까지 불편 없이 왕래할 수 있는 국가로는 독일이 단연 으뜸이다.

여기를 보세요 ▶ 퓌센(P.229), 로텐부르크(P.310), 하이델베르크(P.342)

낭만적인 소도시 로텐부르크

유네스코 세계문화유산인 쾰른 대성당

독일은 [건축 박람회]이다

독일에는 고대 로마제국부터 시작하여 현대에 이르기까지 전 시대에 걸친 건축물이 남아 있다. 두 차례의 세계대전으로 온 나라가 쑥대밭이 되었지만, 철저한 고증을 거쳐 원래의 모습을 되살린 덕분에 건축 박람회장 같은 멋진 광경이 펼쳐진다. 왕을 위한 궁전, 신을 위한 교회 등 특별한 의미를 지닌 역사적인 유적을 만날 수 있다.

여기를 보세요 ▸ 쾰른(P.392), 트리어(P.419), 드레스덴(P.531)

독일은 [세계사 교과서]다

독일인은 늘 기록하고 기억하고 기념한다. 어느 나라든 유구한 역사가 있지만, 독일처럼 모든 시대의 역사를 성실히 기록하고 기념하는 나라는 찾기 드물다. 종교 개혁 등 순례의 대상이 되는 역사적 순간도 있고, 괴테 등 위대한 인물의 발자취도 남아 있다. 특히 현대사 분야에 있어 부끄럽고 감추고 싶은 장면까지도 진정성 있는 사죄를 담아 낱낱이 공개하는 독일의 지성은 타의 모범이 된다. 역사를 대하는 그들의 철학을 느끼는 것만으로도 충분히 감동적인 여행이 된다.

여기를 보세요 ▸ 베를린(P.98), 바이마르(P.550), 비텐베르크(P.136)

베를린 장벽

콘스탄츠 보덴 호수

독일은 [힐링 플레이스]이다

선진국답게 깨끗하게 보존된 자연이 전국에 가득하고, 특히 바다를 보는 것 같은 드넓은 청정 호수와 울창한 숲, 감탄을 자아내는 알프스의 위엄은 그야말로 '힐링'이 무엇인지 알려준다. 대도시도 매연과 소음이 적을 뿐 아니라 넓은 공원이 곳곳에 있고, 노천 카페에서 커피나 맥주 한잔 마시는 것만으로도 모든 피로가 풀리는 기분이다. 바가지 등 '투어리스트 트랩'이 적고 교통과 쇼핑 등 인프라는 체계적이어서 여행에 스트레스가 없다.

여기를 보세요 ▸ 추크슈피체(P.250), 콘스탄츠(P.368), 슈베린(P.468)

독일 베스트 11

11가지 카테고리별로 각각 하나씩 선정한 독일의 베스트 관광지! 다 모으면 포지션별로 최고를 모은 독일의 '베스트 일레븐'이다.

[BEST 시티] 뮌헨

뮌헨(P.202)은 독일에서 가장 전통적인 대도시라 할 수 있다. 뮌헨 중심부에는 중세의 교회보다 더 높은 건물은 아예 지을 수 없을 정도로 전통적인 색깔을 고수한다. 부유한 바이에른의 주도이기에 풍족한 대도시의 인프라도 누릴 수 있고, 맥주·축구·자동차로 대표되는 '독일다운' 콘텐츠도 단연 독일에서 최고다.

[BEST 마을] 고슬라르

규모는 아담하다. 걸어서 2~3시간이면 구석구석 돌아볼 수 있다. 그런데 아담한 시가지에 '부티'가 흐르고, 시간이 멈춘 듯한 중세의 건축물은 서로 조화롭게 동화 같은 풍경을 완성하며 별천지에 온 듯한 경험을 선사한다. '북방의 로마'라 불리었던 고슬라르(P.496)는 단연 독일 소도시 중에서도 으뜸이다.

[BEST 궁전] 퓌센

독일의 가장 유명한 포토존 노이슈반슈타인성이 있는 퓌센(P.229)은 계절과 날씨에 상관없이 무조건 찾아가야 하는 최고의 명소다. 전 세계 어떤 궁전도 '미치광이 왕' 루트비히 2세가 지은 이 '백조의 성'의 독특한 매력을 따라갈 수 없다. 아름다움과 고독함이 동시에 느껴진다.

[BEST 고성] 아이제나흐

산 위에 지은 튼튼한 고성은 마치 판타지 영화나 게임 속에서 보았던 것 같은 신비로운 모습의 '실사판'을 눈앞에 펼쳐놓는다. 그중 최고는 단연 아이제나흐(P.566)에 있는 바르트성. 독일 역사에서도 매우 중요한 의의가 있는 상징적인 장소다.

[BEST 교회] 쾰른

하늘을 찌르는 157m 높이의 쾰른 대성당. 그 이름에서 알 수 있듯 쾰른(P.392)에 있다. 고개가 아플 정도로 올려다보아야 하는 높고 거대한 전당은 신을 향한 인간들의 정성이 수백 년에 걸쳐 쌓아 만든 위대한 문화유산이다.

[BEST 건축] 함부르크

어떤 특정 건축물이 아닌, 온 도시에서 중세의 건축과 현대의 건축이 조화롭게 어우러지며 새로운 트렌드를 제시하는 도시는 함부르크(P.436)다. 지금도 하루하루 변신하고 있는데, 아무도 그것을 눈치채지 못할 만큼 새것이 옛것에 스며들도록 하는 센스가 여간 아니다.

[BEST 박물관] 바이마르

현대의 독일을 잉태한 사상적 배경이 태동한 도시 바이마르(P.550). 괴테, 실러, 리스트, 니체 등 내로라하는 위인들의 기념관은 물론 바우하우스 박물관까지 그야말로 온 도시가 박물관의 집합체라 할 수 있다.

[BEST 기념관] 베를린

독일은 어디를 가든 '기억'의 장치가 가득하지만, 그 어떤 도시도 베를린(P.98)을 따라올 수 없다. 베를린 장벽 기념관, 홀로코스트 추모비 등 절로 숙연해지는 기념관이 온 도시를 뒤덮고 있다. 특히 분단과 통일의 '기억'은 한국인이라면 반드시 보아야 할 당위가 있다.

[BEST 자연] 추크슈피체

알프스라는 대자연은 독일에도 줄기를 뻗어 그 장엄한 아름다움을 자랑한다. 황금 십자가가 도도하게 빛나고 있는 독일 알프스 최고봉 추크슈피체(P.250)에서 그 위엄을 직접 확인하시기를.

[BEST 야경] 드레스덴

독일은 전반적으로 밤이 조용하기에 야경도 화려하지 않다. 그러나 드레스덴(P.531)만큼은 예외. 소위 '유럽 3대 야경'이라 불리는 파리·프라하·부다페스트에도 뒤지지 않는 눈부신 야경이 하얗고 노랗게 밤하늘을 밝힌다.

[BEST 축제] 뉘른베르크

독일에서 가장 유명한 축제는 이론의 여지 없이 뮌헨의 옥토버페스트이지만, 저자는 베스트 축제로 뉘른베르크(P.262)의 크리스마스 마켓을 꼽는다. 한바탕 노는 축제는 어디에나 있지만, 마치 어린 시절로 돌아간 듯 아련해지는 크리스마스 마켓의 매력은 어디에도 없기 때문이다.

독일 프로파일

국가명

독일연방공화국

Bundesrepublik Deutschland

독일어 이름은 도이칠란트Deutschland, 영어 이름은 저머니Germany다. 우리가 부르는 '독일'이라는 이름은 일본에서 도이칠란트를 발음하고자 独逸(일본어 발음으로 '도이츠')이라고 적은 것을 한국의 상용한자 獨逸로 바꾼 것이다. 엄밀히 말해 '독일'이라는 이름은 진짜 독일과는 무관한 셈이다.

인구

약 8,200만 명

면적

350,000km²

1인당 GDP (2021년 기준)

$51,073

국가번호

49

수도

베를린 Berlin

독일의 수도는 베를린. 그리고 수도 외에 13개 주州와 2개의 자유도시, 총 16개 행정구역이 모인 연방국이다. 13개 주마다 독자적인 법을 가지고 선거를 치르며 자치권이 보장되며, 각각 주도州都를 두고 있다.

화폐

유로 Euro

유럽의 통합화폐 유로화(€)가 통용된다. 유로의 독일어 발음은 '오이로'. €1는 100유로센트(ct)와 같다. 유로화는 5·10·20·50·100·200유로 지폐, 그리고 1·2유로 동전, 그 밑으로 1·2·5·10·20·50센트 동전으로 구성된다. 이 중 가장 주로 쓰이는 권종은 20유로 이하의 지폐와 20센트 이상의 동전이다. 유로화 출범 전 통용된 화폐는 마르크Mark였으며 더 이상 사용되지 않는다.

공용어

독일어

독일어 표지판

독일어를 사용한다. 표준어는 하노버 지역의 방언이며, 지역별로 방언 차이가 존재한다. 공공장소의 표지판은 대부분 영어가 병기되어 있고 독일인은 학교에서 영어를 의무적으로 배우기 때문에 영어로 의사소통이 가능하다.

시차

중앙유럽표준시
(CET, Central European Time)

중앙유럽표준시를 사용하여 프랑스, 이탈리아, 스위스 등 유럽 대부분의 내륙국 시차와 같고, 한국과 7시간 차이 난다. 가령, 한국이 24:00일 때 독일은 17:00다. 그리고 서머타임(3월 말~10월 말)이 시행되면 시차는 8시간으로 바뀌어 한국이 24:00일 때 독일은 16:00다.

인종

게르만족

인종은 게르만족, 그러나 세계대전 이후 이민족 노동자가 대거 유입되어 현재는 전체 인구의 약 20% 정도가 외국인 민족으로 추정되는 다민족 국가다.

정치체제

의원내각제

총리가 행정 수반으로 가장 강한 권력을 가지며, 대통령은 외교권만 갖는다. 국민선거(총선)로 연방의원을 선출하고, 다수당 지명 방식으로 총리를 선출한다. 4년마다 총선을 실시하며 총리의 임기도 이와 같으나 연임에 제한이 없으므로 선거를 통한 장기 집권이 가능하다. 현 총리는 올라프 숄츠Olaf Scholz, 2021년에 취임하였다. 대통령은 연방의회에서 의원과 저명인사 등으로 선거인단을 구성하여 선출하며, 현재 대통령은 프랑크발터 슈타인마이어Frank-Walter Steinmeier다.

국가

독일의 노래
Deutschlandlied

1797년 작곡가 하이든Franz Joseph Haydn이 신성 로마제국의 황제를 위해 작곡한 '황제 찬가' 2악장 선율에 1841년 시인 호프만 폰 팔러슬레벤Hoffmann von Fallersleben의 시를 붙여 국가를 완성하였다. 나치 집권기에도 국가로 사용되었기에 나치 관련 영상에 종종 등장하고, 멜로디가 찬송가 '시온 성과 같은 교회'와 같아서 국내에도 친숙한 편이다. 1952년 서독 정부에서 독일의 민족성을 고취하는 1·2절 가사는 금지하고 통일과 자유를 노래하는 3절 가사만 부활시켜 오늘날까지 국가로 사용하고 있다.

전압

240V, 50Hz

콘센트 모양은 우리나라와 같은 소위 '돼지코'다. 한국의 220V, 60Hz와 약간의 차이가 있지만 대부분 240V까지 호환되므로 별도의 어댑터나 변압기 없이 독일에서 사용할 수 있다. 단, 주파수(Hz)가 달라서 모터를 돌리는 가전제품은 상호 호환이 어렵다. 청소기, 커피 머신 등 모터로 작동하는 제품은 쉽게 고장날 수 있으니 주의하도록 하자.

종교

기독교

약 50%의 국민이 개신교 또는 가톨릭을 믿는다. 신성 로마제국의 무대였으며 종교 개혁이 발생한 역사답게 독일은 기독교적 색채가 매우 강하다. 개신교와 가톨릭의 비중은 거의 1:1인데, 북부로 갈수록 개신교 비율이 높고 남부로 갈수록 가톨릭 비율이 높다. 독일은 개신교나 가톨릭으로 등록한 사람에게 소득세의 8~9%를 종교세로 추가 징수하여 교회와 성당에 지원하는 독특한 세금 체계를 갖고 있다.

독일 지역 구분

독일의 13개 주를 포함한 16개 행정구역의 대략적인 위치를 알아두면 여행 계획을 세울 때 큰 도움이 된다. 특히 독일의 지역 구분은 랜더티켓(P.62) 활용의 핵심 배경인 만큼 잘 숙지하도록 하자. *랜더티켓 적용 10개 권역별로 색상 구분

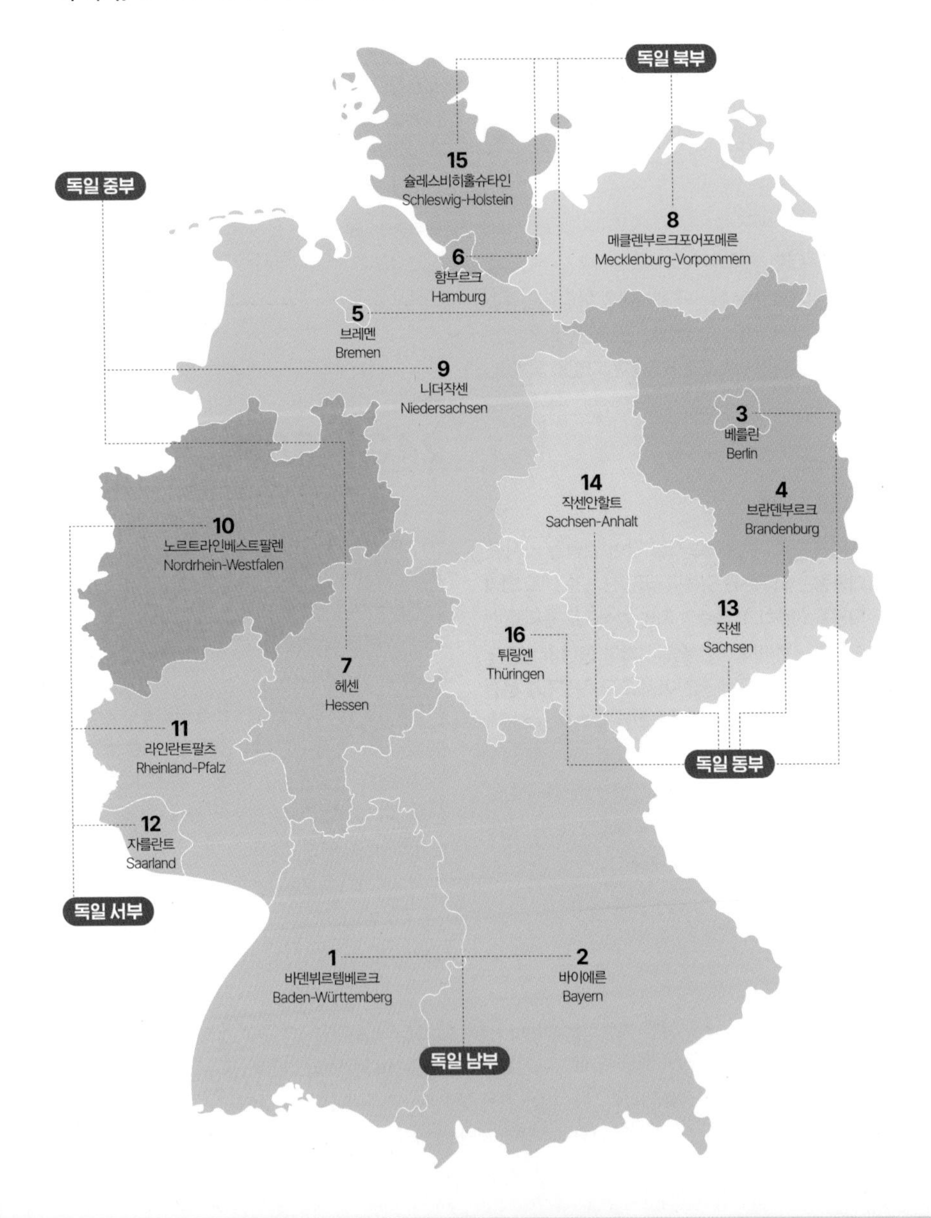

수도와 자유도시

연방의 수도 베를린, 그리고 자유도시인 함부르크와 브레멘은 특정 주에 속하지 않는 독립된 행정구역이다. 마치 한국의 특별시·광역시와 유사한 개념이다. 단, 연방국의 특성상 도시가 독립적인 체계를 갖추는 것에 한계가 있어 인근 주州와 밀접한 관계를 맺으며, 특히 랜더티켓 사용 시 인근 주와 묶어서 구역을 정한다.

13개 주

수도와 자유도시를 제외하면 총 13개 주로 나뉜다. 이 경계는 대체로 역사적인 국경과 같다. 가령, 바이에른주는 과거 바이에른 왕국의 영토, 바덴뷔르템베르크주는 과거 바덴 공국과 뷔르템베르크 공국의 영토를 합친 것이다. 따라서 각 주마다 과거에 독자적인 나라였으며, 오늘날에도 지역색이 뚜렷하다.

지역별 특색

독일 남부

바이에른은 가장 전통적이다. 또한 남쪽으로 알프스에 맞닿아 있어 산과 호수에서의 레저 활동도 활발하다. 바덴뷔르템베르크 역시 고유의 문화와 전통이 살아 있는데, 맥주보다 와인이 더 유명한 것에서 알 수 있듯 독일에서 이색적인 느낌도 만날 수 있는 지역이다.

독일 중부

니더작센과 헤센은 독일 서부 또는 북부와는 분위기가 조금 다르다. 중심 도시는 산업화하여 고층 건물이 많은 대도시 느낌이 나지만, 근교에는 아담하고 귀여운 소도시가 잔뜩 있다. 만약 독일의 자랑인 소도시를 마음껏 구경하려거든 중부 지역을 기억해 두면 좋다.

독일 서부

노르트라인베스트팔렌과 라인란트팔츠는 구 서독의 산업화 과정에서 가장 앞에 섰던 지역이다. 덕분에 독일 서부의 도시는 공장과 하항河港 등 육중한 시설에 새 숨을 불어넣은 산업 유산과 도시 재생의 사례가 유독 많다.

독일 북부

북부에 있는 자유도시 함부르크와 브레멘이 크게 발달한 반면, 다른 도시는 상대적으로 규모가 작다. 역사적으로는 한자동맹(P.461)의 일원으로 번영하였으나 근대 이후 각종 영토전쟁으로 인한 피해가 컸고, 제2차 세계대전 이후에도 복원이 더디어 상대적으로 낙후된 편이다. 교통이 살짝 불편하지만, 그래서 소박하고 순수한 소도시의 아름다움을 느낄 수 있다.

독일 동부

작센, 작센안할트, 튀링엔, 브란덴부르크는 구동독에 속했던 지역(북부로 분류한 메클렌부르크포어포메른도 마찬가지)이다. 통일 후 뒤늦게 발전하고 있어 지금도 변화가 많다. 단, 구 동독 지역은 민족주의적 색채가 강해 종종 극우 집회가 열리기도 한다. 물론 아직까지 여행의 걸림돌이 될 정도의 극단적인 사건·사고는 일어나지 않았다.

지역별 여행 전략

프랑크푸르트 주변의 독일 중부는 한국인에게도 널리 알려진 여행지가 많다. 또한, 뮌헨을 중심으로 하는 독일 남부도 다채로운 콘텐츠로 여행의 재미를 선사한다. 유명하고 익숙한 여행지를 먼저 만나려면 중부와 남부 위주로 여행지를 정하자. 독일 서부는 쾰른 등 유명 도시 외에도 최근 산업 유산의 '힙한' 매력이 두루 알려지며 서유럽 여행과 연계하는 여행자가 많고, 베를린과 드레스덴이 널리 알려져 독일 동부의 숨은 매력을 발굴하고 동유럽 여행과 연계하기 편해졌다. 독일 북부는 지리적 이유 때문인지 덜 알려진 편이지만, 독일인에게는 바다가 있는 휴양지로, 서구인에게는 함부르크를 중심으로 한 역사적인 관광지로 명성이 높다.

쉬운 독일 역사

전통적인 모습이 강한 유럽에서도 으뜸인 독일을 여행하려면 그 전통이 탄생하게 된 배경을 알아야 한다. 즉, 역사에 대한 이해는 필수. 여기 독일의 역사를 간략하게 정리하였다. 이 정도만 알아두어도 독일 여행의 큰 장애물을 극복한 셈이다.

로마제국의 진출과 게르만족 대이동

BC 1세기부터 로마제국이 알프스 이북과 라인강 유역으로 진출했다. 알프스 이북에 건설한 도시 중 트리어(P.419)는 압도적인 규모를 자랑한다. 4세기부터 게르만족이 라인강 동쪽까지 진출하였다.

프랑크 왕국의 번영

서로마제국 멸망 후 게르만족의 한 분파인 프랑크족이 주도하여 481년 유럽 중앙에 거대한 왕국이 수립되었다. 프랑크 왕국은 아헨(P.426)에 수도를 둔 카롤루스(카를) 대제 시대에 크게 번영하였다가 황제의 사후 서·중·동 프랑크로 분열되었다. 이것이 오늘날 프랑스·이탈리아·독일의 기원이 된다.

독일 왕국 시대

동프랑크 왕국은 라인강 동편으로 계속 영지를 넓히며 이민족을 정복하였다. 게르만족 분파인 작센족의 지도자 하인리히 1세는 크베들린부르크(P.505)를 도읍으로 정하고 동방 진출에 힘쓰며 동프랑크의 군주가 되었다가 918년 독일 왕국 수립을 선포한다.

신성 로마제국의 시작

하인리히 1세의 아들 오토 1세는 교황과 주교의 권한을 인정한 대신 교황에게 대관을 받아 황제의 칭호를 얻었다. 이로써 962년에 신성 로마제국이 출범하였고 오토 1세는 마그데부르크를 수도로 삼았다. 이후 오토 왕조의 마지막 황제 하인리히 2세는 고슬라르(P.496)를 수도로 삼는 등 주로 독일 중부 지역이 초기 신성 로마제국의 중심지였으며, 이것은 동쪽으로 영토를 확장하던 시대적 배경에 기인한다.

십자군 원정

교황의 명으로 유럽 전체가 군대를 조직해 성지를 탈환하자며 십자군 원정을 시작한다. 수백 년간 지속된 십자군 원정에 필요한 물자를 제공한 상인 세력이 귀족만큼 강한 힘을 갖게 되었으며, 교역 루트의 개척으로 막대한 경제적 이익이 발생해 주요 세력으로 자리매김한다. 아예 상인들이 독립된 도시국가 형태인 한자동맹(P.461)을 이루기도 하였다.

선제후 제도의 확립

십자군 원정으로 제국의 지방 분권화는 더욱 강해졌고, 황권은 약해졌다. 쾰른 대성당(P.396), 마인츠 대성당(P.177), 트리어 대성당(P.422)에 기반을 둔 3명의 대주교와 4명의 지방 제후, 7명의 선제후가 황제를 선출하는 선제후 제도가 1257년에 확립되었다. 얼마 지

쾰른 대성당

나지 않아 합스부르크 가문이 황제를 연달아 배출하였기에 합스부르크의 수도인 빈(비엔나)이 제국에서 가장 번영한 도시가 되었다.

종교 개혁 발생

교황과 대주교 등 종교 권력이 비대해지면서 부정부패가 횡횡하자 1517년에 마르틴 루터에 의해 종교 개혁이 일어났다. 루터의 도시 비텐베르크(P.136)는 종교 개혁의 성지. 또한 루터는 바르트성(P.571)에서 신약성서를 독일어로 번역하여 독일어 문법 체계를 확립하는 데 이바지했다.

바르트성

30년 전쟁의 비극

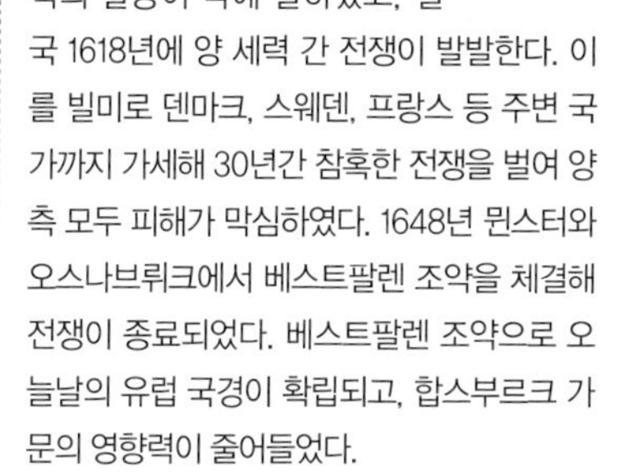

종교 개혁 이후 개신교와 가톨릭의 갈등이 극에 달하였고, 결국 1618년에 양 세력 간 전쟁이 발발한다. 이를 빌미로 덴마크, 스웨덴, 프랑스 등 주변 국가까지 가세해 30년간 참혹한 전쟁을 벌여 양측 모두 피해가 막심하였다. 1648년 뮌스터와 오스나브뤼크에서 베스트팔렌 조약을 체결해 전쟁이 종료되었다. 베스트팔렌 조약으로 오늘날의 유럽 국경이 확립되고, 합스부르크 가문의 영향력이 줄어들었다.

프로이센 왕국의 전성기

신성 로마제국의 한 지방 국가인 프로이센 공국이 1710년에 프로이센 왕국으로 격상되었다. 프로이센의 프리드리히 대왕은 국방력을 크게 강화하고 전쟁에서 연달아 승리하여 프로이센은 일약 유럽의 맹주가 되었다. 프로이센의 수도가 베를린(P.98)이며, 강력한 군사력의 본부는 포츠담(P.129)에 두었다.

나폴레옹의 침공과 제국의 멸망

프랑스의 나폴레옹 황제가 신성 로마제국을 침공하였다. 1813년 라이프치히 전투(P.526)에서 나폴레옹을 물리쳤지만, 신성 로마제국은 완전히 해체되고 프로이센과 오스트리아의 치열한 주도권 싸움이 시작되었다. 바이에른 또한 이 시기에 바이에른 왕국으로 격상되었다.

라이프치히 전투 기념비

낭만주의 만개

나폴레옹의 침공은 독일인의 가치관도 크게 바꾸어놓았다. 불편한 현실에서 한 발짝 떨어져 아름다운 자연, 민족의 영웅담, 전설, 역사적인 유적 등을 선호하며 이상향을 추구하였다. 괴테와 그림 형제의 문학 작품과 바그너의 음악, 하이델베르크성(P.347) 등 역사적인 장소 등이 주목받았다.

하이델베르크성

혁명의 실패

낭만주의의 유행은 정치체제의 이상적인 교체를 갈망하게 하였다. 1848년에 프랑크푸르트의 파울 교회(P.153)에 모인 각계 지도자들이 입헌군주제 헌법을 의결하여 평화적인 혁명을 시도하였으나 프로이센 국왕의 거부로 무산되었다.

파울 교회

프로이센의 승리

프로이센과 오스트리아의 주도권 싸움에서 프로이센이 완전히 우위를 점하였고, 결국 두 세력은 1866년 전쟁을 벌였으나 프로이센이 쉽게 승리하였다. 프로이센은 이후 1870년 프랑스와의 전쟁에서도 간단히 승리하면서 더 이상 경쟁자가 없는 유럽의 절대강자로 군림하게 된다.

독일제국의 출범

프랑스와의 전쟁에서 승리한 뒤 프로이센은 파리의 베르사유 궁전에서 1871년에 독일제국 수립을 선포하였다. 옛 신성 로마제국에 속한 국가들도 모두 제국에 동참하였으나 오스트리아만 빠진다. 초대 황제는 프로이센의 왕인 카이저 빌헬름 1세. 코블렌츠의 도이체스 에크(P.417)에 그의 대형 기마상이 있다.

도이체스 에크

제1차 세계대전 발발

독일제국이 급격히 성장하고 식민지도 팽창함에 따라 주변 강국은 독일을 견제하기 시작하였고, 결국 복잡한 영토 다툼과 동맹 외교의 연장선에서 1914년에 제1차 세계대전이 발발하였다. 독일은 1918년 항복을 선언하고 패전국이 되었다.

바이마르 공화국 출범

제1차 세계대전의 패배로 독일제국은 붕괴하였고, 바이마르 헌법(P.550)이라 불리는 민주 헌법이 통과되어 1919년에 독일에 처음으로 민주공화국이 수립되었다. 바이마르 공화국이라 불리지만 수도는 베를린이다. 바우하우스(P.47) 역시 같은 해 바이마르에서 시작되었다.

바우하우스 박물관

히틀러와 나치의 집권

과도한 전쟁 배상으로 인해 바이마르 공화국은 경제적으로 매우 궁핍하였다. 이때 굶주린 국민을 선동하며 일약 인기 정치인으로 떠오른 아돌프 히틀러와 국가사회당(나치)이 단숨에 국가 지도 세력으로 성장한다. 히틀러는 1933년에 총리가 되고, 1934년 대통령까지 겸하는 총통이 된다. 뉘른베르크(P.262)에서 통과된 악법 등 나치의 공포정치가 시작되었다.

제2차 세계대전 발발

1939년 독일의 폴란드 침공으로 제2차 세계대전이 발발하였다. 독일은 프랑스를 점령했으나 영국의 저항에 막혔고, 미국과 소련이 참전하면서 결국 패망하고 만다. 드레스덴(P.535)을 비롯해 전 국토가 폐허가 되었고 1945년 전쟁이 끝났다. 제1차 세계대전에 이어 독일은 다시 패전국이 되었다.

독일 분단

제2차 세계대전의 승전국인 미국·영국·프랑스, 그리고 소련이 독일을 둘로 나누어 각각 민주국가와 공산국가가 출범하였다. 1949년 서독과 동독으로 분단되었고, 수도인 베를린도 동서로 나뉘었다. 서독은 본(P.409)을 임시 수도로 정하였다.

라인강의 기적

서독은 전후 서방 세계와 견줄 정도로 눈부신 경제 발전을 일구어 '라인강의 기적'이라는 찬사를 받았다. 당시 가동된 제철소, 탄광, 공장 등 수많은 산업 유산이 문화시설로 남아 있으며, 에센(P.430)이 대표적이다.

에센

베를린 장벽 설치

서독과 동독의 경제 격차가 커지면서 동독을 이탈하는 주민이 늘어나자, 동독과 소련 정부는 1961년 단 하룻밤 사이에 베를린 장벽(P.49)을 설치하였다. 베를린 장벽은 이후 약 30년간 분단의 상징이자 흉물로 전 세계의 이목이 쏠리는 냉전의 최전선이 되었다.

베를린 장벽 기념관

독일 통일

1989년 라이프치히 니콜라이 교회(P.106)에서 시작된 '월요 데모' 등 동독 내에서 자유의 외침이 커지면서 결국 베를린 장벽이 하룻밤 사이에 무너졌다. 이후 약 1년간의 합의 및 준비 과정을 거쳐 1990년 10월 3일 공식적으로 독일은 다시 하나가 되었다. 통일 국가의 수도는 베를린으로 정하였고, 1999년에 연방의회 의사당(P.523)이 완공되었다.

연방의회 의사당

유럽 통합의 주축

통일 독일은 프랑스 등과 함께 1993년 유럽연합EU 창립을 주도하였다. 1999년 유로화를 도입하여 기존의 마르크화가 폐지되었다. 독일은 2000년대 초반 잠시 경제 침체로 고생하였지만 2006년 독일 월드컵을 계기로 완전히 부활하여 오늘날 유럽연합을 이끄는 세계적인 선진국의 영예를 얻고 있다.

주요 인물 열전

독일 역사에 분야별로 큰 발자취를 남긴 다섯 명의 인물을 골랐다. 이들을 '순례'하는 것만으로도 우리는 독일의 역사적 배경의 큰 지분을 이해할 수 있다.

[문인] 괴테

요한 볼프강 폰 괴테Johann Wolfgang von Goethe(1749~1832)는 독일을 대표하는 문인이자 사상가이며 정치가이기도 하다. 특히 평생의 역작 〈파우스트Faust〉는 독일의 전설과 민담을 기초로 만들어져 독일 민족주의의 길잡이가 되었다. 고향 프랑크푸르트의 생가 박물관 괴테하우스(P.152), 수십 년간 살며 작품을 남긴 바이마르의 괴테 국립박물관(P.555) 등 괴테와 관련된 명소가 많이 남아 있다.

*이 외에도 프리드리히 실러, 헤르만 헤세, 하인리히 만, 하인리히 하이네 등 독일 출신의 소설가나 시인이 유명하다.

[학자] 그림 형제

그림 형제Brüder Grimm, 형 야코프 그림Jacob Grimm(1785~1863)과 동생 빌헬름 그림Wilhelm Grimm(1786~1859)은 신데렐라, 브레멘 음악대, 빨간 모자, 라푼젤 등 유명 동화의 작가이기 이전에 독일어를 연구하는 언어학자였다. 그들이 언어를 연구하고자 각 지역의 전설이나 민담을 모아 각색한 것이 〈그림 동화(어린이와 가정의 동화)Kinder- und Hausmärchen〉다. 카셀의 그림 벨트(P.192) 등 관련 박물관 또는 동화의 배경이 된 브레멘(P.454) 등의 도시를 여행할 수 있다.

*독일은 철학자와 사상가의 나라였다. 카를 마르크스, 칸트, 헤겔, 니체 등이 독일 출신의 학자다.

[성직자] 루터

종교 국가인 신성 로마제국이었기에 주교와 성직자 등 신학 분야에도 중요한 인물이 등장하였다. 종교 개혁가 마르틴 루터Martin Luther(1483~1546)는 특정 종교를 넘어 전 국민의 존경을 받는 위인이며 독일어의 초기 문법을 확립하여 현대 독일어의 기틀을 만든 사람이기도 하다. 루터와 관련된 중요한 장소만 모아 성지순례(P.85) 코스를 만들 수 있을 정도다.

*이 외에도 종교 개혁의 동지 필리프 멜란히톤, 신학자이자 사상가였던 헤르더 등을 기억하자.

[음악가] 바흐

신성 로마제국의 왕족과 귀족은 음악을 열렬히 사랑했기에 세계적인 음악가의 활동 무대가 되었다. 독일에서 태어나 독일에서만 활동한 '음악의 아버지' 요한 제바스티안 바흐Johann Sebastian Bach(1685~1750)는 가장 '독일을 대표하는' 음악가라 할 수 있다. 고향 아이제나흐의 바흐하우스(P.570), 라이프치히의 성 토마스 교회와 바흐 박물관(P.521) 등 바흐와 관련된 장소가 많다.

*이 외에도 바그너, 멘델스존, 브람스, 슈만 등이 독일에서 활동한 대표적인 음악가이며, 타국에서 주로 활동한 베토벤과 헨델 역시 독일 출신이다.

[건축가] 싱켈

독일 역사상 가장 강력한 힘을 떨친 시기가 프로이센 왕국의 전성기였다. 이때 프로이센이 남긴 건축물은 신고전주의에 바탕을 두어 매우 웅장하고 실용적인 멋을 뽐내며 진보적인 정신까지 담아내는데, 대표적인 건축가가 카를 프리드리히 싱켈Karl Friedrich Schinkel(1781~1841)이다. 베를린의 박물관섬과 대성당(P.118) 등이 싱켈의 작품이다.

*이 외에도 신르네상스 양식의 대표주자 고트프리트 젬퍼, 바로크와 로코코 양식의 대표주자 아잠 형제 등을 꼽을 수 있다.

PANORAMA

독일의 매력 탐구
Reasons to Love Germany

생각보다 다양한 독일 음식 | 세계 최고의 독일 맥주
사계절이 신나는 독일 축제 | 눈이 즐거운 독일 궁전
거대하고 웅장한 독일 대성당 | 과거로의 시간여행, 독일 소도시
모든 시대를 만나는 독일 미술관 | 잊지 않기 위해, 독일 다크 투어
검증된 매력, 독일의 세계유산 | 믿고 사는 '메이드 인 저머니'

생각보다 다양한 **독일 음식**

혹자는 말한다. 독일엔 맥주와 소시지밖에 없지 않으냐고. 〈프렌즈 독일〉이 답한다. 절대 그렇지 않다고. 투박하지만 푸짐한 독일의 먹거리를 한곳에 모았다.

대표 먹거리 소시지

소시지가 독일의 대표 먹거리임은 분명하며, 독일어로 부어스트Wurst라고 한다. 1,500종 이상의 부어스트는 큰 틀에서 '구운 소시지' 브라트부어스트Bratwurst와 '삶은 소시지' 보크부어스트Bockwurst로 나뉜다. 특히 브라트부어스트는 모든 부어스트의 기본이나 마찬가지이며, 튀링어 부어스트Thüringer Bratwurst나 뉘른베르거 부어스트Nürnberger Bratwurst 등 지역별로 특산품이 존재한다. '프랑크소시지'의 원조 프랑크푸르터 부어스트Frankfurter Würstchen와 바이에른의 특산품 바이스 부어스트Weißwurst는 보크부어스트의 일종이다.

브라트부어스트
뉘른베르거 부어스트

대중적인 향토 요리

독일을 대표하는 향토 요리로는 단연 바이에른에서 시작된 학세가 있다. 주로 돼지고기로 만들어 슈바인스학세Schweinshaxe(또는 슈바이네학세Schweinehaxe)라는 이름이 고유명사처럼 친숙하다. 정강이 부위를 뼈째로 조리한 뒤 껍질의 일부만 바싹 튀겨 이른바 '겉은 바삭하고 속은 촉촉한' 맛의 정석을 보여준다. 베를린 등 동부 독일에서는 비슷한 부위로 만든 아이스바인Eisbein이 더 유명하다. 학세는 '독일식 족발', 아이스바인은 '독일식 수육'에 비유할 수 있다. 돼지고기를 구워 소스와 함께 먹는 슈바이네브라텐Schweinebraten은 가장 무난하고 대중적인 향토 요리다.

슈바인스학세
아이스바인

옆 나라의 원조 돈가스

양과 맛과 가격이 무겁지 않은 향토 요리로는 슈니첼Schnitzel이 제격이다. 이른바 '원조 돈가스'라 불리는 슈니첼은 원래 오스트리아에서 시작되었지만, 독일에서도 즐겨 먹는다. 메뉴에 비너 슈니첼Wiener Schnitzel이라 적혀 있다면 정통 오스트리아 스타일의 소고기 요리, 그렇지 않으면 돼지고기 요리라고 이해하면 된다.

슈니첼

주식은 빵과 감자

앞서 소개한 향토 요리가 '반찬'이라면 탄수화물을 공급하는 빵이나 감자는 '밥'에 해당한다. 독일 향토 요리는 반드시 감자나 빵이 딸려 나온다. 브레첼Brezel 등 독일 빵은 딱딱한 대신 곡물의 맛과 향이 강하고 몸에도 좋다. 식사와 함께 먹는 둥근 빵은 브뢰트헨Brötchen이라 부른다. 감자는 경단처럼 만든 크뇌델Knödel이나 '프렌치프라이' 포메스Pommes 등 여러 방식으로 곁들인다.

브레첼

곁들이는 독일식 김치

소시지나 학세 등 푸짐한 육류 요리만 먹다가 느끼함을 느낄 때 자우어크라우트Sauerkraut가 속을 달래준다. 양배추를 절여 발효시킨 사이드 디시이며, 특유의 신맛이 있어 '독일식 김치'라는 애칭으로 불린다.

부어스트와 자우어크라우트

다양한 글로벌 음식

여행 중 꼭 독일 요리만 먹을 이유는 없을 터. 선진국 독일은 이미 글로벌 요리가 보편적이어서 어떤 음식이든 원하는 대로 골라 먹을 수 있다. 특히 파스타와 피자 등 이탈리아 요리는 마치 '백반집'처럼 어디서나 만날 수 있고 가격도 부담 없다. 튀르키예(터키)의 되너 케밥Döner 또한 본토에 뒤지지 않는 맛과 가성비를 자랑하며 독일의 대표 길거리 음식으로 자리매김하였다. 중국과 동남아 등 아시아 요리도 쉽게 만날 수 있으며, 베를린 등 대도시에는 한인 식당도 여럿 있다.

되너

각 지역별 향토 요리

❶ 랍스카우스 Labskaus

북부 독일의 뱃사람 요리. 소금에 절인 소고기를 감자와 함께 죽처럼 끓이고 달걀프라이 등을 곁들인다. 생선을 넣기도 한다.

❷ 슈파르겔 Spargel

아스파라거스의 일종이다. 봄만 되면 '제철' 슈파르겔을 살짝 데치거나 삶아서 소스와 함께 먹는 슈파르겔차이트Spargelzeit(차이트는 '시간'이라는 뜻)가 펼쳐진다. 하노버 부근이 대표 산지다.

❸ 그린 소스 Grüne Soße

일곱 가지 허브나 채소를 이용해 만든 걸쭉한 소스. 삶은 달걀과 감자가 패키지처럼 따라온다. 소설가 괴테가 가장 좋아한 음식이었다고 알려져 있으며, 괴테의 고향 프랑크푸르트의 특산품이다. 독일어 발음은 그뤼네 조세.

❹ 플람쿠헨 Flammkuchen

프랑스어로는 타르트 플랑베Tarte flambée. 한때 독일에 속했으며 지금은 프랑스 영토인 알자스 지방의 향토 요리다. 피자보다 도우가 얇고 재료가 단출해 가벼운 식사로 적당하다.

❺ 마울타셰 Maultasche

독일 남서부 슈바벤 지역의 향토 요리. 간 고기나 채소 등을 밀가루 반죽에 넣어 조리하는 '독일식 만두'다. 마울타셰 두 조각이 한 세트이므로 복수형인 마울타셴Maultaschen이라고 적는 게 더 일반적이다.

❻ 클롭제 Königsberger Klopse

소고기와 생선을 갈아 뭉쳐 구운 '동그랑땡' 완자 요리. 프로이센의 발상지 쾨니히스베르크Königsberg(오늘날 발트 3국 인근)에서 유래하였기에 베를린에서 즐겨 먹는다.

❼ 로스트브레텔 Rostbrätel

맥주와 향신료를 배합한 양념에 한나절 절인 돼지고기구이. 독일 전역에서 저마다의 방식으로 요리하지만, 튀링엔 지역의 스타일이 가장 유명하다. 전통 레스토랑은 숯불에 구울 때 고기를 뒤집으면서 맥주를 부어 육즙을 가두는 고유의 방식을 갖고 있다.

❽ 작센 자우어브라텐 Sächsischer Sauerbraten

자우어브라텐은 독일 전역에서 유행한 요리로, 주로 말고기를 사용하다가 근대 이후 소고기를 사용한다. 지역마다 특색이 있으나, 주로 베이커리 위주로 특산품이 유명해진 작센 지역의 향토 요리로서 자우어브라텐은 가장 첫손에 꼽힌다.

❾ 쇼이펠레 Schäufele

뉘른베르크를 중심으로 하는 프랑켄 지역의 대표 향토 요리이며, 돼지 어깨살(목살) 부위를 오븐에 구워 조리한다. 부위는 다르지만 슈바인스학세와 유사점이 많고, 맛과 즐기는 방식도 비슷하다.

❿ 레버케제 Leberkäse

학세 등 독일 대표 향토 요리는 대부분 바이에른에서 유래한다. 그 외에 바이에른에서 만날 수 있는 향토 요리로는, 직역하면 '간肝 치즈'라는 뜻의 레버케제가 있다. 갖가지 고기와 향신료를 넣어 커다란 햄을 만든 뒤 마치 치즈를 썰어 먹듯 햄을 썰어 먹는데, 간 부위를 소량 첨가하여 레버케제라 부른다.

세계 최고의 **독일 맥주**

자타공인 세계 최고인 독일 맥주. 독일엔 무려 1,300여 개의 양조장이 있고, 5,000종 이상의 맥주를 생산한다. 독일에서 맥주는 단순한 술이 아니라 삶의 희로애락이 담긴 문화다.

맥주순수령

독일 맥주가 맛있는 이유. 바로 맥주순수령Reinheitsgebot에 그 답이 있다. 1516년 바이에른에서 공포된 맥주순수령은 맥주를 양조할 때 물, 홉, 맥아, 효모 외에 다른 재료를 넣을 수 없도록 금지한 법령이다. 따라서 각 양조장은 똑같은 원료를 가지고 최상의 맛을 찾아야 했기에 치열하게 연구할 수밖에 없었으니 독일이 맥주 본연의 맛과 풍미에 있어 타의 추종을 불허하는 월드 클래스가 된 것은 당연한 결과라고 하겠다. 독일의 양조장은 오늘날에도 맥주순수령을 준수하며 맥주를 만든다. 수백 년 동안 변함없는 맛을 지키고 있기에 그 맛이 대물림되며 독일인의 일상에 깊숙이 스며들었다.

맥주의 중심, 뮌헨

독일 전체가 맥주로 유명하지만, 그중에서도 맥주의 중심은 단연 뮌헨과 바이에른이다. 뮌헨의 '맥주 축제' 옥토버페스트(P.225)와 뮌헨의 6대 양조장은 이 도시가 타의 추종을 불허하는 '맥주의 주도酒都'임을 증명한다. 특히 바이에른 전통 비어가르텐Biergarten 문화는 독일에서 반드시 경험해 보아야 한다. 수천 명이 들어가는 넓은 정원에 아무렇게나 놓인 테이블에서 아무하고나 합석하여 건배하고 수다를 떨 수 있으니 쾌적한 나무 그늘에서 마치 소풍을 즐기듯 여유로운 시간을 가져보자. 물론 '낮술'도 환영한다. 비어가르텐에 대한 자세한 내용은 QR코드를 스캔하면 확인할 수 있다.

뮌헨의 비어가르텐

어떤 맥주를 고를까?

모든 맥주가 다 맛있다. 맥주순수령에 따라 만든 전통의 맛은 무얼 골라도 실망하게 하지 않을 것이다. 독일인은 일반적으로 자신의 출신 지역 맥주를 선호한다. 그리고 레스토랑에서도 그 지역의 맥주를 주로 취급한다. 슈퍼마켓이나 편의점에서는 주로 대형 맥주 회사의 제품이 판매되는데, 독일에서 유명한 맥주 브랜드로는 벡스Beck's, 크롬바허Krombacher, 바르슈타이너Warsteiner, 비트부르거Bitburger, 파울라너Paulaner 등을 꼽을 수 있다.

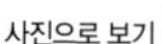
사진으로 보기

이 책의 지역 구분에 따른 주요 맥주 브랜드

지역	브랜드
베를린 지역	베를리너 킨들Berliner Kindl, 베를리너 필스너Berliner Pilsner, 슐트하이스Schultheiss(이상 베를린), 슈퇴르테베커Störtebeker(슈트랄준트)
프랑크푸르트 지역	빈딩Binding, 헤닝어Henninger, 쇠퍼호퍼Schöfferhofer(이상 프랑크푸르트), 리허Licher(카셀 인근)
뮌헨 지역	호프브로이Hofbräu, 아우구스티너브로이Augustinerbräu, 파울라너Paulaner, 뢰벤브로이Löwenbräu, 슈파텐브로이Spatenbräu, 하커프쇼르Hacker-Pschorr(이상 뮌헨), 바이엔슈테파너Weihenstephaner, 에르딩어Erdinger, 안덱서Andechser, 아잉어Ayinger(이상 뮌헨 인근)
뉘른베르크 지역	투허Tucher, 알트슈타트호프Altstadthof(이상 뉘른베르크), 치른도르퍼Zirndorfer(뉘른베르크 인근), 벨텐부르거Weltenburger(레겐스부르크)
슈투트가르트 지역	딩켈아커Dinkelacker, 슈바벤브로이Schwaben Bräu, 슈투트가르터 호프브로이Stuttgarter Hofbräu, 잔발트Sanwald(이상 슈투트가르트), 퓌르스텐베르크Fürstenberg(검은숲)
뒤셀도르프 지역	크롬바허Krombacher, 벨틴스Veltins, 바르슈타이너Warsteiner, 쾨니히 필제너König Pilsener(뒤셀도르프 인근), 데아베DAB, 우니온Union(이상 도르트문트), 비트부르거Bitburger(트리어 인근)
함부르크 지역	홀슈텐Holsten, 아스트라Astra, 라츠헤른Ratsherrn(이상 함부르크), 플렌스부르거Flensburger, 예퍼Jever(이상 함부르크 인근), 벡스Beck's(브레멘)
하노버 지역	길데Gilde, 헤렌호이저Herrenhäuser(이상 하노버), 볼터스Wolters(브라운슈바이크), 하세뢰더Hasseröder(베르니게로데), 아인베커Einbecker(하노버 인근)
라이프치히 지역	라데베르거Radeberger, 펠트슐뢰스헨Feldschlößchen(이상 드레스덴), 쾨스트리처Köstritzer(바이마르 인근)

술에 약한 사람은?

물론 무알코올Alkoholfrei 맥주도 보편적으로 마신다. 말츠비어Malzbier는 무알코올 또 저도수 맥주로 독특한 풍미를 가졌다. 맥주와 주스(레몬 또는 자몽)를 1:1로 섞은 도수 2~3도의 맥주 음료 라들러Radler는 탄산과 과일 맛의 조화가 훌륭하다. 라들러를 독일 북부에서는 알스터Alster라고 부르고, 바이첸비어와 주스를 섞으면 루스Russ라고 부른다.

독일 맥주 기본 종류

❶ 필스너 Pilsner

필스너 또는 필스Pils는 한국에서 가장 보편적으로 마시는 라거 맥주. 그러나 한국과 달리 탄산이 세지 않고 맥주 본연의 풍미가 짙다.

❷ 엑스포르트 Export

맥아 함량을 높여 필스너보다 쌉쌀한 맛이 강한 라거 맥주. 도르트문트 지역에서 즐겨 마신다.

❸ 보크비어 Bockbier

알코올 도수를 7도 안팎으로 높인 맥주. 가장 전통적인 수도원 맥주 타입이기도 하다. '센' 맥주를 선호하면 알코올 도수 8~12도의 도펠보크Doppelbock에 도전해보자.

❹ 알트비어 Altbier

상면발효 다크비어의 일종이며, 제법 쓴맛이 나지만 뒷맛은 깔끔하다. 오직 뒤셀도르프에서만 만들 수 있는 지역 특산품이다(P.386).

❺ 쾰슈 Kölsch

쾰른에서만 양조하는 지역 특산품. 독특한 향을 가진 라거 맥주다. 쾰슈는 200ml 작은 잔으로 판매한다(P.404).

❻ 베를리너 바이세 Berliner Weisse
독일 북부의 밀 맥주는 독특한 양조법으로 신맛이 난다. 베를린에서는 이를 상쇄하고자 과즙(라즈베리 또는 선갈퀴와 레몬)을 첨가해 고블렛 잔에 마시는 베를리너 바이세가 인기 있다.

❼ 슈바르츠비어 Schwarzbier
직역하면 검은 맥주, 즉 흑맥주다. 맥아를 로스팅하여 양조해 검은빛을 띠고, 맛이 부드러우며 흡사 초콜릿 향이 느껴져 더더욱 인기가 좋다. 가장 대표적인 슈바르츠비어인 쾨스트리처Köstritzer는 괴테가 즐겨 마신 것으로 유명하다.

❽ 라우흐비어 Rauchbier
말하자면 훈제 맥주다. 연기에 노출된 맥아로 맥주를 만들었더니 매우 독창적인 맛이 나 고유의 양조법으로 자리를 잡았다. 밤베르크 특산품이다(P.286).

❾ 바이첸비어 Weizenbier
밀 맥주. 바이에른에서 시작되었고 오늘날에도 바이에른의 바이첸비어는 독일 최상급의 맛과 품질을 보장한다. 또한 바이첸비어를 만들 때 효모를 거르지 않고 탁하게 만든 헤페바이첸Hefe-Weizen은 훨씬 부드럽고 산뜻하다. 바이첸비어와 헤페바이첸은 각각 바이스비어Weißbier와 헤페바이스Hefe-Weiß라고도 부른다.

❿ 헬레스 Helles
바이에른 스타일의 라거 맥주. 필스너보다 더 맛이 가볍고 뒷맛이 깔끔하다. 헬Hell이라고도 부른다. 헬레스를 만드는 방식으로 흑맥주를 만들면 둥클레스Dunkles(또는 둥켈Dunkel)가 된다.

사계절이 신나는 **독일 축제**

독일의 축제는 공식이 간단하다. 날씨가 좋은 봄과 가을엔 야외에서 민속 축제를, 더운 여름에는 클래식 축제를 즐긴다. 겨울에는 크리스마스 마켓이 열리고, 제5의 계절이라 불리는 카니발이 열린다. 모두 오랜 역사를 자랑하는 유서 깊은 놀이문화다.

옥토버페스트

VOLKSFEST **민속 축제**

민속 축제란?

사전적 의미 그대로 일상생활 속에서 풍습이나 전통으로 시작되어 전통을 지키고 있는 축제를 말한다. 저 유명한 뮌헨의 옥토버페스트가 대표적인 민속 축제다. 우리는 옥토버페스트를 일컬어 맥주 축제라고 하는데, 독일인이 축제를 즐길 때 맥주를 빼놓을 수 없다 보니 (그리고 뮌헨이 워낙 맥주로 유명하다 보니) 마치 맥주 축제처럼 보이는 것이다. 독일은 전 지역에서 이러한 민속 축제가 발달해 왔으며, 특히 큰 도시 위주로 수백 년의 전통을 가진 축제가 매년 열린다.

축제가 열리는 시기

대개 봄과 가을에 한 차례씩 열리며, 일부 도시는 여름에 열기도 한다. 축제 시기는 부활절 등 절기의 영향을 받아 매년 바뀌며, 기간은 한 번에 1개월을 넘지 않는다.

민속 축제를 즐기는 방법

도시마다 축제를 위한 광장이 있다. 여기에 먹거리를 파는 상점과 크고 작은 놀이시설이 가득 들어선다. 아이들의 눈높이에 맞춘 앙증맞은 시설부터 비명이 끊이지 않는 아찔한 시설까지 다채롭다. 축제 광장에 들어갈 때 입장료를 받는 경우는 드물다. 구경은 공짜, 그리고 놀이시설을 이용하거나 먹고 마실 때 개별적으로 비용을 낸다. 독일에서 빠질 수 없는 큼직한 부어스트와 포메스, 아이들이 손가락을 빨며 먹는 크레페와 솜사탕 등 다양한 먹거리가 있고, 물론 맥주도 빠질 수 없다.

대표적인 민속 축제 ▶ **뮌헨** 옥토버페스트(P.225), **슈투트가르트** 칸슈타트 민속 축제(P.340), **함부르크** 함부르거 돔(P.453), **뒤셀도르프** 라인키르메스(P.389)

WEIHNACHTSMARKT 크리스마스 마켓

크리스마스 마켓이란?

성탄절 선물 장터에서 유래하였다. 매년 겨울 크리스마스 전 3주 정도 독일 전역에서, 심지어 아주 작은 시골 마을에서까지도 장터가 열린다. 독일 남부에서는 크리스트킨들마켓Christkindlmarkt이라고 부른다.

크리스마스 마켓을 즐기는 방법

가벼운 간식거리와 뜨거운 음료, 소소한 장식품과 선물을 파는 장터가 들어선다. 보통 오전부터 저녁까지 장터가 열리며, 일몰 후에 방문하면 반짝반짝 크리스마스 조명이 밝혀져 분위기가 더욱 근사하다. 화려하게 장식된 시장을 구경하다 보면 어느새 동심으로 돌아간다. 겨울에 야외에서 진행되는 만큼 정신없이 구경하다 보면 추위 때문에 힘들 수 있는데, 글뤼바인Glühwein(과일 등을 넣고 끓인 뜨거운 와인)이나 킨더펀치Kinderpunsch(와인 대신 주스로 만든 무알코올 음료) 한 잔이면 금세 몸이 훈훈해진다. 부모의 손을 잡고 마냥 행복해하는 아이들의 모습에 절로 미소가 그려진다.

대표적인 크리스마스 마켓 ▶ 독일 전국에서 유명하지만, 그중에서도 **뉘른베르크**의 크리스마스 마켓(P.283)은 단연 세계 최고로 꼽힌다. **드레스덴**의 슈트리첼 마켓(P.547)은 매우 오랜 역사의 주인공이다.

글뤼바인

쾰른 ©KölnTourismus GmbH / D.Jacobi

KARNEVAL 카니발

부활절을 앞두고 40일간 금욕하는 사순절이 시작되기 전 마지막으로 신명나게 놀아보자는 목적에서 시작된 축제. '고기를 끊다'는 뜻의 라틴어 carne vale에서 유래하였고, 한국어로는 '고기를 사양하는 축제'라는 의미로 사육제謝肉祭라고 한다. 기독교 절기에서 유래하였으나 오늘날에는 '제5의 계절'이라 불리며 종교와 관계없이 흥겹게 즐기는 축제의 시간이다.

대표적인 카니발 ▶ **뒤셀도르프**(P.389), **쾰른**(P.407), **마인츠**(P.179)

눈이 즐거운 **독일 궁전**

아름답고 웅장한 궁전 건축의 안과 밖을 관람하는 것은 유럽 여행의 큰 재미. 독일에도 궁전이 매우 많다. 그중 특별히 기억해도 좋을 '궁전왕' 세 명을 이 자리에 소환한다.

루트비히 2세

바이에른의 국왕 루트비히 2세Ludwig II(1745~1886)는 19세의 나이로 왕이 되었고, 헌칠한 외모로 바이에른 국민의 사랑을 받았다. 하지만 어린 국왕을 향한 의회의 노골적인 무시와 견제로 대인기피증 증세를 보였다. 그는 뮌헨의 궁전을 떠나 세상으로부터 숨기 위해 알프스 외딴 산골에 성을 지었다. 노이슈반슈타인성(P.232), 린더호프성(P.237), 그리고 헤렌킴제성(P.239)까지 이어지는 건축에 왕실 재산을 탕진하고 국정을 돌보지 않자 바이에른 의회는 그를 정신병자로 진단하고 왕위에서 파면하였는데, 이때 이미 네 번째 성의 스케치를 가지고 있었을 정도로 궁전 건축에 대한 그의 집착은 상상을 초월한다. 루트비히 2세는 모든 성의 건축과 정원 조성에 아이디어를 내고 직접 감독하였으며, 그의 계획대로 완공된 성이 하나도 없지만 미완성 상태임에도 불구하고 수준이 상당히 훌륭하다. '미치광이' 같은 행동과 광적인 집착, 세상으로부터 손가락질받고 평생 독신으로 은신한 비극적인 스토리가 담긴 탁월한 건축미 덕에 그가 남긴 세 곳의 고성은 독일에서도 첫손에 꼽히는 관광지이며 저마다 다른 매력(P.240)을 발산한다. 뮌헨의 성 미하엘 교회(P.210)에 그의 무덤이 있다.

성 미하엘 교회

노이슈반슈타인성

아우구스트 2세

작센의 선제후 '강건왕der Starke' 아우구스트 2세August II(1670~1733)는 드레스덴의 레지덴츠 궁전(P.537)과 츠빙어(P.536), 드레스덴 근교의 필니츠 궁전Schloss Pillnitz 등 수많은 궁전을 남겼다. 권력을 과시하기 좋아하고 사치가 심했던 그가 남긴 궁전은 하나 같이 '초호화' 그 자체. 차원이 다른 사치스러운 취미생활이 유럽 최초의 도자기 마이센(P.548)의 탄생을 이끈 것도 재미있다. 공식 사생아만 354명에 달할 만큼 군주로서의 인품이나 성격은 찬사를 받기 어렵지만 그가 남긴 궁전은 확실히 화려하고 아름답다.

아우구스트 2세
츠빙어

카를 테오도르

팔츠 선제후 카를 테오도르Karl Theodor(1724~1799)는 '숨겨진 궁전왕'이라는 표현이 딱 어울린다. 수도 만하임에 만하임 궁전(P.355)을 만들고, 뒤셀도르프 근교에 벤라트 궁전(P.385)을, 하이델베르크 근교에 슈베칭엔 궁전Schloss Schwetzingen을 지었다. 모두 화사한 바로크 양식의 건축미가 일품이다. 특이하게도, 팔츠의 선제후이면서 바이에른 대공 직위를 승계하여 두 개의 국가를 통치했는데, 뮌헨의 카를 광장(P.209) 에피소드에서 볼 수 있듯 바이에른에서는 인기 있는 군주가 아니었다. 환심을 사려고 영국 정원(P.214)을 만들고, 거주지도 만하임에서 뮌헨으로 옮겨 죽는 날까지 살았지만, 끝내 바이에른에서는 인정받지 못했다. 만하임과 하이델베르크에 그의 손길이 많이 남아 있다.

만하임 궁전

하이델베르크

거대하고 웅장한 독일 대성당

대성당은 신성 로마제국에서 세속 권력보다 더 강한 힘을 가진 종교 권력의 심장이다. 특정 종교의 전당이 아닌, 궁전보다 더 거대하고 웅장한 건축미가 펼쳐지는 인류의 문화유산이다.

마인츠 대성당

잠깐! 대성당이란?

로마 가톨릭 주교좌성당을 말한다. 독일어로 돔Dom이라고 한다. 주교좌성당은 아니지만 그에 못지않은 강한 존재감을 가진 거대한 성당을 말하는 뮌스터Münster 역시 대성당으로 번역한다.

트리어 대성당

쾰른 대성당

독일 3대 대성당

대성당에도 '급'이 있다. 신성 로마제국 황제를 선출할 권한을 가진 대주교 3인의 대성당은 독일에서도 가장 강한 권력을 가진 곳이었다. 바로 쾰른 대성당(P.396), 마인츠 대성당(P.177), 트리어 대성당(P.422)이다. 이 중에서도 대관권戴冠權(황제가 선출되면 왕관을 씌워 임명을 확인하는 권한)을 가진 마인츠 대주교의 힘이 가장 강했다.

특별히 역사적인 대성당

3대 대성당 외에도 특별히 역사적인 의의가 있는 곳이 있다. 황제를 선출하는 선거가 열린 프랑크푸르트의 카이저 대성당(P.155), 민족의 아버지라 해도 과언이 아닐 카롤루스 대제의 안식처 아헨 대성당(P.427), 초기 로마네스크 시대의 힘을 과시하는 보름스 대성당(P.197) 등이다.

아헨 대성당

프랑크푸르트 대성당

레겐스부르크 대성당

밤베르크 대성당

소도시의 대성당

대성당 하면 왠지 큰 도시의 중심에 있을 것 같은데, 꼭 그렇지는 않다. 소도시에도 거대한 대성당이 웅장한 자태를 드러내는 사례가 여럿 있다. 힐데스하임 대성당(P.494), 밤베르크 대성당(P.290), 레겐스부르크 대성당(P.295) 등이 대표적이다. 이 책에 소개하지는 않았으나 할버슈타트 대성당Dom zu Halberstadt은 카롤루스 대제가 동방 진출을 위한 교두보로 '종교 기지'를 먼저 건설하고자 개척한 중요한 장소이기도 하다. 소도시에 있다고 해서 중요하지 않은 곳은 하나도 없다.

베를린 대성당

개신교의 대성당

대성당(돔) 중 로마 가톨릭이 아니라 개신교 교회인 곳도 여럿 있다. 처음에는 주교좌성당이었으나 종교 개혁 이후 개신교를 받아들였기 때문이다. 베를린 대성당(P.118), 브레멘 대성당(P.457), 뤼베크 대성당(P.463), 슈베린 대성당(P.469) 등이 대표적이다. 주로 독일 북부에 해당하며, 이러한 역사적 배경을 통해 독일의 지역별 문화 차이를 이해할 수 있다.

슈베린 대성당

과거로의 시간여행, **독일 소도시**

독일이 선사하는 최고의 매력은 소도시에서 발견된다. 마치 시간여행을 떠난 듯한 소도시 여행의 재미, 그 일곱 가지 유형을 정리하였다.

첼레

소도시의 기본을 마주하기

목조 건축물이 줄지어 있는 좁고 구불구불한 골목, 그 너머에 역사적인 장소가 존재하는 탁 트인 광장, 그러나 관광을 위해 재현한 옛 모습이 아니라 여전히 현대인이 살아가는 삶의 터전으로서 소도시의 가장 기본적인 매력을 만날 수 있는 대표적인 도시는 고슬라르(P.496)와 첼레(P.510)다.

유명한 곳을 관광하기

많은 사람이 알고 있는 유명한 관광지에서 사진 찍고 구경하는 가장 기본적인 여행의 재미를 주는 곳. 소도시이지만 관광지로 유명하니까 가능하다. 노이슈반슈타인성의 도시 퓌센(P.229)이나 무너진 고성의 도시 하이델베르크(P.342)가 제격이다.

하이델베르크

뤼데스하임

소도시에서 액티비티 즐기기

몸을 움직이고 무언가 체험을 즐겨야 하는 활동파 여행자에게는 케이블카를 타고 포도밭을 트레킹하거나 유람선을 탈 수 있는 뤼데스하임(P.180), 배 타고 섬에 들어가 화려한 궁전을 발견하는 프린(P.238)을 추천한다.

젊음의 열기를 느껴보기

소도시 하면 정적이고 고풍스러울 것 같은, 그래서 혹시 따분할 것 같은 선입견이 있다면, 젊은 학생들이 넘치는 활기찬 대학 도시 튀빙엔(P.358)과 프라이부르크(P.361)에서 그 선입견을 싹 씻어낼 수 있을 것이다.

튀빙엔

프라이부르크

비텐베르크

소도시에서 역사적 사건을 순례하기

수백 년의 역사를 가진 소도시에서 역사책에 기록될 만한 사건이 벌어진 사례도 많다. 고전주의를 꽃피워 독일의 사상적 배경을 마련해준 바이마르(P.550), 종교개혁의 성지 비텐베르크(P.136)가 대표적이다. 트리어(P.419)에서는 고대 로마의 유적도 발견할 수 있다.

밤베르크

두 가지 색깔을 즐기기

소도시의 비슷한 풍경이 반복되어 '다 거기서 거기' 같은 인상을 받게 될지도 모른다. 하지만 한 도시 내에서도 상반된 두 가지 색깔이 공존하며 독특한 분위기를 자아내는 밤베르크(P.286)와 뷔르츠부르크(P.303)라면 전혀 그런 느낌을 받지 못할 것이다.

조용히 힐링하기

소도시의 장점 중 하나는, 번잡한 대도시를 떠나 조용하고 평화로운 곳에서 마음의 여유를 가지고 재충전할 수 있다는 것이다. 아름다운 궁전이 있는 호반 도시 슈베린(P.468), 울창한 산에 거대한 공원이 있는 카셀(P.188)이 최적의 힐링 플레이스다.

슈베린

모든 시대를 만나는 **독일 미술관**

독일에는 루브르 박물관 같은 초대형 미술관은 없다. 하지만 독일은 주요 도시마다 시대별 전문 미술관을 만들어 한 지역에 캠퍼스를 이루는 방식으로 부족함 없는 문화생활을 즐긴다. 특히 현대 미술과 디자인(응용예술) 분야에 있어 독일의 컬렉션이 단연 독보적이다.

전 시대 예술의 집합

크게 고대 이집트, 그리스·로마, 19세기 이전의 중세 회화, 19세기 이후의 모더니즘 예술, 현대 예술로 나누어 각각의 전문 미술관이 존재하고, 이들이 한 지역에 밀집되어 결과적으로 하나의 초대형 미술관과 같은 효과를 내는 문화단지가 대도시마다 존재한다. 대표적인 장소가 베를린 문화포럼(P.110), 베를린 박물관섬(P.118), 뮌헨의 쿤스트아레알(P.216)이다. 만약 이러한 박물관 이름에 알테Alte(영어의 old와 같은 뜻)라고 적혀 있으면 주로 중세 회화, 노이에Neue(영어의 new와 같은 뜻)라고 적혀 있으면 19세기 이후의 예술에 특화된 곳이다. 베를린의 구 국립미술관Alte Nationalgalerie과 신 국립미술관Neue Nationalgalerie, 뮌헨의 알테 피나코테크Alte Pinakothek와 노이에 피나코테크Neue Pinakothek는 그 이름만 보아도 어떤 시대의 예술에 특화되었는지 알 수 있다. 독일 회화는 19세기 낭만주의부터 표현주의까지가 전성기였으며, 특히 표현주의 그룹 다리파Die Brücke와 청기사파Der Blaue Reiter는 유럽 곳곳에 큰 영향을 주었다. 낭만주의의 거장 카스파어 다비트 프리드리히Caspar David Friedrich, 다리파의 리더 에른스트 키르히너Ernst Ludwig Kirchner, 청기사파의 리더 프란츠 마르크Franz Marc 등이 독일을 대표하는 화가다.

베를린 문화포럼

뮌헨 노이에 피나코테크

+ TRAVEL PLUS 일요일에는 뮌헨에서 문화생활을!

뮌헨의 쿤스트아레알에 속하는 대부분, 가령 알테 피나코테크와 노이에 피나코테크, 피나코테크 데어 모데르네, 글립토테크, 이집트 박물관, 브란트호어스트 미술관 등이 모두 매주 일요일에 단 €1의 입장료만 받는다. 시대별 미술관을 온종일 5~6곳 구경해도 €5~6밖에 들지 않는 셈이다.

바우하우스

1919년 발터 그로피우스Walter Gropius가 설립한 건축 학교 바우하우스는 건축과 인테리어, 생활용품 등 우리가 실생활에서 접하는 모든 분야의 디자인 패러다임을 새롭게 제안한 현대 건축의 선구자다. 바우하우스가 거쳐 간 바이마르(P.552), 데사우, 베를린에서 확인할 수 있다.

바이마르 바우하우스 박물관

홈브로흐섬 미술관 ©Deutsche Zentrale für Tourismus e.V.

공간 재활용의 미학

마치 파리의 오르세 미술관처럼 독일 곳곳에 기존 건물을 재활용하여 전시 시설로 활용하는 사례가 많다. 옛것의 수명이 다했다고 부숴버리지 않고 공간을 재활용하는 도시 재생의 미학을 만날 수 있는 공간으로는, 대표적으로 에센의 촐페라인 광산(P.431) 등을 꼽을 수 있다. 군사 기지터 전체를 생태 미술관으로 재단장한 홈브로흐섬 미술관(P.390)도 매우 독창적인 사례로 주목받는다.

응용예술과 디자인

뮌헨의 피나코테크 데어 모데르네(P.217)가 응용예술 분야의 정점에 있는 곳이다. 또한 독일은 디자인 분야에서 단연 월드 베스트. 디자인 종사자에게는 '꿈의 잔치'와도 같은 레드닷 디자인 어워드와 IF 디자인 어워드가 모두 독일에서 열린다. 레드닷 디자인 박물관(P.431)은 최신 트렌드의 우수한 디자인이 모인 명예의 전당과 같다.

피나코테크 데어 모데르네

레드닷 디자인 박물관

잊지 않기 위해, 독일 다크 투어

요즘 주목받는 여행 테마로 '다크 투어'를 빼놓을 수 없다. 전쟁이나 재해 등 어둡고 우울한 역사의 현장에서 우리 현실의 나아갈 방향을 찾는 것을 말한다. 마침 독일은 분단이라는 어두운 현대사를 가지고 있기에 한국인이라면 더더욱 독일에서의 다크 투어가 감동을 준다.

홀로코스트 추모비

전쟁의 반성과 사죄

두 차례의 세계대전, 특히 제2차 세계대전은 온 독일을 쑥대밭으로 만들었다. 당시 독일의 집권 세력인 나치(국가사회당) 정권은 홀로코스트로 대표되는 반인륜적인 만행도 서슴지 않았다. 독일로서는 매우 부끄러운 역사이건만 그들은 나치의 만행을 낱낱이 밝히고 공개하며 피해자에게 사죄하는 지성을 보여준다. 뮌헨 근교 다하우의 강제수용소(P.228), 바이마르 근교 부헨발트 강제수용소(P.558) 등이 대표적인 장소. 또한 나치의 광기를 적나라하게 보여주는 뉘른베르크의 나치 전당 대회장(P.275)도 빼놓을 수 없다. 주요 도시마다 나치와 관련된 기록관은 하나씩 존재하여 교육의 장으로 활용되고 있는데, 뮌헨의 나치 기록관(P.216)이 대표적이며, 뉘른베르크 전범재판이 열린 법원에 마련된 뉘른베르크 재판 기념관(P.278)도 흥미로운 역사 박물관이다. 베를린의 홀로코스트 추모비(P.107)처럼 희생자에게 사죄하는 기념관도 곳곳에 있고, 유대인 박물관(P.123)처럼 희생자가 직접 기념의 장소를 만들어 그들의 저항정신을 보여주는 공간도 발견할 수 있다.

다하우 강제수용소 기념관

성 니콜라이 기념관

폐허 속 기념관

전쟁 중 폭격으로 크게 파괴된 건축물을 그대로 부서진 채 놔두어 후손에게 전쟁의 참상을 경고하는 기념관도 있다. 함부르크의 성 니콜라이 기념관(P.443), 하노버의 애기디엔 교회(P.484)가 대표적이다. 베를린의 카이저 빌헬름 기념 교회(P.111)는 파괴된 교회를 그대로 놔둔 상태에서 새로운 교회를 건축해 신구의 조화를 이루고 전쟁의 참상을 증언하는 이중적인 효과를 거두었다.

분단과 통일의 현장

독일 분단의 상징인 베를린 장벽의 잔해가 남아 있는 구간이 여럿 있다. 베를린 장벽 기념관(P.114)과 테러의 토포그래피, 이스트 사이드 갤러리(P.121) 등은 베를린 여행 중 꼭 들러보자. 체크포인트 찰리(P.109)처럼 분단을 긍정적으로 순화한 장소는 좀 더 가벼운 마음으로 방문하여 유쾌하게 즐기는 가운데 현대사의 상처에 공감을 하는 경험이 가능하다.

체크포인트 찰리

TOPIC 베를린 장벽

독일이 분단되면서 베를린도 동서로 나뉘었다. 그러나 분단 직후부터 장벽이 놓인 것은 아니었다. 갈수록 동서독의 경제 격차가 커지면서 서베를린으로 이탈하는 주민이 늘어나자 동독과 소련에서 1961년 하루 만에 베를린 장벽을 설치하였고, 이후 28년간 도시를 둘로 나누며 분단을 상징하는 흉물이 되었다. 동독에서 자유의 외침이 커지던 1989년, 라이프치히의 월요 데모(P.523)를 시작으로 촉발된 대규모 시위로 동독 정부는 여행의 자유를 보장하는 내용의 기자회견을 했다. 이때 서구 언론의 오보로 '베를린 장벽이 붕괴되었다'는 뉴스가 속보로 보도되었고, 서독의 뉴스를 몰래 찾아보던 동베를린 시민은 즉각 장벽으로 몰려가 베를린 장벽을 부숴버렸으며, 동독의 국경수비대는 이를 저지할 수 없었다. 하루 만에 설치된 베를린 장벽은 하루 만에 부서졌고, 이후 독일은 1년간의 협상 과정을 거친 뒤 1990년 10월 3일에 공식적으로 통일을 이루었다.

검증된 매력, **독일의 세계유산**

2024년 기준으로 독일은 유럽에서 이탈리아의 뒤를 잇는 51곳의 유네스코 세계문화유산을 보유 중이다. 문화유산과 자연유산을 합친 유네스코 세계유산은 총 54곳, 역시 유럽에서 2위다. 이 중 대중교통으로 찾기 편한 세계문화유산과 그 유형을 정리하였다

유명한 장소

역사적으로 범접할 수 없는 존재감을 가진 ❶아헨 대성당(P.427), ❷쾰른 대성당(P.396), 아이제나흐 ❸바르트성(P.571) 등이 있다. 신성 로마제국의 역사를 관통하는 종교적 배경의 명소로 뷔르츠부르크의 ❹레지덴츠 궁전(P.308), 브륄의 ❺아우구스투스부르크 궁전(P.408)도 있다. 중세 역사의 중요한 연결고리로서 에르푸르트의 ❻중세 유대인 유적(P.562), 문화와 예술의 숨결이 살아 있는 베를린의 ❼박물관섬(P.118), 다름슈타트의 ❽마틸다 언덕(P.187), 카셀의 ❾빌헬름스회에 산상공원(P.190) 등의 문화유산도 재미를 선사한다. 비단 '옛날' 유적만 해당하는 게 아니다. 에센의 ❿촐페라인 광산지대(P.431) 등 현대의 산업유산도 있다.

훌륭한 앙상블

⓫브레멘의 시청사와 롤란트(P.456), ⓬힐데스하임의 대성당과 성 미하엘 교회(P.493, 494)처럼 두 개 이상의 장소가 조화를 이루며 하나의 시대정신을 보여주는 사례도 주목할 만하다. 하나의 도시 내 여기저기서 고유한 정신이 빛을 발하는 ⓭바이마르(P.550)와 ⓮슈베린(P.468), ⓯아우스크부르크(P.241)는 알면 알수록 여행이 즐거워진다. ⓰슈트랄준트(P.138)는 발트해 연안 도시 비스마르Wismar와 함께 문화유산이 되었다. 고대 로마 유적이 펼쳐지는 ⓱트리어(P.419), 강을 따라 낭만적인 풍경이 펼쳐지는 ⓲중상류 라인강 계곡(P.184)은 이러한 앙상블의 최고봉이라 할 수 있다.

도시 전체가 문화유산

독일에는 유독 하나의 장소가 아니라 하나의 도시 전체 또는 구시가지 전체가 문화유산으로 등재된 사례가 많다. ⓳밤베르크(P.286), ⓴고슬라르(P.496), ㉑뤼베크(P.461), ㉒레겐스부르크(P.293), ㉓크베들린부르크(P.505)가 바로 그 사례.

순례의 길

특정 인물 또는 사건의 상징성으로 문화유산이 된 사례도 있다. 종교 개혁가 마르틴 루터의 핵심 지역인 ㉔비텐베르크(P.136)와 아이슬레벤, 모더니즘 건축가 르 코르뷔지에의 흔적이 남은 ㉕슈투트가르트(P.330), 바우하우스의 초기 유산이 기록된 ㉖바이마르(P.552)와 데사우Dessau가 그러하다. 이런 문화유산은 관심 있는 여행자가 순례하듯 반드시 찾아갈 만한 곳이다.

기타

아헨 대성당은 1978년에 문화유산 제도가 시작되었을 때 최초로 등재된 세계 최초의 문화유산 중 하나다. 반면, 세계 최초로 유네스코 세계문화유산 등재 취소 사태도 벌어졌는데, 드레스덴(P.538)에서 그 이야기를 확인할 수 있다. 이 외에 독일에서 만날 수 있는 유네스코 세계문화유산과 세계자연유산의 전체 목록은 QR코드를 스캔하여 확인할 수 있다.

16
21
14
11
7
12
20
24
23
10
9
3
6
13, 26
2
1
5
18
19
17
8
4
22
25
15

믿고 사는 '메이드 인 저머니'

독일의 국민성은 '실용'으로 요약된다. 무조건 저렴한 것이 아니라 다소 비싸더라도 그만큼의 값어치를 확실히 하는 물건들이 바로 'Made in Germany'의 특징이다.

독일 베스트 쇼핑 아이템

그릇/식기

화려한 멋을 부리기보다는 절제된 세련미가 돋보이는 디자인이 많다. 빌레로이 앤 보흐Villeroy & Boch, 로젠탈Rosenthal 등이 유명하고, 마이센Meissen은 쉽게 살 엄두가 나지 않는 초고가 브랜드다.

주방용품

칼, 압력밥솥, 냄비 등 독일의 주방용품은 우수한 품질과 내구성으로 유명하다. 베엠에프WMF, '쌍둥이칼'이라 불리는 츠빌링 헨켈Zwiling J.A. Henckels, 피슬러(휘슬러)Fissler, 질리트(실리트)Silit 등이 대표적이다.

의류잡화

자라Zara, 프라이마크Primack 등 유럽에 기반을 둔 글로벌 SPA브랜드 매장이 독일에 많아 저렴한 가격으로 쇼핑할 수 있다. 또한 브리Bree는 패션 가방으로, 리모바(리모와)Rimowa는 여행용 캐리어로 유명한 독일 브랜드다.

아웃도어

일상용 의류부터 등산·레저·스포츠용 장비까지도 손쉽게 구입할 수 있다. 독일 브랜드로는 잭 울프스킨Jack Wolfskin이 가장 유명하다. 아디다스Adidas와 푸마Puma도 독일 브랜드라는 사실. 심지어 두 브랜드 창업자가 형제지간이며, 앙숙이었다는 사실은 흥미를 자아낸다. 축구팬이라면 바이에른 뮌헨 등 인기 구단의 유니폼과 용품도 구매 리스트에 올려보자.

필기구

250년 역사를 자랑하는 파버 카스텔Faber Castell 색연필은 전문가가 사용하기에도 손색이 없다. 슈테틀러(스테들러)Staedtler 역시 필기구로는 세계적으로 정평이 나 있다. 만년필로 유명한 몽블랑Montblanc도 독일 브랜드다.

뷰티/의약품

편의점(드러그스토어)에서 파는 저렴한 뷰티 용품은 가격 대비 품질이 매우 우수하여 인기가 높다. 또한 독일 의약품 브랜드인 오이보스Eubos, 피지오겔Pysiogel, 베판톨Bepanthol, 프라이Frei 등은 소위 '약국 화장품'의 대표주자다.

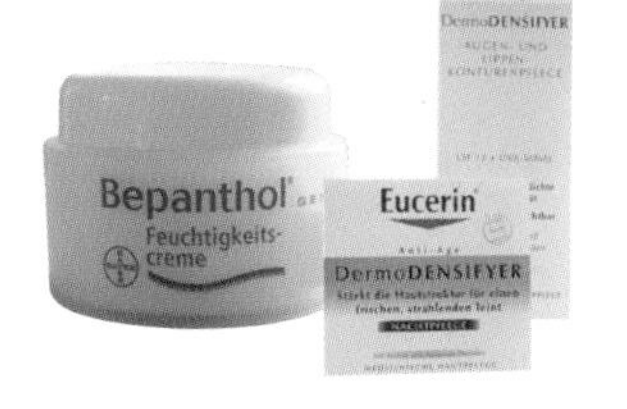

완구

장난감 분야에 있어도 독일 기업의 솜씨가 남다르다. '테디베어의 원조' 슈타이프Steiff를 추천할 수 있다. 흔히 '레고'라 통칭하는 브릭 장난감 플레이모빌Playmobil도 독일 회사다.

명품

독일 브랜드 중 명품이라 부를 만한 것은 신사복으로 유명한 후고 보스Hugo Boss가 사실상 유일하다. 그러나 아웃렛에서 프라다Prada 등 유럽의 명품 브랜드 쇼핑도 가능하다.

Tip. 깨알 같은 상식. 파버 카스텔과 슈테틀러, 그리고 플레이모빌은 뉘른베르크와 그 근교에서 시작한 회사다. 또한, 아디다스와 푸마의 본사가 있는 헤르초게나우라흐Herzogenaurach도 뉘른베르크에서 가깝다. 뉘른베르크(P.262)는 독일에서 '손재주'로 가장 앞선 도시가 분명하다.

독일 베스트 쇼핑 플레이스

백화점

주방용품, 그릇, 완구, 의류 등 대부분의 쇼핑 품목은 백화점에서 구매할 수 있다. 종종 세일을 진행해 가격 경쟁력도 뒤지지 않는다. 독일의 대표적인 백화점 체인 카우프호프Kaufhof는 어지간한 도시마다 중심가에 지점이 있고, 최근에는 오버폴링어Oberpollinger가 주요 도시 기반으로 지점을 늘려가고 있다. 오버폴링어는 독일에서 가장 유명한 카데베 백화점(P.127)과 같은 계열사다.

가전 백화점

여행자가 독일에서 TV나 냉장고 같은 가전제품을 살 일은 없겠지만, 메모리카드, 충전 케이블 등 여행에 필요한 소모품을 구매할 일이 있을 때 자투른Saturn이나 메디아 마르크트Media Markt 등 대형 가전 백화점을 이용하면 좋다. 큰 도시의 가전 백화점에는 주요 이동통신사 대리점도 입점해 있어 현지 유심 구입 및 개통을 편리하게 할 수 있다.

아웃도어 백화점

레저와 스포츠를 선호하는 독일인의 성향에 맞는 아웃도어 백화점도 곳곳에 있다. 일반 백화점만큼 큰 몇 층짜리 건물이 전부 스포츠·아웃도어 브랜드로 꾸며져 있다. 슈포르트셰크SportScheck가 대표적이며, 일반적으로 남성·여성·아동 매장을 층별로 구분한다.

약국

독일의 약국에서 판매하는 소위 '약국 화장품'은 효능이 좋아 인기가 높다. 건강에 관심이 많은 독일인의 특성 때문인지 약국이 편의점보다 더 많이 보인다. 기차역 부근 등 중심가일수록 가격이 비싸지만, 취급 품목이 많고 관광객이 선호하는 제품군을 쉽게 파악해주는 장점이 있다.

드러그스토어

데엠dm, 로스만Rossmann 등 독일의 드러그스토어에 가면 우수한 독일의 뷰티·생활·유아용품을 장바구니 가득 쓸어 담게 된다. 여행 중 샴푸, 선크림, 치약, 반창고, 생리대 등이 급하게 필요할 때도 드러그스토어에서 모두 해결할 수 있다. 건강보조제, 비타민 등 선물을 구매하기에도 좋고, 생수와 간식거리도 판매한다.

아웃렛

메칭엔 아웃렛시티(P.339)는 유럽 전체를 통틀어 최상급으로 평가받는다. 후고 보스 본사에서 만들었기 때문에 후고 보스 제품은 가격 경쟁력이 월등히 높고, 그 외 수많은 명품 브랜드가 큰 매장을 짓고 저렴한 이월상품뿐 아니라 신상품까지도 판매한다(물론 신상품은 할인 폭이 작다). 그 외에도 대도시 주변에 빌리지 아웃렛이 하나 이상씩 존재하며, 주로 스포츠 브랜드와 대중적인 의류 브랜드, 주방용품 브랜드 위주다. 이 책에는 볼프스부르크(P.509)과 잉골슈타트(P.282) 아웃렛을 소개하였다.

독일 택스 리펀드

택스 리펀드란?

독일에서 외국인이 쇼핑하여 타국으로 가지고 나가는 일부 제품에 대해 부가세를 환급하는 제도. 택스 리펀드 가맹 매장에서 구매하고 절차에 따라 신청하면 평균 7~10%, 많게는 14% 정도까지 환급받을 수 있다. 독일 내에서 소비되는 식료품, 교통비, 숙박비 등은 환급 대상이 아니다.

택스 리펀드 방법

택스 리펀드 가맹점 표시가 있는 매장에서 한 번에 €50 이상 구매한 뒤 직원에게 서류를 요청하면 택스 리펀드 서류를 만들어 영수증과 함께 준다. 서류의 빈칸을 작성한 뒤 공항 세관에서 도장을 받고, 세관 도장이 찍힌 서류를 환급 업체에 제출하면 된다. 환급 업체는 글로벌 블루Global Blue와 플래닛Planet(舊 프리미어 택스 프리Premier Tax Free)이 대표적이다. 세관에서 도장 받을 때 원칙적으로 해당 물품을 보여줄 수 있어야 하므로 환급 대상 물품을 지참하여 세관에 방문해야 한다.

환급 방식

세관 도장이 찍힌 서류를 환급 업체 카운터에 제출한다. 가령, 글로벌 블루 서류는 글로벌 블루에 제출해야 한다. 이때 현금 환급과 카드 환급을 선택할 수 있는데, 그 자리에서 현금(유로)으로 돌려받는 현금 환급은 서류당 최소 €3의 수수료가 공제되므로 권장하지 않는다. 카드 환급 시 본인 명의의 신용카드가 필요하고, 마이너스 결제 처리하여 나중에 카드 결제액이 그만큼 차감되는 방식으로 환급이 완료된다.

주의사항

프랑크푸르트 공항 등 이용자가 많은 곳은 택스 리펀드 신청자도 많아서 시간이 오래 소요된다. 최소 출발 3시간 전에는 공항에 도착해야 하고, 피크 타임 비행기는 이것도 빠듯할 수 있다. 공항에서의 택스 리펀드 규정은 종종 변경되므로 체크인 시 항공사 승무원에게 자세한 정보를 확인하자.

홈페이지 글로벌 블루 www.globalblue.com

5
B
DB

독일 여행 설계
Plan Your Trip

독일 여행 전략 세우기

이동 수단 완전 정복

계절별 여행 설계

추천 여행 일정

취향 따라 떠나는 7가지 테마 여행

현지에서 헤매지 않기

독일 여행 전략 세우기

넓고 갈 곳도 많은 독일. 어떻게 여행하면 효율적일까? 독일의 특성과 환경에 최적화된 여행 전략, 어렵지 않다. 거점 도시의 개념만 머리에 넣어두자.

첫째, 거점 도시를 정한다.

독일에는 매력적인 소도시가 많다. 그러나 소도시는 아무래도 숙박업소가 적고 야간에 영업하는 상점이 드물어 하루를 꽉 채운 여행을 선호하는 한국인 여행자 취향에 걸림돌이 되기도 한다. 따라서 숙박업소와 쇼핑센터, 레스토랑, 펍, 클럽 등 상업시설이 많은 큰 도시에 숙소를 두고, 여기에서 근교 소도시를 원데이 투어로 여행하는 방식을 추천한다. 말하자면, 큰 도시를 소도시 여행의 거점으로 활용하는 것이다. 이렇게 여행하면 큰 도시와 작은 도시를 모두 골고루 여행하면서 불편하거나 심심하지 않은 알찬 일정을 완성할 수 있다. 이 책은 독일 전국에서 가장 효율적인 거점 도시로 **베를린, 프랑크푸르트, 뮌헨, 뉘른베르크, 슈투트가르트, 뒤셀도르프, 함부르크, 하노버, 라이프치히** 등 총 9곳을 선정하였다. 이 외에도 쾰른과 드레스덴이 거점 역할에 어울리는 곳이다.

밤에도 놀기 좋은 대도시 뮌헨

걷기 좋은 소도시 퓌센

둘째, 근교를 원데이 투어로 여행한다.

만약 근교 소도시를 왕복할 때 교통이 불편하거나 비용이 많이 들면 곤란하다. 마침 독일은 세계 최고의 철도 교통을 자랑하는 나라. 기차로 구석구석 편리하게 여행할 수 있음은 물론 교통비를 획기적으로 절감해 주는 다양한 체계가 있다. 따라서 원데이 투어로 소도시까지 섭렵하는 데 있어 가히 세계 최고라 자신 있게 이야기한다. 물론 〈프렌즈 독일〉은 이에 맞추어 효율적으로 여행하도록 구성되었다.

세계 최고의 독일 철도

셋째, 거점 도시 간 이동을 정한다.

이러한 여행 전략을 활용하면 독일 여행 코스 완성이 아주 간단하다. 프랑크푸르트 3일→ 뉘른베르크 3일→ 뮌헨 4일 식으로 거점 도시 간 이동과 체류 일수만 정하고, 거점 도시에 머무는 기간 동안 근교 소도시 여행으로 일정을 채운다. 소도시는 대개 반나절 정도 열심히 걸으면 충분히 여행할 수 있다. 근교 여행지를 꼭 미리 정하지 않아도 좋다. 날씨가 좋으면 풍경 좋은 곳을 다녀오고, 비가 오면 박물관이 많은 곳을 다녀오는 식으로 날씨와 기분에 맞춰 소위 DIY식 여행을 완성할 수 있다.

대도시의 야경도 놓쳐서는 안 된다.

거점 도시 간 이동시간

- 기차는 고속열차(ICE, IC) 소요시간, 버스는 고속버스 소요시간. 스케줄에 따라 차이는 있다.
- 직접 구간이 연결되지 않은 곳은 연결 구간의 소요시간을 더하면 대략적으로 계산된다 (예: 함부르크~뮌헨→ICE 1시간 15분+3시간+1시간=5시간 15분 / 큰 기차역은 정차시간이 길기 때문에 실제로는 조금 더 소요된다. 함부르크~뮌헨은 ICE 5시간 40분 소요).
- 이 책의 여행 전략을 제대로 이해하기 위해서 독일의 기차(P.60)와 독일의 고속버스(P.65)에 대한 이해는 필수다. 해당 페이지에서 교통 시스템과 요금체계, 티켓 종류 등에 대해 자세히 소개하고 있다.

이동 수단 완전 정복

세계 최고 수준의 독일 기차가 여행의 기본. 최근에는 고속버스의 성장세도 눈부시다. 그리고 속도 무제한 고속도로 아우토반을 질주하는 재미까지. 이동수단의 핵심을 정리하였다.

기차

기차의 종류

열차 종류가 수십 종에 이를 만큼 다양하지만 딱 두 가지만 기억하면 된다. 고속 열차와 레기오날반(지역 열차). 모든 열차는 이 두 가지 카테고리에 귀속된다.

고속 열차

장거리 이동에는 최대 시속 300km를 자랑하는 초고속 열차 이체에ICE(InterCity Express)가 최고의 선택이다. 쾌적하고 깨끗하며 승차감도 좋다. 한 단계 아래의 이체IC(InterCity)는 정차역이 많아 속도가 느린 것 외에는 큰 차이가 없으며, 다수의 노선이 이체에로 대체되는 중이다. 독일과 주변국을 연결하는 이체 노선은 에체EC(EuroCity)로 구분하여 부른다.

ICE 열차

RE 열차

레기오날반

고속 열차가 독일의 주요 도시를 연결하는 간선철도라면, 주요 도시에서 주변까지 구석구석 연결하는 지선 철도가 레기오날반Regionalbahn이다. 줄여서 에르베RB라고 표기하며, 운행 속도를 높인 에르에RE(Regional Express), 운행 거리가 긴 이에르에IRE(Inter Regional Express), 근거리 전철 에스반S-bahn 등으로 세분된다. 레기오날반은 종류에 관계없이 요금체계가 모두 같다.

그 밖의 열차

위에 소개한 ICE, IC(EC), RE, RB, IRE, S를 제외한 모든 열차는 민간 업체가 위탁 운행하는 사철私鐵이다. 엠M, 베에르베BRB, 파우이아VIA 등이 여기에 속하며, 요금과 정책은 레기오날반 체계에 통합된다. 따라서, 고속 열차와 야간 열차를 제외한 모든 열차는 레기오날반이라 이해해도 무방하며, 고속 열차급 사철로 요금체계가 분리되어 독자적으로 운행하는 플릭스트레인FLX만 유일한 예외로 기억해 두자.

기차 티켓

구간권

티켓 종류는 크게 구간권(일반 승차권)과 정액권(철도패스와 랜더 티켓)으로 나누어 생각하면 이해가 쉽다.

얼리버드 티켓

고속 열차 구간권의 정가Flexpreis는 기본적으로 비싸다. 하지만 모든 고속 열차 티켓은 일찍 구매하면 할인되는 얼리버드(조기 발권 할인) 요금이 존재한다. 초저가Super-Sparpreis는 최저 €12.99부터, 기차역 왕복 대중교통까지 포함되는 저가Sparpreis는 최저 €21.99부터 시작하며, 시간이 지날수록 점점 정가에 가까운 가격으로 인상된다.

독일철도패스

독일철도패스

유레일패스

만약 얼리버드 티켓이 모두 소진되어 비싼 티켓만 남았다면 독일철도패스GRP(German Rail Pass)를 고려해 보자. 독일의 모든 열차(야간 열차와 플릭스트레인 제외)에 무제한 탑승할 수 있는 자유이용권이다. 사용 날짜를 지정하는 선택 사용권GRP Flexi과 개시 후 지정 기간 동안 사용하는 연속 사용권GRP Consecutive으로 나뉘며, 모두 3일권부터 15일권까지 여섯 가지 종류를 판매한다. 만약 매일 기차를 탈 계획이라면 연속 사용권, 그렇지 않으면 선택 사용권이 적절하다. 만 27세 이하는 할인된 유스 요금을 적용한다. 또한, 최근 모바일 시스템이 완성되어 스마트폰으로 패스 개시, 사용, 검표 등을 모두 간편하게 이용할 수 있게 되었다. 단, 기차 내에서 와이파이 접속이 불안정하므로 현지 유심카드 사용 등 데이터 사용이 원활하여야 함을 유념하기 바라며, 자세한 모바일 시스템 사용 방법은 QR코드를 스캔하여 확인할 수 있다.

종류	3일권	4일권	5일권	7일권	10일권	15일권
선택 사용권	€211(€282)	€240(€320)	€265(€354)	€308(€412)	€384(€527)	€527(€725)
연속 사용권	€200(€267)	€228(€304)	€252(€336)	€293(€391)	€345(€474)	€474(€652)

*가격은 2024년 기준(괄호 안은 1등석 패스 가격)

유레일패스

유레일 글로벌패스Global Pass는 유럽 33개국의 기차를 이용할 수 있는 자유이용권. 독일 내에서는 독일철도패스와 규정과 혜택이 같다. 독일 바깥에서는 해당 국가의 철도 규정을 확인해야 한다. 자세한 내용은 홈페이지(www.eurail.com/ko)에서 확인할 수 있다.

좌석 예약

독일 열차는 빈 좌석이 있으면 앉고 없으면 서서 가는 방식이다. 고속 열차는 비용(편도 €5.2)을 내고 좌석 예약Sitzplatzreservierung을 추가하면 내 좌석을 지정해 앉아서 갈 수 있으니 장거리 이동 시에는 고려할 만하다. 독일철도패스 이용 시에도 좌석만 따로 예약할 수 있다. 레기오날반은 예약 제도가 없다.

랜더티켓

수도 베를린과 자유도시 함부르크, 브레멘, 그리고 13개 연방주州까지 총 16개의 행정구역(P.20)을 10개 권역으로 만든 뒤 해당 구역 내 레기오날반을 하루 동안 무제한 탈 수 있도록 만든 상품이 랜더티켓Länder-Ticket이다. 가령, 바이에른 티켓은 바이에른주 내의 모든 레기오날반(사설 열차 포함)을 몇 번이고 탈 수 있다. 평일 09:00, 주말과 휴일 00:00부터 다음 날 03:00까지 유효하다. 열 가지 랜더티켓 중 여행자에게 특히 유용한 것은 아래 4종이다(가격은 2024년 기준 1인권과 5인권).

티켓 이름	적용 지역	가격
바이에른 티켓	바이에른	€29~69
바덴뷔르템베르크 티켓	바덴뷔르템베르크	€26.5~58.5
니더작센 티켓	니더작센, 함부르크, 브레멘	€27~52
작센 티켓	작센, 작센안할트, 튀링엔	€30~62

바이에른 티켓

이 외에 브란덴부르크 티켓, 슐레스비히홀슈타인 티켓, 메클렌부르크포어포메른 티켓, 노르트라인베스트팔렌 티켓(쇠너탁 티켓), 헤센 티켓, 라인란트팔츠 티켓이 있다. 전체 목록과 가격 및 사용 방법은 우측 QR코드를 스캔하여 확인할 수 있다.

크베어두르히란트 티켓

만약 지역 경계를 넘어가 랜더티켓을 사용할 수 없는 여정이라면 독일 전국에서 랜더티켓과 같은 방식으로 레기오날반을 무제한 탑승할 수 있는 크베어두르히란트 티켓Quer-durchs-Land-Ticket을 사용한다. 요금은 1인권 €46부터 시작.

티켓 구입 방법

독일 철도청 애플리케이션DB Navigator을 스마트폰에 설치해 티켓을 구입하고 모바일에 저장하여 검표하면 가장 편리하다. 현장 판매는 기차역 곳곳에 설치된 티켓 판매기를 이용하거나 중간 규모 이상의 기차역에 있는 라이제첸트룸에서 직원에게 구매한다. 단, 직원에게 구매하면 수수료가 추가되어 가격이 더 비싸다.

티켓판매기

DB
CIV 1080
Online-Ticket

Fahrkarte
Fahrtantritt am 06.10.2024
Sie können Ihren Nahverkehrszug frei wählen.

Normalpreis (Einfache Fahrt)
Klasse 2. Klasse
Reisende 1 Kind (6-14 Jahre)
2 Personen (ab 15 Jahre)
Einfache Fahrt Heidelberg Hbf → Frankfurt(Main)
Via: <1080>(WEIN/MA)*Bensheim*DA
Sie können Ihre Fahrkarte bis einschließlich 05.10.2024 kostenfrei stornieren. Danach ist eine Stornierung gegen 19,00 € Entgelt möglich.

Gesamtpreis 51,60 €. Gebucht am 24.09.2024 um 18:38 Uhr.
Dieses Dokument ist nicht vorsteuerabzugsfähig.

Barcode bitte nicht knicken!

1560927622 47
Zangenabdruck
Sanghyun Yough
Auftragsnummer:

Ihre Reiseverbindung und Reservierung - Einfache Fahrt am 06.10.2024

Halt	Datum	Zeit	Gleis	Produkte	Reservierung / Hinweise
Heidelberg Hbf	06.10.	ab 16:59	3	RE 68 (4674)	
Frankfurt(Main)Hbf	06.10.	an 18:24	11		

온라인 티켓

Sanghyun Yough
CIV 1080
Gültigkeit
ICE Fahrkarte (Einfache Fahrt)
Super Sparpreis
2. Klasse
2 Personen (27-64 J.)
1 Kind (6-14 Jahre)
Von: 07.10.2024, 00:00 Uhr
Bis: 08.10.2024, 10:00 Uhr
Verbindung

모바일 티켓

기차 이용 방법

플랫폼 찾기

내가 탑승할 기차의 출발 시각이나 탑승 플랫폼Gleis 번호를 전광판에서 확인한다. 만약 기차가 연착되거나 취소되면 모두 전광판에 안내된다.

탑승 위치 찾기

플랫폼에 설치된 전광판에 표시된 목적지와 열차 편명을 다시 한번 확인한다. 고속 열차는 1등석과 2등석의 위치도 전광판에 알파벳으로 안내되니 해당 알파벳 부근에서 열차를 기다린다. 열차 출입문에 1 또는 2의 숫자를 확인하여 1등석과 2등석을 구분해 탑승한다. 열차 출입문의 버튼을 눌러야 문이 열리는 것에 유의해야 한다.

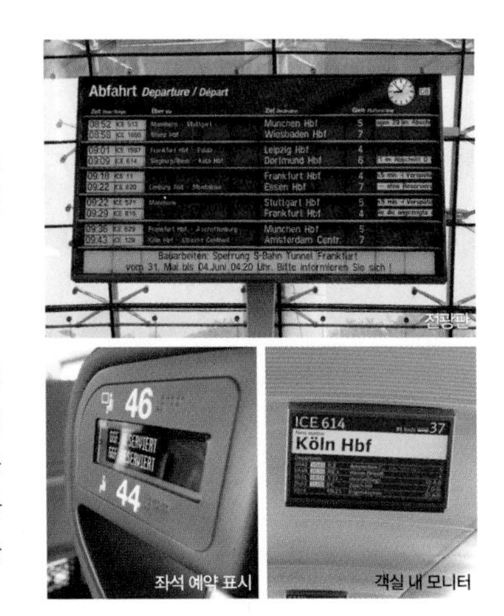

전광판
좌석 예약 표시
객실 내 모니터

자리 찾기

객실 문에도 1 또는 2로 등급이 표시되어 있다. 빈 좌석이 있으면 앉고, 없으면 서서 간다. 빈 좌석이라 해도 머리 위 선반이나 등받이에 구간(예: Berlin – Hamburg)이 표시되어 있으면 다른 사람이 예약한 좌석이므로 비워두어야 한다. 내 좌석을 예약하면 객차 번호와 좌석 번호가 지정되니 해당 객차에 탑승한 뒤 좌석 또는 창문에 적힌 번호를 확인하고 자리에 앉는다. 레기오날반은 좌석 예약 제도가 없다.

검표

자리에 앉기까지 아무런 검표 과정을 거치지 않는다. 열차 출발 후 차장이 돌아다니며 검표할 때 티켓을 보여준다. 모바일 티켓은 스마트폰에 띄워 제시하고, 온라인 티켓은 출력한 종이를 제시한다. 만약 유효한 티켓을 제시하지 못하면 무임 승차로 간주하여 티켓 요금과 벌금을 부과한다. 신분증(여권)까지 확인하는 경우는 드물지만, 원칙적으로 신분증 제시가 필요하며 국경을 넘는 기차 노선은 반드시 여권을 챙긴다.

하차 역 확인

고속 열차는 차장이 직접 독일어와 영어로 안내방송을 하고 객실 내 모니터에 하차 역이 표시된다. 레기오날반은 녹음 방송을 틀어주거나 독일어로만 안내할 때도 있다. 하차 시 출입문의 버튼을 누른다.

환승

기차를 갈아타야 할 때에는 같은 절차를 반복한다고 보면 된다.

연착

세계에서 가장 정확한 편에 속하는 독일 철도청이지만 5~10분의 연착Verspätung은 종종 발생하며, 날씨나 사고로 인해 지독한 연착이 발생하기도 한다. 연착 발생 시 기차역 전광판이나 애플리케이션으로 세부 내용을 확인할 수 있고, 만약 연착으로 인해 환승할 열차를 놓쳤으면 기차역 인포메이션 데스크에서 확인 도장을 받고 다른 열차를 탄다.

기차역 편의시설

기차를 기다리거나 짐을 보관하고 여행하는 등 기차역을 알차게 활용하는 노하우를 정리하였다.

인포메이션

인포메이션

기차역의 이용, 열차 스케줄 확인 등 무언가를 물어보고 싶을 때 인포메이션Information이라고 적힌 데스크를 찾아가자. 최근에는 대형 기차역부터 안내용 키오스크도 늘고 있다.

라이제첸트룸

라이제첸트룸

단순 질문과 문의가 아닌, 기차표 구매나 환불 등 고객 민원을 처리하는 곳이 라이제첸트룸ReiseZentrum이다. 중간 규모 이상의 기차역에 존재한다. 독일철도패스나 유레일패스 개시도 담당한다.

짐 보관소

짐 보관

큰 기차역부터 작은 기차역까지 코인라커Schließfächer는 반드시 존재한다. 백팩이 들어가는 소형 칸부터 큰 캐리어가 들어가는 대형 칸까지 골고루 갖추어져 있다. 요금은 기차역마다 서로 다른데, 하루 평균 €4(소형) 정도다. 직원이 상주하는 유인 보관소Gepäck Center는 베를린 등 대도시 중앙역에 존재한다.

핫스폿 안내

화장실

기차역 화장실은 무료가 아니다. 1회 사용료는 평균 €1. 유료인 대신 수시로 청소하므로 매우 깨끗하고, 일부 대형 기차역은 유료 샤워실도 운영한다. 작은 기차역은 화장실이 아예 없는 경우도 많다.

와이파이

대도시 기차역을 시작으로 최근에는 중간 규모 기차역까지도 와이파이 핫스폿이 늘어나고 있다. 단, 핫스폿 표시가 된 일부 구역에서 접속할 수 있고, 속도는 느린 편이다.

환전소

만약 스위스, 체코 등 유로화를 사용하지 않는 나라에서 기차를 타고 바로 독일에 도착해 유로화가 당장 필요하다면 기차역 내에 설치된 CD기나 환전소Reisebank를 이용한다. 기차역 환전소는 체코, 헝가리, 크로아티아 등 대부분의 유럽 화폐가 상호 환전되는 장점이 있으나 수수료는 저렴하지 않다.

버스

버스의 종류

한국처럼 고속버스, 시외버스 등의 구분을 두지 않고, 모두 장거리 버스Fernbus라고 부른다. 한때 수많은 운송업체가 경쟁했으나 플릭스버스Flixbus가 시장을 평정하였다.

플릭스버스

독일의 작은 회사로 출발해 지금은 전 세계 40개국 3,000개 도시에 노선을 운행하는 운송업계의 공룡이 되었다. 사실상 유럽 전역을 커버하며, 독일 여행뿐 아니라 유럽 어디를 여행하든 저렴한 교통비와 간편한 이용법을 앞세워 높은 경쟁력을 갖는다. 최저 €5부터 시작하는 기차보다 훨씬 저렴한 운임이 최대 강점. 특별한 경우가 아니면 고속도로의 체증이 없어 쾌적하다. 모든 예약과 관리는 온라인이나 모바일을 통해 이루어진다. 스마트폰 애플리케이션을 설치해 전 유럽 노선을 확인하고 예약하며, 모바일 티켓으로 관리하여 편리하다. 플릭스버스 외에 다른 운송회사가 없는 건 아니지만, 굳이 다른 버스를 비교할 필요도 없을 정도로 플릭스버스가 사실상 표준이다.

버스 이용 방법

버스터미널을 독일어로 체트오베ZOB(Zentral Omnibus Bahnhof)라고 부른다. 독일에서 버스 여행이 대중화된 지 불과 10여 년밖에 안 돼서 아직 체트오베는 대도시를 제외하면 매우 열악한 편. 길거리에 정류장 표지판 하나 덩그러니 서 있는 곳에서 버스를 타거나 내릴 일도 많다.

정류장 확인

체트오베 전광판을 통해 내가 탈 버스의 승차 플랫폼 번호를 확인한다. 체트오베 인프라를 갖추지 못한 작은 도시에서는 정류장 표지판에 플릭스버스가 표시되어 있는지 하나하나 확인해야 한다. 플릭스버스는 베를린 등 대도시에서 체트오베 외에 다수의 정류장에 정차하기도 하므로 승하차 정류장 명을 사전에 정확히 확인해 두어야 차질이 없다.

검표

버스에 탑승할 때 기사에게 티켓을 제시한다. 모바일 티켓은 스마트폰에 티켓을 띄워 보여주고, 온라인 티켓은 출력한 종이를 제출한다. 기차와 마찬가지로 국경을 넘는 노선은 여권 지참이 필수다.

함부르크 ZOB

하차 역 확인

정류장마다 버스 기사가 안내하지만, 차내 스피커 음질과 풍절음 등으로 인해 정확히 들리지 않는 편이다. 구글 맵 등 지도 서비스를 스마트폰에 띄워놓고 GPS로 내 위치를 확인하면서 하차에 미리 대비하는 것을 권장한다.

드레스덴 ZOB

연착

도로 사정으로 인해 연착이 발생할 수 있는데, 체트오베 시설이 열악하여 연착 여부가 따로 플랫폼에 안내되지 않는 경우가 많다. 플릭스버스 애플리케이션을 통해 연착 여부를 확인할 수 있으며, 대체로 안내는 정확한 편이다.

표지판의 버스회사 로고를 확인

와이파이

플릭스버스와 이체버스 모두 차내 와이파이가 제공되지만, 이동 중 신호가 끊어지는 경우가 많아 동영상 감상 등 데이터 소모가 큰 시간 활용은 여의치 않다.

수하물

플릭스버스는 큰 수하물 1개를 짐칸에, 작은 수하물 1개를 차내에 휴대할 수 있다.

터미널 편의시설

체트오베가 전반적으로 열악하므로 버스 터미널의 편의시설은 기대하지 않는 편이 좋다. 베를린, 뮌헨 등 대도시의 체트오베에 소수의 코인라커와 유료 화장실이 있다. 작은 도시는 길거리에 정류장 표지판 하나 있는 게 터미널의 전부여서 대기 의자 하나 없는 경우도 많다. 연착 등 돌발 상황이 생겼을 때 물어볼 직원이 없다는 것은 버스 여행의 단점이지만, 애플리케이션으로 실시간 정보는 확인할 수 있다.

레겐스부르크 ZOB

렌터카

소문으로 듣던 독일의 교통 문화를 직접 체험하는 건 어떨까? 속도 무제한 고속도로에서 신나게 달려볼 수 있는 나라는 전 세계에 오직 독일뿐이다.

렌터카 업체

글로벌 렌터카 업체 허츠Hertz, 엔터프라이즈Enterprise, 에이비스Avis, 유럽카Europecar 등 유명 회사가 모두 독일에서 영업 중이며, 독일 회사로는 직스트Sixt가 가장 유명하다. 회사별 유의미한 차이는 없으니, 요금과 차종 및 기타 조건 등에 따라 자신에게 가장 알맞은 업체를 택하면 된다.

렌털 방법

각 업체 홈페이지 또는 렌털카스닷컴(www.rentalcars.com) 등의 가격 비교 서비스를 이용하여 온라인으로 예약하거나 현지의 렌터카 사무소에서 바로 렌트할 수 있다. 단, 현장에서 렌트할 때는 렌털 가능 차종(유종, 미션, 크기 등)을 원하는 대로 고를 수 없을 확률이 높으니 미리 인터넷을 통해 신청하는 게 편하다.

렌트 시 주의사항

- 국제운전면허증은 필수. 또한 국내 운전면허증도 함께 지참해야 한다.
- 만 26세 미만 운전자에게는 렌털을 거부하는 사무소도 여럿 있다.
- 유럽은 아직 수동 미션이 대세. 만약 자동 미션 차량 렌털을 원하면 더욱 일찍 예약을 끝내는 게 좋다. 다행히 최근에는 렌터카 업체에서 자동 미션 차량 확보를 늘리는 추세다.
- 독일을 벗어나 다른 나라에서까지 운전하려면 반드시 사전에 목적지나 경유지를 고지해야 한다. 체코 등 동유럽은 독일의 고급 차량(벤츠, BMW, 포르쉐 등) 렌터카 진입이 금지될 수 있어 렌트가 거부된다.
- 카시트, 스노타이어, 캐리어, 내비게이션(GPS) 등의 장비는 모두 함께 대여할 수 있다.
- 독일은 고속도로 통행료가 없으므로 독일 내 운전은 아무런 제약이 없으나 다른 나라에서 운전하려면 해당 국가의 통행료 시스템을 반드시 미리 확인하고 준비해야 한다.
- 대도시 시내의 주차 환경은 넉넉하지 않은 편이다. 사전에 주차장 위치를 미리 확인해 두면 좋다.

TOPIC 아우토반

분데스아우토반Bundesautobahn(약칭 아우토반)은 독일의 고속도로 명칭이다. 속도 무제한으로 알려져 있으나 실제 제한속도가 없는 구간은 전체의 약 절반 정도이며, 기타 구간은 시속 130km 안팎의 제한속도가 설정되어 있다. 설계부터 최대한 도로의 직선화를 염두에 두었고 톨게이트가 없으며 도로 상태가 양호해 무리 없이 시속 200km까지 속도를 낼 수 있는 '달리기 좋은' 길이다. 단, 속도 무제한 구간도 시속 130km의 권장 속도가 있으며, 이를 초과하여 운전하다 사고가 발생하면 운전자의 책임이 가중된다. 독일 내에서도 탄소 배출을 줄이기 위해 아우토반의 속도 무제한 정책을 폐지하라는 목소리는 계속 나오고 있어 언제까지 '속도 무제한'의 타이틀을 유지할지는 미지수다.

계절별 여행 설계

어떤 상황이든 독일에서 최고의 만족을 추구하도록 돕고 싶은 〈프렌즈 독일〉의 특별한 여행 길잡이. 봄부터 겨울까지 독일의 날씨를 고려하여 가장 좋은 여행지를 추천한다.

봄

기후 특징

아침저녁으로 쌀쌀하지만, 낮 기온이 10도 이상으로 올라가며 따뜻한 봄 날씨가 펼쳐진다. 숲과 공원이 많아 봄이 되면 사방에서 알록달록 예쁜 꽃이 만발하며, 한국처럼 벚꽃놀이도 즐길 수 있다. 가장 비가 적게 오는 계절이기도 하여 4~5월이 여행하기에 가장 좋다.

최고 여행지

유명한 벚꽃 축제가 열리는 본(P.415)이 최고의 봄 여행지. 다만, 벚꽃 개화 시기를 예측하기 어렵다는 변수가 존재한다. 섬 전체가 꽃인 콘스탄츠의 마이나우섬(P.370)은 이러한 변수 없이 늘 예쁜 꽃놀이가 가능하다.

독일의 봄

본

여름

기후 특징

예년 기후로는, 여름에 덥지만 습하지 않아 불쾌하지 않으며, 선크림 등 피부 관리만 신경 쓰면 된다. 해가 길어 21:00가 넘도록 환하다. 초여름에 바짝 비가 내리고 한여름은 덥지만 쾌청하다. 그러나 최근에는 이상기후로 인해 여름에 40도에 육박하는 폭염이 지속되기도 한다. 일반적으로 독일 남부가 북부보다 더 덥다.

최고 여행지

여름은 알프스 대자연을 여행하기에 가장 좋은 시기. 추크슈피체(P.252)나 베르히테스가덴(P.254) 등 경승지를 즐기려면 여름이 최고다. 슈베린(P.468) 등 바다처럼 넓은 호수가 있는 도시에서 휴양을 즐겨도 좋다.

독일의 여름

베르히테스가덴

가을

기후 특징

봄에 비해 비 내리는 날이 많지만, 더 선선하고 상쾌하여 야외에서 활동적인 여행을 즐기기에 좋다. 이 시기에 전국적으로 축제도 많이 열린다. 또한, 숲과 공원의 나무들은 물론 전통 가옥을 타고 올라간 덩굴까지도 단풍이 들어 빨갛고 노랗게 멋진 풍경을 만든다.

최고 여행지

옥토버페스트(P.225)가 열리는 뮌헨, 칸슈타트 민속 축제(P.340)가 열리는 슈투트가르트 등 여기저기서 진행되는 민속 축제를 보러 가자. 뤼데스하임에서 라인강 유람선(P.184)을 타며 활동적인 여행을 즐겨도 좋고, 베르니게로데(P.502)나 프라이부르크(P.361) 등 숲이 우거진 소도시에서 단풍을 즐겨도 좋다.

독일의 가을

뮌헨

겨울

기후 특징

평균 기온은 0도 안팎으로 한국의 겨울보다 온화하지만 체감 기온은 훨씬 낮게 느껴진다. 습도가 높고 바람이 세게 불기 때문. 눈보다 비 오는 날이 많고 하루 종일 찌푸린 날이 계속되기도 한다. 해가 빨리 넘어가 14:00~15:00만 되어도 어둑어둑해져 야외에서 여행하기에는 애로사항이 적지 않다. 간혹 폭풍(한국의 태풍과 유사)이 지나가 홍수 등 자연재해가 발생하기도 한다.

최고 여행지

겨울은 여행 비수기지만 크리스마스 마켓 시즌은 예외. 이 시기에는 어디를 가든 예쁘고 아름다운 풍경을 만날 수 있다. 물론 최고는 뉘른베르크(P.283). 1~2월에는 박물관 등 실내 관광할 곳이 많고 야경도 예쁜 드레스덴(P.531)을 추천한다.

독일의 겨울

드레스덴

추천 여행 일정

1주일부터 1개월까지, 다양한 테마를 가지고 여덟 가지 추천 일정을 구성해 보았다. 거점 도시를 두고 근교를 여행하는 독일 여행 전략을 활용하면, 이 틀 위에서 얼마든지 자신의 취향에 꼭 맞는 알찬 일정을 만들 수 있다.

추천 일정 1

프랑크푸르트 in ⟶ 뮌헨 out | **14박 15일**

초행자를 위한 2주일 코스

프랑크푸르트, 뮌헨, 베를린, 하이델베르크, 퓌센, 로텐부르크 등 국내에 가장 잘 알려진 관광지만 골라서 이동하는 초행자 코스. 이동 거리가 짧지는 않지만 긴 휴가를 내기 어려운 현실을 감안하여 최대한 많은 명소를 둘러볼 수 있게 구성하였다. 이 정도 보고 나면 어디 가서 "독일 다녀왔다"고 이야기해도 된다.

일	일정	교통
1	프랑크푸르트 in	
2	프랑크푸르트 ↔ 하이델베르크[1]	ICE 또는 플릭스 버스
3	프랑크푸르트 → 베를린	ICE 또는 독일철도패스
4	베를린	
5	베를린 ↔ 포츠담	VBB 1일권
6	베를린 ↔ 드레스덴	ICE 또는 플릭스 버스
7	베를린	
8	베를린	
9	베를린 → 뉘른베르크	ICE 또는 독일철도패스
10	뉘른베르크 ↔ 로텐부르크	VGN 1일권
11	뉘른베르크 → 뮌헨[2]	ICE 또는 바이에른 티켓
12	뮌헨	
13	뮌헨 ↔ 퓌센	바이에른 티켓
14	뮌헨[3]	
15	뮌헨 out	

이런 사람에게 추천해요
- ✔ 독일을 처음 만나는 여행자
- ✔ 유명한 여행지를 모두 가보고 싶은 여행자
- ✔ 건축과 예술을 좋아하는 여행자

플랜 B

1 독일철도패스 사용 시 쾰른이나 뤼데스하임(유람선 포함)을 다녀와도 된다.
2 쇼핑에 관심이 많으면 중간에 잉골슈타트를 들러 아웃렛 쇼핑을 권장한다.
3 활동적인 여행을 좋아하면 추크슈피체, 킴 호수 등 남부 알프스 인근을 다녀와도 좋다.

추천 일정 2	프랑크푸르트 in ⟶ 뮌헨 out	6박 7일

아쉽지만 기본에 충실한 1주일 코스

독일 여행에 1주일이라는 기간은 턱없이 부족하지만, 아쉬운 대로 잘 알려진 명소 위주로 압축하여 이동 시간을 최소화하며 구경할 수 있는 코스다.

1. 프랑크푸르트 in
2. 프랑크푸르트
3. 프랑크푸르트 → 하이델베르크[1] → 뮌헨 ········ ICE 또는 독일철도패스
4. 뮌헨
5. 뮌헨 ↔ 퓌센 ········ 바이에른 티켓
6. 뮌헨
7. 뮌헨 out

이런 사람에게 추천해요

- ✔ 독일에 오래 머물기 어려운 여행자
- ✔ 독일을 처음 만나는 여행자

플랜 B

1 프랑크푸르트에서 뮌헨으로 이동하는 중간에 반나절 관광하는 일정이므로 취향에 따라 뉘른베르크나 슈투트가르트로 대체할 수 있다.

추천 일정 3	뮌헨 in ⟶ 뮌헨 out	6박 7일

선택과 집중! 바이에른 1주일 코스

이동 시간을 최소화하여 관광에 더 많은 시간을 집중할 수 있는 코스. 마침 바이에른에 유명 명소가 가득하여 뮌헨을 중심으로 만든 압축 코스다. 모든 이동을 바이에른 티켓으로 해결하는 것도 장점이다.

1. 뮌헨 in
2. 뮌헨
3. 뮌헨 ↔ 퓌센 ········ 바이에른 티켓
4. 뮌헨 ↔ 뉘른베르크[1] ········ 바이에른 티켓
5. 뮌헨 ↔ 로텐부르크[2] ········ 바이에른 티켓
6. 뮌헨
7. 뮌헨 out

이런 사람에게 추천해요

- ✔ 독일에 오래 머물기 어려운 여행자
- ✔ 도시와 자연을 모두 경험하고 싶은 여행자
- ✔ 이동 중 허비하는 시간을 최소화하고 싶은 여행자

플랜 B

1 이동 중 잉골슈타트에 들러 아웃렛 쇼핑을 함께 할 수 있다.
2 상대적으로 교통이 불편한 편이므로 〈프렌즈 독일〉의 뮌헨 지역편을 참조하여 가까운 다른 소도시 또는 알프스를 다녀와도 좋다.

추천 일정 4	프랑크푸르트 in ⟶ 뮌헨 out	14박 15일

알짜배기 남부 여행 2주일 코스

동남부 바이에른과 서남부 바덴뷔르템베르크. 이 두 지역은 기후가 좋고 식도락이 발달해 더 유쾌하게 여행할 수 있는 곳이다. 남부 지역만 충실하게 둘러보며 유명한 곳은 물론, 중세 느낌 가득한 소도시와 숨은 명소를 발굴하고, 산과 호수에서 힐링하는 다채로운 볼거리를 담았다.

	일정	교통
1	프랑크푸르트 in[1]	
2	프랑크푸르트 → 슈투트가르트	ICE 또는 독일철도패스
3	슈투트가르트 ↔ 만하임 & 하이델베르크	바덴뷔르템베르크 티켓
4	슈투트가르트 ↔ 울름	바덴뷔르템베르크 티켓
5	슈투트가르트 ↔ 튀빙엔[2]	바덴뷔르템베르크 티켓
6	슈투트가르트 ↔ 콘스탄츠 & 보덴 호수[3]	바덴뷔르템베르크 티켓
7	슈투트가르트 → 뉘른베르크	ICE 또는 독일철도패스
8	뉘른베르크 ↔ 밤베르크 & 뷔르츠부르크	바이에른 티켓
9	뉘른베르크 ↔ 로텐부르크	VGN 1일권
10	뉘른베르크 → 뮌헨[4]	ICE 또는 바이에른 티켓
11	뮌헨	ICE 또는 바이에른 티켓
12	뮌헨 ↔ 퓌센	바이에른 티켓
13	뮌헨 ↔ 가르미슈파르텐키르헨	바이에른 티켓
14	뮌헨[5]	
15	뮌헨 out	

이런 사람에게 추천해요

✔ 다양한 경험을 원하는 활동적인 여행자
✔ 새로운 여행지를 원하는 여행자
✔ 박물관부터 아웃렛까지 모두 원하는 여행자

플랜 B

1 항공 교통이 편리한 프랑크푸르트부터 시작하지만, 슈투트가르트 in으로 항공권을 구하면 훨씬 효율적이다.
2 메칭엔 아웃렛시티 또는 호엔촐레른성을 함께 들를 수 있다.
3 호수보다 산을 좋아하는 여행자는 프라이부르크 & 검은 숲으로 대체하면 좋다.
4 이동 중 잉골슈타트에 들러 아웃렛 쇼핑을 함께 할 수 있다.
5 루트비히 2세의 다른 고성을 관람하거나 베르히테스가덴 등 알프스 경승지를 추가로 관람할 수 있다. 바이에른 티켓이 유효하다.

추천 일정 5	베를린 in ——> 함부르크 out	14박 15일

숨겨진 보물찾기 북부 여행 2주일 코스

독일 북부에 숨겨진 보석 같은 아름다운 도시가 많지만, 유럽 여행의 일반적인 동선에 비켜 있는 관계로 국내에 덜 알려진 편이다. 남들이 잘 모르는 나만의 보석 같은 여행지를 찾을 수 있는 독일 북부 2주일 여행 코스다.

1. 베를린 in
2. 베를린
3. 베를린 ↔ 포츠담 ········ VBB 1일권
4. 베를린
5. 베를린 → 드레스덴 → 라이프치히 ········ ICE 또는 독일철도패스
6. 라이프치히
7. 라이프치히 ↔ 바이마르 & 에르푸르트[1] ········ ICE 또는 독일철도패스
8. 라이프치히 → 하노버 ········ ICE 또는 독일철도패스
9. 하노버 ↔ 힐데스하임 & 고슬라르 ········ 니더작센 티켓
10. 하노버[2] ········ ICE 또는 바이에른 티켓
11. 하노버 ↔ 브레멘 ········ 니더작센 티켓
12. 하노버 → 뤼네부르크 → 함부르크 ········ 니더작센 티켓
13. 함부르크 ↔ 뤼베크[3] ········ 슐레스비히홀슈타인 티켓
14. 함부르크
15. 함부르크 out

이런 사람에게 추천해요

✔ 독일 여행 2회 차 이상인 여행자
✔ 남들 다 가는 곳엔 흥미가 덜한 여행자
✔ 잘 모르는 것에 과감히 도전하는 모험적인 여행가

플랜 B

1 조금 더 먼 곳에 있는 아이제나흐로 대체할 수 있다.
2 볼프스부르크에 다녀오면 아웃렛 쇼핑과 자동차 테마파크 관람이 가능하다. 니더작센 티켓이 유효하다.
3 화려한 볼거리를 좋아하면 슈베린으로 대신할 수 있다.

추천 일정 6	뮌헨 in ⟶ 베를린 out	14박 15일

축구와 맥주, 그리고 자동차를 따라가는 2주일 코스

독일 하면 떠오르는 대표적인 세 가지 콘텐츠, 축구·맥주·자동차를 섭렵하는 마니아를 위한 코스. BMW의 도시 뮌헨, 벤츠와 포르쉐의 도시 슈투트가르트, 폴크스바겐의 도시 볼프스부르크를 큰 축으로 하여 맥주와 축구가 유명한 도시를 포함해 일정을 완성하였다. 만약 축구 경기 관람이 목적이라면 사전에 경기 일정 및 예매 가능 여부를 확인하여야 한다.

1. 뮌헨 in
2. 뮌헨
3. 뮌헨
4. 뮌헨
5. 뮌헨[1,2]
6. 뮌헨 → 슈투트가르트 ····· ICE 또는 독일철도패스
7. 슈투트가르트
8. 슈투트가르트[3]
9. 슈투트가르트 → 뒤셀도르프 ····· ICE 또는 독일철도패스
10. 뒤셀도르프 ↔ 쾰른 ····· KVB 1일권
11. 뒤셀도르프 ↔ 도르트문트 ····· VRR 1일권
12. 뒤셀도르프 → 하노버 ····· ICE 또는 독일철도패스
13. 하노버 → 볼프스부르크 → 베를린 ····· ICE 또는 독일철도패스
14. 베를린
15. 베를린 out

이런 사람에게 추천해요

- ✔ 독일 축구·맥주·자동차를 좋아하는 여행자
- ✔ 테마를 가진 흥미로운 여행을 좋아하는 여행자
- ✔ 액티비티와 박물관 관람을 좋아하는 여행자

플랜 B

1 뮌헨에서의 축구 관람과 맥주 순례를 고려해 세부 일정은 비워두었다. 퓌센, 가르미슈파르텐키르헨 등 〈프렌즈 독일〉 뮌헨 지역의 정보를 참조하여 일정을 만들어 보자.
2 잉골슈타트를 방문하면 아웃렛 쇼핑과 아우디 박물관 관람이 가능하다. 바이에른 티켓 사용.
3 슈투트가르트에서의 자동차 박물관 순례를 중심으로 하되, 〈프렌즈 독일〉 슈투트가르트 지역의 정보를 참조하여 하이델베르크 등 유명 도시를 함께 관람해도 좋다. 바덴뷔르템베르크 티켓 사용.

추천 일정 7	프랑크푸르트 in ⟶ 베를린 out	9박 10일

어린 자녀와 함께 하는 10일 코스

초등학생 정도의 어린 자녀와 함께 떠난 가족여행에서 재미와 교훈을 동시에 잡을 수 있는 10일 코스를 소개한다. 인프라가 잘 갖추어진 대도시 위주, 적은 이동 시간, 충분한 관람 시간을 고려하여 여유 있게 구성하였다.

1. 프랑크푸르트 in
2. 프랑크푸르트 ↔ 하이델베르크 …… ICE 또는 독일철도패스
3. 프랑크푸르트
4. 프랑크푸르트 → 하노버 …… ICE 또는 독일철도패스
5. 하노버 ↔ 브레멘 …… 니더작센 티켓
6. 하노버 → 볼프스부르크 → 베를린 …… ICE 또는 독일철도패스
7. 베를린
8. 베를린 ↔ 포츠담 …… VBB 1일권
9. 베를린 …… ICE 또는 독일철도패스
10. 베를린 out

어린 자녀를 위한 추천 콘텐츠

- 프랑크푸르트 자연사 박물관(P.156)의 거대한 공룡 화석
- 하이델베르크성(P.347) 등 낭만적인 풍경
- 동화 〈브레멘 음악대〉의 실제 배경인 브레멘(P.454)
- 폴크스바겐의 자동차 테마파크 아우토슈타트(P.509)
- 베를린 박물관섬(P.118)에서 문화 관람
- 분단의 상처를 교육하고 통일에 대한 교훈을 주는 베를린 장벽(P.49)

이런 사람에게 추천해요

✔ 어린 자녀와 함께 떠나는 여행자
✔ 자녀가 오래 기억할 재미와 교훈을 주고 싶은 여행자
✔ 쉬엄쉬엄 여유 있는 일정을 선호하는 여행자

Travel Plus! 독일 철도청의 어린이 혜택

5세 미만 유아는 기차표가 무료이며, 5~14세 아동은 부모(또는 조부모)와 함께 여행하는 동안 무료다. 14세 미만 자녀와 여행할 때 유용한데, 부모임을 입증하여야 하므로 가족관계증명서(영문)를 지참하여야 한다. 부모가 기차표를 구매하거나 철도패스를 구매할 때 자녀 동반 사실을 미리 밝혀야 하는 것을 꼭 기억하자. 기차에서는 검표원에게 아이를 위한 간단한 기념품을 요청해볼 수 있다. 수량이 남아 있으면 색칠공부책 등 기차에서 소소하게 가지고 놀 수 있는 장난감을 무료로 제공한다.

추천 일정 8	베를린 in ——> 뮌헨 out	30박 31일

독일 일주 1개월 코스

방학 시즌을 이용해 아예 작정하고 독일 일주를 해보자. 독일 전국 구석구석 누비고 다니는 1개월 코스를 소개한다. 긴 일정은 중간에 지치면 곤란하므로 여유 있게 구성하였으며, 이 코스대로 이동하면 실제로 거점에서 오전이나 오후에 약간씩 빈 일정이 생길 것이다. 또한, 이 코스를 기본 틀로 하여 거점별 체류일을 자율적으로 조정하여 기간을 더하거나 줄이는 것도 자유롭다.

1. 베를린 in
2. 베를린
3. 베를린 ↔ 포츠담 ········ VBB 1일권
4. 베를린 → 함부르크 ········ ICE 또는 독일철도패스
5. 함부르크
6. 함부르크 → 브레멘 → 하노버 ········ 니더작센 티켓
7. 하노버 ↔ 힐데스하임 & 고슬라르 ········ 니더작센 티켓
8. 하노버
9. 하노버 → 라이프치히 ········ ICE 또는 독일철도패스
10. 라이프치히 ↔ 바이마르 & 아이제나흐 ········ 작센 티켓
11. 라이프치히 ↔ 드레스덴 ········ 작센 티켓
12. 라이프치히 → 뉘른베르크 ········ ICE 또는 독일철도패스
13. 뉘른베르크 ↔ 로텐부르크 ········ VGN 1일권
14. 뉘른베르크 ↔ 밤베르크 & 뷔르츠부르크 ········ 바이에른 티켓
15. 뉘른베르크 → 프랑크푸르트 ········ ICE 또는 독일철도패스
16. 프랑크푸르트
17. 프랑크푸르트 ↔ 카셀 ········ 헤센 티켓
18. 프랑크푸르트 ↔ 비스바덴 & 마인츠 ········ RMV 1일권
19. 프랑크푸르트 → 뤼데스하임 → 뒤셀도르프 ········ ICE 또는 독일철도패스
20. 뒤셀도르프 ↔ 쾰른 ········ KVB 1일권
21. 뒤셀도르프
22. 뒤셀도르프 → 슈투트가르트 ········ ICE 또는 독일철도패스
23. 슈투트가르트
24. 슈투트가르트 ↔ 하이델베르크 ········ 바덴뷔르템베르크 티켓
25. 슈투트가르트 ↔ 콘스탄츠 & 보덴 호수 ········ 바덴뷔르템베르크 티켓
26. 슈투트가르트 → 아우크스부르크 → 뮌헨 ········ ICE 또는 독일철도패스
27. 뮌헨 ↔ 퓌센 ········ 바이에른 티켓
28. 뮌헨 ↔ 가르미슈파르텐키르헨 ········ 바이에른 티켓
29. 뮌헨 ↔ 베르히테스가덴 ········ 바이에른 티켓
30. 뮌헨
31. 뮌헨 out

Tip. 추천 코스는 거점 도시를 활용한 여행의 다양한 예시를 정리한 것이다. 추천 코스에 얽매이지 말고 매력적인 소도시가 많은 독일의 특징을 십분 활용하여 자신만의 루트를 만들어 보자. 거점 도시 이동의 큰 틀만 놔두고 세부 내용은 자신의 취향에 맞게 확 바꾸어도 아무런 지장이 없다.

이런 사람에게 추천해요

✔ 방학 시즌에 독일을 완전히 정복할 여행자

✔ 긴 여행에 끄떡없는 체력을 소유한 여행자

독일에서 다른 나라 여행하기

독일은 유럽 대륙의 정중앙에 위치한 만큼 다른 유럽 국가로 쉽게 이동할 수 있다. 독일과 다른 국가를 함께 여행하는 경우 독일에서 나가거나 독일로 들어오는 관문으로 아래 도시들이 적합하다.

• 모든 교통수단의 소요시간은 직행 기준이다.
• 이 책에 소개되지 않은 교통수단(THA, TGV, SWE, RJ 등)은 독일이 아닌 상대 국가의 철도이므로 독일 철도와 요금체계 및 규정이 다를 수 있다.

취향 따라 떠나는 7가지 테마 여행

남들 다 가는 유명한 곳만 다니는 뻔한 여행이 싫다면? 자신이 선호하는 분야의 여행 테마를 골라 나만을 위한 여행을 완성해 보자. 독일의 매력 탐구에서 미처 다루지 못한 독일의 다양한 여행 테마 중 여행자의 오감을 만족시킬 대표적인 일곱 가지를 소개한다.

Theme 1. 축구 '축덕'을 유혹하는 열광의 현장

"독일인에게 축구는 공기와 같은 것"이라는 말이 있다. 그들에게 축구는 언제나 그 자리에 늘 있어야 하는 존재다. 축구팬이라면 독일의 광적인 축구 열기를 직접 느껴보자.

분데스리가 축구 관람

최근 한국인 선수가 분데스리가 최고 인기 구단에서 활약하며 독일 축구 리그가 우리에게 더욱 친숙해졌다. 홈구장 홈페이지에서 향후 2~4경기의 티켓 판매가 열리지만 FC 바이에른 뮌헨 등 인기 구단의 예매는 쉽지 않다. 시즌 회원에게 우선권이 주어지는데, 인기 구단은 시즌 회원만으로도 만원이기 때문이다. 경기일에 임박하여 취소 티켓이 풀리기도 하니 '손품'을 팔아 검색해 보자. 분데스리가 1~2부 리그 36개 팀의 홈페이지와 경기장 정보는 QR코드를 스캔하여 확인할 수 있다.

축구 박물관

유서 깊은 인기 구단은 자체 박물관을 운영하며 구단의 역사를 들려주고, 우승 트로피나 레전드 선수의 발자취 등 구단의 영광스러운 과거를 보여준다. 알리안츠 아레나(P.219)에 있는 FC 바이에른 뮌헨의 박물관이 대표적인 사례. 또한 2014년 브라질 월드컵에서 독일이 우승한 이후 도르트문트에 거대한 독일 축구 박물관(P.429)이 문을 열었다.

FC바이에른 뮌헨 박물관

축구 기념품

구단마다 유니폼, 응원 용품 및 '굿즈'를 판매하는 팬숍을 운영하니, 특정 구단을 응원하는 여행자라면 그냥 지나칠 수 없을 것이다. 아디다스, 푸마, 나이키 등 스포츠 브랜드 매장에는 해당 브랜드가 후원하는 구단의 유니폼도 판매한다(이름 마킹은 불가).

Theme 2. 자동차 ▸ 포르쉐, 벤츠, BMW 등 드림카의 향연

이름만 들어도 설레는 세계적인 명차의 현재와 과거를 만나는 시간. 눈으로 보는 자동차 여행은 독일이 제공하는 최상급의 즐거움 중 하나임은 이론의 여지가 없다.

포르쉐 박물관

아우디 박물관

자동차 박물관

100년 넘는 긴 역사를 가진 자동차 회사가 저마다 본사에 박물관을 만들어 자사의 시작부터 지금까지의 발자취를 보여준다. 슈투트가르트의 메르세데스 벤츠 박물관(P.336)과 포르쉐 박물관(P.330), 뮌헨의 BMW 박물관(P.218), 볼프스부르크의 폴크스바겐 박물관(P.509)이 대표적이며, 이 책에 소개하지 않았으나 잉골슈타트Ingolstadt에 아우디 박물관도 있다. 영화에서나 보던 클래식 자동차부터 최신 명차까지 두루두루 구경해보자.

자동차 테마 파크

볼프스부르크의 폴크스바겐 본사에 생긴 아우토슈타트(P.509)는 가히 자동차 회사가 보여줄 수 있는 가장 성대한 현장이라 해도 과언이 아니다. 포르쉐, 아우디, 람보르기니 등 폴크스바겐 산하 브랜드를 총망라하며 자동차라는 문화를 누리는 독일인의 일상을 가장 가까운 곳에서 마주하도록 해준다.

자동차 공장 견학

공장 견학 프로그램도 있다. 뮌헨의 BMW와 볼프스부르크의 폴크스바겐은 개인 자격으로 견학이 가능한 투어 프로그램을 운영해 일반 여행자에게도 인기가 높다.

Theme 3. 건축 생생하게 느껴지는 시간의 기록

여행자가 고대 로마제국까지 거슬러 올라가는 독일의 오랜 역사를 가장 생생하게 느끼도록 해주는 분야가 건축이다. 시간을 느끼는 데 전문 지식이 필요한 건 아니니까.

고대 로마

로마인은 알프스를 넘어 오늘날 라인강 서편과 도나우강 남편까지 진출했다. 고대 로마의 식민지(콜로니)에서 출발한 쾰른(P.392), 알프스 이북의 로마제국 최대 도시였던 트리어(P.419), 로마의 군사 기지였던 레겐스부르크(P.293)에 다수의 로마 유적이 공개되어 있다.

레겐스부르크 로마 유적

중세

구시가지가 잘 보존된(또는 완벽히 복원된) 독일의 수많은 도시에서 수백 년 전의 건축물을 만나게 된다. 특히 당시의 기술과 자본의 집결체인 교회와 성당은 독일 건축 여행의 백미. 부유한 시민 세력에 의해 탄생한 화려한 시청과 그에 버금가는 건축물이 모여 탄생한 거리와 광장의 풍경도 놓쳐서는 안 된다.

하노버 신 시청사

하프팀버

목조로 골격을 만들어 완성하는 반목조 양식, 즉 하프팀버Half-Timber는 독일에서 자랑하는 강력한 볼거리다. 동화나 만화 속에 등장할 법한 건물도 예쁘지만, 이러한 공간에서 현대의 모습으로 삶을 영위하는 독일인의 아날로그식 라이프스타일이 더 인상적이다. 독일에서 하프팀버 시가지가 가장 잘 보존된 곳은 단연 첼레(P.510). 또한 고슬라르(P.496), 힐데스하임(P.490) 등 독일 중부의 소도시도 깜짝 놀랄 풍경을 간직하고 있다.

베르니게로데 구시가지

현대 건축

현대적인 고층 빌딩이 스카이라인을 만드는 프랑크푸르트(P.144), 신구가 기막힌 조화를 이루며 도시 재생의 모범을 보여주는 함부르크(P.436)는 요즘 건축 트렌드를 선도하는 대표적인 도시다.

함부르크 현대 건축

독일 교회를 통해 이해하는 건축 사조

건축 사조는 인류사의 타임라인이다. 건축에 대한 전문 지식이 없어도 '느낌'이라는 게 있기 마련. 여기 독일 교회(또는 성당)를 모델로 각 건축 사조별로 두드러지는 '느낌'을 비교해 보았다.

카롤링어 양식

고대 로마의 유적처럼 폐허로 남은 곳을 제외하고 현존하는 가장 오래된 건축 양식이다. 그 역사는 1,000년을 상회하는데, 온전히 남아 있는 건축물은 드물지만 아헨 대성당(P.427)처럼 잘 보존된 사례가 있다. 비잔틴 양식(옛 그리스·로마 스타일)과 유사점이 많다.

로마네스크 양식

그 이름에서 알 수 있듯 로마의 건축 스타일을 계승하였다. 10세기 전후의 사조. 질서와 균형을 중요시하며 화려한 장식을 지양하여 단아한 건축미를 자랑한다. 힐데스하임의 성 미하엘 교회(P.493)처럼 마치 성을 보는 것 같은 '느낌'이 든다.

고딕 양식

기술이 발달하면서 더 높고 화려한 건축이 가능해졌다. 높은 첨탑을 달고 천장을 높이는 한편, 기둥에 화려한 장식을 달고 스테인드글라스로 예술작품을 만들었다. 하늘로 쭉 뻗은 직선적이고 거대한 '느낌'이 든다. 14세기에 절정에 달했으며, 쾰른 대성당(P.396)이 가장 대표적이다.

르네상스 양식

이탈리아에서 시작되어 16세기 전후 유럽을 덮은 르네상스 양식은, 그러나 독일에서는 상대적으로 유행하지 않았다. 이 시기 독일은 30년 전쟁으로 지독한 몸살을 앓았기 때문. 독일의 교회 건축 중에서는 뮌헨의 성 미하엘 교회(P.210)가 유일한 사례로 꼽힌다.

바로크, 로코코 양식

기술이 더욱 발전함에 따라 곡선의 표현도 지연스러워졌나. 17세기 이후 등장한 바로크 양식은 고딕과 반대되는 곡선미로 화려하고 우아하게 표현하는 게 핵심. 조금 더 세밀하게 표현하는 로코코 양식으로 분화된다. 함부르크 성 미하엘 교회(P.448)처럼 화려한 내부 치장이 키포인트다.

신고전주의 양식

독일에 한정 지으면 가장 중요한 건축 사조는 신고전주의일 것이다. 지나치게 화려한 바로크 양식에 반발하여 다시 기본으로 돌아가고자 고전(그리스·로마)을 재현하여 마치 신전을 보는 듯한 '느낌'이 든다. 신고전주의의 거장 싱켈이 만든 포츠담의 성 니콜라이 교회(P.131)가 대표 사례다.

Theme 4. 클래식 음악 ▶ 음악의 아버지가 활동한 고전 음악의 성지

신성 로마제국으로 묶여 있던 독일과 오스트리아는 고전 음악의 메카라 해도 과언이 아니다. 클래식 음악 애호가에게 독일은 셀 수 없는 재미를 제공한다.

독일 음악가

독일어권 국가에서 모차르트, 슈베르트, 슈트라우스 등 세계적인 천재 음악가가 활동한 중심지는 오스트리아 빈Wien이다. 오스트리아를 제외하고 독일 지역만 국한하여 생각했을 때, 가장 독일을 대표하는 음악가는 '음악의 아버지' 바흐(P.27)다. 그의 고향 아이제나흐에 생가 기념관 바흐하우스(P.570), 그가 왕성히 활동한 라이프치히에 그의 음악 세계를 정리한 바흐 박물관(P.521)이 있다. 그의 일터였던 라이프치히의 성 토마스 교회(P.521)도 빼놓을 수 없다.

이 외에도 열광적인 마니아를 거느린 리하르트 바그너는 독일의 민족주의를 고취하는 작품을 다수 만들었으며, 노이슈반슈타인성(P.232) 등 여러 명소에 영감을 주었다. 독일에서 태어나 음악을 배운 뒤 타국에서 주로 활동한 베토벤Ludwig van Beethoven과 헨델Georg Friedrich Händel의 생가 기념관 베토벤하우스(P.412)와 헨델하우스Händel-Haus가 각각 본과 할레Halle(Saale)에 남아 있다.

바그너 동상

헨델 동상

젬퍼 오페라 극장 ©Semperoper Dresden / K.Gigga

공연 관람

세계 3대 교향악단으로 꼽히는 베를린 필하모니(P.110) 등 세계적인 무대를 직접 관람해 보자. 중간 규모 이상의 도시 대부분에서 수준 높은 무대가 열린다. 이 책에 관광 명소로 소개된 극장 중 베를린 필하모니 외에도 베를린 콘체르트 하우스(P.108), 드레스덴 젬퍼 오페라 극장(P.536), 함부르크 엘브필하모니(P.445), 하노버 오페라 하우스(P.480) 등은 세계적으로 명성이 높다. 또한 작곡가 멘델스존이 지휘하였던 유서 깊은 게반트하우스(P.524) 오케스트라도 라이프치히에서 역사를 이어가는 중이다. 티켓 예매는 해당 극장 홈페이지에서 가능하다.

클래식 축제

연중 계속되는 음악 공연 외에도 기간을 정하여 특별한 공연을 펼치는 음악 축제가 곳곳에서 열린다. 이 책에서는 라이프치히의 바흐 페스티벌(P.530)을 소개하였으며, '바그너의 성지' 바이로이트Bayreuth에서 열리는 바그너 축제는 '세계에서 가장 표를 구하기 어려운 축제'라 불릴 정도니 마니아라면 기억해 두자.

Theme 5. 가도 도시를 잇는 아름다운 여행길

소도시가 많은 독일은 일찍이 '가도 여행'이 만개하였다. 비슷한 테마를 가진 소도시를 묶어 일종의 루트를 만드는 것이다. 렌터카가 없어도 여행하기 좋은 대표적인 가도 세 가지를 소개한다.

로맨틱 가도

독일 남부의 약 350km에 달하는 로맨틱 가도Romantische Straße에 그 이름 그대로 낭만적인 소도시가 모여 있다. 본래 '로마로 가는 길'이라는 뜻에서 유래하였으나 지금은 모든 여행자가 '낭만의 길'로 받아들인다. 뷔르츠부르크(P.303), 로텐부르크(P.310)가 로맨틱 가도의 대표적인 구성원이며, 퓌센(P.229)이 종점이다. 뮌헨과 뉘른베르크를 중심으로 열차를 이용한 여행이 가능하다.

퓌센

뷔르츠부르크

동화 가도

그림 형제(P.26)는 동화를 만들 때 주로 어떤 지역에서 전해지는 민담이나 설화를 각색하였다. 즉, 그림 형제의 동화는 실제 배경 도시가 존재한다. 동화 가도Deutsche Märchenstraße는 그림 형제의 고향 하나우(P.166), 그림 형제가 동화책을 완성한 카셀(P.188), 그리고 동화의 배경이 되는 브레멘(P.454), 하멜른Hameln 등을 연결한다.

브레멘

하멜른

고성 가도

산 위에 우뚝 선 그림 같은 고성, 웅장하고 아름다운 궁전 수십 곳을 연결하는 테마 루트. 하이델베르크성(P.347), 뉘른베르크의 카이저성(P.270) 등이 고성 가도Burgenstraße에 속하며, 냉전이 끝나고 '철의 장막'이 사라진 뒤 체코 프라하까지 루트를 연장하였다.

뉘른베르크 카이저성

프라하성

기타

그 밖에도 알프스를 따라 이동하는 알펜 가도Alpenstraße, 로맨틱 가도와 유사하게 매력적인 소도시를 엮은 판타스틱 가도Fantastische Straße, 유명한 와인 산지를 연결한 와인 가도Deutsche Weinstraße 등이 유명하다. 하지만 대중교통으로는 이동하기 어려워 이 책에서는 따로 자세히 부연하지 않는다.

Theme 6. 자연 ▸ 숲과 호수에서 힐링 여행

독일은 매우 깨끗하다. 산에서, 물에서, 그리고 큰 도시 한복판에서도 누구나 숲을 벗하며 휴식을 즐긴다. 여유롭게 '힐링'도 하고 액티비티도 즐겨 보자.

산 위에서

게르만족은 '숲의 민족'이라는 말이 있다. 독일은 전국에 걸쳐 산이 많고 울창한 숲이 즐비하다. 이 책에 소개된 펠트베르크(P.367), 바스타이(P.549), 브로켄 산(P.504)은 각각 검은 숲, 작센스위스, 하르츠 산맥의 일부에 해당한다. 또한 독일 남부가 알프스에 맞닿아 있어 추크슈피체(P.252) 등 알프스 산봉우리를 정복하거나 노이슈반슈타인성(P.232) 등 산속 깊숙하게 숨어 있는 성을 탐험할 수 있다.

펠트베르크

바스타이

호수에서

독일은 바다를 접하는 곳이 제한적이며 관광지와는 거리가 먼 편이다. 그래서 독일인은 바다보다 호수에서 바람을 쐬며 휴가를 즐긴다. 독일 전국에 깨끗하고 아름다운 호수가 많으며, 특히 남부의 보덴 호수(P.370)는 마치 바다처럼 넓은 규모를 자랑한다. 알프스가 만든 쾨니히 호수(P.256), 아이브 호수(P.253), 알프 호수(P.233), 킴 호수(P.239) 등 독일인이 사랑하는 휴양지도 쉽게 찾아갈 수 있다.

알프 호수

킴 호수

도시에서

산업화한 대도시에도 자연을 벗하며 쉴 수 있는 공간이 많다. 거의 모든 도시에 대형 시민공원이 있어 한가로이 일광욕하거나 가족 또는 반려견과 시간을 보내는 현지인의 여유를 늘 마주할 수 있다. 베를린의 티어 공원(P.106), 뮌헨의 영국 정원(P.214), 함부르크의 플란텐 운 블로멘 공원(P.446), 하노버의 마슈 호수(P.482) 등이 대표적이다. 친환경 도시 프라이부르크(P.361) 등 깨끗하고 상쾌한 소도시도 많다.

티어 공원

영국 정원

Theme 7. 성지순례 종교 개혁의 발자취

독일은 개신교의 성지聖地다. 마르틴 루터에 의해 종교 개혁이 일어나 개신교가 완성된 곳이 바로 독일이다. 마르틴 루터를 따라가는 성지순례가 가능하다.

종교 개혁

교황청의 면죄부(면벌부) 판매에 대한 반발로 일어난 개혁 운동. 1517년 독일의 성직자이자 신학교 교수인 마르틴 루터가 '95개조 반박문'을 게시하며 시작되었고, 개신교의 탄생을 이끌었다. 종교 개혁은 소수의 권력자가 다수의 민중을 지배하던 중세 봉건 유럽의 이데올로기를 전복하는 시발점이라는 측면에서 특정 종교의 사건이 아니라 유럽 전체 역사를 통틀어 매우 중요한 변곡점이다. 또한 종교 개혁 이후 가톨릭과 개신교의 대립이 30년 전쟁으로 이어지면서 유럽의 국가 지도가 크게 바뀐다.

마르틴 루터와 관련된 주요 유적

루터의 고향이자 그가 임종을 맞은 아이슬레벤Lutherstadt Eisleben, 루터가 '95개조 반박문'을 붙였던 슐로스 교회(P.137)가 있는 비텐베르크, 두 도시가 가장 상징적인 성지로 유네스코 세계문화유산으로 등재되었다. 비텐베르크는 루터가 평생 학생을 가르치며 생활했던 '루터의 도시'이며, 루터의 사역을 집대성한 루터하우스(P.137) 박물관이 있다. 또한 종교 개혁의 가장 상징적 사건인 신약성서 번역 장소 바르트성(P.571)이 아이제나흐에, 목숨을 걸고 신념을 지킨 청문회 장소가 보름스(P.197)에 있다. 루터가 성직자가 되기 전 대학교에 다녔으며 성직자가 된 이후 처음 사제로 복무한 도시 에르푸르트(P.564)도 빼놓을 수 없다.

종교 개혁과 관련된 기타 장소

아우크스부르크(P.243)는 루터가 제국의회에 소환되었다가 기적적으로 탈출한 곳이며, 훗날 동지 필리프 멜란히톤의 '신앙고백'이 일어나는 도시다. 루터가 종교 개혁의 '아버지'라면 멜란히톤은 종교 개혁의 '어머니'와 같은 인물. 그의 기념관도 비텐베르크에 있다. 그림으로 종교 개혁에 이바지한 르네상스 화가 루카스 크라나흐의 유작 제단화가 있는 바이마르 헤르더 교회(P.553)도 성지로 꼽힌다.

루터의 생가

슐로스 교회

바르트성

루터 기념비

현지에서 헤매지 않기

본격적인 여행 설계를 위하여 독일의 교통, 화폐, 언어, 숙박, 치안, 문화 등 실용적인 현지 정보를 모두 모았다.

독일의 대중교통

대중교통 체계가 한국과 다르지만, 다행히 독일 전국의 체계는 지역별로 큰 차이가 없으므로 여기서 소개하는 내용 정도만 숙지하면 독일 어디에서도 어려움이 없을 것이다.

대중교통의 종류

- 에스반S-bahn : 독일 철도청이 운영하는 전철. 노선은 S1, S2 등으로 표시한다.
- 우반U-bahn : 사설 업체가 운영하는 전철. 노선은 U1, U2 등으로 표시한다.
- 트램Tram : 지상으로 다니는 노면 전차. 대도시에서도 흔하게 발견된다.
- 버스Bus : 전철과 트램이 다니지 않는 골목 구석까지 연결한다. 독일어 발음은 부스.

베를린 에스반

드레스덴 트램

정류장 표시

에스반은 녹색 원 속에 S, 우반은 파란색 네모 속에 U를 적어 표시하는 게 전국 표준이다. 트램과 버스는 도시에 따라 차이가 있으나 일반적으로 정류장Haltestelle의 머리글자 H로 표시하며, 대도시는 간혹 Tram, Bus라는 글자로 정류장을 구분하기도 한다.

대도시 뮌헨 표지판
소도시 로텐부르크 표지판

대중교통 네트워크

큰 도시를 중심으로 주변을 거미줄처럼 연결하는 광역 교통망이 완성되어 있으며, 교통국 역할을 하는 하나의 기관에서 총괄한다. 가령, 베를린과 그 부근은 베파우게BVG라는 기관에서 모든 대중교통 수단과 노선을 관리한다. 프랑크푸르트의 에르엠파우RMV, 뮌헨의 엠파우파우MVV, 뉘른베르크의 파우게엔VGN 등도 마찬가지다. 이 책은 주요 거점 도시별 교통국 및 홈페이지, 애플리케이션 사용법(QR)을 함께 소개하였다.

또한, 레기오날반도 대중교통 네트워크에 포함된

다는 점이 특이하다. 가령, BVG 네트워크에 포함되는 구간은 에스반을 타든, 레기오날반(동급의 사설 열차 포함)을 타든 요금이 같다. 따라서 레기오날반으로 왕래할 근교 원데이 투어도 대중교통 요금으로 모두 해결되는 경우가 많다.

티켓의 종류

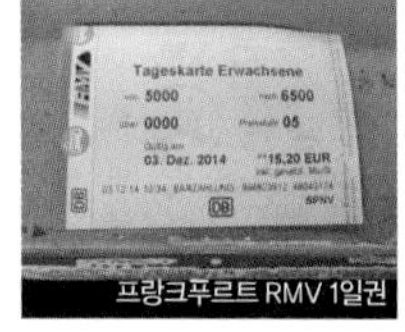

프랑크푸르트 RMV 1일권

BVG, RMV, MVV, VGN 등 각 대중교통 네트워크별로 전철과 트램, 버스의 구분 없이 티켓이 통합되어 있으며, 레기오날반도 마찬가지다. 교통수단에 상관없이 1회권Einzelkarte과 1일권Tageskarte만 구분하자. 지역에 따라 3~4 정거장 이내의 짧은 거리는 1회권보다 저렴한 단거리권Kurzkarte도 판매한다.

타리프존

이처럼 구분이 명료하지만, 딱 하나 신경 쓸 것은 타리프존Tarifzone이다. 먼 거리로 갈수록 요금이 할증되는 방식이며, 이러한 요금 구역을 타리프존이라 부른다. 시내에서만 대중교통을 이용할 때, 근교 도시까지 나갈 때, 각각의 타리프존에 맞는 티켓이 필요하다.

티켓 구입 방법

전철역과 정류장의 티켓 판매기를 이용한다. 일부 지역은 트램이나 버스 내에도 티켓 판매기가 있

베를린 전철역 티켓판매기

고, 버스는 기사에게 구매할 수 있다. 교통수단별로 티켓의 차이가 없어서 어디서 구매하든 관계없다. 단, 티켓 판매기는 동전을 미리 준비해야 편리하다.

검표

모든 대중교통 수단에 개찰구가 없다. 유효한 티켓을 들고 탑승하면 끝. 불시에 검표원이 탑승해 티켓을 확인하므로 무임 승차는 곤란하며, 적발 시 €60의 벌금이 부과된다. 주의해야 할 것은 소위 '펀칭'이라 부르는 개표 절차다. 전철역 출입구나 티켓 판매기 주변, 트램 내부 등에 조그마한 개표 기계가 보이면 티켓을 직접 밀어 넣어 도장을 찍어야 한다. 만약 티켓을 구매했어도 개표하지 않으면 무임 승차에 해당한다. '펀칭'이 필요한지 여부는 도시마다 차이가 있는데, 만약 티켓에 날짜와 시간이 인쇄되어 있으면 '펀칭'은 불필요하고, 그렇지 않으면 필수라고 이해하면 된다. 그래도 헛갈리면, 일단 티켓을 개표 기계에 밀어 넣어 보라. '펀칭'이 필요없는 경우는 규격이 맞지 않아 쉽게 식별할 수 있을 것이다.

펀칭

스케줄 확인

전철, 트램, 버스 등 모든 운송수단은 요일별 시간표가 확정되어 있으며, 교통체증이 적어 대도시에서도 시간이 잘 지켜지는 편이다. 각 대중교통 네트워크별로 홈페이지와 스마트폰 애플리케이션을 통해 직접 스케줄을 조회할 수 있다. 이 책에서는 주요 도시마다 대중교통 네트워크의 홈페이지 주소를 따로 소개하고 있다.

독일의 언어

독일은 독일어를 사용한다. 그러나 정규 교육 과정에 영어가 포함되어 있어 독일인 대부분이 영어를 능숙하게 구사하므로 독일어를 몰라도 여행에 아무런 지장은 없다.

독일어 철자와 발음

지명 등 고유명사를 자연스럽게 읽으려면 독일어 발음을 익혀두는 게 여행에 나쁘지 않은 선택. 독일어는 영어 알파벳 26자 외에 ä, ö, ü, ß까지 총 30자의 알파벳으로 구성된다. ä, ö, ü, ß는 각각 ae, oe, ue, ss로 대체하여 적을 수 있다.

독일어 발음은 비교적 정해진 규칙을 따르므로 스펠링 그대로 발음하면 대개 비슷하다(예: Bus 부스, Auto 아우토, Hamburger 함부르거).

그 외 자모음이 결합하거나 특수한 상황의 예외적인 법칙은 대표적으로 아래와 같다.

· ch는 i 모음과 결합하면 히[ç], 나머지 모음과 결합하면 흐[x]. 한국어에 없는 발음이므로 대단히 까다롭다(예: Bach 바흐, Ich 이히).
· chs는 영어의 x와 유사한 크스[ks] 발음(예: Sachsen 작센).
· sch는 슈(시)[ʃ](예: Schloss 슐로스), tsch는 추(치)[tʃ] (예: Deutsch 도이치).
· 단어가 St로 시작되면 슈트[ʃt], Sp로 시작되면 슈프[ʃp](예: Stadt 슈타트).
· 모음 뒤의 h는 묵음 처리(예: Fahrt 파르트).
· ng는 영어와 같이 응[ŋ] 발음으로 처리한다(예: Hunger 훙어).
· nk는 응크[ŋk] 발음으로 처리한다(예: Danke 당케).
· -tion은 치온[tsion] 발음으로 처리한다(예: Information 인포르마치온).
· 이중 모음은 ei, eu, äu가 많이 쓰이며, ei는 아이[aɪ], 나머지는 오이[ɔʏ]로 발음한다(예: Nein 나인, Europa 오이로파).

문자	명칭	발음	문자	명칭	발음
a	아	아[a]	p	페	프[p]
b	베	(모음 앞) 브[b], (단어 끝) 프[p]	q	크베	qu- 크브[kv]
c	체	크[k] 또는 츠[ts]	r	에르	에어(에르)[ɛʁ]
d	데	(모음 앞) 드[d], (단어 끝) 트[t]	s	에스	(모음 앞) 즈[z], (나머지) 스[s]
e	에	에[ɛ]	t	테	트[t]
f	에프	프[f]	u	우	우[u]
g	게	(모음 앞) 그[g], (단어 끝) 크[k]	v	파우	프[f]
h	하	흐[h]	w	베	브[v]
i	이	이[i]	x	익스	크스[ks]
j	요트	이[j] (영어의 y)	y	윕실론	위(이)[y]
k	카	크[k]	z	체트	츠[ts]
l	엘	르[l]	ä	아 움라우트	에[ɛ] 또는 애[æ]
m	엠	므[m]	ö	오 움라우트	외[ø]
n	엔	느[n]	ü	우 움라우트	위[y]
o	오	오[o]	ß	에스체트	스[s]

물론 이러한 발음 표기는 외국어 표기법을 최대한 인용한 것이며 현지인의 실제 발음과는 차이가 크다.

자주 쓰이는 독일어 단어

기차역 등 주요 공공장소는 표지판에 영어가 병기되어 있고, 다수의 레스토랑이 영어 메뉴판을 별도로 비치하고 있다. 그래도 자주 보이는 독일어 단어를 알아두면 유사시 보다 편하게 대처할 수 있어 대표적인 기본 단어를 정리한다.

방향을 뜻하는 단어

독일어 단어	(한글 발음)	같은 뜻의 영어	뜻
rechts	(렉스)	right	오른쪽
links	(링크스)	left	왼쪽
Nord	(노르트)	north	북쪽
Süd	(쥐트)	south	남쪽
Ost	(오스트)	east	동쪽
West	(베스트)	west	서쪽
nächster	(넥스터)	next	다음
Richtung	(리히퉁)	direction	방향

표지판에 주로 등장하는 단어

독일어 단어	(한글 발음)	같은 뜻의 영어	뜻
Eingang	(아인강)	entrance	입구
Ausgang	(아우스강)	exit	출구
Rundgang	(룬트강)	round tour	관람 통로
Not	(노트)	emergency	비상
Abfahrt	(압파르트)	departure	출발
Anfahrt	(안파르트)	arrival	도착
Gleis	(글라이스)	platform	플랫폼
Toilette / WC	(톨레테)	toilet	화장실
Damen	(다멘)	ladies	여성(들)
Herren	(헤렌)	gentlemen	남성(들)
Haltestelle	(할테슈텔레)	stop	정류장
Kasse	(카세)	cashier	계산대/매표소
Stadtplan	(슈타트플란)	city map	시내지도
Automat	(아우토마트)	vending machine	자동판매기

식당 메뉴에 주로 등장하는 단어

독일어 단어	발음	한국어 뜻
Speisekarte	슈파이제카르테	메뉴판
Brot, Brötchen	브로트, 브뢰트헨	빵
Suppe	주페	수프
Salat	잘라트	샐러드
Ei	아이	달걀
Käse	케제	치즈
Wasser	바서	물
Milch / Saft	밀히 / 자프트	우유 / 주스
Bier	비어	맥주
Wein / Sekt	바인 / 젝트	와인 / 샴페인
Schwein	슈바인	돼지고기
Rind	린트	소고기
Fisch	피슈	생선
Lachs	락스	연어
Thunfisch	툰피시	참치
Hänchen	헨헨	닭고기
Schinken	싱켄	햄
Kartoffel	카르토펠	감자
Salz / Zucker	잘츠 / 추커	소금 / 설탕
gegrillt	게그릴트	구운 것
gekocht	게코흐트	삶은 것
gebraten	게브라텐	튀긴 것
heiß / kalt	하이스 / 칼트	뜨거운 / 차가운
Mittagskarte	미탁스카르테	점심 메뉴
Nachspeisen	나흐슈파이젠	후식

*위에 소개된 단어와 비슷한데 조금 다른 경우는 대개 복수형으로 이해하면 된다(예: Kasse → Kassen).

독일에서 영어 쓰기

베를린 등 대도시에서는 영어가 통하지 않는 곳을 찾기 어렵다. 소도시에서도 관광객이 찾아갈 만한 장소에서 독일어를 하지 못해 곤란한 일은 발생하지 않는다. 단, 구동독에 속하였던 도시는 관광지나 식당에서 상대할 고령층이 영어를 하지 못해 '보디랭귀지'로 소통하여야 할 순간이 가끔 생길 수 있다.

독일의 숙박

다양한 등급의 호텔이 대도시부터 소도시까지 충분하다. 대도시에는 저렴한 배낭여행자를 위한 호스텔과 한인 민박도 쉽게 구할 수 있다.

숙소 선택 기준

글로벌 호텔 예약 서비스가 보편화되고 사용자 리뷰로 옥석을 쉽게 가릴 수 있는 요즘, 숙소 선택의 가장 중요한 기준은 위치다. 호텔은 무거운 짐을 들고 오가는 곳이며, 하루 여행의 시작과 끝이 되는 곳이다. 따라서 위치에 따라 여행 스타일이 달라지므로, 나에게 적합한 숙소의 위치를 먼저 고르는 게 중요하다. 〈프렌즈 독일〉은 각 지역마다 거점 도시 위주로 지역별 숙소의 특징과 장단점을 정리해두었다.

호텔의 특징

독일은 호텔을 1~5성급으로 분류하며, 3성급 이상은 가족 여행 중 이용하여도 큰 불편이 없다. 낡은 건물을 개조하여 호텔로 만든 사례가 많고, 엘리베이터가 없는 곳도 꽤 있다. 사용자 후기를 충분히 살펴보면서 호텔을 고르자.

호텔

호스텔의 특징

호스텔은 방을 빌리는 게 아니라 침대를 빌리는 도미토리Dormitory 형태의 저렴한 숙박업소다. 공동 객실은 특별한 언급이 없는 이상 남녀가 함께 사용한다. 호스텔도 1·2인실을 갖춘 곳이 많은데, 가격과 설비가 2성급보다는 좋고 3성급보다는 못하다. 유스호스텔Jugendherberge은 더 엄격히 관리되고 청결하며, 유스호스텔의 발상지 독일은 이름 모를 작은 마을까지도 유스호스텔이 존재할 정도로 널리 보급되어 있다. 단, 유스호스텔 회원증이 없으면 추가요금이 붙는다.

호스텔

한인 민박

베를린과 프랑크푸르트 등 대도시 위주로 한인 민박이 영업 중이다. 한국어가 통한다는 점이 최대 장점. 과거에는 조식으로 한국 음식을 제공하였지만 최근 들어 서양식 조식으로 변경되는 추세에 있다.

+ TRAVEL PLUS 베드 버그

세계 각지에서 여행자가 드나드는 호스텔 도미토리는 '베드 버그'라 불리는 빈대가 골칫거리다. 베드 버그에 물리면 2~3일의 잠복기 후 가려움증이 심하게 발생해 계속 긁게 되고, 환부가 커지고 흉터가 생긴다. 환부가 일렬로 이어지거나 국소 부위에 밀집되는 게 특징. 긁지 않으면 자연스럽게 가라앉는다. 따라서 약국에서 항히스타민 연고를 구입해 바르는 게 적절한 대응이다. 인체에 무해한 살충제를 휴대하여 호스텔 침대와 침구에 뿌리는 것도 예방에 도움 된다.

독일의 물가

독일은 유로화를 사용한다. 프랑스, 이탈리아 등 서유럽에 비해 물가는 저렴한 편. 환전 방법부터 현지 물가, 재활용 보증금 환급 방법까지 여행 경비 관련 실용 정보를 정리한다.

환전 방법

국내 은행에서 유로화 환전이 간편하므로 미리 환전하여 현금을 지참하는 방법, 그리고 현지 ATM 기계에서 인출하는 방법으로 나뉜다. 독일 현지에 환전소는 많지 않고, 원화를 취급하는 환전소는 사실상 없다.

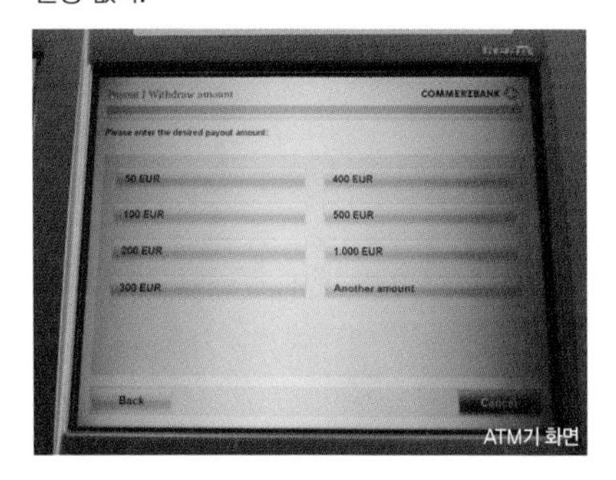

ATM기 화면

기본 물가

사람마다 취향과 씀씀이가 다르므로 물가를 일괄적으로 정리하기는 어려우나 대략 아래와 같이 이야기할 수 있다.

- 가벼운 식사(빵 종류) €1~3
- 길거리 간식(임비스) €3~5
- 적당한 식사(패스트푸드, 임비스) €8~12
- 정식(레스토랑, 비어홀) €15~30
- 고급 식사(한국 식당 포함) €20~30
- 맥주(식당) €3~5
- 맥주와 음료(편의점) €1~2
- 커피(전문점) €2~3

가격 표시 방법

- 소수점 대신 쉼표(,)를 사용하여 센트를 표시하기도 한다(예: €1,5=1유로 50센트=1.5유로, €2=2유로).
- 1,000 단위 이상의 가격 표기 시 쉼표 대신 마침표(.)로 자리를 구분한다(예: €1.234=1,234유로).
- 드물게 ct라는 단위가 보이는데, 유로센트를 의미한다(예: 25ct=25센트=0.25유로).

재활용 보증금 환급

보증금이 별도로 표시된 가격표

일회용 보증금 표시

보증금 환급 기계

시중에 판매되는 음료는 제품 가격과 별도로 재활용 보증금이 추가된다. 물, 콜라, 맥주 등 캔과 페트병에 들어 있는 대부분의 제품이 해당하며, 우유 등 종이팩에 들어 있는 것은 제외된다. 보증금은 레어구트Leergut라고 하며, 예전 여행 정보는 '판트Pfand'라는 용어로 통용되었다. 보증금은, 일회용Einweg 용기는 25센트, 다회용Mehrweg 용기는 15센트, 기본 맥주병은 8센트가 추가된다. 보증금은 아주 작은 소매점을 제외한 모든 마트와 편의점에서 환급해준다. 최근에는 환급 기계가 널리 보급되어 더욱 편리하다. 레어구트 또는 판트라고 적힌 기계를 이용하자. 이러한 보증금은 제품 가격표에 따로 적지 않거나 작은 글씨로 병기하니, 큰 글씨로 적힌 금액만 생각했다가 점원이 돈을 더 내라고 해서 바가지를 씌운다고 오해하면 곤란하다. 자세한 환급 방법은 우측 QR코드를 스캔하여 확인하기 바란다.

독일의 문화

사람 사는 세상은 다 비슷하므로 기본적인 에티켓은 독일과 한국 사이에 큰 차이가 없다. 문화적으로 차이가 있는 부분만 별도로 정리하였다.

팁 문화

독일에서 레스토랑 팁은 의무가 아니다. 그렇다고 해서 팁을 주지 않아도 된다는 소리는 아니며, 종업원이 매우 무례하지 않았다면 팁을 내는 것이 '강력히 요구되는' 예의다. 잔돈 단위를 맞춰 팁을 내는 게 보편적인 방법. 가령, 음식값이 총 €18.5일 때 €20 지폐를 내고 잔돈을 가지라고 하는 식이다. 대략 10% 안팎으로 맞추어 잔돈이 딱 떨어지도록 계산하면 된다. 신용카드로 결제할 때에는 팁 포함 금액의 결제를 요청하거나, 또는 음식값만 카드로 결제하고 10% 안팎의 적당한 금액을 현금으로 주면 된다. 이것은 종업원이 주문받고 음식을 가져다주는 레스토랑에 해당하며, 패스트푸드나 임비스 등 손님이 직접 주문하고 음식을 받는 경우는 해당하지 않는다. 호텔은 봉사료가 포함되어 있어 팁을 지불하지 않으나 만약 쓰레기를 과도하게 남기는 등 종업원이 평균 이상의 노동을 하게 만들었다면 소액의 팁을 테이블에 놔두고 퇴실하는 게 예의다.

층수 표시

독일은 건물의 첫 층이 1층이 아니라 로비층Erdgeschoss이고, 엘리베이터에는 E 또는 EG로 표시한다. 독일에서 1층은 한국의 2층과 같다. 만약 호텔 객실이 3층이라고 하면, 한국식으로는 4층에 해당하는 셈이다. 지하층은 U 또는 UG로 표시한다.

자전거 도로

한국과 달리 자전거 도로에 보행자가 들어가면 안 된다. 여행 중 무심코 자전거 도로에 발을 들이면 사고 위험도 있으니 주의하도록 하자. 만약 자전거 도로에서 보행자와 자전거가 충돌하면 보행자 과실이다.

공휴일

독일의 공휴일은 '쉬는 날'이다. 공휴일(일요일 포함)에 백화점, 마트 등 상업시설은 대부분 문을 닫고, 소수의 레스토랑도 영업을 하지 않는다. 그러나 박물관 등 관광지는 문을 여니 관광에 큰 불편은 없다. 독일의 공휴일 날짜는 아래와 같다.

- 매년 날짜 고정 : 1월 1일(새해 첫날), 5월 1일(노동절), 10월 3일(통일 기념일), 12월 25일(크리스마스), 12월 26일(박싱데이)
- 매년 날짜 변동(2025년 기준) : 4월 18일, 4월 21일, 5월 29일, 6월 9일. 모두 부활절을 기준으로 지정된 공휴일이다.
- 일부 지역에 적용(2025년 기준) : 1월 6일, 6월 19일, 10월 31일은 다수의 주州에서 공휴일로 지정한 날이다.
- 준공휴일 : 법정 공휴일은 아니지만 12월 24일과 12월 31일은 사실상 휴무일이나 마찬가지. 박물관 등 관광지도 문을 닫는 경우가 많다.

에티켓

- 보행 중 타인과 부딪히는 것은 굉장한 결례. 만약 접촉이 있으면 "엔트슐디궁Entschuldigung"이라고 인사하자.
- 상점에 들어갈 때, 엘리베이터에 탈 때, 기타 닫힌 공간에서 사람을 마주칠 때 가볍게 "할로Hallo"라고 인사하고, 헤어질 때 "취스Tschüß" 또는 "차오Ciao"라고 인사한다. 모르는 사람이라서 인사하지 않으면 매우 무례한 행동으로 느낀다.
- 출입문으로 들어가거나 나갈 때 뒤에 사람이 있으면 문을 잡아주는 것이 기본 예의. 타인이 나를 위해 문을 잡아주었다면 "당케Danke"라고 감사를 표한다. 반대의 상황에서 상대방이 "당케"라고 인사하면 "비테Bitte"라고 받아주면 된다.

기타

그 밖에 독일 여행 중 알아두면 좋을 내용을 간략하게 정리하였다.

화장실

기본적으로 공공장소의 화장실은 모두 유료(€0.5~1)다. 박물관이나 기차 등 비용을 내고 들어간 시설 내의 화장실과 식당 화장실은 대개 무료지만 일부 식당은 소액(€0.3~0.5)을 받는다. 만약 화장실 입구 앞에 청소원이 지키고 있거나 동전 담는 접시가 놓여 있다면 유료라고 생각하면 된다.

치안

· 소매치기로 악명 높은 나라만큼은 아니어도 독일도 소매치기에 대한 주의가 필요한 나라다. 귀중품은 늘 몸 앞쪽에 밀착되도록 하고, 에스컬레이터나 지하철 등 정지 상태로 있는 자리를 특히 주의하도록 하자. 쾰른 대성당 부근, 프랑크푸르트 중앙역 앞은 특별히 주의가 필요한 곳이며, 최근 베를린의 치안이 적잖이 나빠졌다.

· "안녕하세요" "감사합니다" 등 한국어로 인사하며 접근하는 사람은 일단 의심할 필요가 있다. 여행을 안내한다거나 술을 사주겠다는 식으로 호의를 표하는 사람은 십중팔구 나쁜 목적이 있는 것이다.

· "니하오" "곤니치와" 등 아시아 언어로 먼저 말을 거는 젊은 무리를 마주할 수 있다. 혹자는 이것이 인종차별이라 이야기하지만, 단순히 동양인을 향한 호기심의 발로라고 보는 편이 타당하다. 적당히 인사를 받아주거나 그냥 무시하고 지나가도 무방하며, 과도한 의미를 부여할 필요는 없다.

· 불우이웃 돕기 등 좋은 목적이라 이야기하며 서명을 받아낸 뒤 돈을 내라고 윽박지르는 일명 '사인단', 게임으로 돈 내기를 유도해 거액을 뜯어내는 '야바위꾼'이 베를린에 종종 출몰한다.

· 경찰을 사칭해 벌금을 내라고 윽박지르거나, 신분증을 보여 달라고 하며 지갑을 꺼내게 한 뒤 빼앗아 도망가는 사례도 있다. 경찰은 늘 제복을 입고 있으며, 대중교통 검표원 등 사복 단속원도 신분증을 잘 보이게 지참하고 다닌다. 그 외의 경우는 모두 무시해도 된다.

· 구 동독 지역에서는 일부 극우단체의 과격 집회가 열리기도 한다. 격앙된 시위대가 보이면 멀리 피해서 가자.

응급 전화

경찰 신고는 국번 없이 110, 구급 신고는 국번 없이 112를 누른다. 영어로 의사소통이 가능하다. 여권 분실 등 예기치 못한 변수가 발생하면 이 책에 별도로 정리한 응급상황 매뉴얼(P.578)을 참고하기 바란다. 만약 독일 내에서 주의할 만한 사태가 발생하면 외교통상부의 해외안전여행(www.0404.go.kr) 웹사이트에 공지되니 여행 출발 전 한 번 확인해 두면 좋다.

의료 서비스

병원비가 매우 비싸다. 응급상황이 아니면 약국을 이용하자. 독일어로 아포테케Apotheke라고 하며, 비처방 의약품도 다수 판매한다. 다만, 약사가 증상을 꼼꼼히 물어보며 적당한 약을 내어주니 통증이나 상황에 대한 정확한 설명이 필요하다. 일반적인 여행 회화보다는 전문적인 의사소통이 필요하므로, 굳이 골치 아픈 일을 만들지 말고 진통제, 소화제 등 기본 상비약은 미리 지참하여 출국하면 더욱 편리하다.

붉은색 a 마크는 전국 공통 약국 기호

BERLIN AREA

베를린 지역

BEST 4

01

독일의 상징적인 명소
브란덴부르크문 (베를린)

02

다시 탄생한 신상 관광지
베를린 궁전 (베를린)

03

드라마 촬영지로 관심을 받은
상수시 공원 (포츠담)

04

종교 개혁의 출발지
슐로스 교회 (비텐베르크)

베를린 지역 이동 전략

포츠담은 베를린 대중교통 권역에 속하여 한 도시처럼 여행 계획을 세우기 적당하다. 비텐베르크와 슈트랄준트는 당일치기 가능 거리에 있기는 하나 다른 행정구역에 위치하므로 랜더티켓은 유효하지 않지만, 하루 시간을 들여 다녀올 가치가 충분한 매력적인 소도시다.

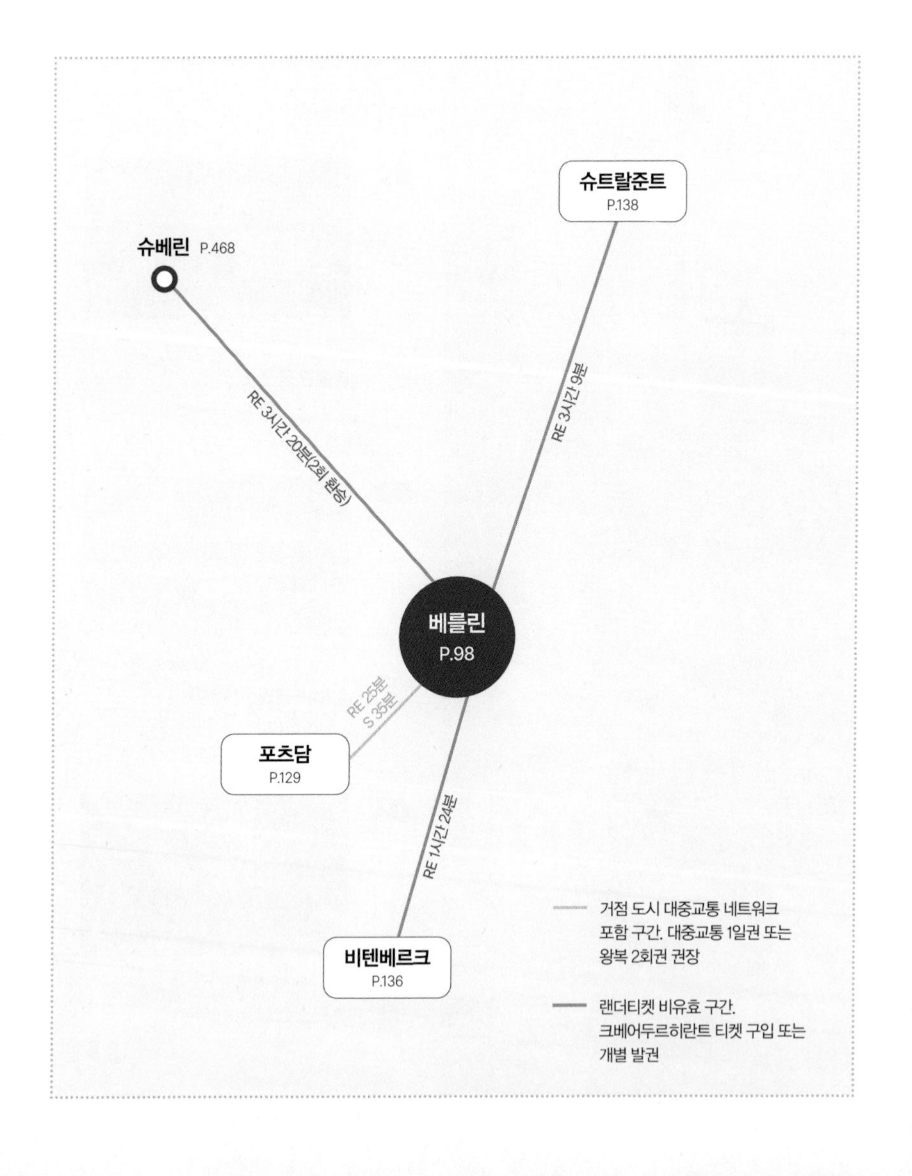

베를린 지역 숙박 전략

대도시 베를린은 중심부터 외곽까지 호텔과 호스텔로 꽉 차 있다. 경쟁이 치열한 만큼 숙박비가 합리적인 편이며, 호스텔 도미토리룸은 특히 저렴하다. 따라서 베를린 지역에서의 숙박은 베를린 안에서 해결하고 주변 도시는 가볍게 원데이 투어로 다녀오자.

☑ **이동**이 편리한 곳

중앙역 또는 알렉산더 광장 부근 MAP P.104-A1·C1

만약 무거운 짐이 있다면 또는 이르거나 늦은 시간에 기차나 비행기로 출발·도착한다면 중앙역 부근에 숙소를 구하는 게 좋다. 통일 이후 새로 개발된 지역으로 크고 우수한 현대식 호텔과 호스텔이 많아 선택의 폭이 넓다. 만약 중앙역 부근에 숙소를 구하기 어려우면 알렉산더 광장 부근도 알아보자. 마찬가지로 공항 이동이 편리하며, 부근에 대형 호텔과 호스텔이 많다.

☑ **관광**이 편리한 곳

미테 부근 MAP P.104-C2

관광지가 밀집된 시내 중심부를 미테Mitte라 부른다. 미테 부근에 숙소를 정하면 많은 주요 관광지를 도보로 여행할 수 있고, 늦은 밤까지 여행하기에도 편리하다. 단, 이 지역에 고급 호텔과 3~4성급 호텔은 많지만 저렴한 호스텔은 선택의 폭이 넓지 않다.

☑ **밤 문화**가 발달한 곳

크로이츠베르크 부근 MAP P.103-C3·D3

세계적인 나이트클럽 문화를 체험하고 싶다면 새벽에 이동할 일도 생길 수 있다. 따라서 유흥업소가 밀집된 크로이츠베르크 부근에 숙소를 두면 좋다. 반대로 이야기하면, 밤 문화에 관심 없는 여행자는 이 부근을 피하는 게 좋다. '불금'이나 주말엔 새벽까지 길거리가 시끄럽기 때문이다.

☑ **기타**

초역 부근 MAP P.102-A3

쇼핑이 편한 초역 부근에도 숙소가 많다. 단, 이 지역은 동서 분단 시절 서베를린의 번화가로 일찌감치 발달하다 보니 상대적으로 오랜 역사를 가진 낡은 호텔이 많다. 이 점을 고려하여 후기 등을 잘 살피고 예약하기를 권한다.

BERLIN
베를린

흉흉한 장벽으로 갈라져버린, 같은 민족이 총구를 겨누고 핵 전쟁의 공포에 떨어야 했던 곳. 그러나 이제 장벽은 사라지고 평화와 미래의 비전을 이야기하는 곳. 전 세계가 주목하며 '제 2의 뉴욕'이라 부르는, 요즘 유럽에서 가장 뜨거운 곳. 바로 독일의 수도 베를린이다.
무슨 일이 일어나도 놀랍지 않고, 항상 무슨 일이 일어나는 곳. 늘 변하지 않는 역사의 무대를 좋아하는 사람도, 최신 유행을 좋아하는 사람도 모두 베를린에서 큰 만족을 얻을 게 분명하다.

지명 이야기
슬라브어로 '습지'를 뜻하는 베를Berl에서 유래했다는 설, 새끼 곰을 돌보는 어미 곰의 측은한 모습에 사냥꾼이 총구를 거두었다는 설화를 바탕으로 '작은 곰(새끼 곰)'을 뜻하는 베얼라인Bärlein에서 유래했다는 설이 있다. 실제 베를린은 습지 지형에 자리 잡아 운하와 다리가 많고 곰이 도시의 상징이어서 둘 다 말이 된다.

Information & Access 베를린 들어가기

관광안내소 INFORMATION

유명 관광지인 브란덴부르크문과 베를린 궁전(훔볼트 포럼)에 각각 큰 규모의 관광안내소를 운영한다. 또한, 베를린에 찾아오는 관광객의 편의를 위해 중앙역과 공항에도 관광안내소가 있다.

홈페이지 www.visitberlin.de (영어)

찾아가는 방법 ACCESS

비행기

2020년 '마침내' 개장한 신공항 브란덴부르크 공항Flughafen Berlin Brandenburg(공항코드 BER)을 이용한다. 아직 한국에서 직항 노선은 없다.

• 시내 이동

터미널 지하 기차역에서 에스반 또는 레기오날반으로 시내까지 편하게 이동할 수 있다.

소요시간 레기오날반 35분, 에스반 50분 **노선** 레기오날반 – 공항철도 FEX 또는 RB 노선, 에스반 S9호선 **요금** 편도 €4.4

브란덴부르크 공항

기차

교통과 여행의 중심은 중앙역Hauptbahnhof이다. 대도시답게 서브 기차역도 여럿 있어 목적지에 따라 초역Bahnhof Zoo, 게준트브루넨역Bahnhof Berlin Gesundbrunnen, 동역Ostbahnhof 등 다른 기차역에서 내릴 수도 있다.

* **유효한 랜더티켓** 브란덴부르크 티켓

중앙역

• 시내 이동

〈프렌즈 독일〉은 중앙역에서 베를린 여행을 시작하는 것으로 구성되었다. 첫 여행지인 연방의회 의사당까지 도보 5분 거리, 그리고 중앙역 지상에서 에스반, 지하에서 우반, 정문 앞 정류장에서 트램이나 버스를 타고 베를린 어디든 갈 수 있다.

버스

버스터미널ZOB am Funkturm은 베를린 박람회장 부근에 있어 시내까지 전철 이용이 필요하다.

• 시내 이동

5분 거리의 메세 노르트Berlin Messe Nord역에서 S42호선을 타고 베스트크로이츠Berlin Westkreuz역 하차, 다시 S7호선으로 환승해 중앙역까지 총 20분 소요된다. 편도 €3.5.

• 기타 버스 정류장

버스터미널 외에도 알렉산더 광장, 쥐트크로이츠Südkreuz 전철역 앞 등 장거리 고속버스가 정차하는 곳이 여럿인데, 시설을 갖춘 터미널은 아니다. 노선마다 베를린 정차 장소가 다를 수 있으니 사전에 정확한 승하차 장소를 확인해야 한다.

버스터미널

Transportation & Pass 베를린 이동하기

에스반

트램

우반

티켓판매기와 펀칭 기계

시내 교통 TRANSPORTATION

전철 에스반과 우반이 도시 외곽까지 촘촘히 연결하고, 시내 중심부는 트램도 다닌다. 골목 구석까지 연결하는 버스도 노선이 다양해 대중교통 이동이 매우 편리하다. 전철역과 큰 정류장의 티켓 판매기에서 승차권을 구입해야 하며, '펀칭'이 필수임을 잊지 말자.

• 타리프존 & 요금

· AB존 : 시내 이동
1회권 €3.5, 24시간권 €9.9, 단거리권 €2.4

· ABC존 : 포츠담 등 근교와 공항 이동
1회권 €4.4, 24시간권 €11.4

· 24시간권은 '펀칭'한 시간으로부터 24시간까지, 단거리권은 전철역 기준 세 정거장 이내

• 노선 확인

베를린 교통국 BVG www.bvg.de
브란덴부르크 교통국 VBB www.vbb.de

노선 확인법 안내

관광 패스 SIGHTSEEING PASS

• 베를린 웰컴카드 Berlin Welcomecard

주요 박물관과 궁전의 입장료가 최소 25%, 많게는 50%까지 할인되며, 대중교통을 무료로 탑승할 수 있어 베를린 여행 패턴에 딱 맞는 상품이다. 48시간부터 6일까지 기간 설정, AB존과 ABC존의 타리프존 설정 등 자신의 계획에 맞출 수 있어 선택의 폭이 넓다. 기본 상품 외에 입장료 무료 혜택의 '올 인클루시브' 등 여러 종류가 있으니, QR코드를 스캔하여 확인하기 바란다.

요금 48시간권 AB존 €26, ABC존 €31 / 72시간권 AB존 €36, ABC존 €41 **구입방법** 관광안내소 또는 전철역 티켓 판매기에서 구입 **홈페이지** www.berlin-welcomecard.de

• 박물관 패스 Museumpass

박물관 패스(무제움패스)는 베를린의 거의 모든 유명 박물관에 무료로 입장할 수 있는 정액권. 구매 후 3일간 제휴 박물관 입장이 완전히 공짜다.

요금 성인 €32, 학생 €16 **구입방법** 관광안내소에서 구입 **홈페이지** www.visitberlin.de/en/museum-pass-berlin

Best Course 베를린 추천 일정

베스트 코스

박물관과 기념관 등 관람이 필요한 장소가 여럿 포함된다. 따라서 대중교통을 적절히 활용하여 시간을 절약하기 바란다. 전 일정 AB존에서 유효한 대중교통 티켓이 필요하다.

당일치기 코스

전 코스는 걸어서 이동할 수 있는 거리에 있으나 몇 차례 대중교통을 이용하면 시간과 체력을 아낄 수 있다. 아래 코스대로 이동하려면 AB존 1일권이 필요하다. 박물관섬에서 취향에 맞는 박물관 한 곳 정도는 내부 관람도 해보자.

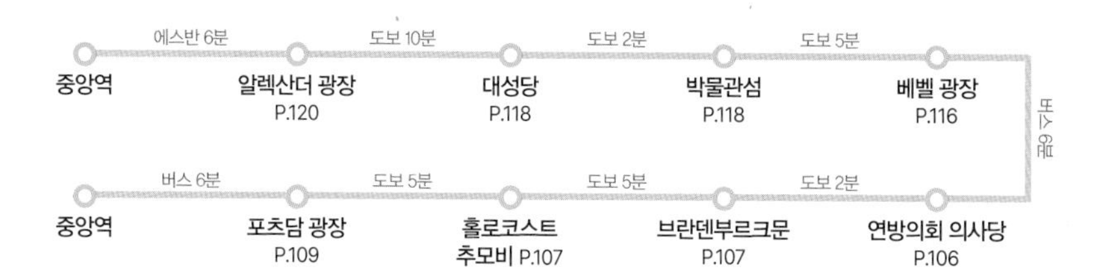

+ TRAVEL PLUS 베를린 나이트라이프

추천 일정에는 포함하지 않았으나, 베를린은 지금 전 세계 청춘들이 밤을 즐기러 찾아오는 '클럽의 성지'라는 사실! 베를린에서는 매운맛을 넘어 '마라 맛'도 저리 가라 할 화끈한 나이트라이프가 금·토요일 밤을 꼬박 새우며 펼쳐지니 관심 있는 청춘들은 베를린 클럽 여행을 버킷리스트에 올려도 좋을 것이다. 한국에서 클럽 좀 다녀보았다는 사람도 난생처음 경험하는 자유분방함의 끝판왕일지 모르니, 자신의 취향에 맞고 자신이 감당할 수 있는 범위의 자유인지 사전에 온라인 리뷰를 충분히 확인하기 바란다.

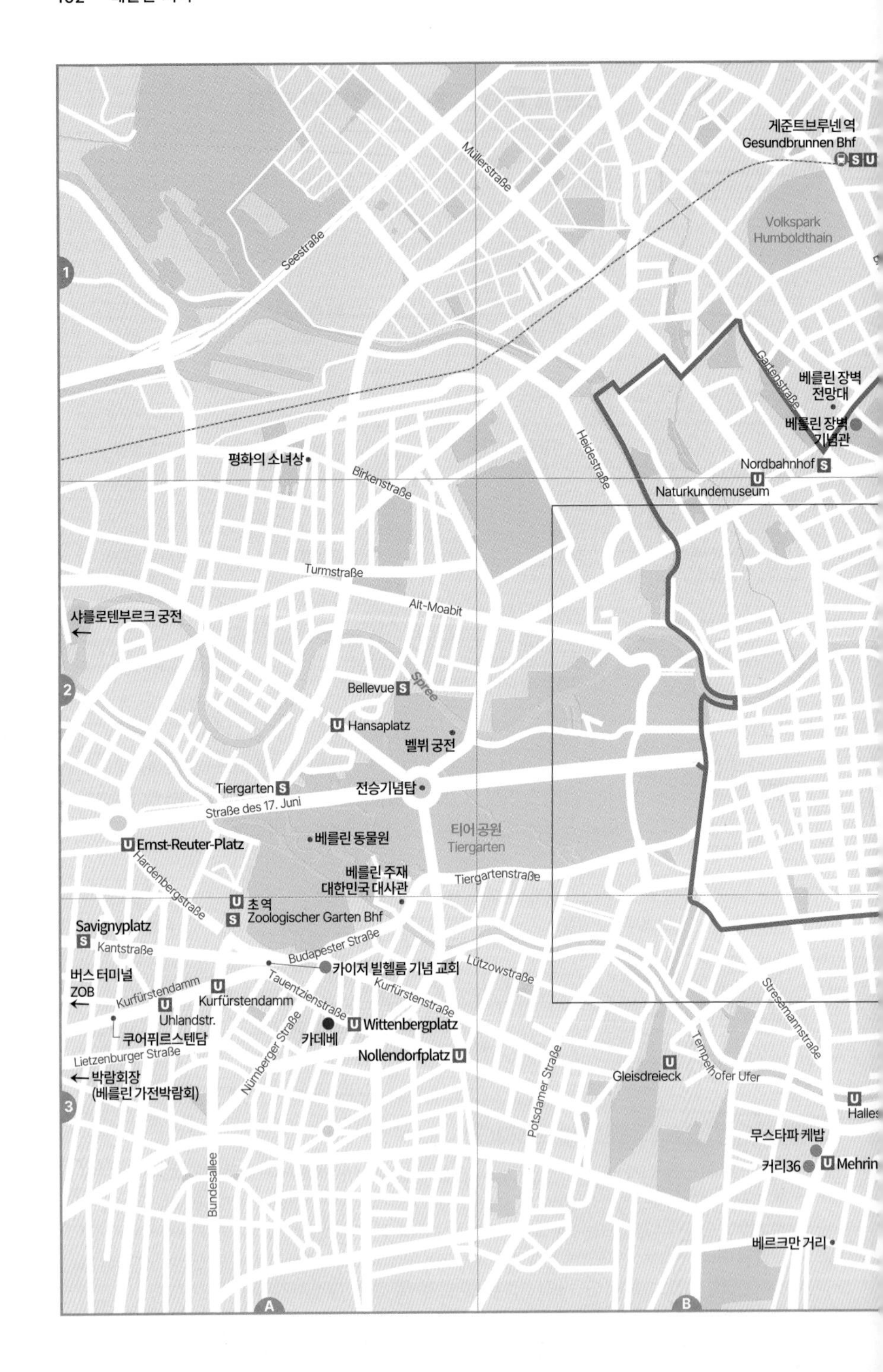
게준트브루넨 역
Gesundbrunnen Bhf
Müllerstraße
Volkspark Humboldthain
Seestraße
베를린 장벽 전망대
Gartenstraße
베를린 장벽 기념관
Heidestraße
평화의 소녀상
Birkenstraße
Nordbahnhof
Naturkundemuseum
Turmstraße
Alt-Moabit
샤를로텐부르크 궁전
Bellevue
Spree
Hansaplatz
벨뷔 궁전
Tiergarten
전승기념탑
Straße des 17. Juni
베를린 동물원
티어공원
Tiergarten
Ernst-Reuter-Platz
Hardenbergstraße
베를린 주재 대한민국 대사관
Tiergartenstraße
초역
Zoologischer Garten Bhf
Savignyplatz
Kantstraße
Budapester Straße
카이저 빌헬름 기념 교회
Lützowstraße
버스 터미널 ZOB
Kurfürstendamm
Uhlandstr.
Tauentzienstraße
Kurfürstenstraße
Stresemannstraße
쿠어퓌르스텐담
카데베
Wittenbergplatz
Nollendorfplatz
Lietzenburger Straße
Nürnberger Straße
Potsdamer Straße
Tempelhofer Ufer
Gleisdreieck
박람회장 (베를린 가전박람회)
무스타파 케밥
커리36
Mehrin
Halles
Bundesallee
베르크만 거리
1
2
3
A
B

베를린 전체
Schönhauser Allee
베를린 장벽이 있던 자리
Prenzlauer Allee
Eberswalder Straße
마우어 공원(벼룩시장)
Greifswalder Straße
비빔
Bernauer Str.
Prenzlauer Allee
Greifswalder Straße
Volkspark Prenzlauer Berg
Senefelderplatz
베를린 중심부 P.104
Volkspark Friedrichshain
Landsberger Allee
Strausberger Platz
Weberwiese
Frankfurter Tor
Frankfurter Allee
Ostbahnhof
이스트 사이드 갤러리
어반 슈프레
Warschauer Straße
Köpenicker Straße
Mühlenstraße
Warschauer Str.
Revaler Straße
유대인 박물관
크로이츠베르크
Oranienstraße
Schlesisches Tor
오버바움 다리
Kottbusser Tor
Skalitzer Straße
Gitschiner Straße
Görlitzer Bahnhof
부르거마이스터
Spree
Wiener Straße
아트미랄 다리
Kottbusser Damm
Urbanstraße
Gneisenaustraße
Treptower Park
Puschkinallee
브란덴부르크 공항
Flughafen Brandenburg
트렙토 공원
Treptower Park

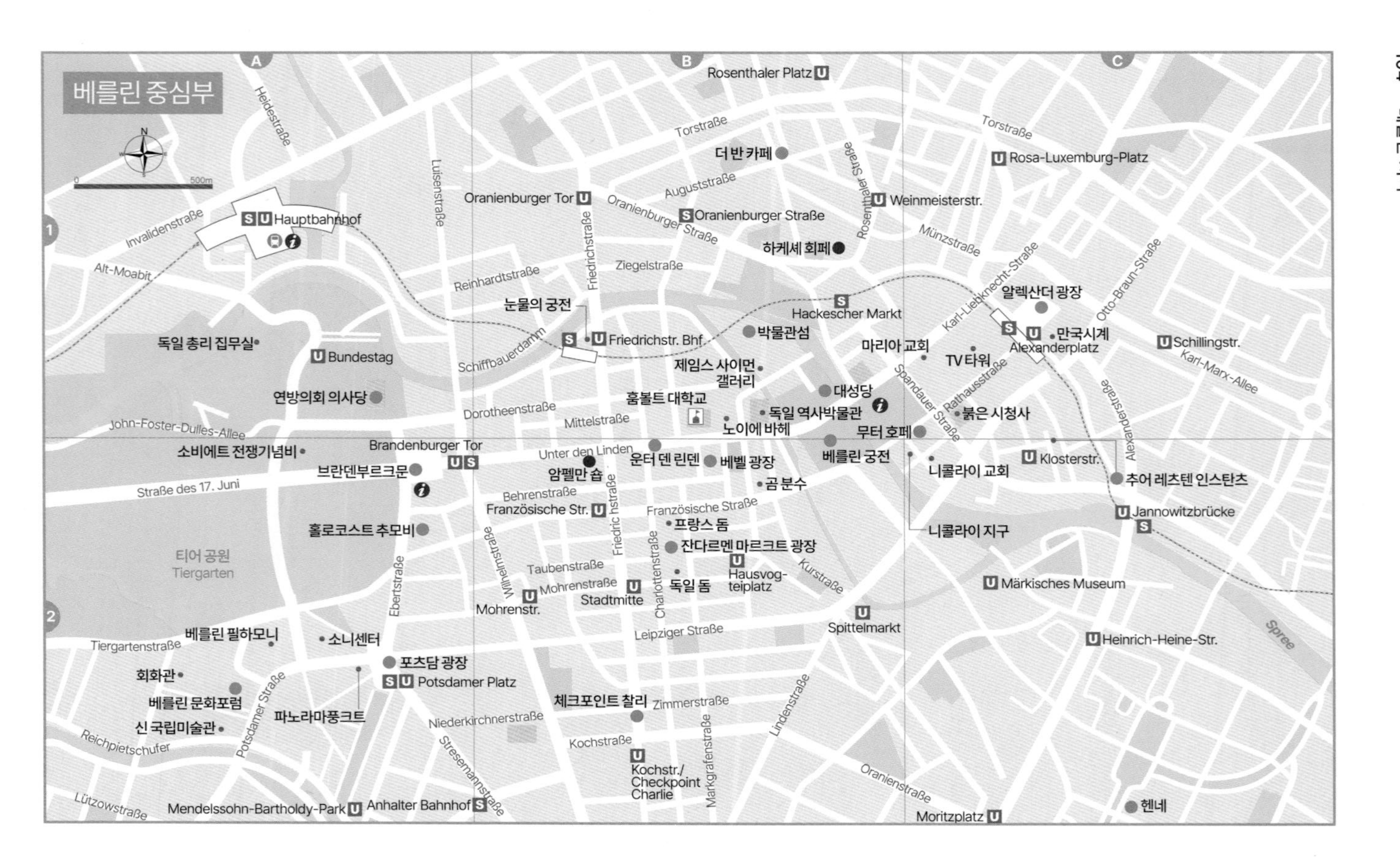

베를린 중심부
500m
Rosenthaler Platz
Torstraße
더 반 카페
Rosa-Luxemburg-Platz
Heidestraße
Luisenstraße
Oranienburger Tor
Auguststraße
Oranienburger Straße
Weinmeisterstr.
Rosenthaler Straße
Hauptbahnhof
Invalidenstraße
Alt-Moabit
Friedrichstraße
Münzstraße
하케셰 회페
Karl-Liebknecht-Straße
Otto-Braun-Straße
Ziegelstraße
Reinhardtstraße
눈물의 궁전
Hackescher Markt
알렉산더 광장
Friedrichstr. Bhf.
박물관섬
마리아 교회
TV타워
만국시계
Alexanderplatz
Schillingstr.
Karl-Marx-Allee
독일 총리 집무실
Bundestag
Schiffbauerdamm
제임스 사이먼 갤러리
Spandauer Straße
Rathausstraße
연방의회 의사당
훔볼트 대학교
대성당
Alexanderstraße
Dorotheenstraße
독일 역사박물관
붉은 시청사
John-Foster-Dulles-Allee
Mittelstraße
노이에 바헤
무터 호페
Brandenburger Tor
Unter den Linden
운터 덴 린덴
베벨 광장
베를린 궁전
Klosterstr.
소비에트 전쟁기념비
브란덴부르크문
암펠만 숍
니콜라이 교회
추어 레츠텐 인스탄츠
Straße des 17. Juni
Behrenstraße
곰 분수
Französische Str.
Friedrichstraße
Französische Straße
Jannowitzbrücke
프랑스 돔
니콜라이 지구
홀로코스트 추모비
잔다르멘 마르크트 광장
티어 공원
Tiergarten
Wilhelmstraße
Taubenstraße
Hausvogteiplatz
Kurstraße
Ebertstraße
Mohrenstraße
독일 돔
Märkisches Museum
Charlottenstraße
Mohrenstr.
Stadtmitte
Spittelmarkt
베를린 필하모니
소니센터
Leipziger Straße
Heinrich-Heine-Str.
Spree
Tiergartenstraße
포츠담 광장
회화관
Potsdamer Platz
베를린 문화포럼
체크포인트 찰리
Zimmerstraße
Potsdamer Straße
파노라마풍크트
Niederkirchnerstraße
Lindenstraße
신 국립미술관
Reichpietschufer
Kochstraße
Stresemannstraße
Kochstr./
Checkpoint
Charlie
Markgrafenstraße
Oranienstraße
Lützowstraße
Mendelssohn-Bartholdy-Park
Anhalter Bahnhof
Moritzplatz
헨네

+ TRAVEL PLUS 베를린 시티투어를 즐기는 2가지 방법!

❶ 100번, 200번, 300번 버스

베를린 시내버스 중 100번, 200번, 300번 버스는 사실상 시티투어 버스나 마찬가지다. 베를린 주요 관광지를 연결하기 때문. 일부 구간은 지하철보다 편리하고, 도시 풍경도 구경할 수 있으니 일석이조다.

이용 방법

시내버스와 같다. 1일권 구입 시 회수 제한 없이 무제한 타고 내릴 수 있으니, 관광지에서 내려 구경하고 다시 버스를 타고 이동하는 시티투어 식으로 활용할 수 있다. 1회권 구입 시에는 한 번의 여정(2시간 이내) 내에서 타고 내리기를 반복할 수 있다. 100번 버스에서 200번 버스로 갈아타는 식으로도 가능하다. 단, 왔던 방향으로 되돌아가는 것은 허용되지 않는다.

버스 주요 정류장

100번	초역, 전승기념탑, 벨뷔 궁전, 연방의회 의사당, 브란덴부르크문, 운터 덴 린덴 거리, 프리드리히 거리, 박물관섬, 알렉산더 광장 등
200번	초역, 베를린 문화포럼, 포츠담 광장, 파리저 광장, 운터 덴 린덴 거리, 프리드리히 거리, 박물관섬, 알렉산더 광장 등
300번	포츠담 광장, 브란덴부르크문, 운터 덴 린덴 거리, 박물관섬, 알렉산더 광장, 동역, 이스트 사이드 갤러리 등

❷ 유람선 시티투어

강과 하천이 복잡하게 연결되는 베를린에서 시티투어 버스만큼 유용한 투어 수단은 유람선이다. 무수히 많은 다리를 통과할 수 있을 정도로 낮은 유람선이 슈프레강과 지천을 다니며 다양한 테마의 여행 경험을 제공한다. 따끈따끈한 관광지 베를린 궁전, 익히 유명한 박물관섬이나 베를린 대성당 등 강변에 있는 관광지를 배 위에서 바라보는 것은 지상에서의 관람과는 또 다른 느낌을 주고, 영어 오디오 가이드 등 관광객을 위한 편의도 부족하지 않게 갖추었다. 일몰 시간에 석양을 바라보거나 이스트 사이드 갤러리 등 현대사 관련 장소에 초점을 맞추는 등 여러 취향을 고려한 옵션이 있으니 베를린 관광청 홈페이지(www.visitberlin.de)에서 살펴보자. 예약이 필수는 아니지만 정해진 인원이 탑승하는 유람선 특성상 성수기에는 예약을 권장한다. 투어 상품마다 요금과 탑승 시간, 선착장 위치가 다르다.

Attraction 보는 즐거움

유서 깊은 옛 건물과 광장, 다양한 박물관, 그리고 무엇보다 전쟁과 분단, 통일에 관한 수많은 볼거리가 있다. 베를린은 그야말로 도시 자체가 살아 있는 박물관이다.

연방의회 의사당 Bundestag

독일제국의 위용을 자랑하며 1894년 완공된 네오르네상스 양식의 의사당 건물. 제2차 세계대전 이후 서독이 수도를 본으로 옮김에 따라 서베를린 지역에 남은 의사당은 사용할 일이 없어 방치되었다. 하지만 독일 통일 후 다시금 주목받아 재건된 이래 독일 연방의회 의사당으로 사용된다. 이러한 역사로 인해 제국의회 의사당Reichstagsgebäude이라는 이름으로도 불린다. 1999년 복원을 마친 연방의회 의사당의 하이라이트는 돔을 유리로 바꾸어 베를린 시내가 한눈에 들어오는 전망대로 사용한다는 것. 홈페이지를 통해 사전에 방문 신청을 하면 무료로 들어갈 수 있다. 입장할 때 꽤 삼엄한 보안검색을 받아야 하니 짐을 간소화하자. 예약된 방문 시간을 놓치면 그것으로 끝이니 시간도 잘 맞춰야 한다.

MAP P.104-A1 **주소** Platz der Republik 1 **전화** 030-22732152 **홈페이지** www.bundestag.de(사전 예약 필수) **운영** 08:00~24:00(입장은 ~21:45) **요금** 무료 **가는 방법** 중앙역에서 도보 5분 또는 U5호선 Bundestag역 하차.

전승기념탑

벨뷔 궁전

여기 근처

면적만 2.1㎢에 달하는 초대형 시민 공원인 **티어 공원**Tiergarten이 연방의회 의사당 부근부터 시작된다. 브란덴부르크문, 베를린 문화포럼 등 유명 관광지를 다니면 티어 공원을 반드시 지나치게 될 텐데, 기왕 구경한다면 공원의 한복판에 있는 **전승기념탑**Siegessäule도 기억해 두자. 영화 '베를린 천사의 시'에 비중 있게 등장한다. 나선형 계단을 올라 67m 높이의 전망대에 오르면 부근이 한눈에 들어온다. 독일의 대통령 관저인 **벨뷔 궁전**Schloss Bellevue도 공원 속 한적한 곳에 자리 잡고 있다.

[전승기념탑] 주소 Großer Stern 1 **운영** 4~10월 09:30~18:30, 11~3월 09:30~17:30, 주말은 30분 추가 개장 **요금** 성인 €4, 학생 €3 **가는 방법** 100번 버스 Großer Stern 정류장 하차.

브란덴부르크문 Brandenburger Tor

프로이센의 국왕 프리드리히 빌헬름 2세의 명으로 1791년 완성된 개선문. 고대 그리스 아크로폴리스 입구를 본떠 건축가 카를 랑한스Carl Gotthard Langhans가 만들었다. 이후 프로이센의 군대가 전쟁에 나가거나 귀환할 때 꼭 브란덴부르크문을 지나갔다. 이후 독일제국 시절까지도 국력을 과시하는 영광스러운 상징이었으나 베를린이 분단되었을 때 브란덴부르크문이 동서의 경계가 되어 분단의 상징이 되었고, 베를린 장벽 붕괴 후 서독 총리가 브란덴부르크문을 지나 동베를린에 들어가 통일의 상징으로 여겨진다. 즉, 브란덴부르크문은 독일이 유럽을 호령하던 시절과 분단 및 통일까지 모든 역사적 순간의 상징이니 독일에서 단 하나의 명소를 꼽으라면 여기를 꼽을 수밖에 없다.

MAP P.104-A2 **주소** Pariser Platz **홈페이지** www.brandenburg-gate.de **운영** 종일 개방 **요금** 무료 **가는 방법** 연방의회 의사당에서 도보 2분 또는 S1·S2·S25·S26·U5호선 Brandenburger Tor역 하차.

홀로코스트 추모비

Holocaust-Mahnmal

정식 명칭은 학살된 유럽의 유대인을 위한 추모비 Denkmal für die ermordeten Juden Europas, 줄여서 홀로코스트 추모비라고 부른다. 나치 집권 중 학살당한 유대인들이 넋을 기리기 위해 조성되었다. 크기와 높이가 다른 네모반듯한 2,711개의 돌을 석관처럼 세워두어 흡사 공동묘지를 보는 듯하다. 지하에 홀로코스트 피해자의 증언과 수기 등의 자료를 전시한 박물관도 있는데, 내부가 좁아 입구 앞에서 몇 명씩 들여보낸다. 방문객이 많아 대기시간이 긴 편이다.

MAP P.104-A2 **주소** Cora-Berliner-Straße 1 **홈페이지** www.stiftung-denkmal.de **운영** 추모비 종일 개방, 박물관 화~일요일 10:00~18:00, 월요일 휴무 **요금** 무료 **가는 방법** 브란덴부르크문에서 도보 5분.

콘체르트하우스와 프랑스 돔

잔다르멘 마르크트 광장 Gendarmenmarkt

베를린에서 가장 아름다운 광장. 프랑스어로 '근위 기병'을 뜻하는 장다름Gendarm에서 유래한 이름이 알려주듯 프랑스인의 정착지였다. 종교의 박해를 피해 프로이센으로 피신한 프랑스 위그노 교도의 터전이 기원이며, 위그노의 예배당으로 만든 프랑스 돔Französischer Dom이 그 역사를 증언한다. 이후 맞은편에 루터파 종교 개혁자를 위한 독일 돔Deutscher Dom을 만들고, 중앙에 콘체르트하우스Konzerthaus까지 만들어 광장의 풍경이 완성되었다. 얼핏 보면 두 '돔'이 쌍둥이처럼 느껴지는데, 콘체르트하우스를 바라본 방향으로 오른쪽이 프랑스 돔, 왼쪽이 독일 돔이다. 콘체르트하우스는 베를린 심포니 오케스트라의 무대. 프랑스 돔은 그 역사성을 증언하며 위그노 박물관Hugenottenmuseum을 열었고, 독일 돔은 오늘날 연방 의회 의사당에서 운영하는 민주주의 박물관으로 사용된다. 콘체르트하우스 앞 동상의 주인공은 극작가 프리드리히 실러.

MAP P.104-B2 **가는 방법** 홀로코스트 추모비에서 도보 5분 또는 U2·U6호선 Stadtmitte역 하차.

▶ 프랑스 돔(위그노 박물관)

운영 화~일요일 11:30~16:30, 월요일 휴무 **요금** 성인 €6, 학생 €4

▶ 독일 돔

운영 화~일요일 10:00~19:00(10~4월 ~18:00), 월요일 휴무 **요금** 무료

독일 돔

검문소

박물관

체크포인트 찰리
Checkpoint Charlie

분단 시절 서베를린은 미·영·프 3개국이 분할 통치하며 군대를 주둔시켰다. 이 중 미국이 통치한 지역과 동베를린 간의 검문소가 바로 체크포인트 찰리(C 검문소라는 뜻)다. 통일 후 검문소는 모두 철거되었으나 체크포인트 찰리는 관광과 교육을 위해 다시 복원하였다. 자동차가 지나다니는 거리 한복판에 미군 사진과 경고문이 붙은 검문소가 있어 매우 생경하다. 검문소 앞에 군복을 입은 사람들과 기념사진을 찍는 것은 오직 베를린이기에 가능한 모습이다. 검문소 바로 옆 박물관은 분단 당시의 역사를 포괄적으로 전시하고 있으며, 한국전쟁과 분단에 대한 전시 자료도 만날 수 있다.

MAP P.104-B2 **주소** Friedrichstraße 43–45 **전화** 030-253 7250 **홈페이지** www.mauermuseum.de **운영** 10:00~22:00 **요금** 검문소 무료, 박물관 성인 €18.5, 학생 €12.5 **가는 방법** 잔다르멘 마르크트 광장에서 도보 5분.

포츠담 광장 Potsdamer Platz

1900년대 초부터 베를린의 번화가였으나 베를린이 분단되면서 분단의 경계가 되었다. 사람들의 왕래는 끊겼고 자연스럽게 낙후되었던 곳을 통일 후 베를린에서 작정하고 개발을 밀어붙인 덕분에 지금의 화려한 번화가가 되었다. 이탈리아의 건축가 렌초 피아노Renzo Piano의 지휘 아래 동시에 건축된 고층 빌딩은 서로 튀지 않고 조화를 이룬다. 이 중 관광객에게 유명한 곳은 거대한 복합 쇼핑몰 소니센터Sony Center. 내부에 레고랜드Legoland Discovery와 박물관, 레스토랑 등이 있다. 맞은편 빌딩의 파노라마풍크트Panoramapunkt 전망대 등 볼거리가 많다.

MAP P.104-A2 **가는 방법** 체크포인트 찰리에서 도보 10분 또는 S1·S2·S25·S26·U2호선 Potsdamer Platz역 하차.

소니센터

회화관

신 국립미술관

베를린 문화포럼 Kulturforum Berlin

1950년대 서독 정부가 동베를린과의 문화 격차를 줄이고자 조성한 종합문화단지. 베를린에 소장된 예술 작품 중 서베를린 지역에 남아 있는 것 위주로 미술관을 만들고 높은 수준의 콘서트홀 베를린 필하모니 극장을 건설한 것이 그 출발이다. 총 다섯 곳의 미술관·박물관이 있으며, 그중 단연 회화관Gemäldegalerie이 유명하다. 렘브란트, 루벤스 등 네덜란드 거장의 작품과 이탈리아의 성화聖畫 위주로 방대한 중세 미술품을 소장하고 있다. 회화관과 쌍벽을 이루는 신 국립미술관Neue Nationalgalerie은 나치 독일의 핍박을 피해 미국으로 망명한 바우하우스(P.47)의 거장 루트비히 미스 반 데어 로에Ludwig Mies van der Rohe가 다시 독일로 돌아와 자신의 유작으로 설계한 건물이기에 건축사적 가치가 특별하다.

MAP P.104-A2 **주소** Matthäikirchplatz **전화** 030-266424242 **홈페이지** www.smb.museum **요금** 문화포럼 티켓(전체 박물관 입장) 성인 €20, 학생 €10 **가는 방법** 포츠담 광장에서 도보 2분.

▶ 회화관

운영 화~일요일 10:00~18:00(목요일 ~20:00, 토~일요일 11:00~), 월요일 휴무 **요금** 성인 €10, 학생 €5

▶ 신 국립미술관

운영 화~일요일 10:00~18:00(목요일 ~20:00), 월요일 휴무 **요금** 성인 €16, 학생 €8

여기근처

클래식 음악 애호가에게는 '세계 3대 교향악단'으로 불리는 베를린 필하모니Berliner Philharmoniker를 추천한다. 홈페이지에서 공연 일정 확인 및 예매를 할 수 있으며, 미처 표를 구하지 못하였다면 당일 저녁 공연의 입석 티켓을 매표소에서 구매할 수 있다. 가볍게 즐기고 싶다면 극장 로비에서 자유로운 분위기 속에 매주 수요일(7·8월 제외) 13:00부터 약 40분간 진행되는 무료 콘서트에 맞춰 여행 계획을 세워도 좋다.

[베를린 필하모니] 주소 Herbert-von-Karajan-Straße 1 **전화** 030-254880 **홈페이지** www.berliner-philharmoniker.de **가는 방법** 베를린 문화포럼 옆.

구 교회

신 교회

카이저 빌헬름 기념 교회 Kaiser-Wilhelm-Gedächtnis-Kirche

독일을 통일하고 독일제국의 초대 황제가 된 카이저 빌헬름 1세를 기념하며 당대 최고로 화려하게 건축한 교회였지만 제2차 세계대전 중 폭격으로 첨탑 일부만 남고 처참히 무너졌다. 베를린에서는 전쟁의 참상을 후손들에게 교육하려고 일부러 복구하지 않고 파손된 상태로 놔두는 대신 바로 옆에 새로운 교회를 지어 각각 구 교회와 신 교회로 구분하여 부른다. 별명이 '충치'인 구 교회는 입구의 회랑 정도만 남아 있고 교회의 과거를 보여주는 전시 자료로 채워져 있으며, 신 교회는 마치 '달걀판'을 두른 듯한 외관과 파란 조명이 독특한 분위기를 완성하는 내부가 두루 개성적이다. 매주 토요일 18:00에 신 교회에서 열리는 오르간 연주도 유명하다.

MAP P.102-A3 **주소** Breitscheidplatz **전화** 030-2185023 **홈페이지** www.gedaechtniskirche-berlin.de **운영** 구 교회 월~토요일 10:00~18:00, 일요일 12:00~18:00, 신 교회 10:00~18:00 **요금** 무료 **가는 방법** Philharmonie역에서 200번 버스로 Breitscheidplatz역 하차 또는 S3·S5·S7·S9·U2·U3·U9호선 Zoologischer Garten역 하차.

쿠어퓌르스텐담

여기 근처

카이저 빌헬름 기념 교회 앞부터 2km 이상 직선으로 뻗은 쿠어퓌르스텐담Kurfürstendamm은 베를린의 대표적인 쇼핑스트리트다. 백화점, 브랜드 상점, 레스토랑, 기념품 상점 등이 거리 좌우를 가득 메운다. 세계에서 가장 많은 종種의 동물이 서식하는 베를린 동물원Zoo Berlin도 가족 여행자에게 추천한다.

[베를린 동물원] 주소 Hardenbergplatz 8 **홈페이지** www.zoo-berlin.de **운영** 09:00~18:30(동절기 ~16:30) **요금** 시즌과 날짜에 따라 다르므로 홈페이지에서 확인 **가는 방법** Zoologischer Garten역에서 도보 5분.

베를린 동물원 ©Zoo Berlin

샤를로텐부르크 궁전 Schloss Charlottenburg

프로이센의 프리드리히 1세가 1713년 왕비 조피 샤를로테Sophie Charlotte를 위해 지어준 바로크 양식의 궁전이다. 왕비의 이름을 붙여 샤를로텐부르크 궁전이라 하였다. 베를린에서 가장 아름다운 궁전으로 손꼽히며, 풍경 좋은 한적한 곳에서 왕비가 편하게 쉬라고 만든 궁전이어서 넓고 상쾌한 정원이 딸린 대신 시내 중심과 약간 떨어져 있다. 복원된 궁전은 크게 구 궁전Altes Schloss과 신 날개관Neuer Flügel이 개방되어 있으며, 샤를로테 왕비가 모았던 엄청난 도자기 컬렉션이 유명하다. 드넓은 궁전 정원은 무료로 개방되어 있으며, 잘 가꿔진 꽃밭과 넓은 연못, 그리고 정원 속에 설치된 영묘Mausoleum와 전망탑Belverede 등이 풍경에 일조한다.

MAP P.102-A2 **주소** Spandauer Damm 10–22 **전화** 030–320911 **홈페이지** www.spsg.de **운영** 화~일요일 10:00~17:30(11~3월 ~16:30), 월요일 휴무 **요금** 성인 €19, 학생 €14, 구 궁전과 신 날개관 한 곳만 입장하면 각각 €12, €8 **가는 방법** Zoologischer Garten역에서 M45번 버스로 Luisenplatz/Schloss Charlottenburg역 하차.

+ TRAVEL PLUS 프로이센 타임라인

베를린의 크고 웅장한 건축물과 전통적인 문화유산은 대부분 프로이센이 남긴 것인데, 각 명소를 만든 군주의 시대순으로 정리하면 이해가 쉽다. 프로이센 왕국의 초대 국왕 프리드리히 1세(재위 1701~1713) 시절 베를린 궁전과 샤를로텐부르크 궁전 등 왕국의 위용을 자랑하는 건축물이 도시를 채우기 시작하였고, '대왕'이라 칭송 받는 3대 국왕 프리드리히 2세(재위 1740~1786) 시절에 근교 포츠담에 상수시 궁전이 생겼으며 베를린의 내실이 알차게 되었다. 5대 국왕 프리드리히 빌헬름 3세(재위 1797~1840)는 싱켈(P.27)이라는 건축가의 힘을 빌려 도시를 완성하고, 이때 훔볼트 대학교와 박물관섬 등 학문과 예술도 만개한다. 7대 국왕 빌헬름 1세(재위 1861~1888)는 독일을 통일하고 독일제국의 초대 황제에 오른다. 프로이센의 9대 국왕이자 독일제국의 3대 황제 빌헬름 2세(재위 1888~1918)는 카이저 빌헬름 기념 교회와 연방의회 의사당 등 기념비적인 건축물을 베를린에 더했다. 공교롭게도 홀수 대 국왕에 의해 베를린이 한 단계씩 업그레이드된 셈이다. 그리고 빌헬름 2세를 끝으로 제1차 세계대전 패전국 독일은 민주공화국이 되어 프로이센 왕실의 역사는 종료되었다.

프리드리히 빌헬름 1세

프리드리히 2세

버디베어

곰 분수

TOPIC 곰, 수도관, 그리고 신호등

베를린을 걷다 보면 곳곳에 곰이 출몰한다. 전철에 그려진 도시의 마스코트도 곰이고, 알록달록 색칠한 버디베어Buddy Bears는 유명 관광지 부근에서 수없이 마주친다. 2001년 조각가 로만 슈트로블Roman Strobl이 제작한 350개의 버디베어가 베를린 곳곳에 설치되었다가 전시회 종료 후 경매를 통해 관공서, 상점, 개인에게 팔려 저마다의 장소를 장식하는 중이다. 프리드리히베르더 교회 옆의 곰 분수Bärenbrunnen는 '새끼 곰'이라는 도시 이름의 어원을 직접적으로 표현한 작품이어서 눈길을 끈다.

포츠담 광장이나 이스트 사이드 갤러리 등 유명 관광지 부근에 또 하나 눈길을 끄는 것은 머리 위로 지나가는 수도관이다. 보통 수도관은 땅 밑에 있어야 하는데 베를린은 머리 위로 지나간다. 베를린의 습지 지형으로 인해 수도관을 땅 밑에 매설하기 어려운 곳은 공중에 설치하고 강렬한 색상으로 칠해 마치 공공 예술 프로젝트를 보는 것 같다. 이 또한 '습지'라는 뜻에서 도시 이름이 유래했다는 설을 직접적으로 뒷받침한다.

이처럼 베를린에서 보이는 곰과 수도관은, 아무것도 아닌 것 같아도 도시 이름의 기원과 연관이 있다. 베를린은 아무것도 아닌 것 같은 '비주얼' 속에서도 저마다의 의미가 담겨 있어 알면 알수록 재미있는 도시다.

마지막으로 관광객의 눈길을 사로잡는 또 하나의 등장인물은 암펠만Ampelmann이다. 보는 순간 탄성을 자아내는 귀여운 신호등 캐릭터 암펠만은 원래 동독에서 만든 것이었다. 통일 후 교통 체계의 통일을 위해 자취를 감추었다가 캐릭터 상품으로 부활한 뒤 다시 베를린의 신호등으로 되돌아온 케이스다. 통일 후 소멸된 공산국가 동독의 것도 편견 없이 부활시키는 독일의 포용력에 박수! 암펠만숍(P.127)에서 귀여운 캐릭터 상품도 구경하자.

암펠만 신호등

포츠담 광장의 수도관

전망대에서 보이는 장벽의 구조

베를린 장벽 기념관 Gedenkstätte Berliner Mauer

베를린 장벽이 붕괴된 후에도 장벽의 실물을 볼 수 있는 장소가 베를린에 여럿 있는데, 그중 가장 긴 구간에 걸쳐 원형 그대로 보존된 곳이 베를린 장벽 기념관이다. 베를린 장벽이 가장 먼저 설치되었던 베르나우어 거리Bernauer Straße부터 1.3km에 걸쳐 방대한 전시 자료가 길거리에 설치되어 있다. 대부분 영어가 병기되어 있으나 역사적인 내용이 많아 다소 어렵게 느껴진다. 꼭 온전히 이해하지 못하더라도 한 민족을 둘로 나눈 분단의 모습을 직접 볼 수 있다는 점이 뜻깊다. 긴 구간을 모두 다 구경하지는 않더라도 분단 시절의 시청각 자료를 무료로 보여주는 박물관은 꼭 들러보자. 박물관에 설치된 전망대에 오르면 장벽 안쪽 동독 군인의 순찰로와 감시탑 등 장벽의 구조가 한눈에 들어와 마치 분단 시절을 엿보는 듯하다.

MAP P.102-B1 **주소** Bernauer Straße 111 **전화** 030-213085166 **홈페이지** www.berliner-mauer-gedenkstaette.de **운영** 기념관 종일 개방, 박물관 화~일요일 10:00~18:00, 월요일 휴무 **요금** 무료 **가는 방법** M10번 트램 Nordbahnhof 또는 Gedenkstätte Berliner Mauer 정류장 하차.

여기근처

베르나우어 거리부터 시작한 베를린 장벽 기념관이 끝나는 지점에 마우어 공원Mauerpark이 있다. 분단 시절 베를린 장벽 부근의 버려진 공터였던 곳인데, 낙서 가득한 허름한 공원 풍경이 인상적이다. 일요일에 베를린을 여행한다면 마우어 공원에서 열리는 벼룩시장을 꼭 들러보자. 다른 세상의 벼룩시장이 펼쳐진다.

[마우어 공원] 홈페이지 www.flohmarktimmauerpark.de **운영** (벼룩시장) 일요일 10:00~18:00 **가는 방법** M10번 트램 Wolliner Straße역 하차.

벼룩시장

운터 덴 린덴

Unter den Linden

독일 역사박물관

노이에 바헤

직역하면 '보리수나무 아래'라는 뜻의 이 거리는 과거 프로이센 왕실과 독일제국 황실의 심장인 베를린 궁전에서 시작하여 개선문인 브란덴부르크문까지 연결하는 상징적인 길이었다. 전쟁과 분단을 거치며 제국에서 가장 화려했던 번화가의 모습은 훼손되었지만, 여전히 프리드리히 대왕(P.129)의 기마상을 중심으로 거리 양편에 웅장한 건축물이 즐비하다. 독일 역사박물관Deutsches Historisches Museum은 옛 제국의 군사력을 엿볼 수 있는 병기고였고, 오늘날에도 세계에서 손꼽히는 훔볼트 대학교Humboldt-Universität zu Berlin는 학문을 적극 장려한 왕실의 유산이다. 옛 위병소 건물인 노이에 바헤Neue Wache는 1993년부터 전쟁 피해자를 위로하는 기념관으로 단장하여 케테 콜비츠Käthe Kollwitz의 그림 '죽은 아들을 안은 어머니Mutter mit totem Sohn'를 모델로 만든 조형물을 내부에 두었다.

MAP P.104-B2 **가는 방법** 대성당이나 브란덴부르크문에서 곧장 연결.

▶ 독일 역사박물관

주소 Unter den Linden 2 **전화** 030-203040 **홈페이지** www.dhm.de **운영** 10:00~18:00(별관 특별전만 개장하며 본관은 공사로 휴관) **요금** 성인 €7, 학생 €3.5 **가는 방법** 12번 트램 Am Kupfergraben 정류장 하차.

▶ 노이에 바헤

주소 Unter den Linden 4 **운영** 10:00~18:00 **요금** 무료 **가는 방법** 독일 역사박물관 옆.

여기 근처

독일 분단 시절, 서베를린과 동베를린의 왕래가 가능했던 프리드리히슈트라세역Bahnhof Berlin Friedrichstraße은 삼엄한 검문 속에 이산가족이 상봉했다가 다시 작별하는 곳이었다. 늘 눈물바다였다고 하여 '눈물의 궁전'이라는 별명이 붙었는데, 2011년 9월 검문소 건물을 박물관으로 단장해 동서 분단 시절의 슬픈 역사 이야기를 들려준다. 박물관 이름이 눈물의 궁전Tränenpalast이다.

[눈물의 궁전] 주소 Reichstagufer 17 **전화** 030-467777911 **홈페이지** www.hdg.de/traenenpalast **운영** 화~금요일 09:00~19:00, 토~일요일 10:00~18:00, 월요일 휴무 **가는 방법** S1·S2·S3·S5·S7·S9·S25·U6호선 Berlin Friedrichstraße역 하차.

베벨 광장
Bebelplatz

텅 빈 서재

훔볼트 대학교의 도서관Universitätsbibliothek 앞 운터 덴 린덴 거리와 맞닿아 있는 광장. 많은 사람이 광장 중앙에서 바닥을 바라본다. 1933년 이 자리에서 나치 추종자에 의해 진보주의자, 유대인, 공산주의자 등의 저서 수만 권이 도서관에서 꺼내져 불탄 야만적인 사건을 기억하는 '텅 빈 서재' 기념비를 관람하는 것이다. 훔볼트 대학교 도서관 외에도 최근에 복원을 마친 국립 오페라 극장Staatsoper과 그 옆의 황태자궁Kronprinzenpalais 등 눈에 띄는 건축물이 주변에 가득하고, 프리드리히 대왕이 종교적 관용을 베풀어 건축을 허락한 성 헤트비히 대성당St. Hedwigs-Kathedrale은 로마 판테온을 닮은 외관으로 이목을 끈다. 근대 베를린 풍경을 완성한 일등공신 싱켈을 기리는 싱켈 광장Schinkelplatz, 싱켈이 만든 프리드리히베르더 교회Friedrichswerdersche Kirche 등 베벨 광장에서 이어지는 건축을 구경하는 재미도 쏠쏠하니 광장에서 연결되는 골목을 따라 열심히 걸으며 두 눈에 담기를 권한다.

MAP P.104-B2 **가는 방법** 100번 버스 Staatsoper역 하차.

베를린 궁전 Berliner Schloss

강력한 힘을 떨친 프로이센 왕실과 독일 황실의 궁전. 한국에 비유하면 경복궁과 같은 역사적 심장이다. 15세기부터 약 500년에 걸쳐 확장되었으며, 독일제국 시절에는 베를린에서 가장 큰 건축물이었다. 건축가 안드레아스 슐뤼터Andreas Schlüter에 의해 완성된 바로크 파사드가 궁전의 백미. 하지만 구동독 정부가 군국주의 잔재 청산을 명분으로 베를린 궁전을 철거하고 그 자리에 공화국 궁전Palast der Republik이라는 이름의 무미건조한 청사를 건축하며 완전히 사라져 버렸다. 통일 후 베를린 궁전 재건이 추진되어 2008년 설계 공모에 당선된 이탈리아 건축가 프랑코 스텔라Franco Stella의 지휘 아래 웅장한 모습을 다시 드러내었다. 베를린에서는 궁전의 외관을 원형에 가깝게 복원하되 내부는 현대적으로 바꾸어 과거와 미래의 비전이 교차하는 문화의 장으로 만들었고, 훔볼트 포럼Humboldtforum 문화재단의 박물관과 전시관으로 사용 중이다. 그중 아시아 박물관Ethnologische Sammlungen und Asiatische Kunst은 한국을 포함하여 아시아권 여러 민족의 예술과 유물을 방대하게 전시 중이며, 무료로 개방된다. 약 7년에 걸친 대규모 복원 프로젝트는 이제 궁전 앞마당과 주변의 기념비 재건 또는 신설 작업만 남겨두고 있다.

MAP P.104-B2 **주소** Schloßplatz 1 **전화** 030-992118989 **홈페이지** www.humboldtforum.org **운영** 월·수~일요일 10:30~18:30 **요금** 아시아 박물관 무료, 루프탑 테라스 €5 **가는 방법** 베벨 광장에서 도보 2분.

아시아 박물관

파이프 오르간

대성당 Berliner Dom

원래 베를린 주교좌 대성당이 있었으나 종교 개혁 이후 1539년부터 개신교 교회가 되었다. 프로이센의 왕과 독일제국의 황제를 배출한 호엔촐레른 Hohenzollern 가문의 무덤을 위해 19세기 초 싱켈의 지휘로 거대하게 증축되었다. 오늘날의 모습은 제2차 세계대전 이후 복원이 더뎌 오히려 축소된 것. 최고의 권력을 과시한 호엔촐레른 가문의 권력에 걸맞게 내부와 외부 할 것 없이 화려함을 뽐내고, 파이프의 개수만 7,269개에 달하는 독일 최대 규모의 파이프 오르간이 유명하다. 지하에 호엔촐레른 왕가의 무덤이 있고(2025년까지 보수공사로 접근 제한), 계단을 올라 돔 전망대에 서면 알렉산더 광장과 운터 덴 린덴 등 주변 시가지가 한눈에 들어온다.

MAP P.104-B1 **주소** Am Lustgarten 1 **전화** 030-2026 9136 **홈페이지** www.berlinerdom.de **운영** 월~금요일 09:00~18:00, 토요일 09:00~17:00, 일요일 12:00~17:00, 결혼식 등 행사로 인해 개장시간이 유동적이니 홈페이지에서 날짜별 시간 확인 권장 **요금** 성인 €10, 학생 €7.5 **가는 방법** 베를린 궁전 옆.

박물관섬 Museumsinsel

프로이센이 강성해지고 독일제국 시절에 식민지까지 개척하면서 세계 곳곳에서 많은 예술작품을 수집하였다. 국왕 프리드리히 빌헬름 4세는 이 수많은 예술품을 일반에 공개하고자 여러 박물관을 한곳에 지었으며, 다섯 개의 박물관이 모여 박물관섬이 되었다. 전시품의 분야가 다양하고 수준도 상당하며, 각각의 박물관 건물의 건축미도 빼어나 베를린 여행의 필수 코스다. 1999년 유네스코 세계문화유산으로 등록되었고, 지금은 전시관을 겸하는 정보동을 추가로 건설하여 총 여섯 개의 전시관이 있다.

MAP P.104-B1 **주소** Bodestraße 1-3 **전화** 030-266424242 **홈페이지** www.smb.museum **요금** 박물관섬 티켓(전체 박물관 입장) 성인 €18, 학생 €9, 개별 입장권은 박물관별 소개 **가는 방법** 대성당 옆.

+ZOOM IN+

박물관섬

박물관섬의 대형 박물관 다섯 곳. 콘텐츠는 다르지만 규모와 수준은 보장한다.
하루 종일 보아도 다 못 보니 취향에 맞춰 컬렉션을 정하자.

페르가몬 박물관
Pergamonmuseum

페르가몬 신전 제단을 통째로 가져와 건물 내부에 설치하였고, 고대 바빌로니아 유적, 고대 로마 유적 등 볼거리의 스케일이 매우 풍부한 대형 박물관이다. 단, 제2차 세계대전 중 폭격으로 유적도 파괴된 상태로 전시 중이어서 안타깝다. 전시 환경 개선을 위해 장기간 휴관 중.

구 박물관
Altes Museum

BC 1세기부터 10세기 사이 고대 그리스와 로마의 유물을 전시한다. 박물관섬에서 가장 먼저 지어졌으며, 신전처럼 웅장한 내부를 채우는 조각 컬렉션이 특히 유명하다.

운영 수~금요일 10:00~17:00, 토~일요일 10:00~18:00, 월~화요일 휴무 **요금** 성인 €11, 학생 €5

신 박물관
Neues Museum

2009년 복원을 마치고 재개장하여 현재 박물관섬에서 가장 인기있는 명소다. 다양한 소장품 중 방대한 이집트 컬렉션이 단연 으뜸이며, 황금 모자와 네페르티티 왕비의 흉상은 세계적인 보물로 꼽힌다.

운영 화~일요일 10:00~18:00, 월요일 휴무 **요금** 성인 €14, 학생 €7, 특별전 별도 요금

구 국립미술관
Alte Nationalgalerie

모네, 르누아르 등 19세기 명화와 고전주의 조각 등을 소장한 대형 미술관. 프랑스 인상파, 독일 낭만주의 등 대중에게 친숙한 명작이 가득하다. 프리드리히 빌헬름 4세의 기마상이 정면에 있다.

운영 화~일요일 09:00~18:00(목~토요일 ~20:00), 월요일 휴무 **요금** 성인 €8, 학생 €4

보데 박물관
Bode Museum

중세 이탈리아와 초기 르네상스 시대의 유물, 비잔틴 예술품 등을 소장하고 있어 종교예술 분야에 특히 강점을 지닌다.

운영 수~금요일 10:00~17:00, 토~일요일 10:00~18:00, 월~화요일 휴무 **요금** 성인 €18, 학생 €12

제임스 사이먼 갤러리
James-Simon-Galerie

세계적인 건축가 데이비드 치퍼필드David Chipperfield가 박물관섬의 옛 모습에서 착안하여 설계해 2019년 문을 연 여섯 번째 전시관 겸 방문자 센터. 박물관섬의 모든 관람권은 여기서 구매해야 한다. 비상설 전시회도 꾸준히 연다.

운영 화~일요일 10:00~18:00, 월요일 휴무 **요금** 무료

알렉산더 광장
Alexanderplatz

베를린 어디서든 잘 보이는 TV 타워가 있는 베를린의 중심지. 각종 상업시설이 광장 곳곳에 자리잡아 관광객과 현지인 모두에게 인기 만점이다. 광장의 이름은 러시아 황제 알렉산드르 1세가 이곳을 방문했던 것에서 유래하였다. 분단 시절, 동독 정부가 체제 우월성을 과시하고자 가장 공들여 개발한 곳이기도 하며, TV 타워 역시 동베를린에서 만든 것이다. 마리아 교회Marienkirche 등 전통적인 건축물과 동베를린이 만든 기반 시설, 그리고 통일 후 현대적인 건물을 조화롭게 더하여 오늘날의 활기찬 광장이 완성되었다. 광장 한쪽에 설치된 아기자기한 모습의 만국시계Weltzeituhr도 TV 타워와 함께 동베를린에서 설치했다. 그래서인지 서울보다 평양Pjöngjang이 더 위에 적혀 있는 것을 볼 수 있다.

MAP P.104-C1 **가는 방법** 박물관섬에서 도보 7분 또는 S3·S5·S7·S9·U2·U5·U8호선 Alexanderplatz역 하차.

▶ TV 타워 Fernsehturm

높이가 무려 368m. 지금도 독일에서 이보다 높은 건축물은 존재하지 않는다. 1969년 동베를린에서 공산주의 체제의 업적을 과시하고자 서베를린에서도 잘 보일 만한 높은 TV 송신탑을 만들었다. 오늘날 레스토랑과 전망대로 사용되는 중앙부 구球 모양의 구조물은 1957년 소련이 발사한 세계 최초의 인공위성 스푸트니크 1호와 똑같은 모양으로 만든 것이다.

MAP P.104-C1 **주소** Panoramastraße 1A **홈페이지** www.tv-turm.de **운영** 09:00~24:00(10~3월 10:00~) **요금** 온라인 €22.5, 대기시간 없는 Fast View 온라인 티켓 €28

만국시계

▶ 붉은 시청사 Rotes Rathaus

1869년 완공 이래 동베를린 시절을 거쳐 현재까지 베를린의 시청으로 사용되는 곳. 공식 명칭은 아니지만 붉은 벽돌로 만들어 붉은 시청사라 불린다. 정기적으로 전시회가 열려 시민과 관광객에게 무료로 개방된다. 시청사 정면의 포세이돈 분수Neptunbrunnen는 1891년 베를린 궁전 앞에 설치되었던 것을 1951년 지금의 자리로 옮겨두었다.

MAP P.104-C1 **주소** Rathausstraße 15 **전화** 030-9026 2411 **운영** 월~금요일 09:00~18:00, 토~일요일 휴무 **요금** 무료 **가는 방법** TV 타워에서 도보 2분.

니콜라이 지구

여기 근처

붉은 시청사의 길 건너편 니콜라이 지구 Nikolaiviertel는 베를린이라는 도시가 처음 생긴 곳, 즉 베를린에서 가장 오래된 시가지다. 이를 기념한 도시 설립 분수Gründungs brunnen가 있으며, 역시 곰으로 장식되어 있다. 원래 슈프레강의 어부들이 살던 지역이었고, 오늘날 생선 요리를 파는 분위기 좋은 레스토랑도 곳곳에 있다. 지역의 이름은 1230년 완공된 니콜라이 교회Nikolaikirche에서 유래한다. 오늘날 박물관으로 사용된다. 19세기 독일 낭만주의 시대의 중산층을 일컫는 비더마이어Biedermeier 계급의 생활상이 가장 잘 보존되어 있는 지역이다.

[니콜라이 교회] 주소 Nikolaikirchplatz **전화** 030-24002162 **홈페이지** www.stadtmuseum.de **운영** 10:00~18:00 **요금** €7 **가는 방법** 붉은 시청사에서 도보 2분.

이스트 사이드 갤러리 East Side Gallery

붕괴 또는 철거되지 않은 1.3km 길이의 베를린 장벽은 야외 미술관이 되었다. 통일 직후부터 21개국 118명의 예술가가 장벽에 그림을 그려 넣어 저마다의 표현력을 뽐낸다. 장벽에서 그림이 그려진 방향이 동베를린이었기에 이스트 사이드 갤러리라 부른다. 완전히 개방된 공간이다 보니 방문객 낙서로 오염되고 다시 정비하기를 반복하는데, 가끔 한글 낙서도 보여 화끈거릴 때가 있다. 소소하게 구경할 만한 그림들 중 '신이여, 이 죽일 사랑에서 구원하소서Mein Gott, hilf mir, diese tödliche Liebe zu überleben'라는 작품이 단연 시선을 강탈한다. 벽화가 그려진 반대편은 낙서로 더 심하게 오염되어 '웨스트 사이드 갤러리West Side Gallery'라는 별명이 붙어 있다.

MAP P.103-D3 **주소** Mühlenstraße 3-100 **전화** 030-2517159 **홈페이지** www.eastsidegallery-berlin.com **운영** 종일 개방 **요금** 무료 **가는 방법** S3·S5·S7·S9호선 Ostbahnhof역 하차.

오버바움 다리 Oberbaumbrücke

슈프레강

베를린에는 다리가 무려 1,700개 이상이 있다. '물의 도시' 이탈리아 베네치아를 능가하는 숫자다. 그 많은 다리 중 가장 유명한 곳은 단연 1896년 완공된 오버바움 다리. 자동차와 사람, 그리고 전철까지 건너도록 이중 구조로 설계되었으며, 낡은 흔적이 역력한 붉은 벽돌로 만든 고풍스러운 다리 위를 샛노란 전철이 지나가는 모습이 인상적이어서 영화나 드라마에도 종종 등장한다. 다리 위에서 슈프레강을 바라보는 고즈넉한 풍경도 기억해두자.

MAP P.103-D3 **가는 방법** 이스트 사이드 갤러리에서 도보 2분 또는 U1·U3호선 Schlesisches Tor역 하차.

여기근처

이스트 사이드 갤러리와 오버바움 다리 부근은 베를린에서 낙후된 지역이었다. 덕분에 지금 뒤늦은 개발 붐으로 한창 큰 공사가 계속되는 중. 하지만 여전히 재개발을 거부하고 낡은 폐허 같은 공간에서 자유로운 창작혼을 불태우는 독립 예술가들이 그 사이에 공존한다. 그들의 아지트 어반 슈프레Urban Spree는 낡고 흉흉한 분위기와 달리 자유로운 예술과 유흥이 낮과 밤을 가리지 않고 펼쳐져 젊은 여행자에게 특히 인기가 높다.

[어반 슈프레] 주소 Revaler Straße 99 **전화** 030-74078597 **홈페이지** www.urbanspree.com **운영** 갤러리와 상점마다 차이가 있으므로 홈페이지 참조 **가는 방법** S3·S5·S7·S9·U1·U3호선 Warschauer Straße역 하차.

베르크만 거리

크로이츠베르크 Kreuzberg

크로이츠베르크는 베를린 남쪽 시가지 이름으로 튀르키예나 제3세계의 이국적인 분위기가 가득해 우리나라에 비유하면 서울 이태원과 비슷하다. 분단 시절 서베를린의 낙후된 지역이었기에 가난한 이주민과 예술가가 모여 살게 된 것이 기원이다. 그라피티가 뒤덮은 낡은 시가지 곳곳에 카페와 레스토랑, 소품 숍, 빈티지 숍 등 개성 넘치는 상점이 가득하다. 구區에 해당하는 넓은 구역이므로 전체를 다 관광하는 것은 불가능하지만 가장 중심이 되는 오라니엔 광장Oranienplatz 부근은 가볍게 둘러볼 만하다. 다만, 계속된 임대료 상승으로 인해 원래의 '날것 그대로'의 매력을 발산하던 상점이 사라지는 건 안타깝다. 최근에는 동아시아, 남아시아, 남미 등 세계 각지의 음식을 파는 다국적 '먹자골목' 베르크만 거리Bergmannstraße도 뜨고 있다.

MAP P.103-C3 **가는 방법** 중심부 U1·U3·U8호선 Kottbusser Tor역 하차, 베르크만 거리 U7호선 Gneisenaustraße역 하차.

여기근처

크로이츠베르크에 유명한 박물관이나 미술관도 여럿 있는데, 그중 단연 범세계적인 인기를 누리는 명소는 **유대인 박물관**Jüdisches Museum이다. 나치에 의해 희생된 유대인을 기리는 박물관으로 2001년 문을 열었다. 기괴한 외관의 박물관 건물은 매우 큰 화제가 되었는데, 건축가 다니엘 리베스킨트Daniel Libeskind는 나치 강제수용소에 수감되어 홀로코스트를 목격한 폴란드 유대인의 아들이라고 한다. 마치 '다윗의 별(유대인의 상징 문양)'을 찢어 펼친 듯한 특이한 모습은 유대인이 받은 상처를 은유하고, 내부에도 다양한 공간 예술과 설치물을 통해 유대인이 겪은 고립과 고통을 방문객이 직접 느껴보는 장치를 만들었다. 물론 박물관 본연의 목적에도 충실하여 베를린에서 유대인이 어떻게 생활하였는지 살필 수 있는 다양한 민속자료를 함께 전시한다.

[유대인 박물관] 주소 Lindenstraße 9–14 **전화** 030–25993300 **홈페이지** www.jmberlin.de **운영** 10:00~18:00 **요금** 성인 €10, 학생 €4 **가는 방법** 248번 버스 Jüdisches Museum역 하차.

Restaurant 먹는 즐거움

글로벌 도시 베를린은 먹을 것도 다국적 성찬이다. 다양한 세계 요리를 본토 수준으로 만들어낸다. 한마디로, 골라 먹는 재미가 있다.

무터 호페 Mutter Hoppe

니콜라이 지구에 위치한 베를린 전통 향토 요리 레스토랑. 높은 인기만큼 자리가 많지 않은 관계로 식사 시간에는 빈자리를 찾기 어려워 홈페이지를 통한 예약을 권장한다. '독일식 가정식'이라 할 수 있는 여러 스튜 요리와 생선 요리가 있으며, 무엇보다 입이 떡 벌어지는 엄청난 양의 아이스바인이 무터 호페의 자랑거리라 할 수 있다.

MAP P.104-C1 **주소** Rathausstraße 21 **전화** 030-24720603 **홈페이지** www.mutterhoppe.de **운영** 11:30~늦은 밤 **예산** 요리 €14.5~20, 맥주 €5.6 **가는 방법** 니콜라이 지구에 위치.

추어 레츠텐 인스탄츠 Zur letzten Instanz

주인과 이름이 바뀌기는 했지만 1621년부터 계속 같은 자리에서 술과 음식을 팔았던 역사가 끊이지 않았기에 '베를린에서 가장 오래된 레스토랑'으로 꼽힌다. 식당 명은 '최후의 수단'이라는 뜻이며, 인근 법원에서 소송하던 두 사람이 여기서 술잔을 부딪치며 화해한 일화에서 유래한다. 클롭제가 시그니처 메뉴.

MAP P.104-C2 **주소** Waisenstraße 14-16 **전화** 030-2425528 **홈페이지** www.zurletzteninstanz.com **운영** 월~토요일 12:00~15:00, 17:30~늦은 밤, 일요일 휴무 **예산** 요리 €18~28 **가는 방법** U2호선 Klosterstr.역에서 도보 2분.

TOPIC 커리부어스트

베를린에서 시작된 커리부어스트Currywurst는 부어스트(소시지)에 커리 케첩과 커리 가루까지 듬뿍 쳐 완성한 요리다. 대중적인 간식거리로 사랑받고 있어 노점에서도 흔하게 팔고 레스토랑에서 정식으로 먹기에도 좋다. 그런데 그 탄생의 기원은 가슴 아프다. 독일에 처음 커리 가루를 전수해준 이들은 식민지 인도에서 커리를 수입한 영국 군인이었다. 제2차 세계대전 후 서베를린에 주둔한 영국군의 구호식량에 포함된 커리 가루를 부어스트에 가미해 새로운 맛이 탄생하여 그 후로 베를린의 명물이 되었다. 말하자면, 우리네 부대찌개와 DNA가 같다고나 할까.

커리36 Curry36

베를린의 명물 커리부어스트로 명성 높은 길거리 매점이 여럿 있다. 그중 1980년 작은 노점으로 시작한 커리36은 톰 행크스도 들렀을 만큼 세계적인 명성을 가진 곳. 이제 베를린에 4개 지점을 운영하고 있으며, 중앙역과 초역 등 번화가에도 있지만 작은 노점으로 출발한 본점을 가장 추천할 만하다. 가격도 다른 지점보다 몇십 센트 저렴하다. 소시지의 케이싱(창자)을 빼고 주문할 수 있어 평소 소시지를 잘 먹지 못하는 사람도 부담이 없다.

MAP P.102-B3 **주소** Mehringdamm 36 **전화** 030-2580088336 **홈페이지** www.curry36.de **운영** 09:00~05:00 **예산** 커리부어스트 €2.5 **가는 방법** U6·U7호선 Mehringdamm역 앞.

무스타파 케밥 Mustafas Gemüsekebap

작은 컨테이너에서 파는 길거리 음식인데 BBC 등 외신에도 소개된 베를린 최고의 인기 레스토랑이다. 튀르키예 출신 노동자를 많이 받아들인 독일은 튀르키예인이 본토의 솜씨로 만드는 케밥이 매우 유명한데, 무스타파 케밥은 전 독일을 통틀어 단연 첫손에 꼽히는 맛집이다. 노점 앞에 길게 늘어선 줄이 세계적인 명성을 증명한다. 가격도 저렴하고 양은 매우 푸짐하여 식사 대용으로도 손색이 없다. 현금 결제만 가능.

MAP P.102-B3 **주소** Mehringdamm 32 **운영** 월~목요일 10:00~01:00, 금요일 14:00~03:00, 토~일요일 10:00~02:00 **예산** 케밥 €6.3 **가는 방법** U6·U7호선 Mehringdamm역 앞.

부르거마이스터 Burgermeister

'제2의 뉴욕'이라는 별명을 가진 베를린에서는 뉴욕의 '소울푸드' 햄버거도 매우 유명하다. 개성과 맛을 자랑하는 베를린의 수많은 수제 버거 맛집 중 단연 1순위로 꼽히는 곳은 부르거마이스터(버거마이스터)다. 철교 밑 낙서 가득한 황량한 비주얼과 달리 햄버거의 맛은 기대 이상이다. 최근에는 10여 개의 지점을 내고 다른 도시까지 진출하며 프랜차이즈화되고 있으나 역시 본점의 황량한 비주얼과 함께하는 따끈한 햄버거를 추천하고 싶다.

MAP P.103-D3 **주소** Oberbaumstraße 8 **전화** 030-403645331 **홈페이지** www.burger-meister.de **운영** 11:00~02:00(금~토요일 ~04:00) **예산** 햄버거 €4.9~ **가는 방법** U1·U3호선 Schlesisches Tor역 앞.

헨네 Alt Berliner Wirtshaus Henne

메뉴는 딱 한 가지. 통통한 닭 반 마리(와 약간의 사이드 디시)만으로 성공한 베를린 맛집이다. 명성에 비해 규모는 작은 편이어서 예약을 강력히 권장하며, 또는 식사 시간대를 살짝 피해 가는 방법도 있다. 식당 주인이 직접 촬영한 과거의 식당 인근 베를린 장벽 사진을 전시하여 또 다른 재미를 선사한다.

MAP P.104-C2 **주소** Leuschnerdamm 25 **전화** 030-6147730 **홈페이지** www.henne-berlin.de **운영** 화~일요일 17:00~늦은 밤, 월요일 휴무 **예산** 요리 €13.4, 맥주 €5.3 **가는 방법** U8호선 Moritzplatz역에서 도보 5분.

비빔 Bibim

비빔밥과 각종 찌개 요리 등 정통 한식을 푸짐하게 차려주는 아늑한 한국 식당이다. 메인 메뉴로 판매하는 한식의 종류만 20여 가지. 유럽의 한국 식당 평균 시세를 고려하면 가격도 합리적인 편이며, 음식 맛도 훌륭하다. 독일 생맥주와 한국 병맥주, 소주와 막걸리, 녹차아이스크림 등 한식 생각을 달래줄 다양한 옵션도 함께 마련되어 있다.

MAP P.103-C1 **주소** Danziger Straße 36 **전화** 030-44319306 **홈페이지** www.bibim.de **운영** 수~일요일 17:00~22:00(금~토요일 ~23:00), 월~화요일 휴무 **예산** 비빔밥 €5~, 찌개 €18.5~ **가는 방법** U2호선 Eberswalder Straße역에서 도보 2분.

더 반 카페 The Barn Café

젊은 문화가 가득한 베를린은 최근 감각적인 소규모 로스터리 카페가 대유행이다. 2010년 테이블 몇 개가 전부인 작은 카페로 시작해 입소문이 나 이제 베를린에 10여 개 지점을 낸 더 반 카페는 그중에서도 단연 으뜸이다. 카푸치노, 플랫 화이트 등 기본에 충실한 커피와 약간의 베이커리가 준비되어 있으며, 원두도 판매한다. '리틀 반Little Barn'이라는 애칭이 있는 본점은 현금을 받지 않는다는 것을 기억하기 바란다.

MAP P.104-B1 **주소** Auguststraße 58 **전화** 030-44046292 **홈페이지** www.thebarn.de **운영** 08:00~18:00(토요일 09:00~, 일요일 10:00~) **예산** 커피 €3 안팎 **가는 방법** U8호선 Rosenthaler Platz역에서 도보 7분.

Shopping 사는 즐거움

주변에 큰 아웃렛은 없지만 시내에 백화점과 쇼핑몰이 많아 독일 브랜드 제품을 쇼핑하기에 좋다. 또한 베를린의 개성을 담은 편집 숍과 디자인 숍도 경쟁력이 높다.

카데베 KaDeWe

베를린을 대표하는 유명 백화점이다. '서쪽의 백화점 Kaufhaus des Westens'의 머리글자를 따서 지은 이름에서 알 수 있듯 분단 시절 서독에서 경제 부흥의 아이콘으로 카데베를 만들고 적극적으로 홍보하여 더욱 명성을 얻게 되었다. 대중적인 브랜드는 물론 독일에서 흔하지 않은 명품 매장까지 여럿 입점하고 있어 '독일 소비의 끝판왕'이라 불러도 어색하지 않다.

MAP P.102-A3 **주소** Tauentzienstraße 21–24 **전화** 030–21210 **홈페이지** www.kadewe.de **운영** 월~토요일 10:00~20:00(금요일 ~21:00), 일요일 휴무 **가는 방법** U1·U2·U3호선 Wittenbergplatz역 하차.

하케셰 회페 Hackesche Höfe

1900년대 초 건축된 유겐트슈틸 양식의 건물 여러 채가 연결되어 8개의 안뜰Höfe이 이리저리 얽히는 독특한 구조의 쇼핑몰이다. 각각의 건물마다 레스토랑, 카페, 상점 등이 있다. 유명 브랜드보다는 베를린에 뿌리를 둔 로컬 브랜드나 장인의 공방 위주로 구성되어 있어 일반 백화점이나 쇼핑몰과는 또 다른 분위기의 쇼핑을 즐길 수 있다.

MAP P.104-B1 **주소** Rosenthaler Straße 39 **전화** 030–25002333 **홈페이지** www.hackesche-hoefe.de **운영** 상점마다 다르므로 홈페이지에서 확인 **가는 방법** S3·S5·S7·S9호선 Hackescher Markt역 하차.

암펠만 숍 Ampelmann Shop

많은 사랑을 받는 '신호등 캐릭터' 암펠만의 전용 캐릭터 숍. 통일 후 거리에서 자취를 감춘 암펠만이 부활하게 된 것도 암펠만 숍의 캐릭터 상품이 먼저 인기를 얻은 덕이다. 수많은 캐릭터 상품으로 재탄생한 STOP과 GO 두 캐릭터는 베를린에서만 구매할 수 있는 기념품으로 추천한다. 운터 덴 린덴 거리 지점이 가장 크고 제품 종류도 많은 플래그십 스토어다.

MAP P.104-B2 **주소** Unter den Linden 35 **전화** 030–20625269 **홈페이지** www.ampelmannshop.com **운영** 10:00~20:00 **가는 방법** 브란덴부르크문과 잔다르멘 마르크트 광장에서 도보 5분.

Entertainment 노는 즐거움

문화가 끓어 넘치는 '핫한' 도시답게 다양한 축제와 즐길 거리가 가득하다. 특히 지적 호기심을 충족시켜줄 문화예술 관련 행사가 많다.

베를린 영화제 Internationale Filmfestspiele Berlin

©visitBerlin / Tanja Koch

베를리날레Berlinale라는 애칭의 베를린 영화제가 매년 2월 경 열린다. 프랑스 칸, 이탈리아 베네치아와 함께 '세계 3대 영화제'로 꼽히며, 이 중에서도 가장 예술성을 중요시하는 것으로 알려져 있다. 분단 시절인 1951년 서방 국가의 적극적인 지원 속에 서베를린에서 시작되었고, 포츠담 광장 인근의 베를리날레 팔라스트Berlinale Palast 영화관이 메인 상영관이다. 2025년 일정은 2월 13일부터 23일까지.

주소 Marlene-Dietrich-Platz 1 **홈페이지** www.berlinale.de

베를린 가전박람회 Internationale Funkausstellung

©Messe Berlin

아이에프아IFA로 잘 알려진 국제 가전박람회가 베를린 박람회장에서 매년 9월경 개최된다. 미국 라스베이거스의 CES, 스페인 바르셀로나의 MWC와 함께 '세계 3대 가전박람회'로 불리며, 스마트폰, 카메라, 생활가전 등 실생활에 밀접하게 연결된 최신 IT 트렌드가 발표되기에 일반인도 많이 찾는다. 일반인 방문자는 프리세일 기간 중 홈페이지에서 입장권을 구입한다. 2024년 일정은 9월 6일부터 10일까지.

MAP P.102-A3 **홈페이지** www.ifa-berlin.com **가는 방법** S3·5·9호선 Messe Süd역 하차.

박물관의 밤 Lange Nacht der Museen

©Kulturprojekte Berlin / Oana Popa

베를린의 인기 축제로, 행사가 열리는 날이면 포츠담 등 근교를 포함하여 70개 이상의 박물관이 저녁부터 02:00까지 개장하며, 한 장의 통합 티켓으로 모든 박물관을 구경할 수 있다. 박물관섬, 베를린 문화포럼, 유대인 박물관 등 참여 박물관의 면면도 화려하다. 티켓 소지자는 각 박물관을 연결하는 셔틀버스도 탑승할 수 있어 야간에도 이동이 불편하지 않다. 매년 여름 하루를 정하여 행사가 열리며, 2024년 축제 일정은 8월 24일이다. 참여 박물관 매표소와 관광안내소에서 티켓을 판매한다.

홈페이지 www.lange-nacht-der-museen.de

POTSDAM 포츠담

브란덴부르크의 주도 포츠담은 베를린의 제1 위성도시로 베를린과 함께 번성하였다. 프로이센의 군사기지가 있었고 프로이센의 웅장한 궁전이 남아 매력적인 관광지로 꼽힌다. 제2차 세계대전 당시 일본의 무조건적인 항복을 결정한 '포츠담 선언'의 현장이기도 하다.

관광안내소 INFORMATION

포츠담 관광안내소는 구 마르크트 광장의 바르베리니 박물관 건물 1층에 있다. 중앙역에도 작은 안내소를 따로 운영한다.

홈페이지 www.potsdam-tourism.com/en/ (영어)

찾아가는 방법 ACCESS

거점 도시와 이동시간 (레기오날반 기준)

베를린 ↔ 포츠담 : RE 25분, S 35분

유효한 티켓

VBB 1일권(€11.4), 브란덴부르크 티켓도 유효

TOPIC 프리드리히 대왕

프로이센 3대 국왕 프리드리히 2세Friedrich II(1712~1786)는 유럽의 변방이나 다름없던 프로이센을 유럽의 강국으로 발전시킨 인물이다. 당시 신성 로마제국 영역에서는 마리아 테레지아가 이끄는 합스부르크(오스트리아)가 가장 강력했지만, 프리드리히 2세는 선왕부터 기틀을 닦아 둔 강력한 군사력을 바탕으로 오스트리아와의 전쟁에서 연달아 승리하고 슐레지엔(오늘날 체코와 폴란드 일부)과 서프로이센(오늘날 폴란드 북부)을 획득했다. 포츠담은 그의 군대가 주둔한 군사기지였고, 상수시 궁전과 공원은 왕의 별장이었다. 프리드리히 2세의 부국강병은 프로이센을 주축으로 하는 독일 통일의 초석이 되었고, 사람들은 그의 업적을 기리며 프리드리히 대왕Friedrich der Große이라 부른다.

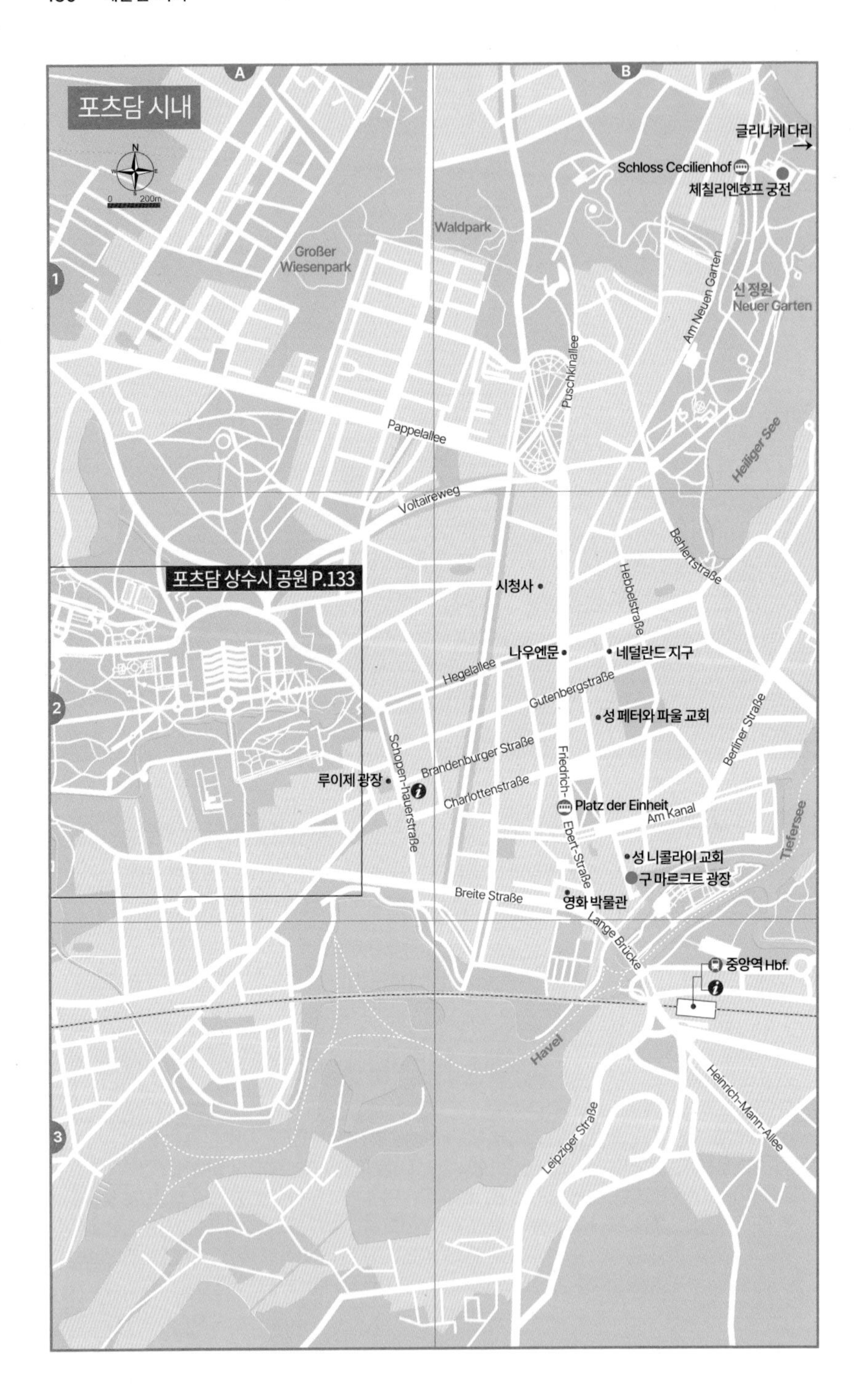

포츠담 시내
A
B
1
2
3
글리니케 다리
Schloss Cecilienhof
체칠리엔호프 궁전
Waldpark
Großer Wiesenpark
Am Neuen Garten
신 정원
Neuer Garten
Puschkinallee
Pappelallee
Heiliger See
Voltaireweg
Behlertstraße
포츠담 상수시 공원 P.133
시청사
Hebbelstraße
나우엔문
네덜란드 지구
Hegelallee
Gutenbergstraße
성 페터와 파울 교회
Berliner Straße
Schopen-hauerstraße
Brandenburger Straße
루이제 광장
Charlottenstraße
Friedrich-Ebert-Straße
Platz der Einheit
Am Kanal
Tiefersee
성 니콜라이 교회
구 마르크트 광장
Breite Straße
영화 박물관
Lange Brücke
중앙역 Hbf.
Havel
Heinrich-Mann-Allee
Leipziger Straße

Best Course 포츠담 추천 일정

많은 사람이 포츠담에서 상수시 궁전과 공원만 보고 베를린으로 돌아가지만, 포츠담의 매력은 훨씬 다양하다. 특히 '호수의 도시'로서 포츠담의 진면목을 놓쳐서는 안 된다.

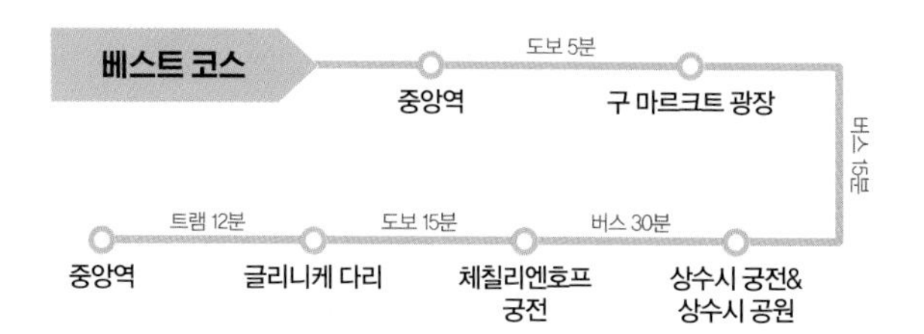

Tip. 각각의 관광지가 다소 떨어져 있어 대중교통 이용이 필요하다. 베를린에서 대중교통 1일권(ABC존)을 구입하면 레기오날반 외에 포츠담의 버스와 트램도 무제한 탑승할 수 있다.

Attraction 보는 즐거움

웅장한 궁전과 드넓은 정원, 이 모든 걸 만든 프로이센 권력자들의 숨결 속에 관광과 힐링이 함께 한다.

구 마르크트 광장 Alter Markt

뒤늦게 복원이 완료된 포츠담 구시가지의 중심. 오벨리스크를 중앙에 두고, 옛 선제후의 궁전과 르네상스 양식의 구 시청사 Altes Rathaus 등이 광장의 틀을 만들었고, 이후 싱켈이 성 니콜라이 교회St. Nikolaikirche를 지어 지금의 모습이 되었다. 높은 돔이 인상적인 성 니콜라이 교회는 신고전주의의 건축미를 보이며, 2013년 복원을 마치고 의사당으로 사용 중인 포츠담 궁전Potsdamer Stadtschloss도 아름다움을 더한다. 바르베리니 박물관Museum Barberini에서는 수준 높은 예술작품을 관람할 수 있다.

MAP P.130-B2 **가는 방법** 중앙역에서 도보 5분 또는 다수의 버스와 트램 Alter Markt/Landtag역 하차.

성 니콜라이 교회와 구 시청사

포츠담 궁전

▶ 성 니콜라이 교회

주소 Am Alten Markt **전화** 0331-2708602 **홈페이지** www.nikolai-potsdam.de **운영** 09:30~17:00(일 11:00~) **요금** 무료

▶ 바르베리니 박물관

주소 Humboldtstraße 5-6 **전화** 0331-236014499 **홈페이지** www.museum-barberini.de **운영** 월·수~일요일 10:00~19:00, 화요일 휴관 **요금** 성인 €16(주말 €2 추가), 학생 €10

바르베리니 박물관

상수시 궁전 Schloss Sanssouci

프리드리히 대왕의 별궁. 상수시Sans Souci는 프랑스어로 '근심이 없다'는 뜻이다. 그만큼 골치 아플 때 찾아가 '리프레시'하려는 왕의 의도가 엿보이는데, 강력한 권력과 어울리지 않는 방 12개짜리 소박한 로코코 양식의 궁전을 지었으며, "자신이 죽으면 더 이상 관리하지 말라"고 하였으나 그 바람은 이루어지지 않아 오늘날까지 많은 사람이 찾는 유네스코 세계문화유산이 되어 있다. 궁전은 프리드리히 대왕이 아이디어를 낸 계단 형식의 '포도나무 테라스Weinbergterrassen' 위에 있어 여타 궁전과 다른 독특한 건축미를 뽐낸다. 포도나무 계단은 은근히 경사가 있어 궁전까지 올라갈 때 체력이 꽤 소모되지만, 일단 오르고 나면 발 밑으로 탁 트인 상수시 공원의 풍경에 매료된다. 참고로, 궁전 뒤편 버스 정류장부터 관람을 시작하면 계단을 오르는 수고는 아낄 수 있다. 프리드리히 대왕은 프랑스 계몽주의에 심취하여 평소 볼테르Voltaire 등 프랑스 문인을 상수시 궁전으로 초빙해 몇 달씩 환담하였다고 한다. 궁전의 이름부터 그 속을 채우는 철학까지 프랑스 계몽주의의 영향을 강하게 받았다. 대왕의 묘도 궁전 부근에 소박하게 남아 있는데, 독일에 감자를 보급해 식량 문제를 해결하여 생긴 '감자 대왕'이라는 별명에 어울리게 꽃 대신 감자를 놓고 추모하는 모습을 볼 수 있어 재미있다.

MAP P.133 **주소** Maulbeerallee **전화** 0331-9694200 **홈페이지** www.spsg.de **운영** 화~일요일 10:00~17:30(11~3월 ~16:30), 월요일 휴무 **요금** 성인 €14, 학생 €10 **가는 방법** 중앙역이나 구 마르크트 광장에서 695번 버스로 Schloss Sanssouci역 하차.

포도나무 계단 위에서 보이는 정원

상수시 공원 Sanssouci Park

1747년 상수시 궁전을 지으면서 주변의 넓은 부지를 숲과 정원으로 만든 곳이 상수시 공원이다. 동쪽 입구에서 서쪽 끝까지의 직선거리만 2.5km에 달할 정도로 넓은 공원 속에 여러 궁전과 전망대 등이 자리를 잡은 덕분에 매우 상쾌하다. 상수시 플러스 티켓Ticket Sanssouci+을 구입하면 상수시 궁전을 포함하여 공원 내 모든 장소에 입장할 수 있으며, 개별 입장권도 판매한다.

MAP P.133 **운영** 종일 개방 **요금** 상수시 플러스 티켓 성인 €22, 학생 €17 **가는 방법** 동쪽 입구는 버스로 Friedenskirche역 하차.

+ TRAVEL PLUS 상수시 궁전과 공원 관광 동선

상수시 공원이 매우 넓기 때문에 동선을 미리 정해두면 시간을 절약할 수 있다. 시간과 체력에 맞추어 아래와 같은 동선을 권장한다.

❶ 공원 주요 장소 전체 관람

포츠담 중앙역에서 612·614번 버스로 Friedenskirche역 하차 후 동쪽 입구 → 회화관 → 상수시 궁전 → 오랑주리 → 신 궁전 → 샤를로텐호프 궁전 → 로마 목욕탕 → 중국관 → 동쪽 입구로 나가 시내 관광

❷ 공원 주요 장소 절반 관람

마찬가지로 동쪽 입구 → 상수시 궁전 → 오랑주리 → 신 궁전 → 궁전 뒤편 Campus Universität/Lindenallee역에서 695번 버스로 Platz der Einheit/West역까지 이동한 뒤 시내 관광

❸ 상수시 궁전만 관람

포츠담 중앙역에서 695번 버스로 Schloss Sanssouci역 하차

ZOOM IN

상수시 공원

상수시 공원은 프리드리히 대왕 이후에도 쭉 왕실의 별궁 정원으로서 권력자의 손길이 닿아 울창한 숲속 여기저기 많은 볼거리가 자리 잡았다. 주요 관광명소를 소개한다.

신 궁전
Neues Palais

1769년 프리드리히 대왕이 7년 전쟁의 승리를 자축하며 지은 또 하나의 거대한 궁전. 가로 길이만 220m에 달하는 웅장한 바로크 양식이 돋보인다. 2024년 11월부터 내부 공사로 임시 휴관.

운영 월·수~일요일 10:00~17:30(11~3월 ~16:30), 화요일 휴무 **요금** 성인 €12, 학생 €8

오랑주리
Orangerie

프로이센의 6대 국왕 프리드리히 빌헬름 4세는 이탈리아 르네상스에 심취하였다. 그는 상수시 공원에 자신의 취향대로 이탈리아 르네상스 양식의 오랑주리를 만들었다. 주거보다는 전망을 위한 궁전이며, 옥상 테라스에서 보이는 전망이 훌륭하다. 단, 내부 시설 보수로 당분간 입장이 제한된다.

중국관
Chinesisches Teehaus

프리드리히 대왕이 계몽주의 정신에 근거하여 오리엔탈 분위기가 물씬 풍기는 다관茶館으로 만든 작은 파빌리온이다.

운영 5~10월 화~일요일 10:00~17:30, 11~4월 전체 및 5~10월 월요일 휴무 **요금** 성인 €4, 학생 €3

로마 목욕탕
Römische Bäder

프리드리히 빌헬름 4세가 이탈리아 르네상스 분위기를 살리고자 고대 로마 스타일의 목욕탕을 만들었다. 내부는 대리석으로 아낌없이 치장하여 호화로우나 그 모습을 온전히 보존하고자 대대적인 공사를 진행 중이어서 내부 입장은 일시 제한된다.

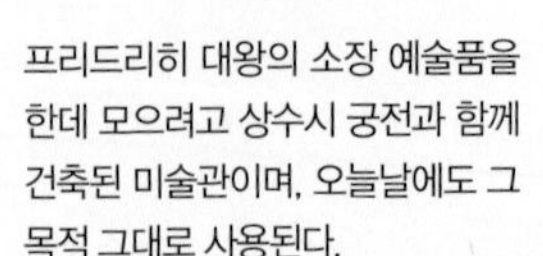

회화관
Bildergalerie

프리드리히 대왕의 소장 예술품을 한데 모으려고 상수시 궁전과 함께 건축된 미술관이며, 오늘날에도 그 목적 그대로 사용된다.

운영 5~10월 화~일요일 10:00~17:30, 11~4월 전체 및 5~10월 월요일 휴무 **요금** 성인 €8, 학생 €6

포츠담 대학교

공원의 다른 볼거리

상수시 궁전 옆에 물레방아Historische Mühle, 공원에서 가장 높은 언덕의 벨베데레Belvedere 전망탑, 1829년 건축된 샤를로텐호프 궁전Schloss Charlottenhof의 터 등이 있다. 그리고 신 궁전 너머 포츠담 대학교Universität Potsdam는, 원래 궁전 부속 건물로 지은 것이기에 신 궁전과 유사한 바로크 양식이 돋보인다.

체칠리엔호프 궁전

Schloss Cecilienhof

신 정원

제1차 세계대전이 한창인 1917년, 황제 빌헬름 2세가 황태자를 위해 지어주면서 황태자비의 이름 체칠리에 Cecilie를 궁전 이름에 붙였다. 프로이센 왕실이자 독일 제국 황실인 호엔촐레른 왕가의 마지막 궁전이기도 하다. 평화로운 풍경의 신 정원Neuer Garten 속 자리 잡은 궁전은 영국풍으로 소박하게 지어져 마치 전원 별장을 보는 듯 정겹다. 제2차 세계대전이 끝난 뒤 여기서 포츠담 회담(패전국 독일의 처분을 논의)이 열리고, 포츠담 선언(패전국 일본의 처분을 논의하여 한국의 독립을 결정)이 발표되었다. 오늘날 궁전은 호텔로 사용 중이며, 포츠담 회담장 등 궁전 일부는 박물관으로 꾸몄다.

MAP P.130-B1 **주소** Im Neuen Garten **운영** 화~일요일 10:00~17:30(11~3월 ~16:30), 월요일 휴무 **요금** 성인 €14, 학생 €10, 상수시 플러스 티켓 적용 **가는 방법** 상수시 공원에서 692번 버스 등으로 Platz der Einheit/West 정류장 이동, 603번 버스로 환승하여 Schloss Cecilienhof 정류장 하차.

글리니케 다리

Glienicker Brücke

글리니케 호수 위로 베를린과 포츠담을 연결하는 두 도시의 경계선이다. 분단 시절 포츠담엔 소련군이 진주하였고 다리 건너 서베를린은 미군이 관할하는 영역이었기에, 자연스럽게 글리니케 다리는 미군과 소련군이 직접 대치하는 냉전의 최전선이 되었다. 미군과 소련군은 이 다리에서 비밀 접견을 통해 서로 스파이 포로를 교환하기도 했기에 '스파이 브리지Spy Bridge'라는 별명도 붙었으며, 1962년에 발생한 최초의 포로 교환 사건을 바탕으로 만든 영화가 스티븐 스필버그 감독의 '스파이 브릿지'다. 분단 시절에는 통행이 일절 금지되었다가 통일 후 다시 다리가 열렸다. 다리 주변에 당시의 역사적인 사실을 전시하는 자료가 조금 보이고, 다리 위에서 보이는 호수의 풍경도 아름다워 영화 '스파이 브릿지'를 생각하며 다리 위를 걸어볼 이유는 충분하다.

MAP P.130-B1 **가는 방법** 체칠리엔호프 궁전에서 도보 15분. Glienicker Brücke역에서 93번 트램으로 중앙역까지 12분.

LUTHERSTADT WITTENBERG 비텐베르크

이름 없는 시골 도시에서 이름 없는 성직자에 의해 전 유럽을 뒤흔든 종교 개혁이 시작되었다. 이 성직자가 마르틴 루터, 그가 종교 개혁에 불을 붙인 시골 도시가 비텐베르크다.

관광안내소 INFORMATION

핵심 관광지인 슐로스 교회 앞에 관광안내소가 있다. 기차역 기준으로 가장 멀리 위치하는 셈이므로 사전에 여행 정보를 충분히 확보할 것을 권장한다.

홈페이지 www.lutherstadt-wittenberg.de/en/ (영어)

찾아가는 방법 ACCESS

거점 도시와 이동시간 (레기오날반 기준)

베를린 ↔ 비텐베르크 : RE 1시간 24분

라이프치히 ↔ 비텐베르크 : S 1시간 9분

유효한 티켓

크베어두르히란트 티켓(베를린에서 왕복할 때 사용)

작센 티켓(라이프치히에서 왕복할 때 사용)

베스트 코스 중앙역 → 루터의 나무 → 루터하우스 → 마르크트 광장 → 슐로스 교회 → 구시가역

슐로스 교회

루터의 나무

비텐베르크는 '루터의 도시Lutherstadt'라는 수식어를 도시 이름에 공식적으로 사용하는 곳. 그만큼 '비텐베르크=루터'의 등식이 성립하고, 비텐베르크 여행은 곧 마르틴 루터의 성지순례나 마찬가지다.
1517년 10월 31일 마르틴 루터가 교황청의 면죄부 판매를 비판하며 '95개조 반박문'을 붙인 슐로스 교회Schlosskirche는 성지순례의 하이라이트. 작센 선제후의 레지덴츠 궁전Residenzschloss에 딸린 교회였는데, 훗날 7년 전쟁으로 궁전이 완전히 파괴되고 슐로스 교회만 남았다가 궁전도 2017년 다시 복원되었다. 마르틴 루터는 비텐베르크 대학교에서 신학을 가르치는 교수로 재직하였고, 당시 루터가 거주하며 학생을 가르쳤던 대학교 건물은 루터하우스Lutherhaus 박물관으로 공개되어 있다. 그 외에도 마르크트 광장의 시립 교회Stadtkirche St. Marien는 루터가 종종 설교하고 결혼식도 올린 곳이고, 루터의 나무Luthereiche는 루터가 교황청의 파문 교서를 불태워버린 자리에 기념으로 심은 나무다.
중앙역이 약간 멀지만, 기차역 앞부터 시내 입구(루터의 나무 부근)까지 걷기 좋은 산책로를 만들어 편하게 여행할 수 있다. 관광지에서 가까운 구시가역은 1~2시간에 1대꼴로 레기오날반이 드문드문 다닌다.

시립 교회와 마르크트 광장

루터하우스

▶ 슐로스 교회

MAP P.136 **주소** Schlossplatz 1 **홈페이지** www.schlosskirche-wittenberg.de **운영** 10:00~17:00(일요일 11:30~, 동절기 ~16:30), 첨탑은 폐장 1시간 전까지 **요금** 교회 성인 €3, 학생 €1, 첨탑 전망대 성인 €3, 학생 €2

▶ 루터하우스

MAP P.136 **주소** Collegienstraße 54 **홈페이지** www.martinluther.de **운영** 2025년 봄까지 내부 공사로 임시 휴관

▶ 시립 교회

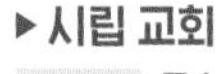

MAP P.136 **주소** Kirchplatz 20 **운영** 10:00~18:00(일요일 11:30~, 동절기 ~16:00) **요금** 성인 €3, 학생 €1

▶ 루터의 나무

MAP P.136 **주소** Am Hauptbahnhof 2 **운영** 종일 개방

STRALSUND 슈트랄준트

독일 영토의 동북쪽 끄트머리에 있는 슈트랄준트는 도시 전체가 유네스코 세계문화유산으로 등록된 아름다운 항구 도시다. 중세 한자동맹의 일원으로 크게 번영하였던 흔적을 구시가지에서 만날 수 있다.

관광안내소 INFORMATION

구 마르크트 광장에서 시청사를 정면으로 바라본 방향의 오른쪽 건물 1층에 있다.

홈페이지 www.stralsundtourismus.de/en/ (영어)

찾아가는 방법 ACCESS

거점 도시와 이동시간 (레기오날반 기준)

베를린 ↔ 슈트랄준트 : RE 3시간 9분

함부르크 ↔ 슈트랄준트 : RE 3시간 22분

유효한 티켓

크베어두르히란트 티켓(베를린에서 왕복할 때 사용)

슐레스비히홀슈타인 티켓(함부르크에서 왕복할 때 사용)

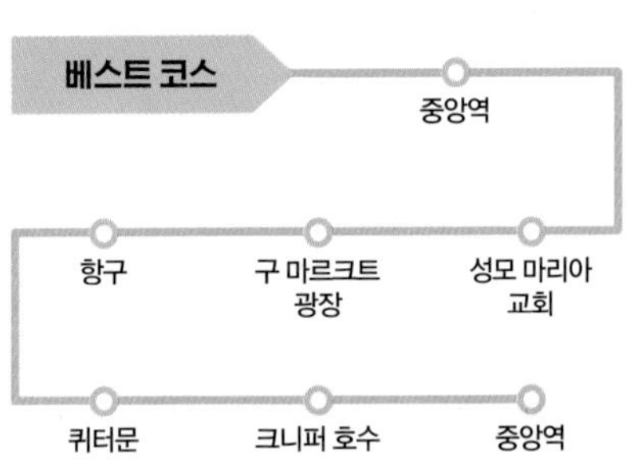

Tip. 슈트랄준트는 150km 떨어진 비스마르Wismar와 함께 구시가지 전체가 유네스코 세계문화유산이 되었다. 가깝지 않은 두 도시가 함께 문화유산이 된 사연은 QR코드를 스캔하여 확인할 수 있다.

슈트랄준트는 북부 독일 특유의 붉은 벽돌로 지어진 옛 건물이 가득한 구시가지 여행이 핵심이다. 성모 마리아 교회St. Marienkirche와 구 마르크트 광장Alter Markt은 슈트랄준트의 부강한 과거를 충분히 짐작하고도 남게 해준다. 특히 성모 마리아 교회는 1382년 151m 높이의 첨탑을 만들어 당시 세계에서 가장 높은 건물이었다(제2차 세계대전 이후 복구하는 과정에서 규모가 축소되어 오늘날에는 104m 높이를 기록 중이다). 세계에서 가장 높은 건물을 지을 정도로 슈트랄준트는 자본과 기술이 모인 강한 도시였다. 성모 마리아 교회뿐 아니라 구 마르크트 광장의 시청사와 성 니콜라이 교회Kirche St. Nikolai, 그리고 항구Hafen의 육중한 창고 건물 등 붉은 벽돌 고딕 양식의 전형적인 매력을 보여주는 건축물이 곳곳에 가득하다. 퀴터문Kütertor 등 옛 성벽의 흔적도 여전히 발견되며, 그 너머 예쁜 공원으로 단장한 크니퍼 호수Knieperteich도 꼭 들러보자. 아이와 함께 여행할 때에는 항구 앞에 있는 바다 체험 학습 테마관 오체아네움Ozeaneum이 흥미로운 장소가 될 것이다. 항구 부근에는 보트에서 피시 앤 칩스나 생선 버거를 파는 매점도 있으니 바다 분위기를 느끼며 간식을 먹기에 좋다.

성모 마리아 교회

성 니콜라이 교회

크니퍼 호수

▶ 성모 마리아 교회

MAP P.139 **주소** Marienstraße 16 **홈페이지** www.st-mariengemeinde-stralsund.de **운영** 4월 10:00~17:00, 5~9월 09:30~17:30, 10월 10:00~16:00, 11~3월 10:00~12:00(평일 14:00~16:00 추가), 일요일 10:00부터 약 1시간 입장불가 **요금** 무료

▶ 성 니콜라이 교회

MAP P.139 **주소** Auf dem St. Nikolai kirchhof 2 **홈페이지** www.hst-nikolai.de **운영** 4~10월 월~토요일 10:00~18:00(6~8월 ~19:00), 일요일 12:00~16:00, 11~3월 월~토요일 10:00~16:00, 일요일 12:00~15:00 **요금** €3

▶ 오체아네움

MAP P.139 **주소** Hafenstraße 11 **홈페이지** www.ozeaneum.de **운영** 09:30~17:00(6~9월 ~19:00) **요금 성인** €18, **학생** €14, **아동** €8

FRANKFURT (MAIN) AREA 프랑크푸르트 지역

BEST 4

01

건축과 예술이 만난
뢰머 광장 (프랑크푸르트)

02

역사적으로 매우 중요한
마인츠 대성당 (마인츠)

03

와인 빌리지의 활기
드로셀 골목 (뤼데스하임)

04

산 하나가 통째로 정원이 된
빌헬름스회에 산상공원 (카셀)

프랑크푸르트 지역 이동 전략

비스바덴, 마인츠, 하나우는 프랑크푸르트 근교에 있어 전철로 편하게 왕래할 수 있으며, 나머지 도시도 레기오날반으로 프랑크푸르트에서 편하게 다녀올 수 있다. 단, 보름스는 랜더티켓이 유효하지 않다. 슈투트가르트 지역의 하이델베르크(P.342)도 프랑크푸르트에서 원데이 투어가 가능하다.

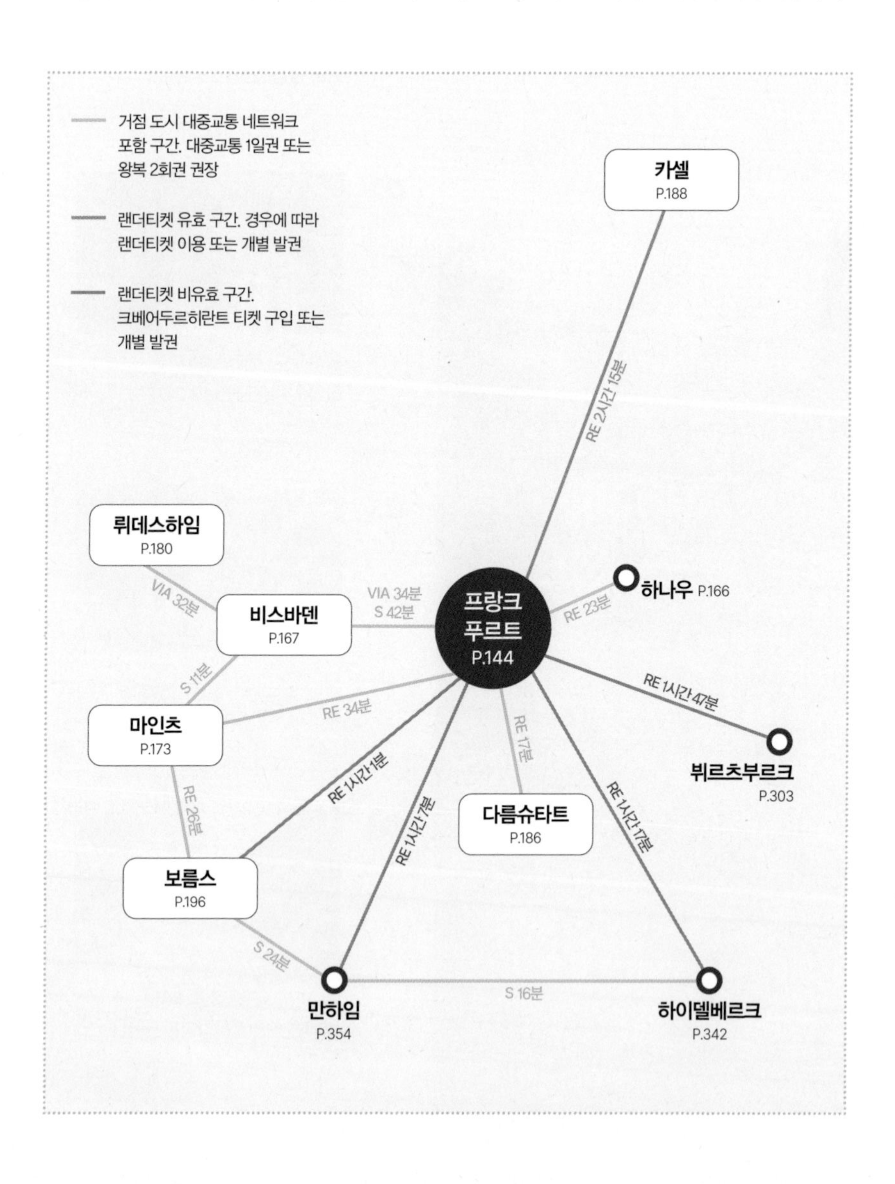

프랑크푸르트 지역 숙박 전략

세계적인 박람회 도시답게 프랑크푸르트의 숙박시설은 많고 다양하다. 큰 박람회 기간 중에는 숙박료가 요동치지만, 평소에는 가격이 저렴한 편이니 프랑크푸르트에서 숙박을 해결하되, 라인강 유람 계획이 있으면 뤼데스하임에서의 1박을 고려해도 좋다.

☑ 가장 **좋은 위치**

중앙역 부근 MAP P.148-A2

프랑크푸르트 여행 시 중앙역 부근의 호텔이나 호스텔을 이용하자. 고급 호텔, 비즈니스호텔, 저렴한 호텔, 호스텔까지 모든 종류의 숙박업소가 이 부근에 가득하다. 박람회장에서 대형 행사가 열리는 시즌을 제외하면 숙소 구하기 어렵지 않고 가격도 합리적인 편. 단, 큰길에서 두 블록 이상 들어가는 골목은 유흥업소가 많아 분위기가 흉흉하니 가급적 중앙역 근처 또는 대로변의 숙소를 고르는 게 좋다. 중앙역 부근에 숙소를 두어야 시내 여행도 근교 여행도 편리하다.

☑ **비즈니스** 출장 시

박람회장 부근 MAP P.148-A2

만약 방문 목적이 프랑크푸르트 박람회장에서 열리는 행사에 참석하기 위한 비즈니스 여행자라면, 박람회장 인근에 대형 호텔 체인이 여럿 있어 선택의 폭이 넓다. 박람회장이 중앙역과 전철 한 정거장 거리이므로 큰 차이는 없지만, 주변 거리 분위기는 조금 더 깨끗하다.

☑ **라인강** 유람 시

뤼데스하임 MAP P.180

근교 여행 중 봄부터 가을철까지 라인강 유람선 탑승 계획이 있다면 뤼데스하임 숙박을 고려할 만하다. 유람선 출발 전 포도밭을 트레킹하거나 예쁜 마을 풍경을 충분히 즐길 수 있기 때문. 단, 작은 마을이어서 호텔이 많지 않고 관광지로서의 명성은 높아 성수기에 숙소 구하기 쉽지 않은 편이다.

☑ **기타**

카셀 MAP P.189-A1·A2

여름철 '빛의 쇼'를 야간에 '직관'하려면 기차 스케줄상 프랑크푸르트에서 왕복하기는 쉽지 않으니 카셀 시내에서 숙박하는 게 더 편리하다.

FRANKFURT AM MAIN 프랑크푸르트

유럽중앙은행의 본부가 있는 EU의 경제수도. 일찍이 금융업이 발달하였고 오늘날에도 주요 은행과 보험 등 금융사의 본사가 모두 프랑크푸르트에 있다. 금융의 중심답게 휘황찬란한 마천루가 가득해 마인하탄Mainhattan(마인강의 맨해튼)이라는 별명이 있고, 전 세계로 항공편이 연결된다.
도시의 정식 명칭은 프랑크푸르트 암 마인. '마인강 옆 프랑크푸르트'라는 뜻이며, 독일 동부의 또 다른 프랑크푸르트와의 구분을 위해 '암 마인'을 붙인다. 괴테의 고향이기도 하다.

지명 이야기

프랑크 왕국의 카롤루스 대제는 마인강을 건너 이민족을 정벌하다 역습을 당해 큰 위기에 처하였다. 이때 기적적으로 마인강이 얕게 흐르는 곳을 발견하고 강을 건너 귀환하여 목숨을 구했고, 이후 '프랑크Frank의 여울Furt'이라는 뜻으로 프랑크푸르트라는 이름을 붙였다. 다만, 이것은 전설일 뿐, 역사적 사실과는 다르다.

Information & Access 프랑크푸르트 들어가기

관광안내소 INFORMATION

프랑크푸르트 관광안내소

시청사 뢰머 1층에 있다. 한때 중앙역에도 관광안내소가 있었지만, 현재는 운영하지 않는다. 대신 프랑크푸르트 소재 호텔에서도 지도나 여행 정보를 쉽게 얻을 수 있어 편리하다.

홈페이지 www.visitfrankfurt.travel

찾아가는 방법 ACCESS

비행기

프랑크푸르트 공항

프랑크푸르트 공항 Frankfurt Airport(공항코드 FRA)은 독일 최대의 국제공항이다. 대한항공, 아시아나항공, 루프트한자 3개 항공사의 직항 노선이 있고, 2024년 중 티웨이항공의 직항 노선이 추가되었다. 환승 허브 공항으로서의 인프라도 세계 최정상급인 '유럽의 관문'이다.

• 시내 이동

공항 터미널1에 연결된 레기오날역Regionalbahnhof에서 전철 에스반으로 가깝다. 티켓은 기차역 내 티켓 판매기에서 구매한다.

소요시간 에스반 13분 **노선** S8·9호선 **요금** 편도 €6.3

• 다른 도시로 이동

공항 장거리역

프랑크푸르트 공항이 유럽의 관문이다 보니 목적지가 다른 도시일 때에도 프랑크푸르트 공항에 도착하곤 한다. 곧바로 다른 도시로 이동하려면 공항 터미널1에서 육교로 10여 분 걸어 장거리역Fernbahnhof을 이용한다. 초고속 열차 ICE를 포함하여 독일 각지로 연결하는 열차 노선이 촘촘하다.

• 한Hahn 공항

저가항공으로 갈 때에는 도착지가 프랑크푸르트 국제공항인지 정확히 확인해야 한다. 행정구역상 프랑크푸르트와 전혀 상관없는 프랑크푸르트-한Frankfurt-Hahn 공항(코드 HHN)에서 타고 내리는 노선이 있기 때문. 한 공항은 기차도 다니지 않고 주변에 숙소 구하기도 마땅치 않은 작은 공항이다. 여행자가 이용하기에 적합하지 않다.

기차

중앙역Hauptbahnhof에서 초고속 열차와 레기오날반 모두 편리하게 이용할 수 있다. 일부 열차는 남역Südbahnhof을 이용하기도 한다.

*** 유효한 랜더티켓** 헤센 티켓

• 시내 이동

〈프렌즈 독일〉은 중앙역에서 프랑크푸르트 여행을 시작하는 것으로 구성되었다. 중앙역 앞 카이저 거리부터 도보로 여행을 시작할 수 있다.

버스

버스 터미널ZOB Frankfurt은 중앙역 남쪽 출구 바로 맞은편에 있다. 여행 동선을 정할 때 중앙역과 차이가 없다.

중앙역

Transportation & Pass 프랑크푸르트 이동하기

시내 교통 TRANSPORTATION

대중교통망은 전철 에스반과 우반, 그리고 지상의 트램 등으로 구성된다. 대부분의 관광지가 시내에 몰려 있으므로 대중교통을 이용할 일은 많지 않다. 티켓 판매기에서 구매하면 개시된 상태로 발권하므로 별도의 '펀칭'은 불필요하여 편리하지만, 표를 미리 사두는 것은 불가능하다.

• 타리프존 & 요금

· 시내 이동 : 1회권 €3.65, 1일권 €7.1, 단거리권 €2.25

· 공항 이동 : 1회권 €6.3, 1일권 €12.3

· 1일권은 구매일 교통편 마감까지(평균적으로 익일 05:00), 단거리권은 구매 장소의 티켓 판매기에 유효 구간이 표시

• 노선 확인

라인-마인 교통국 RMV www.rmv.de

노선 확인법 안내

에스반

우반

트램

관광 패스 SIGHTSEEING PASS

• 프랑크푸르트 카드 Frankfurt Card

괴테 하우스 등 인기 박물관을 포함하여 최대 50% 할인과 대중교통(공항 왕복 포함) 무료 혜택이 결합된 상품. 대중교통 운임을 고려하면 박물관 한 곳 정도만 입장하더라도 본전은 뽑는다. 뚜벅이 여행자를 위하여 대중교통 혜택을 제외하고 가격을 더 낮춘 베이직Basic 상품도 있다.

요금 1일권 1인 €12, 그룹(최대 5인) €19, 2일권 1인 €19, 그룹 €36 / 베이직 2일권 €6, 그룹 €13 **구입방법** 관광안내소에서 구입 **홈페이지** www.frankfurt-tourismus.de/citycard

• 박물관 지구 티켓 MuseumsuferTicket

박물관 지구(P.157)뿐 아니라 사실상 프랑크푸르트의 모든 박물관을 이틀 동안 무료로 관람할 수 있는 티켓이다. 괴테 하우스, 슈테델 미술관 등 주요 장소가 모두 포함되어 있으므로 알차게 문화생활을 즐길 수 있다. 총 39곳의 참여 박물관은 QR코드를 스캔하여 확인하기를 바란다.

요금 1인 €21, 그룹(성인 2인과 18세 미만 1명) €32 **구입방법** 관광안내소 또는 박물관 매표소 **홈페이지** www.museumsufer.de

티켓판매기

Best Course 프랑크푸르트 추천 일정

베스트 코스

프랑크푸르트가 낳은 위인 괴테, 황제를 선출한 역사적인 장소, 각 분야별로 우수한 경쟁력을 가진 개성 만점 박물관, 고층 빌딩의 스카이라인 등 다방면의 매력이 준비되어 있다.

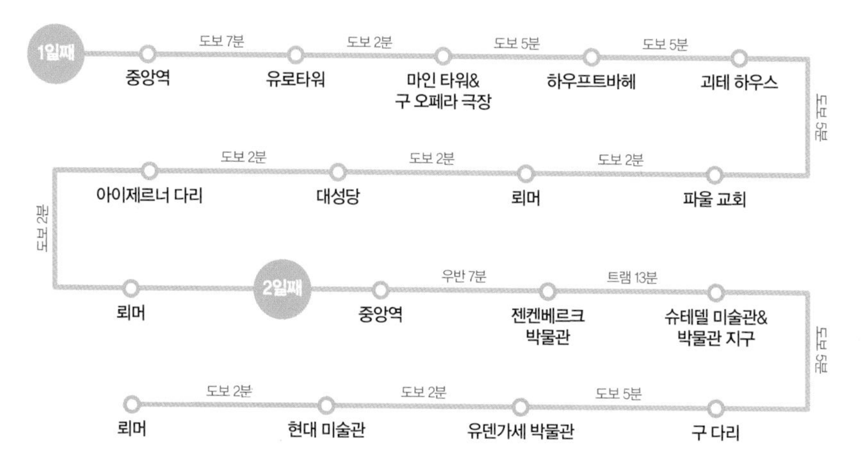

당일치기 코스

베스트 코스 중 1일째 코스가 한국인 여행자에게 유명한 관광지만 연결한 당일치기 코스에 해당된다. 관광 시간은 5~6시간 소요.

비행기 환승 중 관광 코스

프랑크푸르트에서 비행기를 경유할 때 대기시간이 7시간 안팎 남을 경우 당일치기 코스를 바탕으로 괴테 박물관 등의 내부 관람을 생략하고 광장과 강변의 풍경 위주로 구경하면 적당하다.

+ TRAVEL PLUS 중앙역 앞 유흥가

프랑크푸르트 중앙역 앞 카이저 거리Kaiserstraße는 카페, 식당, 상점 등 일반적인 상업 시설과 유흥업소가 공존하는 번화가다. 낮에는 별일 없지만 밤에는 서성이지 않는 게 좋다. 만약 유흥가 분위기를 피하여 여행하려면, 중앙역에서 전철 우반을 타고 다음 정거장인 Willy-Brandt-Platz역에 내리면 유로타워부터 쾌적하게 도보로 여행할 수 있다.

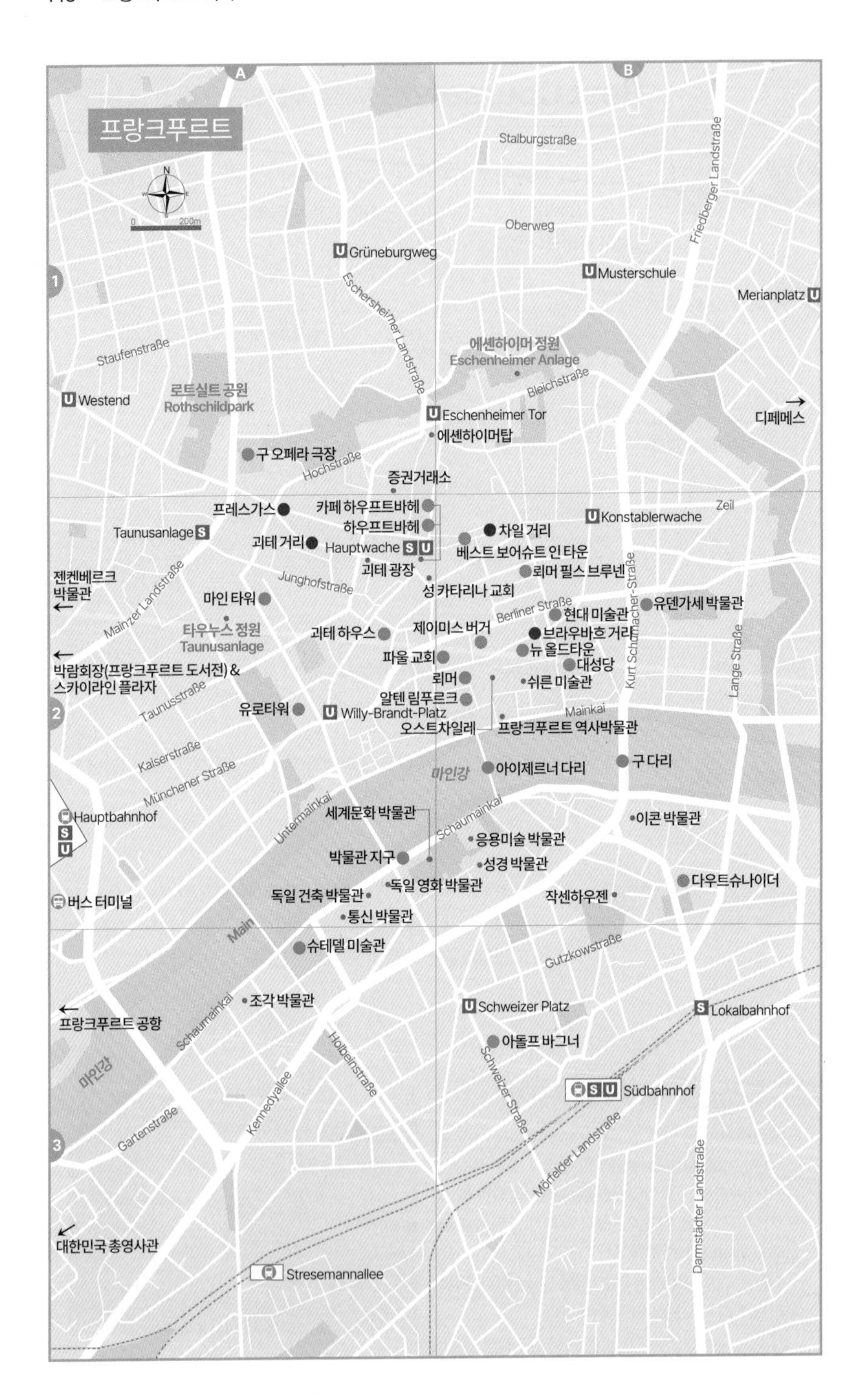

프랑크푸르트
Stalburgstraße
Oberweg
Friedberger Landstraße
Grüneburgweg
Musterschule
Merianplatz
Eschersheimer Landstraße
Staufenstraße
에셴하이머 정원
Eschenheimer Anlage
Bleichstraße
로트실트 공원
Rothschildpark
Westend
Eschenheimer Tor
디페메스
에셴하이머탑
구 오페라 극장
Hochstraße
증권거래소
프레스가스
카페 하우프트바헤
Zeil
하우프트바헤
차일 거리
Konstablerwache
Taunusanlage
괴테 거리
Hauptwache
베스트 보어슈트 인 타운
괴테 광장
젠켄베르크 박물관
Junghofstraße
뢰머 필스 브루넨
Mainzer Landstraße
성 카타리나 교회
마인 타워
Kurt Schumacher-Straße
유덴가세 박물관
Berliner Straße
현대 미술관
타우누스 정원
Taunusanlage
괴테 하우스
제이미스 버거
브라우바흐 거리
Lange Straße
박람회장(프랑크푸르트 도서전) &
스카이라인 플라자
파울 교회
뉴 올드타운
대성당
뢰머
쉬른 미술관
Taunusstraße
알텐 림푸르크
유로타워
Willy-Brandt-Platz
Mainkai
오스트차일레
프랑크푸르트 역사박물관
Kaiserstraße
마인강
아이제르너 다리
구 다리
Münchener Straße
Untermainkai
세계문화 박물관
Hauptbahnhof
Schaumainkai
이콘 박물관
응용미술 박물관
박물관 지구
성경 박물관
다우트슈나이더
독일 건축 박물관
독일 영화 박물관
작센하우젠
버스 터미널
통신 박물관
Main
슈테델 미술관
Gutzkowstraße
조각 박물관
Schweizer Platz
Lokalbahnhof
프랑크푸르트 공항
Schaumainkai
Holbeinstraße
아돌프 바그너
Schweizer Straße
마인강
Südbahnhof
Kennedyallee
Gartenstraße
Mörfelder Landstraße
Darmstädter Landstraße
대한민국 총영사관
Stresemannallee

Attraction 보는 즐거움

독일에서 드물게 고층 빌딩이 하늘을 찌르고 그 사이에 '숨어 있는' 구시가지와 강변의 박물관 등이 여행의 재미를 더한다. 프랑크푸르트 출신 대문호 괴테의 흔적을 쫓는 것도 빼놓을 수 없다.

유로타워 Eurotower

1977년 공동경제은행Bank für Gemeinwirtschaft 사옥으로 지어진 40층짜리 건물이다. 이후 유럽통화기구 본부를 거쳐 유럽중앙은행Europäische Zentralbank이 출범한 이래 쭉 유럽중앙은행의 사옥으로 사용되면서 EU의 통화정책을 결정하는 등 중요한 역할을 담당하였다. 건물 앞 거대한 유로화 조형물은 프랑크푸르트의 대표적인 포토존이며, 재복財福을 기원하며 사진을 남기는 관광객의 발길이 끊이지 않는다. 참고로, 유럽중앙은행은 2015년 새 사옥을 짓고 이전하였다.

MAP P.148-A2 **주소** Kaiserstraße 29 **가는 방법** 중앙역에서 도보 7분 또는 U1~5·U8호선 Willy-Brandt-Platz역 하차.

TOPIC

고층 빌딩의 도시, 프랑크푸르트

독일에서 가장 높은 고층 건물의 순위를 집계해 보면 1위부터 10위까지 모두 프랑크푸르트에 위치한다. 최고 높이 빌딩은 코메르츠방크 타워Commerzbank Tower(259m, 안테나 포함 300m)인데, 2012년 런던에 더 샤드The Shard가 완공되기 전까지 EU에서 가장 높은 빌딩이었고, 영국의 브렉시트로 2020년부터 다시 EU 최고 높이의 영예를 되찾았다. 이러한 고층 빌딩은 대부분 은행이나 보험회사의 사옥이다. 이런 점에서 프랑크푸르트를 맨해튼에 비견할 수 있는 '마인하탄'이라 부르는 게 어색하지 않다.

▸ 독일의 고층 빌딩 Top 10

1위 : 코메르츠방크 타워
2위 : 메세 타워
3위 : 베스트엔드 타워
4위 : 마인 타워
5위 : 타워185
6위 : ONE
7위 : 옴니타워
8위 : 트리아논
9위 : 유럽중앙은행
10위 : 그랜드타워

마인 타워
Main Tower

헬레바Heleba 은행 사옥인 마인 타워는 고층 빌딩 중 유일하게 전망대를 개방하는 곳이어서 관광객이 많이 찾아간다. 고층 빌딩 높이 순위 4위에 해당하는 200m 높이 빌딩 옥상에서 360도 탁 트인 전망이 펼쳐지며, 주변의 스카이라인과 인기 명소, 중앙역, 마인 강 등 익숙한 풍경을 조망할 수 있어 재미있다. 단, 완전히 실외로 나가는 전망대인 만큼 악천후 시에는 통제될 수 있다. 마인 타워 주변으로 옛 성벽 터에 조성한 타우누스 정원 Taunusanlage은 반려견과 산책하거나 자전거를 타며 여가를 즐기는 현지인의 쉼터와도 같은 곳이며, 울창한 나무 사이로 극작가 실러의 동상 등 조형 예술작품도 곳곳에 있어서 기분 좋게 산책할 수 있다.

MAP P.148-A2 **주소** Neue Mainzer Straße 52–58 **전화** 069–36504878 **홈페이지** www.maintower.de **운영** 하절기 10:00~21:00, 동절기 10:00~19:00, 금·토 2시간 연장 **요금** 성인 €9, 학생 €6 **가는 방법** 유로 타워에서 도보 5분.

구 오페라 극장 Alte Oper

1880년 독일제국의 카이저 빌헬름 1세의 참관 하에 성대하게 문을 연 프랑크푸르트의 낭만적인 오페라 극장. 제2차 세계대전 중 파괴되었다가 1981년 다시 문을 열었다. 이때 프랑크푸르트에 새 오페라 극장이 있었기 때문에 복원 후 구 오페라 극장이라 부르며 클래식뿐 아니라 재즈, 뮤지컬 등 다양한 장르의 공연이 연중 열린다. 야경이 특히 아름답다.

MAP P.148-A1 **주소** Opernplatz 1 **전화** 069–13400 **홈페이지** www.alteoper.de **가는 방법** 마인 타워에서 도보 2분 또는 U6·U7호선 Alte Oper역 하차.

하우프트바헤 Hauptwache

직역하면 '중앙 위병소'라는 뜻. 1730년 위병소 및 감옥 용도로 만들어진 바로크 양식의 귀여운 건물이다. 오늘날에는 전망 좋은 레스토랑으로 사용되며, 건물이 있는 광장 전체를 하우프트바헤로 통칭한다. 프랑크푸르트에서 가장 번화한 광장에 괴테와 그의 가족이 대대로 세례 받은 성 카타리나 교회St. Katharinenkirche 등 옛 건축물과 고층 빌딩이 겹쳐 신구 조화를 이루는 풍경이 펼쳐진다.

MAP P.148-A2 **주소** An der Hauptwache **가는 방법** S1~6·8·9호선 및 U1·2·6·7호선 Hauptwache역 하차.

에셴하이머탑

증권거래소 앞 황소와 곰

여기 근처

하우프트바헤 근처에 옛 성문의 망루인 에셴하이머탑Eschenheimer Turm이 있다. 비록 성문은 사라졌지만 47m 높이의 탑은 동화에 나올 것 같은 귀여운 모습으로 대로 한복판에 남아 있다. 금융 도시 프랑크푸르트의 상징적 장소인 증권거래소Börse Frankfurt의 외관도 구경할 만하다. 주식 시장의 강세장과 약세장을 뜻하는 황소와 곰의 조형물이 건물 앞에 있다.

[에셴하이머탑] 주소 Eschenheimer Tor 1 **가는 방법** U1~3·U8호선 Eschenheimer Tor역 하차.

[증권거래소] 주소 Börsenplatz 4 **가는 방법** 하우프트바헤에서 도보 2분.

괴테 하우스 Goethe Haus & Museum

요한 볼프강 괴테(P.26)는 1749년 8월 28일 유복한 중산층 가정에서 태어났다. 그가 태어난 4층짜리 건물은 오늘날 괴테 하우스라는 이름으로 그를 기리는 박물관이 되었다. 괴테의 생애와 작품세계에 대한 충실한 자료는 물론 괴테가 살았던 당시의 모습을 재현하여 18세기 독일의 중산층이 어떠한 환경에서 살았는지 보여주는 역할도 겸한다. 괴테는 바이마르(P.550)로 이주하기 전까지 이 집에 살았고, 그의 이름과 재능을 세상에 알린 〈젊은 베르터의 고뇌(젊은 베르테르의 슬픔)〉도 이 집에서 탄생하였다. 제2차 세계대전 당시 연합군의 폭격에 대비하여 프랑크푸르트 시민들이 박물관의 자료를 안전한 곳으로 옮겨 화를 면했을 정도로 사랑을 듬뿍 받아온 곳이다. 입구와 매표소는 괴테하우스 옆 건물에 있고, 전시물에 설명이 최소화되어 있는 대신 층마다 구조와 용도를 설명한 안내문(영어 지원)을 비치하여 이해를 돕는다. 또한 괴테가 활동한 낭만주의 시대의 회화와 괴테의 초상화 등 여러 회화를 전시한 미술관도 함께 운영하며 하나의 티켓으로 생가와 미술관을 모두 관람할 수 있다. 그래서 정식 명칭은 독일 낭만주의 박물관Deutsches Romantik-Museum이다. 생가 부근에는 괴테의 큰 동상이 있는 괴테 광장Goetheplatz도 있어 그를 기념한다.

MAP P.148-A2 **주소** Großer Hirschgraben 23–25 **전화** 069–138800 **홈페이지** www.deutsches-romantik-museum.de **운영** 10:00~18:00(목 ~21:00) **요금** 성인 €13, 학생 €5.5 **가는 방법** 하우프트바헤에서 도보 5분.

국민 대표의 행렬

파울 교회 Paulskirche

제1회 독일 국민의회가 여기서 열렸다. 이 자리에서 국민의 대표자가 모여 1848년부터 1년간 긴 회의 끝에 자유주의와 기본권을 기본으로 하는 독일의 통일 방안을 채택하였다. 독일의 평화적인 민주 혁명 시도는 프로이센의 국왕 프리드리히 빌헬름 4세가 황제 추대를 거부하면서 실패하였으나 파울 교회는 독일 민주주의의 성지로 매우 중요한 역사적 의의가 있다. 내부는 민주주의와 관련된 기념관으로 사진과 시청각 자료가 적지 않게 공개되어 있으며, 홀 중앙에 원형으로 그린 요하네스 그뤼츠게Johannes Grützke의 '국민 대표의 행렬Der Zug der Volksvertreter'이라는 벽화가 유명하다. 국민회의가 열렸던 작은 홀이 위층에 있다.

MAP P.148-B2 **주소** Paulsplatz 11 **전화** 069-21234920 **홈페이지** www.paulskirche.de **운영** 10:00~17:00 **요금** 무료 **가는 방법** 괴테 하우스 또는 뢰머에서 도보 2분.

국민의회란?

뢰머 Römer

프랑크푸르트 시청사를 '로마인'이라는 뜻의 뢰머로 부른다. 1405년 시청사로 사용하려고 매입한 건물 중 하나가 주인의 이름을 딴 하우스 춤 뢰머Haus zum Römer였던 것에서 유래한다. 여러 채의 건물을 하나로 연결해 시청사를 완성하였는데, 광장에서 보이지 않는 뒤편까지 총 열한 채가 연결되어 있다. 이웃한 카이저 대성당에서 신성 로마제국 황제가 새로 선출되면 뢰머에서 축하연을 열었는데, 당시 연회가 열린 황제의 방Kaisersaal에서 역대 황제의 초상화를 만날 수 있다. 다만, 황제의 방은 도시의 행사가 있을 때 폐쇄되기 때문에 내부를 관람하려면 운이 좋아야 한다. 정의의 분수Justitia-Brunnen가 인상적인 시청사 앞 광장 뢰머베르크Römerberg의 풍경만으로도 방문 이유는 충분하다.

MAP P.148-B2 **주소** Römerberg 23 **전화** 069-21201 **운영** 10:00~13:00, 14:00~17:00(행사로 입장 제한하는 시간이 많음) **요금** 성인 €2, 학생 €0.5 **가는 방법** 파울 교회에서 도보 2분 또는 U4·U5호선 Dom/Römer역 하차.

+ZOOM IN+

뢰머 광장

뢰머 광장은 시청사 뢰머 외에도 광장의 사면에 볼거리가 가득하다.
박물관, 미술관, 교회, 그리고 새로 복원한 올드타운까지
뢰머 광장에서 구경할 볼거리를 빠짐없이 소개한다.

오스트차일레
Ostzeile

시청사 맞은편의 중세 반목조 건물군을 '동쪽 열'이라는 뜻의 오스트차일레라고 부른다. 뾰족한 박공의 옛날 스타일 건축물이 흡사 소도시를 보는 것 같은 낭만적인 풍경을 완성한다.

니콜라이 교회
Alte Nikolaikirche

47개의 카리용 종소리가 아름다운 아담한 예배당이다. 고딕 양식의 품위가 느껴지는 가운데 스테인드 글라스로 빛이 스며드는 내부 분위기가 인상적이다.

홈페이지 www.paulsgemeinde.de **운영** 일과시간에 비정기 개장 **요금** 무료

뉴 올드타운 Neue Altstadt

뢰머 광장과 대성당 사이, 미처 복구하지 못하고 훼손되었던 프랑크푸르트 구시가지의 복원 프로젝트로 2018년 마침내 구시가지가 온전한 모습으로 새롭게 탄생하였고, 그 이름을 '뉴 올드타운'이라 부른다. 아기자기한 풍경 속에 작은 부티크 숍과 전시관을 구경할 수 있다.

프랑크푸르트 역사박물관 Historisches Museum Frankfurt

고고학 유적, 프랑크푸르트에서 일어난 사건, 프랑크푸르트가 배출한 인물, 평범한 시민이 살았던 모습 등 문자 그대로 도시의 과거와 현재를 테마별로 알차게 보여준다.

홈페이지 www.historisches-museum-frankfurt.de **운영** 화~일요일 11:00~18:00, 월요일 휴무 **요금** 성인 €8, 학생 €4

쉬른 미술관
Schirn Kunsthalle

한때 시장 가판대(쉬른Schirn)가 있던 자리, 제2차 세계대전 후 파괴된 공터에 1986년 문을 연 미술관이다. 특정 주제로 엄선한 기획전 위주의 전시가 매우 수준이 높아 세계적으로 인정받는다.

홈페이지 www.schirn.de **운영** 화~일요일 10:00~19:00(수~목요일 ~22:00) **요금** 전시마다 차이가 있으니 홈페이지에서 확인

카이저팔츠
Kaiserpfalz

뉴 올드타운과 함께 재단장을 마친 고고학 유적. 코앞에서 유적을 관람할 수 있다. 프랑크 왕국 카롤링어 왕조 시대의 유적이므로 이 도시의 기원과도 마찬가지인 장소다.

홈페이지 www.archaeologisches-museum-frankfurt.de **운영** 화~일요일 10:00~18:00(수요일 ~20:00), 월요일 휴무 **요금** 성인 €7, 학생 €3.5

대성당 Dom St. Bartholomäus

박물관

정식 명칭은 성 바르톨로메우스 대성당. 예수 그리스도의 열두 제자 중 한 명인 바르톨로메(바돌로매)가 아프리카에서 순교한 뒤 그의 유골 일부가 여기에 안장되었다. 그러나 '황제의 대성당'이라는 뜻의 카이저돔Kaiserdom이라는 별명이 더 유명하며, 그 이유는 1562년부터 230년간 신성 로마제국 황제가 선출된 장소가 여기이기 때문이다. 비록 제2차 세계대전의 피해로 화려한 내부 장식이 많이 사라졌으나 여전히 묵직한 무게감에 걸맞게 수준 높은 그림과 조각 예술로 곳곳을 채운다. 또한 대성당이 소유한 값진 보물은 별도의 박물관 Dommuseum을 통해 유료로 전시한다. 95m 높이의 첨탑에 오르면 마인강이 한눈에 들어오지만, 328개의 좁은 나선형 계단을 걸어 올라가야 하며 쇠창살이 전망을 가려 적극적으로 추천하기는 어렵다.

MAP P.148-B2 **주소** Domplatz 1 **전화** 069-2970320 **홈페이지** www.dom-frankfurt.de **운영** 본당 09:00~20:00, 박물관 화~일요일 10:00~17:00(토~일요일 11:00~), 박물관 월요일 휴무(전망대는 동절기에 월~화요일 휴관) **요금** 본당 무료, 박물관 성인 €3, 학생 €2(금~일요일 €1 추가) **가는 방법** 뢰머에서 도보 2분 또는 U4·U5호선 Dom/Römer역 하차.

아이제르너 다리 Eiserner Steg

마인강 위에 1868년에 놓인 보행자 전용 다리. 그 이름은 '철교'라는 뜻이다. 연인들이 걸어둔 게 분명한 수많은 자물쇠 너머로 마인강이 시원스레 흐르고 종종 유람선과 화물선도 다리 밑으로 지나간다. 무엇보다 다리 위에서 보이는 프랑크푸르트의 스카이라인이 매우 멋져 관광객들로 늘 가득하다. 다리 양편에 교통 약자를 위한 승강기도 있지만 작동하지 않는 시간이 많다.

MAP P.148-B2 **가는 방법** 뢰머 또는 대성당에서 도보 2분.

젠켄베르크 박물관

Senckenberg Museum Frankfurt

젠켄베르크 박물관은 독일에서 둘째로 큰 자연사 박물관이다. 프랑크푸르트 외에 다른 도시에 총 세 곳의 박물관이 있어 이를 다 합치면 유럽 최대 규모의 자연사 박물관이 된다. 선사시대부터의 공룡과 파충류, 포유류, 조류 등 다양한 생물의 화석과 뼈, 그리고 광물 등을 전시한다. 1817년 의사 요한 젠켄베르크 Johann Christian Senckenberg의 기부로 문을 연 작은 박물관에서 출발하여 괴테 등 석학의 관심과 지원 속에 초대형 컬렉션으로 성장했다. 1907년 건축된 건물을 가득 채우는 방대한 전시물은 재미와 교육을 모두 책임진다. 현재 전시 공간 확장 공사로 일부 공간의 접근이 제한될 수 있고, 독일의 어린 학생 단체가 수없이 찾아오는 만큼 아이들이 몰리기 전 개장과 동시에 입장하거나 주말에 찾으면 쾌적하게 관람할 수 있다. 박물관 앞에는 실물 크기의 공룡 모형을 전시해 두어 분위기를 살린다.

MAP P.148-A2 **주소** Senckenberganlage 25 **전화** 069-75420 **홈페이지** museumfrankfurt.senckenberg.de **운영** 09:00~17:00(수 ~20:00, 토·일 ~18:00) **요금** 성인 €12, 학생 €6 **가는 방법** U4·U6·U7호선 Bockenheimer Warte 역에서 도보 2분.

슈테델 미술관 Städel Museum

프랑크푸르트에서 가장 크고 유명한 미술관. 1815년 프랑크푸르트의 은행가 요한 슈테델의 기부로 재단이 탄생하여 미술관이 완성되었다. 르네상스 시대 이후의 중세부터 현대까지 700년 이상의 예술을 전시한다. 렘브란트, 모네, 뒤러, 고흐, 마티스 등 거장의 작품을 포함해 수천 점의 회화를 전시하고 있어 독일 전체를 통틀어 상위권에 꼽히는 종합 미술관이다. 최근에는 루프탑을 개방해 프랑크푸르트 스카이라인 등 시원한 풍경도 선사한다.

MAP P.148-A3 **주소** Schaumainkai 63 **전화** 069-605098200 **홈페이지** www.staedelmuseum.de **운영** 화~일요일 10:00~18:00(목요일 ~21:00), 월요일 휴무 **요금** 성인 €16, 학생 €14, 주말 €2 추가 **가는 방법** 16번 트램으로 Otto-Hahn-Platz역 하차 후 도보 2분.

박물관 지구 Museumsufer

슈테델 미술관이 마인강 남쪽에 자리를 잡은 이래 강변을 따라 작센하우젠 지역까지 1.5km 정도 되는 구간에 하나둘 박물관이 들어서기 시작하였고, 이를 박물관 지구라 부른다. 각각의 박물관은 특정 분야에 특화된 소소한 개성을 뽐내므로 해당 분야에 관심이 있다면 꼭 들러보자. 이 책에서는 보편적인 취향을 두루 만족시켜 줄 박물관 세 곳을 선정하여 소개한다. 꼭 박물관 관람이 아니더라도 플라타너스가 우거진 강변을 따라 걷는 것도 추천한다.

MAP P.148-A2

▶ 독일 건축 박물관 Deutsches Architekturmuseum

'집 속의 집'을 만든 파격적인 콘셉트의 건물에서 선사시대부터 현대에 이르기까지 모든 시대의 건축을 만나는 종합적인 전시관이다. 단, 내부 공사로 전시 장소를 임시 이전(주소 Henschelstraße 18)하였으며, 2024년 중 재개관할 예정이다.

MAP P.148-A2 **주소** Schaumainkai 43 **전화** 069-21238844 **홈페이지** www.dam-online.de **운영** 화~일요일 12:00~18:00(수·일요일 11:00~), 월요일 휴무 **요금** 성인 €5, 학생 €3 **가는 방법** 15·16번 트램 Schweizer-/Gartenstraße역에서 도보 2분.

독일 건축 박물관

▶ 독일 영화 박물관 Deutsches Filmmuseum

영화 제작 도구, 특수효과 기술, 스튜디오 세트 등 영화가 만들어지기까지의 전 과정이 전시되어 흥미롭게 관람할 수 있다.

MAP P.148-A2 **주소** Schaumainkai 41 **전화** 069-961220220 **홈페이지** www.dff.film **운영** 화~일요일 11:00~18:00, 월요일 휴무 **요금** 성인 €6, 학생 €3 **가는 방법** 독일 건축 박물관 옆.

독일 영화 박물관

▶ 응용미술 박물관 Museum Angewandte Kunst

공예, 장식, 디자인 등 실생활 속의 예술을 전시하는 곳. 모더니즘 건축 내에 현대적인 오브제를 배열한 감각도 돋보이고, 디자인 용품을 판매하는 숍도 운영한다.

MAP P.148-B2 **주소** Schaumainkai 17 **전화** 069-21234037 **홈페이지** www.museumangewandtekunst.de **운영** 화~일요일 10:00~18:00(수요일 ~20:00), 월요일 휴무 **요금** 성인 €12, 학생 €6 **가는 방법** 아이제르너 다리에서 도보 2분.

응용미술 박물관

구 다리 Alte Brücke

프랑크푸르트 구시가지와 작센하우젠 지역을 연결하는 다리. 역사가들의 추정으로는 11세기부터 존재하였을 것으로 여겨지는, 도시에서 가장 오랜 역사를 가진 다리다. 지금의 다리는 교통량 증가에 따라 1900년대 초에 새로 만든 것이며, 양쪽으로 마인강 전망이 좋다. 다리 중턱의 섬에는 포르티쿠스Portikus라는 작은 미술관이 있다.

MAP P.148-B2 **가는 방법** 대성당에서 도보 5분.

TOPIC 카롤루스 대제의 전설

구 다리 건너편 지역을 작센하우젠이라 부른다. 이곳은 프랑크푸르트의 특산품인 애플와인(P.161)으로 유명하기 때문에 오늘날에도 많은 관광객이 찾는다. 작센하우젠이 생긴 것에는 한 전설이 내려온다. '유럽의 아버지'라 불리는 프랑크 왕국의 카롤루스 대제(P.427)는 동쪽의 게르만족을 정벌하며 영토를 넓혔다. 황제가 프랑크푸르트에 군사기지를 두고 마인강을 건너 게르만족의 한 분파인 작센족을 토벌하던 중 역습을 당해 위험에 빠졌다. 다리가 없던 시절, 황제는 기적적으로 마인강이 얕게 흐르는 여울(오늘날 구 다리가 있는 곳)을 발견하여 프랑크푸르트로 귀환해 목숨을 구했다. 다시 전열을 정비한 황제는 작센족을 정벌하고 포로를 잡아 강 건너편에 가두고 노역을 시켰다는 것에서 '작센의 거주지'라는 뜻의 작센하우젠Sachsenhausen이라는 이름이 붙었다. 물론 이것은 어디까지나 전설일 뿐 실제 역사와는 맞지 않는다고 한다. 그러나 중세 프랑크푸르트에서 실제로 작센하우젠에 낮은 신분의 거주민을 가두어 농사를 짓게 했다는 기록은 있으며, 여기서 사과 농사가 풍년이 들어 사과주를 만들기 시작한 것이 애플와인의 기원이라고 한다. 구 다리에는 황제의 동상이 있어 전설의 분위기를 한껏 살린다.

카롤루스 대제 동상

유덴가세 박물관 Museum Judengasse

1987년 행정관청 건설 공사 중 15세기 프랑크푸르트의 성벽 바깥에 있던 유대인 빈민가의 유적이 발굴되었다. 이에 관청의 1층과 지하를 박물관으로 조성하여 1992년 유덴가세(유대인 골목) 박물관이 개관했다. 발굴된 폐허를 생생하게 볼 수 있으며, 프랑크푸르트에서의 유대인의 삶에 대한 여러 자료를 전시하는 역사박물관이다. 입장 시 보안 검색을 거치는데, 분위기가 꽤 삼엄하다.

MAP P.148-B2 **주소** Battonnstraße 47 **전화** 069-21270790 **홈페이지** www.juedischesmuseum.de **운영** 화~일요일 10:00~17:00, 월요일 휴무 **요금** 성인 €6, 학생 €3 **가는 방법** 구 다리 또는 대성당에서 도보 5분.

현대 미술관
Museum für Moderne Kunst

머리글자를 따 엠엠카MMK라는 애칭으로 불린다. 유명 예술가의 작품보다는 한참을 들여다봐도 아리송한 현대미술이 박물관 전체를 채운다. 포스트모더니즘 건축가 한스 홀라인 Hans Hollein이 설계한 박물관 건물은 그 모양 때문에 '치즈케이크'라는 별명이 있다. 한 번쯤은 난해한 예술을 마주하며 새로운 감정을 느껴보는 것도 재미있지 않을까. 총 세 곳에 나누어 5,000여 점의 작품을 전시하는데, '치즈케이크' 본관을 먼저 관람한 뒤 취향에 맞으면 나머지 전시도 찾아보자.

MAP P.148-B2 **주소** Domstraße 10 **전화** 069-21230447 **홈페이지** www.mmk.art **운영** 화~일요일 11:00~18:00(수요일 ~20:00), 월요일 휴무 **요금** 성인 €16, 학생 €8(세 곳의 전시관 통합권) **가는 방법** 유덴가세 박물관 또는 대성당에서 도보 2분.

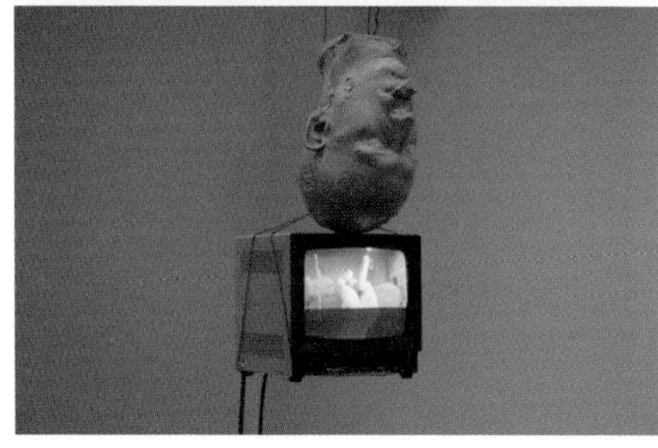

Restaurant 먹는 즐거움

뢰머 주변 등 구시가지 곳곳에 레스토랑이 많다. 작센하우젠은 관광지 하나 없는 한적한 동네이지만 애플와인의 본산지로 현지인과 관광객 모두에게 인기 높은 '먹자골목'이다.

뢰머 필스 브루넨 Römer Pils Brunnen

약 70년의 역사를 가진 향토 요리 레스토랑. 관광객에게 인기가 많아서인지 조리 시간이 빠르고 합리적인 가격에 메뉴가 다양하고 친절한 게 장점. 인기에 비해 규모가 아담해 저녁식사 시간대에는 대기가 필요하다. 학세, 슈니첼 등 독일의 대표적인 향토 요리를 시원한 맥주와 함께 먹을 수 있다.

MAP P.148-B2 **주소** Töngesgasse 19 **전화** 069-287712 **홈페이지** www.roemerpilsbrunnen.de **운영** 10:00~24:00 **예산** 요리 €15~22 **가는 방법** 대성당에서 도보 5분.

알텐 림푸르크 Alten Limpurg

뢰머 광장은 사방에 먹고 마실 곳이 가득한데, 유서 깊고 유명한 식당도 많지만 불친절로 악명 높은 곳도 있다. 알텐 림푸르크는 친절하고 가격도 합리적이어서 추천할 만하다. 광장이 보이는 노천 테이블에서 맥주나 와인을 즐기는 술집에 가까우며 몇 가지 프랑크푸르트 향토 요리도 제공한다.

MAP P.148-B2 **주소** Römerberg 17 **전화** 069-92883130 **홈페이지** www.alten-limpurg.com **운영** 09:00~01:00 **예산** 맥주 €4.2, 부어스트 €3.5~ **가는 방법** 뢰머 광장에 위치.

TOPIC 진짜 프랑크 소시지

우리에게 고유명사처럼 통용되는 프랑크(후랑크) 소시지가 바로 '프랑크푸르트의 소시지'를 뜻하며, 독일어로는 프랑크푸르터 뷔어스트헨 Frankfurter Würstchen, 줄여서 프랑크푸르터Frankfurter라고 한다. 훗날 프랑크푸르터가 오스트리아 빈(비엔나)에 소개되었고, 이것이 짧게 줄줄이 엮인 모습으로 개량된 게 우리 밥상에 오르는 비엔나소시지다. 즉, 비엔나소시지의 원조가 프랑크 소시지인 셈이다. 프랑크푸르트에 왔으니 진짜 프랑크 소시지를 먹어보자.

아돌프 바그너
Adolf Wagner

애플와인 바그너Apfelwein Wagner라고도 하며, 1931년부터 영업을 시작한 자타 공인 프랑크푸르트 베스트 레스토랑이다. 다양한 소스로 개성을 살린 여러 종류의 슈니첼을 비롯해 부어스트, 학세 등 독일 향토 요리에 애플와인을 곁들이면 좋다. 합석이 기본이며 대형 테이블이 놓인 홀은 늘 만원이다.

MAP P.148-B3 **주소** Schweizer Straße 71 **전화** 069-612565 **홈페이지** www.apfelwein-wagner.com **운영** 11:00~24:00 **예산** 애플와인 €2.7, 요리 €15~22 **가는 방법** U1~3·U8호선 Schweizer Platz역에서 도보 2분.

다우트슈나이더
Gaststätte Dauth-Schneider

작센하우젠 지역의 수많은 애플와인 레스토랑 중 추천하는 곳. 부어스트, 학세, 그린소스 등 프랑크푸르트와 독일의 향토 요리를 시원한 애플와인과 함께 먹을 수 있다. 내부가 꽤 넓어 덜 혼잡하고, 한국어 메뉴판을 비치하고 애플와인 시음을 권하는 등 관광객의 기분을 맞춰주는 센스도 좋다.

MAP P.148-B2 **주소** Neuer Wall 5-7 **전화** 069-613533 **홈페이지** www.dauth-schneider.de **운영** 11:30~24:00 **예산** 애플와인 €2.7, 요리 €15~20 **가는 방법** 구 다리에서 도보 5분.

TOPIC 애플와인

작센하우젠은 예부터 포도를 재배해 와인을 만들던 곳이었는데, 기후 변화로 포도 농사가 실패하면서 사과로 대체해 애플와인Apfelwein(독일어 발음은 아펠바인)을 만들어 냈다. 사과로 만든 과실주이며, 알코올 도수 5% 내외로 맥주와 비슷하다. 살짝 시큼하지만 청량한 단맛이 일품이어서 여러 향토 요리에 곁들여도 맥주처럼 잘 어울린다. 대개 300ml 작은 잔에 판매하며, 여러 잔을 시키면 벰벨Bembel이라 불리는 전통 도자기 항아리에 담아준다.

애플와인과 벰벨

카페 하우프트바헤 Café Hauptwache

프랑크푸르트의 유명 관광지 하우프트바헤 내부에 위치한 레스토랑. 1904년부터 운영된 유서 깊은 카페 겸 식당이다. 부어스트, 슈니첼 등 여러 향토 요리를 판매하며, 광장이 보이는 야외 테이블(흡연석)에서 맥주나 커피 또는 아이스크림을 곁들일 수 있고, 쉬었다 가기에도 좋다. 요리 가격은 평균 정도. 그러나 맥주 등 음료는 가격대가 높은 편임을 참고하기 바란다.

MAP P.148-A2 **주소** An der Hauptwache 15 **전화** 069-21998627 **홈페이지** www.cafe-hauptwache.de **운영** 월~토요일 10:00~23:00, 일요일 11:00~22:00 **예산** 요리 €10~16 **가는 방법** 하우프트바헤(P.151) 건물 내부.

©Jamy's Burger

제이미스 버거 Jamy's Burger

젊은 감각의 수제 버거 레스토랑. 가격대가 저렴하지는 않지만, 드라이에이징 고기와 신선한 식재료를 이용해 주문과 동시에 조리하여 맛이 훌륭하고, 사이즈도 두툼하다. 종류도 다양하고, 매운맛을 가미한 레드헤드Redhead, 치즈 네 장을 얹어주는 치즈폭발CheeseExplosion 등 센스 있는 메뉴 구성도 돋보인다. 감자튀김을 대신하는 고구마튀김도 잊지 말자.

MAP P.148-B2 **주소** Neue Kräme 14-16 **전화** 069-7566 1060 **홈페이지** www.jamysburger.de **운영** 12:00~22:00(금~토요일 ~23:00) **예산** 햄버거 €15 안팎 **가는 방법** 파울 교회 옆.

베스트 보어슈트 인 타운 Best Worscht in Town

보어슈트Worscht는 부어스트의 프랑크푸르트 지역 방언. 베스트 보어슈트 인 타운은 프랑크푸르트에서 탄생한 소시지 임비스 체인점이다. 순식간에 30개 이상의 지점을 내고 성업 중인데, 관광지에서 가까운 곳은 차일 거리에 있다. 평소 매운맛에 익숙한 한국인이 먹어도 혀가 얼얼할 정도의 매운 커리 부어스트가 시그니처 메뉴. 매운맛은 A~F 단계로 조절할 수 있다.

MAP P.148-B2 **주소** Zeil 104 **홈페이지** www.bestworschtintown.de **운영** 월~토요일 11:00~21:00, 일요일 휴무 **예산** 부어스트 €4~5 안팎 **가는 방법** 하우프트바헤에서 도보 2분.

Shopping 사는 즐거움

하우프트바헤 주변은 프랑크푸르트 쇼핑의 중심지다. 백화점과 온갖 브랜드 숍이 즐비해 독일에서 살 만한 것은 이 부근에 다 모여 있다고 해도 과언이 아니다.

차일 거리 Zeil

하우프트바헤 광장과 콘스타블러바헤Konstablerwache 전철역 사이의 차일 거리에는 많은 상점이 가득하다. 카우프호프 백화점Galeria Kaufhof, 마이차일MyZeil 등 대형 백화점과 쇼핑몰, 슈포르트셰크Sportscheck 등 아웃도어 백화점과 자라Zara, 프라이마크Primark 등 의류 상점, 자투른Saturn 등 가전 백화점이 가로수가 우거진 보행자 전용도로 양편을 화려하게 채운다. 거리 중앙에는 임비스 레스토랑 등 가벼운 길거리 간식을 사 먹을 곳도 많고, 날씨가 좋은 날에는 거리의 악사가 들려주는 흥겨운 음악 소리도 들려온다. 대부분의 상점은 일요일에 쉰다.

MAP P.148-B2 **가는 방법** 하우프트바헤 주변.

▶ 카우프호프 백화점

주소 An der Hauptwache 116–126 **전화** 069–21910 **홈페이지** www.galeria.de **운영** 월~토요일 09:30~20:00, 일요일 휴무

카우프호프 백화점

프레스가스 Freßgass

하우프트바헤 광장과 구 오페라 극장 사이의 좁은 골목. 두 갈림길인 그로세 보켄하이머 거리Große Bockenheimer Straße와 칼베허 골목Kalbächer Gasse을 합쳐 프레스가스라고 부르며, 보행자 전용도로 양편에 각종 상점이 가득하다. 차일 거리가 백화점이나 쇼핑몰 등 큰 상업 시설 위주라면, 프레스가스는 식당, 정육점, 베이커리 등 작은 상점 위주로 자리를 잡았다. 1900년대 초엔 이곳에 식당이 많았다. 그래서 프랑크푸르트 시민들이 '폭식하는 길'이라는 뜻으로 프레스가스라고 부른 것이다. 식당 외에도 애플스토어, 스와로브스키, 테슬라 자동차 등 여러 상점이 함께 있어 프레스가스부터 차일 거리까지 쭉 걸으며 쇼핑하기에 적당하다.

MAP P.148-A2 **가는 방법** 하우프트바헤에서 시작.

괴테 거리 Goethestraße

프레스가스 안쪽의 좁은 골목인 괴테 거리는 프랑크푸르트에서 가장 사치스러운 길이라 해도 과언이 아니다. 루이비통, 샤넬, 티파니, 프라다, 디올, 베르사체, 몽블랑 등 전 세계의 명품 브랜드 매장이 줄지어 있는 곳. 아웃렛은 아니므로 가격이 저렴하다는 보장은 없으나 세일 품목이 있으니 관심 있는 여행자는 들러볼 만하다.

MAP P.148-A2 **가는 방법** 구 오페라 극장 또는 하우프트바헤에서 도보 2분.

브라우바흐 거리 Braubachstraße

뉴 올드타운의 바깥쪽 길. 원래 이 지역은 갤러리, 골동품점, 수공예 공방 등 예술적인 상업가가 형성된 곳인데, 뉴 올드타운의 복원과 함께 좀 더 체계적으로 많은 상점이 들어섰다. 전시 쇼룸이 보이는 개성적인 갤러리도 구경하고, 뢰머 앞 수공예품점 Handwerkskunst am Römer에서 호두까기 인형이나 뻐꾸기시계 등 독일 특유의 기념품도 쇼핑하자.

MAP P.148-B2 **가는 방법** 뢰머 광장 옆.

▶ 뢰머 앞 수공예품점

주소 Braubachstraße 39 **전화** 069-21087344 **홈페이지** www.handwerkskunst-frankfurt.com **운영** 월~토요일 10:00~18:30, 일요일 휴무

스카이라인 플라자 Skyline Plaza

하우프트바헤 부근에도 많은 쇼핑몰이 있지만, 꼭 무얼 사려는 목적이 아니라 눈길 가는 상점을 구경하고 즉흥적으로 식사나 간식을 해결하며 놀기에는 박람회장 인근 스카이라인 플라자가 제격이다. 여러 상점과 드러그스토어, 슈퍼마켓, 푸드코트 등이 큰 쇼핑몰을 가득 채운다. 관광객보다 현지인이 많다.

MAP P.148-A2 **주소** Europa-Allee 6 **전화** 069-29728700 **홈페이지** www.skylineplaza.de **운영** 월~토요일 10:00~20:00, 일요일 휴무 **가는 방법** U4호선 Festhalle/Messe역에서 도보 2분.

Entertainment 노는 즐거움

로컬 분위기 가득한 민속 축제가 프랑크푸르트의 가장 보편적인 즐길 거리. 비즈니스맨에게는 세계적인 박람회장도 '의무적으로' 방문하게 되는 곳이다.

프랑크푸르트 도서전 Frankfurter Buchmesse

©Frankfurter Buchmesse

인근 마인츠(P.173)에서 구텐베르크 인쇄술이 발달한 덕분에 프랑크푸르트는 이미 수백 년 전부터 출판물 거래가 성행하였고, 도서 박람회가 열렸던 도시다. 제2차 세계대전 후 1949년부터 부활한 프랑크푸르트 도서전은 100여 국가 출판인이 참여하고 수십만 명이 방문하는 세계적인 '책의 축제'다. 2024년 일정은 10월 16일부터 20일까지.

MAP P.148-A2 **홈페이지** www.buchmesse.de **가는 방법** S3·4·5·6호선 Frankfurt(Main) Messe역 또는 U4호선 Festhalle/Messe역 하차.

디페메스 Dippemess

©www.visitfrankfurt.travel

직역하면 '도자기 박람회'라는 뜻이다. 14세기, 지역의 업자들이 도자기 그릇을 만들어 파는 대형 박람회가 열린 것이 축제의 기원. 오늘날 애플와인을 담는 벰벨에서 알 수 있듯 프랑크푸르트에서 도자기는 일찌감치 일상의 문화로 녹아들었다. 여기에서 유래한 디페메스는 이제 프랑크푸르트 최대 민속 축제로 매년 봄과 가을 두 차례 열린다. 아이, 어른 모두 즐길 수 있는 다양한 놀이기구와 먹거리 판매대가 설치되어 남녀노소 재미있는 시간을 보낸다. 2024년 일정은 봄과 가을에 각각 3월 22일부터 4월 14일까지, 9월 6일부터 22일까지.

MAP P.148-B1 **주소** Festplatz **가는 방법** U6·7호선 또는 12·14·18·22번 트램 Eissporthalle역 하차.

박물관 지구 축제 Museumsuferfest

©www.visitfrankfurt.travel

매년 여름 한 주말(금~일)을 정해 마인강변에서 지적인 파티를 개최한다. 박물관 지구에 속하는 박물관들이 주축이 되어 소장품을 야외에 전시하고, 공연과 행사가 열리며, 애플와인과 먹거리를 파는 천막도 강변 곳곳에 자리를 잡는다. 그리고 일요일 밤 불꽃놀이로 성대하게 마무리한다. 2024년 일정은 8월 23일부터 25일까지.

홈페이지 www.museumsuferfest.de **가는 방법** 박물관 지구가 위치한 마인강 남쪽 강변 전체에서 진행.

HANAU 하나우

프랑크푸르트 여행 중 딱 하나 아쉬운 것이 있다면 도시 내에 궁전이 남아 있지 않다는 것을 꼽을 수 있다. 약 25km 떨어진 근교 도시 하나우가 그 아쉬움을 해결해 준다. 그림 형제의 고향으로도 유명하다.

관광안내소 INFORMATION

주소 Am Markt 14–18 **홈페이지** www.hanau.de

찾아가는 방법 ACCESS

거점 도시와 이동시간 (레기오날반 기준)

프랑크푸르트 ↔ 하나우(Westbahnhof) RE 23분

유효한 티켓

RMV 1일권(€16.5) 또는 헤센 티켓 사용

필립스루에 궁전

Schloss Philippsruhe

하나우 지역의 백작 필리프 라인하르트가 1725년에 지은 바로크 양식의 궁전. 오늘날에는 '그림동화 왕국GrimmsMärchenReich'이라는 이름의 가족 박물관과 종이 인형극 박물관Papiertheatermuseum(2024년까지 보수 공사)이 내부에 있다. 넓고 아름다운 정원이 특히 인상적이다.

주소 Philippsruher Allee 45 **전화** 06181–2951718 **홈페이지** www.schlossphilippsruhe-hanau.de **운영** 화~일요일 11:00~18:00, 월요일 휴무 **요금** 성인 €5, 학생 €4 **가는 방법** 하나우 서역에서 5·10번 버스 Hanau Schloss Philippsruhe 정류장 하차.

그림 형제 동상

Brüder-Grimm-Nationaldenkmal

독일에서는 그림 형제가 활동하던 1800년대 후반부터 그들의 업적을 기리는 동상을 만들고자 했다. 여러 도시가 물망에 올랐으나 최종 선택된 곳은 그림 형제의 고향인 하나우. 1896년 신시가 마르크트 광장Neustädter Markt에 6.5m 높이로 제작된 큰 동상은 국가 차원의 기념비임을 강조하고자 '국립 동상Nationaldenkmal'이라 부른다. 신 시청사가 있는 광장 풍경도 아름다워 기념사진 남기기 좋다.

가는 방법 하나우 서역에서 도보 10분.

신 시청사

WIESBADEN 비스바덴

프랑크푸르트가 위치한 헤센주의 주도가 당연히 프랑크푸르트일 것 같지만, 뜻밖에도 프랑크푸르트 근교의 비스바덴이다. 오랜 자유도시였던 프랑크푸르트 대신 수백 년간 헤센의 중심 역할을 했던 비스바덴은, 로마 시대부터 온천이 발굴된 오랜 역사를 가진 도시다.

관광안내소 INFORMATION

마르크트 광장과 길 하나를 두고 관광안내소가 있다.

홈페이지 tourismus.wiesbaden.de (독일어)

찾아가는 방법 ACCESS

거점 도시와 이동시간 (레기오날반 기준)

프랑크푸르트 ↔ 비스바덴 : VIA 34분, S 42분

유효한 티켓

RMV 1일권(€20.6), 헤센 티켓도 유효

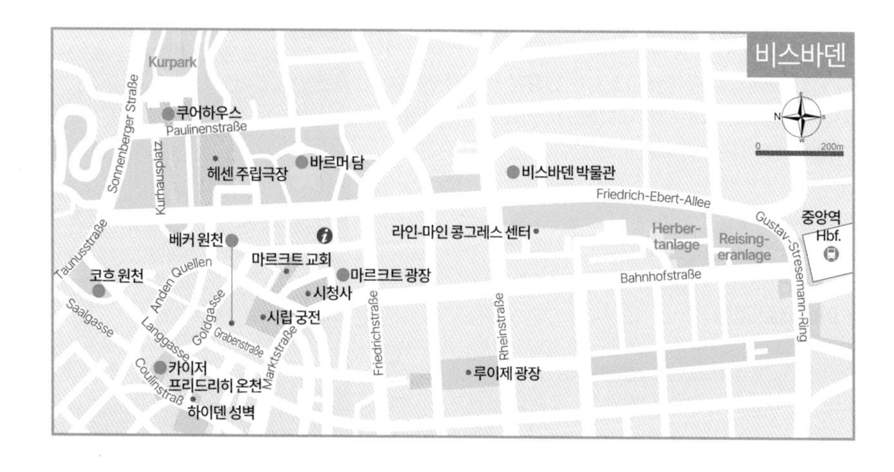

Best Course 비스바덴 추천 일정

온천, 카지노, 중세 건축물 등이 모인 구시가지 위주로 여행하면 도보로 한 바퀴 도는 데 2~3시간 정도 소요된다. 온천을 즐기거나 박물관을 관람하며 약 반나절 정도 일정으로 여유 있게 고급스러운 휴양 도시의 품격을 즐긴다.

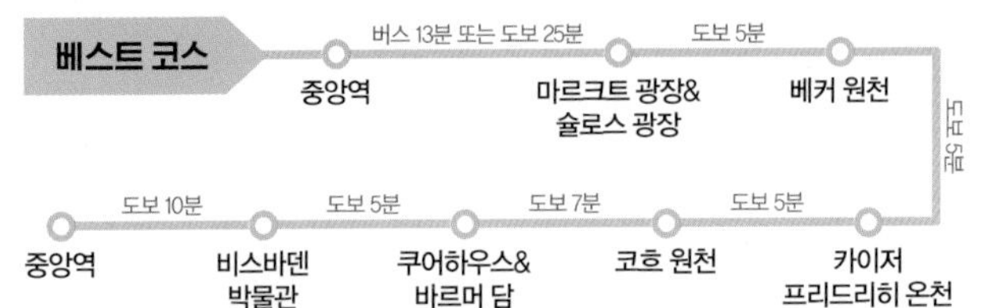

Tip. 각 관광지 사이는 가까우나 중앙역과 약간 떨어져 있어 시내버스를 이용하면 편리하다. 프랑크푸르트에서 RMV 1일권 지참 시 비스바덴 버스도 탑승할 수 있다.

Attraction 보는 즐거움

온천수가 샘솟는 원천이 외부에 노출되어 직접 만져보고 마셔보는 특이한 경험을 선사한다. 보기만 해도 시원한 분수도 곳곳에서 도시 풍경을 쾌적하게 만들어 눈이 즐겁다.

마르크트 광장 Marktplatz

1887년 건축된 네오르네상스 양식의 신 시청사Rathaus, 비슷한 시기에 네오고딕 양식으로 지은 마르크트 교회Marktkirche 등 눈에 띄는 건축물이 모인 광장이며, 오늘날에도 평일에는 장터가 열린다. 바로 연결되는 슐로스 광장Schloßplatz에는 오늘날 의회 의사당으로 사용되는 시립 궁전Stadtschloss, 중세의 모습을 간직한 구 시청사Altes Rathaus 등이 보이고, 광장 바닥에 모자이크 타일로 완성한 '제국의 독수리'와 황금 사자로 장식한 마르크트 분수 등이 눈에 띈다.

MAP P.167 **가는 방법** 중앙역에서 다수의 버스로 Dernsches Gelände 정류장 하차(13분 소요).

신 시청사

마르크트 교회

슐로스 광장

▶ 마르크트 교회

주소 Schloßplatz 4 **전화** 0611-9001611 **홈페이지** www.marktkirche-wiesbaden.de **운영** 화~금요일 12:00~18:00, 토요일 12:00~17:00, 일요일 13:00~17:00, 월요일 휴무 **요금** 무료

베커 원천 Bäckerbrunnen

'제빵사의 샘'이라는 뜻이며, 근방의 제빵사가 소유하였던 조그마한 건물 안에서 온천수가 나온다. 오늘날에도 실외의 작은 수도꼭지에서 온천수가 흘러나오는데, 만져보면 꽤 뜨겁다.

MAP P.167 **주소** Grabenstraße 30 **운영** 종일 개방 **요금** 무료 **가는 방법** 마르크트 광장에서 도보 5분.

카이저 프리드리히 온천 Kaiser-Friedrich-Therme

소문난 온천 도시 비스바덴에서 뜨끈한 물에 몸을 담그려면 0순위로 찾아갈 곳. 1913년 문을 연 대표 온천이며, 로마 시대의 목욕탕 분위기를 재현한 고전주의 스타일의 인테리어가 독특한 분위기를 만든다. 특히 카이저 프리드리히 온천은 전통을 고수하여 아직도 남녀 혼탕으로 운영한다. 탈의실은 구분하지만, 욕탕과 사우나는 남녀가 함께 이용하며 사우나 이용 시 수영복도 걸칠 수 없다. 우리와 다른 문화에 망설일 수 있지만 모두가 자연스럽게 자신의 시간을 즐기는 분위기여서 막상 경험하면 별다른 느낌은 들지 않는다. 그럼에도 불구하고, 혼탕이 불편할 여성을 배려해 매주 화요일은 '여성 전용의 날'로 운영한다. 만 16세 이상부터 이용할 수 있다.

MAP P.167 **주소** Langgasse 38–40 **전화** 0611–317060 **홈페이지** www.mattiaqua.de **운영** 10:00~22:00 **요금** 2시간 €15(금~일 €2 추가), 이후 15분당 €2.5 **가는 방법** 베커 원천에서 도보 5분 또는 1·8번 버스 Webergasse 정류장 하차.

여기근처

카이저 프리드리히 온천 인근에 옛 로마 성벽인 하이덴 성벽Heidenmauer이 있다. 이는 비스바덴이 고대 로마부터 발달한 도시임을 알려준다. 370년경 로마 황제 발렌티나우스 1세가 만든 것으로 전해진다.

[하이덴 성벽] 가는 방법 카이저 프리드리히 온천에서 도보 2분.

코흐 원천
Kochbrunnen

'끓는 샘'이라는 뜻. 비스바덴에서 가장 큰 원천의 본류이며, 버섯을 연상케 하는 분수에서 섭씨 66도의 온천수가 뿜어 나오는데 광장에서 그 위용을 확인할 수 있다. 아무런 장벽 없이 누구나 만질 수 있도록 개방된 현장이어서 원한다면 자유롭게 마셔볼 수 있다. 염화나트륨이 포함되어 맛이나 냄새가 음용에 적합하지는 않을 수 있다. 베를린 신호등(P.113)을 본떠 독일 통일 25주년에 설치한 기념비도 눈에 띈다.

MAP P.167 **주소** Kranzplatz **운영** 종일 개방 **요금** 무료 **가는 방법** 카이저 프리드리히 온천에서 도보 5분 또는 1·8번 버스 Kochbrunnen 정류장 하차.

독일 통일 기념비

쿠어하우스 Kurhaus

휴양 도시로 인기가 높아지면서 1907년 카지노 쿠어하우스가 생겼다. 궁전 같은 웅장한 건물 입구 상단에 AQUIS MATTIACIS(마티아카의 샘)이라 적혀 있는데, 옛 로마인이 비스바덴을 부르던 이름이었다고 한다. 여전히 카지노, 회의장, 연회장 등으로 사용되고 있으며, 앞뒤로 쾌적한 공원이 펼쳐져 일부러 방문할 이유는 충분하다. 카지노 이용 시에는 정장 드레스코드 준수가 필요하며 만 18세 이상만 입장할 수 있고, 이용 시간과 규정은 홈페이지(www.spielbank-wiesbaden.de)에서 참고할 수 있다. 야경도 아름답고, 분수가 뿜어내는 물소리를 들으며 조용히 쉴 수 있는 벤치도 곳곳에 마련되어 있다. 쿠어하우스와 바로 이웃한 헤센 주립극장과 바르머 담 공원까지 여유롭게 걸어보자.

MAP P.167 **주소** Kurhausplatz 1 **홈페이지** kurhaus.wiesbaden.de **가는 방법** 코흐 원천에서 도보 7분 또는 마르크트 광장에서 도보 2분.

헤센 주립극장

바르머 담 Warmer Damm

1860년에 만들어진 영국 정원 스타일의 공원. 중앙의 연못을 중심으로 사방을 넓은 잔디밭과 무성한 숲이 둘러싸고 있으며, 실러의 동상이 있는 헤센 주립극장Hessisches Staatstheater의 품위 있는 자태가 더해진다. 중앙 연못은 쿠어하우스 앞뒤 공원과도 연결되므로 물길을 따라 충분히 걸어도 상쾌하다.

MAP P.167 **운영** 종일 개방 **요금** 무료 **가는 방법** 쿠어하우스 옆 또는 마르크트 광장에서 도보 2분.

비스바덴 박물관 Museum Wiesbaden

1800년대부터 운영된 미술관과 자연사 박물관을 하나로 모아 비스바덴 박물관을 만들었다. 현지 시민과 학생의 교육 목적이 강한 로컬 박물관으로 운영되며, 생애 마지막 20년을 비스바덴에서 보내며 활동한 러시아 표현주의 화가 야블렌스키Alexej von Jawlensky 및 동시대 모더니즘 예술작품이 제법 알차게 전시되어 있다.

MAP P.167 **주소** Friedrich-Ebert-Allee 2 **전화** 0611-3352250 **홈페이지** www.museum-wiesbaden.de **운영** 화~일요일 10:00~17:00(목요일 ~21:00) **요금** 성인 €6, 학생 €4, 특별전 별도 **가는 방법** 바르머 담에서 도보 5분 또는 중앙역에서 도보 10분.

SPECIAL PAGE

비스바덴에서 조금 멀리

프랑크푸르트에서 비스바덴을 원데이 투어로 여행하려면 이 책에 소개한 코스로 하루가 다 간다.
그런데 기왕 비스바덴에 왔으니 조금 더 '로컬'의 매력을 느끼고 싶다면?
구시가지에서 조금 더 멀리 발걸음을 옮겨보자. 시가지 북쪽과 남쪽에 각각 매력적인 여행지가 있다.
프랑크푸르트에서 RMV 1일권을 가지고 방문했으면 아래 두 장소까지 가는 버스의 이용이 가능하다.

네로산 Neroberg

ⓒWiesbaden Congress & Marketing GmbH / A. Gerock

비스바덴 북쪽의 해발 245m 네로산은 네로베르크반Nerobergbahn이라는 이름의 등반 열차 덕분에 명성이 높아졌다. 1888년부터 운행을 시작한 네로베르크반은 온천수를 이용한 수력 발전 동력으로 열차를 운행한다. 산 정상에 전망대로 쓰이는 탑이 있고, 자동차 회사 오펠에서 시에 기증한 오펠바트Opelbad 수영장(하절기 운영)은 도시 전경이 보이는 옥외 수영장으로 인기가 높다.

홈페이지 www.nerobergbahn.de **운영** 네로베르크반 4~10월 09:00~19:00, 오펠바트 5~9월 07:00~20:00, 정확한 운영일자는 홈페이지에서 확인 **요금** 네로베르크반 성인 €6, 학생 €3.5, 오펠바트 성인 €12, 학생 €6 **가는 방법** 1번 버스 Nerotal 정류장 하차, 바로 앞에 네로베르크반 승강장이 있다.

비브리히 궁전 Schloss Biebrich

남쪽 라인강을 따라 화려한 모습을 드러내는 바로크 양식의 궁전. 1700년대 지역 영주의 거성으로 건축되었으며, 앞으로는 라인강, 뒤로는 넓은 정원이 펼쳐져 낭만적인 분위기를 자아내며 그림 같은 사진을 남길 수 있다. 오늘날 헤센 주정부 관청으로 사용 중이어서 내부 입장은 불가능하지만 매년 오순절 승마대회를 여는 등 지역 주민의 일상에 녹아든 공간으로 자리매김했다.

주소 Rheingaustraße 140 **전화** 09611-44599238 **운영** 정원 종일 개방 **요금** 무료 **가는 방법** 14번 버스 Wiesbaden-Biebrich Schloß 정류장 하차.

ⓒWiesbaden Congress & Marketing GmbH / M. Kunz

MAINZ 마인츠

신성 로마제국 황제의 대관권을 가진 대주교의 도시 마인츠는 중세 독일의 가장 강력한 도시였다 해도 과언이 아니며, 구텐베르크의 고향이자 종교 개혁의 단초를 제공한 역사적인 현장이다. 라인란트팔츠의 주도.

관광안내소 INFORMATION

마르크트 광장 안쪽 골목에 관광안내소가 있다.

홈페이지 www.mainz-tourismus.com (영어)

찾아가는 방법 ACCESS

거점 도시와 이동시간 (레기오날반 기준)

프랑크푸르트 ↔ 마인츠 : RE 34분, S 40분

유효한 티켓 RMV 1일권(€20.6)

TOPIC 구텐베르크의 인쇄술

요하네스 구텐베르크Johannes Gutenberg(1398~1468)는 1440년 프랑스 스트라스부르(당시 신성 로마제국 도시)에서 금속활자를 발명하였다. 인쇄술 덕분에 책을 대량 발간할 수 있게 됨에 따라 유럽 각지에서 지식 교류의 속도와 양이 모두 크게 늘고, 인본주의가 싹트고 르네상스 운동이 번져나가는 기폭제가 되었다. 마르틴 루터의 종교 개혁이 독일 전역에 퍼진 것도 구텐베르크 인쇄술의 공이다. 프랑스 국립도서관에 잠들어 있던 〈직지심체요절〉이 발견되기 전까지 전 세계 사람은 구텐베르크의 금속활자가 세계 최초라 믿었다. 비록 지금은 '세계 최초'의 지위를 놓쳤지만, 지식의 유통에 이바지하여 세상의 변화를 불러온 최초의 금속활자인 것에는 변함이 없다.

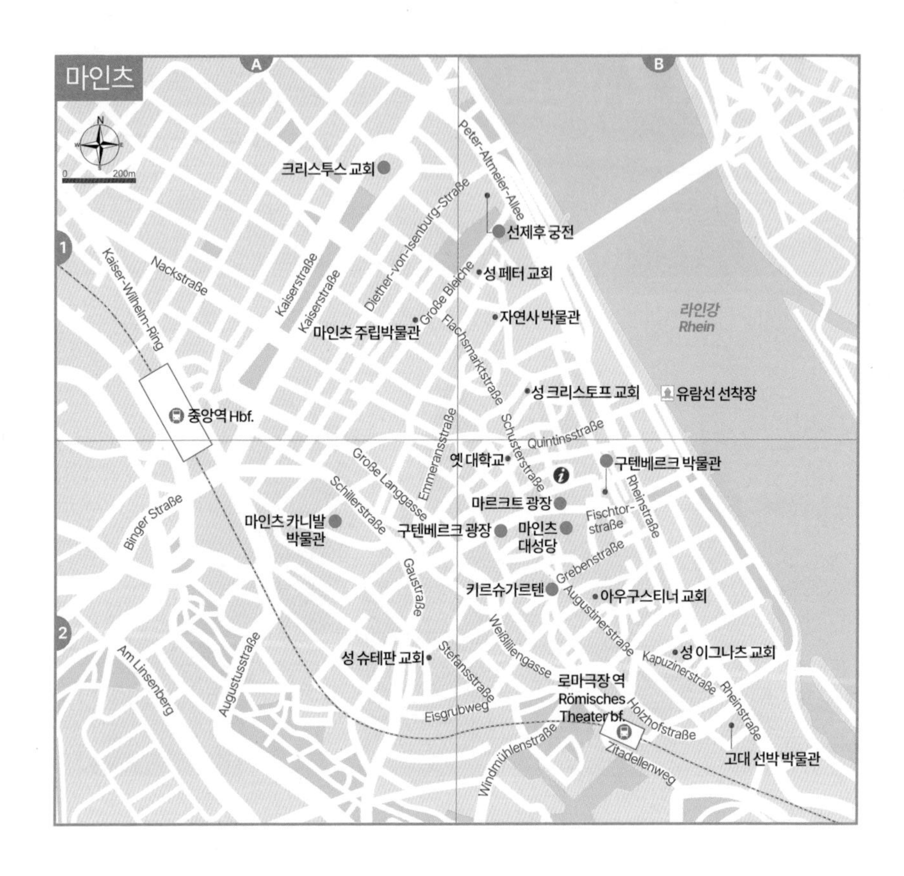

Best Course 마인츠 추천 일정

생각보다 도시가 넓고 길이 복잡하며 관광지는 구석구석 분포되어 있다. 전 일정 도보 이동은 가능하지만, 충분한 휴식과 함께 여유롭게 걷자.

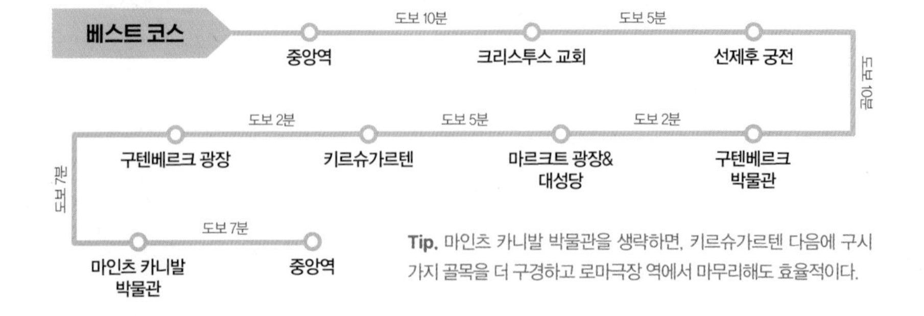

Tip. 마인츠 카니발 박물관을 생략하면, 키르슈가르텐 다음에 구시가지 골목을 더 구경하고 로마극장 역에서 마무리해도 효율적이다.

Attraction

보는 즐거움

마인츠 대성당을 비롯하여 유서 깊은 교회 건축이 곳곳에 중심을 잡는 가운데 구텐베르크의 흔적이 짙은 존재감을 발산하며, 흥미로운 박물관이 손짓한다.

크리스투스 교회

Christuskirche

이탈리아 르네상스 양식을 적극 참조한 80m 높이의 중앙 돔이 인상적인 크리스투스 교회는 1903년 완공되었다. 돔에 설치된 차임벨이 하루 세 차례(07:45, 12:00, 18:00) 인상적인 음악을 들려준다. 마치 녹색 카펫을 깔아둔 것 같은 카이저 거리Kaiserstraße가 교회 정면부터 중앙역 부근까지 평온한 풍경을 만든다.

MAP P.174-A1 **주소** Kaiserstraße 56 **전화** 06131-234677 **홈페이지** www.christuskirche-mainz.de **운영** 09:00~18:00(금요일 12:00~, 토~일요일 11:00~) **요금** 무료 **가는 방법** 중앙역 정면 건물 반대편에 시작되는 카이저 거리 끝에 위치.

선제후 궁전

Kurfürstliches Schloss

중세 독일에서 황제만큼 강한 권한을 행사한 대주교, 그중에서도 대관권을 가진 마인츠 대주교의 거성으로 만든 궁전이다. 75m 길이로 라인강변에 자리를 잡은 붉은 사암의 궁전은 독일 르네상스 양식을 보여주는 중요한 건축사적 의의가 있다. 오랫동안 박물관으로 사용되었다가 최근에는 컨벤션홀로 사용되고 있다.

MAP P.174-B1 **주소** Peter-Altmeier-Allee 9 **가는 방법** 크리스투스 교회에서 도보 2분.

구텐베르크 박물관 Gutenberg Museum

마인츠 출신의 구텐베르크를 기리며 1900년 마인츠 시민들이 뜻을 모아 구텐베르크 박물관을 만들었다. 구텐베르크 성경 원본을 포함하여 구텐베르크 인쇄술로 펴낸 각종 역사적인 문서와 서적이 전시되어 있으며, 한국관을 별도 운영하는 등 극동 및 중동아시아의 인쇄술에 관한 자료도 함께 전시한다.

MAP P.174-B2 **주소** Liebfrauenplatz 5 **전화** 06131-122503 **홈페이지** www.gutenberg-museum.de **운영** 화~일요일 09:00~17:00(일요일 11:00~), 월요일 휴무 **요금** 성인 €5, 학생 €3 **가는 방법** 선제후 궁전에서 도보 10분.

여기 근처

대성당의 도시 마인츠는 교회 건축이 크게 발달하여 쏠쏠한 재미를 준다. 화려한 바로크 양식의 인테리어가 돋보이는 **성 페터 교회**St. Peterskirche가 마인츠 '동네 교회'의 수준을 보여준다. 구텐베르크가 세례를 받은 **성 크리스토프 교회**Gedenkstätte St. Christoph는 제2차 세계대전 중 파괴되어 오늘날에는 외벽만 남은 폐허의 모습으로 남아 있지만, 구텐베르크를 기념하는 조형물이 함께 있다.

성 페터 교회

성 크리스토프 교회

[성 페터 교회] 주소 Petersstraße 3 **전화** 06131-222035 **홈페이지** www.sankt-peter-mainz.de **운영** 09:00~18:00(동절기 ~17:00) **요금** 무료 **가는 방법** 선제후 궁전에서 도보 2분.

[성 크리스토프 교회] 주소 Hintere Christofsgasse 3-5 **운영** 종일 개방 **요금** 무료 **가는 방법** 선제후 궁전에서 도보 5분.

마르크트 광장 Marktplatz

대성당을 포함한 중세의 건축물로 사방이 둘러싸인 마인츠의 중심 광장. 원래 시청사가 있었으나 제2차 세계대전 중 폭격으로 사라졌다. 다행히 21세기 들어 시청사를 제외한 중세의 건축물은 대부분 복원을 마쳐 아름다운 광장의 모습은 되찾았다. 1975년 마인츠 대성당 건립 1,000년을 기념하여 광장 중앙에 세운 호이넨 기념비Heunensäule를 중심으로 바닥에 기하학적인 문양이 그려져 있다. 호이넨 기념비는 마인츠 대성당의 건축을 위해 발주한 사암 기둥이지만 실제로는 사용되지 않은 것을 보관하였다가 1975년 세운 것이라고 한다. 그 외에도 종교 개혁의 단초를 제공한 마인츠 대주교 알브레히트가 1526년 만든 마르크트 분수Marktbrunnen 등 여러 기념비가 광장 곳곳에 있으니 구석구석 둘러보자.

MAP P.174-B2 **가는 방법** 구텐베르크 박물관 옆 또는 중앙역에서 54번 버스로 Höfchen/Listmann 정류장 하차.

마인츠 대성당 Mainzer Dom

정식 명칭은 성 마르틴 대성당Hohe Dom St. Martin. 975년 주교좌가 개설되고 1037년 로마네스크 양식의 거대한 성당이 완성되어 1,000년에 달하는 긴 역사를 가졌으며, 신성 로마제국에서 황제보다 강한 권력자인 대주교의 대성당이었다. 쾰른, 트리어의 대성당과 함께 독일 3대 대성당으로 꼽히고, 보름스, 슈파이어의 대성당과 함께 독일 3대 로마네스크 성당으로 꼽힌다. 마치 성채에 들어온 듯 거대하고 견고한 내부는 로마네스크 건축 양식의 모범을 보여준다. 좁은 창으로 들어오는 빛 외에 인위적인 조명이 거의 없고 화려한 장식이 없어 더욱 엄숙한 느낌이 든다. 오랜 세월 동안 대성당에서 수집하거나 생산한 값진 보물들은 별도의 박물관에서 따로 유료로 전시한다.

MAP P.174-B2 **주소** Markt 10 **전화** 06131-2530 **홈페이지** www.mainz-dom.de **운영** 09:00~17:00(일요일 13:00~) **요금** 무료 **가는 방법** 마르크트 광장 옆(입구는 광장에서 연결).

아우구스티너 교회

키르슈가르텐 Kirschgarten

직역하면 '버찌(체리) 정원'이라는 뜻. 실제 정원은 아니고 구시가지에서 가장 오래된 주택이 아기자기하게 모여 있는 작은 광장이다. 하프팀버 건물이 좁은 골목 사이사이에 있어 동화 같은 풍경을 연출한다. 마인츠에서는 키르슈가르텐과 그 주변을 나젠게스헨Nasengäßchen이라는 별명으로 부르는데, 직역하면 '코 닿는 좁은 골목'이라는 뜻이다. 구시가지에서 레스토랑이 가장 많이 모여 있는 곳이기도 하므로 허기를 달래기에도 좋고, 아우구스티너 교회Augustinerkirche 등 바로크 양식의 교회를 구경하기에도 좋다.

MAP P.174-B2 **가는 방법** 마인츠 대성당에서 도보 5분.

구텐베르크 광장 Gutenbergplatz

도시에서 가장 유명한 인물인 요하네스 구텐베르크의 동상이 있는 광장. 마인츠 시민의 문화생활 중심이 되는 주립극장Staatstheater Mainz을 중심으로 현지인이 즐겨 찾는 프랜차이즈 식당과 상업 건물이 모여 있고, 역사적 가치를 지닌 옛 대학교Alte Universität 건물도 지척에 보인다. 광장 풍경을 구경하며 쉬어 갈 수 있는 벤치도 많다.

MAP P.174-B2 **가는 방법** 마인츠 대성당에서 도보 2분 또는 Höfchen/Listmann 버스 정류장 하차.

주립극장

옛 대학교

©mainzplus / Sascha Kopp

마인츠 카니발 박물관

Mainzer Fastnachtsmuseum

마인츠는 뒤셀도르프, 쾰른과 함께 독일에서 카니발(P.39)이 가장 성대하게 열리는 '삼대장'이다. 역대 마인츠 카니발의 주요 퍼레이드 조형물과 의상, 카니발의 역사 등을 소소하게 전시한 박물관이 있다. 한국인에게 보편적으로 흥미를 유발하는 곳은 아닐지 모르지만, 중앙역으로 돌아가는 길에 박물관을 지나가게 되니, 2017년 재단장을 마친 깨끗하고 세련된 전시관에서 마인츠의 중요한 문화인 카니발을 만나보자. 여기서만 경험할 수 있는 재미를 느껴볼 수 있을 것이다.

MAP P.174-A2 **주소** Neue Universitätsstraße 2 **전화** 06131-1444071 **홈페이지** www.mainzer-fastnachtsmuseum.de **운영** 화~일요일 11:00~17:00, 월요일 휴무 **요금** 성인 €3, 학생 €2 **가는 방법** 구텐베르크 광장에서 도보 7분.

+ TRAVEL PLUS 마인츠 카니발

마인츠에서는 '제5의 계절' 카니발을 독일어에서 유래한 파스트나흐트Fastnacht라고 하며, 지역 방언으로 멘처 파세나흐트Meenzer Fassenacht라고 부른다. 마인츠가 카니발을 즐기는 방식과 일정도 뒤셀도르프(P.389), 쾰른(P.407)과 같고, 뒤셀도르프처럼 헬라우Helau라는 외침이 공식 구호처럼 통용된다. 다만, 마인츠만의 특색이 있다면, 여기는 대형 가면을 착용한 이들의 시가행진이 장관을 이룬다는 것을 꼽을 수 있다. 퍼레이드에 참여하는 인원만 무려 1만 명에 달하는 초대형 규모이며, 가면으로 특정인을 풍자하며 정치적 메시지를 전하기도 한다. 어린이와 청소년은 별도로 '청소년 가장행렬Jugendmaskenzug'을 여는데, 아동과 청소년이 주체가 되는 카니발 행사로서의 규모는 유럽을 통틀어 마인츠가 가장 크다.

©mainzplus / FotoFarmer

RÜDESHEIM AM RHEIN

뤼데스하임

유네스코 세계문화유산인 중상류 라인 계곡이 시작되는 강변의 예쁜 마을. 독일의 대표 포도 산지로 와인 산업도 유명하다. 라인강 유람과 와인으로 뤼데스하임은 겨울을 제외한 세 계절 동안 관광객으로 붐빈다.

관광안내소 INFORMATION

주요 관광지를 지나쳐야 관광안내소가 등장하므로 여행 중 이용할 일은 많지 않다.

홈페이지 www.ruedesheim.de (영어)

찾아가는 방법 ACCESS

거점 도시와 이동시간 (레기오날반 기준)

프랑크푸르트 ↔ 뤼데스하임 : VIA 1시간 22분

유효한 티켓

RMV 1일권(€28.9)

베스트 코스

기차역 → 브룀저성 → 드로셀 골목 → 니더발트 → 유람선

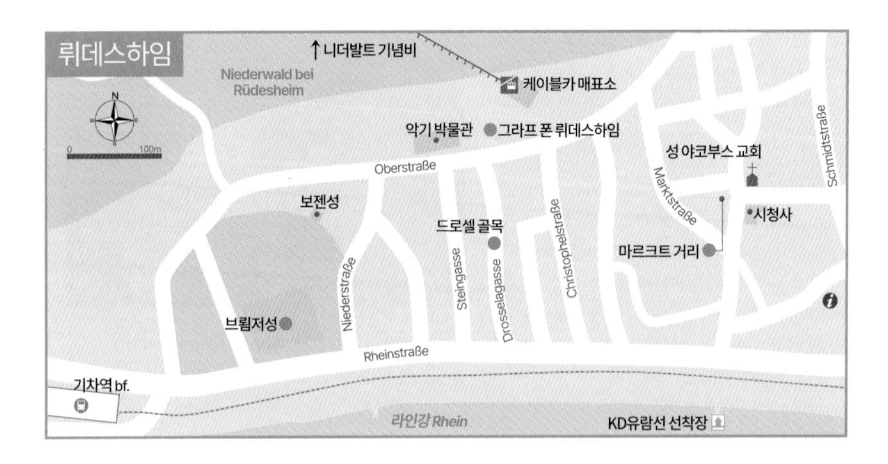

Attraction 보는 즐거움

포도나무 넝쿨이 아기자기하게 뒤덮은 자그마한 마을의 싱그러운 매력이 가득하다. 유네스코 세계문화유산으로 등록된 라인강 계곡 유람선 투어 역시 놓치기 아깝다.

보젠성

브룀저성 Brömserburg

원래는 마인츠 대주교 소유의 별궁이었으나 대주교가 브룀저 가문 귀족에게 빌린 돈을 갚으려고 궁전을 내주었고, 그때부터 귀족 가문 소유의 브룀저성이 되었다. 군사적 목적으로도 사용되어 벽의 두께만 4m 이상인 견고한 성이다. 포도밭 뒤로 보이는 보젠성Boosenburg과 겹쳐 보이는 풍경이 아름답다.

MAP P.180 **주소** Rheinstraße 2 **가는 방법** 기차역에서 도보 2분.

드로셀 골목 Drosselgasse

좁은 골목 양편으로 와인 숍과 레스토랑이 가득한데, 포도 넝쿨로 치장하고 포도를 형상화한 갖가지 장식과 아름다운 간판으로 관광객을 유혹한다. 골목 안쪽에도 앙증맞은 가게가 많으니 산책하듯 거닐며 포도 내음 가득한 거리의 풍경을 즐겨 보자.

MAP P.180 **가는 방법** 브룀저성에서 도보 2분.

악기 박물관

여기근처

자동 악기(오르골 등 자동으로 음악 소리가 재생되는 도구)만 약 400종을 수집한 악기 박물관Siegfrieds Mechanisches Musikkabinett도 들러 보자.

[악기 박물관] 주소 Oberstraße 29 **전화** 06722-49217 **홈페이지** www.smmk.de **운영** 11:00~17:00 **요금** 성인 €10, 학생 €5 **가는 방법** 드로셀 골목에서 도보 2분.

니더발트 기념비에서의 전망

니더발트 기념비
Niederwalddenkmal

1871년 독일의 여러 연방국이 통일되어 독일제국을 수립하자 이를 기념하기 위한 대형 기념물이 독일 곳곳에 놓였는데, 그중 하나가 뤼데스하임 뒷산 중턱에 세워진 니더발트 기념비다. 36m 높이의 게르마니아 여신상이 라인강을 내려다보며 승리를 축하하는 모습을 하고 있다. 1883년 기념비 제막식에 참석한 카이저 빌헬름 1세를 겨냥한 무정부주의자의 암살 미수 사건이 벌어지기도 했다. 지금은 산 중턱에서 뤼데스하임과 라인강의 평화로운 풍경을 바라보며 힐링할 수 있는 트레킹 코스로 인기가 높다.

MAP P.180 **홈페이지** www.niederwalddenkmal.de **운영** 종일 개방 **요금** 무료 **가는 방법** 아래 Travel Plus 참조.

+ TRAVEL PLUS 뤼데스하임 케이블카

니더발트 기념비까지 등산로도 잘 닦여 있지만, 케이블카를 탑승하면 아주 편하게 오르내릴 수 있다. 드로셀 골목 바로 인근에 승강장이 있어 뤼데스하임 여행 중 편하게 이용 가능하다. 요금은 왕복 €10. 케이블카는 3월 말부터 10월 말까지 휴무일 없이 아침부터 저녁까지 운행한다. 시간 여유가 있다면, 니더발트 기념비를 지나 라인강이 보이는 포도밭을 트레킹한 뒤 반대편으로 케이블카를 타고 내려와 짧은 유람선을 타고 뤼데스하임으로 복귀하는 링 투어Ring Tour를 이용해도 좋다. 약 3시간 정도 소요되는 코스이며, 요금은 €22. 월별 운영시간과 자세한 코스 및 안내는 홈페이지(www.seilbahn-ruedesheim.de)에서 확인할 수 있다.

매표소 및 승강장

Restaurant

먹는 즐거움

세계적인 관광 마을인 만큼 조금 과장을 보태 눈 돌리는 곳마다 먹고 마실 곳이 보인다. 명성에 비하여 '바가지'도 없고, 어디를 가든 뤼데스하임의 와인이 함께 한다.

그라프 폰 뤼데스하임 Restaurant Graf von Rüdesheim

단체 손님도 거뜬히 수용하는 넓은 레스토랑으로 드로셀 골목이 끝나는 지점에 있다. 햇살 좋은 날에는 채광 좋은 테라스 자리에서 분주한 골목 풍경을 바라보며 쉬어 갈 수 있어서 인기가 높다. 슈니첼 등 독일 향토 요리뿐 아니라 피자, 파스터, 버거 등 다양한 대중음식 위주로 판매하고, 뤼데스하임 지역의 와인을 곁들인다. 음료와 아이스크림 등 카페 메뉴도 다양하니 여행 중 잠시 피로를 풀기에도 좋다. 단, 1~2월은 문을 닫는다.

MAP P.180 **주소** Oberstraße 35 **전화** 06722-2428 **홈페이지** www.graf-von-ruedesheim.de **운영** 3~12월 월·수~일요일 11:00~22:00, 화요일·1~2월 휴무 **예산** 요리 €15 안팎 **가는 방법** 뤼데스하임 케이블카 승강장 옆.

TOPIC 달달한 와인 삼총사

뤼데스하임에서 와인이 더욱 여행의 기분을 북돋아 주는 이유는, 이 도시의 와인은 가볍게 벌컥벌컥 들이켜는 음료 같은 달달한 와인이 유명하기 때문이다. 서리 맞은 포도로 만들어 당도가 높은 아이스와인Eiswein이 처음 탄생한 곳도 뤼데스하임 인근이다. 서리 맞기 직전 늦게 수확한 포도로 만드는 슈페틀레제Spätlese 와인도 뤼데스하임 인근에서 탄생하였다. 화이트와인 발효가 진행 중인 포도를 압착해 주스처럼 만든 청량한 알코올 음료 페더바이서Federweißer 역시 뤼데스하임에서 쉽게 만날 수 있다. 길거리 와인 숍에서도 일회용 컵에 담아 저렴한 가격에 판매하는 곳이 많으니 뤼데스하임에서는 마치 물처럼, 맥주처럼 와인과 함께 자유로운 여행을 즐겨 보시기를.

페더바이서

SPECIAL PAGE

중상류 라인 계곡 관광

중상류 라인 계곡Oberes Mittelrheintal은 라인강의 긴 구간 중 빙엔부터 코블렌츠 사이 65km 구간을 말한다. 로렐라이 언덕과 수십 개의 고성이 계곡에 위치하여 유네스코 세계문화유산으로 등재되어 있다. 주변의 고성들은 파괴된 것도 있고 온전한 것도 있는데, 모두 각각의 운치가 느껴진다.

코스 추천

뤼데스하임에서 코블렌츠까지 유람선을 타기에는 약 4시간의 운항시간이 부담되고, 자칫 지루할지도 모른다. 따라서 중간의 장크트 고아르스하우젠Sankt Goarshausen까지 1시간 50분짜리 루트가 적당하다. 이 사이에 로렐라이를 포함한 대부분의 주요 볼거리를 지난다. 장크트 고아르스하우젠에서는 기차를 타고 코블렌츠로 이동해 다시 프랑크푸르트로 되돌아오거나 뒤셀도르프·쾰른 방면으로 갈 수 있다.

KD 유람선

세계적인 유람선 코스답게 여러 업체가 경쟁 중인데, 당일 유효한 독일철도패스 소지자에게 20% 할인 혜택을 제공하는 KD 유람선이 가장 유명하다. 동절기를 제외하고 운항하며 선착장 앞에 KD 로고가 선명해 쉽게 식별된다.

운항 시즌(2024년) 3월 30일~10월 20일 **시간표 확인** 홈페이지 www.k-d.com **요금** 편도 €26

유람선 탑승 Tip.

- 선착장 앞 매표소에서 표를 사며, 독일철도패스를 제시하면 할인받을 수 있다.
- 지정석이 없으며 갑판 위 간이의자를 아무 데나 놓고 앉으면 된다. 구명조끼는 별도 비치되어 있다.
- 강바람이 세차므로 여름이라도 긴팔이나 외투를 준비하면 좋다.
- 유람선 내에서 음료나 식사를 판매하지만 미리 준비하여 지참해도 무방하다.
- 안내방송은 바람 소리 때문에 잘 안 들린다. 선착장에 적힌 이름을 확인하여 하차 지점을 놓치지 말 것.

중상류 라인 계곡 주요 볼거리
(뤼데스하임~장크트 고아르스하우젠 구간)

로렐라이 Loreleyfelsen

뱃사람들이 요정의 노랫소리에 홀려 넋을 잃고 있다가 급커브 구간에서 좌초되고 말았다는 로렐라이 설화의 배경지. 우스갯소리인지는 모르겠지만 유럽에서 '막상 가보면 실망하는 세 곳' 중 하나로 꼽히기도 한다. 그냥 강변에 돌출된 바위 언덕이어서 누가 설명해 주지 않으면 그냥 지나쳐 버릴 로렐라이를 보면 살짝 수긍이 되기도 한다. 하지만 로렐라이 언덕의 진가는 그 위에 올라섰을 때 발현된다. 이 책에서는 유람선 여행에 초점을 맞추어 강에서 바라보는 것만 소개하지만, 시간이 허락하면 장크트 고아르스하우젠에서 로렐라이까지 찾아가 보아도 좋다. 자세한 내용은 QR코드를 스캔하여 작가 블로그에서 확인하기 바란다.

강에서 보이는 로렐라이

DARMSTADT 다름슈타트

양립할 수 없을 것 같은 예술과 과학이 모두 만개한 도시. 한 권력자의 적극적인 지원 덕분에 예술가와 과학자가 모두 모여들었다. 예술의 성취는 유네스코 세계문화유산 등재로, 과학의 성취는 노벨상 수상으로 빛을 발하였다.

관광안내소 INFORMATION

루이제 광장에 기념품 숍을 겸하는 관광안내소를 운영한다.

홈페이지 www.darmstadt-tourismus.de/en/ (영어)

찾아가는 방법 ACCESS

거점 도시와 이동시간 (레기오날반 기준)

프랑크푸르트 ↔ 다름슈타트 : RE 17분

유효한 티켓

RMV 1일권(€20.6), 헤센 티켓도 유효

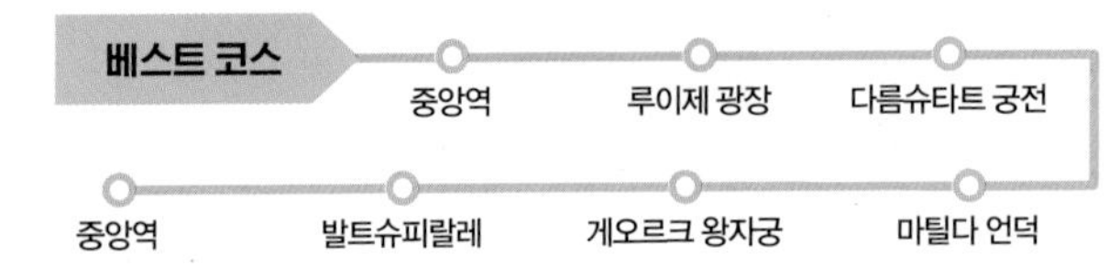

Tip. 중앙역과 관광지 사이에 대중교통 이용이 필요하며, RMV 1일권으로 방문하면 다름슈타트 대중교통까지 포함된다.

결혼 기념탑

다름슈타트 궁전

헤센 대공국의 마지막 대공 에른스트 루트비히 Ernst Ludwig(1868~1937)는 다름슈타트를 모더니즘 시대의 진보한 도시로 만들고자 예술과 과학을 적극 지원하였다. 오스트리아에서 유겐트슈틸 예술가 요제프 올브리히Joseph Maria Olbrich를 초청해 활동을 지원한 덕분에 동시대 예술인이 다름슈타트로 모여들어 '예술의 식민지Künstlerkolonie' 마틸다 언덕Mathildenhöhe을 만들었고, 시민들은 대공의 결혼식을 축하하며 마틸다 언덕에 결혼 기념탑Hochzeitsturm을 세웠다. 오늘날에도 마틸다 언덕은 독일 유겐트슈틸의 '성지'로서 유네스코 세계문화유산으로 등재되었으며, 예술의 식민지 미술관Museum Künstlerkolonie과 러시아 정교회 등 특색 있는 명소가 모여 있다. 에른스트 루트비히 대공의 관저 다름슈타트 궁전Schloss Darmstadt과 대공의 도자기 수집품을 박물관으로 만들어 일반에 공개한 게오르크 왕자궁Prinz-Georg-Palais 등 볼거리도 풍부하다. 특히 다름슈타트 궁전은 일부가 대학교로 사용 중이어서 청춘의 활기가 공존한다. 루이제 광장Luisenplatz에는 33m 높이의 에른스트 루트비히 대공 기념비가 있다. 세계적인 건축가 훈데르트바서Hundertwasser가 2000년에 만든 발트슈피랄레 Waldspirale는 건축에 관심 있는 여행자를 유혹한다.

루이제 광장

발트슈피랄레

▶ 결혼 기념탑

MAP P.186 **주소** Olbrichweg 11 **전화** 06151-7019087 **홈페이지** www.hochzeitsturm-darmstadt.eu **운영** 3·10월 10:00~18:00(금~토요일 ~19:00), 4~9월 10:00~19:00(금~일요일 ~20:00), 11~2월 11:00~17:00 **요금** 성인 €4, 학생 €2

▶ 다름슈타트 궁전

MAP P.186 **주소** Marktplatz 15 **전화** 06151-24035 **홈페이지** www.schlossmuseum-darmstadt.de **운영** 화~일요일 11:00~17:00, 월요일 휴무 **요금** 성인 €6, 학생 €3

▶ 예술의 식민지 미술관

MAP P.186 **주소** Olbrichweg 13a **전화** 06151-132808 **홈페이지** www.mathildenhoehe.eu **운영** 화~일요일 11:00~18:00, 월요일 휴무 **요금** 성인 €5, 학생 €3

▶ 게오르크 왕자궁

MAP P.186 **주소** Schloßgartenstraße 10 **전화** 06151-713233 **홈페이지** www.porzellanmuseum-darmstadt.de **운영** 4~10월 금~일요일 10:00~17:00, 4~10월 월~목·11~3월 휴무 **요금** 성인 €6, 학생 €3

KASSEL 카셀

헤센 북부의 중심 도시. 그림 형제가 동화집을 발간한 곳이며, 세계적인 현대미술 제전이 열리는 도시로 유명하다. 서쪽 산에 오르면 독일에서 유사한 사례를 찾기 어려운 기상천외한 매력이 펼쳐진다.

관광안내소 INFORMATION

카셀 시청사 인근에 관광안내소가 있다. 빌헬름스회에 산상공원 여행 시에는 헤라클레스 동상 위편 주차장에 설치된 방문자 센터에서 여행 정보를 얻는다.

홈페이지 visit.kassel.de/en/ (영어)

찾아가는 방법 ACCESS

거점 도시와 이동시간 (레기오날반 기준)

프랑크푸르트 ↔ 카셀 : RE 2시간 15분

유효한 티켓

헤센 티켓

Transportation & Pass 카셀 이동하기

시내 교통 TRANSPORTATION

• 노선 확인

카셀 관할 교통국 KVG www.kvg.de

• 요금

1회권 €3, 1일권(Multi-Ticket) €7.5(정류장 또는 트램 내부의 티켓 판매기에서 구입)

관광 패스 SIGHTSEEING PASS

대중교통 무료와 주요 박물관·미술관 할인이 포함된 카셀 카드Kassel Card를 추천한다. 카셀 카드의 장점은 기본 2인 상품이라는 것. 가격은 24시간권 €9. 1인 대중교통 1일권 가격이 €7.5임을 고려하면 상당한 경쟁력을 체감할 수 있다. 구입은 관광안내소에서.

Best Course 카셀 추천 일정

카셀은 빌헬름스회에 산상공원과 시내 중심부를 별도의 구역으로 생각하는 게 좋다. 두 곳을 모두 여행하려면 대중교통 이용은 필수이며, 한나절이 소요된다. 만약 시간이 부족하면 두 구역 중 하나만 택하여 반나절 여행하는데, 아무래도 독특한 매력을 발산하는 빌헬름스회에 산상공원을 추천한다.

Tip. 빌헬름스회에 지역만 여행할 때에는 이 코스에서 빌헬름스회에 궁전까지 여행한 뒤 빌헬름스회에역으로 돌아가 마무리한다.

Attraction 보는 즐거움

빌헬름스회에 산상공원과 시내 중심부 모두 예술적인 분위기가 가득하다. 녹음이 울창한 청정자연에서, 활기찬 도심에서 저마다의 개성이 가득한 예술의 기운을 느껴보자.

빌헬름스회에 산상공원 Bergpark Wilhelmshöhe

산 하나가 통째로 공원이 되었다. 면적은 2.4㎢. 원래 공원의 시작은 1701년 산 정상에 헤센-카셀의 방백 카를Karl von Hessen이 만든 헤라클레스 동상이었다. 이후 1798년 방백 빌헬름 9세가 궁전을 만들면서 산 전체가 정원으로 탈바꿈되었다. '빌헬름의 언덕(빌헬름스회에)'이라는 지명에서 알 수 있듯 빌헬름 9세Wilhelm IX의 취향대로 완성하였으며, 궁전 정면으로 산 정상의 헤라클레스 동상이 일직선상에 있고 그 사이의 인상적인 구조물이 아름다움을 더한다. 이런 식으로 산 전체를 이용한 공원으로는 유럽에서 가장 크고 세계에서도 둘째로 큰 규모라고 한다. 그 조경 방식의 독창성을 인정받아 2013년에 유네스코 세계문화유산으로 등재되었다. 헤라클레스부터 출발하여 내리막 루트로 관람하면 편하다.

MAP P.190 **홈페이지** www.heritage-kassel.de **운영** 종일 개방 **요금** 무료 **가는 방법** 빌헬름스회에역에서 4번 트램으로 Druseltal 정류장에서 하차, 22번 버스로 환승하여 Herkules 정류장 하차.

▶ 헤라클레스 동상 Herkules

해발 562m 산 정상에 우뚝 선 헤라클레스 동상. 전체 구조물의 높이만 70m, 동상의 높이만 8m에 달한다. 입장하면 헤라클레스 발밑까지 올라가 전망을 감상할 수 있고, 산 아래로 계단 폭포Kaskaden가 이어지는 조경도 장관이다.

MAP P.190 **운영** 4~10월 화~일요일 10:00~17:00, 월요일·11~3월 휴무 **요금** 성인 €6, 학생 €4

▶ 빌헬름스회에 궁전 Schloss Wilhelmshöhe

빌헬름 9세가 선제후 지휘를 획득하고 대공 빌헬름 1세로 즉위한 뒤 지은 궁전으로 산상공원의 주인공이라 할 수 있다. 이후 독일제국 황제까지도 여름 별궁으로 사용하였을 정도로 전망이 훌륭하다. 내부는 박물관과 미술관 등으로 사용되는데, 현재는 내부 공사로 인해 옛 거장의 회화관만 개방 중이며, 루벤스, 반 다이크 등의 작품을 볼 수 있다.

MAP P.190 **운영** 화~일요일 10:00~17:00, 월요일 휴무 **요금** 성인 €6, 학생 €4

▶ 뢰벤성 Löwenburg

빌헬름 1세가 장지葬地로 만든 성. 중세 고성을 연상시키는 모습인데 미니어처를 보는 듯 규모는 아담하여 더 귀엽게 느껴진다. 2022년에 대대적인 복원을 마치고 빌헬름 1세 시대의 인테리어를 가이드 투어로 개방한다.

MAP P.190 **운영** 화~일요일 10:00~17:00(11~3월 ~16:00), 매시 정각 가이드 투어 시작, 월요일 휴무 **요금** 성인 €6, 학생 €4

헤라클레스 동상

빌헬름스회에 궁전

뢰벤성

+ TRAVEL PLUS

물의 쇼와 빛의 쇼

빌헬름스회에 산상공원이 가장 아름다운 순간은 헤라클레스 동상부터 물이 흘러내려 각 구조물을 지나 분수 연못Fontänenteich에서 분출되는 여름이다. 각 구조물을 지나는 물길을 만들고, 그 풍경을 조망하는 다리, 수로교, 폭포 등의 포인트를 만들어 두었다. 물의 쇼Wasserspiele는 5월 1일부터 10월 3일까지 매주 수·일요일(공휴일 포함) 14:30에 시작한다. 관람객은 물길을 따라 산에서 내려오며 각 포인트에서 절경을 만끽하게 된다. 1년 중 딱 이틀(5월 31일~6월 1일, 2024년 기준) 21:45부터 화려한 조명과 함께 물의 쇼를 즐기는 빛의 쇼Beleuchtete Wasserspiele도 열린다. 모두 별도의 입장료는 없다.

©Stadt Kassel / A. Berthel

그림 벨트 Grimmwelt

카셀과 그림 형제의 인연은 특별하다. 그림 형제는 약 30년 동안 카셀에 살았다. 그들이 동화집을 발간할 때 카셀 도서관 사서로 일하며 독일 전국의 민담을 수집할 수 있었다고 하니 그림 형제의 위대한 업적에 카셀의 지분도 포함되는 셈. 이를 기념하고자 그림 형제 박물관을 만들었으며, 2015년 새 건물을 짓고 그림 벨트(그림 월드)라는 이름으로 업그레이드하였다. 유네스코 기록유산인 그림 형제의 친필 동화 원본이 소장되어 있으며, 25개의 전시실에서 대표작에 얽힌 스토리와 배경을 발견하고 체험할 수 있는 가족 박물관이다. 옥상에서의 주변 전망도 좋다.

MAP P.189-A2 **주소** Weinbergstraße 21 **전화** 0561-5986190 **홈페이지** www.grimmwelt.de **운영** 화~일요일 10:00~18:00(금요일 ~20:00), 월요일 휴무 **요금** 성인 €10, 학생 €7 **가는 방법** 1번 트램 Rathaus 정류장 하차 후 도보 2분.

시청사

헤센 주립박물관

여기근처

카셀 시내에서 가장 눈에 띄는 건축물인 시청사 Rathaus가 근처에 있다. 시청사는 제2차 세계대전으로 파괴된 뒤 원래의 모습에서 일부만 복원된 것인데도 네오고딕 양식과 고전주의 양식이 절묘하게 섞인 건축미가 인상적이다. 건축가 카를 로트Karl Roth가 1909년 지었다. 그런가 하면, 선사시대부터 현대에 이르는 헤센 북부의 역사를 총망라한 헤센 주립박물관Hessisches Landesmuseum에서 선사시대나 철기시대의 유물, 바로크 시대의 궁정 예술품 등을 관람하거나 혁명의 역사를 배울 수 있다.

[시청사] 주소 Obere Königsstraße 8

[헤센 주립박물관] 주소 Brüder-Grimm-Platz 5 **전화** 0561-31680123 **운영** 화~일요일 10:00~17:00, 월요일 휴무 **요금** 성인 €6, 학생 €4 **가는 방법** 그림벨트에서 도보 2분.

신 미술관 Neue Galerie

옛 헤센 대공의 컬렉션을 전시하고자 1800년대 문을 연 미술관이다. 당시 주요 소장품은 제2차 세계대전 중 오스트리아 빈까지 대피시켜 화를 면하였고, 전쟁 중 파괴된 신 미술관 대신 현재 빌헬름스회에 궁전에 전시되어 있다. 신 미술관은 1976년 재개장하여 약간의 중세 걸작, 그리고 다수의 모더니즘 예술과 현대예술을 전시하고 있으며, 도쿠멘타 전시가 거듭될수록 카셀이 현대미술계에서 차지하는 위상이 높아짐에 따라 신 미술관도 점점 확장되었다. 도쿠멘타의 스타 요제프 보이스Joseph Beuys가 직접 꾸민 자신의 전시실도 유명하다.

MAP P.189-A2 **주소** Schöne Aussicht 1 **전화** 0561-31680123 **홈페이지** www.museum-kassel.de **운영** 화~일요일 10:00~17:00, 월요일 휴무 **요금** 성인 €6, 학생 €4 **가는 방법** 1번 트램 Rathaus 정류장 하차 후 도보 2분.

카를스아우에 공원 Karlsaue

빌헬름스회에 산상공원의 출발인 헤라클레스 동상을 만든 헤센-카셀의 방백 카를이 1713년 별궁 오랑주리Orangerie를 강변에 건축하면서 그 주변을 넓은 공원으로 가꾸었다. 카를스아우에라는 이름은 '카를의 초원'이라는 뜻. 공원의 주인공인 오랑주리에 대리석 목욕탕Marmorbad 등 소소한 박물관이 있으니 공원 산책과 더불어 궁전 입장도 고려할 만하다. 또한 클래식 음악 공연장인 카셀 주립극장Staatstheater Kassel도 공원 앞에 있어 카셀 시민의 휴식과 문화를 모두 책임지는 장소라 해도 과언이 아니다.

MAP P.189-B2 **가는 방법** 신 미술관 옆으로 공원 출입구가 있다.

▶ 오랑주리(대리석 목욕탕)

주소 An der Karlsaue 20C **전화** 0561-31680500 **운영** 4~10월 화~일요일 10:00~17:00, 월요일·11~3월 휴무 **요금** 무료

오랑주리

프리데리치아눔 Fridericianum

헤센-카셀의 방백 프리드리히 2세가 국력을 과시하고자 공공 미술관 건축을 지시하여 1779년 프리데리치아눔이 완성되었다. 18세기 유럽 곳곳에서 공공 미술관 개관이 유행하였는데, 처음부터 미술관을 목적으로 건물을 짓고 일반에 개방한 사례로는 프리데리치아눔이 유럽 최초의 미술관이라 할 수 있다. 오늘날 카셀의 세계적인 현대미술제 도쿠멘타의 메인 전시관 역할을 하며, 도쿠멘타가 열리지 않는 기간에는 주제를 정하여 현대미술 위주로 다양한 기획전을 개최한다.

MAP P.189-A2 **주소** Friedrichsplatz 18 **전화** 0561-7072720 **홈페이지** www.fridericianum.org **운영** 화~일요일 11:00~18:00(목요일 ~20:00), 월요일 휴무 **요금** 성인 €6, 학생 €4, 매주 수요일 무료 **가는 방법** 오랑주리에서 도보 5분.

여기근처

카를스아우에 공원과 프리데리치아눔 사이에 1606년 독일 최초의 전용 극장 건축물로 탄생한 오토네움Ottoneum이 있다. 불행히도 건축 직후 30년 전쟁이 발발하여 극장으로서 사용된 역사는 길지 않지만, 전쟁이 끝나고 1690년부터 자연사 컬렉션을 보관하는 장소가 되었고, 1884년부터 자연사 박물관Naturkundemuseum Kassel이 되었다. 화석과 표본 등이 알차게 전시 중이다.

[자연사 박물관] 주소 Steinweg 2 **전화** 0561-7874066 **홈페이지** www.naturkundemuseum-kassel.de **운영** 화~일요일 10:00~17:00(수요일 ~20:00, 일요일 ~18:00), 월요일 휴무 **요금** 성인 €4.5, 학생 €3 **가는 방법** 프리데리치아눔에서 도보 2분.

Entertainment 노는 즐거움

즐길 거리도 빌헬름스회에와 시내 중심부의 성격이 다르다. 빌헬름스회에 지역에서는 온천을, 시내에서는 예술과 문화의 분위기를 즐기자.

도쿠멘타(도큐멘타) Documenta

세계적인 현대미술 제전. 동시대 아티스트의 작품이 카셀에 모인다. 주 개최 장소인 프리데리치아눔을 가득 메우는 것은 물론 카셀 시내 곳곳에 독특한 발상의 설치미술이 들어선다. 어떤 것은 건물 위에, 어떤 것은 골목 사이에 저마다의 개성을 잘 살릴 위치를 찾아 설치되기 때문에 축제 기간에는 카셀 곳곳을 잘 살펴보아야 한다. 1955년부터 시작되어 오늘날에는 5년마다 100일 동안 개최된다. 제2차 세계대전 중 나치는 현대미술이 퇴폐적이라 하여 가혹하게 탄압하였다. 이에 전쟁이 끝난 뒤 그동안 탄압받은 현대미술을 조명하고자 시작된 축제인 만큼 그 의미도 남달라 여러 나라의 예술가들이 적극적으로 참여한다. 15회 도쿠멘타가 2022년에 열렸고, 16회 도쿠멘타는 2027년 6월 12일부터 9월 19일까지로 예정되어 있다.

홈페이지 www.documenta.de

1992년 도쿠멘타 출품작으로 아직까지 시내에 남아있는 조너선 보로프스키의 설치작품

쿠어헤센 온천 Kurhessen-Therme

빌헬름스회에 궁전과 산상공원을 만들고, 훗날 황제까지도 별장으로 삼았던 이유. 바로 이 지역이 유명한 온천 휴양지이기 때문이다. 오늘날에도 실내와 실외에 넓은 온천탕을 갖춘 쿠어헤센 온천이 성업 중이다. 섭씨 37도 안팎의 온천수로 만든 여러 콘셉트의 온천탕 이용 시 수영복과 수영모 착용은 필수. 또한 사우나는 수영복 없이 수건만 지참하는 남녀 혼탕이다. 이국적인 테라피존도 다양한 콘셉트로 갖춰져 있다.

MAP P.190 **주소** Wilhelmshöher Allee 361 **전화** 0561-318080 **홈페이지** www.kurhessen-therme.de **운영** 09:00~22:00 **요금** 기본 1.5시간 온천 €15.5~, 사우나 포함 €16~ **가는 방법** 1번 트램 Kurhessen-Therme 정류장 하차 후 도보 5분.

©Kurhessen Therme Badebetriebe

©Kurhessen Therme Badebetriebe

WORMS 보름스

중세 대서사시 '니벨룽의 노래'의 배경이 된 보름스는 로마 시대부터 이어지는 오랜 역사가 있으며, 신성 로마제국 시절에는 제국의회가 열리던 중심지이기도 했다. 종교 개혁의 중요한 사건이 벌어져 오늘날에도 개신교와 가톨릭 모두에 큰 의의가 있다.

관광안내소 INFORMATION

대성당 뒤편에 관광안내소가 있다.

홈페이지 www.worms-erleben.de (영어)

찾아가는 방법 ACCESS

거점 도시와 이동시간 (레기오날반 기준)

프랑크푸르트 ↔ 보름스 : RE 1시간 1분

마인츠 ↔ 보름스 : RE 26분

유효한 티켓

프랑크푸르트에서 레기오날반 구간 1일권(€37.1) 사용

마인츠에서 RNN 1일권(€23.6) 사용

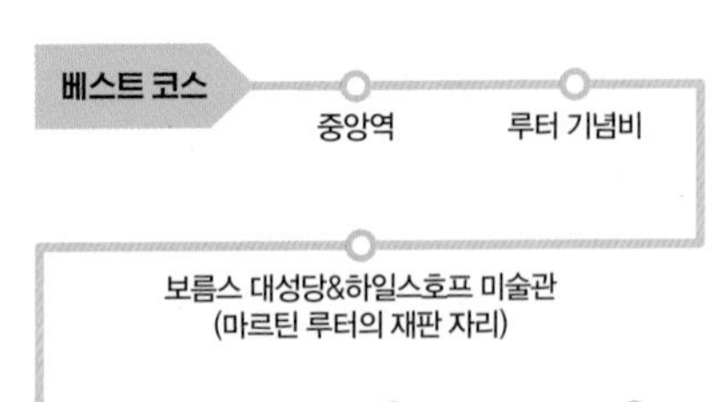

TOPIC

니벨룽의 노래(니벨룽엔의 노래)

'니벨룽의 노래Das Nibelungenlied'는 고대부터 구전된 영웅 대서사시로 보름스에서 로마 군대에 저항하던 민족이 훈족에게 전멸된 역사적 사실을 바탕으로 만들어졌다. 작품 속에서 영웅 지크프리트가 하겐에 의해 비극적인 죽음을 맞이하자 그의 미망인 크림힐트가 훈족 왕과 결혼해 하겐에게 복수하는 장면이 나오는데, 이것이 고대 보름스에서 일어난 사건을 은유한다. 게르만족 최초의 영웅 서사시로 꼽히는 이 작품은 훗날 작곡가 바그너가 북유럽 '반지 신화'를 결합해 게르만족의 장대한 서사극을 담은 오페라 '니벨룽의 반지Der Ring des Nibelungen'로 발전시켰다. 게르만 민족주의의 최고 정점으로 불리는 이 작품의 뿌리가 보름스에 있는 셈이다.

영웅 지크프리트 분수

보름스 대성당

니벨룽 박물관

1320년 완공된 로마네스크 양식의 거대한 보름스 대성당Dom St. Peter이 백미. 엄숙한 분위기 속에 발타자어 노이만의 바로크 제단 등 수많은 볼거리가 나타난다. 대성당 외에는 보름스에서 기념하는 세 가지 키워드, 니벨룽의 노래–유대인–마르틴 루터를 기억하자. 첫째, '니벨룽의 노래'를 직접 듣고 체험하고 느낄 수 있는 니벨룽 박물관Nibelungenmuseum이 있다. 거리 곳곳에 있는 이름 모를 분수나 조각도 '니벨룽의 노래'를 표현하거나 모티브를 얻은 게 많다. 둘째, 10세기부터 라인강을 따라 형성된 유대인 정착촌이 보름스에도 있었고, 라쉬 하우스Raschi-Haus에서 그 흔적을 볼 수 있다. 마인츠, 슈파이어, 보름스의 유대인은 고유의 문화를 유지하며 슘SchUM이라는 이름의 공동체를 결성하고 교류하였다. 라쉬 하우스 등 세 도시의 슘 관련 유적지는 유네스코 세계문화유산으로 등록되었다. 셋째, 종교 개혁가 마르틴 루터가 이단으로 몰려 심판을 받은 도시가 보름스였다 . 루터는 끝까지 신념을 굽히지 않아 '법에서 추방(법의 보호를 받지 못하게 되므로 누가 루터를 살해해도 살인죄로 처벌하지 않는다는 뜻)'되는 판결을 받았다. 제국의회에서 루터가 진술한 자리에 기념비가 남아 표시되어 있고, 루터와 다른 종교 개혁가들을 기리는 루터 기념비Luther Denkmal의 존재감도 상당하다.

▶ 보름스 대성당

주소 Domplatz **전화** 06241–6115 **홈페이지** www.wormser-dom.de **운영** 하절기 09:00~17:30(토요일 09:00~), 동절기 10:00~16:45(일요일 11:30~) **요금** 무료

▶ 니벨룽 박물관

주소 Fischerpförtchen 10 **홈페이지** www.nibelungenmuseum.de **운영** 임시 휴관 중

▶ 라쉬 하우스

주소 Hintere Judengasse 6 **전화** 06241–8534707 **홈페이지** www.juedischesmuseum-worms.de **운영** 화~일요일 10:00~12:30·13:30~17:00(11~3월 ~16:30), 월요일 휴무 **요금** 성인 €2.5, 학생 €1.5

라쉬 하우스 ©City Archive Worms / B. Bertram

루터 기념비

MÜNCHEN AREA

뮌헨 지역

BEST 4

01

전통과 현대가 기막히게 조화를 이루는 **마리아 광장** (뮌헨)

02

설명이 필요 없는 독일 최고 명소 **노이슈반슈타인성** (퓌센)

03

독일 알프스 최고봉 **추크슈피체** (가르미슈파르텐키르헨)

04

알프스가 만든 청정 그 자체 **쾨니히 호수** (베르히테스가덴)

뮌헨 지역 이동 전략

알프스산맥에 자리 잡은 가르미슈파르텐키르헨, 베르히테스가덴, 퓌센, 그리고 알프스에서 가까운 오버아머가우, 프린(킴 호수) 모두 뮌헨에서 레기오날반으로 원데이 투어가 가능하다. 단, 각각의 도시에서 다른 도시로 바로 이동하는 것은 쉽지 않으므로 하루에 한 도시 근교 여행을 즐기며 총 일정에 따라 바이에른을 충분히 여행하면 좋다.

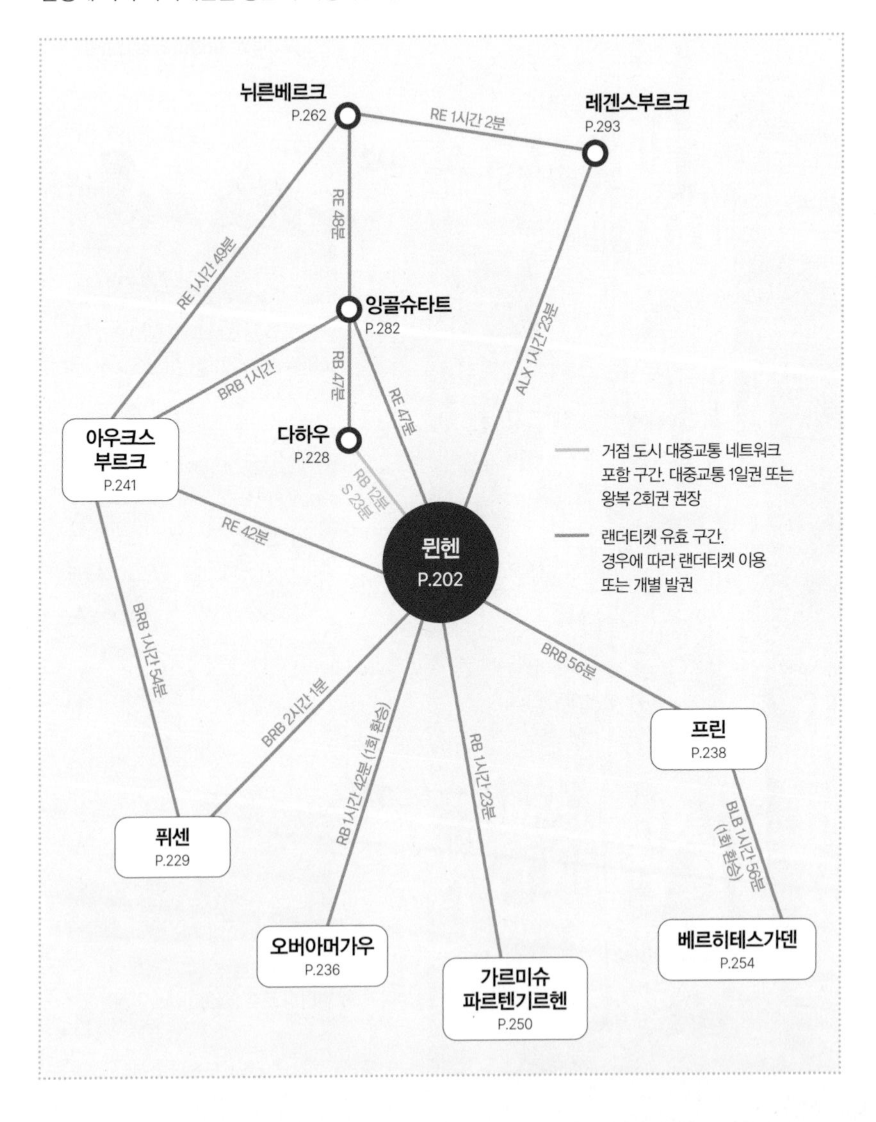

뮌헨 지역 숙박 전략

뮌헨 지역에서의 숙박은 뮌헨 중앙역을 중심으로 반경 전철 1~2정거장 내에서 해결하는 게 정석이다. 크고 작은 숙박업소가 많고, 저렴한 호스텔도 많다. 넓고 부유한 도시인 만큼 시내 곳곳에서 숙박업소는 쉽게 찾을 수 있으나 옥토버페스트 기간은 예외다.

☑ 가장 **쉽고 편한** 곳

중앙역 부근 MAP P.207-C2·C3

뮌헨의 유명 호스텔과 3성급 프랜차이즈 호텔은 대부분 중앙역 부근에 모여 있다. 대체로 숙박시설의 컨디션은 비슷한 편이며, 가격도 큰 차이가 없다. 다만, 호텔과 호스텔 모두 건물이 낡은 편이어서 소소한 불편은 뒤따른다.

☑ **고급 호텔**이 많은 곳

마리아 광장 부근 MAP P.208-B2

관광지 한복판인 마리아 광장 인근에는 5성급 호텔과 고급 부티크 호텔이 많다. 저렴한 호스텔은 찾기 어렵다.

☑ **비즈니스호텔**이 많은 곳

동역 부근 MAP P.207-D3

뮌헨 중심부에서 이자르강 건너 동역 부근에는 글로벌 프랜차이즈 비즈니스호텔이 많다. 이 부근은 지금도 신축 호텔이 생기고 있어 전반적으로 시설이 깨끗하고 깔끔하며 가격도 합리적이다. 동역 부근에 관광지는 많지 않으나 에스반으로 시내와 몇 정거장 거리에 있다.

+ TRAVEL PLUS 옥토버페스트 성수기 요금

가을철 옥토버페스트 기간은 그냥 성수기가 아니라 '극극성수기'다. 이 기간에 뮌헨의 모든 호텔과 호스텔의 숙박료가 몇 배로 뛰는데, 그마저도 몇 달 전 예약하지 않으면 방을 구하기 어렵다. 쉽게 말해서, 호텔 요금을 내고 호스텔 도미토리에서 숙박하는 시즌이다. 따라서 옥토버페스트 기간 중 뮌헨을 여행할 때는 레기오날반으로 1~2시간 거리에 있는 근교(레겐스부르크, 뉘른베르크, 잘츠부르크 등)에 숙소를 잡고, 바이에른 티켓을 이용해 뮌헨을 왕복하며 축제를 즐기는 게 더 경제적이다. 이러한 근교 도시는 축제 기간에도 가격이 크게 오르지 않는다.

MÜNCHEN
뮌헨

독일에서도 맥주로 가장 유명한 곳, 그래서 '세계 3대 축제'로 꼽히는 맥주 축제가 열리는 곳, 독일에서도 축구로 가장 유명한 곳, 독일에서 톱을 다투는 자동차 회사가 탄생한 곳. 뮌헨은 그야말로 독일을 대표하는 도시라고 해도 과언이 아니다.
그래서일까? 뮌헨은 먹고 마시고 즐기는 모든 것에 독일의 전통을 품고 있다. 현재의 일상에서 독일의 전통을 즐길 수 있는 활기차고 여유로운 뮌헨이야말로 독일에서 여행하기에 가장 재미있는 도시임이 분명하다.

지명 이야기
뮌헨은 베네딕트회 수도사들이 정착하며 도시가 탄생하였다. 그래서 '수도사의 공간'이라는 뜻의 옛 독일어 무니헨 Munichen에서 도시 이름이 파생되었다. 영어로는 뮤니크 Munich라고 적는다.

Information & Access 뮌헨 들어가기

관광안내소 INFORMATION

신 시청사 1층에 메인 관광안내소가 있다. 중앙역에도 관광안내소가 있었는데, 대대적인 중앙역 보수 공사로 인해 현재는 중앙역 건너편에 작은 사무소를 두어 여행 정보를 제공한다.

홈페이지 www.munich.travel (영어)

찾아가는 방법 ACCESS

비행기

뮌헨 공항Munich Airport(공항코드 MUC)은 독일 국적기 루프트한자의 제2 허브 공항으로 상당한 규모와 시설을 자랑한다. 루프트한자 직항 노선이 인천과 뮌헨을 연결한다.

• 시내 이동

전철 에스반으로 시내까지 한 번에 연결된다. 티켓은 기차역의 티켓 판매기에서 구매하고, 유인 판매소도 운영하니 약간의 대기시간만 감수할 수 있다면 초행길에도 편리하게 발권할 수 있다.

소요시간 에스반 40분 **노선** S1·8호선 **요금** 편도 €13.6

• 쇼핑몰

뮌헨 공항은 MAC라는 이름의 대형 쇼핑몰을 함께 운영하여 유명 브랜드 숍과 레스토랑 등이 모여 있다. 비행기를 타고 내리지 않아도 현지인이 즐겨 찾는 데이트 코스로 인기가 높다. 특히 공항에서 직접 뮌헨 스타일의 맥주 양조장 에어브로이Airbräu를 운영하는 것을 보면 맥주를 향한 뮌헨의 광적인 사랑이 실감날 것이다.

기차

교통의 핵심은 단연 중앙역Hauptbahnhof이며, 일부 장거리 열차 노선과 레기오날반 노선은 파징역Bahnhof München-Pasing이나 동역Bahnhof München Ost을 이용하기도 한다. 파징역과 동역 모두 에스반으로 중앙역이나 시내 중심까지 편리하게 연결된다.

*** 유효한 랜더티켓** 바이에른 티켓

• 시내 이동

〈프렌즈 독일〉의 뮌헨 여행 코스는 카를 광장부터 시작하도록 구성되었는데, 중앙역에서 전철 에스반 한 정거장 거리이며, 도보로 5분 남짓의 가까운 거리다.

• 중앙역 개선 공사

뮌헨 중앙역은 플랫폼 간 이동 개선과 시설 현대화를 목적으로 수년째 리모델링 공사가 진행 중이다. 열차 통행에 지장이 없도록 기존 역사를 조금씩 해체하고 보수하는 과정을 반복하고 있어 매우 오랜 시간이 소요된다. 2028년에 완전히 새로운 중앙역이 탄생할 예정이지만, 유럽에서는 이러한 공사 일정이 지연되는 경우가 많으니 어쩌면 그 후까지도 중앙역 이용 시 불편을 감수해야 할 수 있다.

버스

버스터미널München ZOB은 중앙역에서 전철 한 정거장 떨어진 하커브뤼케Hackerbrücke역에서 연결된다. 독일에서 버스터미널이 가장 잘 갖추어진 도시에 속하며, 버스터미널 내에도 마트와 드러그스토어, 환전소, 짐 보관소 등의 편의시설이 충분하다.

• 시내 이동

하커브뤼케역에서 중앙역까지 도보로 5분 정도 소요된다. 만약 뮌헨 중심부로 바로 이동할 경우 에스반을 이용한다.

Transportation & Pass 뮌헨 이동하기

에스반

우반

트램

펀칭 머신

시내 교통 TRANSPORTATION

지하로 에스반과 우반, 지상으로 트램과 버스가 촘촘히 연결된다. 주요 관광지는 걷거나 전철로 이동하면 편리하고, 전철이 닿지 않는 관광지 몇 곳만 트램이나 버스를 이용한다. 타리프존은 시내 관광지는 모두 M존, 외곽은 1~11존으로 구분한다. 탑승 전 티켓에 '펀칭'이 필수.

• 타리프존 & 요금

· M존(시내 이동) : 1회권 €3.9, 1일권 €9.2, 단거리권 €1.9
· 1존(다하우) : 1일권 €10.5
· 5존(공항) : 1일권 €15.5
· 1일권은 개시일 기준 다음 날 06:00까지, 단거리권은 전철역 2 정류장 내 이동 시 유효

• 노선 확인

뮌헨 교통국 MVV www.mvv-muenchen.de

노선 확인법 안내

관광 패스 SIGHTSEEING PASS

• 뮌헨 카드 & 뮌헨 시티패스

Munich Card & Munich City Pass

뮌헨 대중교통과 주요 관광지 혜택이 결합된 상품. 관광지 할인의 뮌헨 카드, 관광지 무료입장의 뮌헨 시티패스 두 종류가 있으며, 대중교통 무료를 추가할 것인지 뺄 것인지 선택할 수 있다. 기간은 최소 24시간권부터 최대 5일권까지 가능.

요금 뮌헨 카드 24시간권 대중교통 미포함 €5.9, 대중교통 포함 €16.9 / 뮌헨 시티패스 1일권 대중교통 미포함 €39.9, 대중교통 포함 €54.9 **구입방법** 관광안내소에서 구입 **홈페이지** www.munich.travel/en/topics/guestcards/

• 메어타게스 티켓 Mehrtagesticket

뮌헨의 레지덴츠 궁전(P.212)과 님펜부르크 궁전(P.215)은 물론이고, 노이슈반슈타인성(P.232) 등 루트비히 2세의 궁전, 뉘른베르크(P.270)와 뷔르츠부르크(P.308) 등 바이에른의 궁전 수십 곳을 14일간 무료로 1회씩 입장할 수 있는 티켓이다.

요금 1인 €35 **구입방법** 모든 궁전 매표소에서 구입 가능 **홈페이지** www.schloesser.bayern.de

Best Course 뮌헨 추천 일정

베스트 코스

바이에른 왕실의 문화가 살아 있는 궁전과 박물관, 우수한 미술관 등 뮌헨을 충실히 둘러보려면 1주일도 충분치 않지만 여기서는 핵심 중의 핵심을 추린 이틀 코스를 제안한다. 이 중 2일째 코스는 박물관·미술관이 주를 이루므로 자신의 관심사에 맞는 두어 곳을 골라 입장하면 적당하다.

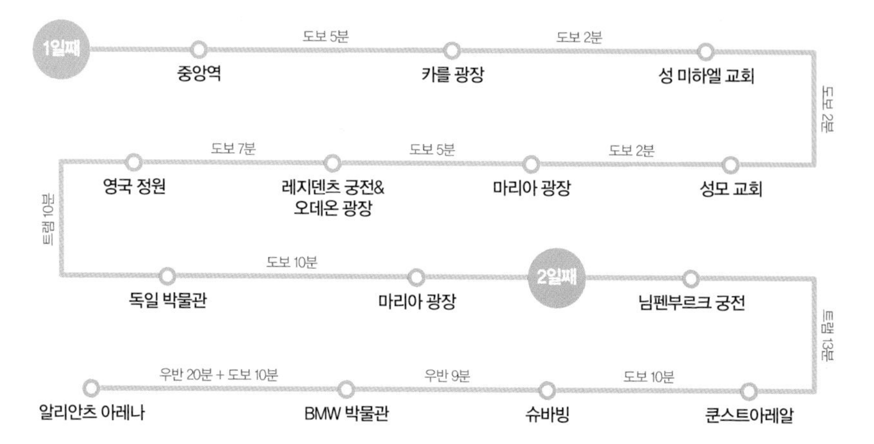

당일치기 코스

뮌헨 시내 중심부에 BMW 박물관까지 더한 뮌헨 당일치기 여행 코스.

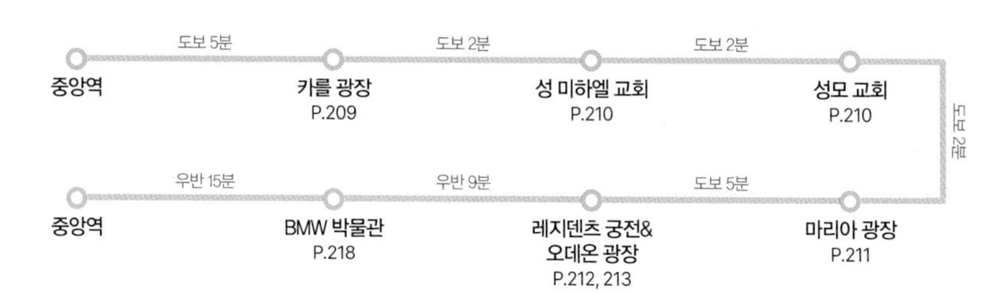

+ TRAVEL PLUS 뮌헨에서 장기 여행

〈프렌즈 독일〉의 뮌헨 지역과 뉘른베르크 지역에 속하는 바이에른의 매력적인 명소와 함께라면, 뮌헨은 1주일 이상의 일정도 부족하게 느껴지는 알찬 여행지다. 원데이 투어를 돕는 바이에른 티켓, 바이에른주 전체의 궁전에서 유효한 메어타게스 티켓을 활용하면 경제적 부담도 덜하다. 심지어 바이에른 티켓은 오스트리아 잘츠부르크Salzburg까지도 유효하다는 사실! 그러니 일정에 여유가 있으면, 중앙역 부근에 숙소를 길게 잡아두고 뮌헨 시내와 바이에른주를 여행해 보자. 뮌헨 시내에서도 '일요일 입장료 1유로'(P.46) 등 알뜰한 여행이 가능한 옵션이 마련되어 있다.

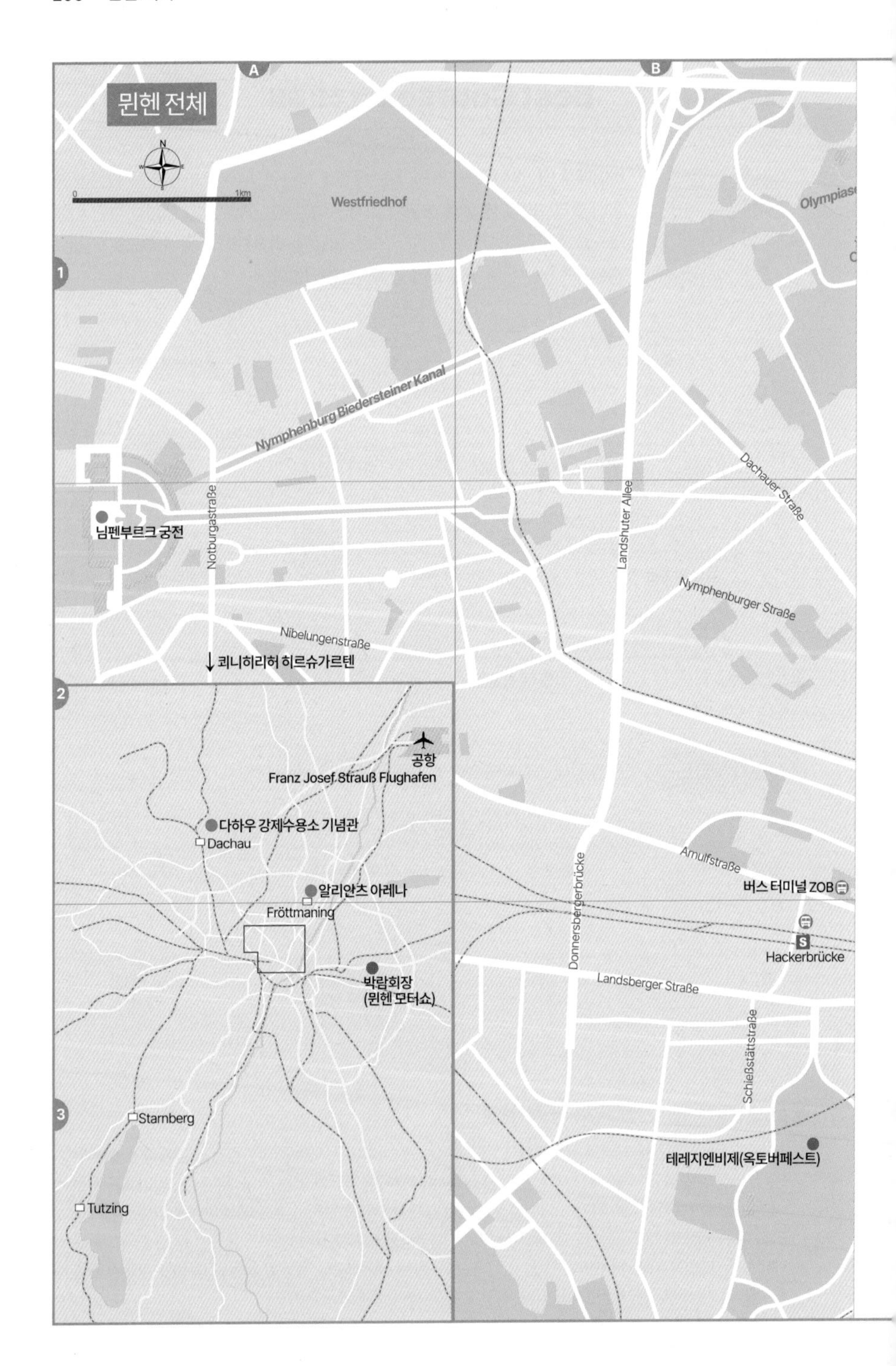

뮌헨 전체
A
B
1
2
3
0
1km
Westfriedhof
Olympias
Nymphenburg Biedersteiner Kanal
Dachauer Straße
Notburgastraße
님펜부르크 궁전
Landshuter Allee
Nymphenburger Straße
Nibelungenstraße
↓쾨니히리히 히르슈가르텐
공항
Franz Josef Strauß Flughafen
다하우 강제수용소 기념관
Dachau
알리안츠 아레나
Fröttmaning
박람회장
(뮌헨 모터쇼)
Starnberg
Tutzing
Donnersbergerbrücke
Arnulfstraße
버스 터미널 ZOB
Hackerbrücke
Landsberger Straße
Schießstättstraße
테레지엔비제(옥토버페스트)

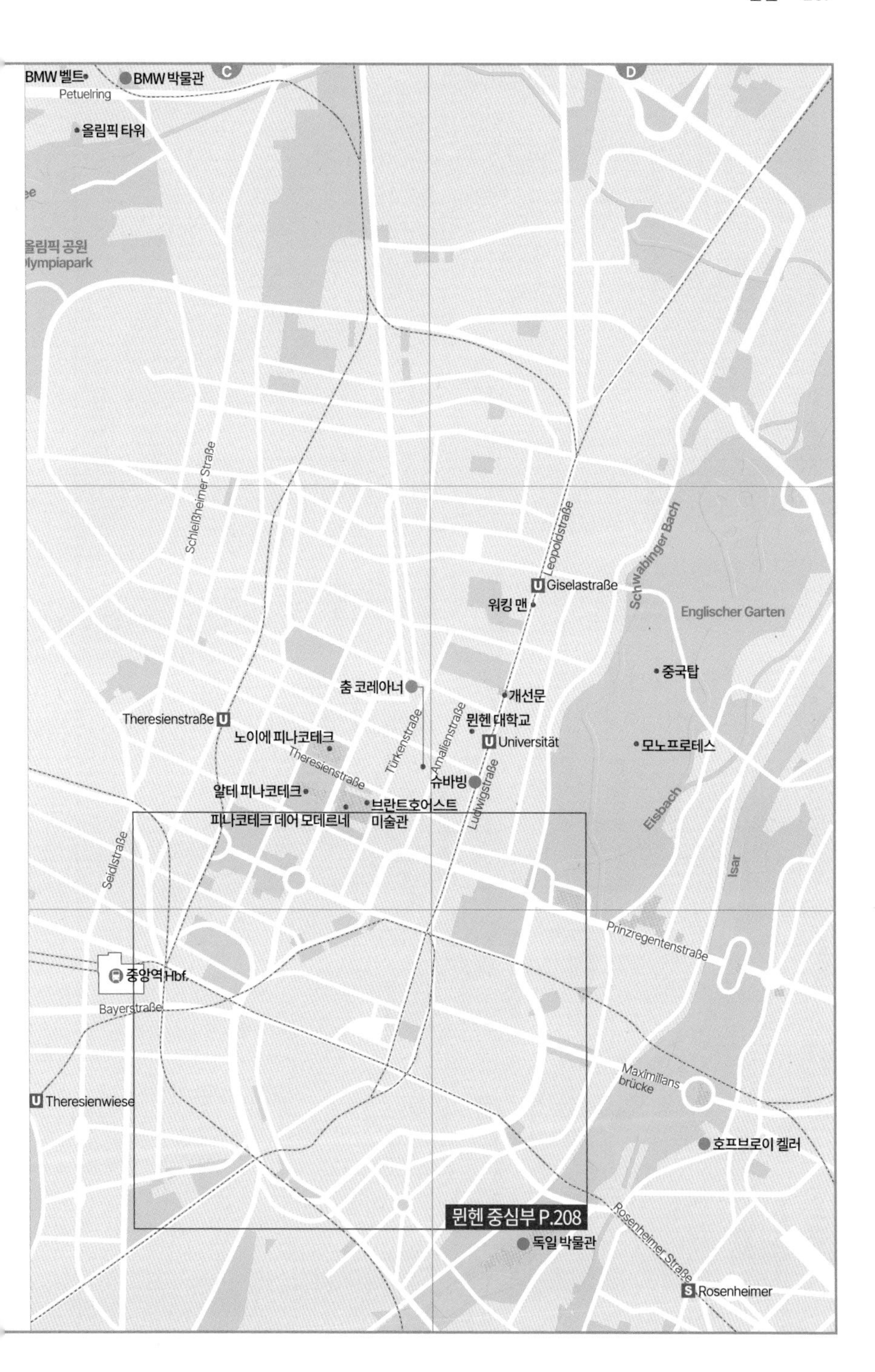
BMW 벨트
BMW 박물관
Petuelring
올림픽 타워
올림픽 공원
Olympiapark
Schleißheimer Straße
Leopoldstraße
Giselastraße
Schwabinger Bach
워킹 맨
Englischer Garten
중국탑
춤 코레아너
개선문
Theresienstraße
뮌헨 대학교
노이에 피나코테크
Universität
모노프로테스
Theresienstraße
Türkenstraße
Amalienstraße
슈바빙
알테 피나코테크
브란트호어스트 미술관
피나코테크 데어 모데르네
Ludwigstraße
Eisbach
Seidlstraße
Isar
Prinzregentenstraße
중앙역 Hbf.
Bayerstraße
Maximilians brücke
Theresienwiese
호프브로이 켈러
Rosenheimer Straße
독일 박물관
Rosenheimer
뮌헨 중심부 P.208

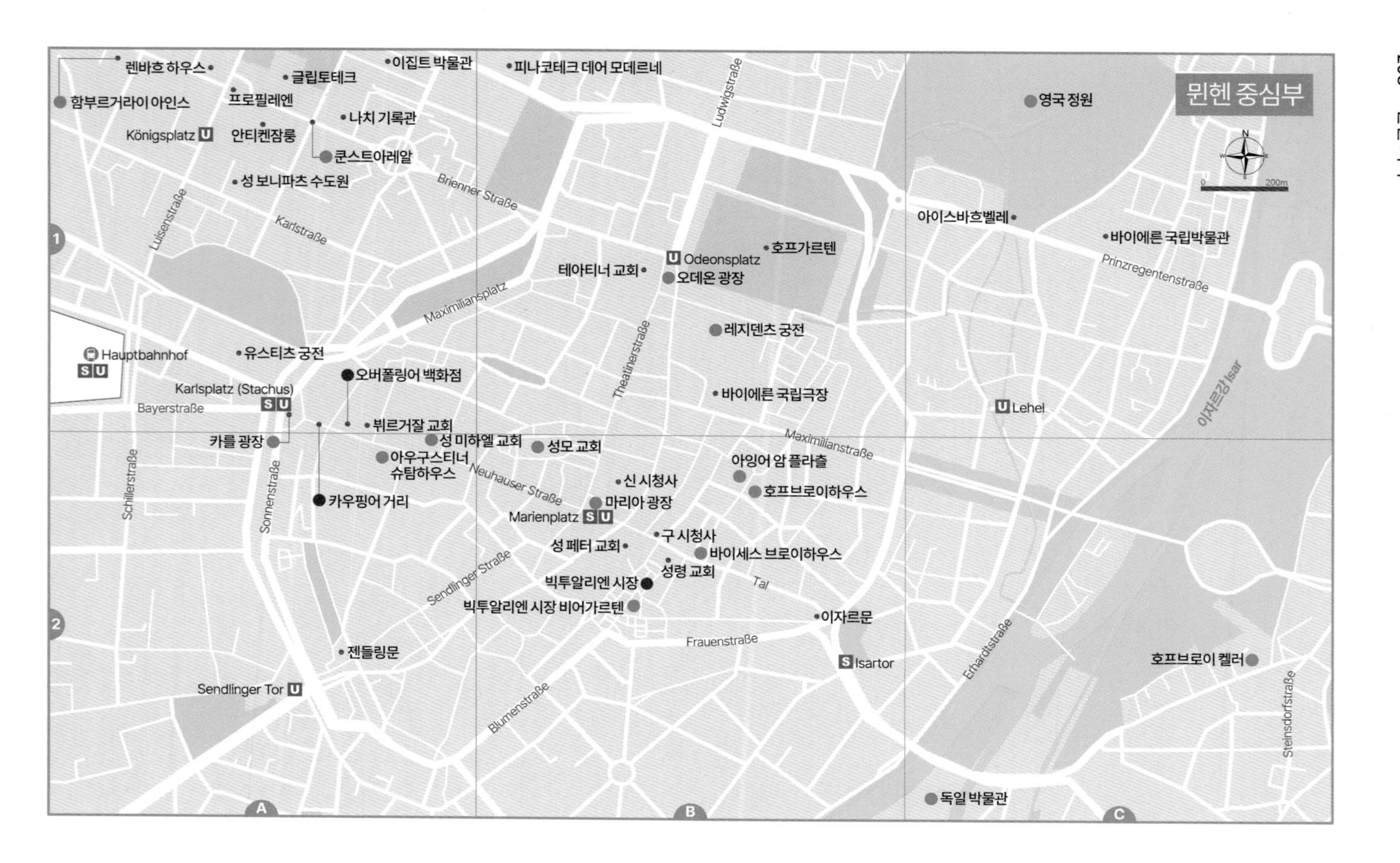
뮌헨 중심부
N
0 200m
렌바흐 하우스
함부르거라이 아인스
글립토테크
프로필레엔
이집트 박물관
피나코테크 데어 모데르네
나치 기록관
Königsplatz
안티켄잠룽
쿤스트아레알
성 보니파츠 수도원
Brienner Straße
Luisenstraße
Karlstraße
Ludwigstraße
영국 정원
아이스바흐벨레
바이에른 국립박물관
Prinzregentenstraße
Odeonsplatz
호프가르텐
테아티너 교회
오데온 광장
Maximiliansplatz
레지덴츠 궁전
Hauptbahnhof
유스티츠 궁전
오버폴링어 백화점
Karlsplatz (Stachus)
Bayerstraße
Theatinerstraße
바이에른 국립극장
Lehel
이자르강 Isar
뷔르거잘 교회
카를 광장
성 미하엘 교회
성모 교회
Maximilianstraße
아우구스티너 슈탐하우스
아잉어 암 플라츨
Schillerstraße
Sonnenstraße
Neuhauser Straße
신 시청사
호프브로이하우스
카우핑어 거리
마리아 광장
Marienplatz
구 시청사
성 페터 교회
바이세스 브로이하우스
Sendlinger Straße
성령 교회
Tal
빅투알리엔 시장
빅투알리엔 시장 비어가르텐
이자르문
Erhardtstraße
젠들링문
Frauenstraße
Isartor
호프브로이 켈러
Sendlinger Tor
Blumenstraße
Steinsdorfstraße
독일 박물관

Attraction 보는 즐거움

뮌헨 중심부는 독일에서 가장 '유명한' 장소들이 모인 곳이다. 뿐만 아니라 대도시의 외곽에도 궁전, 박물관 등 명소가 가득하다. 100년 정도의 역사는 명함도 내밀기 어려운, 기본 수백 년의 역사를 간직한 전통이 현대인의 라이프스타일에 녹아들어 있다.

카를 광장 Karlsplatz

뮌헨 옛 성벽 출입문 중 하나인 카를문Karlstor 앞 광장. 뮌헨 중심부로 들어가는 관문이다. 광장 이름은 1777년 바이에른의 선제후로 부임한 카를 테오도르(P.41)에서 유래한다. 하지만 뮌헨 시민은 외지인 출신의 카를 테오도르를 좋아하지 않았기 때문에 카를 광장이라 부르지 않고 주변 술집 이름을 따 슈타후스Stachus라는 별명으로 불렀다. 차량과 트램이 어지럽게 교차하는 번화가를 둘러싼 웅장한 건물들이 눈에 띄는데, 그중 백장미단의 사형 선고가 있었던 법정을 기념관으로 공개하는 뮌헨 지방법원 유스티츠 궁전Justizpalast이 단연 유명하다.

유스티츠 궁전

카를문

MAP P.208-A1 **가는 방법** 중앙역에서 도보 5분 또는 에스반 전체 노선과 U4·U5호선 Karlsplatz(Stachus)역 하차.

▶ 유스티츠 궁전

주소 Prielmayerstraße 7 **전화** 089-55972087 **홈페이지** www.justiz.bayern.de **운영** 월~금요일 09:00~15:00(금요일 ~14:00), 토~일요일 휴무 **요금** 무료

TOPIC 백장미단

나치의 폭정에 저항하며 1942년 뮌헨 대학교 교수와 학생들이 결성한 단체. 나치를 비판 또는 규탄하는 전단을 만들어 뮌헨 시내에 뿌리며 비폭력 저항 활동을 하던 중 게슈타포(나치의 비밀경찰)에 발각되어 모두 처형당했다. 당시 이들에게 항소의 기회도 주지 않고 사형을 선고한 곳이 카를 광장의 유스티츠 궁전이다. 단체를 주동한 한스 숄Hans Scholl과 조피 숄Sophie Scholl 남매는 오늘날 독일인이 존경하는 위인으로 다섯 손가락 안에 꼽힌다. 백장미단Weiße Rose이라는 이름은 정체를 숨기기 위해 한스 숄이 당시 읽던 소설의 제목을 차용한 것이라고 한다. 뮌헨 대학교에 백장미단 기념관 DenkStätte Weiße Rose이 무료로 열려 있으니 현대사에 관심 있는 여행자라면 찾아가 보자(**주소** Geschwister-Scholl-Platz 1).

뮌헨 대학교 앞 기념비

기념관 내 전시자료

성 미하엘 교회
Jesuitenkirche St. Michael

1597년 바이에른의 대공 빌헬름 5세의 지시로 완공된 거대한 교회. 독일에서 드물게 르네상스 양식으로 건축되었으며, 알프스 이북에서 최대 규모의 르네상스 교회로 꼽힌다. 아치형 천장은 로마의 성 베드로 대성당에 이어 세계에서 둘째로 크다. 교회 건축 공사 도중 천장이 무너지는 사고가 발생하자 이를 불길하게 받아들인 빌헬름 5세의 명으로 더욱 규모를 키웠다고 한다. 높은 황금빛 대제단이 웅장하게 맞이하는 내부는 무료로 입장할 수 있고, 바이에른 권력자 가문인 비텔스바흐Wittelsbach 왕가의 무덤은 지하에 유료로 공개되는데, '미치광이 왕' 루트비히 2세가 여기에 잠들어 있다.

MAP P.208-A2 **주소** Neuhauser Straße 6 **전화** 089-2317060 **홈페이지** www.st-michael-muenchen.de **운영** 07:30~19:00(일요일 ~22:00) **요금** 무료 **가는 방법** 카를 광장에서 도보 5분.

성모 교회 Frauenkirche

화려한 장식은 없으나 투박함 속에 독특하고 웅장한 매력을 갖춘 성모 교회는, 99m 높이의 양파 모양 첨탑보다 높은 건물을 지을 수 없는 뮌헨의 법에 따라 도시에서 가장 높은 건축물로 보호받고 있는 뮌헨의 상징이다. 남쪽 첨탑은 엘리베이터를 타고 올라가 뮌헨 시내의 전망을 즐길 수 있다. 입장하자마자 바닥에 보이는 '악마의 발자국Teufelstritt' 전설도 재미있다. 창문 없는 교회를 건축하는 조건으로 악마가 건축을 도왔으나 건축가가 악마를 속여 창문을 만들었다. 발자국이 있는 자리에서는 창문이 보이지 않는다(정면의 창문은 당시 제단에 가려 보이지 않았다). 흡족한 악마가 한 발짝 더 들어오자 기둥 뒤에 숨은 창문이 보였고, 격분한 악마가 세게 발을 굴러 발자국이 생겼다는 이야기다.

MAP P.208-B2 **주소** Frauenplatz 12 **전화** 089-2900820 **홈페이지** www.muenchner-dom.de **운영** 본당 08:00~20:00, 전망대 10:00~17:00(일요일 11:30~) **요금** 본당 무료, 전망대 성인 €7.5, 학생 €5.5 **가는 방법** 성 미하엘 교회 또는 마리아 광장에서 도보 2분.

악마의 발자국

마리아 광장(마리엔 광장)

Marienplatz

30년 전쟁(P.23) 막판 뮌헨은 적군에 함락당했으나 다행히 도시가 궤멸할 위기를 넘겼다. 이것을 기념하여 뮌헨을 지켜주는 수호성인으로 마리아 기념비Mariensäule를 광장에 세웠고, 그때부터 마리아 광장이라 불린다. 웅장한 건축물이 사방을 둘러싸고 쇼핑가와 전통시장이 곧장 연결되는 뮌헨의 중심 광장이다.

MAP P.208-B2 **가는 방법** 성모 교회에서 도보 2분 또는 에스반 전체 노선과 U3·U6호선 Marienplatz역 하차.

신 시청사

▶ 신 시청사 Neues Rathaus

85m 높이의 중앙 첨탑, 안쪽에 몇 겹으로 형성된 건물군, 밤에 보면 음산하기까지 한 네오고딕 양식. 신 시청사는 관광객을 압도하는 뮌헨의 대표 명소다. 엘리베이터로 첨탑에 오르면 시내가 한눈에 들어오고, 첨탑에 부착된 시계에서는 빌헬름 5세의 결혼식을 축하하는 내용과 카니발 행진을 표현하는 특수 장치가 움직인다(11:00·12:00, 3~10월 17:00 추가).

MAP P.208-B2 **주소** Marienplatz 8 **전화** 089-23300 **운영** 전망대 10:00~19:00 **요금** 전망대 €6.5

구 시청사

▶ 구 시청사 Altes Rathaus

신 시청사와 대비되는 새하얀 르네상스 양식의 건물. 통행을 위해 시계탑에 아치형 통로를 만든 것이 건축미를 더욱 살리는 효과를 가져왔다. 내부에 장난감 박물관Spielzeugmusem이 있다.

MAP P.208-B2 **주소** Marienplatz 15 **전화** 089-294001 **홈페이지** www.spielzeugmuseummuenchen.de **운영** 10:00~17:30 **요금** €6

성 페터 교회에서 보이는 신 시청사

▶ 성 페터 교회 Pfarrkirche St. Peter

뮌헨에서 가장 오래된 교회. 그래서 '올드(알터) 페터Alter Peter'라는 애칭으로 불린다. 우아한 내부도 볼 만하지만, 무엇보다 첨탑 전망대의 탁월한 '뷰'가 하이라이트. 여기 오르면 신 시청사와 성모 교회가 한눈에 겹치는 뮌헨 최고의 전망을 얻을 수 있다. 단, 전망대까지 306개의 좁은 계단을 올라야 한다.

MAP P.208-B2 **주소** Rindermarkt 1 **전화** 089-210237760 **홈페이지** www.alterpeter.de **운영** 09:00~19:30(11~3월 평일 ~18:30) **요금** 성인 €5, 학생 €3

레지덴츠 궁전 Residenz

뮌헨을 수도로 삼아 바이에른을 통치했던 비텔스바흐 왕가의 궁전. 오랜 세월 동안 계속 증축 또는 변경되어 상당히 복잡한 구조를 띠고 있다. 겉으로는 수수해 보여도 내부로 들어가면 압도적인 화려함에 입을 다물 수 없다. 매우 방대한 구역을 개방하고 있으며 하나같이 복원 또는 재현한 수준이 일품이다. 박물관과 보물관을 모두 충분히 관람하려면 3~4시간 이상 소요될 정도. 여기에 퀴빌리에 극장까지 세 곳 모두 인상적인 여운을 남길 것이다. 세 곳 중 희망하는 곳만 별도로 입장권을 구매하거나 통합권을 이용한다.

MAP P.208-B1 **주소** Residenzstraße 1 **전화** 089-290671 **홈페이지** www.residenz-muenchen.de **요금** 통합권 성인 €20, 학생 €16 **가는 방법** 마리아 광장에서 도보 5분.

▶ 궁전 박물관 Residenz Museum

권력자가 머물던 궁전 내부를 복원한 박물관. 루트비히 2세를 비롯하여 비텔스바흐 왕가가 실제 머물던 모습으로 침실, 거실, 악기실, 예배당 등을 공개한다. 고대 조각을 전시하기 위해 만든 대형 홀 안티크바리움Antiquarium이나 왕가의 선조 100명 이상의 초상화가 전시된 선조화 갤러리Ahnengalerie가 특히 유명하다. 전체 관람 코스는 2시간 소요되며, 바쁜 여행자를 위한 1시간 단축 코스도 있다.

운영 3월 23일~10월 20일 09:00~18:00, 10월 21일~3월 22일 10:00~17:00 **요금** 성인 €10, 학생 €9

궁전 박물관

▶ 보물관 Schatzkammer

비텔스바흐 왕가에서 모은 금은보화 컬렉션을 전시하는 곳이다. 1565년 바이에른 대공 알브레히트 5세가 만들었다. 왕가의 이름값에 걸맞은 값진 보석과 왕관 등이 잔뜩 전시되어 있다.

운영 3월 23일~10월 20일 09:00~18:00, 10월 21일~3월 22일 10:00~17:00 **요금** 성인 €10, 학생 €9

보물관

▶ 퀴빌리에 극장 Cuvilliés-Theater

1750년 바이에른의 대공 막시밀리안 요제프 3세의 명령으로 프랑스 건축가 프랑수아 퀴빌리에가 도자기를 이어 붙여 궁전에 연결된 극장을 완성하였다. 로코코 양식의 화려한 내부를 관람할 수 있다.

운영 3월 23일~10월 20일 월~토요일 14:00~18:00 (7월 27일~9월 9일 09:00~), 일요일 09:00~18:00, 10월 21일~3월 22일 월~토요일 14:00~17:00, 일요일 10:00~17:00 **요금** 성인 €5, 학생 €4

퀴빌리에 극장

오데온 광장 Odeonsplatz

뮌헨의 사대문 중 북쪽 출입문인 슈바빙 문을 헐고 만든 광장. 루트비히 1세가 만든 공연장 오데온Odeon에서 이름이 유래하였다. 루트비히 1세는 1844년 바이에른의 용사를 기리며 펠트헤른할레Feldherrnhalle를 광장에 만들었는데, 이곳에서 훗날 히틀러가 폭동을 일으켰다가 진압당하여 나치의 기념물이 되는 오욕을 겪은 현장이기도 하다. 레지덴츠 궁전과 맞닿아 있고, 궁전의 정원인 호프가르텐Hofgarten도 오데온 광장에서 출입할 수 있다. 비텔스바흐 가문의 왕과 왕비의 무덤이 있는 테아티너 교회Theatinerkirche도 광장의 풍경에 일조한다.

MAP P.208-B1 **가는 방법** 레지덴츠 궁전 옆 또는 U3~6호선 Odeonsplatz역 하차.

펠트헤른할레

테아티너 교회

▶ 테아티너 교회

주소 Salvatorplatz 2A **전화** 089-2106960 **홈페이지** www.theatinerkirche.de **운영** 07:00~20:00 **요금** 무료

TOPIC 뮌헨 폭동

1923년 아돌프 히틀러가 뮌헨에서 일으킨 무장 폭동. 히틀러는 무솔리니의 '로마 진군'에 영감을 얻어 똑같은 거사를 계획했다. 나치는 한 비어홀에서 애국 집회를 개최하고 수많은 군중 앞에서 히틀러의 연설로 혁명을 선포하였다. 비어홀에서 혁명이 시작되었다고 하여 '맥주 폭동'이라고도 부른다. 하지만 쿠데타는 오데온 광장 앞에서 진압당하며 실패로 끝났고, 줄행랑을 친 히틀러는 3일 만에 체포되고 만다.

이 사건은 독일, 특히 바이에른에서 비어홀이 차지하는 위상을 증명한다. 비어홀은 단순한 술집이 아니라 사람들이 일과 후 회포를 풀고 여론을 형성하는 '커뮤니티 하우스'라는 것을 알려주는 사례라 할 수 있다. 참고로 히틀러가 혁명을 선포한 곳은 뷔르거브로이켈러Bürgerbräukeller라는 대형 비어홀이었다. 훗날 이곳에서 나치 행사가 열렸을 때 히틀러를 암살하고자 게오르크 엘저Georg Elser가 폭탄을 던졌으나 암살에 실패하였고, 이후 비어홀은 문을 닫았다. 비어홀이 있던 자리에 게오르크 엘저를 기리는 추모비가 보인다.

중국탑

모노프테로스

아이스바흐벨레

영국 정원
Englischer Garten

이자르강을 따라 조성된 넓은 공원. 그 면적만 3.7㎢에 달하는 세계에서 몇 손가락에 꼽히는 초대형 시민 공원이다. 1790년 선제후 카를 테오도르가 뮌헨 시민의 환심을 사려고 시민을 위한 공간을 만든 것이 기원이며, 당시 유행한 영국풍 정원이었기에 영국 정원이라 불린다. 이 넓은 공원을 전부 산책하는 건 사실상 불가능하니 세 곳의 포인트를 기억하자. 첫째는, 이국적인 느낌의 중국탑 Chinesischer Turm이다. 탑 주변에 비어가르텐도 있어 시원하게 휴식을 취할 수 있다. 둘째는, 모노프테로스Monopteros라 불리는 파빌리온이다. 야트막한 언덕 위에 홀로 솟아 있어 주변 전망이 일품이며, 사진 찍기에 가장 좋다. 셋째는, 아이스바흐벨레Eisbachwelle. 공원을 관통하는 개천에 급류가 생긴 곳에서 현지인이 서핑을 즐기며 노는 명소다.

MAP P.208-C1 **운영** 종일 개방 **요금** 무료 **가는 방법** 중국탑은 154번 버스 Chinesischer Turm역 하차, 모노프테로스는 중국탑에서 도보 7분, 아이스바흐벨레는 레지덴츠 궁전에서 도보 7분.

독일 박물관 Deutsches Museum

독일의 이미지에 딱 맞는 초대형 과학기술 박물관이다. 지하 1층, 지상 7층, 복도 길이만 다 합쳐도 13km에 달하는 엄청난 공간을 온갖 과학기술의 결정체로 가득 메웠다. 역사적인 항공기, 선박, 잠수정, 발전기, 컴퓨터 등 흥미를 끄는 전시물이 매우 많아 기계공학에 관심이 많은 사람이라면 하루 종일 관람해도 시간이 부족할 정도. 그렇지 않더라도 자신이 선호하는 몇 가지 전시관을 선별해 관람해도 2~3시간은 훌쩍 지나간다. 가장 인기 있는 전시관은 1층(한국식으로 2층)에 있는 항공관으로 라이트 형제의 항공기가 전시되어 있다. 8세 이하의 어린 자녀와 함께 여행할 때는 과학의 원리를 몸으로 체험하는 재미있는 놀이터 '어린이 왕국Kinderreich'도 잊지 말자.

MAP P.208-C2 **주소** Museumsinsel 1 **전화** 089-2179333 **홈페이지** www.deutsches-museum.de **운영** 09:00~17:00 **요금** 성인 €15, 학생 €8 **가는 방법** 에스반 Isartor역에서 도보 5분 또는 16번 트램 Deutsches Museum역 하차.

님펜부르크 궁전 Schloss Nymphenburg

바이에른 선제후 막시밀리안 2세 에마누엘Maximilian II Emanuel이 태어난 것을 기뻐하며 그의 모친이 1675년에 아들을 위해 지어준 궁전. 비텔스바흐 왕가의 여름 별궁으로 사용되었다. 내부에 있는 '요정(님프)을 거느린 여신'의 그림에서 착안하여 '요정의 성'이라는 뜻의 님펜부르크라 불렀다. 내부는 왕이 거주하던 시절의 인테리어를 복원하여 박물관으로 개장하는데, 루트비히 1세가 당대 최고 미녀의 초상화를 그려 모아둔 '미인화 갤러리Schönheitgalerie'가 가장 유명한 방이다. 궁전 옆 마구간 건물은 왕실의 마차나 썰매 등을 전시한 마르슈탈 박물관Marstallmuseum으로 개방되었고, 별관에 바이에른 왕실 자기 공방이 남아 있어 여전히 우수한 도자기를 생산한다. 궁전을 중심으로 앞뒤로 길게 뻗은 운하와 정원의 풍경도 아름답다. 거위와 오리 등 온갖 새들이 서식하는 정원은 무료로 개방된다.

MAP P.206-A2 **주소** Schloß Nymphenburg 1 **전화** 089-179080 **홈페이지** www.schloss-nymphenburg.de **운영** 3월 28일~10월 15일 09:00~18:00, 10월 16일~3월 27일 10:00~16:00 **요금** 성인 €15, 학생 €13, 동절기에 각 €3 할인 **가는 방법** 중앙역에서 16·17번 트램으로 Schloss Nymphenburg역 하차.

TOPIC 루트비히 1세

바이에른 국왕 루트비히 1세(1786~1868)는 학문과 예술을 융성하여 국력을 크게 발전시켰으며, 고대 그리스에서 영감을 얻어 뮌헨을 마치 아테네와 같은 도시로 만들기 위해 힘썼다. 예를 들어, 루트비히 1세가 자신의 결혼식을 시민 축제로 열어 고대 아테네 올림픽과 같은 스포츠 제전으로 만든 게 옥토버페스트의 기원이다. 뒤에 소개할 쿤스트아레알도 마치 고대 아테네의 아고라와 같은 문화와 학술의 광장을 뮌헨에 만들고자 했던 것. 하지만 루트비히 1세는 '미인화 갤러리'를 만든 것에서 유추할 수 있듯 여성 편력이 심했다. 옥토버페스트에 공연자로 참석한 무희 롤라 몬테즈Lola Montez에 반해 궁전에 들였다가 국정 농단과 부정부패가 횡횡하여 결국 책임을 지고 물러나고 말았다. 퇴임 후 20년 이상 프랑스 망명지에서 쓸쓸히 생활하다 숨을 거두었고, 죽은 다음에야 그가 사랑했던 뮌헨으로 돌아올 수 있었다.

프로필레엔

쿤스트아레알 Kunstareal

루트비히 1세의 대규모 문화 르네상스 프로젝트. 넓은 부지에 시대별 박물관·미술관을 만들고, 고대 아테네 아크로폴리스를 형상화한 고전주의적 건축물로 멋을 완성했다. 게르만 민족의 우수한 성취를 총망라한 공간이다 보니 훗날 나치가 쿤스트아레알을 매우 사랑하였다. 이러한 역사적 성취와 상처를 모두 성실히 기록되어 오늘날까지 이어진다.

MAP P.208-A1 **가는 방법** U2·8호선 Königsplatz역 하차, 방문하고자 하는 스폿에 따라 100번 버스를 이용하면 편리하다.

▶ 쾨니히 광장 Königsplatz

아크로폴리스 대문을 형상화한 프로필레엔 Propyläen을 중심으로 고대 조각 전문 미술관 글립토테크Glyptothek와 고대 회화 유물 미술관 안티켄잠룽Antikensammlung이 마주 보는 광장이다.

MAP P.208-A1 **홈페이지** www.antike-am-koenigsplatz.mwn.de **운영** 화~일요일 10:00~17:00(글립토테크 수요일 ~20:00, 안티켄잠룽 목요일 ~20:00), 월요일 휴무 **요금** 성인 €6, 학생 €4, 매주 일요일 €1

피나코테크 데어 모데르네

▶ 피나코테크 Pinakotheken

루트비히 1세가 만든 알테 피나코테크, 노이에 피나코테크, 그리고 현대에 들어 추가된 피나코테크 데어 모데르네까지 총 세 곳의 '피나코테크(미술관)'가 길 하나를 사이에 두고 모여 있다. 모두 세계 최고 수준의 미술관이다.

MAP P.208-A1 **홈페이지** www.pinakothek.de **운영 및 요금** P.217 참조

▶ 그 밖의 박물관

쿤스트아레알은 거대한 박물관 클러스터다. 위 다섯 곳 외에도 모더니즘 시대 예술작품에 특화된 렌바흐하우스Lenbachhaus와 현대미술 전문 브란트호어스트 미술관Museum Brandhorst이 인기가 많고, 이집트 박물관Staatliches Museum Ägyptischer Kunst의 고대 유물 소장품도 수준이 상당하다. 아픈 현대사를 가감 없이 이야기하는 나치 기록관NS-Dokumentationszentrum도 인상적이다.

+ZOOM IN+

피나코테크

피나코테크Pinakothek는 그리스어로 회화관을 뜻한다. 독일어 대신 그리스어로 이름을 붙일 정도로 루트비히 1세의 '아테네 만들기 프로젝트'는 진심이었다. 국왕의 각별한 관심 속에 탄생하였고, 현대에 이르러 새로운 장르를 더해 '삼총사'를 완성한 피나코테크의 면면을 조금 더 자세히 들여다본다.

알테 피나코테크 Alte Pinakothek

르네상스 시대와 중세의 '올드 마스터' 작품을 전시하는 곳. 1836년에 개관하였다. 독일 르네상스 시대의 대표주자인 알브레히트 뒤러Albrecht Dürer와 루카스 크라나흐Lucas Cranach 부자의 작품이 대표작이다. 이 외에도 렘브란트, 루벤스, 티치아노 등 웅장한 작품세계가 펼쳐진다.

주소 Barer Straße 27 **운영** 화~일요일 10:00~18:00(화~수요일 ~20:00), 월요일 휴무 **요금** 성인 €9, 학생 €6, 매주 일요일 €1 **가는 방법** 100번 버스 Pinakotheken 정류장 하차.

노이에 피나코테크 Neue Pinakothek

알테 피나코테크에 뒤이어 1853년에 개관하였다. 19세기 기준으로 '신진 예술세력'이라 할 수 있는 '뉴 마스터' 작품을 전시하는 곳. 모네, 마네, 클림트, 고갱 등의 작품을 전시하며, 대표작은 고흐의 '해바라기'다. 다만, 현재 미술관 건물의 친환경 전환을 위해 전면 공사 중으로 입장이 제한되며, 주요 소장품을 알테 피나코테크 등 몇 곳에 나누어 전시한다.

주소 Barer Straße 29 **운영** 2029년까지 휴관

피나코테크 데어 모데르네 Pinakothek der Moderne

2002년에 개관한 '삼총사' 중 막내. 20세기 이후의 현대미술에 특화되었으며, 현대 디자인 분야에 있어 유럽 전체에서도 독보적인 미술관으로 손꼽힌다. 회화, 그래픽, 건축, 디자인 등 네 분야로 나누어 전문성을 높인 전시가 인상적이며, 산업디자인이나 응용미술 분야에 관심이 있다면 절대 후회하지 않을 곳이다.

주소 Barer Straße 40 **운영** 화~일요일 10:00~18:00(목요일 ~20:00), 월요일 휴무 **요금** 성인 €10, 학생 €7, 매주 일요일 €1 **가는 방법** 알테 피나코테크 옆.

개선문

슈바빙 Schwabing

오데온 광장 북쪽에 새로 건설한 신시가지. 뮌헨 대학교가 위치한 덕분에 감각적인 카페와 레스토랑, 책방, 편집 숍 등 젊은 분위기가 가득해 뮌헨 중심부의 전통적인 느낌과는 완전히 상반된 또 다른 매력이 펼쳐진다. 수십 년 전 전혜린 작가에 의해 '뮌헨의 몽마르트'로 소개되며 국내에도 인지도가 높은 지역인데, 가난한 학생과 예술가가 남루하지만 자유로운 에너지를 분출하던 그 시절과 달리 지금의 슈바빙은 고급스럽고 세련된 느낌이 앞선다. 오데온 광장의 펠트헤른할레와 짝을 이루는 개선문Siegestor이 대로 한가운데 있어 눈길을 끌고, 조너선 보로프스키의 '워킹 맨Walking Man'도 눈에 띈다. 슈바빙은 넓은 지역을 지칭하지만, 관광 명소가 대부분 뮌헨 대학교 주변에 모여 있어 가볍게 둘러볼 수 있다.

워킹 맨

MAP P.207-D2 **가는 방법** U3·6호선 Universität역 하차.

BMW 박물관 BMW Museum

베엠베BMW는 바이에른 엔진 회사Bayerische Motoren Werke의 머리글자다. BMW의 본사와 공장이 뮌헨에 있고, 1972년 뮌헨 올림픽을 맞이하여 개관한 BMW 박물관이 본사에 준비되어 있다. 자동차 엔진 실린더를 닮은 본사 빌딩과 사발을 닮은 박물관 건물이 묘한 조화를 이루며, 박물관 건물 옥상에 거대한 BMW 로고가 그려져 있다. 100년 이상의 세월 동안 BMW에서 만든 자동차, 레이싱 카, 오토바이, 엔진 등 수많은 전시품이 박물관을 가득 채우고, 미래의 비전을 제시하는 콘셉트 카도 시선을 사로잡아 독일 명차를 사랑하는 사람에게는 필수 코스다. 또한 BMW 박물관 맞은편에 베엠베 벨트BMW Welt라는 이름의 고객 센터 겸 전시장을 만들어 BMW뿐 아니라 미니와 롤스로이스 등 산하 브랜드의 자동차 모델도 무료로 구경할 수 있다.

MAP P.207-C1 **주소** Am Olympiapark 2 **홈페이지** www.bmw-welt.com **운영** 화~일요일 10:00~18:00, 월요일 휴무 **요금** 성인 €10, 학생 €7 **가는 방법** U3·8호선 Olympiazentrum역 하차.

여기근처

BMW 박물관 맞은편 넓은 공원은 1972년 뮌헨 올림픽을 위한 스포츠 콤플렉스와 시민 쉼터로 만든 올림픽 공원Olympiapark이다. 오늘날에도 마라톤 대회 등 시민 체전과 축제가 열리고, 291m 높이의 올림픽 타워Olympiaturm에 오르면 날씨 좋은 날 멀리 알프스까지 보이는 탁 트인 전망이 일품이다. 1972년 올림픽 당시 '뮌헨 참사(테러단체의 이스라엘 선수단 인질 사살 사건)'를 겪었기 때문에 이를 기억하는 기념비도 공원에 세워 추모한다.

[올림픽 타워] 주소 Am Olympiapark 2 **홈페이지** www.bmw-welt.com **운영** 화~일요일 10:00~18:00, 월요일 휴무 **요금** 성인 €10, 학생 €7 **가는 방법** U3·8호선 Olympiazentrum역 하차.

올림픽 타워

뮌헨 참사 추모비

알리안츠 아레나 Allianz Arena

2006년 독일 월드컵을 준비하며 지은 7만 5,000석 규모의 초현대식 축구장. 분데스리가 바이에른 뮌헨의 홈구장이다. 바이에른 뮌헨 경기가 열릴 때는 축구장이 붉은 조명으로 물들고, 독일 국가대표 경기가 열릴 때는 흰 조명으로 물든다. 이러한 조명색 변화를 구경하는 재미를 즐기려면 어두워질 때쯤 관람을 마치고 나오면 좋다. 바이에른 뮌헨 구단의 자랑스러운 역사를 전시한 박물관과 대형 팬숍이 내부에 있고, 경기가 없는 날에는 가이드 투어(60분)로 라커룸과 믹스드존 등을 관람할 수 있으니 바이에른 뮌헨 팬이라면 놓치지 아까운 체험이다. 경기 일에는 사실상 관광은 불가능하므로 사전에 일정을 확인하자.

MAP P.206-A2 **주소** Werner-Heisenberg-Allee 25 **전화** 089-69931222 **홈페이지** www.allianz-arena.com **운영** 10:00~18:00 **요금** 투어+박물관 €25, 박물관 €12 **가는 방법** U6호선 Fröttmaning역에서 도보 10~15분.

Restaurant 먹는 즐거움

바이에른은 독일에서 식도락이 가장 발달한 지역이다. 국가를 대표하는 민속 문화인 '맥주'는 반드시 현장에서 즐겨 보시기를. 수백 년의 역사를 가진 비어홀과 비어가르텐이 손짓한다.

호프브로이하우스 Hofbräuhaus

전 세계 관광객들로 늘 붐비는 시끌벅적한 대형 비어홀. 명성으로는 단연 세계에서 호프브로이하우스를 따라올 맥줏집이 없다. 우리가 생맥주 파는 술집을 일컬어 부르는 '호프집'의 어원이 바로 이 호프브로이하우스다. 1589년에 바이에른 왕실 양조장으로 탄생하였다. 그런데 소위 '높은 분'들을 위한 양조장이 아니라 누구나 잔을 들고 와서 테이크아웃 식으로 맥주를 사 마실 수 있는 열린 공간이었다. 권력자와 같은 맥주를 마실 수 있으니 500년 전부터 인기가 많을 수밖에. 그 전통이 이어지는 특별한 곳이니 오늘날에도 워낙 방문자가 많아 항상 자리가 없다. 합석은 기본. 전쟁 치르듯 바삐 다니는 직원들에게도 친절을 기대하기는 어렵지만, 그럼에도 불구하고 단연 세계 최고의 비어홀 문화를 즐길 수 있는 건 분명한 사실이다. 헬레스 비어와 둥켈 비어가 대표 맥주. 기본 잔이 1L이니 주량이 약한 사람은 '작은 잔'으로 주문해야 한다. 풍미가 진한 맥주와 궁합이 잘 맞는 학세나 부어스트 등의 향토 요리를 곁들이거나, 직원이 바구니째로 들고 다니며 즉석에서 판매하는 커다란 브레첼을 안주 삼아 마셔도 좋다. 저녁마다 하우스 밴드의 연주가 시작되면 통로에서 춤추는 사람도 볼 수 있다. 매우 흥겹고 유쾌하며, 그만큼 소란스럽다. 무알코올 맥주나 음료 종류도 있으니, 술을 마시지 못하는 사람도 그 분위기는 꼭 한 번 경험해 보자. 4인 이상 방문 시 홈페이지에서 예약할 수 있다.

MAP P.208-B2 **주소** Platzl 9 **전화** 089-290136100 **홈페이지** www.hofbraeuhaus.de **운영** 11:00~24:00 **예산** 맥주(0.5L) €5.4, 요리 €20 안팎 **가는 방법** 마리아 광장에서 도보 5분.

헬레스비어

둥켈비어

아우구스티너 슈탐하우스

Augustiner Stammhaus

뮌헨 로컬의 선호도가 높은 아우구스티너브로이 비어홀은 뮌헨 중심부에도 여럿 있다. 그중 본사(슈탐하우스) 레스토랑 겸 비어홀이 카를 광장 인근에 있다. 건물에 적힌 춤 아우구스티너Zum Augustiner라는 이름으로도 잘 알려져 있으며, 레스토랑과 비어홀의 입구를 구분하는 게 특징이다. 맥주만 마시려면 비어홀로, 식사하려면 레스토랑으로 들어가면 된다. 물론 가격과 메뉴는 양쪽이 같다.

MAP P.208-A2 **주소** Neuhauser Straße 27 **전화** 089-23183257 **홈페이지** www.augustiner-restaurant.com **운영** 레스토랑 11:00~24:00(일요일 ~22:00), 비어홀 10:00~24:00(일요일 휴무) **예산** 맥주 €4.55, 요리 €15~20 **가는 방법** 카를 광장 또는 마리아 광장에서 도보 2분.

아잉어 암 플라츨

Ayinger am Platzl

호프브로이하우스 바로 맞은편에 있는 비어홀이다. 뮌헨 근교 아잉Aying에서 양조하는 아잉어 맥주는 바이첸비어 위주로 매우 훌륭한 맛을 자랑한다. 아무래도 호프브로이하우스가 워낙 왁자지껄하다 보니 상대적으로 조용한 분위기에서 식사하고 싶은 사람에게는 아잉어를 추천할 수 있다. 바이에른 스타일의 향토 요리를 곁들인다.

MAP P.208-B2 **주소** Platzl 1A **전화** 089-23703666 **홈페이지** www.ayinger-am-platzl.de **운영** 11:00~23:00 **예산** 맥주 €5.9, 요리 €18~25 **가는 방법** 마리아 광장에서 도보 5분.

TOPIC 바이스부어스트

직역하면 '흰 소시지'라는 뜻. 바이에른 전통 스타일 소시지인데, 송아지 고기로 만들고, 삶아서 도자기 그릇에 담아 브레첼 및 겨자소스와 제공하는 게 일반적이다. 냉장 기술이 없던 시절에는 송아지 고기로 만드는 바이스부어스트가 일찍 상해 소량만 판매하여 일찍 동났다고 한다. 그래서인지 바이스부어스트를 일컬어 '바이에른의 아침 식사'라고 소개하기도 한다. 냉장 기술이 발달한 오늘날에도 바이에른의 유서 깊은 레스토랑에서는 바이스부어스트를 매일 소량만 판매하기 때문에 늦은 시간에는 주문이 어렵다.

바이세스 브로이하우스

Weisses Bräuhaus

바이에른 유명 양조장인 슈나이더 바이세 Schneider Weisse에서 운영하는 곳. 슈나이더 바이세는 다양한 밀맥주 종류로 유명한데, 여기서 골라 마실 수 있다. 일부는 생맥주, 일부는 병맥주로 제공한다. 부어스트를 비롯하여 다양한 바이에른 스타일의 향토 요리를 판매한다.

MAP P.208-B2 **주소** Tal 7 **전화** 089-2901380 **홈페이지** www.schneider-brauhaus.de **운영** 09:00~23:30 **예산** 맥주 €4.9, 요리 €15~22 **가는 방법** 마리아 광장에서 도보 2분.

춤 코레아너 Zum Koreaner

슈바빙에 있는 한국 식당. 테이블 몇 개가 전부인 아담한 규모이지만 한국인과 현지인에게 두루 인기가 높다. 유럽의 한인 식당에 비교하면 가격이 상당히 저렴한 편인데, 그 이유는 반찬이 없기 때문으로 보인다. 찌개류와 덮밥류 등 깔끔한 한식 종류가 다양하고 저렴한 가격에 속 풀기 좋다.

MAP P.207-C2 **주소** Amalienstraße 51 **전화** 089-283115 **홈페이지** www.zum-koreaner.de **운영** 10:00~22:00 **예산** €10 안팎 **가는 방법** 슈바빙 지구에 위치.

함부르거라이 아인스

Hamburgerei EINS

대도시 뮌헨에는 젊은 취향의 맛집도 많다. 최근에는 수제 버거집이 늘고 있으며, 글로벌 프랜차이즈 매장도 심심치 않게 보인다. 그중 뮌헨에서 시작된 프랜차이즈 버거 체인점 함부르거라이는 두툼한 패티의 수제 버거와 젊은 감각으로 인기가 높다. 1호점인 함부르거라이 아인스가 쿤스트아레알 부근에 있다.

MAP P.208-A1 **주소** Brienner Straße 49 **전화** 089-20092015 **홈페이지** www.hamburgerei.de **운영** 11:30~22:00(금~토요일 ~23:00) **예산** €10 안팎 **가는 방법** 쾨니히 광장에서 도보 5분.

SPECIAL PAGE

뮌헨이니까, 비어가르텐!

독일 맥주(P.34)에서 소개한 것과 같이 비어가르텐은 뮌헨과 바이에른을 대표하는 문화다. 아이를 데리고 가도 자연스러운 뮌헨의 비어가르텐 세 곳을 강력히 추천한다.

가까우니까!

빅투알리엔 시장 비어가르텐

Biergarten auf dem Viktualienmarkt

뮌헨 시내에서 가장 가깝고, 규모는 작으나 비어가르텐 특유의 활기를 가장 무난하게 체험할 수 있다. 여기서는 뮌헨 6대 맥주를 모두 취급하며 순서대로 맥주통을 개봉한다. 방문 시점에 판매하는 맥주 종류는 카운터에서 안내한다.

MAP P.208-B2 **홈페이지** www.biergarten-viktualienmarkt.com **가는 방법** 마리아 광장에서 도보 2분.

명성 그대로!

호프브로이 켈러

Hofbräukeller

그 유명한 호프브로이하우스 2호점에 2,000석 규모의 비어가르텐이 있다. 나무 그늘이 드리워진 안뜰에 어린이를 위한 모래 놀이터까지 완비된, 그야말로 바이에른식 비어가르텐의 정석. 관광지에서 약간 떨어져 있어 현지인이 더 많이 찾는다.

MAP P.208-C2 **홈페이지** www.hofbraeukeller.de **가는 방법** U4·5호선 Max-Weber-Platz역에서 도보 2분.

가장 크니까!

쾨니히리허 히르슈가르텐

Königlicher Hirschgarten

7,000석 규모로 뮌헨에서 가장 크다. 왕실 사냥터로 사용한 드넓은 공원이 비어가르텐이 되었다. 복잡한 도로나 건물과 완전히 단절된 울창한 숲속에 있어 매우 색다른 느낌이 들고, 마치 피크닉하는 기분이다.

MAP P.206-A2 **홈페이지** www.hirschgarten.de **가는 방법** 17번 트램 Kriemhildenstraße 정류장에서 도보 7분.

Shopping 사는 즐거움

마리아 광장 주변은 관광뿐 아니라 쇼핑의 천국이기도 하다. 마리아 광장 주변의 쇼핑가를 충분히 구경하면서 독일의 전통적인 기념품을 '득템'하자. 잉골슈타트 빌리지(P.282)도 다녀올 만하다.

카우핑어 거리 Kaufingerstraße

마리아 광장과 카를 광장 사이, 카우핑어 거리로 통칭하였으나 정확히 이야기하면 노이하우저 거리Neuhauser Straße까지 포함하여 뮌헨에서 가장 번화한 상업가를 만나게 된다. 유명 백화점과 쇼핑몰, 글로벌 브랜드 숍, 전통적인 기념품 숍 등이 총집결하였다.

MAP P.208-A1 **가는 방법** 마리아 광장과 카를 광장 사이.

오버폴링어 백화점 Oberpollinger

건물부터 눈에 확 띄는 대형 백화점. 독일에서 드물게 명품 브랜드 숍이 입점하여 고급스러운 분위기를 뽐낸다. 프라다, 루이비통 등 유명 럭셔리 브랜드 위주로, 우리에게도 익숙한 각종 브랜드가 백화점을 채운다.

MAP P.208-A1 **주소** Neuhauser Straße 18 **전화** 089-290230 **홈페이지** www.oberpollinger.de **운영** 월~토요일 10:00~20:00, 일요일 휴무 **가는 방법** 카우핑어 거리에 위치.

빅투알리엔 시장 Viktualienmarkt

200년 이상의 역사를 가진 뮌헨의 전통시장. 오늘날까지도 평일과 토요일 오전부터 장이 선다. 주로 빵과 정육 등 식료품 위주이지만 수공예품, 꽃, 기념품 등 눈길이 가는 것도 많아 '시장 구경'하는 재미로 둘러보아도 재미있다. 총 200개 이상의 판매대가 광장에 아기자기하게 모여 있다.

MAP P.208-B2 **주소** Viktualienmarkt 3 **전화** 089-290230 **홈페이지** www.viktualienmarkt.de **운영** 월~토요일 07:00~20:00, 일요일 휴무 **가는 방법** 마리아 광장에서 도보 2분.

Entertainment 노는 즐거움

옥토버페스트의 도시. 그것으로 설명 끝. 풍류를 아는 바이에른인의 피를 이어받은 이들은 오늘도 신나게 맥주와 축구를 즐기며 아드레날린을 분출한다.

옥토버페스트 Oktoberfest

세계 3대 축제라 불리는 옥토버페스트는 매월 10월경 700만 명 이상이 방문하여 수백만 L의 맥주를 건배하는 민속 축제다. 축제가 열리는 테레지엔비제Theresienwiese(줄여서 비즌Wiesn)에서 뮌헨의 6대 양조장이 설치한 대형 천막(가건물)에서 흥을 불태운다. 또한, 놀이시설과 각종 먹거리 판매점이 들어서 아침부터 밤까지 끝없는 축제가 이어진다. 2024년 일정은 9월 21일부터 10월 6일까지.

MAP P.206-B3 **홈페이지** www.oktoberfest.de **가는 방법** U4·5호선 Theresienwiese역 하차.

톨우드 페스티벌 Tollwood Festival

1년에 두 차례 열리는 문화제. 음악인의 공연, 공예인의 작품 판매 등 기본적으로 문화예술 테마로 프로그램을 구성하되 매년 메시지를 담아 축제를 열고, 개성으로 똘똘 뭉친 먹거리 판매대와 놀이시설이 더해진다. 여름에는 올림픽 공원(P.219)에서, 겨울에는 옥토버페스트의 무대 테레지엔비제에서 열린다.

홈페이지 www.tollwood.de

뮌헨 모터쇼
Internationale Automobil-Ausstellung

©VDA/IAA MOBILITY

우리에게 프랑크푸르트 모터쇼로 익숙해진 국제 자동차 전시회IAA가 2021년부터 장소를 뮌헨으로 옮겨 뮌헨 모터쇼로 열린다. 기존 방식대로 홀수년에 뮌헨에서 승용차 위주, 짝수년에 하노버(P.476)에서 상용차 위주로 성대한 행사를 연다.

MAP P.206-A3 **홈페이지** www.iaa-mobility.com **가는 방법** U2호선 Messestadt West역 하차.

SPECIAL PAGE

옥토버페스트 Q&A

우리에게는 '맥주 축제'로 알려졌지만, 옥토버페스트는 민속 축제다. 단지 뮌헨의 맥주가 워낙 다른 클래스이기 때문에 맥주 축제로 여겨지는 것이다. 아무튼, 그러므로 우리가 옥토버페스트에서 기대하는 것은 5할이 맥주고, 5할이 축제다. 문답 형식으로 축제를 보다 자세히 소개한다.

Q. 어디서 즐길까?

뮌헨 6대 양조장에서 평균 2개씩 대형 천막(가건물)을 만들었다. 저마다의 개성으로 치장한 천막에서 브라스 밴드의 라이브 연주와 방문객의 함성으로 축제 분위기가 무르익는다. 맥주 가격은 대체로 비슷하니 마음에 드는 곳에서 맥주를 마시자. 어쩌면 빈자리가 있는 곳을 찾는 게 더 빠를지 모르겠다. 축제 맥주는 기본 잔이 1L. 마음 같아서는 6대 양조장 맥주를 모두 마시고 싶겠지만 맥주 6L는 부담되는 양이니 현명한 선택이 필요하다.

Q. 어떻게 즐길까?

일단 자리를 잡고 앉으면 점원이 온다. 테이블은 4~8인이 한 줄에 앉는 긴 나무 의자로 되어 있다. 합석은 필수라고 생각하자. 맥주나 음식을 주문하고 선불로 계산하면 늦지 않게 가져다준다. 하우스 밴드의 연주에 맞춰 건배하며 즐기다 보면 자연스럽게 합석자와 친해지고 유쾌한 시간을 보내게 된다. 축제 현장 곳곳에 설치된 놀이시설은 바로 앞 매표소에서 개별 발권하여 이용한다.

Q. 많이 붐빌까?

당연하다. 약 3주간의 축제에 700만 명이 방문한다고 하니 매일 평균 30만~40만 명이 온다는 뜻. 평일 낮에는 덜하고, 주말에는 특히 붐빈다. 주말에는 어린아이를 데리고 오는 가족 단위 방문객이 많아 분위기가 화기애애한 반면, 평일 저녁에는 불타는 청춘의 뜨거운 열기가 느껴진다. 화끈한 분위기를 선호하면 평일 저녁에, 붐비는 걸 싫어하면 평일 낮에 방문하면 좋다.

Q. 무엇을 조심할까?

축제 현장에 상당수의 경찰과 보안요원이 상주하고 있어 치안은 안전한 편이다. 하지만 음주자가 많아 돌발 상황은 언제든 발생할 수 있다. 혹 불쾌한 일을 겪더라도 절대 혼자 해결하려 하지 말고 경찰에게 도움을 청하자. 축제 광장에는 큰 가방 반입이 불가능하고, 핸드백·크로스백 정도의 작은 손가방 1개만 허용되니 최대한 가벼운 차림으로 방문하자. 입구 앞이나 중앙역 등에 수많은 코인 라커가 마련되어 있지만 빈자리를 찾기 어렵다.

기타 주의사항

· 미성년자도 입장할 수 있다. 무알코올 음료, 어린이 음료 등도 많이 판매하고, 어린이가 즐길 만한 소소한 놀이시설도 많다. 술 마시는 축제가 아니라 가족이 함께 즐기는 민속 축제라는 사실을 다시 강조한다.

· 축제 광장 입장은 무료다. 광장 한편에 클래식 축제를 재현한 오이데 비즌Oide Wiesn 입장 시에만 소정의 입장료가 발생한다.

· 평지에서 축제가 열리고 대부분 천막은 배리어 프리를 신경 쓰고 있으나 워낙 인파가 많아 유모차나 휠체어 등의 통행이 자유롭지는 않다.

· 공중화장실은 곳곳에 큰 규모로 마련되어 있으며, 인파를 감안하면 깨끗하게 관리되는 편이다. 화장실 이용은 무료.

· 카드 결제도 가능하지만 놀이시설 이용 등 개별 입장권 발권 시 현금 위주이므로 충분한 현금을 지참하자. 축제 광장에 현금인출기도 비치되어 있다.

· QR코드를 스캔하면 옥토버페스트 현장의 분위기를 영상으로 감상할 수 있다.

DACHAU 다하우

뮌헨 근교에는 절로 숙연해지는 가슴 아픈 현대사의 현장이 있다. 아프고 부끄러운 과거이지만 낱낱이 드러내고 기록함으로써 더 큰 감동을 주는 도시, 다하우다.

관광안내소 INFORMATION

주소 Konrad-Adenauer-Straße 1 **홈페이지** www.dachau.de/en/tourism.html (영어)

찾아가는 방법 ACCESS

뮌헨 ↔ 다하우 : S 23분

MVV 1일권(€10.5) 또는 바이에른 티켓 사용

다하우 강제수용소 기념관 KZ Gedenkstätte Dachau

폴란드 아우슈비츠 수용소처럼 나치 독일이 유럽 전역에 설치한 강제수용소가 한둘이 아니다. 그중 최초로 설치되어 모든 수용소의 '롤 모델'이 된 곳이 다하우 강제수용소다. 제2차 세계대전이 끝난 뒤 수용소 일부를 보존하여 기념관으로 만들어 나치 독일이 저지른 만행을 상세히 공개하고 있다. '누가' '언제' '누구에게' '어떻게' 나쁜 짓을 저질렀는지 방대한 기록이 전시된 철책, 감옥, 막사 등을 지나면 가스실과 화장터가 나타나 가슴을 먹먹하게 만든다. 유쾌한 기분을 주는 관광지는 아니지만, 과거의 어두운 사건으로부터 미래의 나아갈 방향을 상기하고 교훈을 얻는다는 점에서 전형적인 '다크 투어'의 감동을 경험할 수 있는 이곳을 적극 추천한다.

MAP P.206-A2 **주소** Alte Römerstraße 75 **전화** 08131-669970 **홈페이지** www.kz-gedenkstaette-dachau.de **운영** 09:00~17:00 **요금** 무료 **가는 방법** 다하우 전철역에서 726번 버스 Gedenkstätte 정류장 하차.

FÜSSEN 퓌센

세상으로부터 숨고 싶었던 왕 루트비히 2세가 택한 산골. 그가 첩첩산중에 지은 은신처는 깎아지른 계곡과 고즈넉한 호수를 벗 삼아 도도하게 서 있다. 그리고 그 고성을 보기 위해 외딴 산골 퓌센에 수많은 사람이 찾아온다.

관광안내소 INFORMATION

퓌센 관광안내소는 구시가지 초입에 있다. 여행자 대부분 기차역에서 버스를 타기 때문에 관광안내소에 들를 일은 많지 않다.

홈페이지 www.fuessen.de (독일어)

찾아가는 방법 ACCESS

거점 도시와 이동시간 (레기오날반 기준)

뮌헨 ↔ 퓌센 : BRB 2시간 1분

유효한 티켓

바이에른 티켓

TOPIC 루트비히 2세

바이에른 국왕 루트비히 2세(1845~1886)만큼 드라마틱한 인물도 없을 것이다. 훤칠한 외모의 어린 국왕은 즉위하자마자 대중적 인기를 얻었으나, 극도의 대인기피증 때문에 은신처를 만들려고 노이슈반슈타인성을 시작으로 세 곳의 성을 짓다가 왕실 재산을 탕진했다. 기행奇行이 극에 달하여 왕궁 의료진은 그를 정신병자로 진단하고, 의회의 파면으로 왕권을 상실한 뒤 뮌헨 인근 유배지 슈타른베르크 호수에서 변사체로 발견되었다. 동화 같은 고성의 주인공이면서 기이한 행적과 비극적 결말이 그를 '미치광이 왕'이자 '로맨티스트'로 기억하게 만든다.

루트비히 2세를 코믹하게 묘사한 기념품

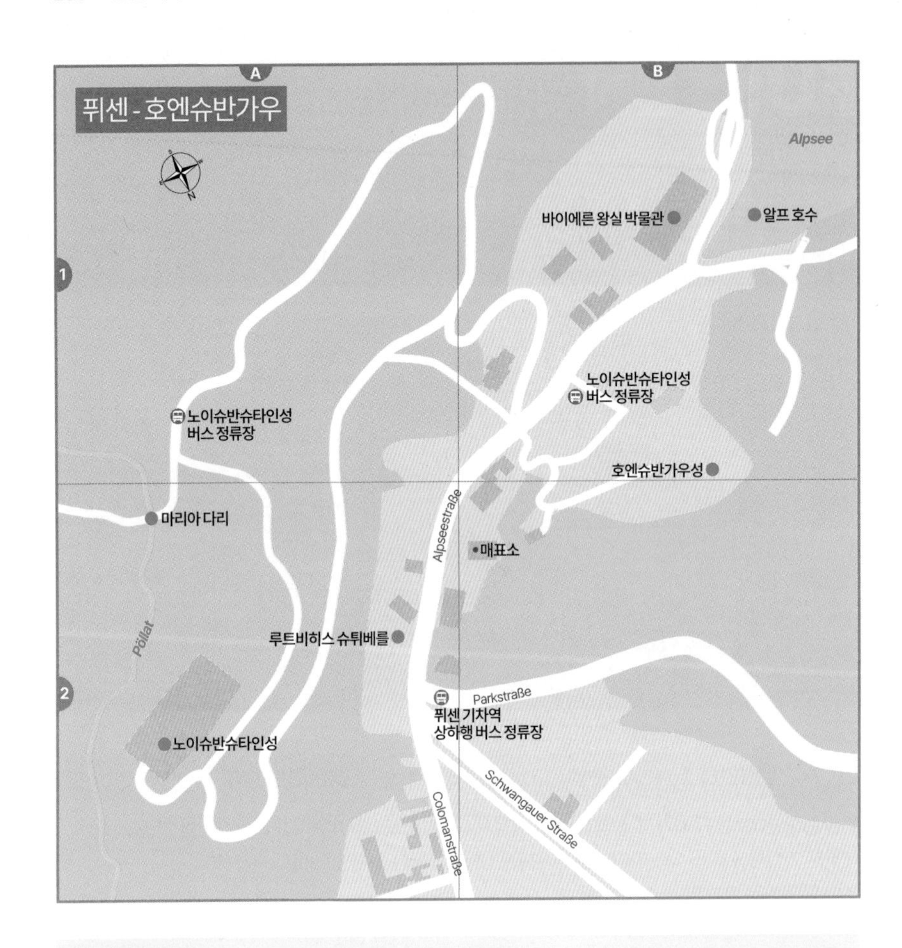

+ TRAVEL PLUS 노이슈반슈타인성 온라인 예약

매표소

노이슈반슈타인성 입장권을 사려고 오전부터 '오픈 런'하듯 달려가 1~2시간 줄 서서 기다리는 게 필수 코스였다. 그마저도 티켓을 구한 뒤 입장 시간까지 2~3시간 기다려야 하는 일도 많았고, 온라인 예약 시스템이 있었으나 줄 서는 시간을 조금 단축해주는 정도의 역할이었다. 다행히 팬데믹을 거치며 노이슈반슈타인성도 제대로 된 온라인 예약 시스템을 구축하였으며, 이제 사전에 시간을 정하여 온라인으로 티켓을 구매할 수 있게 되었다. 따라서 뮌헨에서 오전부터 레기오날반을 타고 퓌센까지 달려가는 수고도 줄었다. 이제 자신의 예약 시간에 맞춰 퓌센으로 출발하면 되고, 예약을 마쳤으면 매표소에 들를 필요도 없으니 줄 서서 기다리지 않아도 된다. 물론 온라인 예약도 정해진 슬롯이 있어 몇 달 전에 발권을 마치는 게 좋다. 예약 후에는 변경 또는 취소가 어려우므로 일찌감치 일정을 정하는 수고는 필요하지만, 예전보다 비약적으로 수고가 줄어든 것은 분명하다. 메어타게스 티켓(P.204)을 사용할 때에도 온라인 예약은 필요하다. 자세한 내용은 QR 코드를 스캔하여 확인할 수 있다.

Best Course 퓌센 추천 일정

베스트 코스

노이슈반슈타인성과 슈반가우 지역의 베스트 여행 코스. 만약 두 성을 모두 관람하려면 한나절, 한 곳만 관람하려면 반나절을 기준으로 잡는다. 내부 관람이 없어도 전망 좋은 곳에서 인증샷 찍는 것만으로 시간이 훌쩍 간다.

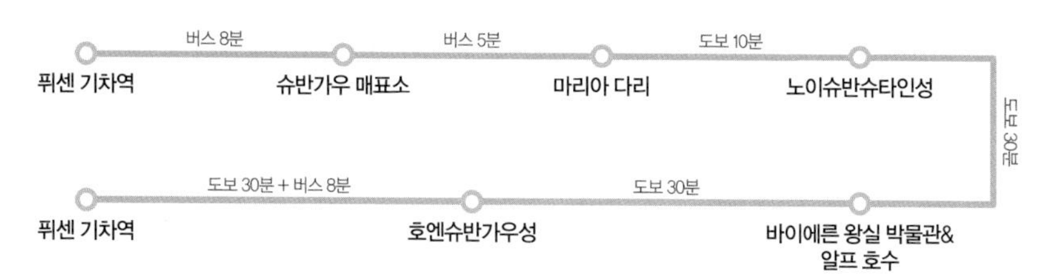

Tip. 성에 오르는 마차도 있다. 노이슈반슈타인성 상행 €8, 호엔슈반가우성 상행 €5.5. 요금은 마부에게 낸다. 노이슈반슈타인성에 오를 경우 마차에서 내린 뒤에도 약 15분 이상 오르막을 걸어야 한다는 것을 참고하기 바란다.

Attraction 보는 즐거움

아름다운 고성, 슬픈 스토리, 시원한 청정자연. 퓌센은 재미와 힐링을 모두 선사하는 특별한 매력을 가지고 있다.

마리아 다리 Marienbrücke

험준한 계곡 사이에 놓인 마리아 다리는 루트비히 2세가 성의 전망을 보려고 자기 어머니의 이름을 따서 만들었다. 까마득한 계곡이 발밑으로 보여 마음을 단단히 먹고 올라가야 한다. 별도 입장료는 없으나 안전을 위해 동시 입장 인원을 제한하며, 악천후 시에는 폐쇄될 수 있다.

MAP P.230-A2 **가는 방법** 슈반가우 매표소 옆 승차장에서 셔틀버스(편도 €3, 바이에른 티켓 불가)를 타고 다리 근처에 하차. 표지판을 따라 약 5분만 올라가면 된다.

마리아 다리에서 보이는 성

노이슈반슈타인성 Schloss Neuschwanstein

'아름답다'는 수식어가 절로 나오는 산골짜기의 외딴 고성. 루트비히 2세가 속세를 떠나 은신하려고 지었다. 그는 어린 시절 잠시 머물렀던 산골에 자신이 좋아하는 백조를 닮은 성을 만들고자 했다. 그가 직접 설계하고 내부 장치의 아이디어를 냈다. 1868년부터 공사를 시작하고 1892년 일단 완공되었지만 그때는 이미 루트비히 2세가 의문사 당한 뒤였다. 그래서 일부 미완성 상태로 마무리되어 일반에 공개되었다. 마리아 다리에서 보이는 풍경이 백미. 가만히 들여다보면 성의 모습이 웅크린 백조를 닮았다. 성의 이름은 '새로운(노이Neu) 백조(슈반Schwan)의 돌(슈타인Stein)'이라는 뜻. 마리아 다리의 전망을 포함해 외부에서 관람하는 것은 무료이며, 안뜰부터는 입장권이 필요하다. 성에는 매표소가 없고, 한정된 인원만 입장할 수 있어 사실상 온라인 예약은 필수. 내부 입장 시 압도적으로 화려하고 재치 넘치는 장치를 가이드 투어로 관람할 수 있으며, 한국어 오디오 가이드도 제공한다.

MAP P.230-A2 **주소** Neuschwansteinstraße 20 **전화** 매표소 08362-930830 **홈페이지** www.neuschwanstein.de **운영** 3월 23일~10월 15일 09:00~18:00, 10월 16일~3월 22일 10:00~16:00 **요금** 성인 €18, 학생 €17, 온라인 예약 시 수수료 €2.5 별도 추가 **가는 방법** 퓌센 기차역에서 78번 버스로 Neuschwanstein Castles, Schwangau 정류장에 내리면 매표소 부근이다. 여기서 셔틀버스를 타고 마리아 다리로 올라가 성까지 걸어 내려오거나 매표소 앞에서 도보로 올라갈 수 있다(40분).

Tip. 만약 온라인 예약에 실패했는데 내부 관람을 원하면? 일단 슈반가우 매표소에 들어가서 잔여 티켓이 있는지 확인해 보자. 온라인으로 판매하고 남은 슬롯을 현장에서 판매한다. 성수기나 주말에는 사실상 구하기 어렵다.

바이에른 왕실 박물관
Museum der bayerischen Könige

루트비히 2세를 포함하여 바이에른 왕가인 비텔스바흐 가문 군주의 자료와 보물을 전시한 박물관이다. 16개의 전시실을 갖춘 현대식 박물관에 왕가의 흔적이 가득 채워져 있으며, 알프 호수와 호엔슈반가우성이 보이는 2m 길이의 창문을 통해 멋진 풍경도 덤으로 감상할 수 있다. 박물관은 온라인 예약 없이 현장 발권하며, 붐비지 않는 편이다.

MAP P.230-B1 **주소** Alpseestraße 27 **홈페이지** www.hohenschwangau.de/museum-der-bayerischen-koenige **운영** 09:00~16:30 **요금** 성인 €14, 학생 €13 **가는 방법** 슈반가우 매표소에서 도보 2분.

알프 호수 Alpsee

알프스 산봉우리 사이에 형성된 넓은 호수. 높은 산을 병풍 삼아 잔잔하게 흐른다. 바닥이 들여다보일 정도로 깨끗한 호수에서 페달보트를 타고 놀거나 자유롭게 수영도 할 수 있다. 단, 수영을 위한 탈의실 등의 설비나 안전요원은 따로 없으며, 문자 그대로 알프스에서 자연과 하나가 되는 셈이다. 루트비히 2세가 어린 시절 여기에서 백조를 보며 상상의 나래를 펼치다 노이슈반슈타인성을 짓게 되었으니, 알프 호수가 갖는 존재감이 상당하다. 오늘날에도 백조 몇 마리가 호수를 거닐어 눈길을 끈다.

MAP P.230-B1 **가는 방법** 바이에른 왕실 박물관 옆.

호엔슈반가우성 Schloss Hohenschwangau

루트비히 1세가 이곳을 지나던 중 아름다운 풍경에 매료되어 낡은 성을 매입하고 이름을 호엔슈반가우성이라 붙였다. 그의 아들 막시밀리안 2세는 성을 고쳐 별장으로 사용하였다. 그리고 막시밀리안 2세가 어린 아들을 데리고 와서 함께 하이킹하며 알프스를 만끽하였는데, 그 아들이 바로 루트비히 2세다. 옛 고성의 이름이 슈반슈타인성. 그러니까 루트비히 2세가 '백조의 성'을 지으며 '새로운' 슈반슈타인성이라 이름을 붙인 건 우연이 아니다. 루트비히 2세는 노이슈반슈타인성 공사 기간 중 호엔슈반가우성에 자주 머물며 테라스에서 망원경으로 공사를 감독했다. 전망 좋은 안뜰까지 무료로 들어갈 수 있고, 내부 관람은 유료다. 다만, 노이슈반슈타인성처럼 붐비지는 않아 극성수기를 제외하고 당일에 슈반가우 매표소에서 발권하는 게 크게 어렵지는 않다(성에는 매표소가 없다). 오늘날 비텔스바흐 가문 후손이 성을 소유하고 있어 메어타게스 티켓(P.204)은 사용할 수 없다.

MAP P.230-B1 **주소** Alpseestraße 30 **전화** 매표소 08362-930830 **홈페이지** www.hohenschwangau.de **운영** 3월 23일~10월 15일 09:00~16:30, 10월 16일~3월 22일 10:00~16:00 **요금** 성인 €21, 학생 €18, 온라인 예약 시 수수료 €2.5 별도 추가 **가는 방법** 알프 호수에서 등산로를 따라 도보 30분.

Restaurant

먹는 즐거움

세계적 관광지인 만큼 전 세계 취향을 두루 아우르는 대중적인 식당이 많다. 소위 '자릿세'라 할 만한 과도한 가격을 요구하지도 않는다. 다만, 임비스(매점) 형식의 간이식당은 가격에 비해 평이 좋지는 않다.

루트비히스 슈튀베를
Ludwigs Stüberl

버스 정류장 근처, 노이슈반슈타인성이 올려다보이는 곳에 있는 앙증맞은 목조 건물의 레스토랑이다. 학세 등 바이에른 향토 요리는 물론 커리부어스트, 슈니첼 등 보편적인 독일 요리와 수제 버거 등을 판매한다.

MAP P.230-A2 **주소** Alpseestraße 7 **전화** 08362-98240 **홈페이지** www.alpenstuben.de **운영** 11:00~18:00 **예산** 요리 €17~25 **가는 방법** 슈반가우 매표소에서 도보 2분.

아크빌라 Restaurant Aquila

식당 선정의 폭이 넓은 데다 더 신뢰할 수 있고, 무난한 만족을 기대할 수 있는 곳은 관광지 한복판 슈반가우보다는 퓌센 시내다. 구시가지에 있는 아크빌라는 가정식 느낌의 푸짐한 요리로 인기가 높은 곳. 슈니첼 등 향토 요리 외에도 생선 요리, 비건식, 어린이 메뉴 등 구성이 다양하고, 지역에서 생산한 식재료를 사용한다고 한다. 아담한 레스토랑이어서 식사 시간대에는 자리를 잡기 어려울 정도.

주소 Alpseestraße 7 **전화** 08362-6253 **홈페이지** www.aquila-fuessen.de **운영** 월~화요일·금~일요일 11:30~21:00, 수~목요일 휴무 **예산** 요리 €17~22 **가는 방법** 퓌센 기차역에서 도보 15분.

OBERAMMERGAU
오버아머가우

건물 외벽을 하나같이 프레스코 벽화로 장식하여 마을 전체가 한 폭의 그림 같은 소도시. '미치광이 왕' 루트비히 2세의 두 번째 고성인 린더호프성을 가기 위한 관문이자 수난극이 공연되는 도시여서 많은 여행자가 찾아온다.

관광안내소 INFORMATION

오버아머가우 시내에 관광안내소가 있는데, 기차역에서 버스로 린더호프성까지 가는 게 먼저인 관계로 관광안내소에 들를 일은 많지 않다.

홈페이지 www.ammergauer-alpen.de/oberammergau (독일어)

찾아가는 방법 ACCESS

거점 도시와 이동시간 (레기오날반 기준)
뮌헨 ↔ 오버아머가우 : RB 1시간 42분(Murnau에서 1회 환승)

유효한 티켓
바이에른 티켓

TOPIC 오버아머가우 수난극

©Passionsspiele Oberammergau

수난극Passionsspiel은 성서에 나오는 예수 그리스도의 고난과 부활까지의 스토리를 연극으로 만든 것이다. 중세 유럽 각지, 특히 가톨릭 문화권에서 널리 공연되었고 오늘날에도 종교예술의 한 장르로 인정받는다. 오버아머가우의 수난극은 1634년에 처음 시작되었다. 루트비히 2세도 직접 관람하고는 매우 감동하여 기념비를 하사했다고 한다. 오늘날에도 10년마다 수난극을 공연하는데, 400년 역사를 가진 이 공연예술제를 보려고 수십만 명이 방문한다. 다음 수난극은 2030년에 공연될 예정이다.

오버아머가우 바로 이웃 동네 에탈Ettal 산기슭에 린더호프성Schloss Linderhof이 있다. 규모는 작지만 루트비히 2세가 남긴 고성 세 곳 중 유일하게 완공된 곳. 다만, 완공되던 해에 루트비히 2세가 의문사하여 그가 여기에 머문 날은 별로 없었다. 규모가 작아도 내부는 매우 화려하고 정원도 아름답고 우아하며, 산 전체에 비너스 동굴Venusgrotto 등의 볼거리를 만들어두었다. 날씨 좋은 날 반나절 정도 린더호프성과 정원을 구석구석 관람하기를 권장한다. 나머지 반나절은 오버아머가우 시내를 구경하자. 기차역에서 5분 정도만 걸으면 프레스코 벽화가 온 건물을 뒤덮은 마을을 볼 수 있다. 벽화의 내용은 대부분 수난극 또는 성서의 인물이나 장면을 묘사하였고, 〈브레멘 음악대〉 〈헨젤과 그레텔〉 등 동화를 그린 건물도 보인다. 알프스 특유의 목가적인 풍경과 건물 벽화와의 조화가 매우 낭만적이다. 오버아머가우에서는 필라투스 하우스Pilatushaus 등 유독 눈에 띄는 건물들이 있으나 어떤 하나의 장소에 구애받지 말고 마을 전체를 산책하듯 구경하면 좋다. 오버아머가우 수난극의 무대인 수난 극장Passionstheater은 가이드 투어(45분)로 내부를 관람할 수 있다. 또한, 수공예업도 발달했으니 마을 곳곳에 보이는 장인의 판매점에서 쇼핑하는 것도 재미있는 경험이 될 것이다.

〈헨젤과 그레텔〉 벽화를 그린 건물

필라투스 하우스 부근 거리

린더호프성

비너스 동굴

▸ 린더호프성

주소 Linderhof 12, Ettal **전화** 08822-92030 **홈페이지** www.schlosslinderhof.de **운영** 3월 23일~10월 15일 09:00~18:00, 10월 16일~3월 22일 10:00~16:30. 정원의 구조물은 별도의 개장 시간이 적용되며 동절기 휴무. 자세한 시간은 홈페이지에서 확인 **요금** 성인 €10, 학생 €9, 동절기에 €1 할인, 주차장 앞 매표소 이용

▸ 수난 극장

주소 Othmar-Weis-Straße 1 **전화** 08822-92030 **홈페이지** www.passionstheater.de **운영** 하절기 화~일요일 11:00 영어 투어 시작, 동절기 수요일 14:00 영어 투어 시작, 하절기 월요일·동절기 월~화요일·목~일요일 휴무 **요금** 성인 €9, 학생 €8

PRIEN AM CHIEMSEE 프린

'바이에른의 바다'라 불리는 킴 호수를 가기 위한 관문으로 가장 편리한 곳이 프린이다. 킴 호수의 풍경도 그림 같지만, 그 호수 속에 감추어진 루트비히 2세의 세 번째 고성 헤렌킴제성을 놓칠 수 없다.

찾아가는 방법 ACCESS

거점 도시와 이동시간 (레기오날반 기준)

뮌헨 ↔ 프린 : BRB 56분

유효한 티켓

바이에른 티켓

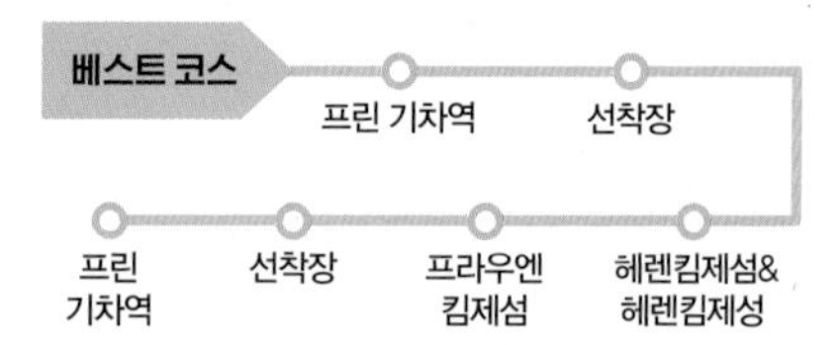

Tip. 헤렌킴제섬에서 하선하자마자 매표소에서 성 입장권을 구매해야 한다. 성 내부 관람을 하지 않을 경우 매표소에 들를 필요는 없다. 섬 입장은 무료다.

+ TRAVEL PLUS 킴 호수 가는 방법

선착장까지 가려면 버스는 뜸하게 다니므로 증기기관차가 가장 편하다. 125년 이상의 역사를 자랑하는 킴제반Chiemseebahn이 기차역부터 선착장까지 한 번에 연결되는데, 5~9월에는 매일 운행, 나머지 기간은 주말만 운행한다. 대중교통으로 가려면 481번 버스를 탄다. 킴제반 매표소에서 유람선 티켓까지 한꺼번에 살 수 있다. 킴제반 포함 요금은 헤렌킴제섬만 들를 때 €14.5, 프라우엔킴제섬까지 들를 때 €15.8다. **홈페이지** www.chiemsee-schifffahrt.de

킴 호수

알프스가 만든 담수호 킴 호수Chiemsee는 독일에서 인기 높은 휴양지이며, 빼어난 풍광 속에 요트 등 레저를 즐기는 사람도 심심치 않게 보인다. 하이라이트는 초목이 우거진 평온한 헤렌킴제섬Insel Herrenchiemsee(남자 섬)에 느닷없이 등장하는 웅장한 헤렌킴제성Schloss Herrenchiemsee이다. 루트비히 2세가 섬을 통째로 사들인 뒤 1878년부터 공사를 시작하여 막대한 비용을 들여 초호화 궁전을 만들다 왕위에서 쫓겨나 결국 미완성으로 끝난 곳이다. 건물의 외관은 다 갖추어졌으나 내부는 절반 정도만 완성되었다. 베르사유 궁전의 라토나 분수 복제품을 세워둘 정도로 노골적으로 베르사유 궁전처럼 만들려 했으며, 내부의 장치는 더 기발하다. 루트비히 2세의 행적과 자료를 전시한 제법 큰 박물관도 있어 그의 광기를 이해하는 데 도움을 준다. 또한, 공사를 감독하려고 루트비히 2세가 머물렀던 아우구스티너 수도원Augustiner-Chorherrenstift에서도 마치 궁전 같은 호화로운 내부를 관람할 수 있다. 섬에 도착해 성까지 걸어가는 시간, 내부 관람 시간 등을 고려하면 헤렌킴제섬에서만 4~5시간 정도 필요하다. 시간이 남으면 프라우엔킴제섬Insel Frauenchiemsee(여자 섬)에서 외딴 수도원과 호수를 감상하며 산책하면 좋다.

헤렌킴제성

헤렌킴제성

프라우엔킴제섬

▶ 헤렌킴제성

전화 08051-6887900 **홈페이지** www.herrenchiemsee.de **운영** 4월 1일~10월 24일 09:00~18:00, 10월 25일~3월 31일 10:00~16:45 **요금** 성인 €11, 학생 €10

▶ 아우구스티너 수도원

운영 헤렌킴제성과 동일 **요금** 헤렌킴제성 티켓에 포함

+ TRAVEL PLUS 루트비히 2세의 궁전 비교

'미치광이 왕'이라는 별명답게 루트비히 2세가 남긴 세 곳의 고성은 하나같이 독특하고 기발하며 화려하다. 다만, 왕이 '은신처'로 지은 만큼 찾아가기는 쉽지 않다. 셋 중 하나를 선택해야 한다면 다음 정리가 도움이 될 것이다.

	노이슈반슈타인성 (퓌센)	린더호프성 (오버아머가우)	헤렌킴제성 (프린)
외관	★★★★★	★★★	★★★
내부	★★★★	★★★★★	★★★★★
정원	★	★★★★★	★★★★
주변 풍경	★★★★★	★★★★★	★★★★★
접근성	★★	★★★	★

노이슈반슈타인성 P.232

가장 '순수한' 성이라고도 할 수 있다. 루트비히 2세가 속세에서 탈출해 유년 시절을 보낸 곳에서 자신이 좋아하는 백조 형상의 성을 지어 살고 싶었던 희망이 반영된 곳. 그래서 광기가 덜 느껴지고, 무엇보다 외관이 너무 아름다워 '인생샷'을 남기기 좋다.

린더호프성 P.237

유일하게 '완공'되었다는 것에 희소성이 있다. 물론 루트비히 2세의 청사진에 미치지 못하는 조그마한 본관만 완성된 것이지만, 아무튼 완성과 미완성의 차이는 크다. 궁전은 작지만 궁전을 포함한 정원은 가장 넓고, 비너스 동굴 등 기묘한 장치까지 있어 가장 구경하는 재미가 좋다.

헤렌킴제성 P.239

베르사유 궁전을 재해석하여 루트비히 2세의 스타일로 펼쳐놓았으니 '궁전 왕'의 역량이 집결된 곳이라 할 수 있다. 베르사유 궁전보다는 작지만, 내부는 만만치 않게 화려하고 '거울의 방'은 훨씬 화려하다. 그래서 여행 전문가들은 헤렌킴제성을 방문한 뒤 베르사유 궁전을 방문하면 오히려 실망할 수 있다는 말까지 한다.

총평

세 곳 모두 내부 사진 촬영은 금지. 근사한 사진을 남기는 게 목적이면 외관이 가장 아름답고 독창적인 노이슈반슈타인성이 으뜸이다. 직접 보고 다양하게 체험하는 게 목적이면 린더호프성을 추천한다. 헤렌킴제성은 가장 마지막에 가기를 권장한다. 다른 성을 다 보고 난 뒤 헤렌킴제성을 방문하면 루트비히 2세의 집착이 어디까지인지 재확인할 수 있으니까. 아울러 여름에는 어디를 가든 좋지만 겨울에는 노이슈반슈타인성이 가장 운치가 있다. 정원 조경에 장점이 있는 나머지 두 곳은 아무래도 겨울에 매력이 덜할 수밖에 없는데, 노이슈반슈타인성은 눈이 와도 예쁘고 구름이 끼어도 예쁘다.

콤비 티켓

6개월 이내에 세 곳에 모두 1회씩 입장할 수 있는 쾨니히슐뢰서Königsschlösser라는 이름의 콤비 티켓(€31)을 매표소에서 판매한다. 메어타게스 티켓(P.204)도 세 곳에서 모두 유효하다. 그런데 쾨니히슐뢰서 티켓과 메어타게스 티켓 모두 입장하고자 하는 시간에 슬롯이 비어야 한다. 따라서 노이슈반슈타인성은 온라인 예약(수수료 €2.5)이 사실상 필수, 나머지 두 성도 성수기에는 대기시간이 필요할 수 있다.

AUGSBURG 아우크스부르크

로마제국 아우구스투스 황제에 의해 만들어진 유서 깊은 도시. 신성 로마제국 시절에도 상공업이 크게 발달해 한때 알프스 북쪽에서 가장 번영한 도시였다. 그 부강한 흔적이 르네상스 정신의 성취로 발현돼 여전히 도시를 돋보이게 한다. 현지어 발음은 아욱스부으그.

관광안내소 INFORMATION

시청사 앞 광장에 관광안내소가 있다.

홈페이지 www.augsburg-tourismus.de/en/ (영어)

찾아가는 방법 ACCESS

거점 도시와 이동시간 (레기오날반 기준)

뮌헨 ↔ 아우크스부르크 : RB 42분

유효한 티켓

바이에른 티켓

TOPIC 유럽 최고의 부자, 푸거

야콥 푸거Jakob Fugger(1459~1525)는 당대 유럽 최고의 부자로 꼽힌다. 푸거 가문의 본고장이 아우크스부르크다. 기록에 의하면, 당시 푸거 가문의 재산은 순금만 17톤 이상으로 추산된다. 유럽의 어떤 왕도 그보다 부유하지 않았고, 교황도 그에게 돈을 빌렸다. 황제 선출에까지 관여할 정도로 막강한 영향력을 행사하였다. 전 유럽을 넘어 아메리카 대륙에도 진출해 무역으로 막대한 돈을 벌었고, 야콥을 계승한 조카 안톤 푸거는 노예시장에까지 손을 뻗쳤다. 결국 무리한 사업 확장과 사채업 리스크로 푸거 가문은 몰락하고 말았다.

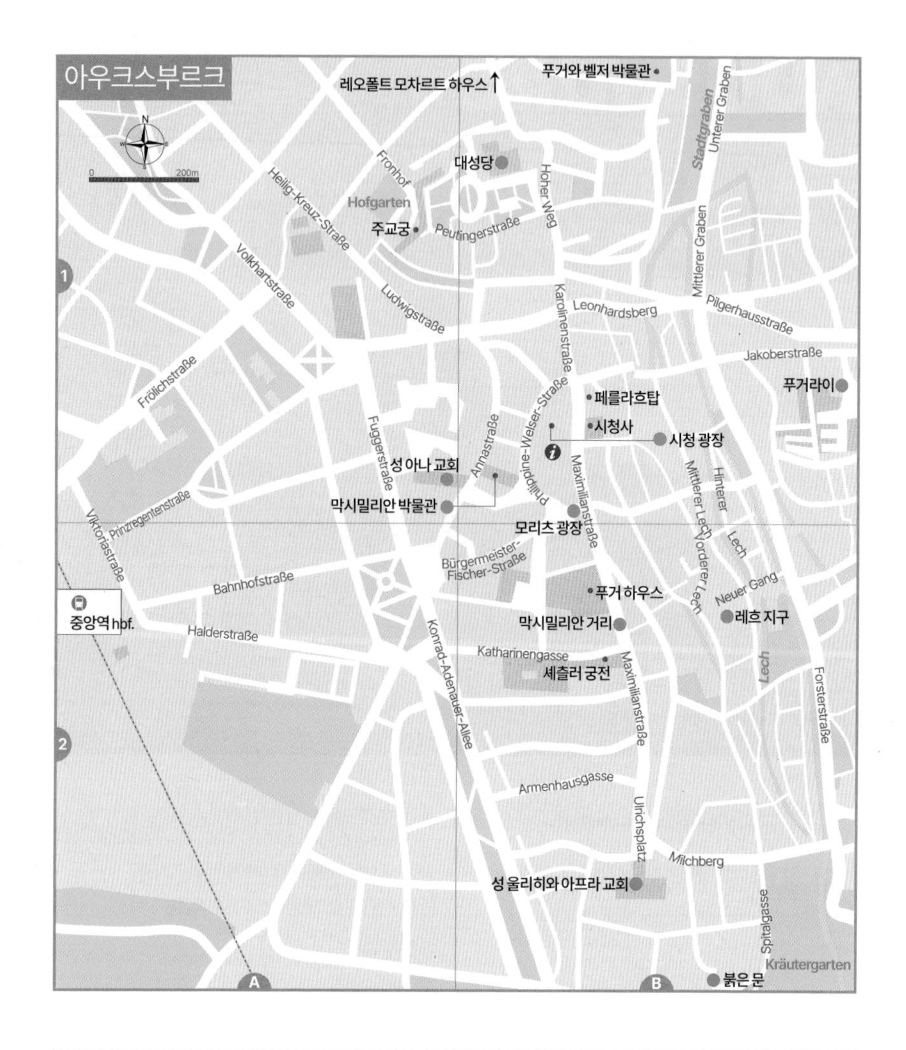

Best Course 아우크스부르크 추천 일정

베스트 코스

시가지가 크지는 않지만, 관광지가 동서남북에 나뉘어 분포된 관계로 대중교통 이용이 필요하며, 바이에른 티켓을 이용할 수 있다.

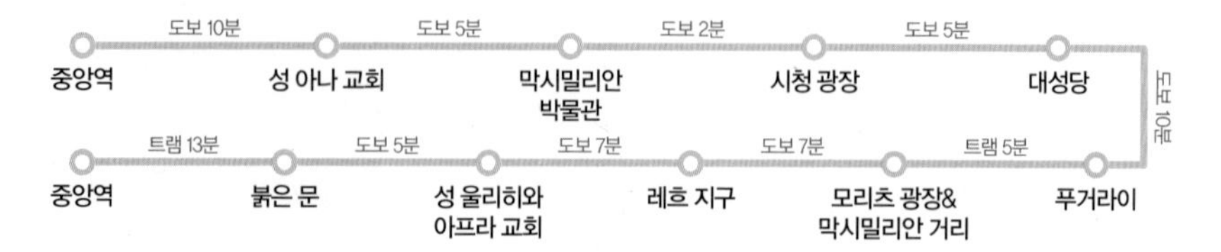

Attraction 보는 즐거움

신성 로마제국의 주요 도시로서 부강한 시절의 흔적이 곳곳에 남아 있다. 또한, 종교 개혁과 관련된 중요한 장소들, 그리고 푸거 가문의 유산까지 볼거리의 종류가 다양하다.

루터의 계단

성 아나 교회 St. Anna-Kirche

마르틴 루터는 '95개조 반박문'을 발표한 이듬해, 아우크스부르크 제국의회에 소환되었다. 당시 루터는 입장을 철회하라는 교황청의 요구를 거부하고는 자신을 체포하려는 세력을 피해 성 아나 교회에 숨어 있다가 무사히 탈출하였다. 이런 인연으로 성 아나 교회에는 루터의 일대기를 소개하는 '루터의 계단 Lutherstiege'이라는 작은 박물관이 있다. 그런데 성 아나 교회의 화려한 실내 장식은 종교 개혁의 반대편에 섰던 야콥 푸거의 후원으로 생겼다. 푸거가 자신의 무덤으로 사용하려고 큰 후원금을 낸 덕이다. 실제로 야콥 푸거의 무덤이 있다.

MAP P.242-A1 **주소** Im Annahof 2 **전화** 0821-450175100 **홈페이지** www.st-anna-augsburg.de **운영** 월~토요일 10:00~17:00(월요일 12:00~), 일요일 휴무 **요금** 무료 **가는 방법** 중앙역에서 도보 10분.

막시밀리안 박물관 Maximilian Museum

바이에른 국왕 막시밀리안 2세의 명으로 1855년 개관한 시립 박물관이다. 도시의 역사를 전시하는 곳인데, 아우크스부르크가 워낙 찬란한 역사를 가진 도시이다 보니 다양한 시대의 예술작품과 과학 도구, 보석, 역사적 모형 등 풍부한 볼거리가 있다. 박물관 앞에 한스 야콥 푸거Hans Jakob Fugger의 동상이 있다.

MAP P.242-B1 **주소** Fuggerplatz 1 **전화** 0821-3244102 **운영** 화~일요일 10:00~17:00, 월요일 휴무 **요금** 성인 €7, 학생 €5 **가는 방법** 성 아나 교회에서 도보 2분.

시청 광장 Ratshausplstz

아우크스부르크의 중심 광장. 높게 솟은 페를라흐탑과 멋진 외관의 시청사가 나란히 있고, 도시의 창시자라고도 할 수 있는 로마 황제 아우구스투스의 조각 분수가 중앙에 있다. 시청사와 페를라흐탑이 마치 한 세트인 것처럼 느껴지는 이유는 같은 사람이 같은 시기에 만들었기 때문. 건축가 엘리아스 홀Elias Holl이 17세기에 지었다.

MAP P.242-B1 **가는 방법** 막시밀리안 박물관에서 도보 2분 또는 1·2번 트램 Rathausplatz 정류장 하차.

▶ 시청사 Rathaus

독일 르네상스 건축의 대표적 사례 중 하나. 건축 연도는 1620년. 당시로서는 매우 파격적인 정육면체 스타일의 높은 건물이 탄생하였다. 내부로 들어가면 황금의 방Goldener Saal이라는 이름의 큰 홀이 유명하다. 무려 2.6kg에 달하는 순금으로 치장하여 사방과 천장까지 모두 번쩍인다.

주소 Rathausplatz 2 **전화** 0821-3240 **운영** 10:00~18:00 **요금** 성인 €2.5, 학생 €1

▶ 페를라흐탑 Perlachturm

70m 높이의 탑. 원래 낡은 시계탑이 있던 자리에 엘리아스 홀이 시청사와 함께 새로 만들었다. 9월 29일(미카엘 대천신 축일)이면 탑 서쪽에 미카엘 천사가 악마를 무찌르는 특수장치 인형이 나타난다. 매년 '탑 빨리 오르기' 행사가 열리는 곳이지만 지금은 보수 공사로 무기한 휴관 중이다.

페를라흐탑(왼쪽)과 시청사(오른쪽)

대성당 Augsburger Dom

8세기경 건축되어 독일 민족의 국가 역사와 궤를 같이하는 곳. 이 자리는 고대 로마 건물터가 출토될 정도로 오랜 역사성을 가진 곳이다. 로마네스크와 고딕 양식이 혼합된 아우크스부르크 대성당은, 화려하지 않아도 무게감 있는 건축미와 내부 스테인드글라스의 매력을 발산한다. 종교 개혁 당시 1530년에 아우크스부르크 신앙고백 사건이 벌어진 곳도 대성당 바로 인근의 주교궁이었다.

MAP P.242-B1 **주소** Frauentorstraße 1 **전화** 0821-316 60 **홈페이지** www.bistum-augsburg.de **운영** 07:00~18:00 **요금** 무료 **가는 방법** 시청 광장에서 도보 5분 또는 2번 트램 Dom/Stadtwerke 정류장 하차.

고대 로마 유적

여기근처

대성당 외곽에 가볼 만한 두 박물관이 있다. 푸거 가문과 동시대에 아우크스부르크에 기반을 두고 번영했던 벨저 가문까지 포함해 다양한 역사적 사실을 알게 해주는 **푸거와 벨저 박물관**Fugger and Welser Erlebnismuseum은 중세 역사에 관심이 있는 여행자에게 유용하다. **레오폴트 모차르트 하우스**Leopold Mozart Haus는 천재 음악가 볼프강 아마데우스 모차르트의 아버지의 생가다. 모차르트는 평소 아우크스부르크를 '아버지의 도시'라 불렀다고 한다.

[푸거와 벨저 박물관] 주소 Äußeres Pfaffengäßchen 23 **전화** 0821-45097821 **홈페이지** www.fugger-und-welser-museum.de **운영** 화~일요일 10:00~17:00, 월요일 휴무 **요금** 성인 €7, 학생 €6 **가는 방법** 대성당에서 도보 5분.

[레오폴트 모차르트 하우스] 주소 Frauentorstraße 30 **전화** 0821-65071380 **운영** 화~일요일 10:00~17:00, 월요일 휴무 **요금** 성인 €6, 학생 €5 **가는 방법** 대성당에서 도보 5분 또는 2번 트램 Mozarthaus/Kolping 정류장 하차.

푸거와 벨저 박물관 ©Regio Augsburg Tourismus GmbH

레오폴트 모차르트 하우스 ©Regio Augsburg Tourismus GmbH

푸거라이 Fuggerei

1516년에 야콥 푸거가 만든 사회복지 시설이다. 유럽 최고의 부자 푸거 가문에서 '도시 속 도시'라고 해도 될 정도로 주거용 건물과 교회, 우물 등 생활에 필요한 모든 설비를 갖춘 대단지를 조성하였다. 67채의 건물에서 147가구가 생활할 수 있는 규모다. 각 집은 방과 부엌, 화장실이 따로 있으며 아담한 마당도 있다. 즉, 인간답게 살 수 있는 환경을 갖추어 놓고 어려운 사람들이 거주할 수 있도록 한 것이다. 놀랍게도 푸거라이 입주비는 1년에 단돈 1라인굴덴(당시 상인의 1주일 평균 수입)에 불과하였고, 더 놀라운 것은 500여 년이 지난 지금까지도 환율을 고정하여 단 한 푼도 올려받지 않는다. 오늘날에도 1년에 €1 미만의 입주비로 푸거라이에 거주할 수 있다고 한다(설립 이후의 신문물인 수도·전기·가스비는 따로 낸다). 대신 푸거가 내세운 간단한 입주 조건이 있다. 매일 주기도문을 암송하고 푸거 가문을 위해 기도하는 것. 독립된 재단을 설립해 푸거라이 운영을 맡긴 덕분에 푸거 가문이 몰락한 뒤에도 푸거라이는 그대로 남았다. 푸거 가문이 마냥 깨끗하게 부를 축적했다고 하기는 어렵지만 어찌 되었든 그 옛날 자발적으로 복지 시설을 만들고 그 정신을 오늘날까지 계승한다는 점은 대단하다. 지금도 일반인이 거주하는 시설이므로 아무 데나 들어갈 수는 없지만 총 네 개의 박물관을 만들어 지난 500년의 역사를 다양한 관점에서 보여준다.

MAP P.242-B1 **주소** Fuggerei 56 **전화** 0821-31988114 **홈페이지** www.fugger.de **운영** 09:00~20:00(10~3월 ~18:00) **요금** 성인 €8, 학생 €7 **가는 방법** 대성당에서 도보 10분 또는 1번 트램 Fuggerei 정류장 하차.

모리츠 광장 Moritzplatz

르네상스 시대에 형성된 아우크스부르크 시가지의 매력을 잘 볼 수 있는 광장이다. 성 모리츠 교회St. Moritzkirche 등 중세 건축물 앞으로 트램과 버스가 분주히 오가는 교차로인데, 파스텔톤의 아담한 건물 앞 헤르메스 분수 등 소소한 볼거리가 조화를 이룬다.

MAP P.242-B1 **가는 방법** · 2번 트램 Moritzplatz 정류장 하차 또는 시청 광장에서 도보 2분.

푸거 하우스

셰츨러 궁전

헤라클레스 분수

막시밀리안 거리 Maximilianstraße

모리츠 광장부터 시작되는 구시가지의 중심 거리. 옛 상인과 귀족의 건물이 좌우에 즐비하다. 특히 궁전처럼 거대한 푸거하우스Fuggerhaus와 셰츨러 궁전Schaezlerpalais이 유명하다. 거리 중앙의 헤라클레스 분수와 그 뒤편의 교회 첨탑까지 포개지는 구불구불한 큰길의 풍경이 낭만적이다.

MAP P.242-B2 **가는 방법** 모리츠 광장에서 도보 5분.

▶ 셰츨러 궁전

개인 주거 또는 상업용 건물 중 가장 보존 상태가 우수한 셰츨러 궁전은 1770년에 지어졌으며 18세기 아우크스부르크의 품격을 보여주는 최고의 사례다. 바로크와 로코코의 진수를 보여주는 멋진 건물 속에 미술관과 이벤트 장소 등이 있고, 로코코 홀은 여느 왕궁에 견주어도 부족하지 않을 높은 수준의 호화로운 인테리어를 보여준다. 미술관은 중세 회화 위주로 연중 주제를 정하여 전시회를 연다.

주소 Maximilianstraße 46 **전화** 0821-3244102 **운영** 화~일요일 10:00~17:00, 월요일 휴무 **요금** 성인 €7, 학생 €5.5

공방의 쇼윈도

레흐 지구

Lechviertel

레흐 지구는 어떤 하나의 지점이 아니라 시내에 흐르는 레흐강Lech 주변 지역을 일컫는 명칭이다. 수 세기 동안 아우크스부르크 수공업의 중심지였으며, 여기서 만든 금속 세공품, 가죽제품 등이 유럽 각지로 불티나게 팔려나갔다. 하천을 이용한 수력 발전으로 수공업의 발달을 이끈 르네상스 정신이 반영된 것이다. 그러나 1800년대에 쇠락기를 거치며 명맥이 끊겼고 제2차 세계대전 후에는 재개발이 추진되기도 하였으나 시민의 반대로 다시 원래의 모습을 되찾았다. 지금까지 명맥을 잇는 수공예 공방이나 분위기 좋은 펍 등이 레흐강 주변에 모여 있다. 옛날 분위기 물씬 나는 정겨운 골목을 걸으며, 쇼윈도로 공예품을 구경하고, 마음에 드는 카페나 펍에서 잠시 목을 축이며 걷다 보면 아우크스부르크의 또 다른 매력을 발견하게 될 것이다.

MAP P.242-B2 **가는 방법** 막시밀리안 거리에서 도보 7분.

TOPIC 아우크스부르크 르네상스

레흐 지구 물레방아

레흐강은 인공 하천이다. 일부러 물을 끌어와 도시로 흐르게 했다. 단순히 풍경을 좋게 하려고 만든 게 아니다. 흐르는 물의 힘으로 물레방아를 돌리고 수력 발전의 힘으로 기계를 움직여 수공업에 활용했으며, 생산품을 배로 옮겼다. 시청사의 건축가 엘리아스 홀이 이 모든 도시 설계를 지휘하였고, 냉장고가 없던 시절 물이 흐르는 곳에 고기를 보관해 신선도를 유지하는 정육 시설까지 만들 정도로 레흐강은 아우크스부르크의 '의식주'에 깊숙이 관여하였다. 모리츠 광장의 헤르메스 분수, 막시밀리안 거리의 헤라클레스 분수 등도 도시 경관 목적이 아니라 식수 보급을 위해 지하수를 끌어올린 우물이다. 이러한 종합적인 도시 시스템의 가치를 인정받아 2019년에 '아우크스부르크 수자원 시스템'은 유네스코 세계문화유산으로 등재되었다. 평범한 분수도, 개천도 르네상스 정신을 담아 사회의 진보를 꾀한 수백 년 전 인류의 고민과 노력이 담긴 결과물인 셈이다.

성 울리히와 아프라 교회

Kirche St. Ulrich und Afra

종교 개혁 이후 극심한 혼란을 겪은 신성 로마제국은 1555년에 '아우크스부르크 화의 Augsburger Religionsfrieden'를 통하여 개신교(루터교)를 공인하고 일시적으로 갈등을 봉합하였다. 당시 아우크스부르크에 새로 건축 중인 교회는 이를 기념하여 가톨릭 예배당(성 아프라 교회)과 개신교 예배당(성 울리히 교회)이 서로 연결된 구조로 완성되었으며, 이를 성 울리히와 아프라 교회라고 부른다. 종교 화합의 상징과도 같은 곳이어서 현대에 들어 교황이 두 차례나 방문한 바 있다.

MAP P.242-B2 **주소** Ulrichsplatz 19 **전화** 0821-345560 **홈페이지** www.ulrich-afra-anton.de **운영** 07:30~18:45 **요금** 무료 **가는 방법** 막시밀리안 거리에서 연결 또는 레흐 지구에서 도보 7분.

붉은 문 Rotes Tor

아우크스부르크 구시가지 성벽 출입문이었던 곳. 엘리아스 홀이 도시를 싹 뜯어고칠 때 만들어 시청사와 유사한 르네상스 건축 양식을 만날 수 있다. 오늘날 성벽은 사라졌지만, 붉은 문은 그대로 남아 있다. 한편, 엘리아스 홀이 만든 붉은 문은 단순한 출입문이 아니었다. 물을 끌어들여 시내로 흐르게 하는 급수탑 용도로 만들었으니, 이로써 레흐강이 시작되고 유네스코 세계문화유산으로 등록된 아우크스부르크 수자원 시스템이 완성된 것이라 해도 과언이 아니다. 붉은 문이라는 이름은 성문 상층부의 붉은 장식에 기인한다.

MAP P.242-B2 **주소** Am Roten Tor **가는 방법** 성 울리히와 아프라 교회에서 도보 5분 또는 2·3·6·8번 트램 Rotes Tor 정류장 하차(중앙역에서 트램으로 13분).

GARMISCH-PARTENKIRCHEN
가르미슈파르텐키르헨

1936년 동계 올림픽을 개최하려고 알프스의 작은 마을 가르미슈와 파르텐키르헨이 하나로 합쳐져 탄생한 도시. 오늘날에도 동계 스포츠의 메카로 꼽히며, 무엇보다 독일 최고봉 추크슈피체를 찾아가기 위한 출발점이다.

관광안내소 INFORMATION

추크슈피체가 주 목적지이므로 여행 정보는 기차역 앞 추크슈피체 산악열차 매표소에서 얻으면 편리하다.

홈페이지 www.gapa-tourismus.de/en/ (영어)

찾아가는 방법 ACCESS

거점 도시와 이동시간 (레기오날반 기준)

뮌헨 ↔ 가르미슈파르텐키르헨 : RB 1시간 23분

유효한 티켓

바이에른 티켓

+ TRAVEL PLUS

추크슈피체 주의사항

만년설이 녹지 않는 추크슈피체에 오를 때에는 크게 두 가지를 신경 써야 한다. 첫째, 한여름에도 쌀쌀하니 외투는 필수. 태양에 더 가까우니 선글라스도 필요하며, 바람이 불면 모자는 오히려 방해가 된다. 물론 미끄러움에 강한 편한 신발과 두 손이 자유로운 백팩도 필요하다. 둘째, 순식간에 1,600m에 달하는 고도차를 올라가는 셈이어서 고산병 증상이 나타날 수 있다. 갑자기 어지럽거나 속이 울렁거리면 일단 실내로 자리를 옮겨 몸을 따뜻하게 하고 수분을 보충하며 휴식을 취해야 한다. 그래도 증상이 지속되면 아쉽지만 빨리 내려오는 게 현명하다.

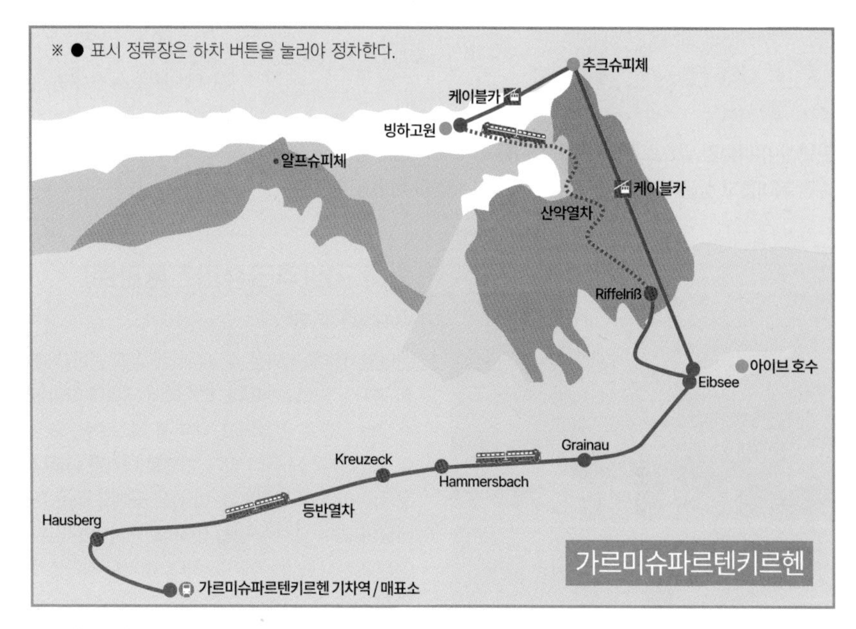

Tip. 하루 일정으로 추크슈피체와 아이브 호수까지 보는 것이 가장 적당하다. 산에 올라갈 때는 산악열차를 타고 빙하고원까지 간 뒤 케이블카를 타고, 내려올 때는 케이블카로 아이브 호수까지 내려오는 게 기본 코스. 아이브 호수에서 다시 산악열차로 가르미슈파르텐키르헨 기차역으로 되돌아온다.

추크슈피체 가는 방법

가르미슈파르텐키르헨 기차역에서 추크슈피체까지 열차로 1시간 정도 더 이동한다. 기차역에서 산악열차Zugspitzbahn가 출발하며, 바이에른 티켓이나 독일철도패스로는 탑승이 불가능하다.

• 티켓 구매 방법

온라인 티켓 또는 가르미슈파르텐키르헨 기차역 플랫폼 매표소에서 구매. 온라인 티켓 판매가 많아 혼잡이 예상되는 날에는 현장 발권이 중단되기도 한다.

• 요금

여름 1일권 €72(산악열차와 케이블카 왕복 포함)

• 홈페이지

온라인 티켓 구매 및 시간표 확인

www.zugspitze.de

매표소

Attraction 보는 즐거움

만년설이 뒤덮인 알프스 빙하 위로 험준한 산세가 시선을 압도한다. 눈이 시리도록 맑은 호수는 보는 순간 뛰어들고 싶을 정도. 하루 종일 대자연의 위엄을 체험할 수 있다.

빙하고원(추크슈피츠플라트) Zugspitzplatt

산악열차의 종착역은 추크슈피체 아래 빙하 지대의 평지인 빙하고원이다. 열차에서 내리면 아담한 휴게소 건물로 연결되고, 내부에 레스토랑, 화장실, 스키 렌털 숍 등이 있다. 밖으로 나가면 아름다운 절경이 눈에 들어오고, 이 높은 곳에도 작은 예배당이 있어 잠시 구경할 만하다. 겨울에는 인기 만점 스키장 출발점이기도 하다. 여기서 케이블카를 타고 추크슈피체로 오른다.

MAP P.251 **가는 방법** 가르미슈파르텐키르헨 기차역에서 산악열차로 1시간 13분 소요.

추크슈피체 Zugspitze

해발 2,962m의 독일 최고봉. 빙하고원에서 케이블카를 타고 올라가면 최고봉 바로 옆의 라운지 건물로 연결되고, 여기서 360도 파노라마로 최고봉을 포함한 주변 알프스를 조망할 수 있다. 추크슈피체에는 황금 십자가가 있어 최고봉임을 식별할 수 있다. 최고봉까지 등산도 가능하지만, 별도의 안전 설비 없이 스스로 등산화와 헬멧 등을 지참하고 올라가는 곳이므로 여행자에게는 권하기 어렵다. 라운지 건물은 오스트리아 영역으로도 연결되어 있어 걸어서 국경을 넘는 경험도 가능하다.

MAP P.251 **가는 방법** 빙하고원에서 케이블카 이용(수시 운행).

+ TRAVEL PLUS 날씨 확인 방법

추크슈피체 방문 시 가장 중요한 변수는 날씨다. 맑고 흐린 것을 인간이 어찌할 도리는 없으나 적어도 비 오는 날은 피해야 한다. 만약 가르미슈파르텐키르헨에 도착했는데 비가 내리고 있다면 추크슈피체는 안개가 끼여 아무것도 보이지 않을 확률이 높다. 기껏 올라갔는데 희뿌연 안개만 보다 내려오면 속상하지 않을까. 추크슈피체 방문 시에는 일기예보를 잘 살펴보도록 하자. 가장 좋은 방법은 추크슈피체 홈페이지에서 실시간 날씨를 라이브로 보여주는 웹캠Webcams 메뉴를 확인하는 것이다.

안개 낀 추크슈피체 봉우리

아이브 호수 Eibsee

추크슈피체 아래 큰 호수. 물이 굉장히 맑고 울창한 숲이 우거진, 그야말로 순수한 자연의 모습이 간직된 곳이다. 큰 호수를 돌 수 있는 소박한 산책로가 있고, 드문드문 모래사장(아쉽지만 고운 모래는 아니다)도 있어 잠시 일광욕을 즐길 수 있다. 호수가 워낙 커서 한 바퀴 도는 것은 현실적으로 무리지만, 체력이 허락하는 대로 10~20분이라도 걷다가 모래사장에서 쉬면서 풍경을 즐겨 보자. 호숫가는 수심이 얕아 잠시 들어가도 무방하다.

MAP P.251 **가는 방법** 추크슈피체에서 케이블카로 하산(수시 운행).

BERCHTESGADEN

베르히테스가덴

독일 동남부 끄트머리에 있는 경승지. 전체가 국립공원으로 지정된 깨끗한 알프스가 눈앞에 펼쳐지며 산에서, 호수에서, 계곡에서 대자연의 매력과 함께 힐링할 수 있다. 독일어 현지 발음으로는 '버흑테스가덴'에 가깝다.

관광안내소 INFORMATION

관광안내소는 베르히테스가덴 시내에 있다.

홈페이지 www.berchtesgaden.de (영어)

찾아가는 방법 ACCESS

거점 도시와 이동시간 (레기오날반 기준)

뮌헨 ↔ 베르히테스가덴 :

BRB 2시간 33분(Freilassing에서 1회 환승)

유효한 티켓 바이에른 티켓

시내 교통 TRANSPORTATION

• 노선 확인

지역 교통 홈페이지는 노선 조회 기능이 편하지 않다. 독일 철도청(www.bahn.de) 홈페이지 또는 애플리케이션을 이용하면 편리하다. 베르히테스가덴 시내버스(849번 제외) 이용 시 바이에른 티켓이 유효하다.

• 이용 방법

중앙역 정문 앞에 여러 플랫폼으로 구분된 환승센터 형식의 버스 정류장이 있다. 켈슈타인하우스, 쾨니히 호수 등 목적지에 따라 버스가 정차하는 위치가 다르니 플랫폼 안내를 확인하자. 버스 시간표도 플랫폼에 게시되어 있다.

Attraction 보는 즐거움

베르히테스가덴에서는 베스트 코스의 개념이 없다. 중앙역에서 각 관광지까지 모두 방향이 달라 동선을 만들 수 없기 때문이다. 뮌헨에서 일찍 출발해도 해가 중천일 때 도착할 테니, 이 책에 소개하는 명소 중 1~2곳을 골라 관광하면 적당하다.

켈슈타인하우스 Kehlsteinhaus

켈슈타인하우스

1939년에 나치 장관 마르틴 보어만이 히틀러의 50세 생일을 축하하며 해발 1,834m 절벽 위에 별장을 지었다. 건물에 설치된 대리석 벽난로는 전쟁 동지 무솔리니가 선물한 것이라고 한다. 당시 이름은 아들러호어스트 Adlerhorst('독수리의 둥지'라는 뜻), 절벽이 있는 산 이름이 켈슈타인이어서 오늘날에는 켈슈타인하우스라 부르며, 내부에는 레스토랑이 영업 중이다. 그림 같은 산세를 병풍 삼아 절벽 위에 도도한 자태를 드러내는 풍경이 일품이다. 마르틴 보어만이 만들어 놓은 황동 엘리베이터를 타고 올라가 켈슈타인하우스를 지나 십자가가 보이는 곳까지 더 높은 능선을 하이킹하며 주변 풍경을 구경하자. 어린아이도 오를 수 있을 정도로 등산로가 잘 닦여 있다. 켈슈타인하우스 레스토랑의 테라스에서 맥주 한 잔 마시며 풍경을 보는 것도 신선놀음이다. 한 가지 주의사항. 버스에 탑승할 수 있는 인원이 한정되므로 하산하는 버스 자리를 미리 확보해야 한다. 켈슈타인하우스 건물 곳곳에 있는 키오스크 기계에 티켓을 스캔하고 하산 시간을 지정한다. 그리고 그 시간대의 버스를 타고 내려가야 하니 시간을 잘 확인하기 바란다. 켈슈타인하우스에 1.5~2시간 정도 머무르는 것으로 시간을 지정하면 큰 문제는 없다.

전화 08652-2969 **홈페이지** www.kehlsteinhaus.de **운영** 5월 중순부터 10월 말까지 오직 셔틀버스로 갈 수 있다(셔틀버스 운행시간 : 매일 08:30~16:00, 25분 간격 출발). **요금** 셔틀버스 왕복 €31.9 **가는 방법** 중앙역에서 838번 버스로 Dokumentation Obersalzberg 정류장 하차(15분 소요). 정류장 옆 주차장의 매표소에서 티켓을 구매해 셔틀버스(849번, 노선 번호가 안 적혀 있다)를 타면 된다.

정상의 십자가

849번 셔틀버스

쾨니히 호수 Königssee

쾨니히 호수는 공식적으로 '독일에서 가장 깨끗한 호수'로 손꼽힌다. 좌우 폭이 약 1m로 좁은 대신 상하로 약 8km 가까이 길게 뻗은 형태로 마치 피오르(피오르드)를 보는 듯 웅장한 자연에 압도된다. 유람선을 타고 짧게는 성 바르톨로메 수도원St. Bartholmä까지(편도 35분), 길게는 반대편 끝인 잘레트Salet까지(편도 55분) 왕복한다. 높은 산봉우리가 양쪽을 벽처럼 막고 있어 메아리가 일품. 유람선 선장이 잠시 배를 멈추고 고요한 가운데 트럼펫을 연주하여 메아리를 들려준다.

전화 08652-96360 **홈페이지** www.seenschifffahrt.de/en/koenigssee/ **운영** 운행 시간표는 홈페이지에서 참조 **요금** 유람선 짧은 코스 €22.5, 풀코스 €28.5 **가는 방법** 840·841·843번 버스 Königssee, Schönau a. Königssee 정류장 하차(22분 소요).

람자우 계곡 Ramsau

윈도 배경 화면 사진으로 시선을 사로잡은 대표적인 인증샷 코스 중 하나가 베르히테스가덴 근처 람자우에 있다. 알프스에서 발원한 개천이 흐르는 가운데 아담한 교회가 낡은 목조 다리와 소박하게 어우러져 기막힌 조화를 이룬다. 물빛이 뿌옇기는 하나 알프스 특유의 석회질을 함유해서 그런 것이고, 매우 깨끗하니 시원한 계곡에 발을 담그고 즐거운 한때를 보내도 좋다. 별도의 안전 요원이 상주하는 유원지가 아니라는 점은 유념하여 유량이 늘거나 물살이 거셀 때에는 스스로 주의를 기울이도록 하자. 베르히테스가덴 중앙역에서 오가는 버스가 뜸하게 다니는 편이다. 돌아가는 버스 시간표를 미리 확인하여 체류시간을 조율하면 알차게 즐길 수 있다.

운영 종일 개장 **요금** 무료 **가는 방법** 846번 버스 Kirche, Ramsau b. Berchtesgaden 정류장 하차(13분 소요).

소금 광산 Salzbergwerk

베르히테스가덴은 소금 산지로 번영하였다. 1547년부터 가동된 소금 광산은 오늘날까지 양질의 소금(암염)을 생산하며, 광산 일부를 테마파크로 개조해 일반에 공개하고 있다. 가이드의 안내에 따라 미니열차를 타고 산속 깊숙한 지하 갱도 곳곳을 누비며, 소금 채취의 역사적 자료를 관람하는 박물관, 지하 동굴에서 조명 쇼가 펼쳐지는 갤러리 등을 지나 가장 깊은 지하 호수까지 간다. 입장 시 작업복을 나눠주며, 여름에도 쌀쌀한 기운이 돌기 때문에 걸칠 옷을 챙기면 좋다. 반면, 겨울에는 따뜻한 기운이 돌아 계절과 관계없이 여행할 수 있다. 1.5시간 분량의 투어가 끝나면 소금을 기념품으로 준다.

주소 Bergwerkstraße 83 **전화** 08652-60020 **홈페이지** www.salzbergwerk.de **운영** 3월 25일~11월 3일 09:00~17:00, 11월 4일~3월 24일 11:00~15:00 **요금** 성인 €24.5, 학생 €21.5 **가는 방법** 840번 버스 Salzbergwerk 정류장 하차(8분 소요).

©Südwestdeutsche Salzwerke AG

©Südwestdeutsche Salzwerke AG

베르히테스가덴 왕궁 Königliches Schloss Berchtesgaden

워낙 풍경 좋은 휴양지면서 소금 생산으로 막대한 부를 창출하던 곳이었기에 바이에른의 역대 군주는 베르히테스가덴을 각별하게 여겼다. 오랜 역사를 가진 궁전도 남아 있는데, 옛 수도원에 연결하여 탄생한 베르히테스가덴 궁전은 분홍색 외벽이 화사하다. 200개 이상의 방 중 30개를 가이드 투어로 관람할 수 있다.

주소 Schlossplatz 2 **전화** 08652-947980 **홈페이지** www.schloss-berchtesgaden.de **운영** 5월 16일~10월 15일 월~금요일·일요일 10:30·12:00·14:00·15:30 투어 시작, 10월 16일~5월 15일 월~목요일 11:00·14:00, 금요일 11:00 투어 시작, 토요일 휴무(10월 16일~5월 15일 일요일 추가) **요금** 성인 €15, 학생 €10 **가는 방법** 840·841·843번 등 다수 버스 Zentrum 정류장 하차 후 도보 5분.

NÜRNBERG AREA
뉘른베르크 지역

BEST 4

01

세계적인 축제가 열리는
중앙마르크트 광장 (뉘른베르크)

02

독일을 대표하는 동화 마을 포토존
플뢴라인 (로텐부르크)

03

운하와 빨간 지붕의 하모니
작은 베네치아 (밤베르크)

04

나폴레옹도 극찬한 주교궁
레지덴츠 궁전 (뷔르츠부르크)

뉘른베르크 지역 이동 전략

뉘른베르크를 중심으로 레기오날반을 타고 한달음에 달려갈 가까운 소도시가 많다. 밤베르크, 뷔르츠부르크, 레겐스부르크는 초고속 열차 ICE도 정차할 정도로 기차 교통이 편리하여 레기오날반으로도 편하게 갈 수 있다. 로텐부르크만 기차를 두 번 갈아타는 수고가 필요하다.

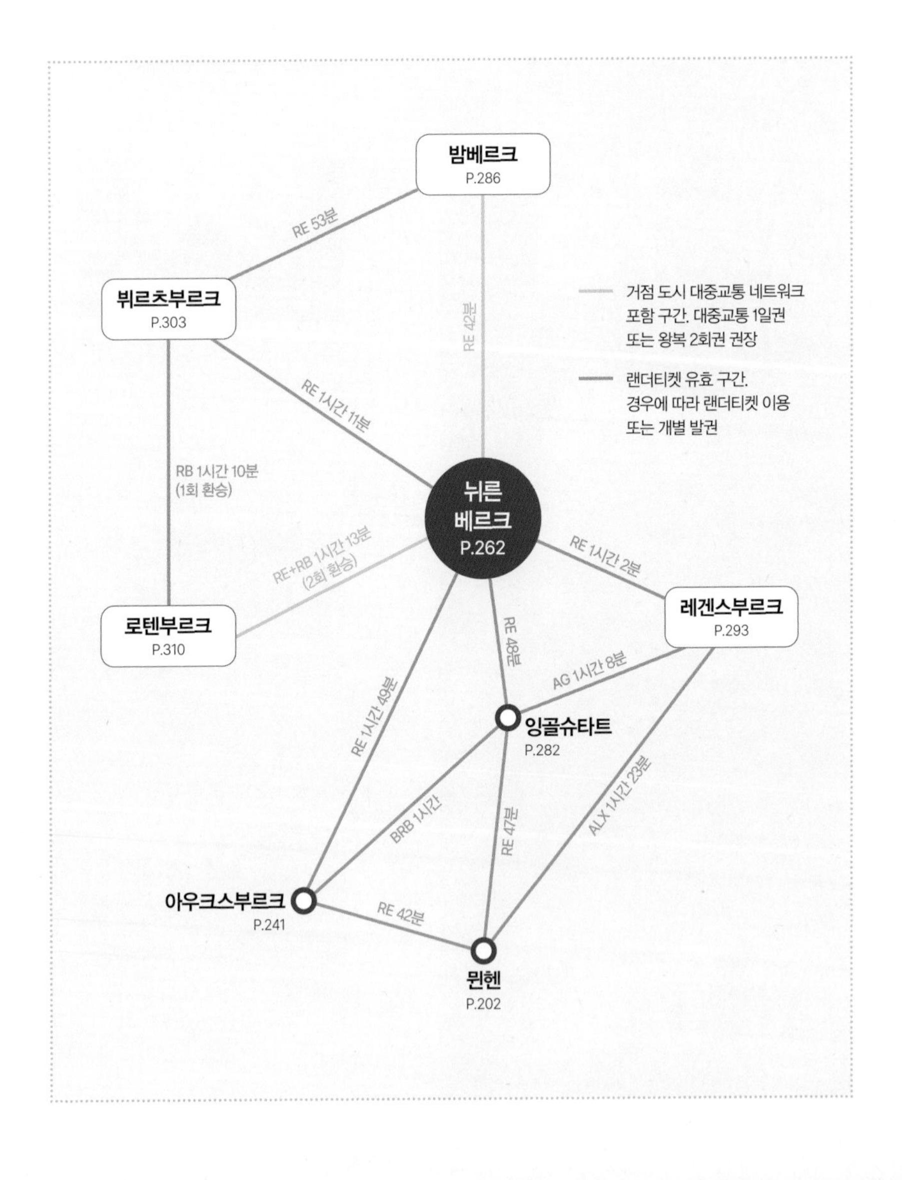

뉘른베르크 지역 숙박 전략

바이에른 제2의 도시 뉘른베르크는 성벽으로 둘러싸인 구시가지 안쪽과 중앙역 등 성벽 바깥쪽에 골고루 다양한 숙박업소가 있다. 주로 비즈니스호텔이 많고, 저렴한 호스텔은 많지 않으나 이색적인 호스텔이 눈길을 끈다.

☑ **다양한** 선택지

성벽 안쪽 MAP P.266-A2·B2

뉘른베르크 성벽 안쪽 구시가지 중 페그니츠강 이남 지역은, 과장을 조금 보태서 블록마다 숙박업소(호텔 또는 아파트먼트)가 하나씩 있다고 해도 과언이 아닐 정도로 호텔이 정말 많다. 프랜차이즈 호텔보다는 옛 건물을 개조하여 만든 호텔이 많고, 대체로 현대식 설비를 갖추고 깨끗하게 관리되고 있으나 소형 호텔이 많아 성수기에 가격이 크게 오르는 편이다.

☑ **저렴한** 가격

중앙역 또는 플레러 부근 MAP P.266-A3·B3

성벽 바로 바깥쪽, 유동 인구가 많은 중앙역 부근과 우반 전철역 플레러Plärrer 부근에 프랜차이즈 체인 비즈니스호텔이 속속 자리를 잡고 있다. 이 지역에는 프랜차이즈 호스텔도 몇 곳 문을 열어 뉘른베르크에서 가장 저렴하게 숙박할 수 있다. 교통도 편리하여 장점이 많다.

☑ **이색** 숙소

유스호스텔 MAP P.266-B1

뉘른베르크 유스호스텔은 카이저성의 옛 마구간을 개조하여 만들어졌다. 성처럼 거대하고 고풍스러운 옛 건물이기 때문에 '황제의 성에서 자는' 독특한 호캉스 경험이 가능하다. 다만, 카이저성은 뉘른베르크 시가지의 가장 높은 지대에 있는 관계로 짐이 무거우면 고생할 수 있다.

☑ **하룻밤 정도는**

로텐부르크 MAP P.311-A1

로텐부르크는 반나절이면 충분히 돌아볼 수 있는 예쁜 마을이지만 교통이 불편하니 이곳에 숙박하며 여유 있게 낭만적인 풍경을 즐겨 보자. 로텐부르크의 호텔은 대부분 중세의 반목조 건물을 그대로 사용하기 때문에 마치 시대를 거슬러 올라간 듯한 느낌도 받을 수 있을 것이다.

NÜRNBERG
뉘른베르크

뉘른베르크는 일찍부터 상공업이 발달하고 번영한 황제의 도시였다. 페그니츠강이 유유히 흐르는 구시가지에 그 모습이 잘 보존되어 있으며, 특히 옛 성벽이 거의 원형 그대로 남아 마치 '한양 성곽길'을 걷는 듯 흥미로움을 더한다.
역사적으로는 나폴레옹 침공 전까지 바이에른이 아닌 프랑켄 Franken이라는 지역의 중심지였다. 따라서 바이에른 제2의 도시이지만 뮌헨과는 한층 다른 문화를 가지고 있으며, 세계에서 가장 유명한 크리스마스 마켓이 열린다.

지명 이야기
신성 로마제국 시절 황제의 거성이 바위산 위에 지어지면서 도시가 시작되었다. 그래서 '바위산'을 뜻하는 고어 Nuorenberc에서 도시 이름이 유래되었다. 영어로는 뉴렘버그Nuremberg라고 한다.

Information & Access 뉘른베르크 들어가기

관광안내소 INFORMATION

메인 관광안내소는 중앙마르크트 광장에 있고, 중앙역에서 더 가까운 곳은 수공예인 거리에 있다.

홈페이지 tourismus.nuernberg.de/en/ (영어)

뉘른베르크 관광안내소

찾아가는 방법 ACCESS

비행기

뉘른베르크 공항Flughafen Nürnberg „Albrecht Dürer"(공항코드 NUE)은 인천국제공항에서 직항 노선이 없으나 루프트한자 등 유수의 유럽 항공사가 취항한다. 또한, 저가항공사 라이언에어 노선이 많다.

• 시내 이동

뉘른베르크 북쪽 근교에 있으며 전철 우반으로 가깝다. 티켓은 전철역 티켓 판매기에서 구매한다. 만약 저가항공 이용을 위하여 새벽에 이동할 시에는 야간버스가 1시간에 1대꼴로 다닌다.

소요시간 우반 12분 **노선** U2호선 **요금** 편도 €3.7

뉘른베르크 공항

기차

뉘른베르크는 독일에서 최초로 상업 철도가 운행을 시작한 곳이다. 그 중심인 중앙역Hauptbahnhof은 여전히 교통망의 핵심이며, 수많은 열차편이 독일 전국으로 연결된다.

*** 유효한 랜더티켓** 바이에른 티켓

• 시내 이동

〈프렌즈 독일〉의 뉘른베르크 여행 코스는 첫날 중앙역부터 도보로 여행할 수 있도록 구성되었다.

중앙역

버스

버스터미널Nürnberg ZOB은 중앙역에서 한 블록 떨어진 길거리에 다소 어지럽게 설치된 정류장이 대신한다. 위치는 빌리브란트 광장Willy-Brandt-Platz 인근이다.

• 시내 이동

중앙역에서 도보 5분 거리에 있다.

버스터미널

버스터미널

Transportation & Pass 뉘른베르크 이동하기

시내 교통 TRANSPORTATION

전철 에스반과 우반 중 에스반은 주로 광역 교통 위주이므로 시내 여행 중 이용할 일이 많지는 않다. 공항 이동을 포함하여 여행 중 많이 활용되는 것은 우반이고, 트램과 버스도 다닌다.

• 타리프존 & 요금

· A(시내와 공항) : 1회권 €3.7, 1일권 €9.7, 단거리권 €2

· 1일권은 개시일 기준 24시까지, 단거리권은 전철역 2 정류장 내 이동 시 유효

• 근교 여행

뉘른베르크는 근교에도 대중교통 네트워크가 적용되는 여행지가 많다. VGN 대중교통 티켓으로도 레기오날반까지 탑승할 수 있으므로 바이에른 티켓보다 더 저렴한 요금으로 여행할 수 있다. 또한, 근교 여행에 유효한 VGN 플러스 1일권 Tagesticket Plus은 두 가지 장점이 더 있다. 첫째, 토요일에 구매하면 일요일까지 이틀간 유효하다(평일에는 하루). 둘째, 성인 2인 포함해 최대 6인까지 유효하다. 즉, 한 장의 1일권으로 성인 2명이 자녀를 데리고 주말 이틀간 이용할 수 있는 셈이므로 1인당 교통비가 파격적으로 저렴해진다.

· 10+T : 플러스 1일권 €23.9

· 이 책에 소개한 근교 도시 중 밤베르크와 로텐부르크를 VGN 플러스 1일권으로 왕복할 수 있다.

• 노선 확인

뉘른베르크 교통국 VGN www.vgn.de

노선 확인법 안내

우반

트램

관광 패스 SIGHTSEEING PASS

• 뉘른베르크 카드 NÜRNBERG CARD

48시간 동안 약 30곳에 달하는 뉘른베르크 박물관이 모두 무료, 그리고 대중교통까지 무료인 파격적인 관광 패스 상품. 뉘른베르크의 개성적인 박물관을 부담 없이 즐길 수 있어 훨씬 깊이 있는 여행이 가능해진다.

요금 €33 **주요 사용처** 무료입장 – 카이저성, 국립 게르만 박물관, 장난감 박물관, 알브레히트 뒤러 하우스, 철도 박물관, 뉘른베르크 재판 기념관 등 **구입방법** 관광안내소에서 구입

뉘른베르크 카드

티켓판매기

Best Course 뉘른베르크 추천 일정

베스트 코스

뉘른베르크에서는 크게 세 가지 콘텐츠를 기억하자. 잘 보존된 중세 성곽 안쪽의 구시가지, 현대사의 상처를 기억하는 기념관, 뜻밖의 볼거리가 충만한 박물관과 미술관. 모든 콘텐츠를 충분히 즐기려면 이틀의 시간도 넉넉하지는 않다. 첫날 구시가지를 거닐며 도시의 분위기를 느껴보고, 이튿날 중요한 기념관이나 박물관을 여행하면 가장 효율적이다. 둘째 날은 대중교통 1일권이 필요하다.

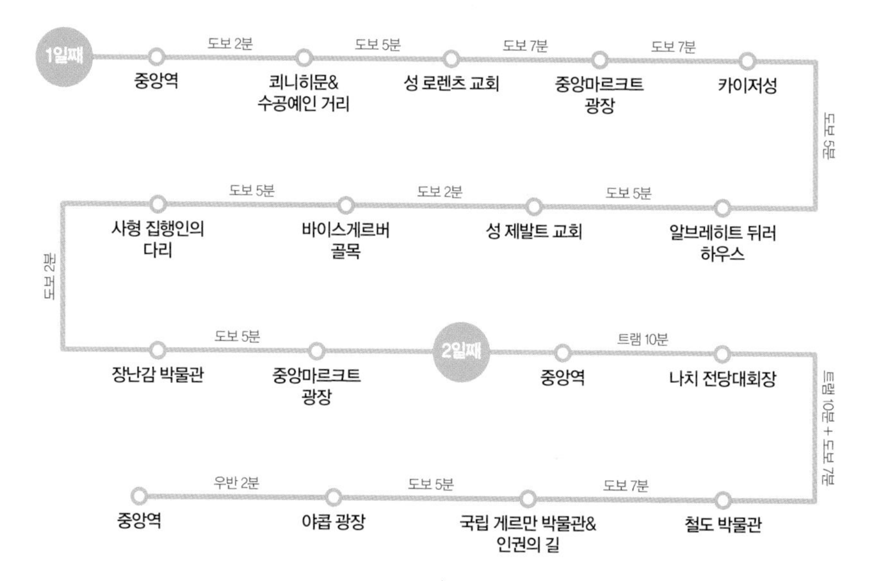

당일치기 코스

뉘른베르크에서 하루만 허락되면 1일째 코스에 충실하여 부지런히 다니는 게 최선이다. 그러나 나치 전당대회장은 오직 뉘른베르크에서만 볼 수 있는 상당히 강렬한 명소이므로 그냥 지나치는 게 못내 아쉬운 여행자에게는 다음과 같은 플랜 B를 제안할 수 있다.

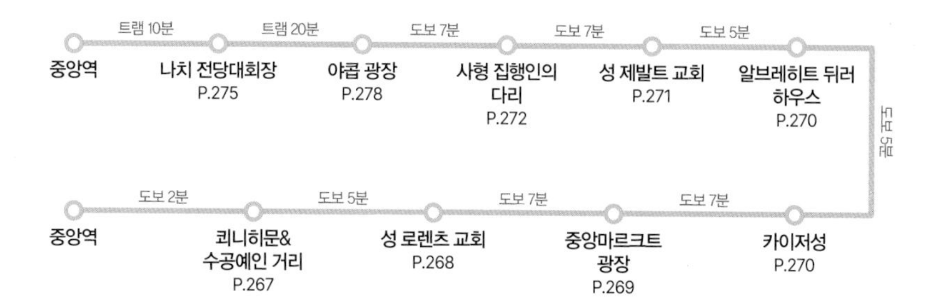

뉘른베르크
A
B
1
2
3
0
200m
↑뉘른베르크 공항
Airport Nürnberg
Vestnertorgraben
뉘른베르크 유스호스텔
카이저성
Tetzelgasse
Am Ölberg
알브레히트 뒤러 하우스
Albrecht-Dürer-Straße
알트슈타트호프
Burgstraße
시립박물관
Theresienstraße
브라트부어스트호이즐레
바이스게르버 골목
성 제발트 교회
장난감 박물관
구 시청사
브라트부어스트 뢰즐라인
Maxplatz
아름다운 분수
뉘른베르크 독일 박물관
성모 교회
Neue Gasse
중앙마르크트 광장
한스 작스 광장
막스 다리
사형 집행인의 다리
성령 병원
플라이슈 다리
Pegnitz
박물관 다리
카를 다리
Adlerstraße
Katharinengasse
카롤리나 거리
성 로렌츠 교회
에카루셀
Weißer Turm
Lorenzkirche
성 엘리자베트 교회
Breite Gasse
렙쿠헨 슈미트
야콥 광장
Königstraße
Kornmarkt
Koenigstorgraben
Marienstraße
←뉘른베르크 재판 기념관
Färberstraße
국립 게르만 박물관
인권의 길
신 박물관
쾨니히문
버스 터미널 ZOB
브라트부어스트 글뢰클라인
Bahnhofstraße
Frauentormauer
수공예인 거리
나치 전당대회장
Frauentorgraben
Opernhaus
뉘른베르크 주립극장
Hauptbahnhof
뉘른베르크 민속 축제
Steinbühler Straße
철도 박물관
Sandstraße

Attraction 보는 즐거움

옛 성벽에 둘러싸인 시가지에 작은 강이 관통한다. 큰 도시라고는 믿기 어려울 정도로 아기자기한 모습이 가득하다. 그러나 조금만 교외로 나가면 현대사의 상처가 남은 전혀 다른 풍경이 시야를 압도하는 이중적인 매력이 인상적이다.

쾨니히문 Königstor

신성 로마제국에서 '황제의 도시'로 중요한 역할을 담당한 뉘른베르크는, 그 중요성만큼 견고하고 육중한 성곽이 시가지를 감싸고 있어 마치 거대한 요새를 보는 듯하다. 어찌나 튼튼한지 단 한 번도 함락되지 않다가 처음 군사적으로 함락당한 순간이 제2차 세계대전의 막바지인 1945년 7월이었다고 한다. 주 출입문인 쾨니히문은 교통량 증가로 성문은 사라졌지만 직경 17m, 높이 40m에 달하는 거대한 성문 탑 Königstorturm은 여전히 남아 있다.

MAP P.266-B3 **가는 방법** 중앙역 맞은편.

수공예인 거리 Handwerkerhof

뉘른베르크 공예인의 작업실과 전시장 및 아트 숍이 모인 작은 거리. 쾨니히문 옆 성곽의 외벽과 내벽 사이 공간에 아담하게 조성하였고, 중세풍 반목조 건물이 옹기종기 모여 있어 마치 동화 속 마을에 들어온 듯 귀여운 풍경이 펼쳐진다. 일부는 전통 레스토랑이나 관광안내소가 사용하여 하나의 테마 관광지 역할을 완벽히 수행한다. 공방을 구경하거나 거리를 배경으로 인상적인 사진을 남겨보자.

MAP P.266-B3 **주소** Königstraße 82 **홈페이지** www.handwerkerhof.de **운영** 08:00~22:30(일요일 ~22:00), 내부 공방·식당의 운영시간은 홈페이지 참조 **요금** 무료 **가는 방법** 쾨니히문 바로 옆.

성 로렌츠 교회 St. Lorenzkirche

외부와 내부 모두 전형적인 고딕 양식이며, 80m 높이 첨탑 사이 거대한 '장미창'이 웅장한 건축미를 완성한다. 내부에도 중세 뉘른베르크 예술인의 손으로 탄생한 아름다운 종교 예술품이 잘 보존되어 있으며, 1만 2,000개 이상의 파이프로 구성된 대형 오르간 연주를 들을 수 있다. 교회 바깥에도 미덕의 분수 Tugendbrunnen 등 볼거리가 충분하고, 푸드 트럭 형태의 먹거리 시장도 열려 구경하는 재미가 있다.

MAP P.266-B2 **주소** Lorenzer Platz 1 **전화** 089-2317060 **홈페이지** www.lorenzkirche.de **운영** 월~토요일 09:00~17:00, 일요일 13:00~15:30 **요금** 무료, 헌금 €1 **가는 방법** 쾨니히문에서 도보 5분 또는 U1호선 Lorenzkirche역 하차.

여기근처

새로운 밀레니엄에 발맞춰 바이에른에서 현대미술과 디자인 분야에 초점을 맞춰 새로 개관한 대형 미술관이 두 곳 있는데, 하나가 뮌헨의 피나코테크 데어 모데르네(P.217), 그리고 다른 하나가 뉘른베르크의 신 박물관Neues Museum이다. 수공예인 거리와 성벽 하나를 사이에 두고 있으며, 디자인 섹션은 피나코테크 데어 모데르네와 운영 주체가 같아 수준이 우수하다. 특이한 점은, 예술과 디자인을 분리하지 않고 전시실마다 큰 테마에 맞춰 현대미술과 디자인 오브제를 조화롭게 전시한다는 점이다.

신 박물관

[신 박물관] 주소 Luitpoldstraße 5 **전화** 0911-2402069 **홈페이지** www.nmn.de **운영** 화~일요일 10:00~18:00(목요일 ~20:00), 월요일 휴무 **요금** 성인 €7, 학생 €6, 상설전시는 매주 일요일 €1 **가는 방법** 수공예인 거리 바로 옆.

중앙마르크트 광장
Hauptmarkt

그 유명한 뉘른베르크 크리스마스 마켓(P.283)의 무대인 중심 광장. 유명 관광지와 전통 상점 및 레스토랑 등이 주변을 채우고 있어 늘 현지인과 관광객들로 붐빈다. 제2차 세계대전 후 폐허가 된 도시에서 성모 교회와 아름다운 분수만큼은 원래의 아름다운 모습을 지킨 덕분에 뉘른베르크의 대표 명소가 되었다.

MAP P.266-B2 **가는 방법** 성 로렌츠 교회에서 도보 7분.

▶ 성모 교회 Frauenkirche

마치 호리병을 세워둔 듯 독특한 전면 외관이 인상적인 성모 교회는, 신성 로마제국 황제 카를 4세가 1355년에 황실 예배당으로 세웠다. 섬세한 장식과 웅장한 스테인드글라스 등이 눈에 띄고, 특히 유명한 것은 금인칙서 반포를 소재로 하는 특수 장치 시계다. 1509년에 제작되었고, 이런 부류의 특수 장치로는 독일에서 최초로 만들어진 것이라고 한다. 이 또한, 뉘른베르크가 '손재주'가 좋은 도시였다는 방증이다.

MAP P.266-B2 **주소** Hauptmarkt 14 **전화** 0911-206560 **홈페이지** www.frauenkirche-nuernberg.de **운영** 10:00~18:00(월~화요일 ~17:00, 일요일 12:00~) **요금** 무료

▶ 아름다운 분수(쇠너 브루넨) Schöner Brunnen

마치 고딕 첨탑을 연상케 하는 19m 높이의 초거대 분수. 신성 로마제국의 일곱 선제후와 성서 속 인물들을 다층적으로 묘사한다. 성모 교회와 같은 시기에 만들었으며, 현재 광장에 있는 것은 1900년대 초에 제작된 사본이다. 분수 철창에 달린 두 개의 원형 고리를 돌리면 소원이 이루어진다는 전설이 있어 많은 사람이 까치발을 들고 고리를 돌리는 모습을 볼 수 있다.

MAP P.266-A2

카이저성 Kaiserburg

'황제의 도시' 뉘른베르크에서 황제의 거성으로 건축한 곳. 도시 방어 요새를 겸하였으므로 가장 높은 언덕 위에 만들어졌으며, 견고한 성벽과 육중한 성탑을 볼 수 있다. 성까지 오르는 언덕길이 은근히 힘들지만 일단 성 위에 오르면 탁 트인 시가지 전망을 감상할 수 있다. 성의 본관은 박물관으로, 황제가 사용하던 공간이나 우물 등을 구경할 수 있다. 유료 입장을 하지 않더라도 성문으로 들어가면 성벽 위에서 성과 시내 전경의 조망이 좋다.

MAP P.266-A1 **주소** Burg 17 **전화** 0911-2446590 **홈페이지** www.kaiserburg-nuernberg.de **운영** 3월 29일~10월 3일 09:00~18:00, 10월 4일~3월 28일 10:00~16:00 **요금** 성인 €9, 학생 €8 **가는 방법** 중앙마르크트 광장에서 도보 7분.

알브레히트 뒤러 하우스 Albrecht-Dürer-Haus

독일 르네상스 예술가 중 최고봉으로 꼽는 알브레히트 뒤러는 뉘른베르크에서 태어나고 사망했다. 그가 생을 마칠 때까지 20여 년간 살았던 목조 주택은 알브레히트 뒤러 하우스라는 이름의 박물관이 되어 당시 생활 모습과 뒤러의 일생, 그리고 대표 작품을 전시한다. 규모는 크지 않으나 뒤러의 세계관의 핵심을 잘 알려준다. 뒤러의 그림을 바탕으로 제작한 대형 토끼상이 박물관 앞 광장에 있다.

MAP P.266-A1 **주소** Albrecht-Dürer-Straße 39 **전화** 0911-2312568 **홈페이지** museen.nuernberg.de/duererhaus/ **운영** 화~금요일 10:00~17:00, 토~일요일 10:00~18:00, 월요일 휴무 **요금** 성인 €7.5, 학생 €2.5 **가는 방법** 카이저성에서 도보 5분.

성자 제발트의 무덤

성 제발트 교회 St. Sebalduskirche

도시의 수호성인인 성자 제발트의 무덤이 있는 곳. 성모 교회, 성 로렌츠 교회와 함께 뉘른베르크 3대 교회로 꼽힌다. 모르는 사람이 없는 '캐논 변주곡'의 원곡 '카논과 지그'를 작곡한 17세기 음악가 요한 파헬벨 Johann Pachelbel이 여기서 오르간 연주자로 활동하였다. 제2차 세계대전 중 크게 파손되었으며, 당시의 사진을 교회 내에 전시하고 있어 현재의 모습과 비교하며 전쟁의 참상을 되새겨볼 수 있다.

MAP P.266-A2 **주소** Winklerstraße 26 **전화** 0911-2142500 **홈페이지** www.sebalduskirche.de **운영** 09:30~18:00 (1~3월 16:30) **요금** 무료 **가는 방법** 알브레히트 뒤러 하우스에서 도보 5분 또는 중앙마르크트 광장에서 도보 2분.

TOPIC 알브레히트 뒤러

알브레히트 뒤러(1471~1528)는 당시 막 이탈리아에서 피어오르는 르네상스 정신을 체득하여 독일에서 꽃피운 화가였다. 독일 르네상스 미술 분야의 일인자이며, 그림만 잘 그린 게 아니라 미술 이론과 해부학적 소양에 바탕을 둔 그의 빼어난 실력에 '알프스 북쪽의 레오나르도 다빈치'라는 별명을 얻을 정도였다. 특히 예수 그리스도를 떠올리게 하는 구도로 자기 자신을 그린 '자화상'은 기존의 관습을 완전히 깨트린 르네상스 예술의 기념비적인 작품으로 꼽히며, 뮌헨의 알테 피나코테크(P.217)에 원본이, 알브레히트 뒤러 하우스에 사본이 전시 중이다.

자화상

뒤러의 동상

바이스게르버 골목 Weißgerbergasse

뉘른베르크에서 가장 아름다운 골목이다. 굽어지는 길에 중세 반목조 건축물이 나란히 붙어 거리 양쪽을 빼곡하게 채우고, 울퉁불퉁한 돌바닥 길이 운치를 더한다. 원래 이곳은 중세 무두Gerber 장인의 작업장이 모인 곳이었다. 가죽을 만들고 다듬기 위하여 건물마다 우물이 있었다고 한다. 지금은 작은 상점과 카페, 그리고 주거 공간으로서 조용한 분위기를 만든다.

MAP P.266-A2 **가는 방법** 성 제발트 교회에서 도보 2분.

사형 집행인의 다리 Henkersteg

페그니츠강 위에 놓인 조그마한 목조 다리. 1595년에 지금 모습으로 고쳐 만들었다. 무시무시한 이름은, 실제로 중세 사형 집행인이 이 다리를 통해 도시를 드나들었기 때문. 그 옛날 우리도 사형 집행인을 '망나니'라 부르며 천시하고 꺼린 것처럼 독일에서도 사형 집행인이 환영받는 존재는 아니었기 때문에 이런 특이한 다리가 탄생한 것이라고 한다. 꺼림칙한 과거와 달리, 지금은 바로 이웃한 중세 와인 저장고Weinstadel와 함께 강변의 운치가 극대화되는 멋진 포토존이다. 다리 위에서 강을 바라보는 풍경도 아름답다.

MAP P.266-A2 **가는 방법** 바이스게르버 골목에서 도보 2분.

와인 저장고와 다리

다리 위에서 보이는 풍경

SPECIAL PAGE

뉘른베르크의 다리

사형 집행인의 다리뿐 아니라 뉘른베르크의 다리는 하나같이 낭만적인 풍경이 가득하다. 여행 코스에서 벗어나 페그니츠강Pegnitz을 따라 산책해도 좋을 정도. 그중 사형 집행인의 다리 외에 특별히 기억해 두면 좋을 포토존을 몇 곳 더 소개한다.

박물관 다리 Museumsbrücke

진짜 박물관과 연관은 없으나 19세기에 다리 부근에 '박물관'이라는 이름의 사교 모임이 유행하여 다리 이름이 되었다. 다리 위에서 오른편으로 강 위에 툭 튀어나온 성령 병원Heilig-Geist-Spital을 보는 '뷰 맛집'으로 소문난 곳이다.

MAP P.266-B2 **가는 방법** 성 로렌츠 교회에서 중앙마르크트 광장으로 가는 길에 지나가게 된다.

박물관 다리

플라이슈 다리 Fleischbrücke

이름은 '고기 다리'라는 뜻으로 인근에 정육점이 있었던 것에 유래한다. 다리 자체로도 16세기 말 독일 후기 르네상스 양식을 반영한 건축사적 가치를 지니고, 다리 위에서 보는 전망도 빼어나다.

MAP P.266-A2 **가는 방법** 박물관 다리의 서쪽 방면 첫 번째 다리.

플라이쉬 다리

카를 다리 Karlsbrücke

페그니츠강의 작은 섬을 관통하여 1728년에 지은 다리. 당시 황제 카를 6세의 이름을 땄다. 다리 양편을 오벨리스크로 장식하였고, 서쪽으로는 사형 집행인의 다리가 가깝게 보인다.

MAP P.266-A2 **가는 방법** 장난감 박물관에서 도보 2분.

카를 다리

막스 다리 Maxbrücke

1457년에 완공되어 도시에서 가장 오래된 석조 다리로 꼽힌다. 여기서 보이는 사형 집행인의 다리와 와인 저장고의 풍경이 일품. 그 반대 방향으로도 중세 성문을 겸한 할러문 다리Hallertorbrücke와 주변 건물이 함께 어우러지는 풍경이 아름답다.

MAP P.266-A2 **가는 방법** 사형 집행인의 다리 옆.

막스 다리

장난감 박물관
Spielzeugmuseum

수공업이 발달한 뉘른베르크는 중세부터 장난감 산업이 흥하였고, 오늘날에도 세계적인 장난감 박람회가 열린다. 뉘른베르크는 이런 도시의 캐릭터에 부합하는 문화 공간의 필요성을 느껴 1971년에 장난감 박물관을 개관하였다. 소장품은 뉘른베르크에 살면서 수십 년간 1만 2,000점의 각종 진귀한 장난감을 수집한 바이어 부부Lydia&Paul Bayer의 컬렉션이 모태가 되었다. 장난감 전문 박물관으로는 가히 세계 최고 수준을 자랑하며, 클래식한 나무 장난감이나 양철 인형, 모형과 미니어처, 현대의 브릭 장난감 등이 3개 층을 가득 메운다. 아이도 어른도 깜짝 놀랄 만한 흥미롭고 신기한 장난감이 많다.

MAP P.266-A2 **주소** Karlstraße 13–15 **전화** 0911–2313164 **홈페이지** museen.nuernberg.de/spielzeugmuseum/ **운영** 화~금요일 10:00~17:00, 토~일요일 10:00~18:00, 월요일 휴무 **요금** 성인 €7.5, 학생 €2.5 **가는 방법** 사형 집행인의 다리 또는 성 제발트 교회에서 도보 2분.

여기근처

독일 과학기술의 역사가 모인 뮌헨의 독일 박물관(P.214) 분관이 뉘른베르크에 문을 열었다. 뉘른베르크 독일 박물관Deutsches Museum Nürnberg은 '미래 박물관Zukunftsmuseum'이라는 부제에서 알 수 있듯 미래 기술을 다룬다. 로봇과 사이보그, AI, 유전자 변이 등 인류의 미래를 좌지우지할 중요한 기술을 구경하고 체험하면서 올바른 방향을 탐구하도록 돕는다.

[뉘른베르크 독일 박물관] 주소 Augustinerhof 4 **전화** 0911–21548880 **홈페이지** www.deutsches-museum.de/nuernberg **운영** 화~일요일 10:00~18:00, 월요일 휴무 **요금** 성인 €9.5, 학생 €6 **가는 방법** 장난감 박물관에서 도보 2분.

나치 전당대회장 Reichsparteitagsgelände

1933년부터 시작되어 제2차 세계대전이 발발하기 전인 1938년까지 나치 전당대회가 뉘른베르크에서 열렸다. 신성 로마제국 황제의 도시였고 제국의회가 열렸던 뉘른베르크는 '제3 제국'을 꿈꾸는 히틀러가 매우 사랑한 도시였고, 게르만 박물관이 있어 민족사 측면에서 상징성이 있으며, 교통이 편리해 대규모 군중 집회에 적합한 도시였기 때문이라는 분석이다. 히틀러가 총애한 알베르트 슈페어Albert Speer가 마치 로마제국 콜로세움을 연상케 하는 초대형 대회장을 만들었다. 다만, 전쟁의 발발로 공사가 중단되어 미완성 상태로 남아 있으며, 뉘른베르크는 이 거대한 흉물을 역사 교육의 장으로 사용하고자 내부에 기록의 전당Dokumentationszentrum을 열어 나치 전당대회가 열린 도시의 부끄러운 과거와 전쟁의 참상을 가감 없이 공개한다. 미완성이지만 거대한 원형 경기장의 골격은 완성되었기 때문에 별다른 설명이 없어도 나치의 광기를 느끼기에는 충분하다. 참고로, 이 자리는 두첸트 호수Dutzendteich 주변으로 넓은 공터가 있어 뉘른베르크 시민이 계절마다 축제를 즐기는 곳이었다. 오늘날에도 뉘른베르크의 민속 축제가 여기서 열리고, 분데스리가 축구장도 부근에 있다. 많은 군중이 모이는 자리에 흉물처럼 존재감을 발산하는 미완성 전당대회장은 그 자체로 주는 울림이 크다. 기록의 전당은 2025년까지 대대적인 보수 공사로 상설 전시를 휴관하고 별도의 기획 전시를 진행 중이다.

MAP P.266-B3 **주소** Bayernstraße 110 **전화** 0911-2317538 **홈페이지** museen.nuernberg.de/spielzeugmuseum/ **운영** 10:00~18:00 **요금** 성인 €6, 학생 €1.5 **가는 방법** 중앙역에서 8번 트램 Doku-Zentrum 정류장 하차.

두첸트 호수

철도 박물관 DB Museum

ⓒDB Museum/Uwe Niklas)

독일에서 최초로 철도가 운행을 시작한 도시 뉘른베르크에는 독일 철도청에서 운영하는 철도 박물관이 있다. 1835년 철도 부설 이래 기차가 어떻게 변천하였는지 확인할 수 있으며, 최초의 열차도 전시한다. 또한, 시대별 철도의 활용법, 가령 나치가 철도를 이용해 죄수나 무기를 호송한 어두운 과거에 대한 내용까지도 다양한 시청각 자료와 실물 모형 등을 활용해 알차게 전시한다.

MAP P.266-A3 **주소** Lessingstraße 6 **전화** 0800-32687386 **홈페이지** www.dbmuseum.de **운영** 화~금요일 09:00~17:00, 토~일요일 10:00~18:00, 월요일 휴무 **요금** 성인 €9, 학생 €7 **가는 방법** 중앙역에서 도보 5분 또는 U2·3호선 Opernhaus역 하차.

TOPIC 독일 최초의 철도

중앙역의 기념물

19세기 초, 영국에서 증기기관차가 운행을 시작한 뒤 독일에서도 열차 교통망을 건설하려는 움직임이 시작되었다. 최초의 철도는 바이에른 왕국에서 루트비히 1세(P.215)의 지휘 하에 1835년에 개통한 바이에른 루트비히 철도Bayerische Ludwigseisenbahn이며, 뉘른베르크와 퓌르트Fürth를 잇는 6km 구간의 철도가 건설되었다. '독수리'라는 뜻의 아들러Adler라고 불린 기관차가 다녔으며, 당시 첫 열차가 다닌 코스는 주요 교역 루트로 바이에른에서 가장 통행량이 많은 구간이었고 초창기에는 주로 화물 운송 목적이었다고 한다. 오늘날에도 뉘른베르크 에스반 1호선(종점 퓌르트)으로 최초의 철도 흔적이 남아 있다.

국립 게르만 박물관 Germanisches Nationalmuseum

선사시대부터 현재에 이르기까지 게르만 민족(독일어권 국가)에 대한 문화와 예술을 아우르는 대형 박물관이다. 알브레히트 뒤러가 사용한 도구, 그림 형제가 사용한 가구, 청동기 시대의 유물, 게르마니아 여신 그림, 중앙마르크트 광장에 있는 아름다운 분수의 원본 등이 해당한다. 1492년에 제작한 세계 최초의 지구본은 특히 가치 있는 소장품이다. 1852년에 그림 형제 등 당시 독일 석학의 적극적인 노력으로 뉘른베르크에 게르만 박물관이 문을 열었는데, 박물관 장소로 바이에른 왕국이 기증한 수도원을 그대로 품고 그 위에 새로운 건물을 만들어 독특한 구조를 갖추었다.

MAP P.266-A3 **주소** Kartäusergasse 1 **전화** 0911-13310 **홈페이지** www.gnm.de **운영** 화~일요일 10:00~18:00(수요일 ~20:30), 월요일 휴무 **요금** 성인 €10, 학생 €6 **가는 방법** 철도 박물관 또는 수공예인의 거리에서 도보 5분.

인권의 길 Straße der Menschenrechte

국립 게르만 박물관 앞 좁은 골목은 인권의 길이라는 이름이 붙었다. 나치 전당대회에서 인종차별을 법제화하였던 뉘른베르크의 오명을 씻고 피해자에게 사죄하고자 뉘른베르크에서 UN 인권선언문 조항을 기둥마다 각 1개 조항씩 새겨두었다. 총 30개 기둥에 각각 다른 언어로 새겼으며, 첫 번째 언어로 이디시어(유대인 언어)를 선택해 사죄의 메시지를 전한다. 아쉽게도 한국어는 보이지 않는다.

MAP P.266-A3 **운영** 종일 개방 **가는 방법** 국립 게르만 박물관 앞.

하얀 탑

에카루셀

야콥 광장 Jakobsplatz

뉘른베르크 옛 성곽 내벽 출입문이었던 하얀 탑Weißer Turm 주변의 번화한 광장이다. 오늘날까지 시계탑 역할을 훌륭히 수행하는 하얀 탑을 중심으로 '결혼의 회전목마'라는 별명을 가진 에카루셀Ehekarussell 조형 예술품이 시선을 빼앗는다. 조각가 위르겐 베버Jürgen Weber가 만든 이 작품은, 결혼 후 점점 피폐해지는 인물상을 위트 있게 표현하여 설치 당시 논란이 되기도 하였다. 커다란 돔과 내부 장식이 아름다운 성 엘리자베트 교회St. Elisabeth Kirche도 있다.

MAP P.266-A2 **가는 방법** 국립 게르만 박물관에서 도보 5분 또는 U1호선 Weißer Turm역 하차.

여기근처

만약 뉘른베르크 다크 투어로 재미나 감동을 얻었다면 마지막으로 뉘른베르크 재판 기념관Memorium Nürnberger Prozesse을 권한다. 제2차 세계대전이 끝난 뒤 연합군은 뉘른베르크 법원에서 나치의 핵심 전범 20인을 재판하여 죗값을 물었다. 뉘른베르크 법원 내 당시 실제 재판을 진행한 600호실Saal 600과 재판에 대한 기록을 전시하는 기념관을 통해 전범 행위에 대하여 낱낱이 공개하면서 후대에 교훈을 준다.

[뉘른베르크 재판 기념관] 주소 Bärenschanzstraße 72 **전화** 0911-23128614 **홈페이지** museen.nuernberg.de/memorium-nuernberger-prozesse/ **운영** 월요일·수~금요일 09:00~18:00, 토~일요일 10:00~18:00, 화요일 휴무 **요금** 성인 €7.5, 학생 €2.5 **가는 방법** 야콥 광장에서 U1호선 승차 후 Bärenschanze역 하차.

600호실

Restaurant 먹는 즐거움

뉘른베르크도 바이에른의 주요 도시로 식도락과 풍류를 즐길 줄 아는 곳이다. 바이에른식 문화와 프랑켄식 문화가 공존하여 더욱 즐길 거리가 많다.

브라트부어스트호이즐레 Bratwursthäusle

뉘른베르크에서 부어스트로 가장 유명한 레스토랑. 1313년부터 성 제발트 교회 밑에서 소시지를 구워 팔던 것에서 시작하여 지금까지 이어진다. 뉘른베르거 부어스트와 맥주가 일품이고, 규모가 작아 합석은 기본이지만 중앙마르크트 광장이 보이는 테라스석 분위기가 상당히 좋다.

MAP P.266-A2 **주소** Rathausplatz 1 **전화** 0911-227695 **홈페이지** www.bratwursthaeuslenuernberg.de **운영** 11:00~22:00(일요일 ~20:00) **예산** 부어스트 €11.1~ **가는 방법** 중앙마르크트 광장과 성 제발트 교회 사이.

브라트부어스트 뢰즐라인 Bratwurst Röslein

1493년부터 시작되어 만만치 않은 역사를 가진 레스토랑이다. 알브레히트 뒤러도 여기서 부어스트를 즐겨 먹었다고 전해진다. 뉘른베르거 부어스트가 대표 메뉴이며, 600석 규모의 널찍한 공간이어서 좀 더 한적한 분위기다.

MAP P.266-B2 **주소** Rathausplatz 6 **전화** 0911-214860 **홈페이지** www.bratwurst-roeslein.de **운영** 11:00~23:00 **예산** 부어스트 €11.9~ **가는 방법** 중앙마르크트 광장 안쪽 골목.

TOPIC 뉘른베르거 부어스트

뉘른베르크의 소시지는 독일의 다른 지역과 달리 작고 가늘다. 그래서 더 바삭하게 구워지고 빵 사이에 넣어 먹기에도 부담이 덜하다. 뉘른베르거 부어스트Nürnberger Rostbratwurst는 일반적으로 식당에서 주석 접시에 담긴 6·8·10·12개들이 메뉴에 자우어크라우트와 겨자소스를 함께 먹는 게 정석이다. 빵에 넣어 먹을 때에는 소시지 3개가 들어가는데 이를 드라이 임 베글라Drei im Weggla라고 부른다.

브라트부어스트 글뢰클라인

Bratwurstglöcklein

수공예인 거리에 있는 아담한 부어스트 레스토랑. 종 모양의 귀여운 주석 접시에 담아 내놓는 뉘른베르거 부어스트로 유명하다. 그 외에도 프랑켄 지역의 향토 요리와 시원한 맥주를 판매한다.

MAP P.266-B3 **주소** Waffenhof 5 **전화** 0911-227625 **홈페이지** www.bratwurst-gloecklein.de **운영** 월~토요일 11:00~22:00, 일요일 휴무 **예산** 부어스트 €11.5~ **가는 방법** 수공예인 거리에 위치.

알트슈타트호프 Hausbrauerei Altstadthof

맥주 애호가라면 반드시 찾아가야 할 곳. 중세 뉘른베르크에서 유행하였다가 명맥이 끊어진 로트비어(레드비어)를 되살려 판매하는 곳이다. 특히 흑맥주-로트비어-필스너 맥주 작은 잔을 나란히 놓아 흑-적-금 독일 국기 3색을 표현하는 맥주 샘플러는 참기 어렵다. 쇼이펠레 등 프랑켄 향토 요리를 곁들일 수 있으며, 디저트로 맥주가 들어간 비어라미수Bieramisu가 눈길을 끈다. 이뿐만 아니라, 전반적인 양조 실력이 우수해 위스키도 직접 제조하는데 선물용으로 인기가 높다.

MAP P.266-A1 **주소** Bergstraße 19 **전화** 0911-2449859 **홈페이지** www.hausbrauerei-altstadthof.de **운영** 월~목요일 12:00~23:00, 금요일 12:00~24:00, 토요일 11:00~24:00, 일요일 11:00~23:00 **예산** 맥주 샘플러 €7.5 **가는 방법** 알브레히트 뒤러 하우스에서 도보 2분.

Shopping 사는 즐거움

도시 규모에 어울리는 대형 백화점과 상점가, 수공업으로 유명한 도시에 어울리는 아기자기한 기념품 등을 쉽게 만날 수 있다. 근교로 나가면 대형 아웃렛도 있다.

브로이닝어 백화점

카롤리나 거리 Karolinenstraße

성 로렌츠 교회의 정면으로 뻗은 길. 여기에 카우프호프, 브로이닝어 등 대형 백화점이 한 블록 거리에 있고, 독일 드러그스토어 프랜차이즈 체인점도 모두 대형 매장을 차렸다. 카롤리나 거리는 뉘른베르크에서 가장 번화한 쇼핑가이며, 그 외에도 SPA 의류매장, 스포츠용품 매장, 서점, 뷰티 숍 등 눈길 가는 상점이 많아 천천히 구경하기에 좋다. 상점은 대부분 일요일에 쉰다.

MAP P.266-A2 **가는 방법** 성 로렌츠 교회와 야콥 광장 사이.

TOPIC 뉘른베르크 필기구

슈테틀러 플래그십 스토어

'손재주'가 좋아 수공업이 발달하고 장인정신에 입각한 우수한 제품을 생산하는 뉘른베르크의 캐릭터가 세계적으로 가장 크게 인정받은 분야가 필기구다. 우리에게도 '프리미엄' 연필로 받아들여지는 파버카스텔과 슈테틀러(스테들러)가 뉘른베르크 회사다. 연필 제조로는 1662년부터 시작한 슈테틀러가 세계 최초이지만 회사의 형태가 아니었기 때문에 1761년부터 연필을 생산해 판매한 파버카스텔이 세계에서 가장 오래된 필기구 회사로 인정받는다. 그러니 뉘른베르크에서는 필기구 쇼핑도 리스트에 올려두면 좋다. 꽤 오랫동안 카롤리나 거리 부근에 슈테틀러 플래그십 스토어가 있었고, 매일 연필 깎는 장인을 쇼윈도로 볼 수 있는 게 뉘른베르크의 볼거리였다. 코로나 팬데믹으로 인해 매장이 문을 닫아 지금은 그 모습을 볼 수 없는 게 아쉽다.

렙쿠헨

렙쿠헨 슈미트 Lebkuchen-Schmidt

독일식 생강빵(진저브레드)으로 크리스마스에 특히 어울려 '크리스마스 비스킷'이라 불리는 렙쿠헨Lebkuchen이 가장 유명한 도시가 뉘른베르크다. 1926년에 설립한 렙쿠헨 슈미트는 뉘른베르크의 대표적인 베이커리 회사로 큰 인기를 얻고 있으며, 예쁜 패키지에 담긴 각양각색의 렙쿠헨으로 선물하기에도 아주 좋다. 동절기에는 곳곳에 팝업 스토어가 열리고, 평소에는 카롤리나 거리에 있는 큰 매장이 구경하고 쇼핑하기에 가장 좋다. 중앙 마르크트 광장에도 작은 매장이 있다.

MAP P.266-B2 **주소** Königstraße 38 **전화** 0911-896657 8816 **홈페이지** www.lebkuchen-schmidt.com **운영** 계절에 따라 다르므로 홈페이지에서 확인 **가는 방법** 성 로렌츠 교회에서 도보 2분.

잉골슈타트 빌리지
Ingolstadt Village

뉘른베르크와 뮌헨 사이에 있는 잉골슈타트Ingolstadt에 대형 빌리지 아웃렛이 있다. 주로 의류·잡화·뷰티·주방용품 위주로 여러 글로벌 브랜드 매장의 상시 세일 행사가 진행되며, 초고가 명품 브랜드보다는 실용성과 대중성에 초점을 맞춘다. 휠체어나 유모차 대여 등 쇼핑 편의를 위한 부대시설도 잘 갖추어져 있다. 뮌헨에서 아웃렛으로 가는 전용 셔틀버스(왕복 €10)가 하루 1회 운행하는데, 그보다는 잉골슈타트 북역Ingolstadt Nord에서 시내버스로 가는 편이 더 편리하다.

주소 Otto-Hahn-Straße 1, Ingolstadt **전화** 0841-8863100 **홈페이지** www.thebicestercollection.com/ingolstadt-village/ko/ **운영** 월~토요일 10:00~20:00, 일요일 휴무 **가는 방법** 레기오날반으로 잉골슈타트 북역까지 간 뒤 20번 버스로 Ingolstadt Village 하차(15분 소요, 전 일정 바이에른 티켓 사용).

Entertainment 노는 즐거움

계절마다 열리는 민속 축제와 문화예술 축제, 그리고 세계적인 명성의 겨울철 크리스마스 마켓까지, 뉘른베르크는 연중 다이내믹한 행사가 펼쳐지는 흥겨운 도시다.

뉘른베르크 민속 축제
Volksfest Nürnberg

뮌헨 옥토버페스트를 창시한 바이에른 국왕 루트비히 1세가 뉘른베르크에서도 1826년부터 유사한 축제를 연 것이 시초가 되어 지금까지 매년 봄과 가을, 나치 전당대회장 부근 공터에 각종 놀이기구와 먹거리 시설을 세우고 대규모 민속 축제를 연다. 역시 지역 양조장의 맥주가 빠질 수 없어서 '옥토버페스트의 리허설'이라 불린다. 축제 일정은 홈페이지를 참조.

MAP P.266-B3 **홈페이지** www.volksfest-nuernberg.de **가는 방법** 나치 전당대회장(P.275)과 동일.

크리스마스 마켓
Nürnberger Christkindlesmarkt

크리스마스를 앞두고 약 3~4주간 열리는 뉘른베르크의 자랑거리. 중앙마르크트 광장 전체 및 구시가지 곳곳의 광장에 거대한 마켓이 열린다. 크리스마스 마켓은 전 독일에서 같은 시기에 열리지만, 뉘른베르크는 가장 동화 같은 분위기와 다채로운 볼거리로 세계적인 명성을 얻고 있다. 2024년 일정은 11월 29일부터 12월 24일까지.

홈페이지 www.christkindlesmarkt.de

블루 나이트 Blaue Nacht

©Uwe Niklas

2000년에 처음 시작하여 뉘른베르크의 특색 있는 야간 예술 축제로 자리매김한 행사. 1년 중 딱 하루, 새벽까지 카이저성 등 도시의 주요 장소가 푸른빛으로 물들고 설치·행위 예술과 공연을 곁들인다. 팬데믹 이후부터는 2년에 한 번씩 축제를 열기로 하였고, 다음 축제는 2025년에 열릴 예정이다.

홈페이지 www.nuernberg.de/internet/dieblauenacht/

SPECIAL PAGE

뉘른베르크 크리스마스 마켓 미션

온 사방이 반짝거리는 '겨울 동화' 크리스마스 마켓!
뉘른베르크니까 가능한 크리스마스 마켓 미션 6가지를 소개한다.

Mission 1 렙쿠헨 먹어보기

크리스마스 시즌 베이커리 중 뉘른베르크에서는 단연 렙쿠헨을 먹어봐야 한다. 하트 모양에 초콜릿을 코팅한 렙쿠헨헤르츠Lebkuchenherz는 축제 분위기에 딱 어울린다. 뉘른베르크 특산품은 아니지만 최근 우리에게도 친숙해진 슈톨렌Stollen도 부담 없이 도전해 보자.

렙쿠헨

Mission 2 푸룬 맨 득템하기

마켓에서 판매하는 온갖 화려하고 앙증맞고 눈부신 제품 중 오직 뉘른베르크에만 존재하는 선물을 원하면? 푸룬(건자두) 미니어처 츠베취겐메늘레Zwetschgenmännle를 추천한다. 호두나 무화과로 얼굴과 몸통을, 푸룬으로 팔다리를 만든 장식품인데, 100% 뉘른베르크 핸드메이드다.

푸룬 맨

마스코트 찾아보기

크리스트킨트

뉘른베르크 크리스마스 마켓엔 크리스트킨트Christkind라고 부르는 마스코트가 있다. 뉘른베르크의 16~18세 여학생 중 1명이 선발되어 2년 동안 활동한다. 크리스트킨트의 주 임무는 개막을 선포하는 것, 그리고 어려운 아동에게 선물을 주는 것. 크리스마스 마켓 현장에도 종종 나타나므로 수태고지 천사 복장을 한 크리스트킨트가 있는지 찾아보자.

성모 교회 위에서 바라보기

성모교회 테라스에서의 전망

크리스트킨트가 개막을 선포하는 자리가 성모 교회 시계탑 아래 테라스다. 여기는 평소에 개방하지 않으나 크리스마스 마켓 기간에만 일반 여행자도 출입할 수 있다(유료). 테라스에 올라 환하게 빛이 들어온 중앙마르크트 광장을 바라보자. 해 진 뒤에 올라가야 좋다.

Mission 5

빛의 행렬 구경하기

빛의 행렬 ©Michael Matejka

뉘른베르크 크리스마스 마켓에만 존재하는 프로그램으로 '빛의 행렬Lichterzug'을 빼놓을 수 없다. 제2차 세계대전 후 뉘른베르크 학생들이 자발적으로 평화를 기원하며 카이저성까지 행진한 것에서 유래하며, 매년 하루를 정해 크리스트킨트와 뉘른베르크 학생들이 등불을 들고 카이저성까지 행진하며 장관을 이룬다.

노란 역마차 타기

역마차

크리스마스 마켓 기간에 구시가지를 한 바퀴 돌아보는 역마차가 다닌다. 클래식한 노란 역마차를 타고 반짝반짝 빛나는 크리스마스 타운을 돌아보는 재미가 있다. 뉘른베르크 관광청 홈페이지에서 온라인 예약 후 이용할 수 있다.

기타 주의사항

- 크리스마스 마켓은 휴일 없이 10:00부터 21:00까지 연다. 폐막일(크리스마스이브)엔 14:00에 닫는다.
- 개방된 광장에서 열리므로 별도의 입장료는 없다. 먹거리 매점은 대체로 현금 결제만 가능하다.
- 회전목마 등의 놀이시설이 있는 어린이 마켓Kinderweihnacht이 한스작스 광장Hans-Sachs-Platz에 있다. 중앙마르크트 광장의 안쪽 골목이다.
- 글뤼바인 등 음료 구매 시 컵 보증금이 추가되며, 컵을 반환하면 보증금을 돌려받는다. 꼭 구매한 곳이 아니어도 마켓의 모든 음료 판매점에서 보증금을 반환받을 수 있다.
- 개막식 등 특정 행사가 있을 때는 꽤 혼잡하다. 소매치기 등 안전사고에 유의하자.
- QR코드를 스캔하면 뉘른베르크 크리스마스 마켓 현장의 분위기를 영상으로 감상할 수 있다.

BAMBERG 밤베르크

운하 옆에 동화 같은 마을이 펼쳐져 '독일의 베네치아'로 불린다. 하지만 그보다 먼저 생긴 별명은 '프랑켄의 로마'다. 10세기경 주교좌 도시로서 번영하였기 때문. 그때부터 형성된 아름다운 구시가지 전체는 유네스코 세계문화유산으로 등록되었다.

관광안내소 INFORMATION

도시 규모에 비해 관광안내소가 크고 짐 보관소 등의 편의시설도 훌륭하지만, 여행 동선에서 약간 떨어진 곳에 있어 일부러 들르지는 않게 된다.

홈페이지 en.bamberg.info (영어)

찾아가는 방법 ACCESS

거점 도시와 이동시간 (레기오날반 기준)

뉘른베르크 ↔ 밤베르크 : RE 42분

유효한 티켓

VGN 1일권(€23.9) 또는 바이에른 티켓

TOPIC 라우흐비어

'훈제 맥주'라는 뜻의 라우흐비어Rauchbier가 밤베르크의 특산품이다. 독일 맥주의 수많은 종류 중에서도 가장 독특한 타입이니 밤베르크 여행 중 꼭 마셔보자. 라우흐비어는 맥아 건조 과정에 불을 이용하면서 소위 '불맛'이 가미된 맥주를 만드는 방식이다. 원래 전통적인 맥주 양조법이었지만 산업혁명 이후 사라졌는데, 밤베르크에서는 이를 고수하고 더욱 발전시켜 도시의 특산품으로 만들었다. 첫 모금은 그 '불맛' 때문에 낯설지만, 한 잔을 비울 때쯤에는 특유의 풍미에 반해 라우흐비어의 진가를 알게 될 것이다.

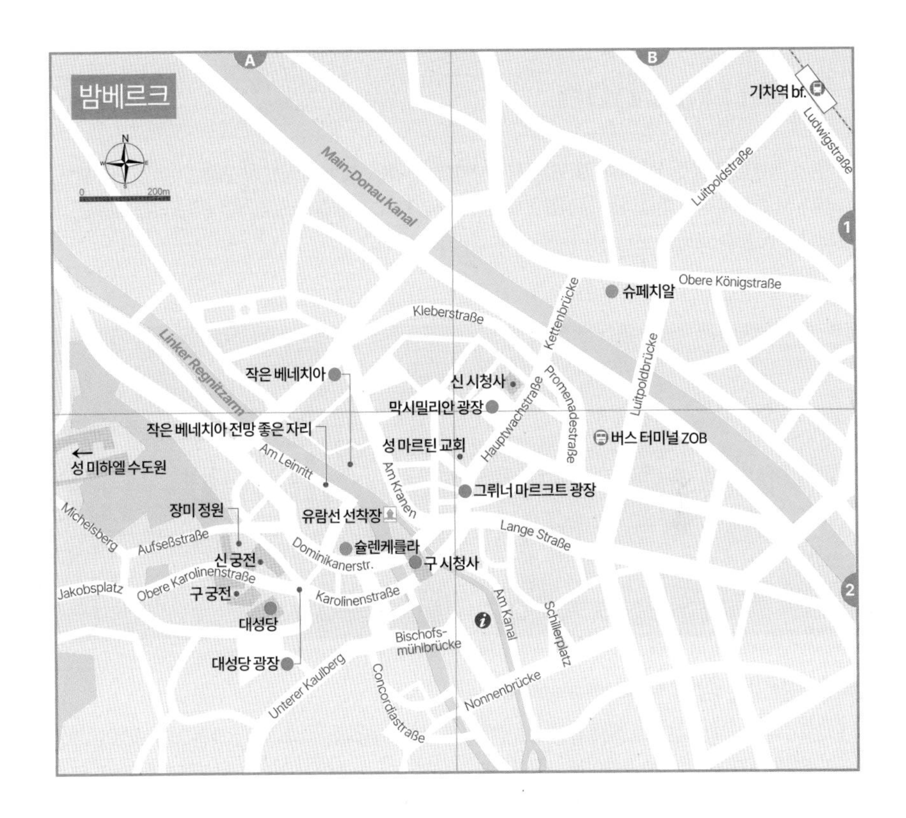

Best Course 밤베르크 추천 일정

밤베르크는 도보 이동이 적잖이 필요한 도시다. 평지의 기차역에서 출발해 언덕 위의 대성당, 그보다 더 높은 곳의 수도원까지 쭉 오르막이 계속되므로 충분한 휴식을 곁들이며 여행하기를 권한다.

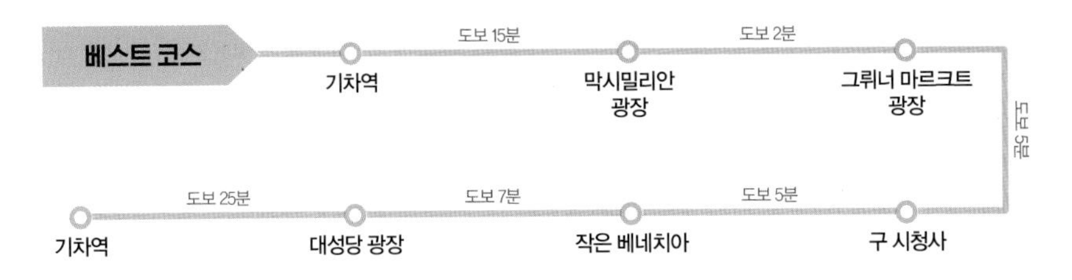

Tip. 기차역에서 막시밀리안 광장 부근의 버스터미널Bamberg ZOB까지 시내버스로 이동할 수 있으며, VGN 1일권으로 탑승할 수 있다. 버스를 이용해도 시간이 단축되지는 않으나 체력은 아낄 수 있다. VGN 노선 확인 방법은 P.264의 QR코드 참조.

Attraction 보는 즐거움

산 위의 대성당과 궁전, 산 아래 강 위의 시청사와 좁은 골목. 밤베르크는 산 위와 아래가 전혀 다른, 그러나 서로 어우러져 아름다운 풍경을 만드는 게 포인트다. 언덕을 오르내려야 하는 만큼 체력은 소모되지만 땀 흘린 보람을 보장하는 여행의 재미가 기다린다.

신 시청사

막시밀리안 광장 Maximiliansplatz

신 시청사가 있는 밤베르크의 중심 광장이다. 현지인은 막스 광장Maxplatz이라는 애칭으로 부르며, 바이에른 국왕 막시밀리안 1세 요제프의 동상에서 유래한 이름이다. 신 시청사는 뷔르츠부르크 레지덴츠 궁전(P.308)의 건축가이자 독일 바로크의 거장 발타자어 노이만Balthasar Neumann이 신학교로 지었으며, 후대에 시청사로 변형되었다. 이 자리에서 열리는 밤베르크 크리스마스 마켓도 뉘른베르크만큼 유명하다.

MAP P.287-B1 **가는 방법** 기차역에서 도보 15분 또는 901·902·911번 등 유수의 시내버스로 Stadtmitte ZOB 정류장 하차 후 도보 2분.

성 마르틴 교회

포세이돈 분수

그뤼너 마르크트 광장 Grüner Markt

'녹색 시장'이라는 뜻으로 옛날에 채소와 과일 시장이 열린 곳. 오늘날에도 식료품과 꽃 등 다양한 물품을 판매하는 시장이 열린다. 광장의 볼거리는 크게 두 가지. 장식이 아름다운 성 마르틴 교회Kirche St. Martin와 현지인이 '삼지창 인간Gabelmann'이라는 애칭으로 부르는 포세이돈 분수Neptunsbrunnen다. 시장에서 구매한 가벼운 먹거리를 분수 주변에 앉아서 먹으며 광장 풍경을 감상하면 100점 만점.

MAP P.287-B2 **가는 방법** 막시밀리안 광장에서 도보 2분.

구 시청사 Altes Rathaus

유네스코 세계문화유산인 밤베르크 구시가지의 가장 대표적인 곳. 고딕 양식과 로코코 양식이 절묘하게 조화를 이루며 외벽의 화사한 벽화까지 어우러져 독일에서 가장 개성적인 시청사라 할 수 있겠다. 특히 강 위에 떠 있는 듯한 모습이 인상적인데, 두 개의 다리 위에 건축한 덕분에 볼 수 있는 이색적인 풍경이다. 그 두 개의 다리도 섬세한 조각으로 장식되어 있고, 북쪽에 있는 두 번째 다리(하교Untere Brücke)에서 보이는 레그니츠강Regnitz의 빼어난 풍경에 압도된다. 이처럼 다리 위에 시청사를 지은 이유가 독특하다. 건축 당시 주교 세력은 대성당이 있는 언덕 쪽에 시청사를 짓기 원했고, 시민 세력은 강 동쪽 평지에 짓기 원했다. 갈등이 심해지면서 주교의 하인들이 강을 건너와 약탈하는 일도 벌어지자 두 세력은 갈등을 봉합하려고 강 위에 시청사를 짓기로 타협한 것이다. 이로부터 약 200년이 지난 뒤 시민 세력은 강 동쪽에 새로운 시청사를 갖게 되었고, 주교 세력은 언덕 위에 새로운 주교궁을 지으면서 서로의 구역이 명확히 나뉘게 된다. 오늘날 구 시청사는 도자기 박물관으로 사용된다. 퀼른 루트비히 박물관(P.397)의 주인공인 루트비히 부부의 컬렉션으로 완성된 진귀한 도예품을 만나볼 수 있다.

MAP P.287-A2 **주소** Obere Brücke 1 **전화** 0951-870 **운영** 화~일요일 10:00~16:30, 월요일 휴무 **요금** 성인 €6, 학생 €5 **가는 방법** 그뤼너 마르크트 광장에서 도보 5분.

작은 베네치아 Kleines Venedig

밤베르크가 '독일의 베네치아'라는 별명을 얻게 된 가장 큰 이유가 바로 이 작은 베네치아의 존재 때문일 것이다. 이 이름은 1842년 당시 독일을 여행하던 저널리스트가 붙인 이름에서 유래하는데, 이후 공식 명칭처럼 굳어졌다. 베네치아와 같은 수상가옥은 아니지만, 운하를 따라 늘어선 17세기경의 중세 양식의 건물에서 바로 배를 타고 떠날 수 있는 구조를 갖춘 모습에서 딱 어울리는 별명을 얻었다. 운하를 따라 건물이 늘어선 풍경을 보는 게 좋으므로 맞은편 강둑에서의 전망이 가장 좋다.

MAP P.287-A2 **가는 방법** 구 시청사에서 도보 5분.

대성당 Bamberger Dom

신성 로마제국 황제 하인리히 2세Heinrich II가 밤베르크에 주교좌성당을 설치하고 동쪽 진출의 교두보로 삼으면서 밤베르크가 발전하기 시작하였다. 밤베르크 대성당 건축연도는 1012년. 유네스코 세계문화유산 밤베르크 구시가지의 정점인 대성당은 무려 1,000년 이상의 역사를 가진 '살아 있는 유적'이나 마찬가지다. 안으로 들어가면 기둥 위 '밤베르크의 기사Der Bamberger Reiter' 조각상이 가치 높은 예술품으로 꼽히고, 하인리히 2세와 왕비의 무덤이 있다. 건축 이후 보수와 재건 과정에서 초기 로마네스크 양식과 고딕 양식이 혼합된 건축미도 인상적이다.

MAP P.287-A2 **주소** Domplatz 2 **전화** 0951-5022512 **홈페이지** www.bamberger-dom.de **운영** 5~10월 월~수요일 09:00~18:00, 목~금요일 09:30~18:00, 토요일 09:00~11:30·13:00~16:30, 일요일 13:00~18:00, 11~3월 09:00~17:00(목~금요일 09:30~, 토요일 ~16:30, 일요일 13:00~) **요금** 본당 무료, 박물관 성인 €7, 학생 €5 **가는 방법** 구 시청사에서 도보 10분.

밤베르크의 기사

대성당 광장 Domplatz

밤베르크 대성당이 있는 높은 언덕은 경사진 광장을 사이에 두고 두 개의 궁전이 마주 보며 화려한 볼거리를 선사한다. 언덕 아래쪽으로 붉은 지붕이 다닥다닥 붙어 펼쳐지는 밤베르크 구시가지의 전망이 좋다.

MAP P.287-A2 **가는 방법** 대성당 옆.

▶ 구 궁전 Alte Hofhaltung

황제 하인리히 2세의 궁전(요새)이 있던 자리. 즉, 도시의 출발점이 된 자리이며, 황제의 궁전이 소실된 후 르네상스 양식으로 재건되어 주교궁으로 사용되었다. 아름다운 대문 Schöne Pforte으로 들어가면 고풍스러운 궁궐이 나타난다. 내부는 역사박물관으로 사용 중.

MAP P.287-A2 **홈페이지** museum.bamberg.de/historisches-museum/ **운영** 화~일요일 10:00~17:00, 월요일 휴무(특별전이 없으면 동절기 휴무) **요금** 성인 €8, 학생 €4

구 궁전

▶ 신 궁전 Neue Residenz

1703년에 새로 지은 주교궁이다. 바로크 양식과 르네상스 양식으로 매우 화려한 궁전을 만들었다. 내부 입장 시 그 호화로운 인테리어를 관람할 수 있고, 네덜란드 화가와 바로크 시대 작품 위주의 미술관이 함께 개방되어 있다.

MAP P.287-A2 **홈페이지** www.residenz-bamberg.de **운영** 4월 1일~10월 3일 09:00~18:00, 10월 4일~3월 31일 10:00~16:00 **요금** 성인 €6, 학생 €5

신 궁전

▶ 장미 정원 Rosengarten

신 궁전의 안뜰이다. 소박한 장미 정원이 개방되어 그늘진 쉼터 역할을 한다. 여기서 보이는 성 미하엘 수도원 전망이 매우 아름답다.

MAP P.287-A2 **운영** 신 궁전과 동일 **요금** 무료

장미 정원

Restaurant

먹는 즐거움

구시가지에 유서 깊은 레스토랑이 많다. 특히 밤베르크 특산품 라우흐비어는 반드시 도전해볼 가치가 있다.

슐렌케를라 Schlenkerla

밤베르크 양파와 라우흐비어

오리지널 라우흐비어로 공인받은 곳. 1405년 지어진 낡은 건물도 전통적인 분위기를 더한다. 내부는 꽤 넓지만, 워낙 유명세가 높아 식사 시간대에는 빈자리를 찾기 어려운 편. 하지만 입구 앞에서 시원한 라우흐비어만 따로 판매하여 맥주만 마실 때는 큰 불편이 없다(맥주잔 보증금을 함께 내고, 반납하면 돌려받는다). 요리를 주문할 때는 이 도시에서 탄생한 '밤베르크 양파Bamberger Zwiebel'를 먹어보자. 양파 속에 다진 고기를 넣고 양파 모양대로 요리한 음식인데, 라우흐비어와 궁합이 좋다.

MAP P.287-A2 **주소** Dominikanerstraße 6 **전화** 0951-56050 **홈페이지** www.schlenkerla.de **운영** 09:30~23:30 **예산** 맥주 €4.1, 요리 €14~18 **가는 방법** 구 시청사에서 도보 2분.

슈페치알 Spezial

슐렌케를라와 함께 라우흐비어로 쌍벽을 이루는 500년 전통 양조장이다. 냉장 기술이 없던 시절 지하에 서늘하게 맥주통을 보관하려고 외딴 언덕에 창고와 비어가르텐을 만들었으며, 지금은 기차역에서 가까운 곳에 비어홀을 열고 더 편하게 이용할 수 있도록 하고 있다. 관광객보다는 현지인에게 사랑받는 곳이며, 그래서 더욱 '로컬'의 분위기를 느낄 수 있다. 프랑켄 스타일의 요리를 곁들인다.

MAP P.287-B1 **주소** Obere Königstraße 10 **전화** 0951-24304 **홈페이지** www.brauerei-spezial.de **운영** 월~금요일 09:00~22:30, 토요일 09:00~14:00, 일요일 09:00~21:00 **예산** 맥주 €3.8, 요리 €15 안팎 **가는 방법** 기차역 또는 막시밀리안 광장에서 도보 7분.

REGENSBURG 레겐스부르크

고대 로마 시절부터 시작되어 독일에서 가장 오랜 역사를 가진 도시 중 하나다. 또한, 신성 로마제국의 주요 도시로 약 150년간 제국의회가 고정적으로 열려 수도 기능도 담당하였으며, 잘 보존된 구시가지는 유네스코 세계문화유산으로 등록되었다.

관광안내소 INFORMATION

구 시청사와 슈바넨 광장Schwanenplatz 두 곳에 관광안내소를 운영하므로 동선 등에 따라 편한 곳을 택할 수 있다.

홈페이지 tourismus.regensburg.de/en/ (영어)

찾아가는 방법 ACCESS

거점 도시와 이동시간 (레기오날반 기준)

뉘른베르크 ↔ 레겐스부르크 : RE 1시간 2분

뮌헨 ↔ 레겐스부르크 : ALX 1시간 23분

유효한 티켓 바이에른 티켓

TOPIC 다뉴브 리메스

고대 로마제국은 도나우(다뉴브)강을 따라 세력을 형성하여 강변에 국경 요새 '리메스Limes'를 여럿 만들었는데, 독일·오스트리아 등 여러 나라에 보존된 '다뉴브 리메스'가 2021년 유네스코 세계문화유산으로 등록되었다. 고대 로마인이 카스트라 레기나Castra Regina라 불렀던 레겐스부르크도 여기에 속한다. 이 책에 소개한 포르타 프라에토리아 외에도 도시 곳곳에서 로마 국경 요새 흔적을 발견할 수 있으며, 심지어 주차빌딩(주소 Dachauplatz)에서도 로마 유적이 발견된다.

주차빌딩의 로마 유적

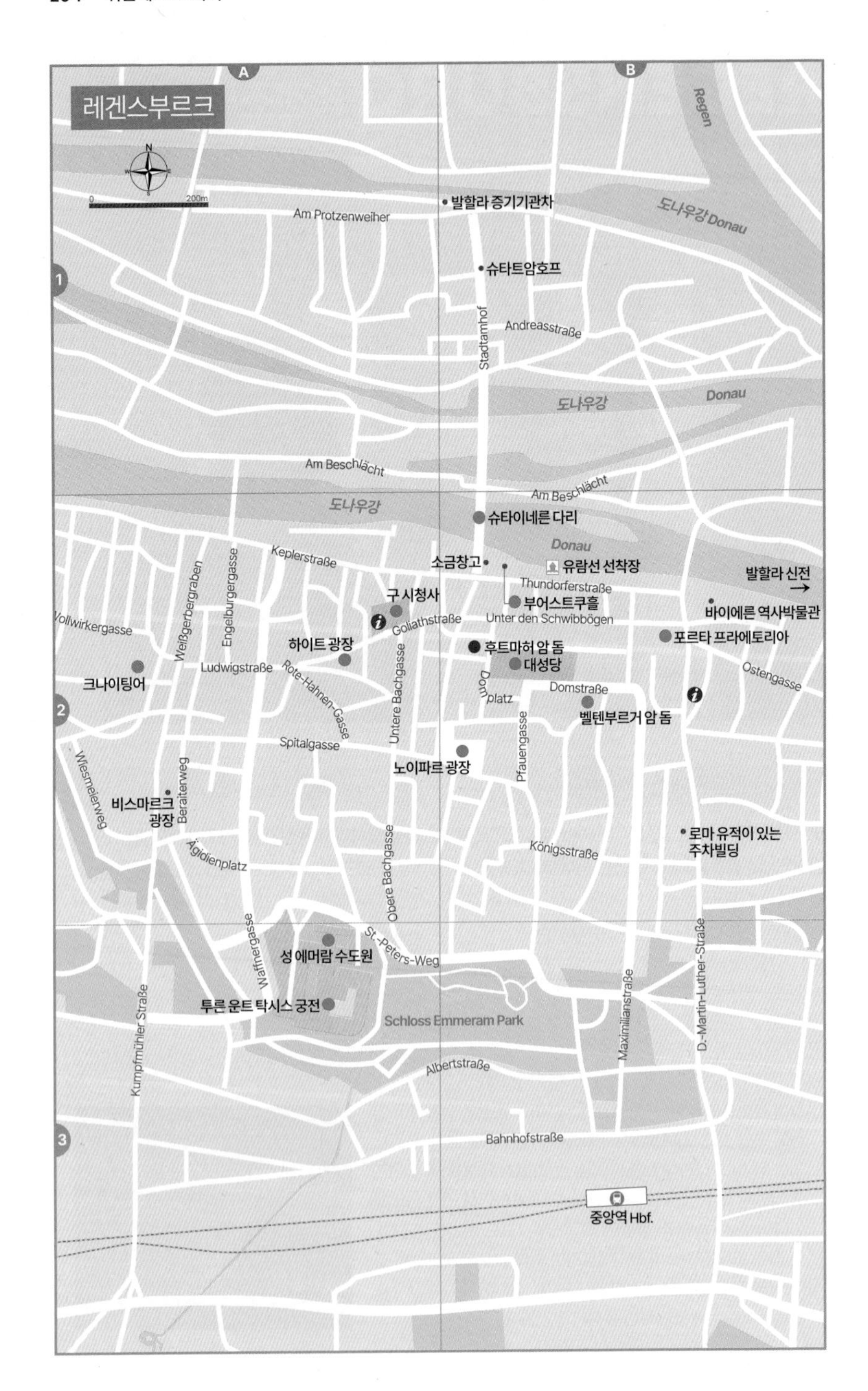

레겐스부르크
A
B
1
2
3
N
0
200m
Regen
발할라 증기기관차
Am Protzenweiher
도나우강 Donau
슈타트암호프
Andreasstraße
Stadtamhof
도나우강
Donau
Am Beschlächt
Am Beschlächt
도나우강
슈타이네른 다리
Donau
Keplerstraße
소금창고
유람선 선착장
발할라 신전 →
Thundorferstraße
구 시청사
부어스트쿠흘
바이에른 역사박물관
Unter den Schwibbögen
Vollwirkergasse
Weißgerbergraben
Engelburgergasse
Goliathstraße
포르타 프라에토리아
하이트 광장
후트마허 암 돔
대성당
크나이팅어
Ludwigstraße
Rote-Hahnen-Gasse
Untere Bachgasse
Domplatz
Domstraße
Ostengasse
벨텐부르거 암 돔
Spitalgasse
노이파르 광장
Pfauengasse
Wiesmeierweg
비스마르크 광장
Beraiterweg
로마 유적이 있는 주차빌딩
Königsstraße
Ägidienplatz
Obere Bachgasse
Waffnergasse
성 에머람 수도원
St.-Peters-Weg
투른 운트 탁시스 궁전
Schloss Emmeram Park
Kumpfmühler Straße
Maximilianstraße
D.-Martin-Luther-Straße
Albertstraße
Bahnhofstraße
중앙역 Hbf.

Best Course 레겐스부르크 추천 일정

베스트 코스 구시가지가 넓지만, 곳곳에 볼 것이 많아서 다리가 아프더라도 많이 걸을수록 재미있다. 천천히 둘러보면 한나절, 내부 관람을 줄이고 부지런히 다니면 유람선을 타고 발할라 신전까지 가볼 수 있다.

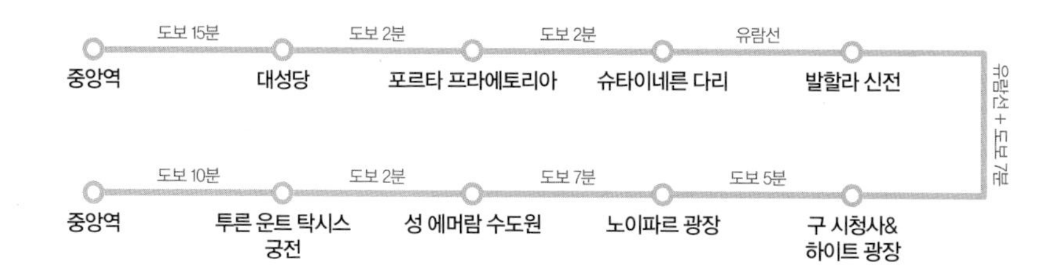

Attraction 보는 즐거움

두 가지 세계문화유산, 즉 고대 로마 유적과 중세 신성 로마제국의 역사가 담긴 구시가지를 충분히 돌아보는 것이 레겐스부르크의 필수 코스. 평온하게 흐르는 도나우강이 여행의 긴장을 풀어준다.

대성당 Dom St. Peter

쾰른 대성당과 함께 독일 고딕 성당 건축의 쌍벽을 이루는 레겐스부르크 대성당. 1275년부터 시작하여 약 200년의 공사 기간을 거쳐 레겐스부르크 구시가지의 중심이 되었다. 상징과도 같은 105m 높이의 두 개의 탑은 바이에른 국왕 루트비히 1세의 명으로 추진하여 1869년에 완공되었다. 정교함과 웅장함, 그리고 스테인드글라스의 화려함은 쾰른 대성당에 비견되며, 내부 입장은 무료. 진귀한 보물을 소장한 별도의 박물관이 있는데, 2025년 가을까지 문을 닫는다.

MAP P.294-B2 **주소** Domplatz 1 **전화** 0941-59701 **홈페이지** www.domplatz-5.de **운영** 06:30~18:00(6~9월 ~19:00, 11~3월 ~17:00) **요금** 무료 **가는 방법** 중앙역에서 도보 15분.

포르타 프라에토리아
Porta Praetoria

고대 로마제국 요새의 북쪽 방향 성벽 출입문으로 도나우강에서 가깝다. 즉, 로마 제국의 최전선이었던 셈. 마르쿠스 아우렐리우스Marcus Aurelius 황제 시절인 179년에 건축된 것으로 추정되니 2,000년 가까운 유적이다. 유독 검게 그을리고 세월의 흔적이 역력히 보이는 석조 구조물이 오늘날까지 남아 있는 성문 일부분이다.

MAP P.294-B2 **주소** Unter den Schwibbögen 2 **가는 방법** 대성당에서 도보 2분.

슈타이네른 다리
Steinerne Brücke

1146년 완공된 독일에서 가장 오래된 석조 다리이며, 강의 물살이 거센 곳에 당시 기술로 11년 만에 100m 이상의 긴 다리를 건축하였다는 점이 놀랍다. 오랫동안 도나우강의 다리가 여기 하나뿐이어서 레겐스부르크가 중세 교역의 중심지로 번영할 수 있었고, 다리 출입문에 연결된 소금창고Salzstadel는 교역의 역사를 증언한다. 오늘날 소금창고 내에 세계문화유산 방문센터Besucherzentrum Welterbe Regensburg가 있어 오랜 도시의 역사 이야기를 들려준다. 견고한 다리를 건너며 도나우강의 평화로운 풍경을 감상해 보자.

▶ 소금창고

MAP P.294-B2 **주소** Weiße-Lamm-Gasse 1 **전화** 0941-5075410 **운영** 10:00~18:00 **요금** 무료 **가는 방법** 포르타 프라에토리아에서 도보 2분.

소금창고

여기근처

슈타이네른 다리를 건너 반대편으로 가면 나타나는 슈타트암호프Stadtamhof도 레겐스부르크 구시가지와 함께 유네스코 세계문화유산으로 등록된 소소한 볼거리다. 2019년에는 다리에서 가까운 강변에 바이에른 역사박물관Haus der Bayerischen Geschichte이 개관하였으며, 루트비히 2세의 썰매, 바이에른 뮌헨 축구팀 관련 전시품, 다하우 강제수용소 죄수복 등 다양한 카테고리의 전시품이 눈에 띈다.

[바이에른 역사박물관] 주소 Donaumarkt 1 **전화** 0941-598510 **홈페이지** www.museum.bayern **운영** 화~일요일 09:00~18:00, 월요일 휴무 **요금** 성인 €7, 학생 €5 **가는 방법** 슈타이네른 다리 또는 포르타 프라에토리아에서 도보 2분.

슈타트암호프

바이에른 역사박물관

발할라 신전
Walhalla

민족주의와 고대 그리스에 잔뜩 심취한 바이에른 국왕 루트비히 1세가 '게르만 민족 명예의 전당'으로 만든 곳. 신전과 같은 건물에 191명의 게르만족 위인과 영웅의 흉상을 모셔두었다. 발할라는 게르만 신화의 모태가 되는 북유럽 신화에 나오는 지명이며, 오딘(신화 속 최고의 신)을 위해 싸우다 죽은 전사들이 머무는 궁전으로 묘사된다. 전형적인 민족주의 메시지를 외치는 곳이지만, 강변의 웅장한 신전과 같은 풍경이 멋있어 구경할 만하다.

©Bayerische Schlösserverwaltung / Hajo Dietz

MAP P.294-B2 **주소** Walhallastraße 48, Donaustauf **전화** 09403-961680 **홈페이지** 유람선 www.donauschifffahrt.eu **운영** 3월 23일~10월 31일 09:00~18:00, 11월 1일~3월 22일 10:00~12:00·13:00~16:00 **요금** 성인 €3.5, 학생 €4 **가는 방법** 슈타이네른 다리 앞에서 유람선으로 이동(4월 중순~10월 초 11:00·13:00 레겐스부르크 출발, 관람 시간 포함 왕복 총 4시간 소요, 왕복 요금 €19.5).

구 시청사 Altes Rathaus

1245년에 레겐스부르크가 제국 자유도시가 되었을 때 건축된 유서 깊은 건물로 55m 높이의 시계탑은 멀리서도 잘 보인다. 1663년부터 신성 로마제국이 막을 내린 1806년까지 제국의회가 여기서 열렸다. 사실상 신성 로마제국 후기 수도 역할을 맡은 셈이다. 제국의회가 열린 홀Reichsaal은 가이드 투어로 둘러볼 수 있고, 그 외에도 박물관이나 중세 고문실 등이 열려 있다.

MAP P.294-A2 **주소** Rathausplatz 1 **전화** 0941-5071 102 **홈페이지** tourismus.regensburg.de/erleben-entdecken/kunst-kultur/document-reichstag **운영** 투어 시작 시간은 홈페이지에서 참조 **요금** 성인 €7.5, 학생 €4 **가는 방법** 슈타이네른 다리에서 도보 7분.

하이트 광장 Haidplatz

구 시청사 뒤편 삼각형 모양의 광장. 로마 시대에 초원(하이데Heide)이 있던 것에서 유래한 이름이다. 레겐스부르크 구 시청사에서 제국의회가 열리면 신성 로마제국 방방곡곡에서 찾아온 군주와 귀족이 하이트 광장의 숙소에서 잠을 청하고, 카페에서 음료를 마셨다. 말하자면, 제국에서 가장 높은 분들의 사랑방이었던 셈. 광장 건물 중 골데너 크로이츠Goldener Kreuz에는 왕과 황제가 묵은 호텔이 있었고, 오늘날에도 호텔이 영업 중이다. 붉은 외벽의 신 계량소Neue Waag는 종교 개혁 시대에 신교와 구교의 대표자가 종교 토론을 벌였던 장소다.

MAP P.294-A2 **가는 방법** 구 시청사 옆.

신 계량소

골데너 크로이츠

노이파르 교회

크리스마스 마켓

노이파르 광장
Neupfarrplatz

구시가지에서 가장 활기찬 광장. 노이파르 교회Neupfarrkirche를 중심으로 하는 네모반듯한 광장이 쉼터 역할을 톡톡히 한다. 이 지역은 고대 로마의 정착지 유적이 발굴되었고, 이후에는 중세 유대인 거주지 유적이 발굴되었으며, 현대 들어 제2차 세계대전 기간 중의 벙커가 발굴되었다. 광장 지하에 기록관document Neupfarrplatz이 있어 유적을 포함한 여러 자료를 가이드 투어로 관람할 수 있다.

MAP P.294-B2 **운영** 기록관 목~토요일 14:30 시작(7~8월 일~월요일 같은 시간 추가) **요금** 기록관 성인 €8, 학생 €5 **가는 방법** 구 시청사 또는 대성당에서 도보 2분.

성 에머람 수도원 Kloster St. Emmeram

7세기경 선교 중 순교한 성자 에머람의 무덤 위에 지어진 수도원이다. 오랜 세월 동안 축적된 화려한 조각과 성화, 제단, 천장화 등이 교회 전체를 화려하게 수놓는다. 특히 지금의 화려한 실내는 1733년 단장한 것인데, 독일 바로크 대표주자 아잠Asam 형제가 솜씨를 발휘해 압도적인 예술미를 자랑한다. 정해진 시간보다는 매일 상황에 따라 개장 여부가 유동적인 편이어서 아쉽지만, 일단 입장하고 나면 순백색과 황금색, 자연광과 그늘의 기막힌 조화와 엄숙한 분위기에 깊은 인상을 받을 것이다.

MAP P.294-A3 **주소** Emmeramsplatz 3 **전화** 0941-5971094 **홈페이지** www.dompfarreiengemeinschaft.de **운영** 08:00~19:30 **요금** 무료 **가는 방법** 노이파르 광장에서 도보 7분.

©www.thurnundtaxis.de

투른 운트 탁시스 궁전 Schloss Thurn und Taxis

'투른 운트 탁시스Thurn und Taxis' 가문은 1500년대부터 신성 로마제국의 우편 사업 독점권을 받아 막대한 돈을 벌었다. 그러나 1800년대 들어 독점권을 상실하면서 그 보상으로 세속화된 성 에머람 수도원이 포함된 넓은 땅을 받았는데, 여기의 궁전 같은 거대한 저택이 바로 투른 운트 탁시스 궁전 또는 성 에머람 궁전이다. 궁전은 여전히 투른 운트 탁시스 가문이 소유하고 있으며, 내부는 웅장한 인테리어와 화려한 보석 컬렉션을 볼 수 있는 박물관으로 개방된다. 궁전 전체는 60~90분 분량의 가이드 투어로 돌아볼 수 있고, 박물관은 자유롭게 볼 수 있다.

MAP P.294-A3 **주소** Emmeramsplatz 5 **전화** 0941-50480 **운영** 궁전 10:30·12:30·14:30·16:30 투어 시작(영어 오디오 가이드 제공), 박물관 목~일요일 11:00~16:00, 월~수요일 휴무 **요금** 궁전 성인 €17, 학생 €14, 박물관 성인 €5, 학생 €3.5 **가는 방법** 성 에머람 수도원 옆.

TOPIC 근대 국제우편의 창시자

15세기경부터 쭉 오스트리아 합스부르크 가문이 신성 로마제국 황제를 배출한다. 합스부르크는 그 외에도 유럽의 많은 군주 타이틀을 획득하는데, 스페인 왕위를 계승하여 이베리아반도와 베네룩스 지역의 통치권까지 가진 시기가 있었다. 오스트리아, 스페인, 네덜란드를 모두 통치하기 위해선 장거리 우편이 필수. 자연스럽게 신성 로마제국에서는 우편 사업이 발달하게 되고, 그 독점권을 얻은 투른 운트 탁시스 가문은 제국 각지와 프랑스, 이탈리아 등에 사무소를 내고 범유럽적인 스케일로 사업을 벌여 막대한 부를 거머쥐었다. 이때 완성된 시스템을 근대 국제우편의 시작으로 본다. 1800년대 들어 신성 로마제국이 해체되면서 투른 운트 탁시스 가문의 독점권은 소멸하였지만, 그 대신 레겐스부르크의 넓은 땅과 궁전을 얻었다. 투른 운트 탁시스 가문은 여전히 독일 내에서 손꼽히는 부호이며, 실제로 개인이 소유한 독일 산림 중 가장 넓은 면적의 주인이 이 가문이라고 한다.

우편의 상징인 포스트호른

Restaurant 먹는 즐거움

레겐스부르크는 알고 보면 깜짝 놀랄 식도락의 유구한 역사를 자랑한다. 세계에서 가장 오래된 레스토랑과 특별한 맥주 여행을 기억하자.

부어스트쿠흘 Wurstkuchl

슈타이네른 다리가 지어지던 12세기부터 건설 노동자를 위한 간이식당으로 시작되어 세계에서 가장 오랜 역사를 가진 레스토랑으로 꼽히는 곳. 19세기부터 소시지 전문 식당으로 개편하여 오늘날에 이른다. 오두막이라 해도 될 정도로 아담한 식당에서 쉴 새 없이 소시지를 굽고 있어 슈타이네른 다리 인근에 맛있는 냄새가 퍼진다. 역사적인 소시지는 테이크아웃 형태로 주문하여 강변에 앉아 풍경을 즐기며 먹으면 금상첨화. 워낙 인기가 많아 이제는 소금창고 한 층에 레스토랑을 확장하여 넓은 좌석을 갖추었다. 만약 강바람을 맞으며 운치 있게 소시지를 먹고 싶다면 허름한 오두막으로, 정식으로 식사를 즐기고 싶으면 확장한 레스토랑으로 가면 된다. 메뉴 및 가격은 같다. 6~10조각의 가늘지만 긴 소시지가 자우어크라우트와 함께 나온다.

MAP P.294-B2 **주소** Thundorferstraße 3 **전화** 0941-466210 **홈페이지** www.wurstkuchl.de **운영** 10:00~19:00 **예산** 소시지 €15.6~ **가는 방법** 슈타이네른 다리 옆.

벨텐부르거 암 돔
Weltenburger am Dom

1050년부터 양조를 시작해 '세계에서 가장 오래된 수도원 맥주'로 꼽히는 벨텐부르거는 레겐스부르크 인근 켈하임Kehlheim에서 만든다. 벨텐부르거 직영 비어홀이 레겐스부르크 대성당 부근에 있으며, 둥켈비어와 보크비어 기반으로 개성을 드러내는 최상급 맥주를 마실 수 있다.

MAP P.294-B2 **주소** Domplatz 3 **전화** 0941-5861460 **홈페이지** www.weltenburger-am-dom.de **운영** 11:30~23:00 **예산** 맥주 €4.9~ **가는 방법** 대성당 옆.

크나이팅어 Brauereigaststätte Kneitinger

맥주 수준이 높은 레겐스부르크에서 단연 '로컬 맛집'으로 인정받는 곳. 학세, 슈바이네브라텐, 슈니첼 등 일반적인 바이에른 향토 요리를 함께 판매한다. 특유의 좋은 향을 가진 에델 필스Edel-Pils 등 현대 감각에 맞는 전통적인 맥주라는 점에서 적극 추천한다.

MAP P.294-A2 **주소** Arnulfsplatz 3 **전화** 0941-5861460 **홈페이지** www.reichinger.info **운영** 화~목요일 11:00~23:00, 금~토요일 11:00~23:30, 일요일 11:00~16:00, 월요일 휴무 **예산** 요리 €17~21 **가는 방법** 하이트 광장에서 도보 5분.

Shopping 사는 즐거움

레겐스부르크 구시가지에서 150년 역사를 가진 모자 장인이 유명한데, 이름만 대면 알 만한 영화에도 나온 그 장인의 모자를 구경하는 재미, 놓치기 아깝다.

후트마허 암 돔 Hutmacher am Dom

1875년부터 레겐스부르크에서 수제 모자를 만들어 대대로 이어오는 장인이다. 최대 80단계의 공정을 거쳐 손으로 만들어 완성하는 모자는, 구경하는 것만으로도 마치 서양 시대극을 보는 듯하다. 팀 버튼 영화 '이상한 나라의 앨리스'에서 조니 뎁이 쓴 모자를 이들이 만들었다고 하면 그 솜씨를 실감할 수 있을 것 같다.

MAP P.294-B2 **주소** Krauterermarkt 1 **전화** 0941-51840 **홈페이지** www.hutkoenig.de **운영** 월~토요일 10:00~18:00, 일요일 휴무 **가는 방법** 대성당 옆.

WÜRZBURG 뷔르츠부르크

유네스코 세계문화유산인 레지덴츠 궁전을 필두로 매력적인 볼거리와 우수한 와인으로 유명한 낭만적인 도시다. 고풍스러운 다리에서 보이는 옛 첨탑과 고성의 향연을 두고 많은 이가 '독일의 프라하'라는 별명으로 부른다.

관광안내소 INFORMATION

마르크트 광장에서 관광안내소를 운영한다.

홈페이지 www.wuerzburg.de/tourismus/ (영어)

찾아가는 방법 ACCESS

거점 도시와 이동시간 (레기오날반 기준)

뉘른베르크 ↔ 뷔르츠부르크 : RE 1시간 11분

유효한 티켓 바이에른 티켓

TOPIC 프랑켄 와인

프랑켄 지방은 마인강을 따라 포도 재배에 적합한 사면과 기후가 갖추어져 1,200년 이상의 포도 재배 역사를 가지고 있으며, 와인으로 유명하다. 이 지역에서 만든 프랑켄 와인Frankenwein은 둥글넓적한 보크스보이텔Bocksbeutel 유리병에 담아 다른 지역의 와인과 차별화된다. 프랑켄 와인의 중심지가 뷔르츠부르크. 일반적으로 화이트 와인 위주이며, 산뜻하고 달콤한 맛이 일품이다. 식당뿐 아니라 편의점이나 슈퍼마켓에서도 널리 판매하며, 병이 예뻐서 선물용으로 좋다.

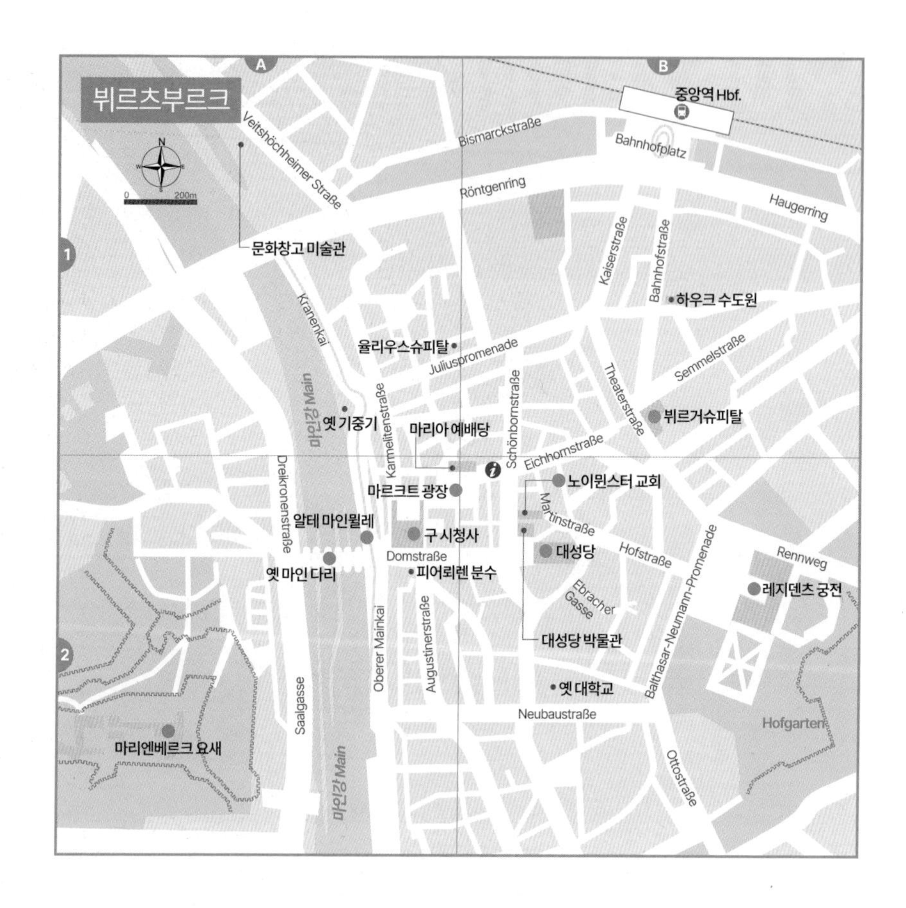

Best Course 뷔르츠부르크 추천 일정

구시가지는 은근히 넓고, 각 관광지가 거리를 두고 산재해 있어 대중교통을 이용하기는 애매하다. 그러니 유명한 프랑켄 와인을 벗하며 충분한 휴식과 더불어 여유 있게 한나절 거닐어 보자. 만약 마리엔베르크 요새를 생략하면 3~4시간 정도 소요된다.

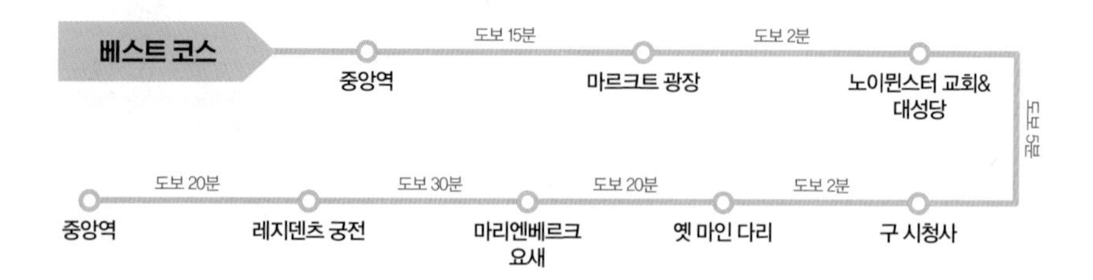

Attraction 보는 즐거움

문화와 전통이 넘치는 구시가지는 낡은 모습 속에 묵직한 위엄을 풍기며, 여기에 바로크의 성찬이 화려함을 더한다. 유네스코 세계문화유산으로 등록된 레지덴츠 궁전이 하이라이트.

마르크트 광장 Marktplatz

오늘날에도 전통시장이 열리는 뷔르츠부르크 구시가지의 중심 광장. 큰 오벨리스크와 마이바움이 광장 분위기를 한껏 끌어올린다. 가장 눈에 띄는 곳은 마리아 예배당Marienkapelle. 1480년 완공된 아담한 교회인데, 입구 양옆을 장식하는 틸만 리멘슈나이더의 아담과 하와의 조각상이 진귀한 예술품으로 인정받는다. 레지덴츠 궁전의 건축가 발타자어 노이만도 여기에 잠들어 있다.

MAP P.304-A2 **가는 방법** 중앙역에서 도보 15분.

▶ 마리아 예배당

주소 Marktplatz 7 **전화** 0931-38662800 **홈페이지** www.bistum-wuerzburg.de **운영** 평일 오전부터 오후까지 불규칙하게 개장 **요금** 무료

아담과 하와

TOPIC 틸만 리멘슈나이더

레지덴츠 궁전 앞 리멘슈나이더 동상

조각가 틸만 리멘슈나이더Tilman Riemenschneider(1460~1531)는 독일 르네상스 시대의 대표적인 예술인이다. 나무와 돌을 모두 자유자재로 다루며 매우 섬세하고 정교한 솜씨로 유명해졌다. 뷔르츠부르크 시장과 시의원을 역임할 정도로 시민의 존경도 받았다. 뷔르츠부르크의 마리아 예배당과 대성당에 그의 작품이 있고, 밤베르크 대성당(P.290)의 황제 무덤과 로텐부르크 성 야콥 교회(P.314)의 성혈 제단 등 그의 작품은 독일 곳곳에 남아 있다. 그가 시장을 역임하던 시기 종교 개혁에 이어 농민전쟁이 일어났고, 농민군을 진압하라는 주교의 명령에 불복한 죄로 전쟁이 끝난 뒤 고초를 겪고 더 이상 조각을 할 수 없게 되었다.

노이뮌스터 교회 Neumünster

7세기경 뷔르츠부르크에서 선교 중 순교하여 '프랑켄의 사도'로 추앙받는 성자 킬리안Kilian의 무덤 위에 세운 교회. 지금의 모습은 1800년대 새로 지어진 것이며, 순백의 화사한 내부에 아름다운 프레스코 천장화와 장식이 어우러져 멋진 건축미를 자랑한다. 중앙 제단 앞 세 명의 흉상이 성자 킬리안과 동료 콜만Comlan, 토트난Totnan이다. 틸만 리멘슈나이더가 만든 원본이 파괴되면서 1900년대 복제하여 새로 만들었다.

MAP P.304-B2 **주소** Martinstraße 4 **전화** 0931-38662900 **홈페이지** www.neumuenster-wuerzburg.de **운영** 08:00~17:00(일요일 10:00~) **요금** 무료 **가는 방법** 마르크트 광장에서 도보 2분.

대성당 Würzburger Dom

성자 킬리안에게 봉헌된 대성당은, 1040년부터 건축이 시작되어 탑이 완성되기까지 약 200년이 소요되었으며, 독일에서 넷째로 큰 로마네스크 대성당으로 꼽힌다. 현재의 모습은 제2차 세계대전 후 완전히 파괴된 것을 복원한 것이며, 전쟁 중 틸만 리멘슈나이더의 나무 십자가는 완전히 파괴되고 말았다. 그러나 여전히 가치 높은 중세 조각 등으로 장식된 내부는 위엄이 있고 아름답다.

MAP P.304-B2 **주소** Domstraße 40 **전화** 0931-38662900 **홈페이지** www.dom-wuerzburg.de **운영** 10:00~16:00 **요금** 무료 **가는 방법** 노이뮌스터 교회 옆.

구 시청사 Altes Rathaus

뷔르츠부르크 구 시청사는 여러 시대에 걸쳐 증축되어 각기 다른 양식의 건축물이 하나의 콤플렉스를 이루며, 오늘날에도 시청의 기능을 수행한다. 특히 그라페네카르트Grafeneckart라 부르는 부분은 로마네스크 양식의 견고한 시계탑이 눈길을 끌고, 내부에는 제2차 세계대전 당시 처참히 파괴된 도시 모형을 전시 중이다. 그라페네카르트 맞은편 바로크 양식의 피어뢰렌 분수Vierröhrenbrunnen가 함께 풍경을 완성한다.

MAP P.304-A2 **주소** Beim Grafeneckart 1 **가는 방법** 대성당 또는 마르크트 광장에서 도보 2분.

옛 마인 다리(알테마인교) Alte Mainbrücke

울퉁불퉁한 돌바닥이 놓인 견고한 석조 다리 양편을 조각상으로 장식하고, 고개를 들면 산 위의 옛 성이, 고개를 돌리면 삐쭉 솟아오른 여러 탑이 도시의 스카이라인을 만드는 풍경으로 마치 체코 프라하의 카를 다리와 비슷한 낭만을 자아내는 곳. 이 풍경 때문에 뷔르츠부르크는 '독일의 프라하'라 불린다. 다리 바로 옆 와인 바에서 프랑켄 와인을 한 잔 주문해 강을 배경 삼아 마시며 운치를 즐기는 게 포인트. 따라서 날씨가 좋을 때 찾아가면 매우 좋다. 다리를 장식한 조각상은 성자 킬리안, 뷔르츠부르크의 대주교, 프로이센의 군주 등 다양한 인물을 묘사한 것이다. 다리 위에서 마인강을 바라보고 빼곡히 산비탈을 채우는 포도나무를 보고 있노라면 세계적인 와인 산지로서 뷔르츠부르크의 위상을 다시금 느끼게 된다.

MAP P.304-A2 **가는 방법** 구 시청사 옆.

마리엔베르크 요새
Festung Marienberg

BC 1000년경 켈트족의 성채가 있던 자리에 지어진 군사 요새로 포도밭이 펼쳐진 강변의 언덕 위에 있어 풍경이 매우 아름답다. 레지덴츠 궁전이 지어지기 전까지 수백 년간 뷔르츠부르크 주교의 관저였고, 그만큼 내부가 화려하다. 옛 성채와 주교가 머물던 방 등을 관람할 수 있다. 옛 병기고 건물에는 프랑켄 지역의 역사와 예술을 전시하는 프랑켄 박물관Museum für Franken이 있으며, 틸만 리멘슈나이더 컬렉션이 유명하다. 잘 관리되는 정원도 명성이 높으나 향후 몇 년간 마리엔베르크 요새 보수 공사가 진행되어 정원이 폐쇄된다. 그러나 성채 투어와 프랑켄 박물관은 정상적으로 관람할 수 있다.

MAP P.304-A2 **주소** Festung Marienberg **전화** 0931-3551750 **홈페이지** 박물관 www.museum-franken.de **운영** 성 투어 4~10월 화~일요일 09:00~18:00, 11~3월 10:00~16:30, 박물관 화~일요일 10:00~17:00, 월요일 휴무 **요금** 성 투어 성인 €4, 학생 €3, 박물관 성인 €5, 학생 €4 **가는 방법** 옛 마인 다리에서 도보 20분, 4~10월만 레지덴츠 궁전과 요새를 연결하는 9번 버스가 다닌다.

레지덴츠 궁전 Residenz Würzburg

1744년에 완공된 주교의 궁전. 당시까지만 해도 무명 건축가였던 발타자어 노이만이 책임을 맡아 진행했는데, 무명이라고는 믿을 수 없을 정도로 엄청난 걸작을 완성하였다. 독일 침공 당시 뷔르츠부르크에 진주한 나폴레옹도 이곳을 보고 '유럽에서 가장 아름다운 주교관'이라며 칭송했다고 한다. 궁전으로 입장하자마자 느닷없이 펼쳐지는 거대한 계단의 방과 황제의 방의 천장 프레스코화는 그 섬세함과 스케일이 보는 이를 압도한다. 제2차 세계대전 중 폭격으로 완전히 파괴되었다가 1980년에 이르러서야 비로소 복구를 완료하였고, 1981년 유네스코 세계문화유산으로 등록되었다. 궁전 뒤편의 정원도 산책하기에 매우 좋다.

MAP P.304-B2 **주소** Residenzplatz 2 **전화** 0931-355170 **홈페이지** www.residenz-wuerzburg.de **운영** 4~10월 09:00~18:00, 11~3월 10:00~16:30 **요금** 성인 €9, 학생 €8 **가는 방법** 마리엔베르크 요새에서 도보 30분 또는 대성당에서 도보 7분.

Restaurant 먹는 즐거움

프랑켄 와인의 중심지인데 그냥 지나칠 수 없다. 오랜 역사를 가진 와이너리, 관광지 주변의 분위기 좋은 대중식당 등을 추천한다.

뷔르거슈피탈 Bürgerspital-Weinstuben

뷔르츠부르크 와이너리 중 가장 유명한 곳이라 해도 과언이 아닌 뷔르거슈피탈 본사 직영 레스토랑. 뷔르거슈피탈은 1316년에 설립된 병원이었다. 어려운 이들을 돕기 위해 기부 받은 포도밭의 소출로 직접 와인을 만들기 시작한 이래 지금은 세계적인 와이너리가 되었다. 큰 건물의 여러 부분이 레스토랑으로 사용되며, 넓은 건물 안뜰의 시원한 실외 테이블도 분위기가 훌륭하다. 와인은 병 또는 잔으로 주문하며 종류에 따라 저렴한 와인도 있다. 프랑켄 향토 요리를 와인과 함께 곁들인다.

MAP P.304-B1 **주소** Theaterstraße 19 **전화** 0931-352880 **홈페이지** www.buergerspital-weinstuben.de **운영** 11:00~24:00 **예산** 요리 €20~30 **가는 방법** 레지덴츠 궁전에서 도보 5분.

알테 마인뮐레 Gasthaus Alte Mainmühle

옛 마인 다리에 바로 연결되는 곳에 있는 프랑켄 향토 요리 레스토랑. 강과 다리를 바라보며 식사하는 실외 테라스석의 인기가 높다. 그뿐만 아니라, 다리 바로 옆에서 테이크아웃 식(컵 보증금 추가, 반납 시 전액 반환)으로 와인을 판매하여 긴 다리를 순식간에 아늑한 와인 바로 만들어준다. 뷔르츠부르크의 모든 유명 와이너리 프랑켄 와인을 판매하는 것도 장점이다.

MAP P.304-A2 **주소** Mainkai 1 **전화** 0931-16777 **홈페이지** www.alte-mainmuehle.de **운영** 11:00~23:00 **예산** 와인 작은 잔 €5.5~ **가는 방법** 옛 마인 다리 옆.

ROTHENBURG OB DER TAUBER 로텐부르크

정식 명칭은 로텐부르크 오브 데어 타우버. '타우버강 위의 로텐부르크'라는 뜻이다. 연간 100만 명 이상이 찾는 유명 관광지인데, 특별히 유서 깊은 보물이나 대단한 관광지가 없어도 마을 자체가 훌륭한 명소가 될 수 있음을 보여준 가장 대표적인 사례라고 할 수 있겠다.

관광안내소 INFORMATION

마르크트 광장에 있는 의회 연회관 건물 1층에 관광안내소가 있다. 규모는 작지만 유명 관광지에 어울리는 내실을 갖추었다.

홈페이지 www.rothenburg.de/en/ (영어)

찾아가는 방법 ACCESS

거점 도시와 이동시간 (레기오날반 기준)

뉘른베르크 ↔ 로텐부르크 : RE+RB 1시간 13분 (Ansbach, Steinach에서 각 1회 환승)

유효한 티켓

VGN 1일권(€23.9) 또는 바이에른 티켓

TOPIC 도시를 구한 시장의 원샷

로텐부르크에는 유명한 일화가 있다. 30년 전쟁 당시 구교의 틸리 장군이 로텐부르크를 점령하고 시장에게 신교도 주민 숙청을 명령하여 사실상 주민이 몰살당할 처지였다. 당시 로텐부르크의 누슈 시장은 틸리 장군에게 연회를 베풀고 자비를 구한다. 술에 거나하게 취한 장군은 시장에게 그 자리에서 와인 한 통(3.25L)을 비우면 숙청을 면해주겠노라 약속했고, 시장은 그 자리에서 '원샷'에 성공했다. 틸리 장군은 약속을 지켜 군대를 거두었고 로텐부르크는 살아남았다. 시장은 그 후 3일간 숙취로 일어나지 못했다고 하지만, 시장Bürgermeister의 음주Trunk, 즉 마이스터트룽크는 오늘날까지도 기념되며 로텐부르크의 동화 같은 이야기로 기록되어 있다.

마이스터트룽크를 주제로 하는 특수장치 시계

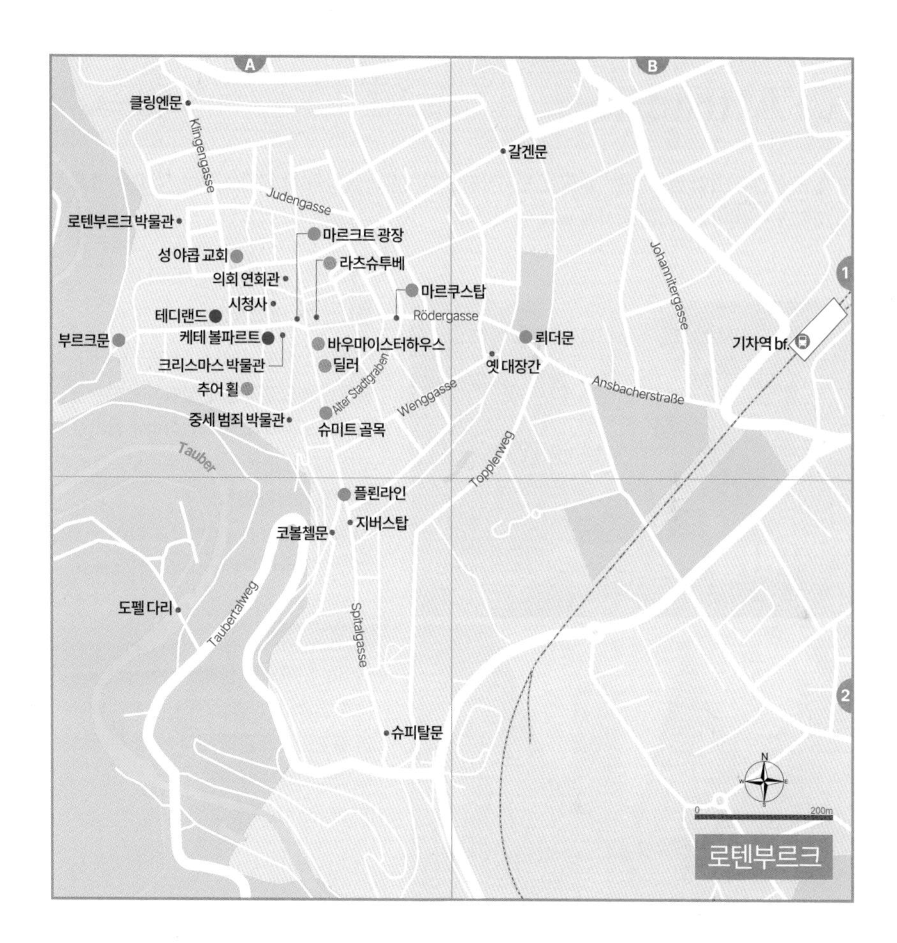

Best Course 로텐부르크 추천 일정

로텐부르크는 작은 마을이다. 구시가지는 도보로 2~3시간이면 모두 돌아볼 수 있다. 여기에 박물관 관람, 쇼핑, 식사 등을 고려해도 반나절이면 충분하다. 그러나 골목마다 아기자기한 정취가 가득하니 구석구석 충분히 걸으며 관람하면 좋다.

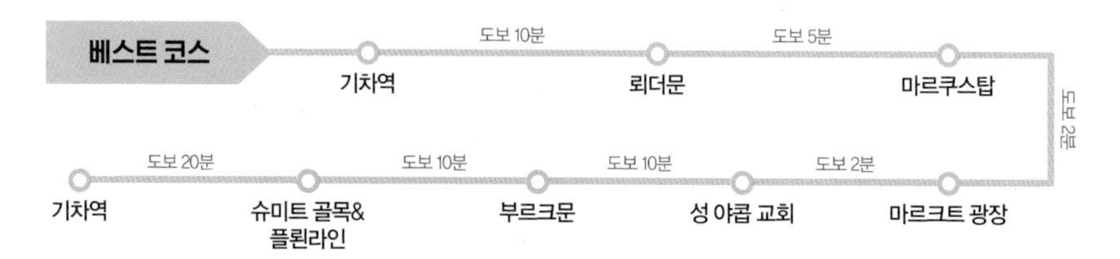

Attraction 보는 즐거움

수백 년 동안 시간이 멈춰 있는 것 같은 구시가지는 그야말로 동화의 한 장면을 보는 것 같다. 소도시의 매력과 관광지의 활기를 동시에 느낄 수 있다.

뢰더문

옛 대장간

뢰더문 Rödertor

이중으로 된 구시가지 성벽 출입문이다. 뢰더문 주변으로도 중세 성벽이 온전한 모습 그대로 보존되어 있으며, 성벽에 올라갈 수도 있다. 이 문을 지나면 로텐부르크의 동화 같은 세상이 펼쳐진다.

MAP P.311-B1 **운영** 종일 개장 **요금** 무료 **가는 방법** 중앙역에서 도보 10분.

여기근처

뢰더문 안쪽으로 성벽을 따라가면 뾰족한 목조 건물인 옛 대장간Gerlachschmiede이 훌륭한 포토존이 된다. 성벽 위에서 보는 것도 괜찮다.

[옛 대장간] 가는 방법 뢰더문에서 도보 2분.

마르쿠스탑 Markusturm

로텐부르크는 12세기부터 자유도시로 발전하기 시작하였다. 이때에는 성벽에 둘러싸인 작은 요새와 같은 형태였는데, 훗날 도시가 더 확장되면서 지금의 성벽을 갖추게 되었다. 아직 도시가 확장되기 전, 그러니까 가장 최초의 로텐부르크 성문 중 두 곳이 철거되지 않고 보존되었는데, 그중 하나가 마르쿠스탑이다. 주변 반목조 건물과 짝을 이루어 로텐부르크의 낭만적인 풍경을 완성한다.

MAP P.311-A1 **가는 방법** 뢰더문에서 도보 5분.

마르크트 광장
Marktplatz

좁은 골목이 미로처럼 이어지는 로텐부르크에서 가장 탁 트이고 널찍한 중심 광장이다. 큰 시청사와 매력적인 중세의 건물들이 어우러져 수많은 관광객으로 늘 붐빈다.

MAP P.311-A1 **가는 방법** 마르쿠스탑에서 도보 2분.

마르크트 광장

▶ 시청사 Rathaus
건물 두 채가 나란히 붙어 있다. 흰색 건물은 1250년에, 다른 건물은 1501년에 지어져 연결되었다. 60여m 높이의 탑은 220개의 계단을 오르는 전망대로 사용되니 체력에 자신 있으면 도전해 보자. 마르크트 광장 쪽으로 넓은 계단이 있는데, 자연스럽게 사람들이 걸터앉아 쉬어가는 자리가 되었다.

MAP P.311-A1 **운영** 4~10월 09:30~12:30·13:00~17:00, 11~3월 토~일요일 12:00~15:00, 11~3월 월~금요일 휴무 **요금** €2.5

시청사

▶ 의회 연회관 Ratstrinkstube
도시에서 행사를 주최할 때 연회장으로 사용한 곳이다. 관광안내소가 여기에 있으며, 매일 10:00부터 22:00 사이에 매시 정각마다 마이스터트룽크를 주제로 하는 특수 장치가 작동하여 눈길을 끈다.

MAP P.311-A1

의회 연회관

▶ 성 게오르크 분수 St. Georgbrunnen
여름철에는 10m 높이의 커다란 분수가 마르크트 광장을 시원하게 만들어 준다. 용을 잡아 인간을 구한 성자 게오르크의 전설을 모티브로 하고 있으며, 1446년에 설치되었다. 분수 뒤편의 반목조 건물은 지하에 정육점이 있고 지층에 무도장이 있었다고 하여 '고기와 춤의 집Fleisch- und Tanzhaus'이라는 특이한 이름이 붙었다.

성 게오르크 분수

성 야콥 교회 St.-Jakobs-Kirche

로텐부르크에서 가장 큰 교회이며, 1484년에 완공되었다. 고딕 양식의 교회로 천장이 높고, 14세기까지 거슬러 올라가는 정교한 스테인드글라스로 장식하고 있다. 무엇보다 성 야콥 교회가 유명한 것은 틸만 리멘슈나이더의 역작 '성혈 제단Der Heilig-Blut-Altar' 덕분이다. 예수 그리스도와 제자들의 '최후의 만찬'을 나무로 조각해 제단을 만들었는데, 예수 그리스도의 피가 묻은 유물을 보관하기 위하여 만든 용도라고 한다. 이 위대한 작품을 보기 위해서라도 방문할 가치가 충분하며, 실제로 많은 순례자가 찾아온다.

MAP P.311-A1 **주소** Klingengasse 2 **전화** 09861-700620 **홈페이지** www.rothenburg-evangelisch.de **운영** 10:00~18:00 **요금** 성인 €3.5, 학생 €2 **가는 방법** 마르크트 광장에서 도보 2분.

성혈 제단

부르크문 Burgtor

뢰더문 반대편의 성벽 출입문인 부르크문도 이중 출입문과 높은 망루, 주변의 견고한 성벽까지 뢰더문과 매우 비슷하다. 부르크문 바깥으로는 아담한 정원이 조성되어 있어 쉼터 역할을 하고 있으며, 무엇보다 여기서 언덕 아래편으로 탁 트인 전망이 매우 시원하다. 아래편에 타우버강이 흐르는 모습을 보고 있노라면 왜 '타우버강 위의 로텐부르크'라고 도시 명을 정하였는지 금세 수긍이 된다.

MAP P.311-A1 **가는 방법** 성 야콥 교회에서 도보 10분.

언덕 아래 타우버강

슈미트 골목 Schmiedgasse

마르크트 광장에서 이어지는 좁은 골목. 좌우편의 옛 건물들이 저마다 레스토랑, 호텔, 카페 등 '관광 친화적'인 공간으로 활용되어 활기가 넘친다. 또한, 가게마다 경쟁적으로 내건 황금빛 간판이 골목 풍경을 완성한다. 기념품 숍 쇼윈도를 보다가 카페에서 슈네발을 먹고, 거리를 구경하며 걷다 보면 가장 유명한 포토존 플뢴라인이 등장한다. 울퉁불퉁한 돌바닥이 깔린 동화 같은 풍경을 충분히 즐기기 바란다.

MAP P.311-A1 **가는 방법** 마르크트 광장에서 연결.

지버스탑 너머의 풍경

플뢴라인 Plönlein

슈미트 골목이 갈라지면서 경사가 높은 곳에 지버스탑Siebersturm이, 낮은 곳에 코볼첼문Kobolzeller Tor이 있고, 가운데에 그림 같은 목조 건물이 있는데, 마치 누가 짜맞추기라도 한 듯 서로 높이와 선이 딱딱 들어맞아 그야말로 예술적인 풍경을 만드는 곳이다. 특히 탑 사이에 있는 가운데 건물은 디즈니의 고전 애니메이션 '피노키오'(1940)의 모델이 되는 곳이다. 동화나 게임에서 중세 유럽 마을을 표현하는 가장 전형적인 롤 모델 같은 곳이니 동화 속 주인공이 되어 열심히 사진을 남기도록 하자.

MAP P.311-A2 **가는 방법** 슈미트 골목의 끝.

SPECIAL PAGE

로텐부르크 박물관 투어

낭만적인 마을을 걸으며 중세 사극의 주인공이 된 것 같은 기분을 느끼느라 잠시 간과하는 사실. 로텐부르크에는 볼 만한 박물관이 많다. 마을 풍경만 즐기지 말고 박물관에서 문화생활도 함께 즐기면 이 사랑스러운 마을이 더 오래도록 기억에 남을 것이다.

크리스마스 박물관

Deutsches Weihnachtsmuseum

로텐부르크에 본사를 둔 세계적인 크리스마스 장식품 기업 케테 볼파르트Käthe Wohlfahrt에서 운영하는 박물관이다. 크리스마스 장식품이나 세계의 문화 등 다양한 전시품이 반짝반짝 빛을 발한다.

MAP P.311-A1 **주소** Herrngasse 1 **전화** 09861-409365 **홈페이지** www.weihnachtsmuseum.de **운영** 10:00~17:00 **요금** 성인 €5, 학생 €4 **가는 방법** 마르크트 광장 옆.

크리스마스 박물관

로텐부르크 박물관

Rothenburg Museum

1258년에 건축된 옛 수도원 건물에 생긴 박물관. 신성 로마제국 황제의 제국 도시였던 로텐부르크의 찬란한 과거, 중세의 예술품과 조각 등 다양한 카테고리의 볼거리를 알차게 전시 중이다.

MAP P.311-A1 **주소** Klosterhof 5 **전화** 09861-939043 **홈페이지** www.rothenburgmuseum.de **운영** 1~3월 13:00~16:00, 4~10월 10:00~18:00, 11·12월 14:00~17:00 **요금** 성인 €5, 학생 €4 **가는 방법** 성 야콥 교회에서 도보 5분.

로텐부르크 박물관

중세 범죄 박물관

Mittelalterliches Kriminalmuseum

중세 유럽의 범죄에 얽힌 다양한 자료를 보여주는 박물관이다. 고문 도구, 처벌 도구, 법률 등 지금 우리의 시선으로 보기에도 흥미를 유발하는 다양한 컬렉션과 멀티미디어 자료가 갖추어져 있다.

MAP P.311-A1 **주소** Burggasse 3-5 **전화** 09861-5359 **홈페이지** www.kriminalmuseum.eu **운영** 10:00~18:00 **요금** 성인 €9.5, 학생 €6.5 **가는 방법** 슈미트 골목 안쪽에 위치.

중세 범죄 박물관

Restaurant

먹는 즐거움

프랑켄 와인의 중심지인데 그냥 지나칠 수 없다. 오랜 역사를 가진 와이너리, 관광지 주변의 분위기 좋은 대중식당 등을 추천한다.

바우마이스터하우스
Baumeisterhaus

학세나 슈니첼 등 독일 향토 요리를 판매하는 레스토랑. 음식도 물론이지만 1596년에 지어진 낡은 건물과 사냥 전리품을 전시한 인테리어가 주는 고풍스러운 분위기가 압권이다. 늘 붐비고, 그렇다 보니 서비스 측면에서는 평가가 박한 편이다.

MAP P.311-A1 **주소** Obere Schmiedgasse 3 **전화** 09861-94700 **홈페이지** www.baumeisterhaus-rothenburg.de **운영** 11:00~18:00 **예산** 요리 €15~25 **가는 방법** 마르크트 광장 옆.

추어 횔 Zur Höll

이름을 직역하면 '지옥으로'라는 뜻. 이름에 어울리는 귀여운 악마 인형으로 장식되어 있는 이곳은, 로텐부르크에서 가장 오래된 건물이라고 한다. 레스토랑보다는 와인 바에 가깝다. 프랑켄 와인 등 여러 종류의 와인에 주력하면서 거기에 곁들일 만한 부어스트, 립, 구운 감자, 치즈 등의 요리를 판매한다. 삐거덕거리는 오래된 건물이 주는 분위기가 독특하지만 내부가 좁다는 것은 단점이다. 예약 없이 입장 자체가 불가능한 날도 많으니 전화로 예약하거나 개장 시간에 맞춰 방문해 늦은 시간 예약을 알아보는 방식이 일반적이다. 현금 결제만 가능하다.

MAP P.311-A1 **주소** Burggasse 8 **전화** 09861-4229 **홈페이지** www.hoell-rothenburg.de **운영** 월~토요일 17:00~늦은 밤, 일요일 휴무 **예산** 요리 €15~25 **가는 방법** 마르크트 광장에서 도보 2분.

라츠슈투베

Ratsstube

마르크트 광장에 있으며, 유명 관광지에 하나쯤 있을 것 같은 대중식당 겸 카페다. 프랑켄 스타일의 향토 요리를 판매하며, 식사를 주문하지 않더라도 광장이 보이는 좌석에 앉아 커피나 아이스크림을 먹으며 잠시 쉬어 가기에도 좋은 곳이다.

MAP P.311-A1 **주소** Marktplatz 6 **전화** 09861-5511 **홈페이지** www.ratsstube-rothenburg.de **운영** 월~화요일·목~일요일 11:00~21:30, 수요일 휴무 **예산** 요리 €12~20 **가는 방법** 마르크트 광장에 위치.

딜러

Diller Schneeballenträume

로텐부르크에서 먹어봐야 하는 간식거리, 바로 슈네발이다. 딜러는 로텐부르크에서 슈네발로 유명한 체인점이며 다른 도시에도 지점이 있다. 세련되고 팬시한 분위기에서 다양한 맛의 슈네발을 낱개나 세트로 구매할 수 있다.

MAP P.311-A1 **주소** Obere Schmiedgasse 7 **전화** 09861-938563 **홈페이지** www.schneeballen.eu **운영** 09:00~19:00 **예산** 낱개 €2.5~ **가는 방법** 마르크트 광장에서 도보 2분.

TOPIC 슈네발(슈니발)

30년 전쟁 당시 긴 전쟁에 대비하고자 제빵 후 남은 반죽으로 만든 것에서 유래한 로텐부르크의 명물 과자 슈네발Schneeball은 '눈덩이(스노볼)'라는 뜻의 이름이 모든 걸 설명해 준다. 한때 국내에서 슈네발이 유행일 때 망치로 깨 먹는 방식이었지만 독일에서는 손으로 쉽게 부수어 먹을 수 있어서 다른 도구를 사용하지 않는다. 손으로 부숴 맛있게 먹으면 된다.

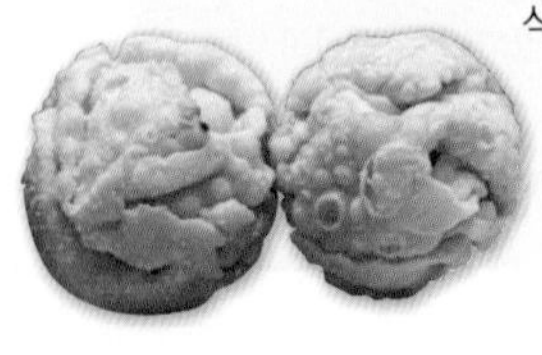

Shopping 사는 즐거움

동화 같은 도시의 분위기에 잘 어울리는 기념품 숍과 장난감 및 장식품 가게가 곳곳에 있다. 환호가 절로 나오는 앙증맞은 풍경이 가득하다.

케테 볼파르트
Käthe Wohlfahrt

케테 볼파르트 매장은 베를린, 뮌헨 등 대도시를 포함하여 독일에 수없이 많다. 그러나 본사가 있는 로텐부르크를 따라올 곳은 없다. 종류를 세어볼 수 없을 정도로 다양하고 아기자기한 크리스마스 장식품이 가득하다. 크리스마스 박물관과 함께 있는 크리스마스 마을Weihnachtsdorf 콘셉트 매장, 그리고 그 맞은편 크리스마스 마켓Christkindlmarkt 콘셉트 매장은 모두 구경해 볼 만하다. 한여름에 가도 여기는 크리스마스 분위기가 가득하고, 어른도 동심으로 돌아가게 된다.

MAP P.311-A1 **주소** 크리스마스 마을 Herrngasse 1 **전화** 0800-4090150 **홈페이지** www.kaethe-wohlfahrt.com **운영** 월~토요일 10:00~18:00, 일요일 휴무 **가는 방법** 마르크트 광장에서 도보 2분.

테디랜드
Teddyland Matthias Unger

테디베어 인형 전문 매장으로는 독일에서 가장 넓다. 이 넓은 매장을 전부 테디베어로 채웠다는 게 놀라울 따름. 로텐부르크 전통 의상을 입은 곰 인형처럼 여기에서만 만날 수 있는 특별한 친구들도 있으니 가볍게 구경해 보자.

MAP P.311-A1 **주소** Herrngasse 10 **전화** 09861-8904 **홈페이지** www.teddyland.de **운영** 월~토요일 10:00~18:00(토요일 09:00~), 일요일 휴무 **가는 방법** 마르크트 광장에서 도보 5분.

STUTTGART AREA
슈투트가르트 지역

BEST 4

01

심장을 뛰게 하는
메르세데스-벤츠 박물관
(슈투트가르트)

02

반쯤 무너진 모습이 더욱 낭만적인
하이델베르크성
(하이델베르크)

03

3개국에 걸쳐 있는 드넓은
보덴 호수 (콘스탄츠)

04

화려함의 클래스가 다른
루트비히스부르크 궁전
(루트비히스부르크)

슈투트가르트 지역 이동 전략

슈투트가르트에서 대부분의 소도시까지 기차로 편하게 연결되는 편. 다만, 서남쪽 프라이부르크와 콘스탄츠는 검은 숲으로 가로막혀 있어 우회하느라 다소 불편하다. 또한, 바덴뷔르템베르크가 상당히 넓어 다른 지역에 비하여 원데이 투어 시 기차에서 보내는 시간이 아무래도 길 수밖에 없는 점은 계획 수립에 참고하여야 한다.

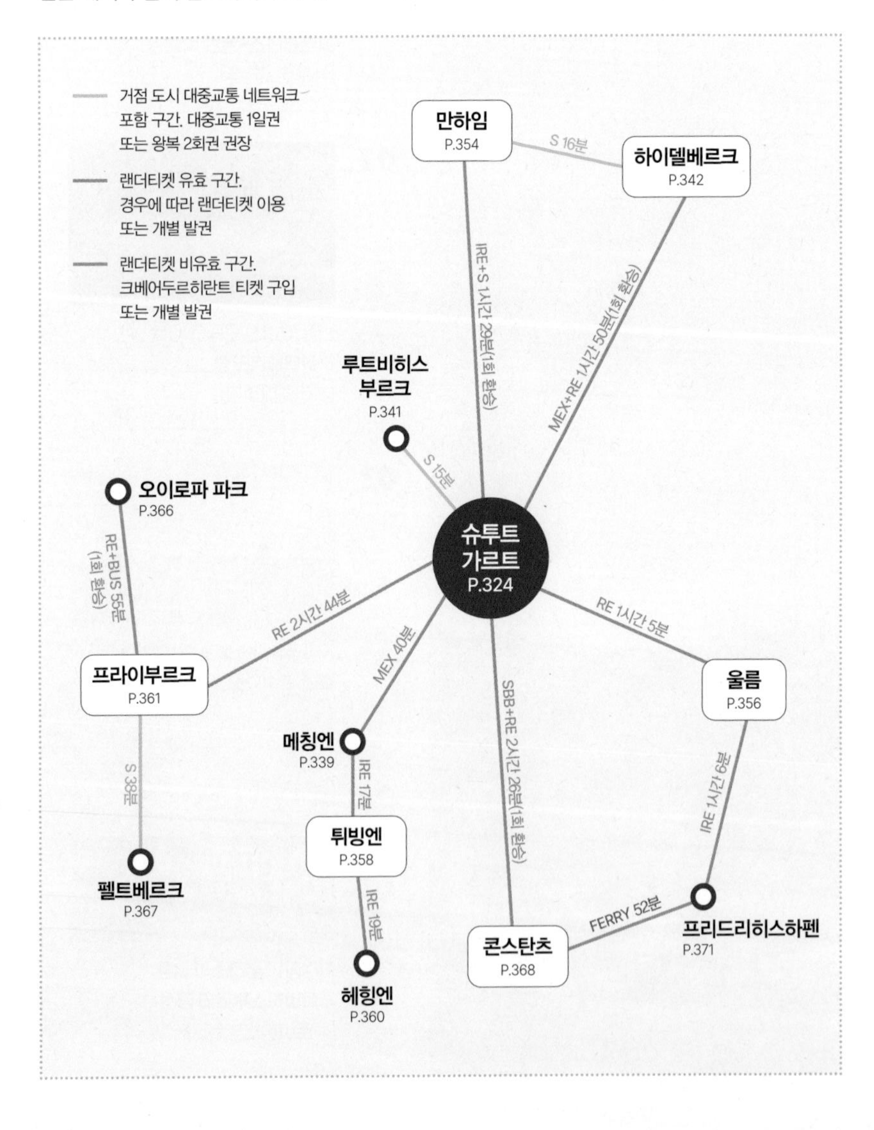

슈투트가르트 지역 숙박 전략

기본적으로 거점 도시 슈투트가르트에서의 숙박을 권장하며, 다양한 호텔과 호스텔이 중앙역 부근과 바트 칸슈타트 부근에 넓게 분포된 편이다. 근교 도시 중 관광으로 유명한 하이델베르크, 서남쪽 국경에서 가까운 프라이부르크는 따로 1박 하며 근처를 여행하면 편리하다.

☑ **선택**의 폭이 넓은 곳

중앙역 뒤편 MAP P.329-A1

중앙역의 큰 공사로 인해 오히려 중앙역 앞은 시끄럽고 복잡한 편이다. 현재 슈투트가르트에서 다양한 성급의 호텔과 호스텔을 선택하기에 가장 좋은 곳은 중앙역 뒤편 시립도서관 부근이다. 전철역 기준으로 Stadtbibliothek역과 Milchhof역 근처다.

☑ **즐길 거리**가 많은 곳

바트 칸슈타트 부근 MAP P.328-B2

옛 온천 휴양지 바트 칸슈타트 부근에도 다양한 성급의 호텔이 많다. 이 지역은 민속 축제가 열리고, 온천과 동물원 등 즐길 거리가 많다. 이 책에 소개한 관광지 기준으로는 메르세데스-벤츠 박물관이 이 부근에 있다.

☑ **유명 관광지**에서 하룻밤

하이델베르크 MAP P.343-B1·C1

독일에서도 손꼽히는 유명 관광 도시인 만큼 하이델베르크는 숙박시설이 매우 많아서 성수기에도 예약이 편하다. 슈투트가르트에서 당일치기로 다녀오기에 조금 부담되는 거리인 만큼 하이델베르크에서 하루 묵으며 여행하는 것도 좋다. 그러면 하이델베르크성의 낭만적인 야경도 편안하게 볼 수 있다.

☑ **검은 숲** 여행의 거점

프라이부르크 MAP P.361

프라이부르크와 검은 숲은 슈투트가르트에서 원데이 투어로 여행하기보다는, 프라이부르크에 숙소를 잡고 도시 여행과 검은 숲 여행을 함께 즐기기에 적합하다. 독일 최대 테마파크도 다녀올 수 있다. 다만, 아직 숙박업소가 많은 편은 아니고, 특히 저렴한 호스텔은 찾기 어렵다는 점은 유념하기 바란다.

STUTTGART
슈투트가르트

바덴뷔르템베르크의 주도 슈투트가르트는 메르세데스-벤츠와 포르쉐, 보쉬의 본사가 있는 전형적인 공업 도시다. 산업 발전의 대가로 한때에는 환경 오염이 극심하였지만, 과학 기술의 힘으로 이마저도 극복한 '그린 유' 프로젝트의 성취는 세계에 내세울 만한 자랑거리다.
기후가 좋고 토양이 비옥해 오래전부터 번영하였고, 독일 초기 다섯 부족 중 하나인 슈바벤 공국의 근거지여서 신성 로마제국에서도 중요한 위치였다. 그 번영의 흔적을 다수 확인할 수 있다.

지명 이야기
슈바벤 공국의 백작 리우돌프 Liudolf가 넓은 초원에 기마병 육성 목적의 말 목장을 만들고 '종마 사육장'이라는 뜻의 고어 Stuotgarten이라 부른 것에서 유래한다.

Information & Access 슈투트가르트 들어가기

관광안내소 INFORMATION

두 곳의 관광안내소를 운영한다. 기차로 도착하면 중앙역 부근 번화가 쾨니히 거리의 관광안내소를, 비행기로 도착하면 공항의 관광안내소를 이용한다.

홈페이지 www.stuttgart-tourist.de/en (영어)

찾아가는 방법 ACCESS

비행기

슈투트가르트 공항Flughafen Stuttgart(공항코드 STR)은 규모가 크지는 않으나 루프트한자와 독일의 저가항공사 유로윙스Eurowings의 노선이 많아 유럽의 웬만한 도시로 편하게 연결된다. 국내에서 바로 가는 직항은 없다.

• 시내 이동

슈투트가르트 공항은 시내에서 남쪽으로 약 20km 떨어져 있으며, 전철 에스반 또는 우반으로 한 번에 갈 수 있다. 참고로, 슈투트가르트 박람회장도 공항 바로 옆에 있으므로 박람회장 이동 방법도 공항과 같다.

소요시간 에스반 27분, 우반 32분 **노선** S2·3, U6호선 **요금** 편도 €4

기차

슈투트가르트 중앙역Hauptbahnhof이 철도 교통의 중심이지만, 현재 대규모 공사가 벌어지고 있음을 유의하자. 기차는 정상적으로 발착하지만, 역사 건물 전체가 공사 중이어서 플랫폼까지 10분 정도 임시 통행로로 걸어야 한다. 무거운 짐이 있을 때는 불편할 수 있다.

*** 유효한 랜더티켓** 바덴뷔르템베르크 티켓

• 시내 이동

〈프렌즈 독일〉의 슈투트가르트 여행 코스는 중앙역부터 시작한다. 첫 관광지인 신 궁전까지 전철로 이동할 수도 있지만, 걷기 좋은 번화가로 연결되니 도보로 여행을 시작하면 좋다.

• 중앙역 개선 공사

시설 보수 공사 정도가 아니다. '슈투트가르트 21'이라는 이름으로 철로를 지하로 옮기는 작업에 한창이다. 환경 도시로 유명한 슈투트가르트에서 수백 년 된 나무를 베어내고 공사하는 모습에 현지 환경단체가 큰 충격을 받고 격렬한 반대 시위를 벌이기도 하였으며, 2019년 완공될 예정이었으나 지금은 2025년 말로 계획이 변경되었다. 기존의 역사를 허물고 지하에 플랫폼과 터미널을 만들고 있어 중앙역 부근 전체가 매우 혼잡하니 공사 중에는 주의를 요한다.

버스

환경 도시 슈투트가르트는 대형 버스의 시내 진입을 불허한다. 운송업계의 오랜 청원에도 불구하고 끝내 시내에 버스터미널 설치가 불허되어 슈투트가르트 공항에 버스터미널Stuttgart Airport Busterminal을 만들었다. 일부 노선은 파이힝엔Vaihingen 등 슈투트가르트 교외의 한적한 간이 기차역 주차장 등에 정차하기도 하니 정류장 명을 잘 살피자.

• 시내 이동

공항에서 시내 이동하는 방법과 같다.

파이힝엔 버스 정류장

Transportation & Pass 슈투트가르트 이동하기

시내 교통 TRANSPORTATION

전철 에스반과 우반이 중심과 근교를 연결하고, 트램과 버스가 부족한 부분을 보충한다. 여행 중에는 주로 우반을 이용하게 된다. 슈투트가르트 관광지는 대부분 1존에 속하며, 공항과 루트비히스부르크는 2존에 속한다. 고속버스 이용 시에는 정류장 위치가 1~2존에 나뉘어 있으니 위치를 잘 확인하도록 하자.

• 타리프존 & 요금

· 1존(시내 이동) : 1회권 €3.1, 1일권 €6.2, 단거리권 €1.8

· 2존(공항, 루트비히스부르크) : 1회권 €4, 1일권 €8

우반

우반 전철역

티켓판매기

· 1일권은 개시일 기준 다음 날 07:00까지, 단거리권은 에스반 기준 1 정거장 내 이동 시 유효

• 노선 확인

슈투트가르트 교통국 VVS www.vvs.de

노선 확인법 안내

관광 패스 SIGHTSEEING PASS

• 슈투트카드 StuttCard

메르세데스-벤츠 박물관, 포르쉐 박물관 등 슈투트가르트의 인기 박물관뿐 아니라 근교의 다양한 박물관과 궁전까지 무료입장 및 대중교통 무료 혜택을 결합한 상품. 24시간/48시간/72시간권 중 선택할 수 있다. 대중교통 혜택을 빼고 요금을 낮출 수도 있지만, 대부분의 방문지가 대중교통으로 이동할 위치에 있는 만큼 대중교통 포함 버전을 구입하는 게 유용하다.

요금 24시간권 €33, 48시간권 €43, 72시간권 €53 **구입방법** 관광안내소 또는 제휴 호텔에서 구입 **홈페이지** www.stuttgart-tourist.de/en/stuttcard

• 슐로스 카드 Schloss Card

마치 뮌헨 여행 중 메어타게스 티켓(P.204)을 사용하듯, 슈투트가르트 여행 중에는 슐로스 카드를 사용할 수 있다. 바덴뷔르템베르크에 있는 약 30곳의 궁전이나 성, 수도원 박물관을 방문할 때 구매일로부터 1년간 무료입장을 제공하는 상품이다. 다만, 사용처 중 국내 여행자에게 잘 알려진 곳이 많지 않고, 하이델베르크성(P.347)은 케이블카 미포함, 루트비히스부르크 궁전(P.341)은 정원 입장 미포함 등 핸디캡이 존재하니 홈페이지에서 사용처 규정을 확인하고 이용하기를 권장한다.

요금 성인 €39, 학생 €19.5 **구입방법** 모든 궁전 매표소에서 구매 **홈페이지** www.schloesser-und-gaerten.de

Best Course 슈투트가르트 추천 일정

베스트 코스 가장 핵심만 추려 하루짜리 베스트 코스를 소개한다. 그러나 슈투트가르트는 근교에 있는 다양한 박물관과 궁전을 관람하는 게 더 중요한 만큼 이튿날 루트비히스부르크(P.341)와 근교 여행지(P.330) 중 취향에 맞는 곳을 더 관람하면 훨씬 기억에 남는 여행이 된다.

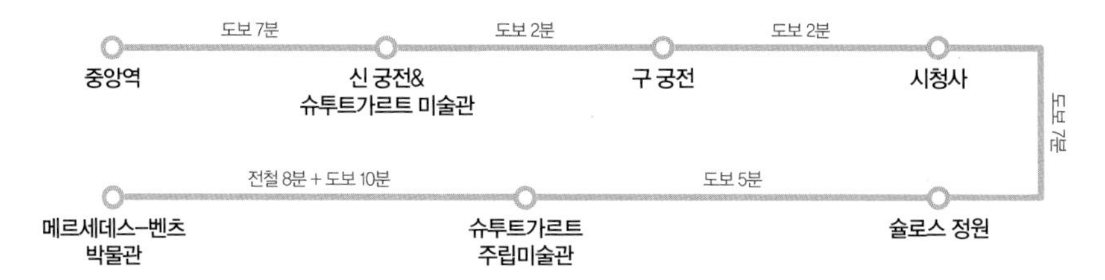

Tip. 대중교통 1일권(1존)을 구입하여 메르세데스-벤츠 박물관 왕복 시 사용한다.

TOPIC 그린 유 프로젝트

슈투트가르트는 공업 발달로 서독의 경제 성장과 더불어 눈부시게 발전하였지만, 그 대신 대기오염에 시달렸다. 분지 지형인 관계로 매연이 대기 중 정체되어 오염이 심해진 것이다. 그린 유Grünes U는 이 문제를 해결하기 위한 프로젝트로, 대기 중 오염물질이 잔류하지 않도록 '바람길'을 여는 걸 골자로 한다. 찬 공기가 더운 공기를 밀어내는 대류 효과를 응용하여, 숲에서 나온 찬 공기가 도심의 뜨거운 매연을 밀어내도록 했다. 대기의 흐름을 과학적으로 측정하여 공기가 이동하는 길에 고층 건물을 일절 짓지 못하도록 했으며 U자 모양의 대규모 녹지를 조성하여 도심을 둘러싸게 하였다. 결과는 대성공. 여전히 슈투트가르트에 수많은 공장이 가동 중이지만 더 이상 대기오염으로 몸살을 앓지 않는다. 지금도 슈투트가르트에 지어지는 모든 건물은 '바람길'을 막지 않는지 심사를 거쳐 허가받아야 하며, 건물의 발코니나 옥상에 나무를 심도록 한다. 문명의 발달로 파괴된 자연을 문명의 힘으로 되살릴 수 있음을 보여준 친환경의 대표적인 성공 사례다.

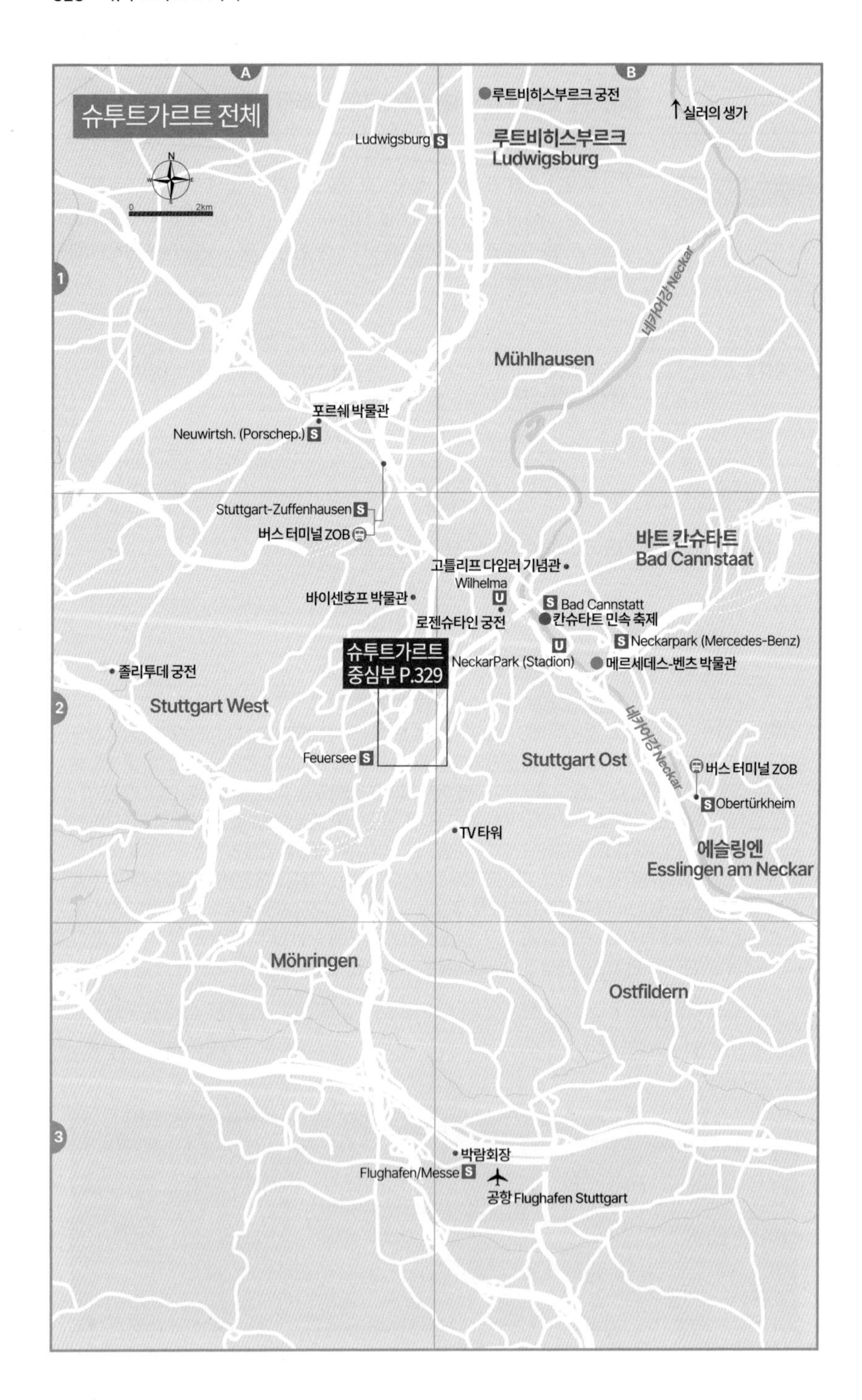

슈투트가르트 전체
A
B
1
2
3
N
0
2km
루트비히스부르크 궁전
실러의 생가
Ludwigsburg
루트비히스부르크
Ludwigsburg
네카어강 Neckar
Mühlhausen
포르쉐 박물관
Neuwirtsh. (Porschep.)
Stuttgart-Zuffenhausen
버스 터미널 ZOB
바트 칸슈타트
Bad Cannstaat
고틀리프 다임러 기념관
Wilhelma
바이센호프 박물관
Bad Cannstatt
로젠슈타인 궁전
칸슈타트 민속 축제
Neckarpark (Mercedes-Benz)
슈투트가르트
중심부 P.329
NeckarPark (Stadion)
메르세데스-벤츠 박물관
졸리투데 궁전
Stuttgart West
Feuersee
Stuttgart Ost
네카어강 Neckar
버스 터미널 ZOB
Obertürkheim
TV타워
에슬링엔
Esslingen am Neckar
Möhringen
Ostfildern
박람회장
Flughafen/Messe
공항 Flughafen Stuttgart

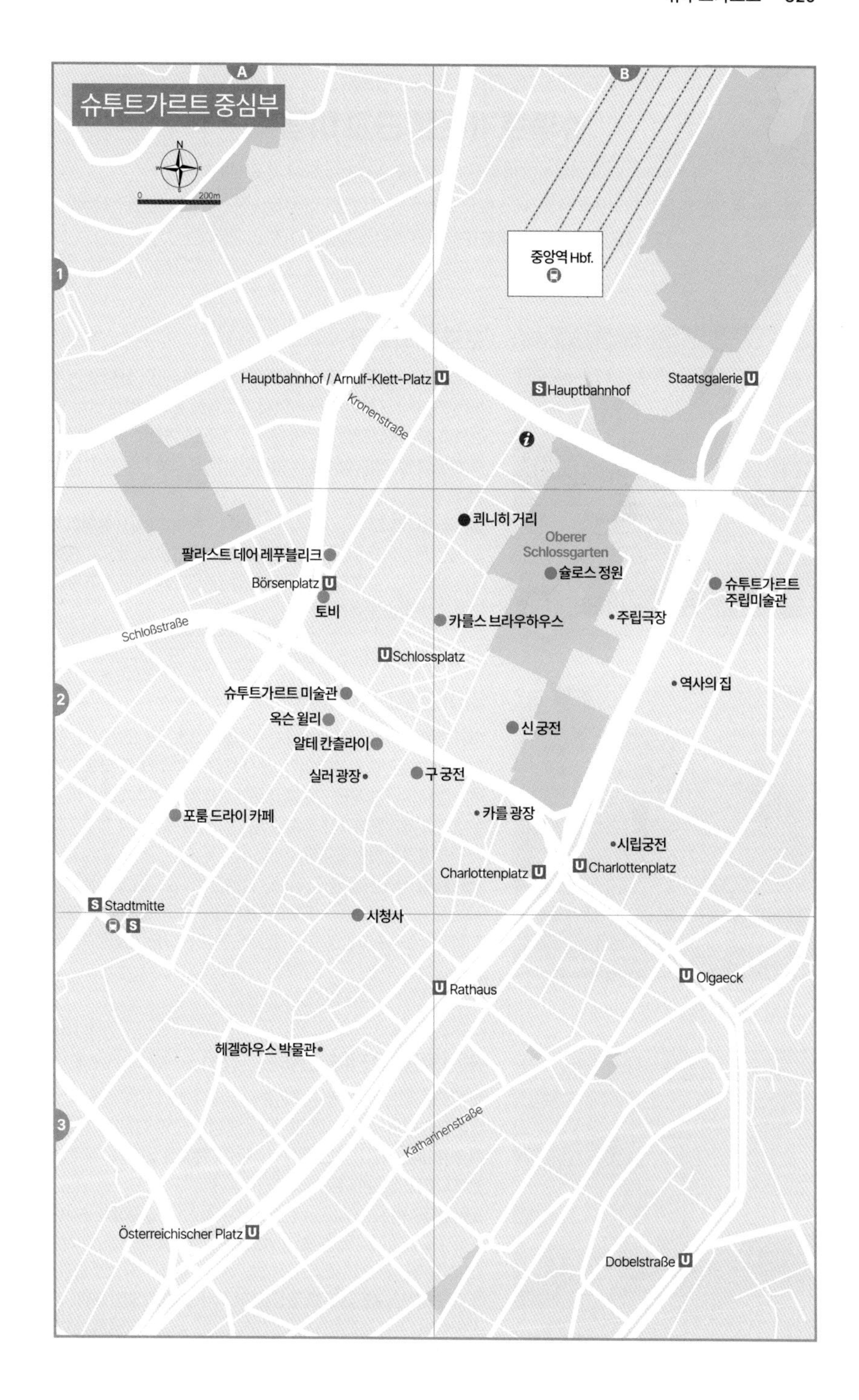

슈투트가르트 중심부
A
B
1
2
3
0
200m
중앙역 Hbf.
Hauptbahnhof / Arnulf-Klett-Platz
Kronenstraße
Hauptbahnhof
Staatsgalerie
쾨니히 거리
Oberer Schlossgarten
팔라스트 데어 레푸블리크
Börsenplatz
토비
슐로스 정원
슈투트가르트 주립미술관
Schloßstraße
카를스 브라우하우스
주립극장
Schlossplatz
슈투트가르트 미술관
역사의 집
옥슨 윌리
알테 칸츨라이
신 궁전
실러 광장
구 궁전
포룸 드라이 카페
카를 광장
시립궁전
Charlottenplatz
Charlottenplatz
Stadtmitte
시청사
Olgaeck
Rathaus
헤겔하우스 박물관
Katharinenstraße
Österreichischer Platz
Dobelstraße

SPECIAL PAGE

슈투트가르트 근교 여행

슈투트가르트의 매력적인 박물관과 궁전 및 관광지는 도시 곳곳에 분포한다.
연결된 동선을 만들기 어려워 이 책의 베스트 코스에는 넣지 않았으나 루트비히스부르크 궁전(P.341)과
함께 시간이 허락하는 대로 구경하면 좋은 곳들을 추가로 소개한다.

자동차를 좋아하면

포르쉐 박물관 Porsche Museum

메르세데스-벤츠 박물관과 함께 자동차 마니아의 심장을 뛰게 하는 또 하나의 박물관이다. 현재 포르쉐는 폴크스바겐 산하 브랜드로 편입되었지만 포르쉐 본사 및 공장은 여전히 슈투트가르트에 남아 있으며, 과거부터 현재까지의 포르쉐 자동차를 전시한다.

MAP P.328-A1 **주소** Porscheplatz 1 **전화** 0711-91120911 **홈페이지** www.porsche.com **운영** 화~일요일 09:00~18:00, 월요일 휴무 **요금** 성인 €12, 학생 €6, 17:00 이후 입장하면 50% 할인 **가는 방법** S6호선 Neuwirtshaus역 하차.

건축을 좋아하면

©Stuttgart-Marketing GmbH

바이센호프 박물관 Weissenhofmuseum

1927년에 지어진 밀집 주거단지 바이센호프는, 시대정신을 반영한 모더니즘 건축의 걸작이다. 당시 프랑스 건축가 르 코르뷔지에Le Corbusier가 지은 건물에 바이센호프 박물관이 개관하였다. 유네스코 세계문화유산으로 등록된 르 코르뷔지에의 세계 7개국 건축에 포함되는 곳이다.

MAP P.328-A2 **주소** Rathenaustraße 1 **전화** 0711-2579187 **홈페이지** weissenhofmuseum.de **운영** 화~일요일 11:00~18:00(토~일요일 10:00~), 월요일 휴무 **요금** 성인 €5, 학생 €2 **가는 방법** 44번 버스 Kunstakademie 정류장 하차.

궁전을 좋아하면

©Stuttgart-Marketing GmbH, Werner Dieterich

졸리투데 궁전(솔리튜드 궁전) Schloss Solitude

신 궁전을 만든 대공 카를 오이겐이 그보다 앞서 1769년에 사냥 별궁으로 지은 곳. 로코코 양식의 건축미와 주변 정원의 조화가 예술적이다. 대공은 이듬해부터 여기에 학교를 열었고, 극작가 실러도 이곳 출신이다.

MAP P.328-A2 **주소** Solitude 1 **전화** 0711-3514772 **홈페이지** www.schloss-solitude.de **운영** 4~10월 수~일요일 10:00~17:00, 11~3월 토~일요일 10:00~16:00, 4~10월 월~화요일 휴무, 11~3월 월~금요일 휴무 **요금** 성인 €6, 학생 €3 **가는 방법** 92번 버스 Solitude 정류장 하차.

전망을 좋아하면

전망대에서 보이는 풍경

TV 타워 Fernsehturm Stuttgart

이런 유의 TV 송신탑으로는 세계 최초로 완성된 곳. 1956년에 217m 높이로 만들었다. 엘리베이터를 타고 올라가 360도 각도로 풍경을 즐길 수 있는 전망대가 운영 중이다. '녹색 도시' 슈투트가르트의 매력을 느낄 수 있을 것이다.

MAP P.328-B2 **주소** Jahnstraße 120 **전화** 0711-232597 **홈페이지** www.fernsehturm-stuttgart.de **운영** 10:00~22:00 **요금** 성인 €10.5, 학생 €5.5 **가는 방법** U7·8호선 Ruhbank역에서 도보 5분.

문학을 좋아하면

©www.schillersgeburtshaus.de

실러의 생가 Schillers Geburtshaus

'빌헬름 텔'의 극작가 프리드리히 실러의 고향인 슈투트가르트 북쪽 근교 마르바흐Marbach am Neckar에는 그의 생가 기념관이 있다. 생가 부근에는 국립 실러 박물관과 독일 문학 박물관도 있으니, 문학에 관심 있는 여행자는 함께 둘러보면 더 재미있다.

MAP P.328-B1 **주소** Niklastorstraße 31, Marbacham Neckar **전화**07144-17567 **홈페이지** www.schillersgeburtshaus.de **운영** 4~10월 09:00~17:00, 11~3월 10:00~16:00 **요금** 성인 €5, 학생 €4 **가는 방법** S4호선 Marbach역에서 도보 5분.

공룡을 좋아하면

로젠슈타인 궁전 Schloss Rosenstein

뷔르템베르크 국왕 빌헬름 1세가 왕비의 궁전으로 만들었으나 완공되기 전 사별하고 말았다. 상심한 빌헬름 1세도 로젠슈타인 궁전에서 숨을 거두었다고 전해진다. 오늘날에는 잘 관리되는 자연사 박물관으로 사용되어 공룡 화석에 관심 있는 가족 단위 여행자에게 추천할 만하다.

MAP P.328-B2 **주소** Rosenstein 14 **전화** 0711-89360 **홈페이지** www.naturkundemuseum-bw.de **운영** 화~금요일 09:00~17:00, 토~일요일 10:00~18:00, 월요일 휴무 **요금** 성인 €5, 학생 €3 **가는 방법** U13·14·16호선 Wilhelma역에서 도보 5분.

Attraction 보는 즐거움

옛 뷔르템베르크 공국과 왕국이 강성했던 시절에 만들어진 유산이 그대로 남아 있다. 상쾌한 녹색 도시에서 각종 문화를 섭렵하는 박물관 투어는 슈투트가르트 여행의 가장 큰 묘미라고 할 수 있다.

신 궁전 Neues Schloss

대공 카를 오이겐Karl Eugen은 어린 나이에 지위를 승계하여 한동안 군주의 권력이 섭정의 치하에 있었다. 그가 성인이 되자마자 가장 먼저 한 것은 자신의 권위에 걸맞은 궁전을 짓는 일이었다. 1746년 공사를 시작하였고, 최종 완공은 1807년. 그러나 이때는 이미 카를 오이겐이 사망한 이후였다. 화려한 바로크 양식의 신 궁전은 오늘날 주의회로 사용 중이어서 내부 입장은 불가능하지만, 궁전 앞마당에 해당하는 슐로스 광장Schloßplatz에서 궁전을 구경하는 것만으로도 인상적이다. 광장 중앙에 1846년에 32.6m 높이의 기념비 Jubiläumssäule를, 1863년에 분수대를, 1871년에 작은 파빌리온Musikpavillon을 더하여 광장의 풍경을 완성하였다.

MAP P.329-B2 **주소** Schloßplatz 4 **가는 방법** 중앙역에서 도보 7분 또는 U5·6·7·12·15호선 Schlossplatz역 하차.

슈투트가르트 미술관
Kunstmuseum Stuttgart

현대 미술에 특화된 미술관으로 특히 오토 딕스 Otto Dix 컬렉션이 우수하다. 상설 전시 외에도 비정기적으로 특별전을 함께 열고 있으며, 2005년에 개관한 이래 현대미술 분야에서 높은 수준을 인정받고 있다. 큐브 모양의 정육면체 유리 건물은 특히 밤에 보면 더 아름답다.

MAP P.329-A2 **주소** Kleiner Schloßplatz 1 **전화** 0711-21619600 **홈페이지** www.kunstmuseum-stuttgart.de **운영** 화~일요일 10:00~18:00(금요일 ~21:00), 월요일 휴무 **요금** 성인 €6, 학생 €4, 특별전 별도 **가는 방법** 신 궁전 맞은편.

카를 광장의 카이저 빌헬름 1세 기마상

구 궁전 Altes Rathaus

도시의 출발인 슈바벤 공작의 '종마 사육장'을 보호하는 성에서 출발하여 10세기경 해자에 둘러싸인 요새가 완성되었고, 이후 뷔르템베르크의 권력자들이 거주하면서 르네상스 양식이 더해진 궁전으로 변모하였다. 오늘날에는 해자를 메운 자리에 카를 광장Karlsplatz과 실러 광장Schillerplatz 등 조용한 쉼터가 있고, 성 내부는 옛 왕가의 보물부터 선사시대 유물까지 이 지역과 관련 있는 전시품을 갖추어 주립박물관Landesmuseum으로 사용 중이다.

MAP P.329-A2 **주소** Schillerplatz 6 **전화** 0711–89535111 **홈페이지** www.landesmuseum-stuttgart.de **운영** 화~일요일 10:00~17:00, 월요일 휴무 **요금** 성인 €6, 학생 €5 **가는 방법** 신 궁전에서 도보 2분.

시청사 Rathaus

시청사

네모난 건물, 네모난 창문, 네모난 시계탑 등 온통 네모로 구성된 슈투트가르트 시청사는 1956년에 건축되었다. 61m 높이의 중앙 시계탑에는 하루 5번(11:05·12:05·14:35·18:35·21:35) 슈바벤 지역 민요를 연주하는 카리용(종)이 설치되어 있다.

MAP P.329-A2 **주소** Marktplatz 1 **가는 방법** 구 궁전에서 도보 2분 또는 U2·4·11·14호선 Rathaus역 하차.

헤겔하우스 박물관

여기 근처

슈투트가르트에서 태어난 철학자 헤겔Georg Wilhelm Friedrich Hegel의 생가는 그의 일생과 업적을 고문서와 멀티미디어 등 다양한 방식으로 전달하는 **헤겔하우스 박물관** Museum Hegel-Haus이 되었다.

[헤겔하우스 박물관] 주소 Eberhardstraße 53 **전화** 0711–21625888 **홈페이지** www.hegel-haus.de **운영** 월~토요일 10:00~13:00·14:00~18:00, 일요일 휴무 **요금** 무료 **가는 방법** 시청사에서 도보 2분.

슐로스 정원 Schlossgarten

주립극장

'궁정 정원'이라는 뜻으로, 구 궁전의 해자 바깥에 만든 정원으로 약 600년의 역사를 가졌다. 신 궁전이 여기에 지어졌고, 당시 정원의 위용은 그야말로 어마어마했지만, 제2차 세계대전 이후 오늘날의 모습으로 복원되었다. 공원의 면적만 64만㎡에 달하며, 상·중·하로 구분해 각각 오버Oberegarten, 미틀러Mittlerergarten, 운터Unteregarten로 구분한다. 이 중 신 궁전 옆 운터가르텐이 구경하기에 가장 좋다. 작은 연못 에케호Eckensee 옆에 호젓이 자리 잡은 주립극장Staatstheater은 발레리나 강수진 씨가 아시아인 최초로 입단하여 30년간 활동한 슈투트가르트 발레단의 무대이기도 하다. 오늘날 슐로스 정원은 그린 유 프로젝트의 핵심으로 도시의 허파 노릇을 톡톡히 하며 시민의 쉼터로 사랑받는다. 한편, 중앙역 지하화 공사인 슈투트가르트 21 프로젝트로 인해 미틀러가르텐의 나무가 베이고 흉하게 파헤쳐진 모습에 시민들이 큰 충격을 받아 반대 여론이 높아지기도 하였다. 슐로스 정원은 슈투트가르트 21 공사가 완료되면 다시 설계하여 쾌적한 모습으로 바뀔 예정이라고 한다. 우선 그전까지는 운터가르텐 위주로 신 궁전과 함께 구경하자.

MAP P.329-B2 **가는 방법** 신 궁전 옆.

백남준 작품

슈투트가르트 주립미술관 Staatsgalerie Stuttgart

뷔르템베르크 왕국의 국왕 빌헬름 1세가 왕립 미술관을 만든 것에 기초하여 1984년에 개장한 슈투트가르트 최대 규모의 미술관이다. 중세 르네상스 예술부터 근대와 모더니즘 시대, 그리고 현대미술까지 포괄하는 방대한 컬렉션은 그림 구경하는 재미를 확실히 보장한다. 카스파어 다비트 프리드리히, 에른스트 루트비히 키르히너, 프란츠 마르크 등 독일 화가는 물론, 모네, 고갱, 세잔, 드가, 르누아르, 파울 클레, 피카소, 오토 딕스 등 이름만 대면 알 만한 작가의 그림이 시대별·사조별로 알차게 전시되어 있다. 고 백남준 선생의 대형 설치 작품도 반갑다.

MAP P.329-B2 **주소** Konrad-Adenauer-Straße 30-32 **전화** 0711-470400 **홈페이지** www.staatsgalerie.de **운영** 화~일요일 10:00~17:00(목요일 ~20:00), 월요일 휴무 **요금** 성인 €7, 학생 €5, 매주 수요일 무료 **가는 방법** 슐로스 정원에서 도보 5분 또는 U1·2·4·9·11·14호선 Staatsgalerie역 하차.

여기 근처

슈투트가르트 주립미술관과 나란히 박물관 두 곳, 음악대학, 도서관이 길을 따라 자리를 잡아 문화지구Kulturmeile라 불린다. 두 박물관은 바덴뷔르템베르크의 연대기 순으로 역사 자료를 정리하여 생각을 유도하는 역사의 집Haus der Geschichte Baden-Württemberg과 도시 역사에 관한 상설전과 다양한 문화에 관한 특별전을 여는 시립궁전StadtPalais - Museum für Stuttgart 박물관이다. 모두 지역의 역사에 대한 전시이므로 여행자의 시선에서 생소할 수 있지만, 건축미가 상당한 건물들이므로 외관을 구경하기에도 괜찮다.

역사의 집
©Stuttgart-Marketing GmbH, Sarah Schmid

[역사의 집] 주소 Konrad-Adenauer-Straße 16 **전화** 0711-470400 **홈페이지** www.hdgbw.de **운영** 화~일요일 10:00~18:00(목요일 ~21:00), 월요일 휴무 **요금** 성인 €5, 학생 €2.5, 특별전 별도 **가는 방법** 슈투트가르트 주립미술관에서 도보 2분.

[시립궁전] 주소 Konrad-Adenauer-Straße 2 **전화** 0711-21625800 **홈페이지** www.stadtpalais-stuttgart.de **운영** 화~일요일 10:00~18:00(금요일 ~21:00), 월요일 휴무 **요금** 무료 **가는 방법** 신 궁전에서 도보 2분.

시립궁전
©Stuttgart-Marketing GmbH, Sarah Schmid

메르세데스-벤츠 박물관 Mercedes-Benz Museum

설명이 필요 없는 세계적 명차 메르세데스-벤츠 본사에서 운영하는 박물관이다. 메르세데스-벤츠의 전신, 그러니까 아직 합병되기 전 다임러와 벤츠 시대를 포함한 역사를 총망라한다. 중요한 시대별로 자동차, 엔진, 그 시대의 주요 사건 등에 초점을 맞추어 입체적인 관람이 가능하며, 유명인이 탄 자동차 등 흥미로운 테마를 별도로 전시하여 재미를 선사한다. 입장 후 엘리베이터를 타고 꼭대기 층으로 올라가 아래로 내려오면서 관람하게 되는데, 가장 처음 만나게 될 '벤츠 1호 차'는 1883년에 세계 최초의 가솔린 자동차로 제작된 특히 귀중한 전시물이다.

MAP P.328-B2 **주소** Mercedesstraße 100 **전화** 0711-1730000 **홈페이지** www.mercedes-benz.com/museum **운영** 화~일요일 09:00~18:00, 월요일 휴무 **요금** 성인 €16, 학생 €8, 16:30 이후 입장하면 50% 할인 **가는 방법** S1호선 Neckarpark역 정류장 하차 후 도보 7분.

TOPIC 세계 최초의 자동차

라이트바겐

세계 최초의 가솔린 자동차는 카를 벤츠가 만하임(P.354)에서 1885년 세상에 선보였다. 그런데 그보다 몇 달 앞서 고틀리프 다임러Gottlieb Daimler가 슈투트가르트에서 가솔린 내연기관으로 작동하는 운송수단을 처음 선보였고, 빌헬름 마이바흐Wilhelm Maybach가 함께 했다. 이들은 슈투트가르트 공원의 한 헛간을 사들여 노력한 끝에 라이트바겐Reitwagen을 완성하였다. 그런데 좁은 헛간에서 테스트하려니 '엔진 달린 마차'를 만들기는 어려워 '엔진 달린 자전거'를 만들었다. 라이트바겐은 최초의 오토바이로 분류되지만, 사실상 내연기관으로 작동하는 최초의 운송수단이라는 점에서 벤츠보다 다임러가 한 발 빨랐던 셈이다. 이후 벤츠, 다임러, 마이바흐는 모두 자신의 회사를 차렸다. 그리고 세 회사는 하나로 합병되어 오늘날 세계 최고의 위치에 선 메르세데스-벤츠가 되었다.

Restaurant

먹는 즐거움

쾨니히 거리와 신 궁전, 시청사 주변에 현대적인 레스토랑이 가득하다. 오랜 전통보다는 대도시의 활기를 느끼게 된다.

옥스 윌리 Ochs'n Willi

슈투트가르트 인근에서 양조한 로컬 와인과 프랑스, 이탈리아 와인을 파는 레스토랑이다. 스테이크 등 여러 종류의 육류 요리와 해산물 요리가 있는데 가격은 제법 비싼 편이지만, 매일 바뀌는 일일 메뉴를 점심시간에 합리적인 가격에 제공한다.

MAP P.329-A2 **주소** Kleiner Schloßplatz 4 **전화** 0711-226 5191 **홈페이지** www.ochsn-willi.de **운영** 11:30~늦은 밤 **예산** 와인 1잔 €5~, 요리 €23~32, 일일 메뉴(11:00~14:30) €15~ **가는 방법** 슈투트가르트 미술관 옆.

알테 칸츨라이 Alte Kanzlei

'옛 관청'이라는 뜻. 실제로 옛 관청으로 사용된 건물에 생긴 레스토랑이기 때문이다. 내부는 현대식으로 단장하여 마울타셰 등 슈바벤 지역의 향토 요리를 판매하며, 여러 종류의 와인과 스몰 디시도 함께 제공한다.

MAP P.329-A2 **주소** Schillerplatz 5 **전화** 0711-294457 **홈페이지** www.alte-kanzlei-stuttgart.de **운영** 월~금요일 11:00~23:00, 토요일 09:00~23:00, 일요일 09:00~22:00 **예산** 요리 €18~30 **가는 방법** 구 궁전 옆.

포룸 드라이 카페 Forum 3 Café

©Stuttgart-Marketing GmbH, Sarah Schmid

허름한 건물로 들어가면 자그마한 안뜰에 식물이 우거진 독특한 분위기의 조용한 카페가 나타난다. 커피와 에이드 종류의 음료, 맥주 등 주류, 샐러드, 마울타셰 등의 향토 요리까지 다양하게 즐길 수 있어 현지인에게 인기가 높다.

MAP P.329-A2 **주소** Gymnasiumstraße 21 **전화** 0711-440074985 **홈페이지** www.forum3.de **운영** 월~금요일 15:00~23:00, 토요일 12:00~23:00, 일요일 휴무 **예산** 음료 €3~5, 요리 €10 안팎 **가는 방법** 구 궁전 옆.

팔라스트 데어 레푸블리크
Palast der Republik

©Stuttgart-Marketing GmbH, Sarah Schmid

거리 한복판의 작은 비어가르텐. 바로 인근에 슈투트가르트 대학교가 있어서 학생들의 열광적인 지지를 받는 인기 장소다. 테이블이 협소해 주변 거리와 광장에 아무렇게나 앉아 맥주를 마시며 대화하는 젊은 학생들 속에서 자유로운 분위기를 즐길 수 있다.

MAP P.329-A2 **주소** Friedrichstraße 27 **전화** 0711-2264887 **홈페이지** www.facebook.com/PalastStuttgart/ **운영** 11:00~02:00(금요일 ~01:00, 토요일 ~03:00, 일요일 15:00~) **예산** 맥주 €4, 요리 €10~20 **가는 방법** 슐로스 광장에서 도보 2분 또는 U1·9·11호선 Börsenplatz역 하차.

토비 Tobi's

패스트푸드 형태의 임비스 레스토랑. 음료와 함께 나오는 세트 메뉴 등 구성은 우리가 아는 패스트푸드와 똑같은데, 음식은 되너 케밥이나 커리부어스트 등 독일의 인기 간식거리들이다. 가볍게 허기를 달래기에 딱 알맞다.

MAP P.329-A2 **주소** Bolzstraße 7 **전화** 0711-2293307 **홈페이지** www.tobis-food.de **운영** 월~수요일 11:30~22:00, 목~토요일 11:30~23:00, 일요일 휴무 **예산** 요리 €8~12 **가는 방법** 슐로스 광장에서 도보 5분.

카를스 브라우하우스
Carls Brauhaus

고풍스러운 느낌을 한껏 살린 분위기 있는 비어홀. 슈니첼, 부어스트 등 기본적인 독일 향토 요리, 마울타셰 등의 슈바벤 향토 요리와 플람쿠헨 등 대중적인 요리를 함께 판매한다. 특히 슐로스 광장 쪽의 실외석은 광장의 아름다운 풍경을 배경 삼아 분위기가 더 극대화되어 인기가 높다.

MAP P.329-B2 **주소** Stauffenbergstraße 1 **전화** 0711-25974611 **홈페이지** www.carls-brauhaus.de **운영** 11:00~늦은 밤(토~일요일 10:00~) **예산** 맥주 €4.9, 요리 €14~25 **가는 방법** 슐로스 광장에 위치.

Shopping 사는 즐거움

슈투트가르트는 독일에서 쇼핑하기에 가장 좋은 도시다. 그 지분의 8할은 독일에서 유일무이한 명품 아웃렛이 근교에 있다는 점에 기인한다.

쾨니히 거리 Königstraße

중앙역에서 시작되는 쾨니히 거리에는 독일의 유명 백화점, 아웃도어 매장, 가전 백화점의 지점 등 쇼핑 명소가 모두 모여 있다. 보행자 전용 거리로 쾌적한 분위기 속에 쇼핑이 가능하며, 거리의 악사도 많이 보여 분위기가 활기차다.

MAP P.329-B2 **가는 방법** 중앙역에서 지하도를 건너자마자 거리 시작.

메칭엔 아웃렛 시티 Outlet City Metzingen

슈투트가르트 근교 메칭엔Metzingen은 휴고보스의 본사가 있는 시골 마을. 휴고보스 아웃렛으로 출발하여 하나씩 브랜드가 추가되면서 거대한 메칭엔 아웃렛 시티가 되었다. 이름만 대면 알 만한 명품과 고급 브랜드, 스포츠 아웃도어 브랜드, 독일의 필수 쇼핑 아이템으로 꼽히는 주방용품 브랜드 등이 모두 모여있으며, 경쟁적으로 세일도 하므로 매우 알뜰한 쇼핑이 가능하다. 특히 명품 브랜드 할인 매장은 독일에서 사실상 여기가 유일하고, 휴고보스만큼은 전 세계 어디보다 저렴하다. 지금도 신규 매장이 계속 늘어나 아웃렛 규모가 커지고 있으며, 레스토랑과 호텔을 비롯한 쇼핑 편의시설도 완비되었다. 덕분에 이 시골 마을에 매년 400만 명 이상이 찾아온다.

주소 Hugo-Boss-Platz 4, Metzingen **전화** 07123-92340 **홈페이지** www.outletcity.com/ko/metzingen/ **운영** 월~목요일 10:00~20:00, 금요일 10:00~21:00, 토요일 09:00~20:00, 일요일 휴무 **가는 방법** 레기오날반으로 메칭엔 기차역 하차 후 도보 10분 또는 금·토요일에 슈투트가르트 중앙역 부근에서 하루 3회(10:15·13:05·16:05) 출발하는 셔틀버스(왕복 €10) 이용.

Entertainment 노는 즐거움

그 유명한 옥토버페스트만큼 유명한 맥주 축제가 비슷한 시기에 열린다. 와인이 유명한 지역이어서 초가을에는 와인 축제도 열린다. 사시사철 재미있는 프로그램이 가득하다.

과일탑

칸슈타트 민속 축제 Cannstatter Volksfest

1815년 대기근으로 어려움을 겪은 뒤 고난의 시절이 끝나고 1818년에 '추수 감사제' 성격으로 큰 민속 축제를 열었다. 이후 매년 수확 철마다 바젠Wasen이라 부르는 넓은 공터에서 대형 축제를 열고 있으니, 400만 명 이상이 맥주를 마시며 흥겨움에 취한다는 점에서 '제2의 옥토버페스트'로 불리는 칸슈타트 민속 축제다. 축제를 즐기는 방식도 뮌헨의 옥토버페스트와 비슷하다. 슈투트가르트 맥주 회사가 설치한 대형 천막(가건물)에서 흥겨운 연주 속에 1L 용량의 맥주와 지역 향토 요리를 먹고, 다양한 놀이기구와 매점을 이용하며 하루 종일 즐길 수 있다. 옥토버페스트와 달리 천막 바깥의 매점에서도 맥주를 판매한다는 것이 장점. '추수 감사제'의 전통을 보여주는 과일탑Fruchtsäule이 축제의 마스코트. 옥토버페스트와 약 1주일의 차이를 두고 열리며, 2024년 축제 일정은 9월 27일부터 10월 13일까지.

MAP P.328-B2 **홈페이지** www.cannstatter-volksfest.de **가는 방법** U19호선 Cannstatter Wasen역 하차.

©Pro Stuttgart e.V.

슈투트가르트 와인 빌리지 Stuttgarter Weindorf

매년 8월 말, 약 열흘간 열리는 와인 축제. 실러 광장과 마르크트 광장 주변에 와이너리의 테이블이 설치되어 음식과 와인, 그리고 맥주를 판매한다. 공연 등 흥을 돋우는 부대행사도 다양하다. 2024년 축제 일정은 8월 28일부터 9월 8일까지.

홈페이지 www.stuttgarter-weindorf.de

LUDWIGSBURG
루트비히스부르크

직역하면 '루트비히의 성'이라는 뜻의 슈투트가르트 근교 도시. 실제로 뷔르템베르크의 대공 에버하르트 루트비히가 자신의 궁전을 지으면서 도시를 함께 만들었다.

관광안내소 INFORMATION

주소 Eberhardstraße 1
홈페이지 travel.ludwigsburg.de (영어)

찾아가는 방법 ACCESS

거점 도시와 이동시간 (레기오날반 기준)
슈투트가르트 ↔ 루트비히스부르크 : S 15분

유효한 티켓
VVS 1일권(€7) 또는 바덴뷔르템베르크 티켓 사용

가을에 열린 호박 축제

루트비히스부르크 궁전 Schloss Ludwigsburg

에버하르트 루트비히Eberhard Ludwig 대공이 1733년에 슈투트가르트 북쪽 근교에 지은 대궁전. 원래 목적은 사냥 별궁을 재건하는 것이었지만, 이내 계획이 커지면서 대단히 화려한 바로크 궁전이 탄생했다. 사람들은 이곳을 '슈바벤의 베르사유 궁전'이라 부른다. 대공이 공사비가 부족해 '면세 특권'을 주고 인부를 고용해 궁전 부근에 정착하도록 한 것이 루트비히스부르크 도시의 탄생 기원이다. 방의 개수만 452개에 달하는 넓은 궁전 일부를 가이드 투어로 관람하고, 뷔르템베르크 군주의 회화 컬렉션과 도자기 컬렉션 등을 구경하는 박물관이 함께 마련되어 있다. 무엇보다 독일에서 가장 유명한 궁정 정원이 빼놓을 수 없는 재미. 동물원과 동화 정원, 약간의 놀이시설 등 궁전을 배경으로 하는 테마파크가 완성되어서 특히 어린이 관광객에게 큰 인기를 얻고 있다.

MAP P.328-B1 **주소** Schlossstraße 30 **전화** 07141-186400 **홈페이지** 궁전 www.schloss-ludwigsburg.de 정원 www.blueba.de **운영** 가이드 투어 홈페이지에서 확인, 정원 09:00~18:00 **요금** 가이드 투어 성인 €9, 학생 €4.5, 정원 성인 €11.5, 학생 €5.5 **가는 방법** S4·5호선 Ludwigsburg역에서 도보 15분.

HEIDELBERG 하이델베르크

낭만의 도시 하이델베르크. 산을 가로지르는 강변에 위치하여 그림 같은 풍경을 자랑한다. 또한, 독일에서 손꼽히는 대학 도시의 젊고 자유분방한 활기, 여기에 반쯤 무너진 고성의 정취에 이끌려 찾아온 수많은 관광객의 행복이 아담한 시가지를 가득 채운다.

관광안내소 INFORMATION

유명한 관광 도시답게 길목마다 관광안내소 세 곳을 만들어 운영 중이다. 이 책의 코스로는 네카어뮌츠 광장Neckarmünzplatz의 안내소가 편리하다.

홈페이지 www.heidelberg-marketing.de/en/ (영어)

찾아가는 방법 ACCESS

거점 도시와 이동시간 (레기오날반 기준)

슈투트가르트 ↔ 하이델베르크 : MEX+RE 1시간 50분(1회 환승)

프랑크푸르트 ↔ 하이델베르크 : 플릭스트레인 47분

유효한 티켓

바덴뷔르템베르크 티켓(슈투트가르트에서 왕복할 때 사용)

시내 교통 TRANSPORTATION

• 노선 확인

하이델베르크 관할 교통국 VRN www.vrn.de

• 요금

1회권 €3.2

관광 패스 SIGHTSEEING PASS

하이델베르크 카드HeidelbergCard로 하이델베르크성 입장료와 등반열차, 하이델베르크 대학교 학생 감옥, 시내 대중교통을 무료로 이용할 수 있고, 기타 박물관이나 레스토랑 할인 등의 혜택이 추가된다. 당일 24:00까지 유효한 1일권 가격은 성인 €26, 학생 €22. 관광안내소에서 살 수 있다.

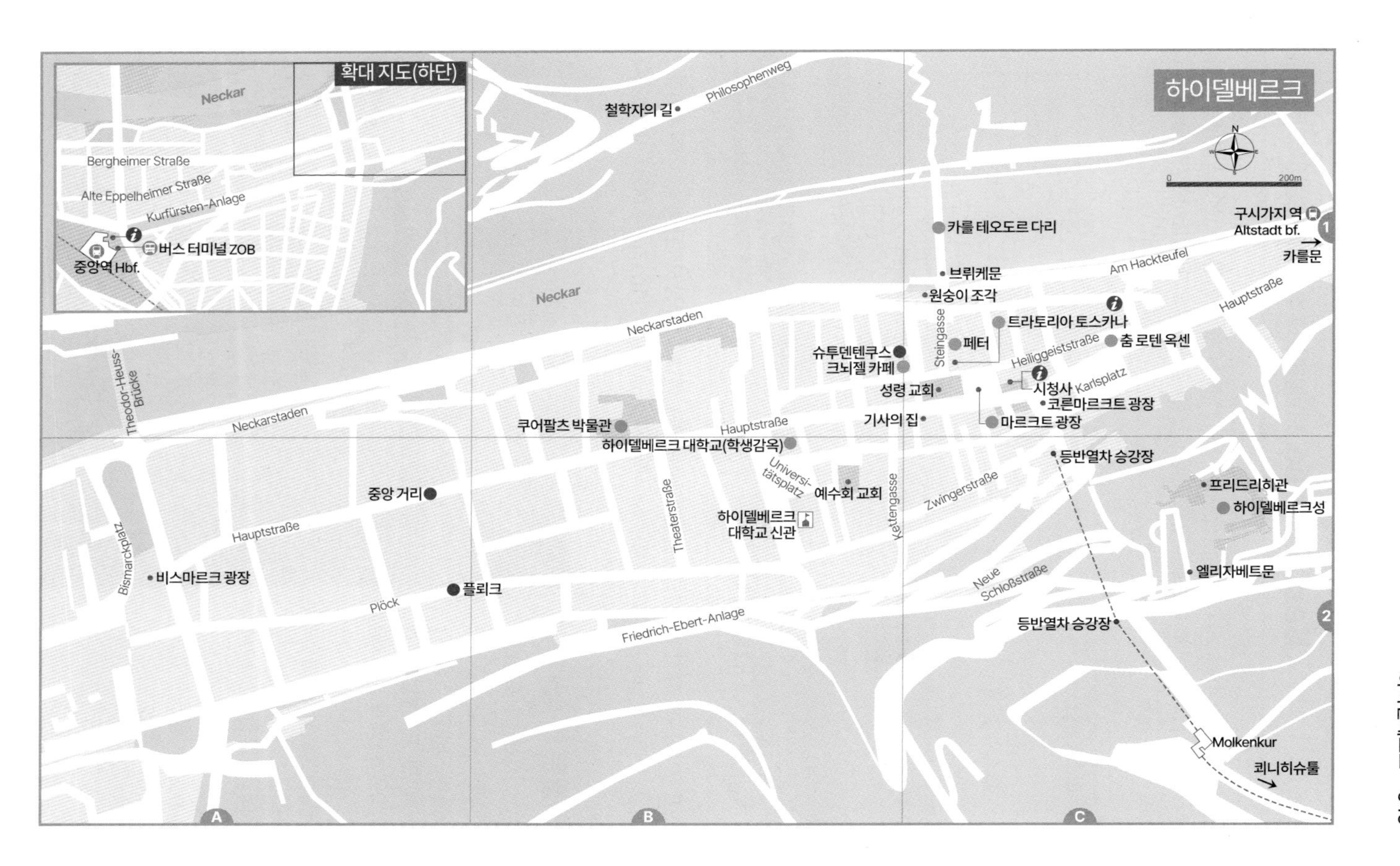
확대 지도(하단)
Neckar
Bergheimer Straße
Alte Eppelheimer Straße
Kurfürsten-Anlage
버스 터미널 ZOB
중앙역 Hbf.
철학자의 길
Philosophenweg
하이델베르크
N
0
200m
구시가지 역
Altstadt bf.
카를문
1
카를 테오도르 다리
브뤼케문
원숭이 조각
Am Hackteufel
Hauptstraße
Neckar
Neckarstaden
트라토리아 토스카나
페터
Steingasse
춤 로텐 옥센
Heiliggeiststraße
슈투덴텐쿠스
크뇌젤 카페
시청사
Karlsplatz
성령 교회
코른마르크트 광장
기사의 집
마르크트 광장
Theodor-Heuss-Brücke
Neckarstaden
쿠어팔츠 박물관
Hauptstraße
하이델베르크 대학교(학생감옥)
등반열차 승강장
Universitätsplatz
예수회 교회
Kettengasse
Zwingerstraße
프리드리히관
하이델베르크성
중앙 거리
Theaterstraße
하이델베르크
대학교 신관
Hauptstraße
Bismarckplatz
비스마르크 광장
플뢰크
Plöck
엘리자베트문
Neue Schloßstraße
Friedrich-Ebert-Anlage
등반열차 승강장
2
Molkenkur
쾨니히슈툴
A
B
C

Best Course 하이델베르크 추천 일정

간이역처럼 아담한 구시가지역Heidelberg-Altstadt부터 여행을 시작하면 베스트. 전 코스 도보로 이동할 수 있고, 하이델베르크성에 오를 때만 등반열차를 이용하면 된다. 체력에 자신 있는 여행자는 철학자의 길까지 산책해 보자.

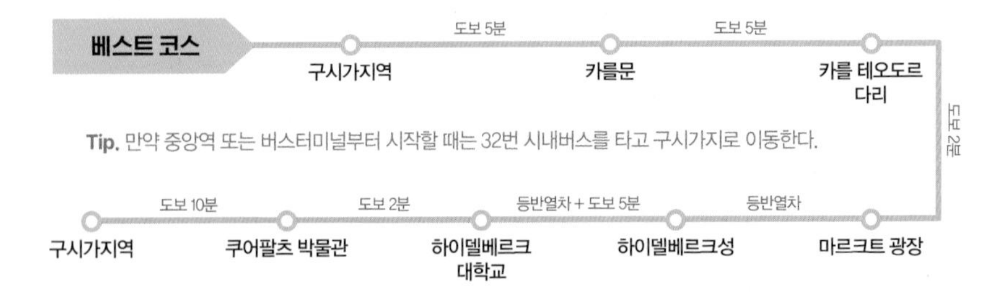

Attraction 보는 즐거움

반쯤 무너진 고성이 산 위에서 도시를 내려다보는 낭만, 독일에서 가장 오래된 대학 도시에 새겨진 풋풋한 연인의 낭만. 하이델베르크는 중세 소도시의 매력이 가득한 낭만적인 소도시 여행의 재미를 준다.

카를문 Karlstor

구시가지의 동쪽 끝 출입문. 선제후 카를 테오도르를 기념하며 1781년에 만들었다. 말하자면, 군주의 업적을 찬양하는 개선문과 같다. 지금도 사람이 드나들 수 있는 개방된 통로이며, 카를문의 서쪽(구시가지 방향)에 카를 테오도르와 왕비의 초상화가 있다.

MAP P.343-C1 **가는 방법** 구시가지역에서 도보 5분.

카를 테오도르 다리 Karl-Theodor-Brücke

네카어강 위에 놓인 다리는 전쟁과 사고 등으로 부서지고 다시 짓기가 반복되었다. 아홉 번째로 다시 지은 다리는, 재건을 명한 선제후 카를 테오도르의 이름을 따서 카를 테오도르 다리라고 부르며, 원래 이름인 옛 다리Alte Brücke라는 명칭도 여전히 혼용된다. 교각 양편에 카를 테오도르 동상을 포함한 여러 훌륭한 조각이 장식 중이며, 성문 역할도 했던 브뤼케문Brückentor도 정겹다. 다리 위에서 네카어강의 풍경뿐 아니라 하이델베르크성 전망도 좋아 관광의 필수 코스. 브뤼케문 옆 원숭이 조형물은 거울을 만지면 부자가 되고 쥐를 만지면 아이를 갖게 된다는 속설과 함께 많은 사람이 인증샷을 남기는 명물이 되었다.

MAP P.343-C1 **가는 방법** 카를문에서 도보 5분.

원숭이 조각
브뤼케문

여기 근처

카를 테오도르 다리를 건너 네카어강 맞은편에 가면 산으로 오르는 좁은 계단이 나타난다. 은근히 가파른 경사를 올라 산 중턱에 서면 하이델베르크 구시가지와 네카어강의 그림 같은 풍광이 펼쳐지는 오솔길이 나온다. 하이델베르크 대학교의 교수와 학생들이 이 길을 걸으며 사색을 즐겼다는 점에서 철학자의 길Philosophenweg이라는 이름이 붙었다. 약 2km 길이의 짧은 길이지만 은근히 체력을 요하며 편한 신발은 필수. 그러나 쉬어 갈 벤치가 곳곳에 있고, 무엇보다 하이델베르크성과 구시가지 전망이 탁월해 많은 사람이 땀을 뻘뻘 흘리며 걷는다.

[철학자의 길] 가는 방법 카를 테오도르 다리 건너 진입로 시작.

시청사

마르크트 광장 Marktplatz

기사의 집

하이델베르크 구시가지에서 가장 아름다운 광장이다. 시청사와 성령 교회 등 중세의 모습이 잘 간직되어 화사한 풍경을 완성한다. 그중 르네상스 양식의 건축미가 눈에 띄는 기사의 집 Haus zum Ritter은 숱한 대화재와 전쟁에도 불구하고 한 번도 훼손되지 않아서 광장의 가장 오랜 '터줏대감'으로 이목을 사로잡는다. 마르크트 광장에서 바로 연결되는 코른마르크트 광장 Kornmarkt까지 활기찬 소도시의 분위기가 가득하고, 광장에서 하이델베르크성을 올려다보는 전망도 훌륭하다.

MAP P.343-C1 **가는 방법** 카를 테오도르 다리에서 도보 2분.

▶ 성령 교회 Heiliggeistkirche

광장 중앙의 성령 교회는 1398년에 완공되었으며, 하이델베르크 구시가지에서 가장 큰 교회다. 하이델베르크성에서 시내를 조망할 때 가장 강렬한 존재감을 뽐내는 장소도 여기다. 높은 첨탑은 208개의 계단을 빙글빙글 돌아 올라가 38m 높이의 전망대로 이어지는데, 여기서 하이델베르크성 전망이 빼어나다. 한때 진귀한 도서 수천 권을 소장한 궁정 도서관으로 사용되기도 하였으나 30년 전쟁을 거치며 대부분 약탈 당한 상처도 남아 있다. 내부는 붉은 사암의 존재감이 강렬한 고딕 양식이다.

MAP P.343-C1 **주소** Hauptstraße 189 **전화** 06221-21117 **홈페이지** www.heiliggeist-heidelberg.de **운영** 11:00~17:00(일요일 12:30~), 전망대는 오후에만 개장 **요금** 본당 무료, 전망대 €5

성령 교회

코른마르크트 광장에서 본 하이델베르크성

하이델베르크성 Schloss Heidelberg

구시가지 뒷산 경사면에 지어진 거대한 고성. 붉은 사암의 견고한 외관은 멀리서도 잘 보인다. 그러나 가까이에서 보면 반쯤 폐허 같은 모습을 하고 있다. 30년 전쟁(P.23)을 치르며 크게 파괴되었고, 이후 낭만주의 시대에 괴테 등에 의하여 몇 차례 복원 운동이 추진되기도 하였으나 성사되지는 못하였다. 결국 더 이상 망가지지 않도록 관리만 하는 수준으로 보존한 게 오히려 낭만적인 분위기를 자아낸다. 비교적 온전한 상태의 프리드리히관Friedrichsbau은 역대 선제후 16명의 조각으로 장식되어 있고, 카를 테오도르가 만든 22L 용량의 와인 통 그로스 파스Großes Fass가 가장 인기 있는 장소다. 프리드리히관 뒤편 발코니에서 구시가지 전망이 매우 아름답고, 성 옆의 넓은 정원도 기분 좋게 거닐 만하다. 시간 여유가 있으면 성에 있는 독일 의약 박물관Deutsches Apothekenmuseum도 구경하자. 성 입장권에 등반열차(푸니쿨라)가 포함되며, 코른마르크트 광장 뒤편에 승강장 및 매표소가 있다.

MAP P.343-C2 **주소** Schlosshof 1 **전화** 06221-658880 **홈페이지** www.schloss-heidelberg.de **운영** 09:00~18:00 **요금** 성인 €9, 학생 €4.5 **가는 방법** 등반열차 승강장까지 마르크트 광장에서 도보 2분.

성에서 보이는 전망

그로스 파스

여기근처

하이델베르크성 등반열차는 1907년에 만들어졌다. 관광과 휴양을 위해 건설된 등반열차는 하이델베르크성을 지나 산 꼭대기까지 간다. 성이 있는 산이 해발 570m 높이의 **쾨니히슈툴**Königstuhl이며, 산봉우리 사이로 네카어강이 흐르고, 빨간 지붕의 구시가지가 발아래로 보이는 탁 트인 전망이 펼쳐진다. 하이델베르크 여행 중 시간 여유가 있을 때, 체력이 좋은 여행자는 철학자의 길을 걸어보고, 그렇지 않으면 등반열차를 타고 쾨니히슈툴에 올라(하차 후 약 10분 등산이 필요하다) 전망을 바라보면 하이델베르크가 더욱 사랑스럽게 느껴지지 않을까. 참고로, 하이델베르크성에서 쾨니히슈툴까지 등산로도 있는데, 1,200개의 계단을 올라야 해서 '천국으로 가는 사다리'라고 불린다.

[쾨니히슈툴] 요금 등반열차 파노라마 티켓(왕복) 성인 €16, 학생 €8 **가는 방법** 등반열차 종점이 쾨니히슈툴역이다. 대중교통을 이용하려면 구시가지에서 30번 버스를 타고 20분 이동한다.

©Heidelberg Marketing GmbH / Tobias Schwerdt

TOPIC 하이델베르크 로맨스 1. 엘리자베트문

하이델베르크성 정원에 있는 엘리자베트문Elisabethentor에는 러브스토리가 담겨 있다. 1613년 라인팔츠 선제후 프리드리히 5세는 영국 왕실의 공주를 아내로 맞이하였다. 신부가 처음 하이델베르크에 도착한 날, 뜻 깊은 선물을 주고 싶었던 선제후는 하루 만에 아름다운 성문을 만들고 왕비의 이름을 붙여 엘리자베트문이라 불렀다. 여기에 대문호 괴테의 '불륜' 로맨스도 하나 추가되는데, 괴테는 하이델베르크에 사는 내연녀를 보려고 여러 차례 하이델베르크를 다녀갔으며, 엘리자베트문 아래에서 내연녀를 위한 시를 읊어주고 사랑을 고백하였다고 한다.

하이델베르크 대학교 Universität Heidelberg

학생 감옥
©Ernst Wrba Foto-Design

하이델베르크 대학교는 1386년에 설립되어 독일에서 가장 오랜 역사를 자랑한다. 학생 수 3만 명의 대형 규모여서 시내 곳곳에 캠퍼스가 나뉘어 있는데, 가장 오랜 역사를 가진 옛 대학 건물이 관광지로 유명하다. 이곳에는 그 유명한 학생 감옥 Studentenkarzer이 있다. 18세기부터 1914년까지 대학교는 자치권을 가져서 학생이 저지른 경범죄는 자체적으로 처벌했다. 처벌 대상자는 학생 감옥에 얼마간 수감되었는데, '감옥'이라는 살벌한 어감과 달리 술도 반입되고 사식도 허용되어 학생들은 '훈장'처럼 여겼다. 학생들이 남긴 낙서가 빼곡한 감옥 내부를 관람할 수 있다.

MAP P.343-B2 **주소** Augustinergasse 2 **전화** 06221-5412815 **홈페이지** www.uni-heidelberg.de **운영** 월~토요일 10:00~18:00, 일요일 휴무 **요금** 박물관과 학생감옥 통합권 성인 €6, 학생 €4.5 **가는 방법** 마르크트 광장에서 도보 5분.

쿠어팔츠 박물관
Kurpfälzisches Museum

하이델베르크 지역의 미술사 및 고고학 박물관이다. 르네상스 시대부터 바로크, 로코코, 모더니즘 시대를 지나 20세기 그래픽 아트까지 다양한 시대의 예술작품이 전시되어 있으며, 도시에서 발굴된 로마 시대의 유적과 역사적인 조각품 등 가치 있는 컬렉션을 다수 전시한다.

MAP P.343-B1 **주소** Hauptstraße 97 **전화** 06221-5834020 **홈페이지** www.museum-heidelberg.de **운영** 화~일요일 10:00~18:00, 월요일 휴무 **요금** 성인 €3, 학생 €1.8(주말에는 각각 €1.8, €1.2) **가는 방법** 하이델베르크 대학교에서 도보 2분.

Restaurant 먹는 즐거움

오랜 역사를 가진 대학 도시에 걸맞게 학생들의 추억이 담겨 있을 유서 깊은 레스토랑과 카페 등을 중심으로, 관광객 취향에 맞춘 다양한 식당을 쉽게 발견할 수 있다.

춤 로텐 옥센 Zum Roten Ochsen

직역하면 '붉은 황소'라는 뜻. 1839년부터 영업을 시작해 오늘날까지 대를 이어 경영하는 곳이며, 지역의 식재료를 사용한 독일식 가정식을 판다. 영화 '황태자의 첫사랑The Student Prince'(1954)에 등장하여 세계적으로 유명해졌다. 내부가 넓지 않아 늘 만석이니 홈페이지 예약 기능을 활용해도 좋다. 대학생에게 열렬한 사랑을 받는 곳이어서 겨울방학 기간(12월 말~1월 말)에는 운영을 쉬는 것도 특이하다.

MAP P.343-C1 **주소** Hauptstraße 217 **전화** 06221-20977 **홈페이지** www.roterochsen.de **운영** 화~토요일 17:30~늦은 밤, 일~월요일 휴무 **예산** 요리 €20 안팎 **가는 방법** 마르크트 광장에서 도보 5분.

TOPIC 하이델베르크 로맨스 2. 황태자의 첫사랑

1901년 독일의 극작가 빌헬름 마이어 푀르스터Wilhelm Meyer-Förster가 쓴 '알트 하이델베르크Alt-Heidelberg'라는 희곡 작품이 있다. 작센 왕국의 왕자가 하이델베르크 대학교에서 유학하던 중 카페 웨이트리스와 사랑에 빠지는 내용으로, 당시 큰 인기를 끌었다. 이후 '알트 하이델베르크'는 미국과 독일에서 무성영화로, 1924년에는 오페라로 제작되었다. 그리고 오페라를 원작으로 1954년에 할리우드에서 영화 '황태자의 첫사랑'이 제작되어 크게 흥행하고, 우리나라에서도 많은 인기를 끌었다. 영화 속에는 하이델베르크성, 철학자의 길 등 수많은 명소가 나오며, 춤 로텐 옥센도 등장한다. 오늘날 많은 여행자가 '황태자의 첫사랑의 무대'로 낡은 레스토랑을 찾는 이유가 이것이다.

페터 Brauhaus Vetter

직접 양조하는 수제 맥주의 종류가 다양하고 학세와 부어스트 등 독일 향토 요리를 판매하는 구시가지 중심부의 레스토랑이다. 독일 각 지역별 유명 요리를 플레이트로 판매하는 등 관광객 친화적인 성격도 훌륭히 갖추었다. 한때 '가장 독한 맥주'로 기네스북에 올랐던 알코올 도수 33도의 페터 33Vetter 33 맥주를 마시려고 맥주 마니아들도 많이 찾아온다.

MAP P.343-C1 **주소** Steingasse 9 **전화** 06221-165850 **홈페이지** www.brauhaus-vetter.de **운영** 11:30~24:00(금~토요일 ~01:00) **예산** 맥주 €5.3, 요리 €15~22 **가는 방법** 마르크트 광장에서 도보 2분.

트라토리아 토스카나 Trattoria Toscana

여러 종류의 피자와 파스타를 파는 이탈리안 레스토랑이다. 마르크트 광장에서 성령 교회가 바로 앞에 보이는 곳에 세팅된 분위기 좋은 노천 테이블을 권장한다. 직원이 친절하고, 음식 맛도 평이 좋다.

MAP P.343-C1 **주소** Marktplatz 1 **전화** 06221-28619 **홈페이지** www.trattoria-toscana-hd.de **운영** 11:30~24:00(금~토요일 ~01:00) **예산** 요리 €14~20 **가는 방법** 마르크트 광장에 위치.

크뇌젤 카페 Café Knösel

하이델베르크에서 가장 오래된 카페다. 명성과 전통은 이어가되 내부는 깨끗하게 단장하여 깔끔하고, 케이크 종류가 다양하기로 유명하다. 카페 음료와 맥주, 여러 종류의 와인도 갖추고 있고, 파스타 등 간단한 요리도 주문할 수 있다.

MAP P.343-C1 **주소** Haspelgasse 20 **전화** 06221-7272754 **홈페이지** www.cafeknoesel-hd.de **운영** 10:00~19:00(토~일요일 09:00~) **예산** 카페 메뉴 €5 안팎 **가는 방법** 마르크트 광장 옆.

Shopping 사는 즐거움

독일을 대표하는 유명 브랜드의 상점들이 구시가지에 즐비하다. 한국인도 많이 찾는 곳이기에 간혹 '면세' 또는 '免稅'라고 적힌 가게도 보이는데, 시중보다 저렴하지는 않다는 것을 기억하자.

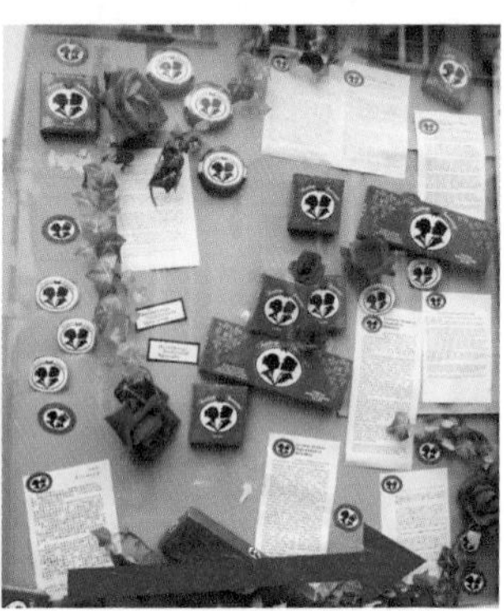

슈투덴텐쿠스 Heidelberger Studentenkuß

마치 오스트리아 잘츠부르크의 모차르트 초콜릿이 도시의 아이콘처럼 받아들여지는 것처럼 하이델베르크에서는 슈투덴텐쿠스가 그 역할을 담당한다. 직역하면 '학생의 키스'라는 뜻. 풋풋한 남녀가 키스하는 그림의 패키지로 유명한 초콜릿이다. 그 심벌은 하이델베르크 곳곳에서 발견되지만, 역시 본점에 가면 더 다양한 종류의 초콜릿을 기념품으로 쓸어 담을 수 있다. 간단한 한국어 설명서도 제공한다. 천연 재료만 사용하여 장기간 보관이 어렵고 가격이 저렴하지 않다는 점을 일러둔다.

MAP P.343-B1 **주소** Haspelgasse 16 **전화** 06221-22345 **홈페이지** www.heidelbergerstudentenkuss.de **운영** 11:00~18:00(일요일 12:00~) **가는 방법** 크뇌젤 카페 옆.

TOPIC 하이델베르크 로맨스 3. 슈투덴텐쿠스

1863년에 크뇌젤 카페가 문을 열고, 파티시에 프리돌린 크뇌젤 Fridolin Knösel이 초콜릿을 직접 만들었다. 남녀가 유별한 당시, 기숙학교 여학생은 사감의 감시 하에 외출할 수 있었다. 하이델베르크 대학교의 학생과 이 도시의 청춘들은 크뇌젤 카페에서 마주쳤고, 프리돌린 크뇌젤은 그 모습을 보며 '키스하는 초콜릿'을 만들었다. 그렇게 탄생한 슈투덴텐쿠스는 사감의 감시를 피해 남녀가 호감을 주고받는 메신저 역할을 톡톡히 하면서 큰 인기를 얻었고, 이후 크뇌젤의 후손들이 카페 바로 옆에 제과점을 만들고 대를 이어 오리지널 레시피로 슈투덴텐쿠스를 만들고 있다.

비스마르크 광장

중앙 거리 Hauptstraße

하이델베르크의 메인 스트리트. 관광객이 많이 찾는 유명 도시의 번화가인 만큼 온갖 쇼핑 상점과 대형 백화점, 레스토랑, 주점이 좌우에 가득하다. 독일의 유명 브랜드 숍도 보이고, 크리스마스 장식품 상점, 독일 전통 주류 상점 등 그 종류도 다양하며, 차 없는 거리로 운영되어 천천히 걸으며 구경하기에 매우 좋다. 중앙 거리가 끝나는 지점의 비스마르크 광장Bismarckplatz에도 백화점과 대형 드러그스토어가 있다. 물론 대부분의 상점은 일요일에는 문을 닫는다.

MAP P.343-A2 **가는 방법** 마르크트 광장에서 연결.

플뢰크 Plöck

플뢰크는 중앙 거리에서 한 블록 떨어진 이면 골목이다. 좀 더 좁고 구불구불한 골목에 좀 더 아기자기하고 개성적인 여러 상점이 눈에 띈다. 여기에 있는 매장은 제과점, 스포츠용품점, 가죽제품 매장 등 카테고리는 다양하지만, 유명 글로벌 브랜드가 아닌 로컬 생산자가 만드는 개성적인 상품이 많아 의외의 '득템'이 가능하다. 플뢰크를 걷다 보면 건물에 철학자 헤겔 등 익숙한 이름이 적힌 현판을 볼 수 있는데, 하이델베르크 대학교의 학생 또는 교수로 여기에 살았던 유명인을 표시해 둔 것이다.

MAP P.343-A2 **가는 방법** 하이델베르크 대학교에서 연결.

©Heidelberg Marketing GmbH / Sarah Sergent

MANNHEIM 만하임

바덴뷔르템베르크 제2의 도시. 라인팔츠 공국의 수도를 하이델베르크에서 만하임으로 옮기면서 도시가 급속도로 발전하였다. 비록 100년 남짓 짧은 전성기로 막을 내렸지만, 그때 완성된 궁전과 박물관, 고급스러운 시가지가 오늘날까지 남아 있다.

관광안내소 INFORMATION

중앙역 바로 맞은편에 관광안내소를 운영한다.

홈페이지 www.visit-mannheim.de (독일어)

찾아가는 방법 ACCESS

거점 도시와 이동시간 (레기오날반 기준)

슈투트가르트 ↔ 만하임 : IRE+S 1시간 29분 (Bruchsal에서 1회 환승)

유효한 티켓 바덴뷔르템베르크 티켓

베스트 코스

중앙역 → 급수탑& 만하임 미술관 → 라이스 엥겔호른 박물관 → 만하임 궁전 → 중앙역

TOPIC 17세기의 계획도시

만하임의 지도를 보면 마치 현대 도시처럼 네모반듯한 구획을 보게 된다. 이러한 '바둑판 시가지'는 1600년대 초반에 당시 선제후 프리드리히 4세의 명으로 계획되었다. '계획도시' 만하임은 라인강에 바로 연결되는 지리적 이점에 교통이 편리한 장점을 더해 각종 산업과 공업이 발전하였다. 카를 벤츠가 만하임에서 세계 최초로 자동차 도로 주행에 성공한 건 유명한 사실. 그리고 세계 최초의 자전거가 발명된 곳도 만하임이다.

급수탑

급수탑 앞 공원

만하임에 '바둑판 시가지'가 탄생하였지만, 곧 30년 전쟁이 발발하여 요새는 크게 파괴되고 말았다. 그 자리에 선제후 카를 필리프Karl Philipp가 궁전을 짓고 수도를 만하임으로 옮길 계획을 세웠고, 카를 테오도르 선제후 시절 만하임 궁전Schloss Mannheim이 완공되었다. 카를 테오도르 선제후가 뮌헨 거주를 택하여 만하임 궁전의 번영은 길지 않았지만, 화려한 궁전은 문화와 예술의 공간으로 훌륭히 활용되었다. 제2차 세계대전 중 크게 파손되었고, 복원을 마친 뒤 바로크 시대의 화려한 인테리어를 되살린 몇 개의 구역을 박물관으로 개방하고 나머지 공간은 만하임 대학교가 사용한다. 또 하나의 랜드마크는 1899년에 완공된 60m 높이의 거대한 급수탑Wasserturm이다. 그 주변으로 분수 연못이 넓게 펼쳐져 있어 매우 상쾌하고, 최초의 가솔린 자동차 도로 주행을 기념하는 벤츠 기념비Benz-Denkmal도 부근에 있다. 문화예술에 관심이 많으면 고흐, 마네, 피사로, 제리코 등 19세기 회화 컬렉션이 충실한 만하임 미술관Kunsthalle Mannheim이나 회화, 도자, 세계문화, 자연사 등 여러 분야를 섭렵하는 라이스 엥겔호른 박물관Reiss-Engelhorn-Museen이 재미있을 것이다.

만하임 궁전

만하임 미술관

▸ 만하임 궁전

주소 Bismarckstraße **전화** 0621-2922891 **홈페이지** www.schloss-mannheim.de **운영** 화~일요일 10:00~17:00, 월요일 휴무 **요금** 성인 €8, 학생 €4

▸ 만하임 미술관

주소 Friedrichsplatz 4 **전화** 0621-2936423 **홈페이지** www.kuma.art **운영** 화~일요일 10:00~18:00(수요일 ~20:00), 월요일 휴무 **요금** 성인 €12, 학생 €10

▸ 라이스 엥겔호른 박물관

주소 C5 **전화** 0621-2933771 **홈페이지** www.rem-mannheim.de **운영** 화~일요일 11:00~18:00, 월요일 휴무 **요금** 전시관마다 별도 책정되니 홈페이지에서 확인

ULM 울름

울름에는 세계에서 가장 높은 고딕 성당, 그림같이 흐르는 도나우강, 그리고 동화 속에서 갓 튀어나온 듯 아기자기한 구시가지가 있다. 그 아름다움을 따라 걷다 보면 울름에서 태어난 천재 알베르트 아인슈타인의 흔적도 만나게 된다.

관광안내소 INFORMATION

울름 대성당 앞에 관광안내소가 있다.

홈페이지 tourismus.ulm.de/en/ (영어)

찾아가는 방법 ACCESS

거점 도시와 이동시간 (레기오날반 기준)

슈투트가르트 ↔ 울름 : RE 1시간 5분

유효한 티켓 바덴뷔르템베르크 티켓

베스트 코스

중앙역 → 대성당 → 바이스하우프트 미술관 → 마르크트 광장& 메츠거탑 → 어부의 지구 → 중앙역

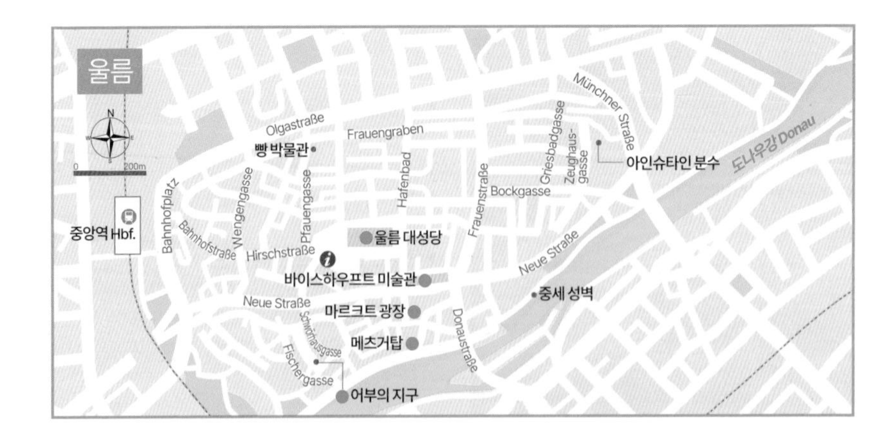

울름 대성당

대성당에서 보이는 바이스하우프트 미술관

쾰른 대성당(P.396)보다 더 높은 161m 높이의 고딕 성당이 울름에 있다. 정교한 조각과 스테인드글라스의 고딕 인테리어가 인상적인 울름 대성당Ulmer Münster은 768개의 계단을 올라가면 도나우강 풍경이 그림같이 펼쳐지는 전망대 역할도 한다. 아직 작은 개천의 모습으로 평온히 흐르는 도나우 강변을 걸으며 산책해도 좋고, 중세 어부들이 강에서 물을 끌어와 수로를 만들고 그 위에 집을 지어 완성한 어부의 지구Fischerviertel는 중세 소도시의 매력이 매우 빼어나다. 마르크트 광장Marktplatz은 옛날 양식의 구 시청사와 현대식 피라미드 모양의 도서관이 나란히 있어 신구의 조화를 만들고, 가까운 곳에 옛 성문인 메츠거탑Metzgerturm이 3.3도 기울어진 상태로 남아 있다. 메츠거탑은 소시지에 톱밥을 넣어 팔던 뚱뚱한 정육점 주인을 시민들이 탑에 가두었는데, 그가 탑 구석에 몸을 숨겼다가 탑이 기울었다는 전설이 내려오는 장소다. 2007년에 바덴뷔르템베르크의 사업가 지크프리트 바이스하우프트Siegfried Weishaupt의 기증품을 바탕으로 문을 연 바이스하우프트 미술관Kunsthalle Weishaupt은 앤디 워홀과 리히텐슈타인 등 현대미술에 특화되어 미술 애호가들에게 인기가 높다.

▶ 울름 대성당

MAP P.356 **주소** Münsterplatz 21 **전화** 0731-9675023 **홈페이지** www.ulmer-muenster.de **운영** 4~10월 중순 09:00~18:00, 10월 중순~3월 10:00~17:00(전망대는 폐장 1시간 전까지 입장 가능) **요금** 본당 무료, 전망대 성인 €7, 학생 €4.5

▶ 바이스하우프트 미술관

MAP P.356 **주소** Hans-und-Sophie-Scholl-Platz 1 **전화** 0731-1614360 **홈페이지** www.kunsthalle-weishaupt.de **운영** 화~일요일 11:00~17:00, 월요일 휴무 **요금** 성인 €8, 학생 €6

어부의 지구

메츠거탑

TÜBINGEN 튀빙엔

1477년에 대학교가 설립된 이래 550년 역사를 가진 대학 도시로 오늘날까지 번영하는 곳. 인구 9만 명 정도의 소도시인데, 학생만 3만 명에 달하여 독일 전체에서 평균 연령이 가장 젊은 도시로 꼽힌다. 젊은 학생들의 여유와 위트가 소도시를 더 활기차게 만든다.

관광안내소 INFORMATION

중앙역에서 구시가지로 넘어가는 다리 부근에 작은 관광안내소를 운영 중이다.

홈페이지 www.tuebingen-info.de (독일어)

찾아가는 방법 ACCESS

거점 도시와 이동시간 (레기오날반 기준)

슈투트가르트 ↔ 튀빙엔 : IRE 43분

유효한 티켓 바덴뷔르템베르크 티켓

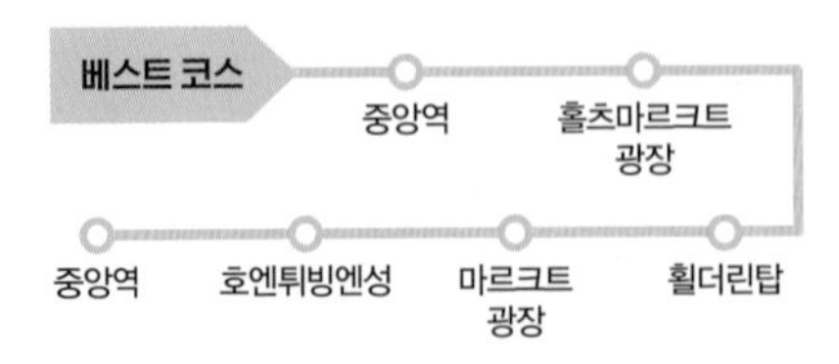

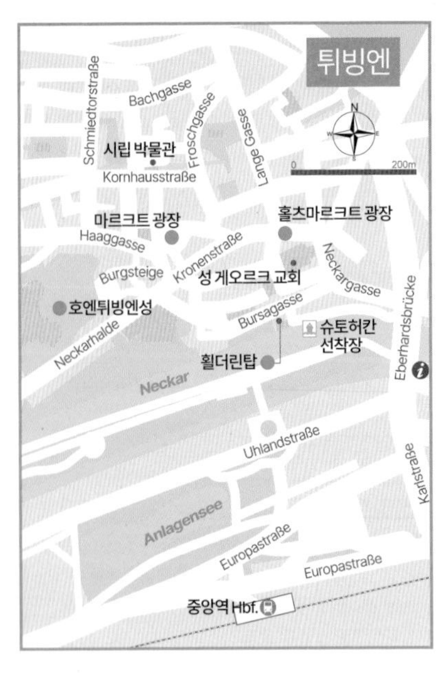

홀츠마르크트 광장

마르크트 광장

튀빙엔 구시가지는 언덕배기에 형성되어 여행 중 은근히 경사진 곳을 오르내리게 된다. 가장 높은 지대에는 호엔튀빙엔성Schloss Hohentübingen이 육중한 성채를 드러낸다. 오늘날 튀빙엔 대학교가 운영하는 고문화 박물관Museum Alte Kulturen으로 사용되고, 유네스코 세계문화유산인 슈바벤 유라 산맥의 빙하 동굴에서 출토한 유물이 전시되어 있다. 가장 낮은 지대에는 네카어강이 흐른다. 여기서 슈토허칸Stocherkahn이라 부르는 평저선(베네치아 곤돌라와 같은 구조의 보트)을 타고 강을 유람하는 게 튀빙엔 여행의 묘미. 뱃사공의 가이드를 들으며 약 1시간 동안 풍경을 감상한다. 시인 프리드리히 횔더린Friedrich Hölderlin이 살았던 곳을 소박한 기념관으로 단장한 횔더린탑Hölderlinturm 앞에서 슈토허칸을 타고 내린다. 높은 지대와 낮은 지대 사이에는 홀츠마르크트 광장Holzmarkt과 마르크트 광장Marktplatz 등 소도시의 정취가 물씬 풍기는 낭만적인 명소가 있다. 홀츠마르크트 광장의 거대한 성 게오르크 교회Stiftskirche St. Georg와 게오르크 분수Georgsbrunnen를 구경하고, 마르크트 광장의 포세이돈 분수Neptunbrunnen를 구경하며 카페나 레스토랑의 실외 테이블에서 쉬어 가는 것도 좋은 선택이다.

호엔튀빙엔성

운행 중인 슈토허칸

▶ 호엔튀빙엔성

MAP P.358 **주소** Burgsteige 11 **전화** 07071-2977384 **홈페이지** www.unimuseum.uni-tuebingen.de **운영** 화~일요일 10:00~17:00(목요일 ~19:00), 월요일 휴무 **요금** 성인 €5, 학생 €3

▶ 횔더린탑

MAP P.358 **주소** Bursagasse 6 **전화** 0731-1614360 **홈페이지** www.hoelderlinturm.de **운영** 월요일·목~일요일 11:00~17:00, 화~수요일 휴무 **요금** 무료

▶ 슈토허칸

MAP P.358 **운영** 5~9월 매일 13:00 출발(토요일 17:00 추가, 날씨와 수위에 따라 변경될 수 있음) **요금** €13(관광안내소에서 구매)

SPECIAL PAGE

튀빙엔 근교 고성 여행

독일에 무수히 많은 고성이 있지만 그중 사진으로 가장 많이 보았을 만한 유명한 고성으로 노이슈반슈타인성(P.232)과 쌍벽을 이루는 그림 같은 고성이 헤힝엔Hechingen에 있다. 고어 버빈스키의 영화 '더 큐어A Cure for Wellness'에 등장해 더욱 친숙한 곳. 기차가 닿지 않는 외딴 산 위에 도도한 자태를 뽐내는 멋진 고성에 직접 찾아가려면 튀빙엔에서 다녀오는 게 가장 편하다.

©Roland Beck/Burg Hohenzollern

호엔촐레른성 Burg Hohenzollern

©Roland Beck/Burg Hohenzollern

©Roland Beck/Burg Hohenzollern

이름에서 유추할 수 있듯 호엔촐레른 가문의 성이다. 독일 통일을 이룩하고 독일제국을 완성한 카이저 빌헬름 1세를 비롯해 베를린 여행 중 이름을 들어보았을 프로이센의 군주들이 모두 호엔촐레른 왕가 출신이다. 이 자리에는 1267년에 호엔촐레른 가문의 지역 영주가 세운 성이 있었는데, 1819년에 프로이센의 프리드리히 4세가 가문의 상징적인 장소로서 크고 웅장한 성으로 바꾸었다. 호엔촐레른성은 베를린 신 박물관(P.119), 포츠담 오랑주리 궁전(P.134) 등 이 책에 소개된 여러 명소를 지은 궁정 건축가 프리드리히 슈튈러 Friedrich August Stüler의 걸작으로 꼽힌다. 해발 855m 높이의 산꼭대기에 있어서 성에 오르면 360도 모든 방향으로 탁 트인 절경이 펼쳐진다. 이 산의 이름이 호엔촐레른. 여기서부터 독일을 호령하는 왕가의 역사가 시작된 셈이다. 오늘날에도 호엔촐레른 가문에서 소유하고 있으며, 옛 왕실에서 수집한 예술품 등을 전시하는 박물관으로 사용된다.

전화 07471-2428 **홈페이지** www.burg-hohenzollern.com **운영** 10:00~18:30(17:00까지 입장 가능) **요금** 성인 €26, 학생 €16(온라인 티켓 €3 할인) **가는 방법** 튀빙엔에서 레기오날반으로 Hechingen역 하차. 기차역에서 306·344번 버스로 Burg Hohenzollern 정류장에 내리면 성 아래 주차장이다(전체 여정 1일권 €11.4). 여기서 셔틀버스(입장권에 포함)를 타면 성 앞까지 간다(버스 확인 www.sweg.de).

FREIBURG IM BREISGAU
프라이부르크

부근에 원자력 발전소를 건설하려고 하자 시민이 나서 무산시키고, 한 발 더 나아가 청정에너지만으로 생활이 가능하다는 것을 몸소 입증한 '친환경 수도' 프라이부르크. 지금도 여행을 위해, 그리고 견학을 위해 독일 서남쪽 국경 도시를 전 세계에서 찾아온다.

관광안내소 INFORMATION

구 시청사 1층에 관광안내소가 있다.

홈페이지 visit.freiburg.de/en/ (영어)

찾아가는 방법 ACCESS

거점 도시와 이동시간 (레기오날반 기준)

슈투트가르트 ↔ 프라이부르크 : RE 2시간 44분 (Karlsruhe에서 1회 환승)

유효한 티켓 바덴뷔르템베르크 티켓

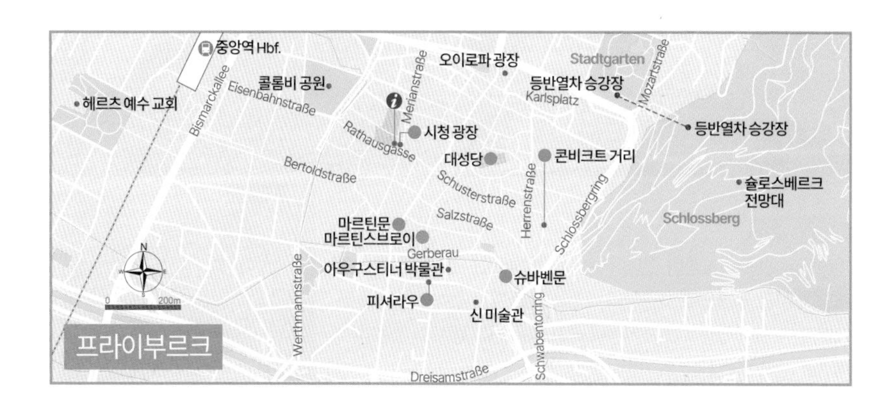

Best Course 프라이부르크 추천 일정

구시가지는 걸어서 3~4시간이면 다 둘러볼 수 있을 만큼 아담하다. 하지만 작은 골목 하나에도 활기가 가득하니 이름 없는 골목을 걸으며 친환경 도시의 정취를 즐겨 보자.

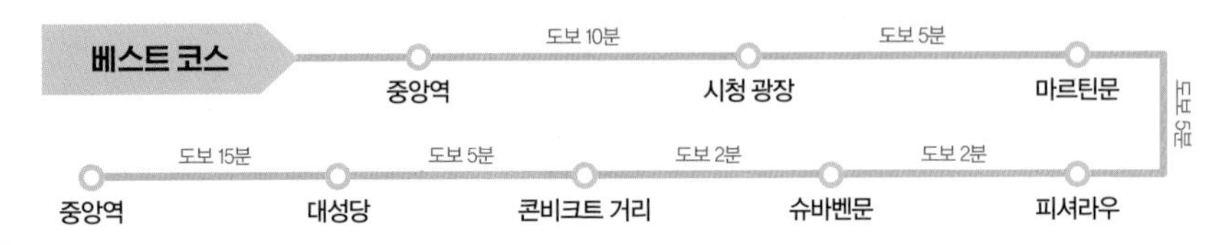

Attraction 보는 즐거움

자전거와 보행자가 점령한 구불구불한 골목 사이로 활기가 가득하다. 옛 성문과 광장, 대성당 등 볼거리가 가득한데, 수로에 발이 빠지지 않게 주위를 잘 살펴야 한다.

시청 광장 Rathausplatz

르네상스 양식의 구 시청사와 신 시청사가 나란히 있는 광장이다. 이름이 주는 선입견과 달리 건물의 역사는 신 시청사가 더 오래되었다. 프라이부르크 대학교 건물이었는데 1800년대부터 신 시청사로 사용 중이다. 광장 중앙의 동상은 연금술사 베르톨트 슈바르츠Berthold Schwarz가 주인공이다.

MAP P.361 **가는 방법** 중앙역에서 도보 10분.

신 시청사

구 시청사

여기근처

1861년에 건축한 콜롬비 빌라Colombischlössle는 널찍한 앞마당을 개방해 시민 공원으로 사용한다. 콜롬비 공원Colombi Park이라 부르며, 현지인이 일광욕을 즐기거나 크고 작은 공연 행사가 열린다.

[콜롬비 공원] 가는 방법 시청 광장에서 도보 2분.

마르틴문 Martinstor

19세기경 도시가 확장되면서 옛 도시 성벽은 불필요한 존재가 되었고, 마르틴문도 그중 하나였다. 전기 트램 개통을 원한 시민들이 성문 철거를 요구했으나, 당시 시장은 오히려 성문을 크게 증축하고 트램이 통과할 만큼 아치 통로를 크게 만들어 문제를 해결하였다. 덕분에 지금도 트램이 성문을 통과하며 낭만적인 정취를 더한다.

MAP P.361 **가는 방법** 시청 광장에서 도보 5분.

피셔라우 Fischerau

중세 시대에 상인들이 모여 있던 구역이다. 이들은 수력 발전으로 공장을 돌리거나 배를 타고 왕래할 수 있게 작은 수로를 만들었다. 운하 옆에 펼쳐진 구시가지의 매력 때문에 현지인은 '작은 베네치아'라는 애칭으로 부르며 각별한 애정을 쏟는다. 카페, 부티크 숍, 잡화점 등 관광객과 현지인이 모두 애용하는 다양한 상업 공간이 수로 주변에 있고, 물 위로 고개를 드러낸 악어 조형물이 포토존이다(실제로 피셔라우에서 정기적으로 악어가 목격되었다고 한다). 좁은 골목의 정취를 즐기며 거닐다가 중세 조각을 전시한 아우구스티너 박물관Augustinermuseum 앞 광장에서 탁 트인 분위기 속에 쉬어 가면 된다.

아우구스티너 박물관
©Augustinermuseum / C. Richters

▶ 아우구스티너 박물관

MAP P.361 **주소** Augustinerplatz **전화** 0761-2012531 **운영** 화~일요일 10:00~17:00(금요일 ~19:00), 월요일 휴무 **요금** 성인 €8, 학생 €6 **가는 방법** 마르틴문에서 도보 5분.

©FWTM-Schoenen

슈바벤문 Schwabentor

마르틴문과 함께 철거되지 않고 오히려 크기를 키워 트램이 지나갈 수 있도록 설계를 변경해 오늘날까지 남아 있는 중세 출입문이다. 슈바벤 상인이 도시를 사려고 금통이 든 수레를 끌고 왔지만, 프라이부르크 시민의 비웃음만 사고 물러났다는 전설이 깃들어 있다.

MAP P.361 **가는 방법** 피셔라우에서 도보 2분.

여기 근처

슈바벤문 맞은편에서 검은 숲(P.367)의 맛보기 트레킹이 가능한 **슐로스베르크**Schlossberg 등산로가 시작된다. 체력 소모를 요하는 가파른 길을 따라 오르면 정상에 무료로 개방된 전망대가 있다.

[슐로스베르크] 운영 종일 개방되나 조명이 없어 일몰 후 등산은 권하지 않는다 **가는 방법** 슈바벤문 건너편 입구로부터 전망대까지 도보 30분.

슐로스베르크 전망대

TOPIC 베힐레

프라이부르크에 흐르는 '꼬마 강' 베힐레Bächle는 중세에 화재 초기 진압을 위한 목적으로 산에서 물을 끌어와 도시를 관통하여 흐르게 만든 수로다. 오늘날에는 소방용수로로서의 기능은 상실하였지만 도심 기온을 낮추고 탄소 에너지 배출량을 줄이는 효과가 있어 친환경 수도 프라이부르크의 아이콘과 같다. 프라이부르크에서는 외지인이 베힐레에 발이 빠지면 프라이부르크 시민과 결혼해야 한다는 전설도 내려온다. 산에서 끌어온 물이어서 매우 맑고 시원하지만, 갈수기에는 베힐레가 말라 바닥을 드러내기도 한다.

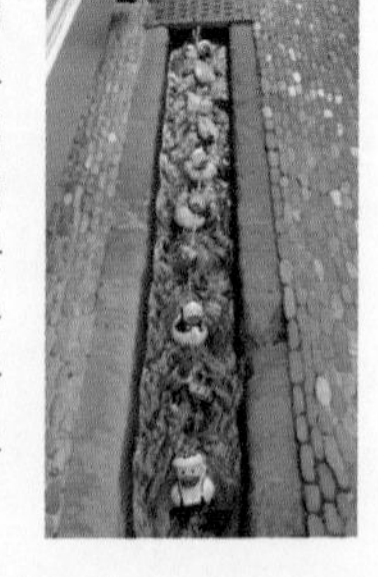

©FWTM-Escher

콘비크트 거리 Konviktstraße

프라이부르크 구시가지에서 가장 예쁜 거리로 주저 없이 꼽는 콘비크트 거리는, 고증을 거쳐 옛 모습대로 구불구불한 골목 하나를 통째로 복원한 사례다. 특히 건물을 뒤덮고 공중으로 연결되는 덩굴 덕분에 매우 독특하고 인상적인 풍경을 완성한다.

MAP P.361 **가는 방법** 슈바벤문에서 도보 2분.

대성당 Freiburger Münster

116m 높이의 첨탑이 도시 어디에서나 선명히 보이는 프라이부르크 대성당은 1200년부터 공사를 시작해 약 300년의 긴 공사 끝에 완공되었다. 특히 높은 수준의 건축미를 뽐내는 고딕 첨탑은 1330년에 완공되어 당시엔 '세계에서 가장 높은 교회 첨탑'이었다. 오늘날 쾰른 대성당 등 더 높은 첨탑을 가진 고딕 성당이 많지만, 이러한 곳들은 산업혁명 이후 신기술의 도움을 받아 공사를 완료한 경우이고, 프라이부르크 대성당은 신기술 없이 오직 사람의 힘으로 100m 이상의 거대한 탑을 쌓은 뒤 지금까지 무너지지 않고 잘 보존돼 있어 건축사적으로 특히 가치가 높다. 제2차 세계대전 당시에도 폭탄이 대성당을 피해 떨어져 손상이 적었다고 한다. 209개의 첨탑 계단을 오르면 약 70m 높이의 전망대에 오를 수 있다. 엄숙한 내부의 고딕 건축미 역시 대단히 웅장하고 아름답다.

MAP P.361 **주소** Münsterplatz **전화** 0761-202790 **홈페이지** www.freiburgermuenster.info **운영** 본당 월~금요일 09:00~16:45, 토요일 09:00~18:00, 일요일 13:30~19:30(월~토요일 점심시간에 문을 닫으니 정확한 시간은 홈페이지에서 확인), 전망대 월~토요일 11:00~16:00, 일요일 13:00~17:00 **요금** 본당 무료, 전망대 성인 €5, 학생 €3 **가는 방법** 콘비크트 거리 또는 시청 광장에서 도보 5분.

Restaurant 먹는 즐거움

유서 깊은 대학 도시답게 부담 없는 가격의 식당과 카페가 많다. 특히 마이크로 브루어리 수제 맥주로 명성이 자자하다.

마르틴스브로이 Martinsbräu

프라이부르크의 유명 마이크로 브루어리 중 하나. 1989년부터 같은 자리에서 다양한 종류의 최상급 맥주를 양조하여 학세, 슈니첼, 부어스트 등 독일 향토 요리와 함께 판매한다. 내부가 넓지만 워낙 인기가 좋아서 저녁식사 시간대에는 홈페이지를 통한 예약을 권장한다.

MAP P.361 **주소** Kaiser–Joseph–Straße 237 **전화** 0761–3870018 **홈페이지** www.martinsbräu-freiburg.de **운영** 11:00~23:00(금~토요일 ~24:00) **예산** 맥주 €5.5, 요리 €15~25 **가는 방법** 마르틴문에서 도보 2분.

Entertainment 노는 즐거움

독일 최대 규모의 테마파크가 근교에 있으니 가족 단위 여행자는 그냥 지나치기 아깝다.

오이로파 파크(유로파 파크) Europa-Park

©Europa-Park GmbH & Co Mack KG

독일 최대, 유럽에서도 파리 디즈니랜드에 이어 둘째로 큰 테마파크가 프라이부르크 근교 루스트 Rust에 있다. 오이로파 파크는 유럽 각국의 전통이나 풍경을 재현해 테마를 만든 게 특징. 롤러코스터만 11개에 달해 하루 종일 놀아도 시간이 부족하다. 실외 시설이어서 한겨울에는 대체로 문을 닫는다.

주소 Europa–Park–Straße 2, Rust **전화** 07822–776688 **홈페이지** www.europapark.de **운영** 계절별로 차이가 있으므로 홈페이지에서 확인 **요금** 온라인 가격 12세 이상 €61.5, 4~11세 €52 **가는 방법** 프라이부르크에서 RB 열차로 Ringsheim/Europa–Park역 하차(편도 €10.3), 기차역 앞에서 7231번 버스 탑승(편도 €2.9). 총 50~60분 소요.

SCHWARZWALD 검은 숲

면적만 무려 6,009㎢에 달하는 거대한 산맥. 하도 나무가 울창해서 숲에 들어가면 하늘이 보이지 않는다고 하여 '검은 숲(슈바르츠발트)'이라는 이름이 붙었다. 프라이부르크에서 대중교통으로 찾아가기 편한 펠트베르크와 티티 호수를 맛보기로 소개한다.

찾아가는 방법 ACCESS

거점 도시와 이동시간 (레기오날반 기준) 프라이부르크 ↔ 티티 호수 : S 38분

유효한 티켓 프라이부르크 대중교통 RVF 1일권(€13.6) 또는 바덴뷔르템베르크 티켓 사용

티티 호수 Titisee

티티 호수(티티제)는 빙하가 만든 1.3㎢ 면적의 청정 호수이며, 인근에 온천이 있어 일찍부터 휴양지가 발달하였다. 검은 숲의 명물 뻐꾸기시계 등 특산품을 파는 기념품 숍과 레스토랑, 호텔 등 관광 인프라가 충실하고, 보트 유람선 선착장도 곳곳에 보인다.

가는 방법 S1·10호선 Titisee역에서 도보 10분.

펠트베르크 Feldberg

티티 호수를 끼고 있는 산 이름이 펠트베르크, 그 최고봉 이름도 펠트베르크다. 해발 1,493m. 케이블카를 타고 산 위에 오르면 사방으로 탁 트인 검은 숲의 전경이 보이며, 펠트베르크탑Feldberg Turm에 올라 더 멋진 풍광을 감상할 수 있다. 날씨가 좋으면 탑에서 융프라우, 몽블랑, 추크슈피체 등 알프스 봉우리까지도 맨눈으로 볼 수 있다.

홈페이지 www.feldberg-erlebnis.de **운영** 케이블카 운행 09:00~16:30 **요금** 케이블카+전망대 €16 **가는 방법** Titisee역에서 7300번 버스로 Feldbergerhof 정류장 하차(약 25분), 바로 앞에 케이블카 승강장이 있다.

KONSTANZ 콘스탄츠

독일, 스위스, 오스트리아 3개국에 접한 보덴 호수는 일찍이 유럽인들에게 최고의 휴양지였다. 그리고 보덴 호수 연안의 여러 도시 중 단연 첫손에 꼽히는 곳이 콘스탄츠다. 세계인에게는 프랑스어 지명인 콩스탕스Constance가 더 익숙하다.

관광안내소 INFORMATION

중앙역 내에 관광안내소가 있다.

홈페이지 www.constance-lake-constance.com (영어)

찾아가는 방법 ACCESS

거점 도시와 이동시간 (레기오날반 기준)

슈투트가르트 ↔ 콘스탄츠 : SBB+RE 2시간 26분 (Singen에서 1회 환승)

유효한 티켓 바덴뷔르템베르크 티켓

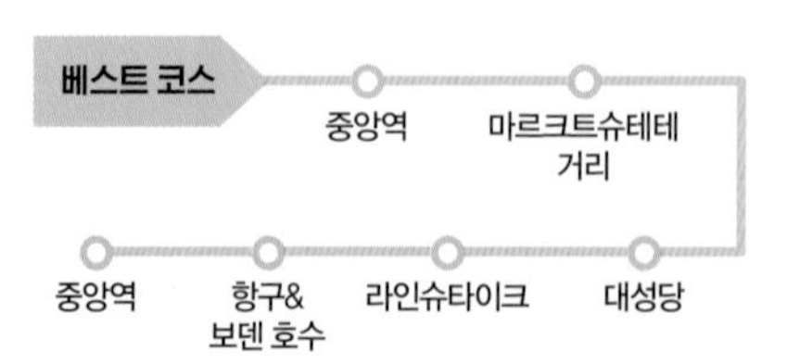

콘스탄츠와 관련된 가장 유명한 사건은 1414년부터 4년간 열린 콘스탄츠 공의회다. 2명의 교황이 서로 정통성을 주장하며 유럽 전체에 극심한 혼란과 분열이 발생하자 신성 로마제국 황제의 주선으로 교황, 주교, 성직자 등 수백 명이 콘스탄츠에 모였다. 당시 회의 장소인 콘스탄츠 공의회관Konzil Konstanz이 여전히 웅장한 모습으로 남아 있고, 그 앞으로 탁 트인 보덴 호수Bodensee가 있다. 항구에서 가장 눈에 띄는 건, 벌거벗은 황제와 교황을 올려놓고 있는 반라의 여신 형상이다. 9m 높이의 이 작품은 1993년 풍자 예술가 페터 렝크가 만든 임페리아Imperia인데, 콘스탄츠 공의회를 풍자한 소설에서 영감을 얻어 만든 것이다. 파격적인 표현 때문에 설치 초반에는 반발도 있었으나 지금은 콘스탄츠 항구의 중요한 랜드마크로 사랑을 받고 있다. 독일의 젖줄 라인강이 보덴 호수에서 발원하는데, 바로 그 시작 지점인 라인슈타이크Rheinsteig도 옛 성벽의 흔적과 함께 상쾌한 산책이 가능한 길이다. 한편, 구시가지의 정취는 시청사가 있는 마르크트슈테테 거리Marktstätte와 대성당Münster Unserer Lieben Frau이 으뜸이다. 대성당 첨탑은 193개의 계단을 올라 보덴 호수 풍경을 바라보는 전망대로 개방된다. 3~4시간이면 충분히 돌아볼 수 있는 소박한 시가지와 항구에서 국경 도시의 활기찬 에너지를 느껴보고, 가급적 유람선도 꼭 타보기를 권한다.

▶ 대성당

MAP P.368 **주소** Münsterplatz 1 **전화** 07531-90620 **홈페이지** www.kath-konstanz.de **운영** 11:00~17:00(일요일 12:30~) **요금** 본당 무료, 전망대 성인 €4, 학생 €1

임페리아

라인슈타이크

마르크트슈테테 거리

대성당

SPECIAL PAGE

보덴 호수

독일 최남단에 슈바벤의 바다Schwäbisches Meer로 불리는 보덴 호수(보덴제)가 있다. 프랑스어 명칭인 콩스탕스 호수Lake Constance도 널리 통용된다. 가장 수심이 깊은 곳은 252m, 호수의 면적은 무려 571㎢다. 서울시 면적의 95%에 해당하는 면적이라고 하면 그 크기가 실감이 날지 모르겠다. 유럽의 담수호 중 셋째로 크고, 독일·스위스·오스트리아 3개국에 맞닿아 있는데, 콘스탄츠에서 유람선을 타고 가기 좋은 섬 두 곳을 소개한다. MAP P.368 **유람선 홈페이지** www.bsb.de

마이나우섬 Insel Mainau

©Insel Mainau/P. Allgaier

보덴 호수에서 가장 구경하기 좋은 섬이다. 쉽게 말하면 '꽃섬'으로, 섬 전체에 꽃과 나무를 심어 수목원처럼 아름답게 가꾸어 놓았다. 1746년에 완공된 마이나우 궁전Schloss Mainau이 정취를 한껏 끌어올린다. 꽃을 배경으로 산책하고 사진 찍으며 이국적인 분위기에 빠져보자.

전화 07531-3030 **홈페이지** www.mainau.de **운영** 일출~일몰 **가는 방법** 항구에서 유람선으로 방문(섬 입장료 포함 €35.2~).

라이헤나우섬 Insel Reichenau

©TMBW / O.Raatz

724년에 설립된 베네딕트 수도원을 포함해 1,000여 년의 세월 동안 섬 곳곳에 여러 수도원이 건축되면서 다양한 시대의 수도원 건축 양식이 집결된 곳으로, 그 가치를 인정받아 유네스코 세계문화유산으로 등재되었다. 보덴 호수에서 가장 큰 섬이어서 걸어서 여행하기는 어렵다. 시내버스가 일종의 관광버스처럼 주요 장소를 연결해 주며 작은 박물관도 있다.

홈페이지 www.reichenau-tourismus.de **가는 방법** 항구에서 유람선으로 방문(섬 교통비 포함 €24~).

FRIEDRICHSHAFEN
프리드리히스하펜

원래 작은 도시 두 곳이 있었는데 뷔르템베르크 국왕 프리드리히 1세가 스위스와의 무역 항구를 만들려고 도시를 합치고는 자신의 이름을 따서 프리드리히스하펜('프리드리히의 항구'라는 뜻)이라고 이름을 붙였다. 콘스탄츠와 함께 보덴 호수 연안의 대표적인 도시로 꼽힌다.

찾아가는 방법 ACCESS

거점 도시와 이동시간 (레기오날반 기준) 콘스탄츠 ↔ 프리드리히스하펜 : 유람선 52분

유효한 티켓 유람선 카타마란 편도 €12.5, 왕복 €24

슐로스 교회 Schlosskirche

프리드리히스하펜이라는 도시가 생기기 전, 작은 도시에 수도원이 있었다. 도시가 생기면서 수도원은 왕실 소유 별궁이 되었고, 수도원 교회는 별궁에 딸린 궁정 교회(슐로스 교회)가 되었다. 화려한 바로크 양식의 건축미, 그리고 호수를 끼고 이어지는 산책로의 풍경이 아름다운 유서 깊은 명소다.

주소 Schloßstraße 2 **전화** 07541-21308 **운영** 09:00~18:00(목·일요일 11:00~), 동절기는 대체로 휴무 **요금** 무료 **가는 방법** 항구에서 도보 20분.

체펠린 박물관 Zeppelin Museum

항구 바로 옆에 있는 프리드리히스하펜에서 가장 유명한 곳. 프리드리히스하펜은 '비행선의 아버지' 체펠린Ferdinand von Zeppelin이 비행선을 만들고 시험 비행을 했던 도시다. 그의 업적을 기념하여 실물 크기의 비행선이 전시된 박물관이 있다.

주소 Seestraße 22 **전화** 07541-38010 **홈페이지** www.zeppelin-museum.de **운영** 09:00~17:00 **요금** 성인 €12.5, 학생 €8 **가는 방법** 항구 옆에 위치.

DÜSSELDORF AREA

뒤셀도르프 지역

BEST 4

01

독일 최대 인기 명소
쾰른 대성당(쾰른)

02

2,000년의 세월을 기록한 문화유산
트리어 로마 유적(트리어)

03

유럽의 아버지가 잠들어 있는
아헨 대성당(아헨)

04

'힙'한 여행지로 새롭게 떠오르는
촐페라인 광산(에센)

뒤셀도르프 지역 이동 전략

이 책은 뒤셀도르프를 거점으로 정하고 있으나, 실질적으로 뒤셀도르프와 쾰른이 모두 거점 역할을 한다. 거점 기준으로 북쪽과 서쪽을 여행할 때는 뒤셀도르프가 편하고, 남쪽과 동쪽을 여행할 때는 쾰른이 편하다. 두 도시는 역사적으로 라이벌 의식이 강하고 일종의 지역감정도 있는 편이지만, 여행의 전략과 공식은 거의 같다.

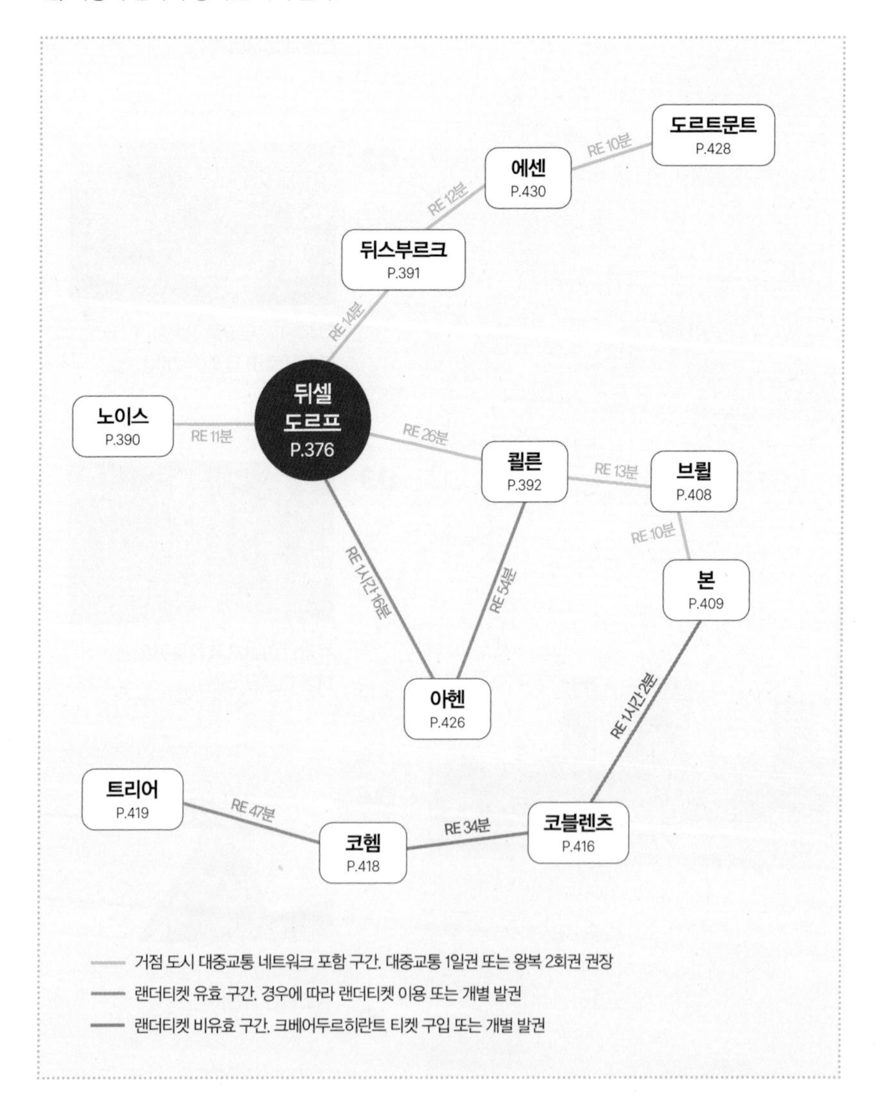

뒤셀도르프 지역 숙박 전략

이 지역은 뒤셀도르프와 쾰른이 나란히 중심을 이루므로 만약 도르트문트 등 라인-루르 공업지대나 아헨 등 서쪽·북쪽을 방문하려면 뒤셀도르프에서, 본이나 트리어 등 동쪽 · 남쪽을 방문하려면 쾰른에서 숙박하면 편리하다.

☑ **낡지만** 가격은 **저렴한** 호텔

뒤셀도르프 중앙역 부근 MAP P.379-B2

뒤셀도르프 중앙역 부근 호텔은 프랜차이즈보다 낡은 건물을 개조하여 만든 로컬 호텔 위주인데, 시설이 불편하지만 청결하고, 무엇보다 가격이 저렴한 편이다. 약간의 호스텔도 있다.

☑ **저렴**하지만 **후기**를 잘 살필 것

뒤셀도르프 구시가지 부근 MAP P.379-A2

마르크트 광장과 부르크 광장 등 관광지가 밀집한 뒤셀도르프 구시가지 부근에도 낡은 건물을 개조한 호텔이 여럿 있다. 규모가 크지 않아 객실 수가 많지 않은 편인데, 가격은 중앙역 부근보다 저렴한 편이다. 하지만 호텔에 따라 낡은 시설로 인한 불편이 크게 느껴질 수 있으므로 후기를 충분히 살펴보고 결정할 것을 권한다.

☑ 저렴한 **호스텔**부터 최고급 **호텔**까지

쾰른 중앙역 부근 MAP P.395-B1

쾰른 중앙역 부근에는 대성당 전망이 좋은 곳 위주로 고급 호텔과 비즈니스호텔이 많다. 또한, 배낭여행자를 위한 저렴한 호스텔도 중앙역 주변에 있어 전반적으로 선택의 폭이 넓다. 다만, 가격은 뒤셀도르프보다 비싼 편이다.

☑ 고급 호텔과 **여유로운 숙박**

쾰른 도이츠 부근 MAP P.395-C2

쾰른 중앙역 기준 강 건너편에 해당하는 도이츠 지역은 박람회장과 가깝고 전망이 우수하여 고급 호텔이 여럿 자리를 잡았다. 가격대는 있는 편이지만, 예약이 여유로운 편이어서 비즈니스 여행자나 가족 단위 여행자에게 좋다.

DÜSSELDORF
뒤셀도르프

노르트라인베스트팔렌의 주도 뒤셀도르프는, 구 서독 경제 발전을 선도한 라인-루르 공업지대의 대표적인 도시다. 유행보다 실용과 합리를 중시하는 독일에서 이례적으로 패션과 유행에 민감한 도시이며, 그래서인지 몰라도 동양인, 특히 일본인의 입김이 가장 센 도시로 꼽히기도 한다.
역사적으로는 파란만장의 연속이었다. 1200년대부터 지역의 소유권 분쟁이 끊이지 않아 전쟁이 그칠 날이 없었고, 이때부터 쾰른과의 악연이 시작되어 라이벌 의식이 강하다.

지명 이야기
라인강의 지류인 뒤셀강 Düssel이 흐르는 작은 마을 Dorf이라는 뜻. 뒤셀강은 또다시 여러 지류로 나눠 흐르다가 라인강으로 흘러 들어가는데, 뒤셀도르프가 가장 하류에 해당하는 곳이기에 지리적 이점으로 발전할 수 있었다.

Information & Access 뒤셀도르프 들어가기

관광안내소 INFORMATION

마르크트 광장에서 한 블록 떨어진 구시가지 중심부에 관광안내소가 있다.

홈페이지 www.visitduesseldorf.de/en/ (영어)

찾아가는 방법 ACCESS

비행기

뒤셀도르프 공항Flughafen Düsseldorf(공항코드 DUS)은 프랑크푸르트-뮌헨-베를린에 이어 독일에서 넷째로 큰 공항이다. 국내에서 직항은 없으나 다수의 유럽계·중동계 항공사로 1회 환승하여 갈 수 있다. 또한, 독일의 저가항공사 유로윙스가 다수 노선을 운항 중이다.

• **시내 이동**

공항에서 시내까지 레기오날반으로 한 정거장, 전철 에스반으로 네 정거장 거리에 있다. 일부 ICE 노선도 공항 기차역에 정차하므로 다른 도시로 바로 이동할 때 활용할 수 있다.

소요시간 레기오날반 7분, 에스반 11분 **노선** RE, S1호선 **요금** 편도 €3.4

기차

중앙역Hauptbahnhof에서 모든 열차를 타고 내린다.

*** 유효한 랜더티켓** 쇠너탁 티켓

• **시내 이동**

이 책의 여행 코스는 구시가지부터 시작하도록 구성하였으며, 중앙역 지하에서 U70호선 등 다수의 우반 노선을 이용하여 Heinrich-Heine-Allee역에 내리면 베스트 코스대로 여행하기에 편하다.

버스

뒤셀도르프 중앙역 앞 주차장에 약간의 표지판을 세워두고 버스터미널ZOB로 사용한다. 중앙역을 마주 본 방향으로 좌측에 있으며, 중앙역 메인 출입구에서 도보 약 5~7분 거리.

Transportation & Pass 뒤셀도르프 이동하기

시내 교통 TRANSPORTATION

전철 에스반은 광역 연결 위주이며, 시내 대중교통은 전철 우반과 트램이 주로 담당한다.

• **타리프존 & 요금**

- A3존(시내, 공항) : 1회권 €3.4, 24시간권 €8.3
- B존(노이스, 뒤스부르크) : 1회권 €7, 24시간권 €17
- C존(에센) : 1회권 €14.8, 24시간권 €29.2
- D존(도르트문트) : 1회권 €17.9, 24시간권 €34.6

• **노선 확인**

라인-루르 교통국 VRR www.vrr.de

노선 확인법 안내

관광 패스 SIGHTSEEING PASS

• **뒤셀도르프 카드 Düsseldorf Card**

대중교통 무료 및 관광지 전액 또는 일부 할인이 적용된 상품이다. 극장, 자전거 렌털, 시티 투어 등 액티비티도 할인된다.

요금 24시간권 €13.9, 48시간권 19.9유로 **구입 방법** 관광안내소에서 구입 **홈페이지** www.visitduesseldorf.de/en/book/duesseldorfcard

Best Course 뒤셀도르프 추천 일정

베스트 코스

구시가지와 라인강 주변 위주로 구성한 뒤셀도르프 원데이 베스트 코스. 이 코스를 기반으로 관광을 마친 뒤 쾨니히 대로 등 뒤셀도르프의 번화가에서 쇼핑하고, 강변과 공원에서 잠시 쉬어 가면 한나절이 훌쩍 간다. 만약 시간이 충분치 않으면 아래 코스에서 벤라트 궁전만 생략하면 된다.

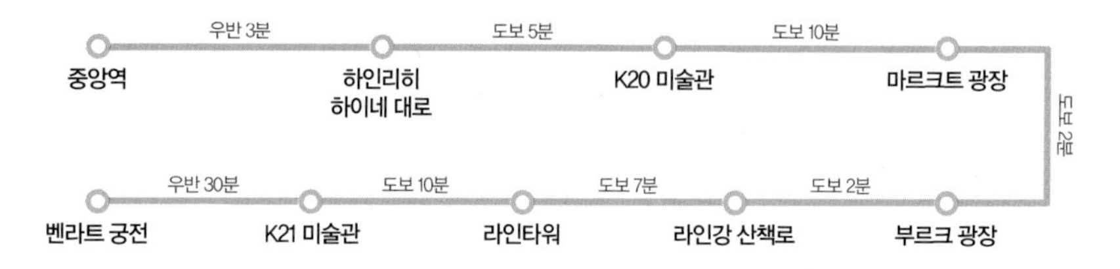

Tip. 중앙역과 첫 관광지 하인리히 하이네 대로 사이는 뒤셀도르프의 번화가다. 재팬 센터(P.388)를 비롯하여 수많은 상점과 레스토랑 등이 펼쳐진다. 중앙역에서 하인리히 하이네 대로까지 걸어서 가면 약 20~30분 소요되어 가볍게 걷기는 어려우나, 걷는 구간에 흥미로운 구경 거리가 많으니 체력에 자신 있는 여행자는 벤라트 궁전을 제외한 전 구간을 걸어서 여행해보아도 좋다.

TOPIC 10개의 숨은 그림 찾기

뒤셀도르프는 흔한 광고판에도 볼거리가 있다. 독일 어디서나 볼 수 있는 원통형 광고판 위에 조형물이 보이는데, 독일의 조각가 크리슈토프 푀겔러Christoph Pöggeler가 만든 조일렌하일리게Säulenheilige라는 설치 미술 작품이다. 2001년부터 장장 16년에 걸쳐 실물 사람 크기로 총 10개의 작품을 만들어 시내 곳곳의 광고판 위에 설치하였다. 본디 조일렌하일리게는 종교적인 예술품의 장르로서 기둥 위에 성자의 형상을 장식하는 것인데, 성자로 장식할 자리를 지극히 평범한 인간의 형상으로 장식하여 작가의 창작 의도를 드러낸다. 일부러 찾아다니지 않아도 관광지 주변에서 몇 개의 조일렌하일리게를 자연스럽게 만나게 될 테니 평범한 광고판도 유심히 살펴보자.

부르크 광장 근처

라인타워 근처

중앙역 앞

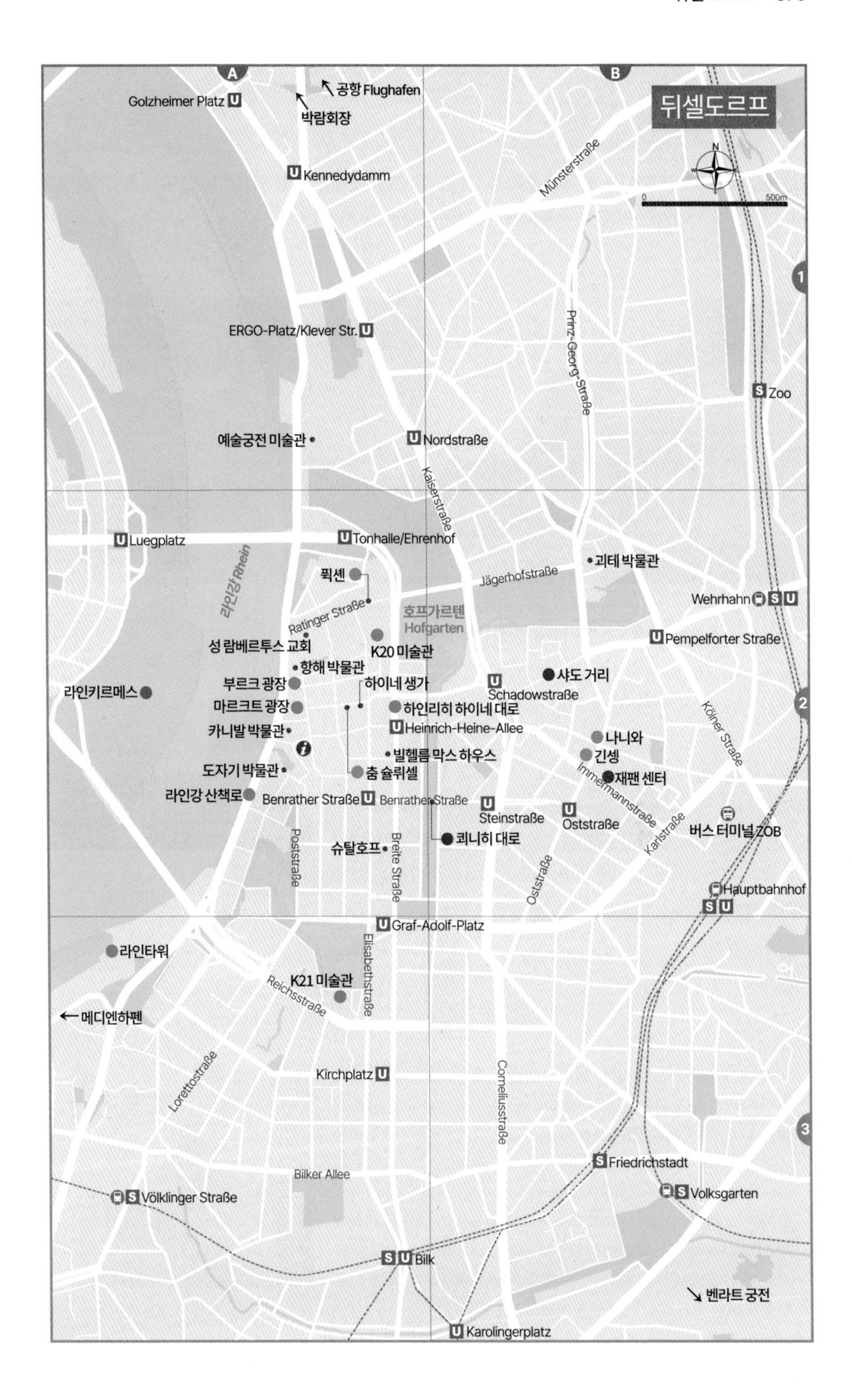

뒤셀도르프
A
B
1
2
3
Golzheimer Platz
공항 Flughafen
박람회장
Kennedydamm
Münsterstraße
0
500m
ERGO-Platz/Klever Str.
Prinz-Georg-Straße
Zoo
예술궁전 미술관
Nordstraße
Kaiserstraße
Luegplatz
Tonhalle/Ehrenhof
괴테 박물관
라인강 Rhein
픽셴
Jägerhofstraße
Wehrhahn
Ratinger Straße
호프가르텐
Hofgarten
성 람베르투스 교회
K20 미술관
Pempelforter Straße
항해 박물관
부르크 광장
하이네 생가
샤도 거리
라인키르메스
Schadowstraße
마르크트 광장
하인리히 하이네 대로
카니발 박물관
Heinrich-Heine-Allee
나니와
Kölner Straße
빌헬름 막스 하우스
긴센
도자기 박물관
춤 슐뤼셀
재팬 센터
라인강 산책로
Benrather Straße
Benrather Straße
Immermannstraße
Steinstraße
Oststraße
Karlstraße
버스 터미널 ZOB
Poststraße
슈탈호프
Breite Straße
쾨니히 대로
Oststraße
Hauptbahnhof
Graf-Adolf-Platz
라인타워
K21 미술관
Reichsstraße
Elisabethstraße
메디엔하펜
Lorettostraße
Kirchplatz
Corneliusstraße
Friedrichstadt
Bilker Allee
Völklinger Straße
Volksgarten
Bilk
벤라트 궁전
Karolingerplatz

Attraction 보는 즐거움

도시에서 가장 오랜 역사는 라인강을 따라 보존되어 있다. 강변을 따라 펼쳐지는 대도시 틈의 작은 구시가지, 그리고 다양한 박물관 · 미술관의 향연은 상쾌한 재미를 준다.

슈탈호프

카르쉬 하우스

하인리히 하이네 대로 Heinrich-Heine-Allee

빌헬름 막스 하우스

중세 시대에 성벽이 있던 자리. 시가지가 확장되면서 성벽은 철거되고 1900년을 전후하여 큰 빌딩이 우후죽순 들어서 오늘날의 모습이 갖춰졌다. 일견 평범한 대도시 풍경으로 보일 수 있지만 역사성을 알고 나면 인상이 바뀐다. 20세기 초 유행한 유겐트슈틸 양식의 카르쉬 하우스Carsch Haus와 슈탈호프Stahlhof는 100년 전 건축사의 중요한 단면을 보여준다. 빌헬름 막스 하우스Wilhelm-Max-Haus는 1910년 완공 당시 독일에서 가장 높은 빌딩이었다고 한다.

MAP P.379-A2 **가는 방법** U70·74~79호선 Heinrich-Heine-Allee역 하차.

TOPIC 하인리히 하이네

뒤셀도르프에서 가장 번화한 거리의 이름은 이 도시에서 태어난 독일의 유대계 시인 하인리히 하이네Heinrich Heine(1797~1856)의 이름을 딴 것이다. 바로 인근에 그의 생가가 있다. 하인리히 하이네는 19세기 독일뿐 아니라 유럽 전역에서 인정받은 위대한 시인이며, 초기에는 그의 대표작 '로렐라이'를 비롯하여 낭만주의 성향을 띠다가 후기엔 강한 사회 비판적 자유주의 성향으로 바뀐다. 제2차 세계대전 당시 나치 정권의 유대인 탄압으로 하인리히 하이네의 작품도 금서로 지정되었지만 '로렐라이'만큼은 이미 너무 유명한 민족의 시로 유명했기에 '작자 미상'으로 바꾸어버리기도 하였다.

K20 미술관 K20

노르트라인베스트팔렌 아트 컬렉션Kunstsammlung Nordrhein-Westfalen에서 운영하는 20세기 미술에 특화된 미술관. 파울 클레Paul Klee 작품 컬렉션에서 출발하여 피카소, 마티스, 마르크, 키르히너, 칸딘스키 등 표현주의 시대의 거장 작품을 다수 전시한다. 여러 소장품 중 단연 눈에 띄는 것은 파울 클레 전시실을 가득 메운 작품들이다. 미술관은 약 100점의 파울 클레 작품을 소장하고 있다.

MAP P.379-A2 **주소** Grabbeplatz 5 **전화** 0211-8381204 **홈페이지** www.kunstsammlung.de **운영** 화~일요일 11:00~18:00, 월요일 휴무 **요금** 성인 €9, 학생 €7 **가는 방법** 하인리히 하이네 대로에서 도보 5분.

마르크트 광장 Marktplatz

1500년대 지은 구 시청사가 ㄱ자 모양으로 감싸고, 재임 중 뒤셀도르프에 공을 들여 문화와 예술을 발전시킨 선제후 요한 빌헬름(얀 벨름)의 바로크 기마상이 중앙을 장식하는 구시가지의 중심 광장. 레스토랑, 비어홀 등이 주변에 가득해 늘 분주한 곳이며, 건물 틈으로 라인강의 시원한 풍경도 보인다. 뒤셀도르프의 대표 축제 카니발의 역사를 소소하게 만날 수 있는 카니발 박물관Haus Des Karnevals도 광장에 접해 있다.

MAP P.379-A2 **가는 방법** K20 미술관에서 도보 10분.

부르크 광장 Burgplatz

엮구르기 분수

도시 승격 기념비

선제후의 궁전이 된 옛 성이 있던 자리. 지금은 성탑Schlossturm만 남고 라인강에 직접 연결되는 광장이 되었다. 뒤셀도르프가 1288년 발발한 보링엔 전투의 승리로 도시의 지위를 얻게 된 걸 기념하는 도시 승격 기념비Stadterhebungsmonument, 당시 승전군이 귀환했을 때 아이들이 엮구르기 하며 환영한 것에서 착안한 엮구르기 분수 Radschlägerbrunnen 등 광장을 꾸미는 볼거리에 눈길이 간다. 도시 승격 기념비 너머로 보이는 작은 개천이 도시 이름의 기원이 된 뒤셀강이다.

MAP P.379-A2 **가는 방법** 마르크트 광장에서 도보 2분.

▶ 항해 박물관 Schifffahrtsmuseum

5층짜리 성탑 내부에는 항해 박물관이 있고, 꼭대기 층은 전망대로 사용된다. 지하부터 4층까지 이어지는 박물관엔 라인강을 통한 무역과 상업의 변천 등 지역의 역사에 관한 자료 위주로 전시되어 있다.

전화 0211-8994195 **홈페이지** freunde-schifffahrtmuseum.de **운영** 화~일요일 11:00~18:00, 월요일 휴무 **요금** 성인 €3, 학생 €1.5

▶ 성 람베르투스 교회 Basilika St. Lambertus

뒤셀도르프에서 가장 오랜 역사를 가진 교회. 마치 왕관을 쓴 것 같은 특이한 첨탑이 도시 풍경에 일조한다. 멀리서 보면 탑이 약간 기울어 있는 걸 볼 수 있는데, 악마가 교회를 뿌리째 뽑으려다가 실패하여 탑 끄트머리만 비틀렸다는 전설이 있다. 내부도 상당히 수준 높은 조각과 성화로 엄숙하게 꾸며져 있다.

전화 0211-3004990 **홈페이지** www.lambertuspfarre.de **운영** 09:00~18:30(월요일 15:00~) **요금** 무료

항해 박물관

성 람베르투스 교회

여기 근처

호프가르텐Hofgarten은 구시가지 외곽으로 뒤셀강을 끼고 만들어진 넓은 시민 공원이다. 걷고, 앉고, 눕는 등 다양하게 휴식을 즐기는 시민들과 함께 공원을 산책하다 보면 괴테 박물관Goethe-Museum으로 사용되는 예거호프 궁전Schloss Jägerhof이 나온다. 또한, 여러 시대의 미술 작품을 모두 아우르는 예술궁전 미술관Museum Kunstpalast도 호프가르텐에 걸쳐 있다.

[괴테 박물관]

주소 Jacobistraße 2 **전화** 0211-8996262 **홈페이지** www.goethe-museum.de **운영** 화~일요일 11:00~17:00(토요일 13:00~), 월요일 휴무 **요금** 성인 €4, 학생 €2, 일요일 무료입장 **가는 방법** 707번 트램 Schloß Jägerhof 정류장 하차.

[예술궁전 미술관]

주소 Ehrenhof 4-5 **전화** 0711-21625800 **홈페이지** www.kunstpalast.de **운영** 화~일요일 11:00~18:00(목요일 ~21:00), 월요일 휴무 **요금** 성인 €10, 학생 €8 **가는 방법** U78·79호선 Nordstraße역에서 도보 2분.

뒤셀강

예거호프 궁전

라인강 산책로 Rheinuferpromenade

라인강을 따라 강둑에 조성된 산책로와 공원. 강변에 서서 한쪽을 보면 성탑과 성 람베르투스 교회 첨탑이 보이고, 다른 쪽을 보면 라인타워 등 현대적인 스카이라인이 보인다. 산책로 안쪽에는 옛 항구 Alter Hafen가 있어 정취를 더하고, 이슬람과 아시아 문화권까지 섭렵하는 도자기 박물관Deutsches Keramikmuseum도 옛 항구 주변에 있다.

MAP P.379-A2 **가는 방법** 마르크트 광장에서 도보 5분.

▶ 도자기 박물관

주소 Schulstraße 4 **전화** 0211-8994210 **홈페이지** www.duesseldorf.de/hetjens **운영** 화~일요일 11:00~17:00(수요일 ~21:00), 월요일 휴무 **요금** 성인 €5, 학생 €2.5, 일요일 무료입장

도자기 박물관

라인타워 Rheinturm

1982년에 뒤셀도르프 TV·라디오 송신탑으로 만든 240m 높이의 라인타워는 강변에서 가장 눈에 띄는 랜드마크다. 라인-루르 지역에서 주로 활동한 독일 건축가 하랄트 다일만 Harald Deilmann이 설계했으며, 엘리베이터로 168m 높이의 전망대에 올라 뒤셀도르프와 라인강의 360도 전망을 즐길 수 있다.

MAP P.379-A3 **주소** Stromstraße 20 **전화** 0211-8632000 **홈페이지** www.rheinturm.de **운영** 10:00~24:00 **요금** €12.5, 12:00 이전 또는 22:00 이후 입장 시 €8 **가는 방법** 라인강 산책로에서 도보 7분 또는 706·708·709번 트램 Landtag/Kniebrücke 정류장 하차.

여기 근처

라인타워가 있는 곳은 라인강 하항河港으로, 데이비드 치퍼필드David Chipperfield 등 현대 건축가의 재능이 더해진 현대적인 상업지구가 고급스러운 분위기를 완성한다. 이 지역 전체를 메디엔하펜Medienhafen(미디어 하버)이라고 부르며, 수백 개의 사무실이 모여 있다. 가장 눈에 띄는 건축물은 프랭크 게리Frank Gehry가 완성한 세관Neuer Zollhof이다. 게리바우텐Gehry bauten이라는 애칭으로 불리는 3채의 건물이 묘한 풍경을 이룬다. 노르트라인베스트팔렌 주의회 의사당 앞 넓은 잔디밭 곳곳에 의도적으로 경사를 만들어 비정형의 현대 건축물과 잘 어울리는 공원을 완성하였다.

게리바우텐

주의회 의사당 앞 공원

K21 미술관 K21

©Düsseldorf Tourismus GmbH / U.Otte

K20 미술관에 이어 2002년에 새로 개관한 K21 미술관은 현대미술에 특화된 곳이다. 특히 대형 설치예술이나 미디어아트 등을 포함하고 있어 최신 트렌드의 미술을 관람하기에 좋다. K21 미술관은 의사당으로 사용하다가 10년 이상 비워둔 슈텐데하우스Ständehaus에 터를 잡았는데, 현대적인 미술관에 적합한 구조로 유리 천장 등 대대적인 개조를 거쳐 내부 풍경이 인상적이다.

MAP P.379-A3 **주소** Ständehausstraße 1 **전화** 0211-8381204 **홈페이지** www.kunstsammlung.de **운영** 화~일요일 11:00~18:00, 월요일 휴무 **요금** 성인 €9, 학생 €7 **가는 방법** 라인타워에서 도보 7분 또는 U71~73·83호선 Graf-Adolf-Platz역 하차.

©Visit Düsseldorf

벤라트 궁전 Schloss Benrath

©Visit Düsseldorf

1770년 선제후 카를 테오도르가 뒤셀도르프 근교에 지은 궁전이다. 만하임 궁전(P.355) 등 궁전 디자인에 남다른 안목을 가진 그가 화사한 분홍색 외관의 로코코 양식으로 자신의 여름 별궁을 지었다. 궁전은 아담하지만, 라인강이 보이는 넓은 궁전은 여름에 매우 근사한 풍경을 만든다. 내부는 호화로운 인테리어를 볼 수 있는 박물관으로 사용된다.

MAP P.379-B3 **주소** Benrather Schloßallee 100-108 **전화** 0211-8921903 **홈페이지** www.schloss-benrath.de **운영** 월~화요일·토~일요일 11:00~18:00, 금요일 14:00~17:00(11~3월 주말만 개장), 수~목요일 휴무 **요금** 관람 코스마다 다르므로 홈페이지에서 확인 **가는 방법** U72호선 Schloss Benrath역 하차.

Restaurant

먹는 즐거움

구시가지에는 알트비어로 대표되는 전통적인 문화가 가득하다. 또한, 중앙역 부근의 번화가는 한국 식당과 일식 등 아시아 문화의 존재감이 매우 강하다.

춤 슐뤼셀 Zum Schlüssel

마르크트 광장으로 이어지는 볼커 거리Bolkerstraße는 좁은 골목 양쪽에 온갖 레스토랑이 모여 있으며, 특히 뒤셀도르프 명물 알트비어를 파는 상점이 많아 맥주잔을 손에 들고 하염없이 떠드는 사람들이 가득해 '세상에서 가장 긴 술집'이라는 별명이 붙어 있다. 이 많은 술집 중에서 단연 첫손에 꼽히는 곳은, 1850년부터 마이크로 브루어리로 시작한 춤 슐뤼셀이다. 알트비어와 각종 독일 향토 요리를 합리적인 가격으로 즐길 수 있다. 단, 워낙 바쁘다 보니 직원의 친절을 기대하기 어렵다는 게 단점이라면 단점이다.

MAP P.379-A2 **주소** Bolkerstraße 41–47 **홈페이지** www.zumschluessel.de **운영** 월~금요일 11:00~24:00, 토요일 10:00~24:00, 일요일 10:00~23:00 **예산** 알트비어(0.25l) €2.9, 요리 €15~25 **가는 방법** 하인리히 하이네 대로에서 도보 2분.

TOPIC 알트비어

뒤셀도르프 지역을 중심으로 라인강 유역의 도시에서 1800년대에 고안된 고유의 양조법으로 만든 맥주 종류다. 그러니까 뒤셀도르프에서 꼭 마셔봐야 할 맥주라는 뜻. 여기서 알트Alt는 '높다'는 뜻의 라틴어 알투스Altus에서 유래했는데, 상면발효 방식을 의미한다. 갈색 빛을 띠고 아로마 향이 강하지만 보기와 달리 쓴맛은 덜하다. 뒤셀도르프 구시가지에 춤 슐뤼셀을 포함하여 단 네 곳에서만 알트비어를 만든다. 작은 잔(0.25L)으로 제공하며, 잔을 비우면 점원이 계속 채워준다. 그만 마시고 싶을 때는 코스터로 잔을 덮어놓으면 된다.

퓍셴 Brauerei im Füchschen

알트비어로 유명한 양조장. 그 역사는 1640년까지 거슬러 올라가고, 1848년부터 대를 이어 알트비어를 양조한다. 이름은 '작은 여우'라는 뜻. 학세, 슈니첼, 부어스트 등 독일 향토 요리와 알트비어의 조합이 훌륭하다.

MAP P.379-A2 **주소** Ratinger Straße 28 **전화** 0211-137470 **홈페이지** www.fuechschen.de **운영** 11:00~24:00(월~화요일 15:00~, 일요일 ~22:00) **예산** 알트비어(0.25l) €2.85, 요리 €15~25 **가는 방법** K20 미술관에서 도보 2분.

나니와 Naniwa Noodles & Soups

재팬 센터라 불리는 번화가 구역의 일본식 라멘 전문점. 워낙 인기가 좋아 항상 대기 줄이 길 정도인데, 종류도 다양하고 교자 등 사이드 디시도 많아 선택의 폭이 넓다. 스태미나 Stamina라는 이름의 매운 라멘은 김치가 들어가 한국인 입맛에도 잘 맞는다.

MAP P.379-B2 **주소** Oststraße 55 **전화** 0211-161799 **홈페이지** noodle.naniwa.de **운영** 화~수요일·금~일요일 11:30~21:30, 월·목요일 휴무 **예산** 라멘 €11.8~14.8 **가는 방법** 707번 트램 Klosterstraße 정류장 하차.

긴셍 Ginseng

재팬 센터 부근에는 한국 식당도 많다. 2009년부터 영업 중인 긴셍도 그중 하나이며, 비빔밥, 찌개, 전골, 구이 등 어지간한 한식 메뉴는 모두 판매한다 해도 과언이 아닐 정도로 선택의 폭이 넓고, 점심시간(13:00~15:00)에는 합리적인 가격의 점심 메뉴도 주문할 수 있다.

MAP P.379-B2 **주소** Oststraße 63 **전화** 0211-17543599 **홈페이지** www.ginseng-restaurant.com **운영** 월~토요일 12:00~15:00·18:00~23:00, 일요일 휴무 **예산** 요리 €15~25 **가는 방법** 707번 트램 Klosterstraße 정류장 하차.

Shopping 사는 즐거움

패션과 유행에 민감한 뒤셀도르프에서는 베를린, 뮌헨 등 대도시보다도 훌륭한 쇼핑 인프라를 만날 수 있다. 특히 '쾨'는 독일 전체를 통틀어 첫손에 꼽힐 만한 쇼핑 스트리트다.

쾨니히 대로 Königsallee

하천이 흐르는 가로수길 양쪽에 명품과 프리미엄 브랜드의 고급 부티크 숍과 유명 백화점, 할인 아웃렛 등이 줄지어 있는 쇼핑 스트리트. 현지인은 '쾨Kö'라고 줄여 부른다. 쇼핑을 좋아하는 이들에게는 하루 종일 걸어도 시간이 아깝지 않을 곳이다.

MAP P.379-B2 **가는 방법** U70·75~79호선 Steinstraße역 하차.

샤도 거리 Schadowstraß

'쾨'가 프리미엄 브랜드 위주라면, 쾨니히 대로의 끝에서 다시 시작하는 샤도 거리는 현지인이 선호하는 대중적인 브랜드 위주의 번화가다. SPA 의류 숍과 큰 쇼핑몰 등이 보행자 전용 거리 양쪽에 줄지어 있다.

MAP P.379-B2 **가는 방법** U71~73·83호선 Schadowstraße역 하차.

재팬 센터 Japan Center

중앙역과 구시가지 사이 오스트 거리Oststraße와 이머만 거리Immermannstraße가 교차하는 지점을 중심으로 일본 호텔과 식당, 식재료 마트, 선물 숍 등이 모이면서 재팬 센터라는 별명이 붙었다. 최근에는 리틀 도쿄Little Tokyo라고 부르기도 한다. 부근에 한국 식당도 많으니 이국적인 풍경을 구경하며 잠시 둘러볼 만하다.

MAP P.379-B2 **가는 방법** U70·75~79호선 Oststraße역 하차.

Entertainment 노는 즐거움

'제5의 계절' 카니발은 뒤셀도르프에서 가장 성대히 즐기는 축제다. 그 외에도 민속 축제 등 계절에 맞는 여러 축제가 라인강을 중심으로 열린다.

©Visit Düsseldorf

©Düsseldorf Tourismus GmbH / J.Letz

카니발 Düsseldorfer Karneval

매년 11월 11일 11:11에 마르크트 광장에서의 개막식을 시작으로 카니발 시즌이 시작된다. 2월경 본격적인 카니발 하이라이트가 펼쳐지면 온 도시가 축제의 장으로 변한다. 2025년의 카니발 일정은 2월 27일부터 3월 5일까지. 그중 '장미의 월요일Rosenmontag'인 3월 3일에 가장 성대한 퍼레이드가 열린다. 공식 구호와도 같은 감탄사 헬라우Helau를 외치며 축제를 즐겨 보자.

홈페이지 www.karneval-in-duesseldorf.de

©Düsseldorf Tourismus GmbH / C.Göttert

©Düsseldorf Tourismus GmbH / U.Otte

라인키르메스 Rheinkirmes

매년 400만 명 이상이 찾아 독일에서 옥토버페스트(P.225) 다음으로 2~3위 자리를 다투는 민속 축제다. 특이하게도 여름에 열리는데, 도시의 수호성인 아폴리나리스 축일(7월 23일)을 기념한 축제를 기원으로 하기 때문이다. 1435년부터 축제일에 새를 사냥하는 행사가 열렸고, 이후 뒤셀도르프 사냥협회에서 주관하며 오늘날까지 축제의 명맥을 잇는다. 강변의 넓은 축제 공터에 각종 놀이시설과 먹거리 매점이 들어서는 것은 일반적인 민속 축제와 같고, 첫 일요일에 호프가르텐에서 수천 명의 사냥협회 회원이 전통 복장을 하고 행진하는 게 트레이드마크다. 2024년의 축제 일정은 7월 12일부터 21일까지다.

MAP P.379-A2 **홈페이지** www.rheinkirmes.com

NEUSS 노이스

뒤셀도르프의 강 건너편 라인강 기슭 도시. 고대 로마제국의 도시가 있던 곳이지만, 지금 여행자에게 펼쳐지는 것은 '미술의 섬'이다. 그것 하나로도 방문의 가치가 충분하다.

관광안내소 INFORMATION

주소 Büchel 6 **홈페이지** www.neuss-marketing.de

찾아가는 방법 ACCESS

뒤셀도르프 ↔ 노이스 : RE 11분 또는 S 16분
VRR 24시간권(€17) 또는 노르트라인베스트팔렌 티켓 사용

랑엔 재단 전시관 ©Langen Foundation

홈브로이히섬 미술관(홈브로흐섬 미술관) Museum Insel Hombroich

이름에 섬이 들어간다고 해서 섬에 있는 미술관으로 생각하면 곤란하다. 홈브로이히(실제 발음은 '홈브로흐')섬 미술관은 1996년에 버려진 NATO 미사일 기지 터에 만들어졌으며, 독립된 문화공간을 만들겠다는 의도로 '섬'이라는 단어를 붙였다. 약 21만㎡ 면적의 땅에 띄엄띄엄 전시 파빌리온을 만들고, 나머지 공간은 생태 복원에 큰 공을 들여 자연스러운 정원이 되었다. 전시실마다 작가와 작품명도 알려주지 않고 작품 그 자체를 감상하도록 하는 게 특징. 작가의 명성이 주는 선입견 없이 오로지 작품을 마주하는 관람을 권하기 때문이다. 이후 2004년에는 랑엔 재단Langen Foundation이 합류해 별도의 전시관을 짓고 자체 컬렉션을 전시한다. 참고로, 랑엔 재단 전시장은 일본 건축가 안도 다다오가 설계했고, 일본을 포함한 아시아와 세계 미술을 폭넓게 보여준다.

주소 Minkel 2 **전화** 02182-8874000 **홈페이지** www.inselhombroich.de, 랑엔 재단 www.langenfoundation.de **운영** 10:00~19:00(10~4월 ~17:00), 랑엔 재단 화~일요일 10:00~18:00(월요일 휴관) **요금** 성인 €15, 학생 €7.5, 랑엔 재단 성인 €10, 학생 €7 **가는 방법** Neuss Landestheater 정류장에서 877번 버스로 Insel Hombroich 정류장 하차.

©Museum Insel Hombroich

DUISBURG 뒤스부르크

라인-루르 공업지대의 주요 도시. 독일에서 철강업이 가장 발달하였으며, 세계적 규모의 하항이 있다. 이러한 산업 유산을 재활용한 도시 재생의 모범으로 관광객도 많이 찾는다.

관광안내소 INFORMATION

주소 Königstraße 86 **홈페이지** www.duisburg.de

찾아가는 방법 ACCESS

뒤셀도르프 ↔ 뒤스부르크 : RE 14분
VRR 24시간권(€17) 또는 노르트라인베스트팔렌 티켓

©www.landschaftspark.de / T.Berns

뒤스부르크 생태공원 Landschaftspark Duisburg-Nord

뒤스부르크에서 가장 특이하고 유명한 명소는 도시 북부에 있는 생태공원이다. 머리글자를 따서 라파두 LaPaDu라고 짧게 부르기도 한다. 철강 기업 티센Thyssen의 제철소 터를 1999년에 공원 겸 문화공간으로 단장했다. 70m 높이의 용광로는 전망대가 되었고, 가스계량기는 인공 다이빙 센터가 되었으며, 층고가 높은 창고는 음향이 빼어난 영화관이 되었다. 게다가 지형과 기후에 맞는 다양한 꽃과 나무를 심어 가꾼다. 각종 조경·정원 시상식에서 수상하고, 영화 '헝거게임: 노래하는 새와 뱀의 발라드'의 촬영지로 선택되는 등 오늘날까지도 세계적인 명소로 주목받는 중. 하이라이트는 일몰 후 펼쳐지는 조명쇼다. 영국 예술가 조너선 파크Jonathan Park가 설계하여 폐공장을 배경으로 황홀한 빛의 마법이 펼쳐진다.

주소 Emscherstraße 71 **전화** 00203-4291919 **홈페이지** www.landschaftspark.de **운영** 종일 개장, 조명쇼 일몰~01:00(월~목요일은 제한된 구역에서 축소 운영) **요금** 무료 **가는 방법** 903번 트램 Landschaftspark-Nord 정류장 하차.

KÖLN
쾰른

독일 제4의 도시. 로마제국의 식민지로 도시가 건설된 이래 10~15세기경 독일 최대 도시로 성장하며 발전하였다. 엄청난 규모의 쾰른 대성당이 그 발전을 증명한다.
정치와 산업이 발달하였기 때문에 제2차 세계대전 당시 도시의 95%가 파괴되는 참담한 피해를 겪었다. 그러나 전후 복원에 박차를 가하고, 인근 본이 서독의 임시 수도가 됨에 따라 쾰른도 빠른 속도로 정상화되어 독일의 대표적인 대도시로 발전하고 있으며, 항공 · 우주 등 미래 산업 분야를 선도한다.

지명 이야기
고대 로마제국의 식민지가 건설되면서 이름을 콜로니아 아그리피나Colonia Agrippina라고 하였다. Colonia가 Coellen, Cöllen, Cölln, Cöln을 거쳐 쾰른이 되었다. 오늘날에도 프랑스어 표기인 콜로뉴Cologne(영어 발음 '콜롱')로 서구권에서 널리 통용된다. 이 지역 방언으로는 쾰레Kölle라고 한다.

Information & Access 쾰른 들어가기

관광안내소 INFORMATION

기념품 숍을 겸한 관광안내소가 대성당 맞은편에 있다.

홈페이지 www.cologne-tourism.com (영어)

찾아가는 방법 ACCESS

비행기

쾰른과 본 사이에 쾰른/본 공항Flughafen Köln/Bonn(공항코드 CGN)이 있다. 독일의 저가 항공사 유로윙스 노선이 많고, 국내에서 직항은 없으나 다수의 메이저 항공사로 1회 환승하여 갈 수 있다.

• 시내 이동

ICE 열차도 정차하는 공항 기차역에서 시내까지 레기오날반 또는 에스반으로 금세 닿는다.

소요시간 레기오날반 13분, 에스반 16분 **노선** RB, S19호선 **요금** 편도 €3.5

기차

라인강을 사이에 두고 중앙역Hauptbahnhof과 메세/도이츠역Köln Messe/Deutz이 철도 교통의 양대 축이다. 여행 중에는 중앙역을 주로 이용하지만, 일부 장거리 열차는 강 건너편 메세/도이츠역이 더 편할 수 있다.

*** 유효한 랜더티켓** 쇠너탁 티켓

• 시내 이동

이 책의 여행 코스는 중앙역 바로 옆 쾰른 대성당부터 시작하며, 대부분 도보로 이동하도록 구성하였다.

버스

쾰른은 정책상 고속버스의 시내 진입을 금지한다. 따라서 버스터미널을 설치할 수 없어 대부분의 장거리 버스는 쾰른/본 공항 또는 레버쿠젠Leberkusen Mitte에 정차한다. 에스반으로 15분 안팎의 거리다.

Transportation & Pass 쾰른 이동하기

시내 교통 TRANSPORTATION

여행 중 대중교통을 이용할 일이 드문 편이며, 주로 전철 우반과 트램을 주로 이용한다. 에스반은 공항 등 광역 이동 시 편리하다.

• 타리프존 & 요금

- 1b존(시내, 공항) : 1회권 €3.5, 24시간권 €8.5
- 2b존(레버쿠젠) : 1회권 €4.7, 24시간권 €11.2
- 4존(본) : 1회권 €9.7, 24시간권 €19
- 5존(뒤셀도르프) : 1회권 €14.1, 24시간권 €27.6

• 노선 확인

쾰른 교통국 KVB www.kvb.koeln

관광 패스 SIGHTSEEING PASS

• 쾰른 카드 KölnCard

대중교통 무료에 주요 관광지 입장료를 최대 50%까지 할인받는 상품이다.

요금 24시간권 €9, 48시간권 €18 **구입 방법** 관광안내소에서 구입

• 뮤지엄 카드 MuseumsCard

루트비히 미술관 등 이 책에 소개한 여러 박물관을 이틀 동안 무료로 입장할 수 있고, 첫날 대중교통 무료 혜택까지 추가된 상품.

요금 24시간권 €18 **구입 방법** 제휴 박물관에서 구입

Best Course 쾰른 추천 일정

"쾰른에는 대성당밖에 볼 것이 없다"는 말을 들을 때마다 참 안타깝다. 대성당이 워낙 독보적인 존재감을 발산하는 건 맞는데, 그 외에도 오랜 역사를 가진 구시가지와 각종 박물관, 그리고 라인강의 풍경까지 쾰른의 볼거리는 매우 많다. 중앙역과 대성당 부근은 소매치기가 많기로 악명 높은 곳이니 주의하도록 하자.

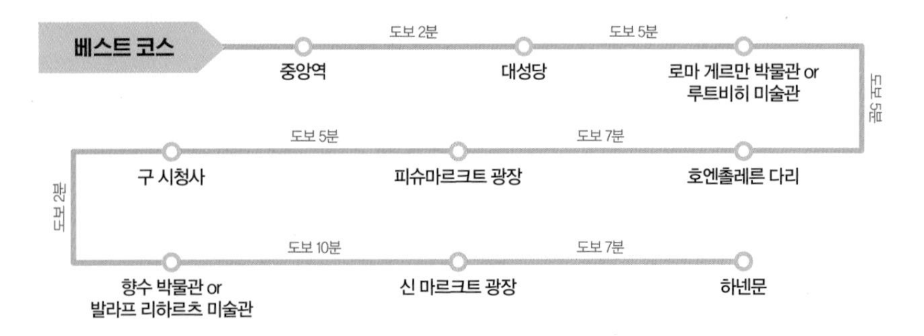

Tip. 이 코스는 전체 도보 이동이 가능하도록 구성하였으며, 'or'로 표시한 곳은 취향에 맞는 박물관을 골라 관람한다. 이 외에도 쾰른의 더 많은 박물관(P.402)을 참조하여 이튿날 일정을 만들어 보는 것도 적극 추천한다.

TOPIC 대성당 베스트 포토존

베스트 코스에 포함되지는 않으나 시간이 허락하면 방문하기 좋은 두 곳의 장소가 있다. 모두 쾰른 대성당의 전망이 기가 막혀 인증샷 찍으러 가기 좋은 곳이니 기억해 두자. 첫째, 호엔촐레른 다리를 지나 강 건너편으로 가자. 강변 산책로에서 보이는 대성당의 뒷면과 호엔촐레른 다리가 겹치는 풍경은 독일을 대표하는 포토 스폿 중 하나다. 특히 이 자리에서 보이는 야경은 그야말로 베스트 오브 베스트. 둘째, 도이츠 다리 Deutzer Brücke 위다. 여기서 대성당과 성 마르틴 교회의 첨탑이 서로 경쟁하듯 강변의 스카이라인을 만드는 풍경이 참으로 아름답다.

대성당과 호엔촐레른 다리의 야경

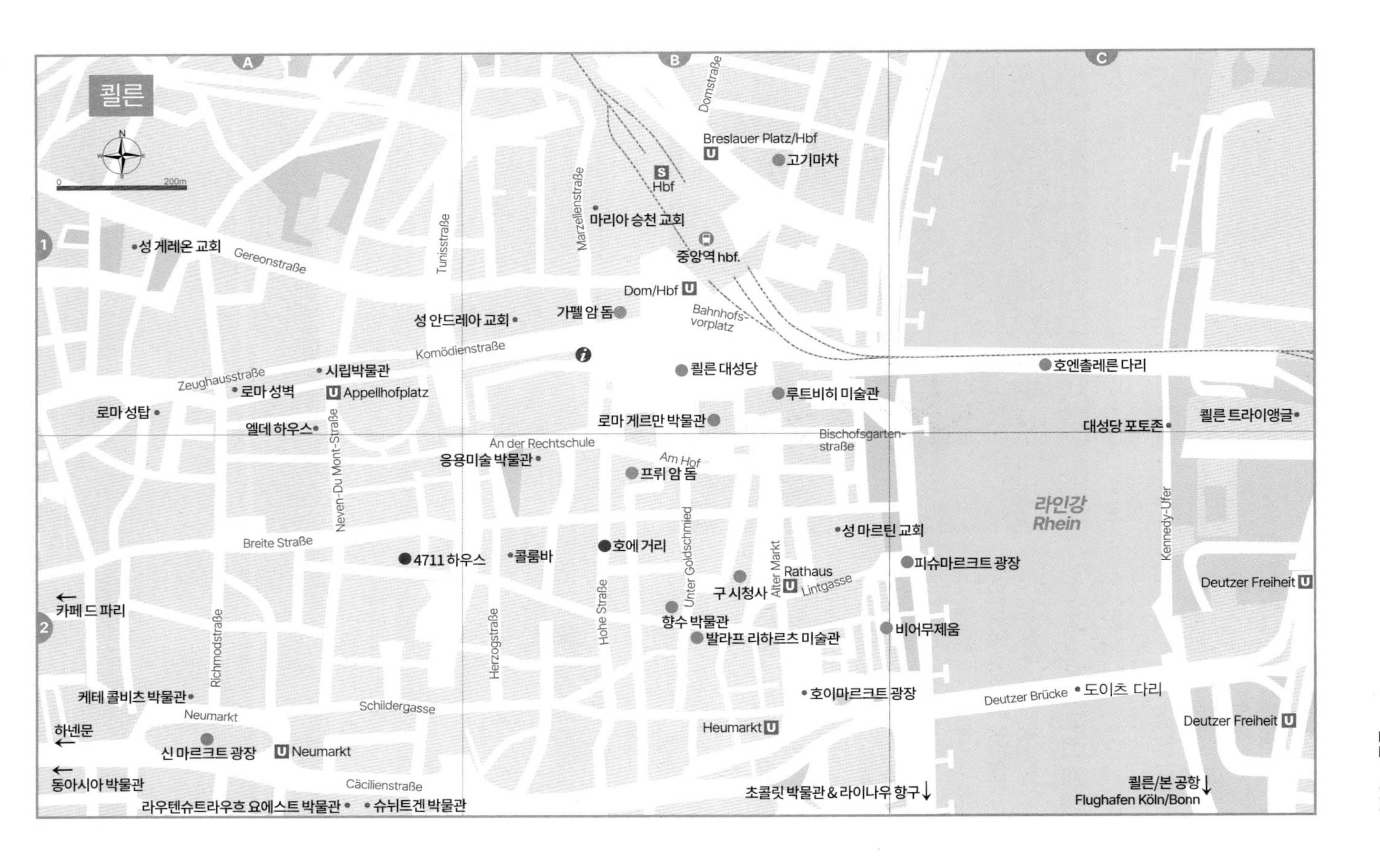

쾰른
0
200m
A
B
C
1
2
Domstraße
Breslauer Platz/Hbf
고기마차
Hbf
Marzellenstraße
마리아 승천 교회
중앙역 hbf.
Tunisstraße
성 게레온 교회
Gereonstraße
Dom/Hbf
Bahnhofs-vorplatz
성 안드레아 교회
가펠 암 돔
Komödienstraße
호엔촐레른 다리
쾰른 대성당
Zeughausstraße
시립박물관
로마 성벽
Appellhofplatz
루트비히 미술관
로마 성탑
엘데 하우스
로마 게르만 박물관
쾰른 트라이앵글
대성당 포토존
Bischofsgarten-straße
An der Rechtschule
Neven-Du Mont-Straße
Am Hof
응용미술 박물관
프뤼 암 돔
라인강
Rhein
Kennedy-Ufer
성 마르틴 교회
Breite Straße
Unter Goldschmied
4711 하우스
콜룸바
호에 거리
피슈마르크트 광장
Alter Markt
Rathaus
Lintgasse
구 시청사
Deutzer Freiheit
카페 드 파리
Richmodstraße
Herzogstraße
Hohe Straße
향수 박물관
발라프 리하르츠 미술관
비어무제움
케테 콜비츠 박물관
Schildergasse
호이마르크트 광장
Deutzer Brücke
도이츠 다리
Neumarkt
Heumarkt
Deutzer Freiheit
하넨문
신 마르크트 광장
Neumarkt
동아시아 박물관
Cäcilienstraße
초콜릿 박물관 & 라이나우 항구
쾰른/본 공항
Flughafen Köln/Bonn
라우텐슈트라우흐 요에스트 박물관
슈뉘트겐 박물관

Attraction 보는 즐거움

시선을 압도하는 거대한 대성당은 단연 압권이다. 구불구불 이어지는 미로 같은 구시가지는 또 다른 매력이 있다. 여기에 다양한 박물관으로 매력 포인트를 완성한다.

쾰른 대성당 Kölner Dom

아기 예수를 경배한 동방박사 3인의 유골함이 쾰른으로 옮겨지면서 순례자가 폭발적으로 늘어남에 따라 거대한 대성당을 짓기로 한다. 1248년부터 시작된 공사는 무려 600년이 지난 뒤인 1880년에 마무리되었다. 고딕 양식이 보여줄 수 있는 최고의 건축미, 울름 대성당(P.357) 다음으로 높은 157m 높이의 첨탑, 총 면적이 1만㎡에 달하는 높은 창들과 아름다운 스테인드글라스, 안과 밖의 장식과 역사적인 예술품 등이 온통 시선을 빼앗는다. 연 600만 명이 찾는 독일 최고의 인기 관광 명소이자 유네스코 세계문화유산이다. 하이라이트는 단연 동방박사 3인의 유골함이며 중앙 제단 가장 깊숙한 곳에 있다. 내부 입장은 무료. 단, 백팩이나 캐리어 등 큰 가방은 반입이 금지되며, 종교시설 예절에 맞춰 모자는 착용할 수 없다. 오랜 기간 대성당에서 생산 및 수집한 가치 높은 보물은 별도 보물관Domschatzkammer에서 유료 전시하며, 500개 이상의 계단을 올라가는 첨탑 전망대도 유료로 입장한다. 대성당에서 볼 수 있는 특별히 가치 높은 유물에 대한 자세한 내용은 QR코드를 스캔하여 확인할 수 있다.

MAP P.395-B1 **주소** Domkloster 4 **전화** 0221-17940555 **홈페이지** www.koelner-dom.de **운영** 본당 월~토요일 10:00~17:00, 일요일 13:00~18:00, 보물관 10:00~18:00, 전망대 09:00~17:00(5~9월 ~18:00, 11~2월 ~16:00) **요금** 본당 무료, 보물관 성인 €7, 학생 €3.5, 전망대 성인 €6, 학생 €3, 통합권 성인 €10, 학생 €5 **가는 방법** 중앙역 바로 옆.

동방박사 3인의 유골함

로마 게르만 박물관 Römisch-Germanisches-Museum

쾰른은 로마제국 식민지로 시작됐기 때문에 자연스럽게 로마의 유적이 많다. 제2차 세계대전 당시 연합군이 대성당을 피해 폭격하였기에 시민들은 폭격으로부터 안전한 대성당 옆에 벙커를 파고 숨었다. 이때 땅 밑에서 로마의 유적이 발굴되었는데, 기존에 쾰른시가 소장한 유물을 더하여 1974년 박물관을 열었다. 단, 2019년부터 대대적인 내부 공사로 문을 닫고, 주요 소장품은 신 마르크트 광장 인근(주소 Cäcilienstraße 46)에서 전시한다.

MAP P.395-B1 **주소** Roncalliplatz 4 **전화** 0221-22128094 **홈페이지** www.roemisch-germanisches-museum.de **운영 및 요금** 대체 전시 내용은 홈페이지에서 확인 **가는 방법** 쾰른 대성당 옆.

루트비히 미술관
Museum Ludwig

20세기 이후 동시대 예술 전문 미술관으로서 현재 유럽에서 가장 중요한 미술관 중 하나로 꼽히는 루트비히 미술관은, 수집가 루트비히 부부Peter&Irene Ludwig의 기증 작품으로 1976년에 문을 열었다. 이들이 기증한 수백 점의 팝아트 컬렉션은 오늘날 세계에서도 따라올 미술관이 없을 정도로 굉장하고, 피카소 컬렉션은 세계에서 셋째로 큰 규모라고 한다. 현대 미술 애호가는 절대로 그냥 지나칠 수 없는 '성지'와도 같다.

MAP P.395-B1 **주소** Heinrich-Böll-Platz **전화** 0221-22128094 **홈페이지** www.museum-ludwig.de **운영** 화~일요일 10:00~18:00(첫째 목요일 ~22:00) **요금** 성인 €12, 학생 €8 **가는 방법** 쾰른 대성당 옆.

호엔촐레른 다리 Hohenzollernbrücke

쾰른의 인구가 늘어나면서 열차 교통 수요가 많아지자, 기존 다리를 증축하여 1911년에 완성한 보행 철교다. 오늘날에도 하루 1,200대 이상의 열차가 지나가 독일에서 가장 통행량이 많은 철교로 꼽힌다. 철교 난간에 빼곡하게 매달아 둔 연인들의 자물쇠 너머로 천천히 지나가는 열차를 보는 것, 그리고 라인강과 쾰른의 스카이라인을 보는 것, 마지막으로 다리 양쪽을 장식한 네 기마상을 보는 것이 포인트. 기마상의 주인공은 독일제국 황제 3명과 프로이센 왕국의 마지막 국왕이다. 즉, 호엔촐레른 왕가의 마지막 네 명의 군주가 지키는 영험한 다리다.

MAP P.395-C1 **가는 방법** 루트비히 미술관 옆.

여기근처

쾰른 대성당에서 호엔촐레른 다리를 건너면 박람회장과 높은 빌딩이 강변에 있다. 한때 무분별한 개발로 도시의 역사적인 스카이라인이 훼손될 것을 우려하여 유네스코가 쾰른을 '문화유산 위험목록'에 올렸고, 이후 쾰른이 개발 계획을 수정한 것은 유명한 일화. 강 건너편 빌딩 중 고층 전망대를 갖춘 **쾰른 트라이앵글**KölnTriangle에 오르면, 그렇게 소중히 지킨 풍경을 한눈에 볼 수 있어 특별한 경험이 된다.

[쾰른 트라이앵글] 주소 Ottoplatz 1 **전화** 02234-992 1555 **홈페이지** www.koelntrianglepanorama.de **운영** 11:00~20:00(5~9월 금~토요일 ~22:00) **요금** 성인 €5, 학생 €4 **가는 방법** 호엔촐레른 다리에서 도보 2분.

피슈마르크트 광장 Fischmarkt

호엔촐레른 다리부터 라인강을 따라 쾌적한 공원과 산책로가 이어지다가 좁고 뾰족한 중세 건물이 성 마르틴 교회Groß St. Martin Kirche 첨탑 아래 옹기종기 모여 있는 예쁜 광장으로 연결된다. 이곳이 '생선 시장'이라는 뜻의 피슈마르크트 광장이며, 중세 쾰른에서 실제 생선 시장이 열린 곳이다. 성 마르틴 교회는 로마네크스 양식의 육중한 탑이 인상적이며, 교회 지하에 로마 시대 유적이 남아 있다.

MAP P.395-C2 **가는 방법** 호엔촐레른 다리에서 도보 7분.

▶ **성 마르틴 교회**

주소 An Groß St. Martin **전화** 0221-27794747 **홈페이지** online.jerusalemgemeinschaften.de **운영** 불규칙적으로 개장하므로 홈페이지에서 확인 **요금** 무료

성 마르틴 교회

구 시청사 Historisches Rathaus

쾰른 구시가지의 정취를 가장 훌륭히 복원한 구 마르크트 광장Alter Markt에 서면 위압적인 규모의 5층 첨탑이 보이는데, 여기가 독일에서 가장 오래된 시청사 건물로 여겨지는 쾰른 구 시청사다. 독일을 대표하는 인물들의 조각으로 탑을 빼곡하게 장식해 색다른 재미를 선사한다. 구 시청사가 있는 곳은 고대 로마의 주거지였고 12세기경 유대인 정착지였던 곳으로 지금도 고고학 유적 발굴이 한창이다.

MAP P.395-B2 **주소** Rathausplatz 2 **가는 방법** 피슈마르크트 광장 또는 쾰른 대성당에서 도보 5분.

구 마르크트 광장

향수 박물관

Farina Duftmuseum

쾰른의 명물 '오 드 콜로뉴Eau de Cologne' 향수가 처음 탄생한 역사적인 향수 공장 파리나 하우스Farina Haus는 45분 분량의 가이드 투어로 향수의 역사와 제조 방법 등을 만나볼 수 있는 박물관이 되었다. 평일은 일반 투어로, 주말은 전통 옷을 차려입은 스페셜 가이드가 안내하는 역사 투어로 진행한다. 홈페이지에서 투어 언어를 확인하고 예약하는 것을 권장한다.

MAP P.395-B2 **주소** Obenmarspforten 21 **전화** 0221-3998994 **홈페이지** www.farina.org **운영** 월~토요일 10:00~19:00, 일요일 11:00~17:00 **요금** 성인 €8, 학생 €6, 역사 투어 €4 추가 **가는 방법** 구 시청사 옆.

발라프 리하르츠 미술관 Wallraf-Richartz-Museum

13세기부터 20세기에 이르기까지 방대한 예술작품을 소장한 대형 미술관이다. 이름은 초기 컬렉션 기증자와 건물 기증자의 이름을 땄고, 이후 규모가 커지면서 현대미술 분야는 루트비히 미술관으로 이관하였다. 특히 19~20세기 미술에 있어서는, 반 고흐, 뭉크, 르누아르, 쿠르베, 마네, 카유보트, 시냐크, 리버만 등 프랑스와 독일의 유명 작가 그림을 다수 소장하고 있어 유럽 어디에도 뒤지지 않는 양질의 컬렉션을 자랑한다.

MAP P.395-B2 **주소** Obenmarspforten 40 **전화** 0221-22121119 **홈페이지** www.wallraf.museum **운영** 화~일요일 10:00~18:00(첫째·셋째 목요일 ~22:00), 월요일 휴무 **요금** 성인 €13, 학생 €8 **가는 방법** 구 시청사 옆.

박물관 ©KölnTourismus / G.Schiefer

신 마르크트 광장 Neuer Markt

광장보다는 번화가에 가깝고 쇼핑 시설이 많다. 그리고 곳곳에 옛 교회와 박물관이 있어 관광하기에도 좋다. 가장 대표적인 곳으로는 라우텐슈트라우흐 요에스트 박물관Rautenstrauch-Joest-Museum을 꼽을 수 있다. 지질학자가 전 세계를 다니며 수집한 수백 점의 흥미로운 민속자료가 모인 곳으로, 가장 유명한 전시품은 높이만 7.5m에 달하는 인도네시아의 거대 쌀 창고다.

MAP P.395-A2 **가는 방법** 발라프 리하르츠 미술관에서 도보 10분.

▶ 라우텐슈트라우흐 요에스트 박물관

주소 Cäcilienstraße 29–33 **전화** 0221–22131356 **홈페이지** www.museenkoeln.de/rautenstrauch-joest-museum/
운영 화~일요일 10:00~18:00(목요일 ~20:00), 월요일 휴무 **요금** 성인 €7, 학생 €4.5

하넨문 Hahnentor

중세 쾰른은 무려 12방향의 성문을 가진 대도시였다. 그중 서남쪽 방향의 성문이 하넨문이다. 당시에는 이중 성벽의 외곽 출입문이었는데, 도시가 확장되고 성벽이 해체되면서 대문만 남았다. 현대식 건물들 사이에 도로를 끼고 성문만 덩그러니 남아 있는 모습이 마치 숭례문을 보는 듯하여 색다른 느낌을 준다. 신성 로마제국 시절 프랑크푸르트 대성당(P.155)에서 황제 선거를 마치고, 아헨 대성당(P.427)에서 새 황제의 대관식을 치른 뒤 황제가 쾰른으로 행차할 때 하넨문을 지나 입성하였다.

MAP P.395-A2 **주소** Rudolfplatz 1 **가는 방법** 신 마르크트 광장에서 도보 2분.

SPECIAL PAGE

쾰른의 더 많은 박물관

베스트 코스에 포함된 박물관·미술관만으로도 쾰른에서의 알찬 하루 이틀 여행을 보장하지만, 여기에 더 많은 문화 소비를 원하는 여행자를 위하여 쾰른이 가진 양질의 박물관을 추가로 소개한다.

건축을 좋아하면

콜룸바 Kolumba

건축가 페터 춤토르Peter Zumthor가 제2차 세계대전 중 폭격으로 폐허가 된 교회 터에 잔해를 살려 박물관을 지었는데, 유수의 건축상을 받은 세계적인 건축물이다. 내부는 조각과 공예의 수준을 느낄 수 있는 종교 예술품 위주로 전시 중이다.

MAP P.395-B2 **주소** Kolumbastraße 4 **전화** 0221-9331930 **홈페이지** www.kolumba.de **운영** 월요일·수~일요일 12:00~17:00, 화요일 휴무 **요금** 성인 €8, 학생 €5 **가는 방법** 쾰른 대성당에서 도보 10분.

미술을 좋아하면

©Rheinisches Bildarchiv / M.Luckey

응용미술 박물관

Museum für Angewandte Kunst Köln

줄여서 MAKK라고 부르는 응용미술 박물관은, 가구부터 장신구까지 일상에서 사용되어 온 중세부터 오늘날까지의 오브제를 전시하는 디자인 박물관이다. 또한, 칸딘스키 등 모더니즘 예술인의 작품을 함께 전시함으로써 주제를 명확히 전달한다.

MAP P.395-B2 **주소** An der Rechtschule 7 **전화** 0221-22123860 **홈페이지** www.makk.de **운영** 화~일요일 10:00~18:00 **요금** 상설전 무료, 기획전 별도 입장료(전시마다 다름) **가는 방법** 콜룸바 옆.

역사를 좋아하면

©www.badurina.de

엘데 하우스 EL-DE Haus

건물주 레오폴트 다멘Leopold Dahmen의 머리글자를 따 엘데 하우스라고 부르는 이곳은, 1935년부터 쾰른 게슈타포(나치 정권의 정치경찰) 본부로 사용된 곳이다. 나치 시대에 쾰른에서 자행된 만행을 기록하고 교육하는 역사박물관이 되었다.

MAP P.395-A1 **주소** Appellhofplartz 23-25 **전화** 0221-22126332 **홈페이지** www.nsdok.de **운영** 화~일요일 10:00~18:00(토~일요일 11:00~), 월요일 휴무 **요금** 성인 €4.5, 학생 €2 **가는 방법** 쾰른 대성당에서 도보 7분.

아시아를 만나려면 

©KölnTourismus / C.Seelbach

동아시아 박물관
Museum für Ostasiatische Kunst

독일제국 시절인 1913년 개관하였다. 한·중·일 등 극동 아시아의 예술에 특화된 박물관이며, 소장품에 비해 박물관이 좁아 연중 몇 차례 전시품을 교체하며 다양한 문화를 공개하는 중이다. 한국의 도자기, 일본 병풍과 목판화 등이 대표 전시품이다.

MAP P.395-A2 **주소** Universitätsstraße 100 **전화** 0221-22128617 **홈페이지** www.museum-fuer-ostasiatische-kunst.de **운영** 화~일요일 11:00~17:00(첫째 목요일 ~22:00), 월요일 휴무 **요금** 성인 €9.5, 학생 €5.5 **가는 방법** 1·7번 트램 Universitätsstraße 정류장 하차.

아이와 함께라면 

초콜릿 박물관 Schokoladenmuseum Köln

독일의 기업인 한스 임호프Hans Imhoff가 창립한 박물관이다. 마야 문명부터 시작하여 초콜릿의 전체 역사에 대한 자료가 충실하고, 박물관 내에서 코코아나무 재배부터 초콜릿 생산까지 전 과정을 볼 수 있다. 초콜릿 분수가 하이라이트. 어린이에게 특히 인기가 좋다.

MAP P.395-C2 **주소** Am Schokoladenmuseum 1A **전화** 0221-9318880 **홈페이지** www.schokoladenmuseum.de **운영** 10:00~18:00 **요금** 성인 €15.5, 학생 €9, 주말에는 €1.5 추가 **가는 방법** 106·132·133번 버스 Schokoladenmuseum 정류장 하차.

크란호이저

여기 근처

초콜릿 박물관은 쾰른 항구에 있다. 마치 섬처럼 강 위에 자리를 잡은 라이나우 항구Rheinauhafen는 기중기를 본떠 만든 3채의 현대식 건물 크란호이저Kranhäuser로 독특한 풍경을 완성한다. 비즈니스 목적이 강하지만, 갤러리 전시나 노상 공연 등 문화예술 프로젝트도 종종 벌어진다.

[라이나우 항구] 주소 Im Zollhafen **홈페이지** www.rheinauhafen-koeln.de **가는 방법** 초콜릿 박물관에서 도보 5분 또는 133번 버스 Rheinauhafen 정류장 하차.

Restaurant

먹는 즐거움

독일에서 가장 많은 관광객이 찾는 대도시다. 쾰른 대성당 주변과 구시가지에 수많은 레스토랑이 가득한데, 쾰른에서 탄생한 쾰슈 맥주를 맛볼 수 있는 비어홀을 최우선으로 고려하자.

가펠 암 돔 Gaffel am Dom

쾰슈로 쌍벽을 이루는 양조장 중 하나인 가펠의 비어홀 중 가장 접근성이 좋은 곳은 대성당 맞은편에 있다. 학세, 스테이크 등 육류 요리 위주로 판매하며, 여기에 쾰슈 맥주를 곁들이면 된다.

MAP P.395-B1 **주소** Bahnhofsvorplatz 1 **전화** 0221-9139260 **홈페이지** www.gaffelamdom.de **운영** 11:00~24:00(금~토요일 ~01:00) **예산** 쾰슈(0.2L) €2.3, 요리 €15~22 **가는 방법** 쾰른 대성당 옆.

프뤼 암 돔 Früh am Dom

가펠과 함께 쾰슈 맥주의 쌍벽을 이루는 프뤼의 비어홀도 대성당 인근에 있다. 더 넓은 실외 비어가르텐이 장점.

MAP P.395-B2 **주소** Am Hof 12-18 **전화** 0221-2613215 **홈페이지** www.frueh-am-dom.de **운영** 월~토요일 11:00~24:00, 일요일 10:00~23:00 **예산** 쾰슈(0.2L) €2.3, 요리 €15~22 **가는 방법** 쾰른 대성당에서 도보 2분.

TOPIC 쾰슈와 쾨베스

뒤셀도르프에 알트비어(P.386)가 있다면 쾰른에는 쾰슈Kölsch가 있다. 상면발효를 기본으로 하지만 저온에서 후발효를 거치는 기법으로 독창적인 맛을 창조했다. 일반적인 필스너 맥주와 비슷하지만 조금 더 홉 향이 강하고, 쓴맛은 덜하다. 쾰슈로 이름 높은 전통 비어홀은 쾨베스Köbes라 불리는 전문 서버가 11~12잔 들이 캐리어(크란츠Kranz라고 부른다)를 들고 다니며 잔을 채워주는 게 트레이드마크. 알트비어와 마찬가지로 더 마시고 싶지 않을 때에는 코스터로 잔을 덮어놓으면 된다.

카페 드 파리 Café de Paris

시내 중심부에 있는 프랑스 레스토랑 겸 카페. 버거, 스테이크, 파스타 등을 프랑스식으로 요리하여 판매하며, 다양한 종류의 프랑스 와인을 함께 곁들인다. 가격대가 비싼 편이지만 고급스러운 식사가 가능하다.

MAP P.395-A2 **주소** Benesisstraße 61 **전화** 0221-27794750 **홈페이지** www.cafe-de-paris.de **운영** 10:00~24:00(금~토요일 ~01:00) **예산** 와인(잔) €7.5~, 요리 €18~30 **가는 방법** 신 마르크트 광장에서 도보 2분.

비어무제움 Biermuseum

'맥주 박물관'이라는 뜻. 다양한 종류의 맥주를 판매하기 때문이다. 생맥주만 20가지 이상의 브랜드를 갖추었으며, 쾰슈 외에도 다른 유명 독일 맥주 또는 세계 맥주를 취향에 맞게 고를 수 있는 대중적인 호프집이다.

MAP P.395-B2 **주소** Buttermarkt 39 **전화** 0221-2571203 **운영** 14:00~03:00 **예산** 맥주 €4.5~ **가는 방법** 피슈마르크트 광장 옆.

고기마차 Gogi Matcha

중앙역 뒤편의 한국 식당인데, 딱 한국에서 볼 수 있을 법한 '포차' 술집의 전형적인 메뉴와 인테리어를 갖추었다. K-POP 뮤직비디오가 재생되는 가운데 치킨을 먹으며 '소맥'을 말아먹는 현지인도 심심치 않게 볼 수 있다. 김치찌개 등 한식 메뉴를 판다. 카드 결제는 일정액 이상부터 가능하다.

MAP P.395-B1 **주소** Johannisstraße 47 **전화** 0221-72024255 **홈페이지** www.instagram.com/gogimatcha.koeln/ **운영** 17:00~22:30(목~토요일 ~00:30) **예산** €15~20 **가는 방법** 중앙역에서 도보 2분.

Shopping 사는 즐거움

대도시다운 큰 쇼핑가를 갖고 있다. 백화점 등 일반적인 상점 위주로 실용적인 물품을 쇼핑하기에 좋다. 유명한 향수 '오 드 콜로뉴'도 잊지 말자.

호에 거리 Hohe Straße

쾰른 대성당 앞에서부터 시작되는 쾰른 쇼핑의 중심가다. 거리 주변에 백화점과 의류, 잡화 등 대중적인 브랜드 상점이 모여 있다. 보행자 거리로 운영하여 교통 환경에 스트레스 받지 않고 편하게 골목 양편의 상점을 구경하기에 좋다. 관광객과 현지인으로 꽤 붐비는 편. 그만큼 북적거리는 활기찬 분위기를 느끼기에 좋다.

MAP P.395-B2 **가는 방법** 쾰른 대성당 입구를 등진 방향으로 왼쪽 골목.

4711 하우스 Dufthaus 4711

이탈리아인 조반니 파리나가 쾰른에서 향수를 개발한 뒤 자신에게 시민권을 준 쾰른시에 감사하는 의미로 '쾰른의 물'이라는 뜻의 쾰니슈 바서 Kölnisch Wasser라고 부르다가 같은 뜻의 프랑스어로 유명해진 '오 드 콜로뉴'의 본사 겸 플래그십 스토어다. 나폴레옹이 쾰른을 점령했을 때 편의상 건물의 번지수를 일괄 지정했는데, 당시 4711번지 건물이었던 것에서 유래한 이름이다. 매장에서 시향 및 구매할 수 있고, 향수가 흐르는 샘이 있어 둘러보기에도 재미있다.

MAP P.395-A2 **주소** Glockengasse 4 **전화** 0221-2709 9911 **홈페이지** www.4711.com **운영** 월~토요일 09:30~18:30(토요일 ~18:00), 일요일 휴무 **요금** 무료 **가는 방법** 신 마르크트 광장에서 도보 7분.

오 드 콜로뉴

Entertainment 노는 즐거움

뒤셀도르프와 마찬가지로 '제5의 계절' 카니발은 도시의 상징과도 같은 축제. 박물관이 많은 도시답게 '박물관의 밤' 행사도 상당히 성대하다.

©Festkomitee Kölner Karneval

©Festkomitee Kölner Karneval

카니발 Kölner Karneval

뒤셀도르프와 마찬가지로 매년 11월 11일 11:11에 개막을 선언한다. 그리고 2월경 약 1주일간 본격적인 축제가 열리면 온 도시가 광란의 장으로 변한다. 쾰른 카니발의 공식 구호는 알라프Alaaf이고, 축제를 즐기는 이들은 스스로를 바보Jecken라 부른다. 종료 전날 저녁 술집마다 '축제 중 지은 죄를 대속할' 누벨Nubbel이라는 짚 인형을 태우는 것도 쾰른 카니발의 재미. 2025년의 카니발 일정은 2월 27일부터 3월 5일까지. '장미의 월요일'인 3월 3일의 퍼레이드가 하이라이트다.

홈페이지 www.koelnerkarneval.de

박물관의 밤 Museumsnacht Köln

2000년에 시작된 문화 축제다. 매년 하루를 정하여 01:00~02:00까지 박물관 수십 곳이 개장하고, 거리에서 공연이 열리며 흥을 돋운다. 한 장의 티켓으로 참여 박물관 전체의 입장이 가능하고, 박물관 사이의 이동 교통편도 이용할 수 있다. 2024년 박물관의 밤은 11월 2일에 열리며, 8월 23일부터 홈페이지에서 티켓 예매를 시작한다. 관람하고 싶은 박물관 또는 부대행사를 확인한 뒤 계획을 세우면 편리하다.

홈페이지 www.museumsnacht-koeln.de

©Museumsnacht Köln

©Museumsnacht Köln

BRÜHL 브륄

퀼른 대주교는 막강한 권력을 가진 선제후였지만 쾰른의 시민 세력에게 환영받는 존재는 아니었다. 이에 쾰른 근교에 거주지를 마련하면서 자연스럽게 도시가 형성되었으니, 이 도시가 쾰른으로부터 20km 떨어진 브륄이다.

관광안내소 INFORMATION

주소 Steinweg 1 **홈페이지** www.tourismus.bruehl.de

찾아가는 방법 ACCESS

쾰른 ↔ 브륄 : RE 13분

VRR 24시간권(€11.2) 또는 노르트라인베스트팔렌 티켓

아우구스투스부르크 궁전 Schloss Augustusburg

수백 년간 쾰른 대주교는 브륄에 머물렀다. 그러나 1689년에 대주교의 주교궁이 전쟁으로 파괴되었고, 바이에른 출신의 대주교 클레멘스 아우구스트Clemens August가 부임한 뒤 궁전을 새로 짓고는 자신의 이름을 따서 아우구스투스부르크 궁전이라 이름 붙였다. 바로크 건축가 요한 콘라트 슐라운Johann Conrad Schlaun이 설계하였고, 내부 계단 홀은 뷔르츠부르크 레지덴츠 궁전(P.308)을 지은 발타자어 노이만이 만들어 화려한 위용을 자랑한다. 넓은 정원도 대단히 아름답게 관리되고 있으며, 대주교의 사냥 별궁으로 지은 아담한 팔켄루스트 궁전Jagdschloss Falkenlust까지 합쳐서 1984년에 유네스코 세계문화유산으로 등록되었다. 이것은 쾰른 대성당보다 앞선 것이며, 당시 구 서독 임시 수도 본이 가까운 곳에 있어서 서독의 국빈 연회관으로 사용되기도 하였다. 아우구스투스부르크 궁전은 60분 분량의 가이드 투어로, 팔켄루스트 궁전은 자유롭게 관람할 수 있다. 독일에 동명의 다른 성이 존재하는 관계로 브륄 궁전Schlösser Brühl이라는 애칭이 더 널리 통용된다.

주소 Schlossstraße 6 **전화** 02232-44000 **홈페이지** www.schlossbruehl.de **운영** 화~금요일 09:00~16:00, 토~일요일 10:00~17:00, 월요일 휴무, 정원은 매일 개장(일출~일몰) **요금** 성인 €9.5, 학생 €8, 팔켄루스트 통합권 성인 €15, 학생 €11.5, 정원 무료 **가는 방법** 브륄 기차역에서 도보 2분.

BONN 본

본은 쾰른 대주교령에 속하여 중세부터 쾰른의 배후에서 발전하였으며, 천재 음악가 베토벤의 고향이다. 독일 분단 시절 구 서독의 임시 수도가 되어 냉전의 한복판에서 큰 비중을 가지면서 세계에 널리 알려지게 되었다.

관광안내소 INFORMATION

중앙역 바로 맞은편에 관광안내소를 운영한다.

홈페이지 international.bonn.de (영어)

찾아가는 방법 ACCESS

거점 도시와 이동시간 (레기오날반 기준)

뒤셀도르프 ↔ 본 : RE 57분

쾰른 ↔ 본 : RE 23분

유효한 티켓 노르트라인베스트팔렌 티켓

TOPIC 본이 임시 수도가 된 이유

제2차 세계대전 후 1949년 서독의 임시 정부 소재지로 본이 선택되었다. 당시 본과 함께 경쟁한 후보지는 프랑크푸르트였다. 수도 역할을 수행하기에는 어느 모로 보나 프랑크푸르트가 나은 선택이었지만, 프랑크푸르트 정도의 대도시를 임시 수도로 정하면 훗날 통일 후 베를린으로 수도를 다시 옮길 때 혼란이 우려되어 본으로 정하였다. 1990년에 독일이 통일되고 나서 다시 수도를 베를린으로 옮길 때 실제로 큰 혼란이 한동안 이어졌음을 고려하면, 프랑크푸르트가 아닌 본을 임시 수도로 선택한 것은 현명했다고 볼 수 있다.

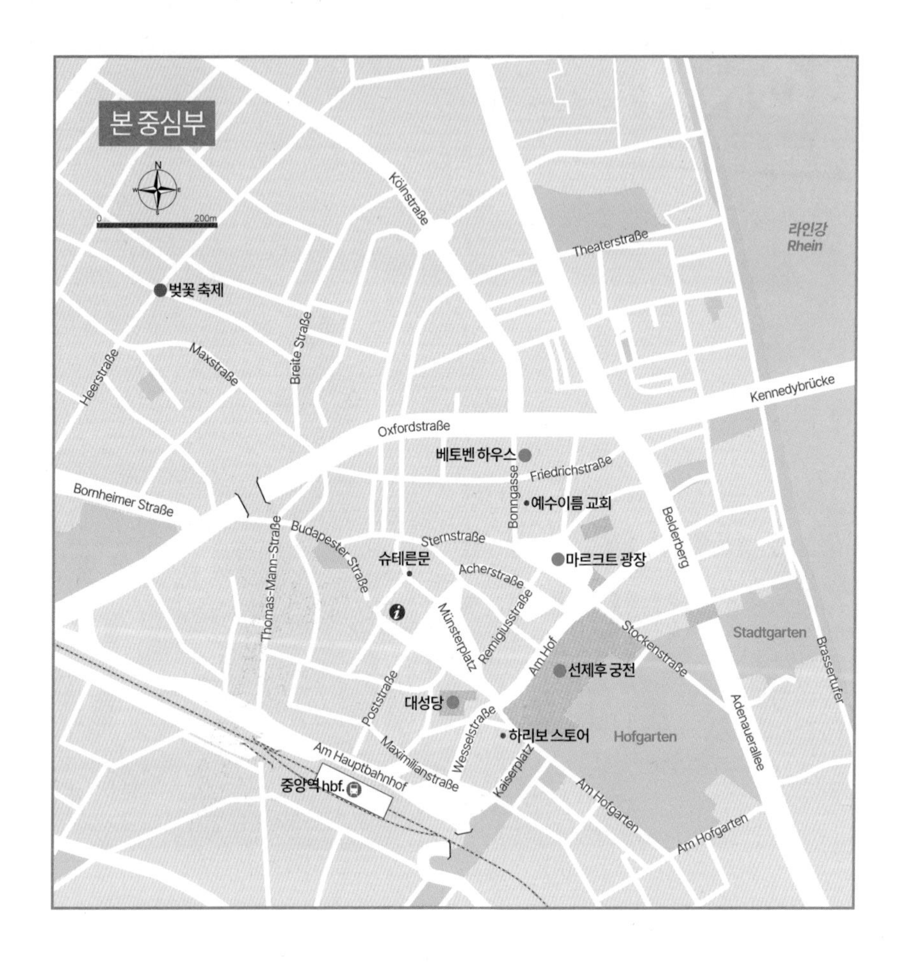

Best Course 본 추천 일정

베토벤의 흔적이 남은 구시가지, 임시 수도 시절 형성된 박물관 지구, 그리고 교외의 멋진 고성까지 총 세 단계로 코스가 구성되며 한나절 소요된다. 만약 본에서 반나절만 보낼 상황이면 아래 코스 중 드라헨부르크성만 제외하면 된다.

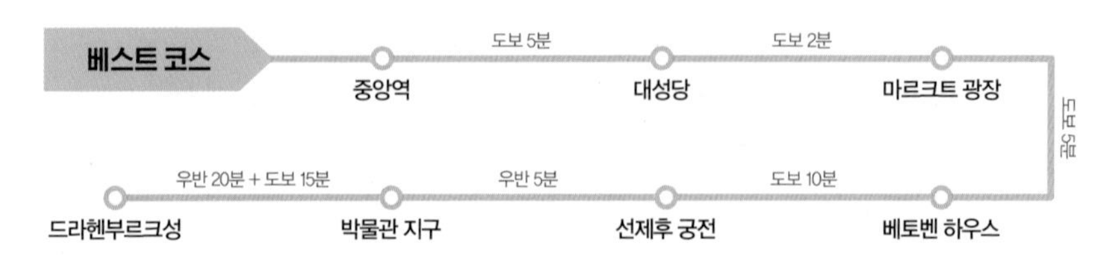

Attraction 보는 즐거움

선제후 궁전 등 쾰른의 위성도시로서 발전하였던 과거의 모습들, 그리고 한 나라의 (임시) 수도가 된 후 형성된 선진국 대도시의 위상이 공존하는 특이한 매력을 지녔다.

대성당 Bonner Münster

고대 로마제국 테베 군단의 일원으로 본에서 순교한 두 성자 카시우스와 플로렌티우스의 무덤 위에 지은 로마네스크 양식의 거대한 교회다. 중앙 탑의 높이는 81.4m. 여러 시대에 걸쳐 보수와 복원을 반복하면서 고딕 양식과 바로크 양식도 뒤섞여 독특한 건축미를 갖추었다. 교회 앞 광장에 커다란 사람 얼굴 형상의 조형물이 설치되어 있는데, 교회 다락방에서 우연히 발견된 카시우스와 플로렌티우스의 두상을 참조하여 조각가가 만든 작품이다. 또한, 광장 중앙에 우뚝 선 동상의 주인공은 본에서 가장 유명한 인물, 바로 베토벤이다.

MAP P.410 **주소** Gangolfstraße 14 **전화** 0228-9858810 **홈페이지** www.bonner-muenster.de **운영** 07:30~19:00(토요일 08:30~, 일요일 11:00~) **요금** 무료 **가는 방법** 중앙역에서 도보 5분.

마르크트 광장 Marktplatz

삼각형 모양의 광장은 울퉁불퉁 돌바닥이 깔려 운치가 있고 오늘날에도 전통 시장이 열린다. 옛 건축 양식을 잘 보여주는 여러 건물이 광장을 둘러싸고 중앙에는 오벨리스크가 서 있다. 전형적인 독일 소도시풍의 아기자기한 매력을 보여주는 본 마르크트 광장은 11세기 이후 쭉 도시의 중심 광장이었으며, 로코코 양식의 구 시청사Altes Rathaus가 특히 눈에 띈다. 이곳은 독일 분단 시절 서독의 수도 시청사라는 상징성이 있어서 샤를 드골이나 케네디 등 유명인이 방문하기도 하였다.

MAP P.410 **가는 방법** 대성당에서 도보 2분.

베토벤 하우스 Beethoven Haus

'운명' 교향곡의 작곡가 루트비히 판 베토벤Ludwig van Beethoven의 집안은 조부 시절부터 본으로 이주해 정착하였다. 쾰른 대주교의 궁중 테너로 봉직한 부친이 세 들어 살던 집 뒤채에서 베토벤이 태어났다. 베토벤 생가는 한때 철거 위기에 놓였으나 이를 반대한 시민 12명이 협회를 만들어 생가와 양옆 건물까지 매입해 철거 위기를 면하였고, 오늘날 베토벤의 음악과 일생에 대한 다양한 자료를 전시하는 기념관이 되었다.

MAP P.410 **주소** Bonngasse 22-24 **전화** 0228-9817525 **홈페이지** www.beethoven.de **운영** 월요일·수~일요일 10:00~18:00, 화요일 휴무 **요금** 성인 €14, 학생 €7, 17:00 이후 입장 시 성인 50% 할인 **가는 방법** 마르크트 광장에서 도보 5분.

TOPIC 작곡가 베토벤

교향곡 '운명'의 작곡가 루트비히 판 베토벤(1770~1827)의 고향이 본이다. 아버지 요한 판 베토벤은 쾰른 대주교에게 고용된 궁정 음악가였다. 아들의 천재적 재능을 알아보고 음악가로 키웠으며, 베토벤은 정서적 학대에 가까운 처지를 겪으면서도 음악가로 성공했다. 본에서 지낸 유년기부터 작곡을 시작했고 선제후의 궁정 연주자로 활동하기도 했으나, 22세가 된 해에 본을 떠나 오스트리아 빈에 정착한 뒤부터 본격적으로 명성을 떨치게 된다. 참고로, 베토벤은 독일어 베트Beet와 호펜Hoven이 합쳐진 이름이어서 '베트호펜'이라고 적고 '비트호벤'이라 발음해야 현지인이 알아듣는다. 우리가 발음하듯 정직하게 '베토벤'이라고 말하면 알아들을 현지인은 한 명도 없다.

선제후 궁전 Kurfürstliches Schloss

코블렌츠문

쾰른 대주교가 지은 주교궁이다. 대주교 요제프 클레멘스Joseph Clemens가 바로크 양식으로 지었으며, 후임자 클레멘스 아우구스트가 브륄에 아우구스투스부르크 궁전을 짓기 전까지 선제후 궁으로 사용되었다가 1818년부터 본 대학교로 사용되고 있다. 궁전은 벽처럼 길게 지어졌고 모서리마다 탑이 있으며, 중앙에 관통하는 출입문으로 코블렌츠 문Koblenzer Tor을 만들어 그 자체로 성벽이나 요새처럼 느껴진다. 오늘날 본 대학교에서 학술 목적으로 만든 소소한 박물관이 있고, 궁전 앞 넓은 정원은 대학생의 사랑방처럼 자유로운 분위기가 넘친다.

MAP P.410 **가는 방법** 마르크트 광장에서 도보 2분 또는 베토벤 하우스에서 도보 10분.

여기 근처

우리에게도 너무 익숙한 독일 회사 하리보Haribo의 탄생지가 본이다. 2018년에 약 20km 떨어진 그라프샤프트Grafschaft로 본사를 이전했지만, 여전히 하리보는 본에 뿌리를 둔 회사로 인식된다. 그 이름부터가 창업자 한스 리겔Hans Riegel에서 HA와 RI를 따고, 본에서 BO를 따서 만든 것이다. 선제후 궁전 바로 건너편에 있는 하리보 스토어Haribo-Store는 온갖 종류의 하리보 제품과 굿즈로 채워진 플래그십 스토어다. 아이도 어른도 모두 즐겁게 구경하고 쇼핑할 수 있다.

[하리보 스토어] 주소 Am Neutor 3 **전화** 0228-90904440 **홈페이지** www.haribo.com **운영** 월~토요일 10:00~19:00, 일요일 휴무 **가는 방법** 선제후 궁전 옆.

박물관 지구 Museumsmeile

독일 통일 후 수도를 베를린으로 옮기는 과정에서 본의 상실감을 달래기 위해 많은 시설을 유치하였다. 임시 수도의 연방의회 의사당으로 사용한 분데스하우스Bundeshaus 주변에 UN 캠퍼스와 다섯 개의 박물관을 개장하였다. 이 지역을 박물관 지구라고 부르며, 독일 역사박물관Haus der Geschichte Bonn과 근현대 미술 수천 점을 소장한 본 미술관Kunstmuseum Bonn은 관람할 만하다. 분단 시절에 서독 총리 관저였던 샤움부르크 궁전Palais Schaumburg도 근처에 있어 임시 수도로서의 역사성도 만날 수 있는 등 색다른 재미가 있다.

MAP P.414 **가는 방법** U66호선 Heussallee/Museumsmeile역 하차.

▶ 독일 역사박물관

주소 Willy-Brandt-Allee 14 **전화** 0228-91650 **홈페이지** www.hdg.de/haus-der-geschichte/ **운영** 화~금요일 09:00~19:00, 토~일요일 10:00~18:00, 월요일 휴무 **요금** 무료

▶ 본 미술관

주소 Helmut-Kohl-Allee 2 **전화** 0228-776260 **홈페이지** www.kunstmuseum-bonn.de **운영** 화~일요일 11:00~18:00(수요일 ~19:00), 월요일 휴무 **요금** 성인 €7, 학생 €3.5

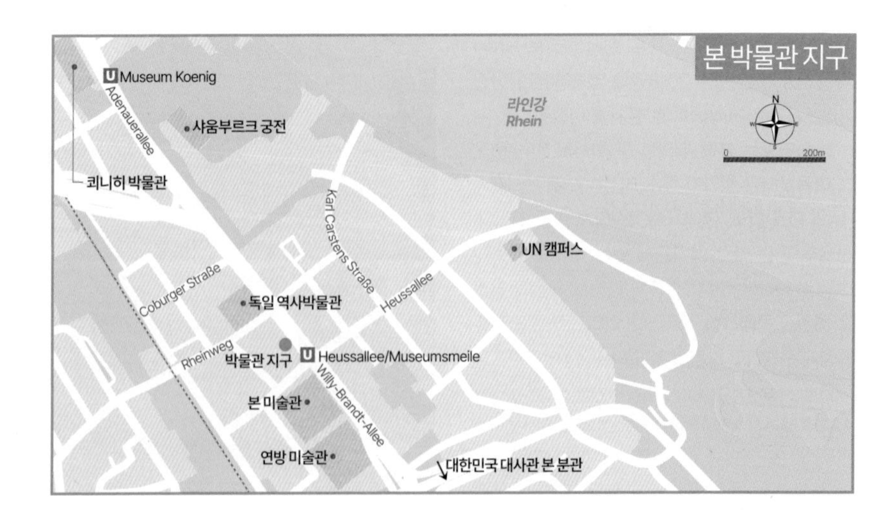

©Tourismus NRW e.V.

드라헨부르크 궁전 Schloss Drachenburg

본 근교 쾨니히스빈터Königswinter의 산자락에 있는 멋진 궁전이다. 드라헨부르크는 '용의 성'이라는 뜻이며, 궁전이 위치한 드라헨펠스Drachenfels 산의 이름에서 유래한다. 궁전은 본 출신으로 파리에서 크게 성공한 금융가 슈테판 폰 자르터Stephan von Sarter가 자신의 성공을 과시하려고 1884년에 지었다. 그는 연인과 살기 위해 대저택을 지었으나 완공 전 연인과 사별하여 입주를 포기한 채 파리에서 살았다. 지금은 노르트라인베스트팔렌주에서 소유하고 있으며, 약 20년에 걸친 긴 복원 끝에 2011년에 다시 문을 열었다.

주소 Drachenfelsstraße 118, Königswinter **전화** 02223-901970 **홈페이지** www.schloss-drachenburg.de **운영** 11:00~18:00(겨울 12:00~17:00) **요금** 성인 €8, 학생 €6 **가는 방법** U66호선 Königswinter Fähre역 하차 후 도보 5분 이동하여 등반열차 드라헨펠스반Drachenfelsbahn 탑승(왕복 €10).

Entertainment 노는 즐거움

최근 독일도 봄철의 화사한 '벚꽃 엔딩'에 푹 빠졌다. 여러 도시에서 근사한 포토존을 자랑하지만 역시 벚꽃 축제의 최고봉은 본이다.

©Bundesstadt Bonn/G.Zucca

벚꽃 축제 Kirschblütenfest

본의 헤어 거리Heerstraße와 그 주변은 주택가 사이에 촘촘히 심은 벚꽃나무가 봄마다 핑크 터널을 만든다. 본은 벚꽃 개화 시기에 맞춰 2~3주간 주말마다 헤어 거리 주변에서 축제를 열고, 보행자 거리로 운영하며 공연과 거리 행사를 곁들여 '꽃놀이'에 푹 빠질 기회를 제공한다. 단, 국내 지자체의 벚꽃 축제도 그러하듯 개화 시기를 예측하기 어렵다는 게 변수다. 축제 일정은 매년 초봄 홈페이지에서 확인할 수 있다.

MAP P.410 **홈페이지** www.kirschbluete-bonn.de

KOBLENZ 코블렌츠

코블렌츠는 라인강과 모젤강이 만나는 두물머리다. 유네스코 세계문화유산인 라인강 중상류 계곡(P.184)의 종점이며, 평온하게 흐르는 두 강의 중간에서 과하지도 모자라지도 않은 소박한 구시가지를 갖추고 있다.

관광안내소 INFORMATION

기차역에서 구시가지로 가는 길목에 관광안내소가 있다.

홈페이지 www.visit-koblenz.de (영어)

찾아가는 방법 ACCESS

거점 도시와 이동시간 (레기오날반 기준)

뒤셀도르프 ↔ 코블렌츠 : ICE 1시간 18분

쾰른 ↔ 코블렌츠 : ICE 58분

유효한 티켓

코블렌츠는 거점 도시로부터 랜더티켓이 유효하지 않으므로 ICE 조기 발권 또는 독일철도패스 권장

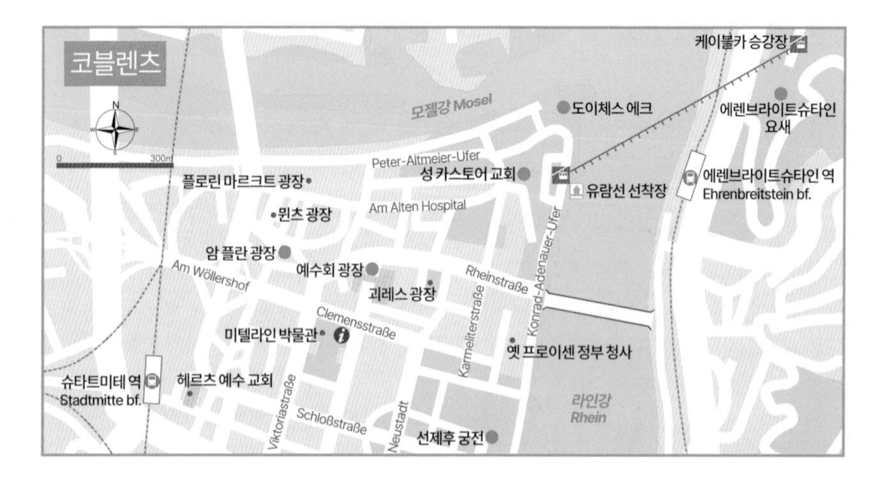

베스트 코스

슈타트미테역 → 선제후 궁전 → 도이체스 에크& 성 카스토어 교회 → 에렌브라이트슈타인 요새 → 암 플란 광장 → 예수회 광장 → 슈타트미테역

2,000년 전 로마의 군사기지가 있던 라인강 맞은편 산 위에 에렌브라이트슈타인 요새Festung Ehrenbreitstein가 있고, 이곳은 역사상 단 한 번도 함락당하지 않은 유럽 전체에서 손꼽히는 대형 군사 시설이다. 요새가 있는 자리는 라인강과 모젤강 Mosel이 만나는 두물머리이며, 독일제국의 첫 황제 카이저 빌헬름 1세의 초대형 기마상이 있다. 이곳을 '독일의 모서리'라는 뜻의 도이체스 에크 Deutsches Eck라고 부르며, 카롤루스 대제의 손자들이 프랑크 왕국을 셋으로 나눈 베르됭 조약 Vertrag von Verdun의 합의가 체결된 성 카스토어 교회Basilika St. Kastor가 바로 지척에 있다. 역사적으로는 트리어 대주교령으로 발전하였으며, 예수회 광장Jesuitenplatz과 암 플란 광장Am Plan 등 소박한 구시가지가 이때 형성되었다. 강변의 선제후 궁전Kurfürstliches Schloss도 트리어 대주교의 주교궁으로 건설한 것이다. 오늘날 궁전은 행정기관으로 사용되어 내부 입장이 불가능하지만 궁전 앞뒤의 넓은 정원은 시민의 휴식 장소로 인기가 높다. 18세기 후반부터 프랑스에 함락된 시절이 있었으며, 이에 따라 프랑스 문화의 영향을 강하게 받았다. 선제후 궁전부터 도이체스 에크까지 라인강을 따라 걷다가 케이블카를 타고 에렌브라이트슈타인 요새에 오르는 것이 코블렌츠 여행의 정석이다.

에렌브라이트슈타인 요새

도이체스 에크

암 플란 광장

선제후 궁전

▶ 에렌브라이트슈타인 요새

MAP P.416 **전화** 0261-66754000 **홈페이지** tor-zum-welterbe.de/festung-ehrenbreitstein **운영** 10:00~18:00 **요금** 케이블카 포함 성인 €19, 학생 €10.9

▶ 도이체스 에크

MAP P.416 **운영** 종일 개장 **요금** 무료

▶ 성 카스토어 교회

MAP P.416 **주소** Kastorhof 4 **홈페이지** www.sankt-kastor-koblenz.de **운영** 10:00~16:00 **요금** 무료

COCHEM 코헴

굽이쳐 흐르는 모젤강 계곡의 도시 코헴은 독일에서도 손꼽히는 와인 산지이며, 포도밭 위로 우뚝 솟은 낭만적인 고성이 있어 마치 뤼데스하임(P.180)과 비슷한 매력의 관광지로 인기가 높다.

찾아가는 방법 ACCESS

코블렌츠 ↔ 코헴 : RE 34분
코블렌츠 대중교통 VRM 1일권(€26.1) 또는 라인란트팔츠 사용

코헴성 Reichsburg Cochem

제법 높은 산자락에 아름다운 고성이 있다. 그 아래로 경사면마다 포도나무가 가득하고, 성에 오르면 모젤강이 흐르는 계곡이 한눈에 들어온다. 다만, 성에 오르는 길은 경사가 꽤 급한 편이므로 체력에 자신 있는 여행자가 도전할 것. 성도 예쁘고, 성에서 보이는 전망도 예쁜, 독일의 전형적인 낭만을 담은 여행지다. 내부는 40분 분량의 가이드 투어로 관람한다.

주소 Schlossstraße 36 **전화** 02671-255 **홈페이지** www.reichsburg-cochem.de **운영** 3월 16일~11월 1일 09:30~17:00, 11월 2일~3월 15일 10:00~15:00 **요금** 성인 €8.5, 학생 €7.5 **가는 방법** 기차역에서 도보 30분.

피너크로이츠 Pinnerkreuz

코헴 전망의 또 다른 매력 포인트는, 모젤강을 배경으로 코헴성이 높이 솟은 모습을 보는 것이다. 이 전망을 보려면 체어리프트 Cochemer Sesselbahn를 타고 피너크로이츠에 올라가야 한다. 코헴성의 맞은편 산등성 전망대인데, 체어리프트로 오른 뒤 완만한 등산로를 지나 모젤강과 코헴성의 멋진 전망을 즐기는 포토존이다.

주소 승강장 Endertstraße 44 **전화** 02671-989065 **홈페이지** www.cochemer-sesselbahn.de **운영** 체어리프트는 매일 운행하지만 시즌마다 시간이 다르므로 홈페이지에서 확인 **요금** 왕복 €7.9 **가는 방법** 기차역에서 도보 15분.

TRIER 트리어

알프스 이북 한정 로마제국에서 가장 번영한 중심지였으며, 신성 로마제국에서 셋뿐인 대주교가 통치한 도시 중 하나. 트리어는 2,000년에 달하는 긴 역사 동안 늘 권력의 중심에 있던 곳이며, 지금도 그 흔적을 만나러 갈 이유가 충분하다.

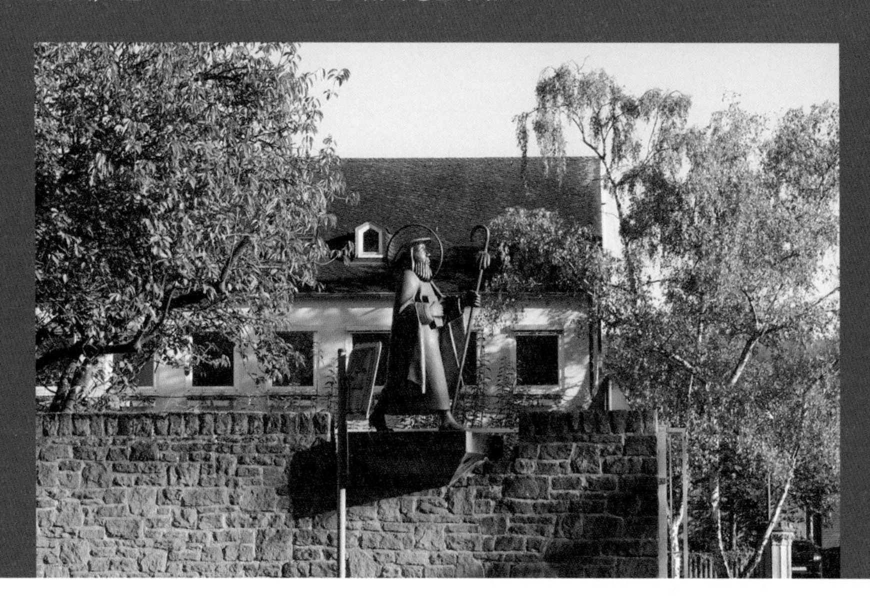

관광안내소 INFORMATION

트리어 관광안내소는 포르타 니그라를 지나 구시가지가 시작되는 출발점에 있다.

홈페이지 www.trier-info.de (영어)

찾아가는 방법 ACCESS

거점 도시와 이동시간 (레기오날반 기준)

뒤셀도르프 ↔ 트리어 : ICE+RE 3시간 3분 (Koblenz에서 1회 환승)

쾰른 ↔ 트리어 : ICE+RE 2시간 37분 (Koblenz에서 1회 환승)

유효한 티켓

코블렌츠는 거점 도시로부터 랜더티켓이 유효하지 않으므로 ICE 조기 발권 또는 독일철도패스 권장

+ TRAVEL PLUS 안티켄 카드

트리어의 로마 유적 네 곳(포르타 니그라, 카이저 테르멘, 원형극장, 피마르크트 테르멘)과 라인 주립박물관에 유효한 입장권이다. 종류는 베이직과 프리미엄 두 가지가 있다.

* **베이직**
  네 곳의 유적 중 두 곳 무료입장, 그리고 라인 주립박물관 무료입장(€12)
* **프리미엄**
  네 곳의 유적 모두, 그리고 라인 주립박물관 무료입장(€18)

안티켄 카드의 유효기간은 구매일부터 그해 12월 31일까지이며, 로마 유적이나 박물관은 한 곳에 한 번만 무료입장할 수 있다. 구입은 제휴처 매표소 또는 관광안내소에서.

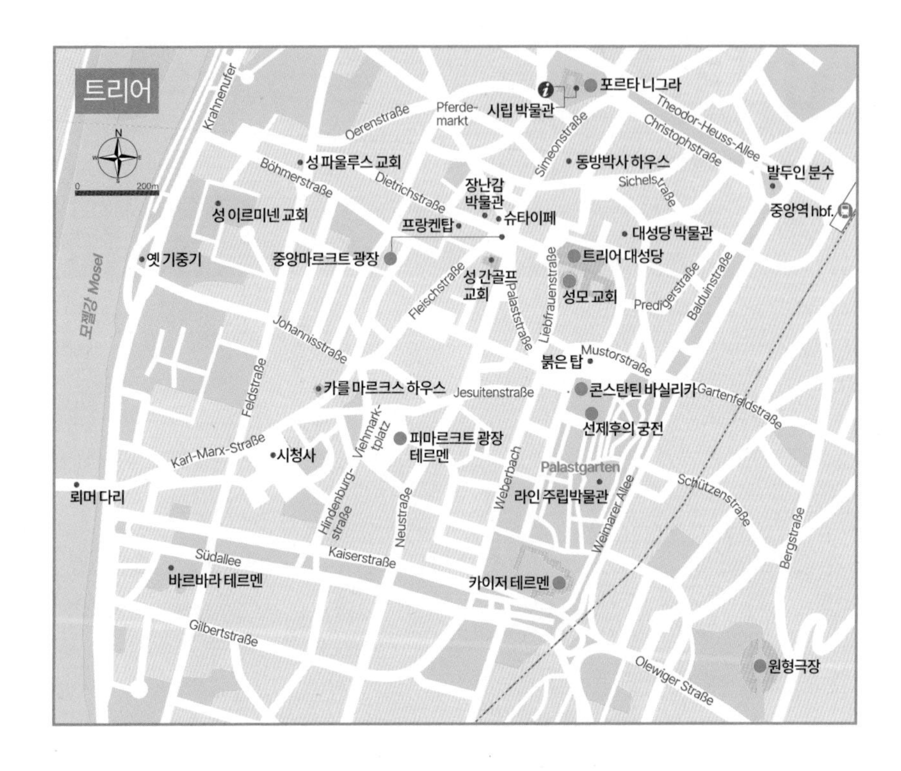

Best Course 트리어 추천 일정

구시가지 전체가 유서 깊은 로마 유적이다. 다리가 아프더라도 한나절 걸으며 만끽하기를 바란다. 베스트 코스는 뒤셀도르프에서 원데이 투어로 다녀올 것을 고려하여 반나절 안팎으로 여유 있게 구성하였다. 시간 여유가 있으면 골목 구석구석 더 즐기고 많은 유적을 관람하면 더욱 좋다.

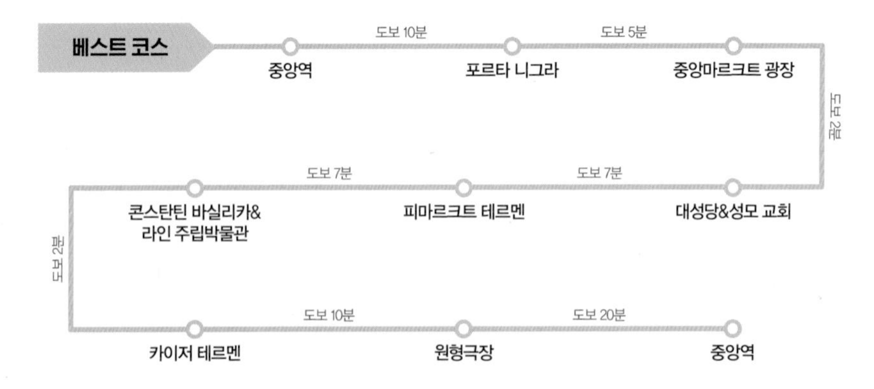

Attraction 보는 즐거움

유럽 어디에도 꿀리지 않는 로마 유적, 그리고 강력한 권력의 심장이었던 대성당과 성모 교회는 함께 유네스코 세계문화유산으로 등록되었다. 그 역사적인 볼거리를 직접 눈으로 보고 가슴으로 느끼면 된다.

포르타 니그라 Porta Nigra

로마인이 만든 그 많은 성문 중 알프스 이북에서 가장 온전한 형태로 보존되어 높은 가치를 지닌 포르타 니그라('검은 문'이라는 뜻)는 유네스코 세계문화유산인 트리어의 로마 유적 중 하나이며, 구시가지로 들어가는 관문이다. 최고 4층 높이의 육중한 성문은 내부에 입장하여 로마제국의 압도적인 건축 솜씨를 확인하고 창문 너머로 구시가지를 조망할 수 있다.

MAP P.420 **주소** Porta-Nigra-Platz **전화** 0651-4608965 **운영** 09:00~17:00(4~9월 ~18:00, 11~2월 ~16:00) **요금** 성인 €6, 학생 €4 **가는 방법** 중앙역에서 도보 10분.

중앙마르크트 광장 Hauptmarkt

포르타 니그라에서 시작되는 구시가지의 중심 광장이다. 기둥마다 트리어 수호성인의 조각으로 장식한 슈타이페Steipe라는 이름의 구 시청사, 건물들 틈으로 입구가 난 성 간골프 교회Kirche St. Gangolf 등 눈에 띄는 건축물이 둘러싼 광장에 마르크트 십자가Marktkreuz와 페트루스 분수Petrusbrunnen 등 볼거리까지 있어 구시가지의 정취를 느끼기에 가장 좋은 명소다.

MAP P.420 **가는 방법** 포르타 니그라에서 도보 5분.

슈타이페

성 간골프 교회

마르크트 십자가

트리어 대성당 Trierer Dom

트리어 대주교가 관할한 '독일 3대 대성당' 중 하나. 원래 로마제국의 성과 바실리카가 있던 자리였는데, 4세기경 폐허 위에 로마네스크 양식으로 거대한 대성당을 지었다. 크고 웅장하지만, 지금의 모습은 제2차 세계대전 이후 복원 과정에서 1/4 정도로 축소된 것이다. 1974년에 복구가 완료되었고, 전쟁에서 지켜낸 값진 보물과 장식을 재배치하여 내부가 매우 화려하며, 보물 일부는 별도 보물관Domschatzkammer에서 유료로 전시한다. 일반에 공개하지는 않으나 예수 그리스도의 성의(십자가 처형 당시 입었던 옷의 일부)를 보관하고 있다고 한다.

MAP P.420 **주소** Liebfrauenstraße 12 **전화** 0651-979 0790 **홈페이지** www.en.dominformation.de **운영** 본당 06:30~18:00(11~3월 ~17:30), 보물관 11:00~17:00(일요일 12:30~) **요금** 본당 무료, 보물관 성인 €3, 학생 €2 **가는 방법** 중앙마르크트 광장에서 도보 2분.

성모 교회 Liebfrauenkirche

트리어 대성당과 나란히 연결된 또 하나의 교회인데, 마찬가지로 로마 시대의 교회 터 위에 1200년대 초반에 건축하였다. 당시 프랑스에서 막 시작된 고딕 양식을 도입하여 독일 최초의 고딕 교회 중 하나로 꼽힌다. 제2차 세계대전으로 파괴된 후 복원이 더뎠으나 1986년에 트리어 대성당 및 로마 유적과 함께 유네스코 세계문화유산에 포함되었으며, 이후 복원에 박차를 가하여 현대 예술인의 스테인드글라스를 가미해 2011년에 다시 문을 열었다.

MAP P.420 **주소** Liebfrauenstraße 2 **전화** 0651-170790 **홈페이지** www.liebfrauen-trier.de **운영** 10:00~18:00 **요금** 무료 **가는 방법** 대성당 옆.

피마르크트 광장 테르멘 Thermen am Viehmarkt

트리어에 로마인이 만든 세 개의 온천 목욕탕 중 최초로 만든 곳이다. 서기 80년경에 제작하고 3~4세기까지 사용되다가 로마제국 쇠퇴 후 자연스럽게 잊혀지고 폐허가 되었다. 1987년에 피마르크트 광장('가축시장'이라는 뜻) 지하 주차장 건설 과정에서 유적이 발굴되어 그 존재가 알려졌으며, 발굴을 마친 뒤 정육면체 유리 건물을 그 위에 덮고 박물관으로 개방 중이며, 때때로 공연장이나 이벤트 장소로 사용하기도 한다. 다만, 1986년에 트리어의 로마 유적이 유네스코 세계문화유산으로 등록될 때까지는 존재가 알려지지 않았기 때문에 피마르크트 광장 테르멘은 세계문화유산에 공식적으로 포함되지 않는다.

MAP P.420 **주소** Viehmarktplatz **전화** 0651-9790790 **운영** 화~일요일 11:00~17:00, 월요일 휴무 **요금** 성인 €4, 학생 €3 **가는 방법** 성모 교회에서 도보 7분.

여기근처

공산주의 사상을 정립한 혁명가 카를 마르크스Karl Heinrich Marx의 고향이 트리어다. 피마르크트 광장 바로 인근에 그의 생가 기념관 **카를 마르크스 하우스**Karl-Marx-Haus가 있으며, 마르크스의 삶과 연구에 대하여 전시한다. 조금 더 가면 트리어의 또 하나의 로마 목욕탕 **바르바라 테르멘**Barbarathermen이 나오는데, 2세기경 건설된 것으로 추정되며, 아쉽게도 많이 훼손된 상태로 발굴되어 환경이 가장 열악하다. 터 위에 보행로를 설치하고 관람하는 방식이며, 입장료를 받지 않는다.

[카를 마르크스 하우스] 주소 Brückenstraße 10 **전화** 0651-970680 **홈페이지** www.fes.de/museum-karl-marx-haus/ **운영** 10:00~18:00(13:00~13:30 사이 입장 불가) **요금** 성인 €5, 학생 €3 **가는 방법** 피마르크트 광장 테르멘에서 도보 2분.

[바르바라 테르멘] 운영 종일 개장 **요금** 무료 **가는 방법** 피마르크트 광장 테르멘에서 도보 10분.

카를 마르크스 하우스

바르바라 테르멘

콘스탄틴 바실리카
Konstantin-Basilika

고대 로마의 콘스탄티누스 황제가 4세기경에 접견 홀로 만들었으며, 사실상 황궁 역할을 하였다. 이후 트리어 대주교가 바로 이웃한 선제후 궁전 Kurfürstliches Palais에 합쳐 개조하여 사용하였으며, 18세기까지도 궁전의 규모는 어지간한 왕궁을 능가할 만큼 컸다. 19세기에 이 지역 지배권을 획득한 프로이센은 다시 로마 시대의 기독교 건축물을 복원하고자 대대적으로 개조하여 강당과 같은 오늘날의 모습이 되었다. 로마제국과 트리어 대주교, 그리고 프로이센까지 강한 권세를 가진 이들의 손길이 닿은 곳인 만큼 중요한 의의가 있고, 다른 로마 유적과 함께 유네스코 세계문화유산에 등재되었다. 기둥 없는 높고 긴 홀은 상당한 수준의 건축미를 자랑하며, 여전히 남아 있는 선제후 궁전과 함께 멋진 풍경을 완성한다. 단, 선제후 궁전은 행정 관청으로 사용 중이어서 내부 입장은 제한된다.

선제후 궁전(앞)과 콘스탄틴 바실리카(뒤)

MAP P.420 **주소** Konstantinplatz 10 **전화** 0651-99491200 **운영** 4~10월 월~토요일 10:00~18:00, 일요일 14:00~18:00, 11~3월 화~토요일 10:00~12:00·14:00~16:00, 일요일 14:00~16:00(12월에는 월요일 추가 개장), 11월·1~3월 월요일 휴무 **요금** 무료 **가는 방법** 피마르크트 광장 테르멘에서 도보 7분 또는 성모 교회에서 도보 2분.

라인 주립박물관 Rheinisches Landesmuseum

트리어의 대표적인 박물관이면서 독일 전체를 통틀어도 고고학 분야에서 첫손에 꼽힌다. 트리어에서 발굴된 어마어마한 양의 로마 유물 및 유적이 전시되어 있으며, 특히 땅을 파다가 우연히 발견한 로마 금화 컬렉션은 세계 최대 규모로 정평이 높다. 이 외에도 석기 시대와 청동기 시대의 유물, 중세 트리어에 관한 역사적 자료와 보물 등을 전시한다.

MAP P.420 **주소** Weimarer Allee 1 **전화** 0651-97740 **홈페이지** www.zentrum-der-antike.de **운영** 10:00~18:00 **요금** 성인 €8, 학생 €6 **가는 방법** 콘스탄틴 바실리카 옆.

©Rheinisches Landesmuseum Trier

©Rheinisches Landesmuseum Trier

카이저 테르멘 Kaiserthermen

'황제의 목욕탕'이라는 뜻의 카이저 테르멘은 로마제국의 콘스탄티누스 황제가 트리어에 황궁(콘스탄틴 바실리카)을 지으면서 그 앞에 시민을 위한 공공 목욕탕을 '하사'하려고 계획한 프로젝트였다. 온수를 덥혀 공급하고 노예가 눈에 띄지 않도록 지하에 통로 및 시설을 만드는 한편, 지상에 목욕탕을 만들던 중 공사가 중단되어 실제로 목욕탕으로 사용되지는 않았다. 그러나 지상과 지하로 나누어 고도의 설비를 갖춘 로마인의 기술을 엿볼 수 있기에 유적으로서의 가치가 높고, 유네스코 세계문화유산에 속한다. 오늘날에는 지하 통로 및 시설, 지상의 폐허, 멀티미디어 전시물 등을 관람할 수 있다.

MAP P.420 **주소** Weberbach 41 **전화** 0651-9774212 **운영** 09:00~17:00(4~9월 ~18:00, 11~2월 ~16:00) **요금** 성인 €4, 학생 €3 **가는 방법** 라인 주립박물관 옆.

원형극장 Amphitheater

로마인의 도시에서 원형극장은 빠질 수 없는 엔터테인먼트 장소다. 트리어에도 2만 명을 수용하였던 원형극장이 남아 있는데, 서기 2세기경에 지어진 것으로 추정된다. 위치는 시가지 끄트머리였으므로 성벽의 역할을 겸한 것으로 보인다. 비록 로마제국 멸망 후 채석장으로 사용되면서 돌로 만든 객석 등이 사라졌지만, 여전히 원형을 보존한 극장 터, 그리고 출연진이나 맹수를 분리하여 수용한 극장 지하의 시설물 등을 관람할 수 있다. 원형극장 또한 유네스코 세계문화유산에 속한다.

MAP P.420 **주소** Olewiger Straße 25 **전화** 0651-73010 **운영** 09:00~17:00(4~9월 ~18:00, 11~2월 ~16:00) **요금** 성인 €4, 학생 €3 **가는 방법** 카이저 테르멘에서 도보 10분 또는 중앙역에서 도보 20분.

ACHEN 아헨

독일 서쪽의 국경 도시 아헨은 벨기에, 네덜란드와 맞닿아 있다. '유럽의 아버지' 카롤루스 대제의 수도였다는 역사적인 배경과 온천 휴양 도시로서의 유명세, 최근에는 정상급 공과대학이 있어 젊은 활기도 더해진 재미있는 도시다.

관광안내소 INFORMATION

구시가지 입구인 엘리제 원천 건물 내에 관광안내소가 있다.

홈페이지 www.aachen-tourismus.de/en/ (영어)

찾아가는 방법 ACCESS

거점 도시와 이동시간 (레기오날반 기준)

뒤셀도르프 ↔ 아헨 : RE 1시간 16분

쾰른 ↔ 아헨 : RE 54분

유효한 티켓

노르트라인베스트팔렌 티켓

베스트 코스 중앙역 — 엘리제 원천 — 아헨 대성당 — 마르크트 광장 — 중앙역

아헨 여행의 키워드는 단연 카롤루스 대제다. 9세기 초 카롤루스 대제는 아헨에 성을 짓고 대성당을 만들어 각별한 애정을 쏟았다. 지금은 비록 대제의 성이 사라졌지만, 그 자리에 지은 시청사Rathaus가 흡사 성처럼 거대하고 견고한 모습을 드러낸다. 완벽에 가깝게 보존된 아헨 대성당Aachener Dom이 바로 옆에 있다. 특히 아헨 대성당은, 1978년에 유네스코 세계문화유산을 처음 지정할 때부터 당당히 이름을 올렸으며 카롤루스 대제의 무덤이 내부에 있다. 시청사와 아헨 대성당 사이의 안뜰은 양쪽으로 두 웅장한 건물의 전망을 배경으로 사진 찍기 좋고, 역사박물관 샤를마뉴 센터Centre Charlemagne가 최근에 개관하였다. 구시가지의 관문과도 같은 엘리제 원천Elisenbrunnen은 여전히 온천수가 나오는 샘이 있다. 아헨에선 여기 소개한 주요 관광지 외에도 골목마다 개성적인 박물관과 품격 있는 교회, 대학 도시 특유의 활기찬 거리 문화를 볼 수 있다.

시청사

아헨 대성당

▶ 아헨 대성당

MAP P.426 **주소** Domhof 1 **전화** 0241-477090 **홈페이지** www.aachenerdom.de **운영** 본당 월~목요일 11:00~18:00, 금~토요일 11:00~19:00, 일요일 13:00~17:30, 보물관 10:00~18:00 **요금** 본당 무료, 보물관 성인 €7, 학생 €5

▶ 샤를마뉴 센터

MAP P.426 **주소** Katschhof 1 **전화** 0241-4324 931 **홈페이지** www.centre-charlemagne.eu **운영** 화~일요일 10:00~18:00, 월요일 휴무 **요금** 성인 €6, 학생 €3

TOPIC 유럽의 아버지, 카롤루스 대제

카롤루스 대제(독일어 카를 대제Karl der Große, 프랑스어 샤를마뉴Charlemagne)는 프랑크 왕국의 국왕이다. 그는 로마제국 멸망 후 혼란한 유럽을 다시 평정하고, 로마제국이 가진 기독교 국가로서의 정통성을 계승하여 교황청으로부터 황제의 칭호를 얻었다. 프랑크 왕국은 동유럽까지 영토를 넓혀 게르만족과 슬라브족을 제국에 편입시켰고, 넓은 영토를 다스리기 위해 봉건제를 최초 도입하였다. 그러나 그의 사후 대제국은 서·중·동프랑크로 나뉘었고, 이것이 각각 프랑스·이탈리아·독일의 모태가 된다. 기독교 국가와 봉건제라는 두 가지 중요한 통치 테마를 계승한 동프랑크 왕국이 신성 로마제국으로 이어진다. 이런 이유로 사람들은 카롤루스 대제를 일컬어 '유럽의 아버지'라고 부른다.

대성당 보물관의 카롤루스 대제 흉상

DORTMUND 도르트문트

신성 로마제국 자유도시이자 한자동맹(P.461)의 주요 도시로 번영하였고, 석탄과 철강이 풍부해 일찍이 공업이 발달하였다. 라인-루르 공업지대의 주요 도시이며, 독일에서 열 손가락 안에 드는 대도시인데, 뭐니 뭐니 해도 축구로 가장 유명하다.

관광안내소 INFORMATION

구시가지 명소를 잇는 중심가인 캄프 거리Kampstraße에 관광안내소가 있다.

홈페이지 visit.dortmund.de (영어)

찾아가는 방법 ACCESS

거점 도시와 이동시간 (레기오날반 기준)

뒤셀도르프 ↔ 도르트문트 : RE 52분

유효한 티켓

VRR 1일권(€34.6) 또는 노르트라인베스트팔렌 티켓

베스트 코스

중앙역 → 독일 축구 박물관 → 성 페트리 교회 → 프리덴 광장 → 성 라이놀디 교회 → 보루세움

구 시청사

이른 산업화 때문인지 도르트문트 구 시가지는 드문드문 옛 모습을 간직하고 있다. 구 시청사와 신 시청사 사이의 프리덴 광장Friedensplatz이 대표적이며, 세계 각국 언어로 '평화'를 적은 평화 기념비Friedenssäule가 랜드마크처럼 서 있다. 가톨릭에서 석공의 수호자로 여기는 성자 라이놀두스를 기리는 성 라이놀디 교회Stadtkirche St. Reinoldi와 거대한 목조 제단이 인상적인 성 페트리 교회St. Petrikirche는 구시가지의 정취가 남은 곳이다. 아마 도르트문트를 여행지로 택했다면 십중팔구 축구에 관심이 높을 터. 2014년 월드컵 우승 후 가장 영예로운 시기에 추진하여 개관한 독일 축구 박물관Deutsches Fußballmuseum은 단연 가장 뜨거운 명소다. 독일 축구 140년 역사의 '명예의 전당'과 같은 곳이어서 유럽 축구 팬이 좋아할 만한 선수나 이벤트에 대한 생생한 자료를 만날 수 있다. 베스트 코스의 구시가지는 모두 도보로 여행할 수 있으나, 이왕 축구 팬이 도르트문트에 방문했다면 전철을 타고 8만 석 규모의 초대형 축구장 지그날 이두나 파크에 가보아도 좋겠다. 보루시아 도르트문트 구단의 박물관 보루세움Borusseum을 관람할 수 있다.

▶ 성 라이놀디 교회

MAP P.428 **주소** Ostenhellweg 2 **전화** 0231-8823013 **홈페이지** www.sanktreinoldi.de **운영** 화~금요일 10:00~18:00, 토요일 10:00~14:00, 일요일 11:30~14:00, 월요일 휴무 **요금** 무료

▶ 성 페트리 교회

MAP P.428 **주소** Petrikirchhof 1 **전화** 0231-7214173 **홈페이지** www.sankt-petri-do.de **운영** 화~금요일 11:00~17:00, 토요일 10:00~16:00, 일~월요일 휴무 **요금** 무료

▶ 독일 축구 박물관

MAP P.428 **주소** Platz der Deutschen Einheit 1 **전화** 0231-22221954 **홈페이지** www.fussballmuseum.de **운영** 화~일요일 10:00~18:00, 월요일 휴무 **요금** 성인 €18, 학생 €12

▶ 보루세움

MAP P.428 **주소** Strobelallee 50 **전화** 0231-90201368 **홈페이지** www.bvb.de/Tickets/Borusseum **운영** 09:30~18:30 **요금** 성인 €9, 학생 €7 **가는 방법** RB열차 Signal-Iduna-Park역 하차.

성 라이놀디 교회

성 페트리 교회의 제단

독일 축구 박물관 ©DFM

ESSEN 에센

에센은 큰 광산이 있는 공업 도시였다. 한때 우리나라에서 독일에 광산 노동자를 수출하던 시절, 한국인 노동자가 주로 에센에 배정되었다. 우리 선조의 땀과 눈물이 밴 광산은 시대의 흐름에 따라 폐쇄되었지만, 문화공간으로 부활해 특이한 에너지를 공급한다.

관광안내소 INFORMATION

중앙역에서 구시가지로 들어가는 초입에 관광안내소가 있다.

홈페이지 www.visitessen.de (영어)

찾아가는 방법 ACCESS

거점 도시와 이동시간 (레기오날반 기준)

뒤셀도르프 ↔ 에센 : RE 28분

유효한 티켓

VRR 1일권(€29.2) 또는 노르트라인베스트팔렌 티켓

시내 교통 TRANSPORTATION

촐페라인 광산지대를 포함하여 에센에서 가장 중요한 관광지를 방문하기 위해서는 대중교통 이용이 필수다. 뒤셀도르프에서 VRR 1일권(24시간권)으로 방문하였다면 추가 요금 없이 에센의 대중교통도 이용할 수 있다. 노선 및 스케줄 확인은 뒤셀도르프와 마찬가지로 VRR 애플리케이션을 사용한다.

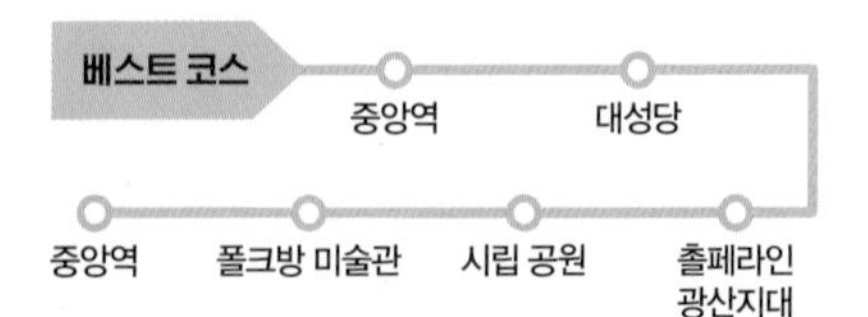

레드닷 디자인 박물관

유네스코 세계문화유산인 촐페라인 광산지대Zeche Zollverein가 1순위, 우수한 미술 컬렉션을 무료로 전시하는 폴크방 미술관Museum Folkwang이 2순위다. 두 곳 모두 에센 중앙역에서 대중교통으로 방문해야 하는데, 방향이 반대다. 따라서 대성당Essener Dom 등 구시가지를 둘러본 후 촐페라인 광산지대로 이동해 풍부한 문화공간을 충분한 시간을 두고 관람·체험한 뒤 다시 대중교통으로 폴크방 미술관으로 가는 게 적당하고, 미술관 주변의 시립 공원Stadtgarten을 살짝 둘러본다. 촐페라인 광산지대는 1920년대에 바우하우스(P.47) 철학에 따라 만든 광산이 문을 닫은 후 그 모습을 그대로 보존하면서 각각의 공간에 생기를 불어넣은 특이한 도시 재생의 모범사례다. 지역의 역사를 담은 루르 박물관Ruhr-Museum 등이 내부에 있고, 가장 유명한 곳은 세계적으로 유명한 레드닷 디자인 박물관Red Dot Design Museum이다. 폴크방 미술관은 19~20세기 모더니즘 시대의 독일·프랑스 작품이 주를 이루는데, 대중적으로 가장 친숙한 모네, 반 고흐, 르누아르, 카스파어 다비트 프리드리히, 마케 등의 작품이어서 가볍게 관람하기에 매우 좋다. 시립 공원의 알토 극장은 핀란드의 세계적인 건축가 알바르 알토Alvar Aalto의 작품이니 유선형의 매끈한 외관을 구경해보자.

▶ 촐페라인 광산지대

주소 Gelsenkirchener Straße 181 **홈페이지** www.zollverein.de **운영** 종일 개장 **요금** 무료

▶ 루르 박물관

홈페이지 www.ruhrmuseum.de **운영** 10:00~18:00 **요금** 성인 €10, 학생 €7

▶ 레드닷 디자인 박물관

홈페이지 www.red-dot-design-museum.de/essen **운영** 화~일요일 11:00~18:00, 월요일 휴무 **요금** 성인 €9, 학생 €4

▶ 폴크방 미술관

주소 Museumsplatz 1 **전화** 0201-8845000 **홈페이지** www.museum-folkwang.de **운영** 화~일요일 10:00~18:00(목~금요일 ~20:00), 월요일 휴무 **요금** 상설전 무료, 기획전 별도(전시마다 다름)

▶ 대성당

주소 An St. Quintin 3 **전화** 0201-226766 **홈페이지** www.dom-essen.de **운영** 본당 월~금요일 06:30~18:30, 토~일요일 09:00~19:30, 보물관 화~일요일 11:00~17:00, 보물관 월요일 휴무 **요금** 본당 무료, 보물관 성인 €5, 학생 €4

폴크방 미술관 ©davidchipperfield.com

대성당

알토 극장

HAMBURG AREA

함부르크 지역

BEST 4

01

독일의 미래 비전을 상징하는
엘브필하모니 극장(함부르크)

02

한자동맹의 여왕을 견고히 지키는
홀슈텐문(뤼베크)

03

호수 위의 아름다운 고성
슈베린 궁전(슈베린)

04

동화 같은 이야기의 주인공
롤란트의 마르크트 광장(브레멘)

함부르크 지역 이동 전략

이 지역은 행정구역상 자유도시인 함부르크와 브레멘, 그리고 슐레스비히홀슈타인과 메클렌부르크포어포메른, 두 개 주에 걸친다. 이 중 메클렌부르크포어포메른주는 상대적으로 발전이 더디어 철로 사정이 좋지 못하였으나, 최근 눈에 띄게 개선되어 '숨은 보석'을 찾아 여행할 환경은 충분히 갖추어졌다. 베를린 지역으로 구분한 슈트랄준트(P.138)까지 독일 북부만 따로 여행해도 좋다.

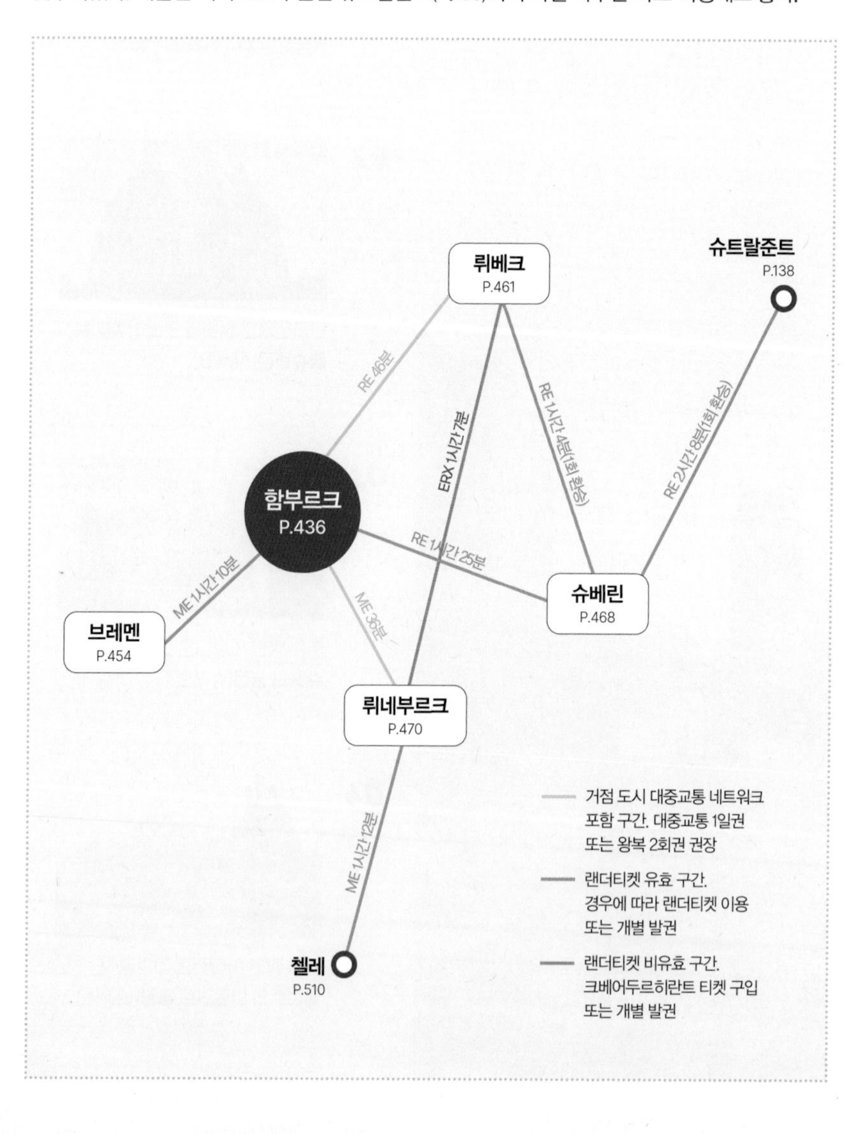

함부르크 지역 숙박 전략

일찍부터 자유도시로 번영하여 넓은 면적의 메트로폴리스를 완성한 함부르크는, 그만큼 여러 지역에 골고루 숙박시설이 분포되어 있다. 지역마다 분위기도 완전히 다르니 여행의 주목적과 패턴에 맞춰 위치를 정하자.

☑ 숙소는 많지만 **후기를 잘 살필 것**

중앙역 부근 MAP P.439-D2

함부르크 중앙역 뒤편은 블록마다 호텔이 하나씩 있다고 해도 과언이 아닐 정도로 숙박업소 과밀 지역이다. 다양한 숙박업소가 있으므로 여기서만 골라도 함부르크 숙박은 거의 해결된다고 볼 수 있지만, 옛 건물을 개조한 로컬 호텔 중에는 일부 객실의 설비가 많이 낡은 곳도 있으므로 후기를 충분히 살펴볼 것을 권한다.

☑ **탁 트인 전망**이 좋은 곳

하펜시티&란둥스브뤼켄 부근 MAP P.438-B3, 439-C3

함부르크 항구 부근은 강을 따라 전망이 탁 트인 호텔이 많다. 하펜시티 내에도 호텔이 속속 문을 열고 있으며, 지역 분위기에 어울리는 세련된 디자인 호텔이 많다. 숙박비가 저렴한 편은 아니지만 여유 있게 숙박하고자 할 때 적당하다.

☑ **유흥**을 원하면

레퍼반 부근 MAP P.438-B2·B3

독일에서도 내로라하는 '밤문화'의 성지 레퍼반은 불야성을 이루는 유흥업소가 많다. '불금'을 보내고 싶다면 레퍼반 부근에 숙박하면서 대중교통 이용 없이 자유롭게 드나드는 게 좋다. 이 부근은 함부르크에서 호스텔을 찾을 때 가장 먼저 고려할 만한 지역이기도 하고, 치안도 좋다.

☑ **조용한 밤**을 원하면

알토나 부근 MAP P.438-A3

대도시 함부르크의 여러 권역 중 알토나Altona 지역은 관광지가 많지 않아 여행자가 덜 찾지만, 비즈니스호텔 위주로 적지 않은 호텔이 운영 중인 번화가다. 관광객으로 붐비지 않아 조용한 분위기에서 숙박할 수 있다.

HAMBURG
함부르크

독일 제2의 도시이자 가장 큰 항구도시 함부르크는 무역과 상업으로 번영하여 '자유도시'의 지위를 얻었다. 북해로 이어지는 엘베강 하구에 위치하여 사실상 바다 가까이에 거대한 항구를 구축하였다.
큰 항구는 유럽인이 아메리카 대륙으로 이민을 떠날 때 배를 탄 장소였기에 많은 이의 애환도 서려 있으며, 독일 통일 후 번화한 모습에 현대적인 발전상을 더하여 하펜시티 등 독일의 미래 비전을 제시하는 중이다.

지명 이야기
808년 카롤루스 대제가 슬라브족의 침입을 막기 위해 엘베강 연안에 성을 만들고 이름을 함마부르크Hammaburg라고 했다. 여기서부터 도시가 형성되어 함부르크라는 이름이 유래한다. 오늘날 함마부르크는 사라졌지만, 성 페트리 교회 부근에서 그 터가 발견되어 기념물이 설치되었다.

Information & Access 함부르크 들어가기

관광안내소 INFORMATION

중앙역 내부, 란둥스브뤼켄, 그리고 함부르크 공항에 관광안내소가 있다.

홈페이지 www.hamburg-tourism.de (영어)

찾아가는 방법 ACCESS

비행기

1911년부터 운영 중인 함부르크 공항Flughafen Hamburg(공항코드 HAM)은 유럽에서 가장 오래된 공항으로 꼽힌다. 국내에서 직항은 없으나 다수의 항공사로 1회 환승하여 갈 수 있고, 저가 항공 노선도 많다.

공항

• 시내 이동

공항에서 시내까지 전철 에스반으로 연결된다. 공항 전철역은 도착 터미널 지하층에 있다.

소요시간 에스반 24분 **노선** S1호선 **요금** 편도 €3.8

기차

대도시답게 큰 기차역이 여럿 있다. 여행에는 중앙역 Hauptbahnhof이 기준. 그 외에는 알토나역Hamburg-Altona(2027년 완공 예정으로 이전 공사 중), 담토어역Hamburg-Dammtor, 하르부르크역Hamburg-Harburg이 있다.

중앙역

*** 유효한 랜더티켓** 슐레스비히홀슈타인 티켓

• 시내 이동

이 책의 첫날 여행 코스는 중앙역부터 시작하며, 도보로 이동한다.

버스

중앙역 뒤편, 도보 5분 거리에 버스터미널ZOB을 제대로 만들어 놓았다. 휴게 공간을 갖춘 전용 터미널 건물이 있다.

Transportation & Pass 함부르크 이동하기

시내 교통 TRANSPORTATION

전철 에스반과 우반이 도시의 주요 장소를 효율적으로 연결하며, 더 좁은 골목은 시내버스로 보완한다. 1일권은 일반적인 종일권Ganztageskarte보다 출근시간대 러시아워에는 사용할 수 없는 9시 1일권9-Uhr-Tageskarte이 편리하다(주말에는 전일 사용 가능).

• 타리프존 & 요금

· A–B존(시내, 공항) : 1회권 €3.8, 9시 1일권 €7.5, 종일권 €8.8

• 노선 확인

함부르크 교통국 HVV www.hvv.de

노선 확인법 안내

관광 패스 SIGHTSEEING PASS

• 함부르크 카드 Hamburg Card

시내 교통 무료, 그리고 주요 관광지 최대 50% 할인이 적용되는 시티투어 상품이다.

요금 1일권 €11.9, 2일권 €21.9 **구입방법** 관광안내소에서 구입 **홈페이지** www.hamburg-travel.com/booking/hamburg-card/

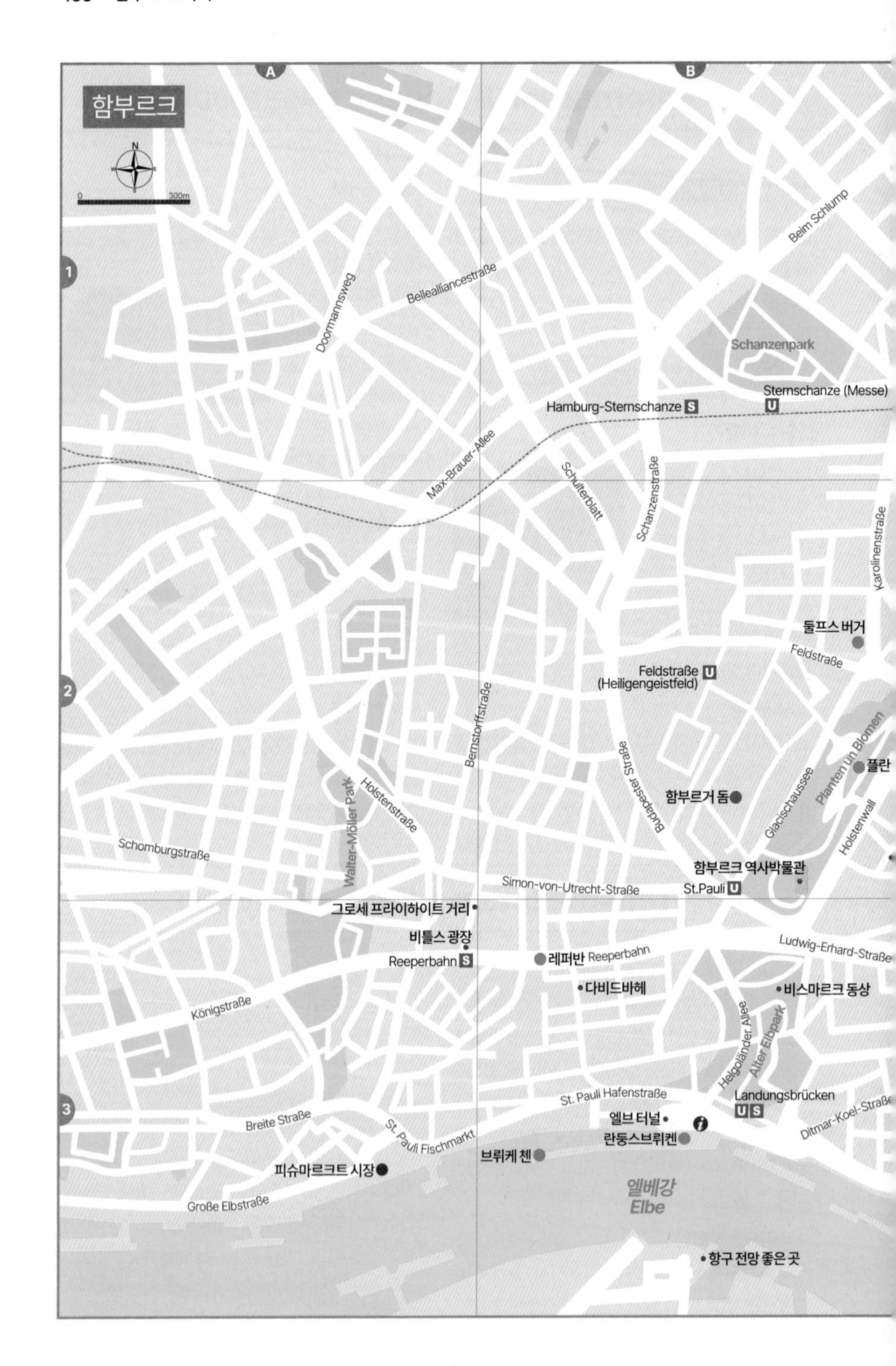
함부르크
0
300m
A
B
1
2
3
Beim Schlump
Belleallliancestraße
Doormannsweg
Schanzenpark
Sternschanze (Messe)
Hamburg-Sternschanze
Max-Brauer-Allee
Schulterblatt
Schanzenstraße
Karolinenstraße
둘프스 버거
Feldstraße
Feldstraße
(Heiligengeistfeld)
Bernstorffstraße
Planten un Blomen
플란
Glacischaussee
Budapester Straße
함부르거 돔
Walter-Möller Park
Holstenstraße
Holstenwall
Schomburgstraße
함부르크 역사박물관
Simon-von-Utrecht-Straße
St.Pauli
그로세 프라이하이트 거리
비틀스 광장
Reeperbahn
레퍼반 Reeperbahn
Ludwig-Erhard-Straße
다비드바헤
비스마르크 동상
Königstraße
Helgoländer Allee
Alter Elbpark
St. Pauli Hafenstraße
Landungsbrücken
엘브 터널
Ditmar-Koel-Straße
Breite Straße
St. Pauli Fischmarkt
란둥스브뤼켄
브뤼케 첸
피슈마르크트 시장
엘베강
Elbe
Große Elbstraße
항구 전망 좋은 곳

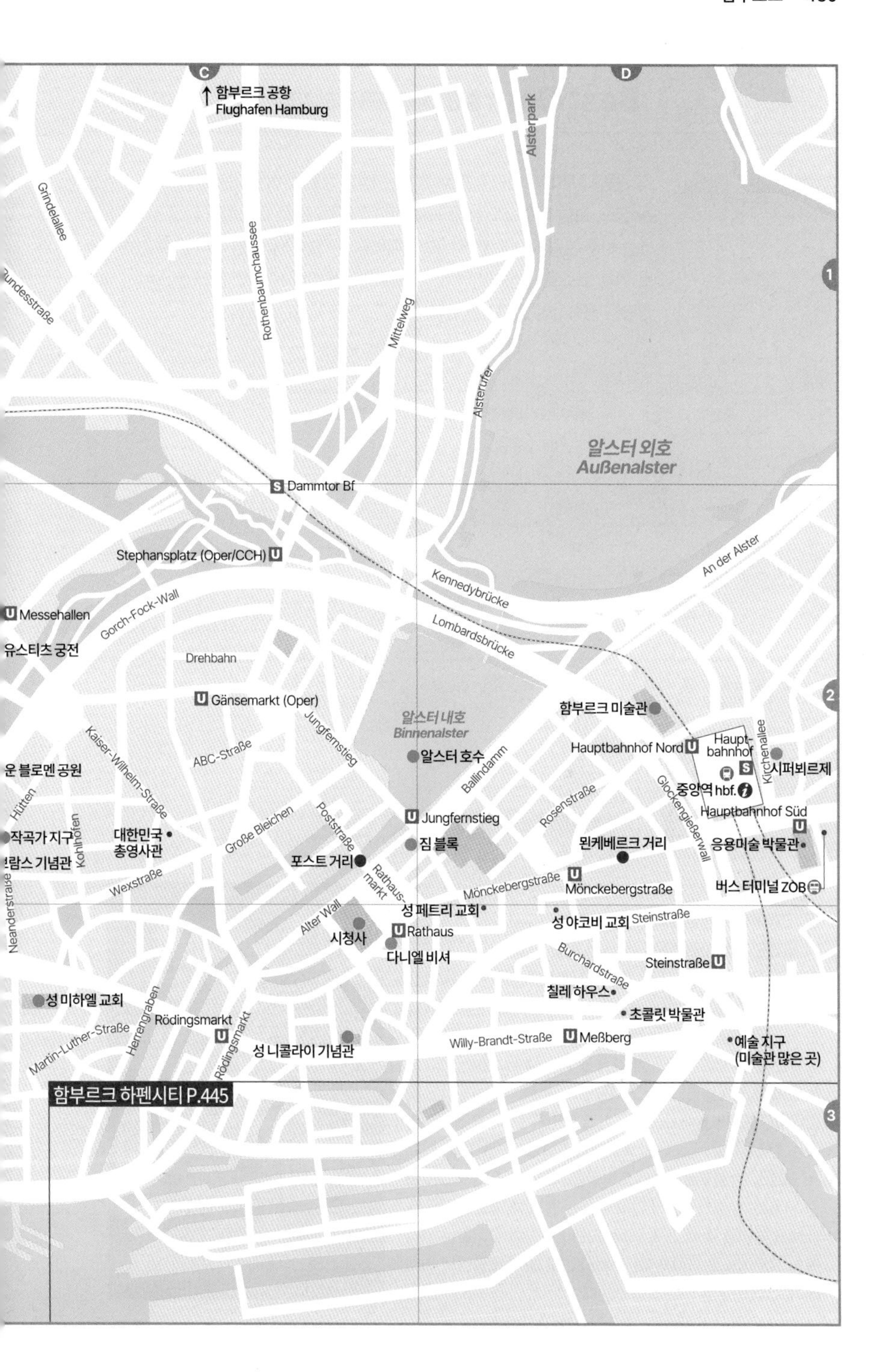

C
D
1
2
3
↑ 함부르크 공항
Flughafen Hamburg
Grindelallee
Rothenbaumchaussee
Mittelweg
Alsterpark
Alsterufer
알스터 외호
Außenalster
Dammtor Bf
Stephansplatz (Oper/CCH)
Messehallen
유스티츠 궁전
Gorch-Fock-Wall
Drehbahn
Kennedybrücke
Lombardsbrücke
An der Alster
Gänsemarkt (Oper)
Jungfernstieg
알스터 내호
Binnenalster
함부르크 미술관
Hauptbahnhof Nord
Haupt-bahnhof
Kirchenallee
시퍼뵈르제
중앙역 hbf.
Hauptbahnhof Süd
알스터 호수
Ballindamm
ABC-Straße
Kaiser-Wilhelm-Straße
블로멘 공원
Rosenstraße
Glockengießerwall
Jungfernstieg
집 블록
뮌케베르크 거리
응용미술 박물관
대한민국 총영사관
작곡가 지구
Große Bleichen
Poststraße
포스트 거리
Rathaus-markt
Wexstraße
Mönckebergstraße
Mönckebergstraße
버스 터미널 ZOB
성 페트리 교회
성 야코비 교회
Steinstraße
Alter Wall
시청사
Rathaus
다니엘 비셔
Burchardstraße
Steinstraße
칠레 하우스
초콜릿 박물관
성 미하엘 교회
Rödingsmarkt
Martin-Luther-Straße
Herrengraben
Rödingsmarkt
성 니콜라이 기념관
Willy-Brandt-Straße
Meßberg
예술 지구
(미술관 많은 곳)
함부르크 하펜시티 P.445

Best Course 함부르크 추천 일정

베스트 코스

각 관광지 사이의 거리가 아주 멀지는 않다. 튼튼한 여행자는 걸어서 다닐 수 있을 정도. 보통 여행자도 대중교통으로 한두 정거장씩 이동하며 다닐 수 있다. 코스는 하루 분량이지만, 함부르크의 매력적인 박물관을 그냥 지나칠 수 없는 관계로 이틀 코스로 구성하였다. 만약 하루만 시간이 허락되면 아래 코스에서 내부 관람을 생략하며 조절하면 된다.

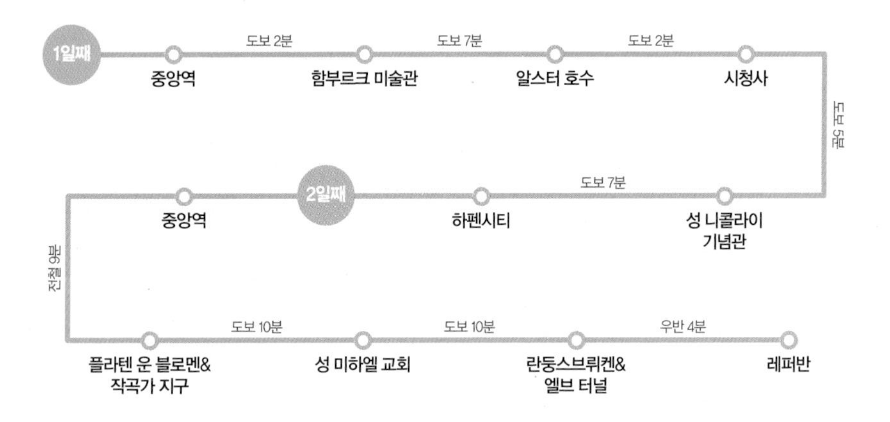

TOPIC 후멜 후멜, 모르스 모르스

함부르크를 여행할 때 곳곳에서 물동이를 어깨에 지고 가는 남자 캐릭터 조형물을 보게 된다. 18세기까지 수돗물 시스템이 없었던지라 사람들은 우물에서 물을 길었다. 부유한 도시 함부르크에서는 물을 대신 길어 배달하는 직업이 성행하였고, 요한 빌헬름 벤츠Johann Wilhelm Bentz도 그중 하나였다. 그는 다니엘 후멜Daniel Hummel이라는 퇴역 군인이 살던 집에 살았는데, 동네 아이들이 "후멜 후멜Hummel Hummel"이라 부르며 그를 조롱하면, 그는 "모르스 모르스Mors Mors"라고 되받아쳤다('엿'이 들어가는 비속어와 의미가 같다). 언젠가부터 그는 한스 후멜Hans Hummel이라 불리었고, "후멜 후멜, 모르스 모르스"는 함부르크에서 토박이를 식별하는 일종의 구호처럼 사용된다. 길거리에서 만나게 되는 한스 후멜의 조형물은, 채색을 달리한 수백 개의 동상을 도시 곳곳에 설치하는 공공예술 프로젝트로 2004년에 설치되었다. 마치 베를린의 버디베어(P.113)와 같은 스토리인 셈이다.

Attraction 보는 즐거움

함부르크는 독일 제2의 도시에 어울리는 스케일의 볼거리를 가졌다. 시대를 넘나드는 거대한 건축물과 갖가지 문화시설, 쾌적한 쉼터가 골고루 어우러져 높은 수준을 뽐낸다.

함부르크 미술관 Hamburger Kunsthalle

함부르크 미술관은 독일에서 손꼽히는 대형 미술관이다. 1869년에 시민 주도의 모금과 기부가 바탕이 되어 개관한 뒤에 두 차례에 걸쳐 확장돼 3채의 전시관이 연결되어 규모가 상당하다. 중세 르네상스 시대부터 현대 예술에 이르기까지 모든 시대의 미술을 포괄하여 인기가 높고, 특히 그중에서 낭만주의부터 표현주의에까지 이르는 19세기 예술 컬렉션은 독일에서도 첫손에 꼽힌다. 독일 낭만주의 대표 작가 카스파어 다비트 프리드리히의 작품이 하이라이트. 또한, 독일 표현주의의 창작 집단인 브뤼케(다리파)와 블루라이더(청기사파)의 컬렉션도 상당하다.

MAP P.439-D2 **주소** Glockengießerwall 5 **전화** 040-428131200 **홈페이지** www.hamburger-kunsthalle.de **운영** 화~일요일 10:00~18:00(목요일 ~21:00), 월요일 휴무 **요금** 성인 €16, 학생 €8, 이브닝 티켓(17:00 이후 입장) €8 **가는 방법** 중앙역 옆.

알스터 호수 Alstersee

면적 1.8㎢. 축구장 250여 개를 담을 수 있는 대형 호수다. 1235년에 엘베강의 지류인 알스터강에 댐을 만드는 과정에서 측정을 잘못하는 바람에 물이 너무 많이 고여 호수처럼 넓게 물이 고인 지역이 형성되었다. 호수는 내호Binnenalster와 외호Außenalster로 구분되는데, 내호는 시내 중심가의 분위기 있는 쉼터, 외호는 시내 외곽의 레저 공간으로 시민의 일상에서 빼놓을 수 없는 존재다. 겨울철을 제외하고 높이 쏘아올리는 분수Alsterfontäne, 느릿느릿 지나가는 유람선 등이 어우러지는 내호의 풍경을 바라보며 여행 중 잠시 숨을 고르는 것도 훌륭한 선택이다.

MAP P.439-C2 **가는 방법** 함부르크 미술관에서 도보 2분.

시청사 Rathaus

1842년에 대화재가 발생해 함부르크 시청사가 소실된 후 새로운 시청사는 1884년이 되어서야 공사를 시작해 1897년에 완공되었다. 네오르네상스 양식으로 흡사 궁전을 보는 것 같은 아름다운 건축미가 압권이다. 중앙 탑의 높이는 112m로 함부르크의 상징적인 스카이라인을 구성하는 요소 중 하나다. 웅장한 중앙 현관홀과 안뜰의 히기에이아 분수 Hygieia-Brunnen 등의 볼거리가 있으며, 전면 파사드를 빼곡히 장식한 역대 독일인 황제(카롤루스 대제부터 신성 로마 황제까지) 20인의 조각과 도시의 주요 중산층 직업을 상징하는 28개의 조각 등 상징적인 요소가 가득하다. 시청 앞 광장은 쾌적하게 탁 트여 있고, 제1차 세계대전 희생자를 추모하는 전쟁 기념비 Hamburger Ehrenmal가 있다.

MAP P.439-C3 **주소** Rathausmarkt 1 **전화** 040-428312064 **가는 방법** 알스터 호수에서 도보 5분 또는 U3호선 Rathaus역 하차.

여기 근처

시청사 대각선으로 132m 높이의 거대한 탑을 세운 **성 페트리 교회**Hauptkirche St. Petri는 도시의 기원이 된 함마부르크 성 터 바로 앞에 건축된 유서 깊은 교회로 그 역사는 1,000년에 육박한다. 544개의 계단을 오르면 압도적인 전망을 보장하는, 심지어 창틀 바깥까지 뻥 뚫린 곳에서 시청사와 알스터 호수를 볼 수 있는 전망대가 있다. 여기서 두어 블록 떨어진 곳에는 또 다른 1,000년에 육박하는 역사를 가진 **성 야코비 교회**Hauptkirche St. Jacobi가 있다. 탑의 높이는 125m.

[성 페트리 교회] 주소 Bei der Petrikirche 2 **전화** 040-3257400 **홈페이지** www.sankt-petri.de **운영** 월~토요일 10:00~18:00(수요일 ~19:00, 토요일 ~17:00), 일요일 09:00~20:00 **요금** 본당 무료, 전망대 성인 €5, 학생 €3.5 **가는 방법** 시청사에서 도보 2분.

[성 야코비 교회] 주소 Jakobikirchhof 22 **전화** 040-3037370 **홈페이지** www.jacobus.de **운영** 11:00~17:00 **요금** 무료 **가는 방법** 시청사에서 도보 10분.

전쟁 기념비

성 페트리 교회

성 야코비 교회

성 니콜라이 기념관

Mahnmal St. Nikolai

1195년에 건축한 역사적인 교회. 항구 도시 함부르크답게 선원과 여행자의 수호성인인 성자 니콜라이에게 봉헌하고 수백 년간 도시의 중심적인 교회로 이어졌으나, 시청사를 불태운 1842년 대화재로 파괴되었다. 이후 시민 모금으로 1863년에 시청사보다 먼저 재건되었으며, 탑의 높이가 147m로 당시 세계에서 가장 높은 교회였을 정도로 도시의 정성이 집결되었다. 하지만 제2차 세계대전으로 폐허가 되었고, 복원하는 대신 폐허 상태 그대로 기념관으로 꾸며 두어 전쟁의 참상을 알리는 새로운 역할을 수행 중이다. 다행히 147m 높이의 탑은 남아 있어 엘리베이터로 편하게 올라가는 전망대가 되었고, 지하에 기념 전시관이 있다.

MAP P.439-C3 **주소** Willy-Brandt-Straße 60 **전화** 040-371125 **홈페이지** www.mahnmal-st-nikolai.de **운영** 10:00~18:00 **요금** 성인 €6, 학생 €5 **가는 방법** 시청사에서 도보 5분.

하펜시티 Hafencity

지금도 활발히 가동되는 함부르크 항구의 한쪽에 중세 항구의 흔적이 남아 있는 지역이 있다. 함부르크는 버려진 땅을 복합 문화 및 상업 단지로 되살려 세계적인 도시 재생 프로젝트 하펜시티를 완수하였다. 사무실 등 비즈니스 공간이나 대학교, 그리고 여행자에게 재미를 주는 박물관, 무엇보다 지금 독일 최고의 '핫 플레이스'인 엘브필하모니까지 있어 재미있는 볼거리가 가득하다. 하펜시티의 창고 거리 및 바로 이웃한 콘토어하우스 지구Kontorhausviertel와 칠레하우스Chilehaus는 20세기 초 국제 무역의 급속한 성장을 반영한 기능적인 계획 도시의 우수성을 인정받아 2015년에 유네스코 세계문화유산으로 등재되었다.

MAP P.445 **가는 방법** 성 니콜라이 기념관에서 도보 5분 또는 U4호선 Überseequartier역 하차.

©www.chilehaus.de

+ZOOM IN+

하펜시티

면적 2.2㎢에 달하는 하펜시티는 유럽에서 가장 큰 도심 재개발 프로젝트다. 항구의 역할 변화에 따라 버려진 땅에 이른바 '도시 속 도시'를 만들고 있다. 2001년부터 시작된 하펜시티 개발은 아직 진행 중이다. 기한을 정해 놓고 밀어붙이는 부동산 장사가 아니라, 시대의 흐름을 반영하여 도시의 미래 비전을 제시하는 롤 모델이 되도록 치밀한 계획에 따라 추진되고 있다. 지금도 느릿느릿 채워지는 하펜시티에서 여기만큼은 꼭 가보라고 권하고 싶은 4곳을 소개한다.

창고 거리

Speicherstadt

요즘식 표현으로 '아파트형 창고'라고 해도 될 것 같다. 1800년대 후반에 항구에서 물건을 싣거나 내리기 편하도록 수로 양편에 창고용 건물을 줄지어 만들어 붉은 벽돌의 육중한 건물이 늘어서 있는 특이한 풍경을 완성하는 곳. 칠레하우스와 함께 유네스코 세계문화유산으로 등재되었고, 창고 거리 박물관Speicherstadtmuseum에서 더 자세한 내용을 전시한다.

주소 Am Sandtorkai 36 **전화** 040-321191 **홈페이지** www.speicherstadtmuseum.de **운영** 10:00~17:00 (3~10월 토~일요일 ~18:00) **요금** 성인 €5, 학생 €3.5

미니어처 원더랜드

Miniatur Wunderland

독일 전체를 통틀어 다섯 손가락 안에 드는 인기 관광 명소다. 독일과 유럽의 유명 도시 또는 대자연의 풍경을 앙증맞은 미니어처로 재현한 테마파크인데, 비행기가 날아다니고, 기차와 자동차가 다니고, 배가 움직이는 등 실감 나는 연출과 깨알 같은 표현으로 어린아이들에게 특히 인기가 높고 '키덜트'에게도 폭발적인 인기를 얻고 있다.

주소 Kehrwieder 2 **전화** 040-3006800 **홈페이지** www.miniatur-wunderland.de **운영** 연중무휴, 시즌·요일마다 다르므로 홈페이지 참고 **요금** 성인 €20, 학생 €17

©Miniatur Wunderland

©Automuseum PROTOTYP Hamburg

프로토타입 자동차 박물관

Automuseum PROTOTYP

2008년에 개관한 자동차 박물관이다. 시제품(프로토타입)이라고 이름을 붙인 것은, 레이싱 카의 역사적인 프로토타입이 주인공이기 때문이다. 포르쉐나 폴크스바겐 등의 전설적인 시제품 레이싱 카를 비롯해 약 50대의 진귀한 자동차를 볼 수 있다. 자동차에 관심이 많은 여행자라면 놓치기 아까운 경험이다.

주소 Shanghaiallee 7 **전화** 040-39996970 **홈페이지** www.prototyp-hamburg.de **운영** 화~일요일 10:00~18:00, 월요일 휴무 **요금** €12

엘브필하모니 극장

Elbphilharmonie Hamburg

창고 거리의 낡은 건물 위에 최신식 클래식 극장을 얹은 대단히 특이하고 멋진 건축물이다. 건물 위에 건물을 올리는 극악의 난이도와 예산 초과로 무려 6년이나 준공이 지연될 정도였지만 2017년 개관 이후 단연 주목받는 인기 명소가 되었다. 낡은 건물과 새 건물 사이의 공간을 플라자Plaza라고 부르는데, 발코니 전망대에서 360도 방향으로 보이는 하펜티시와 항구 풍경이 예술이니 클래식 공연 관람이 아니더라도 방문할 이유는 충분하다.

주소 Platz d. Deutschen Einheit 4 **전화** 040-3576660 **홈페이지** www.elbphilharmonie.de **운영** 플라자 10:00~24:00 **요금** €3(홈페이지에서 예약하고, 지정 시간에 입장을 보장함)

플라자

Tip. QR코드를 스캔하면 이 책에 소개하지 못한 더 많은 하펜시티 내 박물관 정보를 확인할 수 있다.

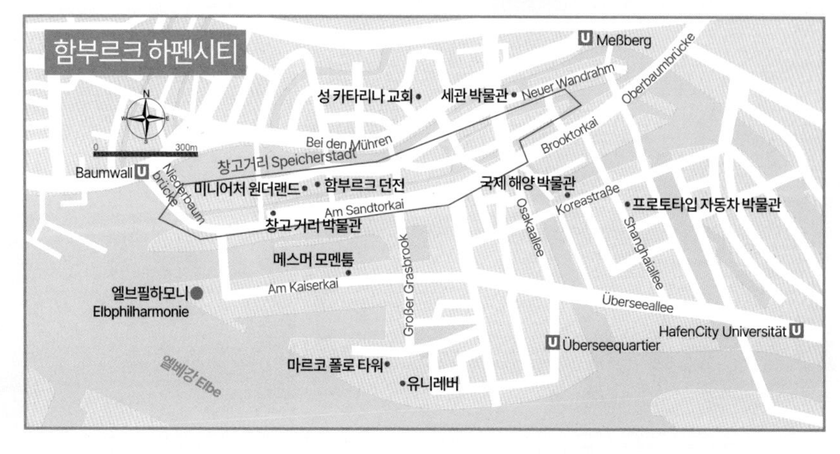

플란텐 운 블로멘 공원 Planten un Blomen

알스터 호수와 함께 함부르크 시민의 훌륭한 휴식 공간이 되어주는 대형 시민 공원이다. 플란텐 운 블로멘이라는 이름은 '식물과 꽃'이라는 뜻의 플란첸 운트 블루멘Pflanzen und Blumen의 저지독일어 방언이다. 호수를 끼고 갖가지 수목과 화초가 우거진 넓은 공원에서 편안히 걷거나 앉아서 쉬고, 겨울철에는 언 호수에서 스케이트를 탄다.

MAP P.438-B2 **홈페이지** www.planten-un-blomen-hamburg.de **가는 방법** U2호선 Messehallen역에서 도보 2분.

▶ 유스티츠 궁전 Justizpalast

남북으로 길게 연결된 공원의 중앙에 가장 눈에 띄는 웅장한 건축물이 유스티츠 궁전, 즉 법원이다. 흡사 궁전을 보는 듯한 건축물과 중앙의 광장, 법원 뒤편의 러시아 정교회 예배당까지 다채로운 볼거리를 제공한다. 법원 앞에는 낡은 의자가 여럿 놓여 있는데, 나치 집권기에 법원의 사형선고로 희생당한 이들을 기리는 히어 운트 예츠트 기념비Mahnmal Hier und Jetzt다.

MAP P.439-C2 **주소** Sievekingplatz 1

▶ 함부르크 역사박물관 Museum für Hamburgische Geschichte

함마부르크라는 변방의 요새에서 출발해 한자동맹의 찬란한 번영을 거쳐 지금도 자유도시로서 독일을 선도하는 함부르크의 1,200년 역사를 총망라한 박물관이다. 단순히 역사를 설명하는 교육관이 아니라, 그 모든 과정의 민속자료와 역사적 유물, 그래픽, 동전, 미니어처 등 다양한 방식으로 재미를 주는 박물관이다. 다만, 갈수록 감당할 수 없을 정도로 컬렉션이 확장되어 현재는 박물관을 전면 리모델링 중이다. 한동안 임시 휴관한다.

MAP P.438-B2 **주소** Holstenwall 24 **홈페이지** www.shmh.de

유스티츠 궁전

함부르크 역사박물관

브람스 기념관

텔레만 기념관

작곡가 지구 Komponistenquartier

함부르크 태생으로 명예시민의 칭호까지 얻은 세계적인 작곡가 요하네스 브람스 기념관은 1971년부터 존재하였다. 함부르크는 2010년대 들어 브람스 외에도 함부르크와 인연이 있는 뮤지션의 기념관을 브람스 기념관 주변에 조성하여 작곡가 지구를 완성하였다. 몇 블록 사이에 모여 기념하는 작곡가로는, 브람스 외에 구스타프 말러, 펠릭스 멘델스존과 그의 누이, 카를 필립 바흐('음악의 아버지' 바흐의 아들), 게오르크 텔레만, 요한 아돌프 하세 등 상당히 화려한 라인업이다. 따라서 클래식 애호가라면 함부르크를 꼭 버킷리스트에 올릴 만하다.

MAP P.439-C2 **전화** 040-63607882 **홈페이지** www.komponistenquartier.de **운영** 화~일요일 10:00~17:00, 월요일 휴무 **요금** 통합권 성인 €9, 학생 €7

여기 근처

'철혈 총리'로 우리에게도 이름이 잘 알려진 오토 폰 비스마르크Otto von Bismarck는 상대적으로 유럽 열강에 비해 발전의 첫발이 더디었던 독일제국 초기에 외교정책의 묘를 발휘해 독일을 일거에 유럽의 강대국으로 격상시킨 인물이다. 사후 그의 기념물이 독일 각지에서 제작되었는데, 높이 34m의 함부르크 비스마르크 동상Bismarck-Denkmal은 그중에서도 가장 크고 웅장하다. 플란텐 운 블로멘 공원이 확장된 항구 근처 울창한 나무숲 사이에 숨어 있는 비스마르크 동상은 20세기 초 독일의 분위를 느낄 수 있으며, 알 수 없는 그래피티가 더해져 특이한 풍경을 이루는 곳이다.

[비스마르크 동상] 주소 Seewartenstraße 4 **운영** 종일 개장 **요금** 무료 **가는 방법** 작곡가 지구 또는 성 미하엘 교회에서 도보 7분.

성 미하엘 교회 Hauptkirche St. Michaelis

지대가 높은 곳에 132m 높이의 첨탑을 세운 성 미하엘 교회는, 긴 항해 끝에 함부르크에 도착하는 뱃사람들에게는 '무사 귀환'을 알리는 상징적인 랜드마크로 함부르크 시민에게 '미헬Michel'이라는 애칭으로 불리며 사랑받아왔다. 17세기에 증축된 이래 두 차례 화재로 탑이 붕괴하는 사고가 있었기 때문에 1912년에 탑을 금속 재질로 다시 만들었다. 바로 그 첨탑은 452개의 계단 또는 엘리베이터로 올라가 함부르크를 조망하는 훌륭한 전망대다. 대천사 미카엘의 청동상, 종교 개혁가 루터의 동상 등이 외부를 장식하고, 내부는 화사한 바로크 양식으로 시선을 압도한다. 작곡가 브람스가 여기서 세례를 받았고, 텔레만 등 작곡가 지구에서 기념하는 음악가 중 성 미하엘 교회와 인연이 없는 사람이 없을 정도다.

MAP P.439-C3 **주소** Englische Planke 1 **전화** 040-376780 **홈페이지** www.st-michaelis.de **운영** 09:00~20:00(4·10월 ~19:00, 11~3월 ~18:00) **요금** 본당 무료, 통합권(전망대+납골당) 성인 €10, 학생 €8 **가는 방법** 작곡가 지구에서 도보 7분 또는 16·17번 버스 Michaeliskirche 정류장 하차.

강 건너편에서 보이는 풍경

란둥스브뤼켄 Landungsbrücken

'선착장들'이라는 뜻으로, 말하자면 함부르크의 여객선 터미널이다. 중세의 터미널 건물과 강 건너 타워 크레인이 어우러지는 전망을 즐기고, 부두의 크고 작은 식당에서 강바람을 맞으며 음료나 맥주를 마시다가, 1911년에 당시로서는 획기적 발상의 하저 터널인 엘브 터널Elbtunnel을 걸어서 강을 건너가 함부르크의 엘베강 풍경을 바라보면 란둥스브뤼켄 풀코스 관광이 완성된다. 란둥스브뤼켄 주변으로 옛 범선이 정박해 있어 항구의 정취에 이바지한다.

MAP P.438-B3 **가는 방법** 성 미하엘 교회에서 도보 7분 또는 S1·3·U3호선 Landungsbrücken역 하차, 터미널 건물 옆의 파빌리온에서 엘브 터널로 내려갈 수 있다.

레퍼반 Reeperbahn

항구 도시는 유흥이 발달하기 마련. 란둥스브뤼켄에 곧장 연결되는 장크트 파울리 St. Pauli 지역은 오래전부터 유흥이 발달하였으며, 특히 배에서 사용할 로프Reep 제조장 밀집가Bahn 레퍼반은 '세상에서 가장 죄 많은 1마일'이라는 별명이 붙을 정도로 상당한 규모의 유흥가와 홍등가가 펼쳐지는 곳이다. 2000년대 들어 원색적인 유흥업소는 사라지고, 나이트클럽 위주의 유흥가로 재편되고 있으나 여전히 여성과 미성년자 출입이 금지되는 일부 홍등가 구간이 남아 있다. 이색적인 관광지로 유명해져 밤마다 많은 사람이 찾는데, 다비드바헤Davidwache라고 불리는 경찰서(지구대)를 중심으로 치안은 우수하게 관리되는 편이다. 1960년대에 가난한 뮤지션이 꿈을 키우며 레퍼반의 허름한 술집에서 연주하곤 했는데, 그중에는 전설적인 밴드 비틀스도 있었다. 존 레넌은 "나를 성장시킨 곳은 리버풀이 아니라 함부르크"라는 말까지 했을 정도. 무명 시절 비틀스가 일당 몇 푼을 받으며 노래하던 클럽은 그로세 프라이하이트Große Freiheit 거리 주변에 여럿 남아 있는데, 인드라(www.indramusikclub.de)와 그로세 프라이하이트 36(www.grossefreiheit36.com)은 지금도 세계적인 명성을 유지하고 있다. 그로세 프라이하이트 거리가 시작되는 곳에 비틀스를 기리는 조형물이 설치되어 있으며, 비틀스 광장Beatles-Platz이라고 이름 붙였다.

다비드바헤

MAP P.438-B3 **가는 방법** 란둥스브뤼켄에서 도보 10분 또는 S1·3호선 Reeperbahn역 하차.

그로세 프라이하이트 36

비틀스 광장

Restaurant

먹는 즐거움

전통적인 식당, 대도시의 트렌디한 식당, 항구 주변의 수산물 식당 등 다양한 분야의 레스토랑이 많다. 함부르크가 햄버거의 고향이라는 사실도 기억해 두자.

시퍼뵈르제 Schifferbörse

중세 함부르크에서는 선박 거래(시퍼뵈르제)를 할 때 시청사에서 계약서를 쓰고 술집에서 건배까지 해야 효력이 발생한다고 하였다. 그 풍습에 착안하여 마치 중세 함선 속에 들어온 듯 고풍스러운 인테리어가 눈길을 끄는 레스토랑으로 인기가 높다. 슈니첼이나 생선 요리 등을 판다.

MAP P.439-D2 **주소** Kirchenallee 46 **전화** 040-245240 **홈페이지** www.schifferboerse-hamburg.de **운영** 12:30~23:00 **예산** 요리 €19~30 **가는 방법** 중앙역에서 도보 2분.

다니엘 비셔 Daniel Wischer am Rathaus

100년 역사를 자랑하는 함부르크의 생선 요리 레스토랑이다. 굽거나 튀긴 여러 생선 요리를 판매하는데, 함부르크 스타일의 판피슈Pannfisch를 추천한다. 2개 지점 중 시청사 옆에 본점이 있고, 식사 시간대에는 대기가 필요하다.

MAP P.439-C3 **주소** Grosse Johannisstraße 3 **전화** 040-36091988 **홈페이지** www.danielwischer.de **운영** 월~토요일 11:30~21:00, 일요일 휴무 **예산** 요리 €16~22 **가는 방법** 시청사에서 도보 2분.

브뤼케 첸 Brücke 10

란둥스브뤼켄의 10번 부두 앞 임비스 매장이다. 빵 사이에 끼워 먹는 여러 종류의 생선 요리를 패스트푸드처럼 간편하게 판매한다. 일반적인 절인 생선은 우리에게는 낯선 식감이지만, 튀긴 생선이나 훈제 연어 등 종류가 다양하여 취향에 맞게 고를 수 있다.

MAP P.438-B3 **주소** St. Pauli-Landungsbrücken 10 **전화** 040-33399339 **홈페이지** www.bruecke10.com **운영** 4~10월 10:00~22:00(일요일 09:00~), 11~3월 10:00~20:00(일요일 09:00~ **예산** 요리 €4~7 **가는 방법** 란둥스브뤼켄에 위치.

짐 블록 Jim Block Jungfernstieg

유명 스테이크 전문 레스토랑 체인점인 블록하우스에서 운영하는 햄버거 전문점이다. 고급 스테이크 하우스의 고기로 패티를 만드는 수제 버거의 맛은 패스트푸드와는 비교 불가. 함부르크에서 시작하여 지점을 넓혀 여러 도시에 진출했는데, 알스터 호수 앞 지점이 찾기 편하다.

MAP P.439-C2 **주소** Jungfernstieg 1–3 **전화** 040–3038 2217 **홈페이지** www.jim-block.de **운영** 11:00~22:00(금~토요일 ~23:00) **예산** 단품 €8.2~ **가는 방법** 알스터 호수 또는 시청사에서 도보 2분.

둘프스 버거 Dulf's Burger

반지하의 허름하고 좁은 공간에 자유롭게 배치된 테이블과 젊은 감각의 플레이팅으로 빠르게 자리를 잡은 수제 버거 전문점이다. 비건 포함, 3~4가지 빵(번) 중 하나를 고를 수 있고, 키즈 메뉴도 따로 판매한다.

MAP P.438-B2 **주소** Karolinenstraße 2 **전화** 040–4600 7663 **홈페이지** www.dulfsburger.de **운영** 11:30~22:00(금~토요일 ~23:00) **예산** 단품 €11.2~ **가는 방법** 유스티츠 궁전에서 도보 2분.

TOPIC 햄버거의 고향 함부르크

햄버거의 기원에 대해선 여러 가설이 있으나 햄버거Hamburger라는 단어 자체가 '함부르크의'라는 뜻을 가진 독일어라는 점을 보면, 함부르크를 빼고 논할 수 없는 건 분명하다. 간 고기를 뭉쳐 구워 먹는 건 유럽의 보편적인 식문화인데, 미국인의 시선으로 볼 때 '햄버그(함부르크)에서 배 타고 온 이민자들이 먹는 것'이었기에 햄버그스테이크라고 부르기 시작한 것이다. 이것을 빵에 넣어 먹는 것은 미국에서 탄생한 방식이라는 게 중론이지만, 소시지부터 생선까지 무엇이든 빵에 끼워 먹는 게 독일의 보편적인 식습관이었음을 생각하면 햄버그스테이크를 빵에 끼워 먹는 스타일도 독일에서 유래했을지 모른다. 분명한 것은, 햄버거의 고향은 함부르크 라는 사실.

Shopping 사는 즐거움

부유한 도시답게 쇼핑가의 품격이 상당하다. 중앙역부터 시청사 주변까지 끝없이 이어지는 쇼핑가를 구경하고, 항구 도시에 어울리는 어시장도 방문해 보자.

묀케베르크 거리 Mönckebergstraße

중앙역에서 여행을 시작하면 가장 먼저 만나게 될 번화가다. 갈레리아 백화점, 가전 백화점 자투른, 그 외에도 브랜드 숍이 입점한 대형 쇼핑몰이 두 곳이나 있고, 대형 SPA 의류매장, 슈퍼마켓 등 모든 종류의 쇼핑이 가능하다.

MAP P.439-D2 **가는 방법** 중앙역과 시청사 사이.

포스트 거리 Poststraße

럭셔리 및 프리미엄 브랜드 매장 위주의 고급스러운 쇼핑가다. 의류, 보석, 디자인 잡화, 애플스토어 등 그 분야도 다양하므로 가볍게 쇼윈도를 구경하며 걷기에 좋고, 최근에는 큰 쇼핑몰 한제피어텔 Hanseviertel도 문을 열어 날씨와 관계없이 둘러볼 만하다.

MAP P.439-C2 **가는 방법** 시청사 옆.

피슈마르크트 시장 Fischmarkt

피시 마켓, 즉, 어시장이다. 1700년대 초반부터 함부르크에서 갓 잡은 생선을 판매하는 시장이 형성되었고, 지금은 수산물뿐 아니라 기타 신선 식품과 꽃, 잡화 등을 판매하는 전통 시장의 모습이다. 일요일 오전 생선 경매와 함께 작은 축제가 열리는 건 소소한 재미. 독일에서 드물게 '흥정'이 필요한 시장이다. 이 또한, 항구 도시가 주는 재미다.

MAP P438-A3 **주소** Große Elbstraße 9 **홈페이지** www.hamburg.de/fischmarkt/ **운영** 일요일 05:00~09:30, 나머지 시간대에는 평범한 전통 시장이다 **가는 방법** 111번 버스 Fischauktionshalle 정류장 하차.

Entertainment 노는 즐거움

함부르크에서는 계절마다 열리는 민속 축제, 그리고 도시의 심벌과도 같은 항구에서 열리는 축제를 기억해 둘 만하다.

©Hamburger DOM

함부르거 돔
Hamburger Dom

함부르거 돔은 함부르크의 민속 축제 명칭이다. '대성당'이라는 뜻의 돔Dom이라는 이름을 사용하는 것은, 1300년대에 상인과 공예인 등이 주교와 담판하여 비가 오는 날에는 성당 내에서 시장을 열 수 있게 허락받은 것에서 유래한다. 연중 세 차례 개최되며, 각각 한 달 동안 프륄링스돔Frühlingsdom(3월 중순부터), 조머돔Sommerdom(7월 하순부터), 빈터돔Winterdom(11월 초순부터)이라 칭한다. 축제 광장에 오후부터 밤까지 각종 놀이시설과 먹거리 상점 등이 가득 들어서고, 불꽃놀이 등 볼거리가 더해진다. 자세한 일정 및 시간은 홈페이지에서 참조하기 바란다.

MAP P.438-B2 **주소** Heiligengeistfeld **홈페이지** www.hamburg-dom-fieber.de **가는 방법** U3호선 St. Pauli역 하차.

항구 탄생제
Hafengeburtstag

©www.hamburg.de

1189년 5월 신성 로마제국 프리드리히 바르바로사 황제로부터 면세 항구 개설을 허가받아 오늘날 거대한 무역항으로 성장한 함부르크 항구의 영광스러운 역사를 기리는 축제가 1977년부터 매년 5월에 한 주말을 정하여 금요일부터 일요일까지 3일간 열린다. 란둥스브뤼켄과 주변에서 영화 속에서나 보았을 거대한 배가 물대포를 쏘며 퍼레이드를 펼치고, 불꽃놀이와 글로벌 아티스트의 음악 공연 등 다채로운 행사가 밤낮으로 진행된다. 836번째 생일을 기념하게 될 2025년의 항구 탄생제 일정은 5월 9일부터 11일까지로 정해졌다.

홈페이지 www.hamburg.de/hafengeburtstag/

BREMEN 브레멘

중세 독일에서 한자도시이자 자유도시인 브레멘은 '가장 잘사는 도시' 중 하나였다. 오죽했으면 동화 〈브레멘 음악대〉에서 동물들이 학대를 견디다 못해 탈출해 찾아가는 이상향을 브레멘으로 설정했을까. 오늘날까지도 브레멘은 함부르크와 함께 독일의 단 둘뿐인 자유도시다.

관광안내소 INFORMATION

브레멘 관광안내소는 뵈트허 거리에 있다.

홈페이지 www.bremen.eu (영어)

찾아가는 방법 ACCESS

거점 도시와 이동시간 (레기오날반 기준)

함부르크 ↔ 브레멘 : ME 1시간 10분

하노버 ↔ 브레멘 : RE 1시간 19분

유효한 티켓 니더작센 티켓

Best Course 브레멘 추천 일정

브레멘은 독일에서 열 손가락에 드는 큰 도시이지만 관광지가 모인 구시가지는 아담하고, 동화 같은 풍경으로 가득하다. 관광은 도보로 약 3~4시간이면 충분하고, 박물관 관람이나 공방 구경 등을 곁들여 반나절 정도 돌아보면 적당하다.

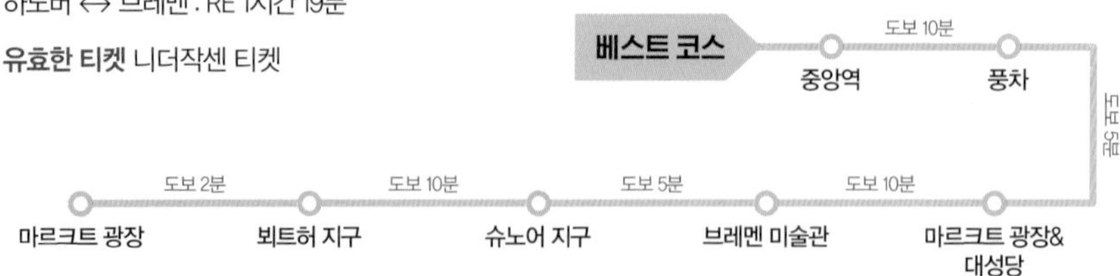

Tip. 중앙역에서 구시가지까지 트램을 타면 시간을 절약할 수 있다. 4·6·8번 트램으로 Herdentor 정류장 하차 후 베스트 코스대로 여행한다. 니더작센 티켓이 유효하며, 노선은 교통국 VBN 홈페이지(www.vbn.de)에서 확인할 수 있다.

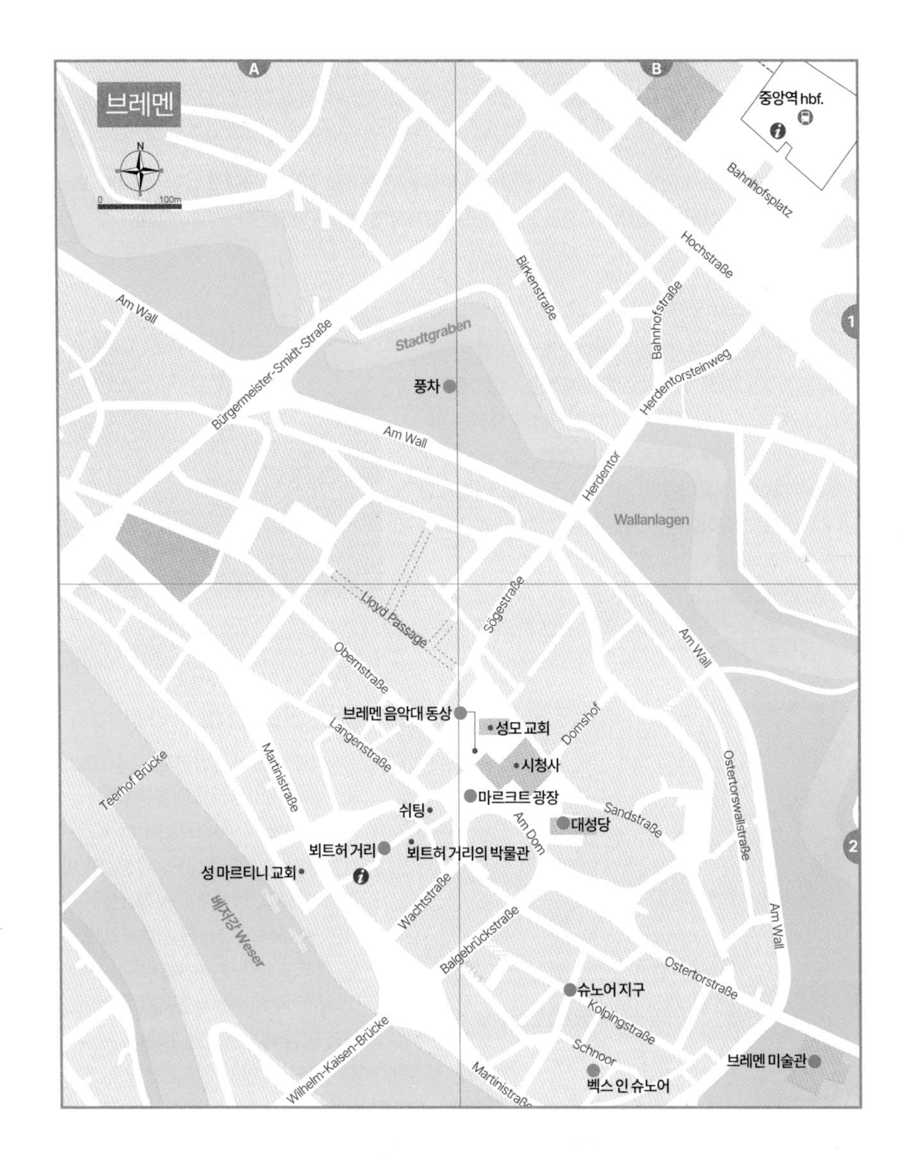

TOPIC 브레멘 음악대

농장에서 학대받던 당나귀, 개, 고양이, 수탉이 집을 나와 함께 브레멘으로 향하던 중 도둑이 사는 집을 발견하고 힘을 모아 도둑을 내쫓고 그 집에서 행복하게 살았다는 이야기. 너무도 유명한 그림 형제(P.26)의 동화 〈브레멘 음악대Die Bremer Stadtmusikanten〉의 줄거리다. 무작정 '상경'하듯 브레멘을 향하는 것만 보더라도 중세 독일에서 브레멘의 경제력이 상당했음을 알 수 있다. 도둑을 내쫓으려고 네 마리의 동물이 차례대로 '합체'한 모습은 브레멘의 마스코트와 같아서 시내 곳곳에서 만날 수 있다.

Attraction 보는 즐거움

한자동맹의 주요 도시 중 하나로 상업이 활발하고 부유했던 중세의 영광이 그대로 남아 있으며, '브레멘 음악대'를 포함하여 동화 같은 풍경을 완성하는 구시가지의 매력에 빠져든다.

풍차 Mühle am Wall

브레멘은 18세기에 구시가지 성벽이 있던 자리를 공원으로 바꾸고, 지그재그 모양의 해자에 풍차를 여럿 세웠다. 경관 목적이 아닌 실제 수력 발전을 이용한 방직공장이었다. 그러나 대부분 화재로 소실되고 현재는 헤르덴 문 Herdentor(과거 성문이 있던 자리) 인근에 하나의 풍차만 남아 있다. 주변의 아름다운 정원 풍경과 기막히게 조화를 이루며, 레스토랑으로 사용된다.

MAP P.455-A1 **홈페이지** www.becksmuehle.de **가는 방법** 중앙역에서 도보 10분 또는 1~4·6·8번 트램 Herdentor 정류장 하차.

마르크트 광장 Marktplatz

구시가지의 중심 광장이자 유네스코 세계문화유산인 시청사와 롤란트Roland가 있는 곳이며, 시청사보다 더 화려한 상인들의 길드홀 쉬팅Schütting이 마주 보고 있다. 광장에서 시청사를 바라보면, 르네상스 양식의 시청사와 롤란트, 그리고 그 뒤편의 성모 교회Unser Lieben Frauen Kirche 탑까지 한눈에 들어와 인상적인 풍경을 만든다. 도시의 수호자인 롤란트가 오늘날까지 완벽하게 보존된 몇 안 되는 사례이며 그 크기와 완성도도 뛰어나 브레멘의 롤란트는 특히 높은 가치를 인정받는다. 시청사와 성모 교회 사이의 '브레멘 음악대' 조형물은 브레멘에서 가장 인기 있는 장소이며, 종종 거리 공연이 열리기도 하고, 행운을 기원하며 당나귀의 앞발을 만지며 사진 찍는 사람들이 늘 장사진을 이룬다.

MAP P.455-B2 **가는 방법** 풍차가 보이는 Herdentor 다리에서 도보 5분 또는 1~4·6·8번 트램 Domsheide 정류장 하차.

대성당 St. Petri Dom

브레멘 대성당은 약 1,200년을 웃도는 긴 역사를 가졌다. 하지만 일찌감치 신성 로마제국의 입김을 차단한 한자도시의 리더였던 만큼 브레멘에서 대성당은 환영받지 못하는 존재였다. 증축 공사가 중단되고 사고로 탑이 무너지는 등 다사다난한 과정을 거쳐 1800년대 들어 개신교 교회로 바뀐 뒤에 비로소 98.5m 높이의 두 탑이 지금의 모습을 갖추었다. 제2차 세계대전 이후에도 복원이 더딘 편이어서 1982년에 다시 문을 열었고, 이 과정에서 발굴한 1,000년 전 주교의 보물과 벽화 등을 무료로 전시한다. 또한, 지하 납골당 블라이켈러 Bleikeller에서는 미라가 발견되어 이 또한 방문객에게 공개되어 있다. 첨탑은 265개의 계단을 올라가 브레멘 시내를 바라보는 전망대로 개방한다.

MAP P.455-B2 **주소** Sandstraße 10–12 **전화** 0421–365040 **홈페이지** www.stpetridom.de **운영** 본당 10:00~17:00(일요일 11:30~), 첨탑 수~토요일 10:00~17:00, 블라이켈러 수~토요일 11:00~17:00, 첨탑과 블라이켈러 일~화요일 휴무 **요금** 본당 무료, 첨탑 성인 €4, 학생 €3, 블라이켈러 성인 €5, 학생 €4 **가는 방법** 마르크트 광장 옆.

브레멘 미술관 Kunsthalle Bremen

14세기부터 현대까지의 광범위한 예술 작품을 소장하고 있으며, 1800년대 중반 시민 주도 및 모금으로 문을 열었다. 따라서 19세기 독일과 유럽의 작품 컬렉션이 우수하며, 특히 미술관에서 직접 작가와 접촉하여 독일 인상주의의 '3대장' 막스 리버만, 막스 슬레보그트, 로비스 코린트의 작품을 다수 소장하고 있다. 제2차 세계대전 후 수백 점을 약탈당한 가슴 아픈 역사도 있다(해당 작품은 상트페테르부르크 에르미타주 미술관에 전시 중이다). 현대미술도 적극적으로 품어 백남준 작품을 심층적으로 다루는 것도 눈에 띈다.

MAP P.455-B2 **주소** Am Wall 207 **전화** 0421–329080 **홈페이지** www.kunsthalle-bremen.de **운영** 화~일요일 10:00~17:00(화요일 ~21:00), 월요일 휴무 **요금** 성인 €10, 학생 €5 **가는 방법** 대성당에서 도보 10분 또는 1~4·6번 트램 Theater am Goetheplatz 정류장 하차.

슈노어 지구 Schnoor

브레멘 구시가지에서도 구시가지에 속하는, 사실상 이 도시에서 가장 오래된 지역이 슈노어 지구다. 두어 사람이 지나가면 꽉 찰 좁은 골목이 미로처럼 연결되어 있으며, 약 110채의 건물은 15~16세기풍의 모습으로 사랑스럽게 반겨준다. 대개 주거용 건물이지만 1층(지층)은 소규모 공방, 액세서리 숍, 레스토랑, 카페 등으로 사용되어 구경하는 재미도 쏠쏠하다. 독일에서 드물게 상시 일요일 쇼핑이 가능한 지역이라는 것도 잊지 말자.

MAP P.455-B2 **가는 방법** 브레멘 미술관 또는 대성당에서 도보 5분.

여기근처

슈노어 지구는 베저강Weser에 바로 닿아 있다. 그리고 구시가지 부근의 강변은 슐라흐테 지구Schlachte라고 부르며, 약 660m 구간을 둔치 공원으로 조성하였다. 걷거나 자전거 타기 좋은 강변 산책로, 강에 정박한 옛 범선 등이 무역으로 번영한 브레멘의 과거를 보여주는 듯하다. **성 마르티니 교회**St. Martini Kirche의 높은 첨탑도 강변의 정취를 물들이는 데에 한몫 거든다.

[성 마르티니 교회] 주소 Martinikirchhof 3 **전화** 0421-324835 **홈페이지** www.st-martini.net **운영** 오전부터 오후까지 비정기적으로 개장 **요금** 무료 **가는 방법** 슈노어 지구에서 도보 7분.

뵈트허 거리
Böttcherstraße

뵈트허 거리

북부 독일 특유의 붉은 벽돌을 성처럼 쌓은 특이한 형태의 건물 여러 채가 하늘이 보이지 않을 정도로 빼곡히 미로처럼 연결된 곳인데, 20세기 초 브레멘에서 커피 사업으로 크게 성공한 루트비히 로젤리우스Ludwig Roselius가 일대를 매입해 건물을 헐거나 고쳐 약 100m 구간을 싹 뜯어고친 것이다. 각 건물은 수공예 장인의 공방이나 갤러리, 기념품 숍 등으로 사용되며, 브레멘 관광안내소도 여기에 있다. 참고로, 로젤리우스의 커피 회사는 세계 최초로 디카페인 커피를 개발한 Kaffee HAG이며, 브레멘은 유럽 최초의 커피 공장이 설립되는 등 독일의 커피 산업에 적지 않은 지분을 가진 도시다.

뵈트허 거리

MAP P.455-A2 **홈페이지** www.boettcherstrasse.de **가는 방법** 슈노어 지구에서 도보 7분 또는 마르크트 광장에서 도보 2분.

▶ 루트비히 로젤리우스 박물관
Ludwig Roselius Museum

뵈트허 거리의 출발점과 같은 곳이다. 루트비히 로젤리우스가 건물을 매입하고 자신이 커피 회사로 사용하다가, 건물을 확장하면서 개인 소장 예술품을 전시하는 박물관을 만들었다. 중세부터 바로크 시대까지의 예술 작품을 포괄하며, 크라나흐와 리멘슈나이더 등 종교 개혁 시기 독일 르네상스 시대의 컬렉션이 인상적이다.

▶ 파울라 모더존베커 박물관
Paula Modersohn-Becker Museum

루트비히 로젤리우스 박물관

루트비히 로젤리우스 박물관과 같은 건물에 있다. 독일의 여류 화가 파울라 모더존베커Paula Modersohn-Becker(1876~1907)는 짧은 일생에도 불구하고 700점 이상의 작품을 남긴 독일 표현주의의 거장이다. 그녀는 12세 되던 해에 브레멘으로 이사 와서 그림을 배우기 시작하였다. 루트비히 로젤리우스가 소장한 모더존베커의 작품을 토대로 1927년 박물관이 문을 열었고, 독일 표현주의 미술 분야에 있어 대단히 중요한 위치에 있다.

홈페이지 www.museen-boettcherstrasse.de **운영** 화~일요일 11:00~18:00, 월요일 휴무 **요금** 두 박물관 통합권 성인 €10, 학생 €6

Restaurant

먹는 즐거움

마르크트 광장, 슈노어 지구, 뵈트허 거리 등 구시가지 곳곳에 다양한 레스토랑이 있다. 물론 벡스 맥주도 이 도시에서 빼놓을 수 없는 미식의 주인공이다.

벡스 인 슈노어 Beck's in'n Snoor

슈노어 지구에 있는 벡스의 비어홀이다(슈노어를 저지독일어 방언으로 Snoor라고 표기한다). 좁은 골목 사이에 있지만 내부는 꽤 넓은 편이며, 클래식한 분위기에서 슈니첼, 스테이크 등 독일 향토 요리 또는 랍스카우스 등 독일 북부 스타일의 전통 요리를 먹을 수 있다. 물론 최고로 신선한 벡스 맥주를 빼놓으면 안 된다.

MAP P.455-B2 **주소** Schnoor 35 **전화** 0421-323130 **홈페이지** www.becks-im-schnoor.com **운영** 12:00~늦은 밤 **예산** 요리 €19~26 **가는 방법** 슈노어 지구에 위치.

+ TRAVEL PLUS 브레멘 공장 견학 투어

벡스 맥주의 원산지 브레멘에 왔으니 맥주 애호가라면 벡스 공장 견학 투어도 버킷리스트에 올릴 만하다. 벡스 맥주와 브레멘 지역의 로컬 브랜드인 하케베크 맥주의 역사에 대한 박물관과 양조시설, 저장고 등을 구경할 수 있다. 약 3시간 분량의 투어(€20)가 끝나면 갓 양조한 세 가지 종류의 맥주(원하면 무알코올 맥주)를 시음할 수 있다. 만 16세 이상만 참여할 수 있으며, 뵈트허 거리에 있는 브레멘 관광안내소에서 신청 및 예약한다. 영어 투어는 15:00에 시작하며, 참가자가 적으면 투어가 취소될 수 있다는 점은 유념하기 바란다.

©BTZ/I.Krause

LÜBECK 뤼베크

무역과 상업으로 크게 발달한 부유한 도시들의 모임인 한자동맹 중에서도 단연 으뜸이어서 '한자동맹의 여왕'이라 불린 뤼베크. 당시 형성된 시가지는 여전히 고급스럽고, 유네스코 세계문화유산으로 등재되어 있다.

관광안내소 INFORMATION

뤼베크 구시가지로 들어가는 관문인 홀슈텐문 앞 광장에 큰 관광안내소가 있다.

홈페이지 www.visit-luebeck.com (영어)

찾아가는 방법 ACCESS

거점 도시와 이동시간 (레기오날반 기준)

함부르크 ↔ 뤼베크 : RE 46분

유효한 티켓 슐레스비히홀슈타인 티켓

TOPIC 한자동맹

한자동맹은 14~15세기경 북해와 발트해 연안 도시를 중심으로 한 길드 연합이다. 무역이 활발했던 항구도시들과 내륙 상업도시가 주요 멤버였다. 이들은 서로 연합하여 스스로 법을 만들고 군대를 조직했으며 동맹의 중심 도시는 신성 로마제국(또는 지방국가)에 세금을 내지 않고 자치권도 획득하였다. 전성기 멤버 도시는 100여 개에 달했으며, 해상무역권을 놓고 덴마크와 전쟁을 벌여 승리하기도 하였다. 그러나 16세기 이후 신항로 개척으로 해상무역의 중심에서 밀려나면서 동맹은 해체되고, 자유도시의 지위도 상실하였다. 다만, 마지막까지 자유도시로 존치한 한자도시가 셋 있었으니, 함부르크와 브레멘, 그리고 '여왕' 뤼베크다.

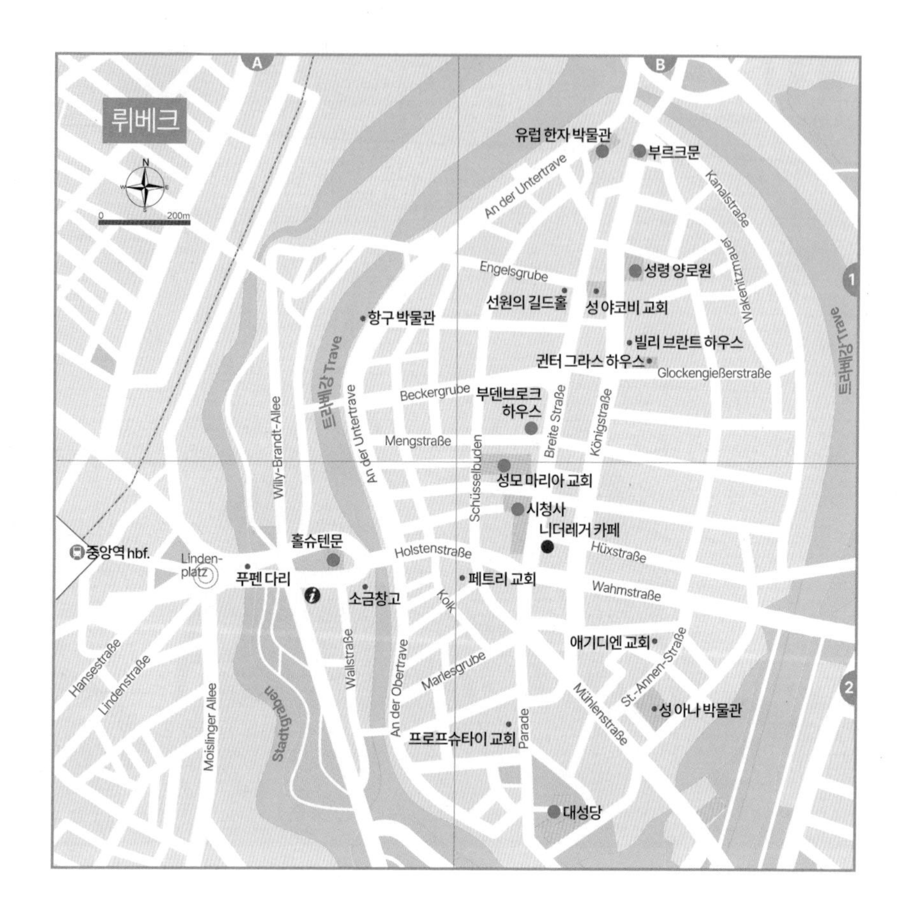

Best Course 뤼베크 추천 일정

베스트 코스 트라베강Trave 위 섬이 뤼베크 구시가지다. 섬 구석구석을 구경하고 박물관도 관람하면 반나절 정도 소요되며, 빠르게 여행하면 3~4시간 필요하다.

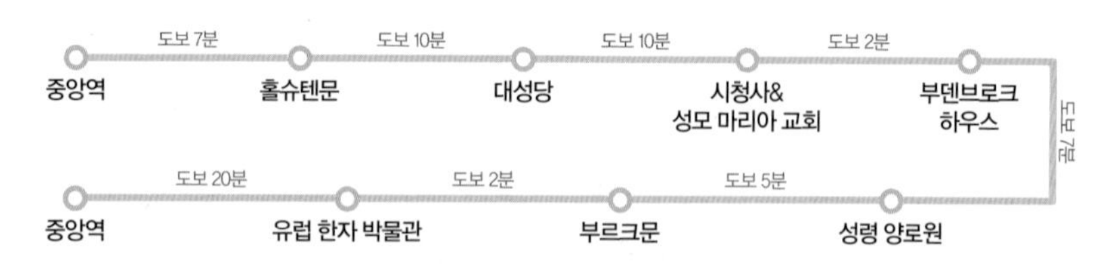

Tip. 유럽 한자 박물관에서 중앙역으로 돌아오는 길에 트라베강을 따라 걸어보자. 항구 박물관Museumshafen이라 이름 붙인 강변에 옛 선박이 정박해 있는 모습이 매우 인상적이다.

Attraction 보는 즐거움

북부 독일 특유의 붉은 벽돌 양식이 구시가지에 가득하며, 한자동맹 전성기의 파워를 지금도 느낄 수 있다. 물론 이 모습은 제2차 세계대전으로 파괴된 것을 다시 복원한 것이며, 구시가지 전체가 유네스코 세계문화유산으로 등재되었다.

홀슈텐문 Holstentor

뤼베크 구시가지로 들어가는 대문이다. 한자동맹 중심지 뤼베크는 자유도시였기 때문에 도시를 스스로 방어해야 했으며, 따라서 견고한 성벽을 쌓았다. 홀슈텐문은 당시 성벽 서쪽 출입문으로 만들어졌으며, 그 압도적인 위압감으로 미루어 볼 때 당시 성벽의 모습을 짐작할 수 있다. 원뿔형 지붕이 얹힌 기둥이 워낙 육중하여 그 무게를 이기지 못하고 지반이 침하해 홀슈텐문이 약간 기울어 있다. 7개의 테마 전시실로 구성된 내부는 뤼베크의 역사를 체험하는 흥미로운 박물관으로 개방된다.

MAP P.462-A2 **주소** Holstentorplatz **전화** 0451-1224129 **홈페이지** www.museum-holstentor.de **운영** 1~3월 화~일요일 11:00~17:00, 4~12월 10:00~18:00, 1~3월 월요일 휴무 **요금** 성인 €8, 학생(18세 이하) 무료 **가는 방법** 중앙역에서 도보 7분.

대성당 Dom zu Lübeck

하인리히 사자공(P.506)에 의해 13세기 초반에 건축된 로마네스크 양식의 뤼베크 대성당은 뤼베크에서 가장 오래된 교회 건축물로 베른트 노트케Bernt Notke가 제작한 17m 높이의 '승리의 십자가' 등 가치 있는 보물을 간직하고 있다. 지금도 대성당 앞에 사자공을 기념하는 사자상이 서 있다.

MAP P.462-B2 **주소** Mühlendamm 2-6 **전화** 0451-74704 **홈페이지** www.domzuluebeck.de **운영** 10:00~16:00 **요금** 무료 **가는 방법** 홀슈텐문에서 도보 10분.

여기근처

대성당 근처 옛 수도원 건물을 수준 높은 박물관으로 바꾸어 종교예술 작품과 중세의 가구 및 도자기 등을 전시한 **성 아나 박물관** Museumsquartier St. Annen은 볼거리가 충실하다.

[성 아나 박물관] 주소 St.-Annen-Straße 15 **전화** 0451-1224137 **홈페이지** www.museumsquartier-st-annen.de **운영** 화~일요일 10:00~17:00(1~3월 11:00~), 월요일 휴무 **요금** 성인 €8, 학생(18세 이하) 무료 **가는 방법** 대성당에서 도보 2분.

사자상

시청사 Rathaus

한자동맹의 전성기 시절, 신성 로마제국의 보호를 받지 않는 뤼베크에서 시장의 역할은 곧 국왕의 역할과 같았다. 따라서 뤼베크 시청사는 왕궁과 같은 곳. 검정색 벽돌을 성처럼 쌓아 올리고, 한자도시 특유의 뾰족한 첨탑으로 장식한 시청사 외관은 뤼베크 구시가지에서 확연히 눈에 띈다. 1230년에 건축되었고, 이후 3세기에 걸쳐 지금의 외양을 갖췄다. ㄱ자 모양의 시청사 안뜰 마르크트 광장에서 보는 풍경이 인상적이며, 가이드 투어로 화려한 대회의장 등을 구경할 수 있다.

MAP P.462-B2 **주소** Breite Straße 62 **전화** 0451-1221005 **홈페이지** www.visit-luebeck.com/old-town/town-hall **운영** 월~금요일 11:00·12:00·15:00, 토~일요일 12:00 투어 시작 **요금** €4 **가는 방법** 대성당에서 도보 10분 또는 홀슈텐문에서 도보 2분.

성모 마리아 교회 St. Marienkirche

독일 북부 지역의 '표준'과도 같은 붉은 벽돌 양식 건축의 모태라고 할 수 있는 건축물. 이후 성모 마리아 교회를 롤모델로 하여 세운 붉은 벽돌 고딕 양식의 교회가 70여 곳에 달한다. 125m 높이의 첨탑도 대단하거니와 38.5m 높이의 내부 천장은 세계에서 가장 높은 규모라고 한다. 흥미로운 점은, 성모 마리아 교회를 건축할 때 와인 가게를 짓는 줄 알고 악마가 힘을 보탰다가 격분하였다는 전설이 내려온다는 것. 전설에 따르면, 격분하여 교회를 부수려 하는 악마에게 한 노인이 와인 가게를 지어줄 테니 진정하라고 설득하여 악마가 떠났고, 실제로 성모 마리아 교회 바로 앞 시청사에는 와인 저장고가 있다. 이 전설을 나타내는 조형물이 교회 앞에 있어 방문객이 사랑을 독차지하고 있다.

MAP P.462-B2 **주소** Marienkirchhof 1 **전화** 0451-397700 **홈페이지** www.st-marien-luebeck.de **운영** 10:00~18:00(일요일 11:00~) **요금** 성인 €4, 학생 €2 **가는 방법** 시청사 옆.

교회 앞 악마의 조형물

부덴브로크 하우스
Buddenbrookhaus

뤼베크 출신의 노벨 문학상 수상자 토마스 만Thomas Mann이 거주하였고 그의 대표작 〈부덴브로크가의 사람들Buddenbrooks〉의 배경이 되는 저택이다. '만 가문'의 둥지였던 이곳은 토마스 만 및 그의 친형인 소설가 하인리히 만과 관련된 박물관이 되었으며, 지금은 소장 자료가 늘어나고 소설을 체험하는 멀티미디어 전시가 추가되는 등 박물관이 수용할 수 없을 만큼 규모가 커져 대대적인 확장 공사 중에 있다. 옆 건물과 연결한 새로운 박물관이 탄생할 때까지 휴관 예정이며, 성모 마리아 교회 바로 옆에 인포메이션 센터(주소 Markt 15)를 운영한다. 2028년에 재개관 예정. 토마스 만 관련 전시 자료는 벤하우스 드레거하우스 박물관Museum Behnhaus Drägerhaus(주소 Königstraße 9)에서 만날 수 있으니 홈페이지에서 확인하기 바란다.

MAP P.462-B1 **주소** Mengstraße 4 **전화** 0451-1224190 **홈페이지** www.buddenbrookhaus.de **가는 방법** 성모 마리아 대성당 옆.

+ TRAVEL PLUS 노벨상 수상자가 세 명

노벨 문학상 수상자 토마스 만이 전부가 아니다. 뤼베크는 무려 세 명의 노벨상 수상자를 배출하였다. 그리고 부덴브로크 하우스 외에도 각각의 노벨상 수상자를 기념하는 장소가 있어 여행자도 들러 볼 수 있다. 토마스 만과 마찬가지로 노벨 문학상 수상자이며 〈양철북Die Blechtrommel〉 등의 걸작을 남긴 귄터 그라스Günter Grass는 1995년부터 20년간 뤼베크에서 살다가 숨을 거두었다. 그가 말년에 작업하며 지낸 집이 기념관으로 개관하였다. 또한, 1913년 뤼베크에서 태어나 두 차례의 세계대전을 지나 독일 분단 시절 서독 총리가 되어 독일 통일의 초석을 놓은 위대한 정치인 빌리 브란트Willy Brandt의 고향이 뤼베크다. 그와 직접적인 연결고리는 없으나 2007년에 그의 업적을 기리며 기념관이 문을 열었다. 두 곳 모두 무료로 관람할 수 있으며, 자세한 정보는 귄터 그라스 하우스(www.grass-haus.de)와 빌리 브란트 하우스 홈페이지(www.willy-brandt.de)에서 확인하기 바란다.

귄터 그라스 하우스 ©Günter Grass-Haus Lübeck

빌리 브란트 하우스

성령 양로원
Heiligen-Geist-Hospital

뤼베크 상인의 기부로 1286년에 설립한 성령 병원은 유럽에서 가장 오래된 사회기관 중 하나다. 당시에는 100여 명의 환자를 수용하는 규모였으며, 이후 요양원으로 용도가 바뀌었다가 현대에 들어와 양로원으로 사용된다. 지금도 13세기의 건축물 부분이 보존되어 있고, 아름다운 홀과 옛 병실 등을 관람할 수 있는 박물관으로 개방되며, 레스토랑도 운영 중이다. 다섯 개의 뾰족한 탑을 중심으로 비대칭 외관으로 만들어 건축미가 독특하다.

MAP P.462-B1 **주소** Koberg 11 **전화** 0451-1222353 **운영** 10:00~17:00 **요금** 무료 **가는 방법** 부덴브로크 하우스에서 도보 7분.

여기근처

성령 양로원 부근 **성 야코비 교회**St. Jakobikirche는 14세기에 선원과 어부의 교회로 지어졌다. 제2차 세계대전 중에도 기적적으로 화마를 피한 덕분에 예술적 가치가 높은 오르간 등이 교회 내부에 남아 있다.

[성 야코비 교회] 주소 Jakobikirchhof 1 **전화** 0451-3080121 **홈페이지** www.st-jakobi-luebeck.de **가는 방법** 부덴브로크 하우스와 성령 양로원 사이.

부르크문 Burgtor

뤼베크 중세 성벽 출입문 중 홀슈텐문과 함께 오늘날까지 남아 있는 곳이며, 북쪽 성문에 해당한다. 원래 견고한 3중 성벽이 서 있었고 부르크문은 그 중 가운데에 해당했다. 지금은 성벽의 흔적이 없지만 3중 성벽으로 보호하던 1,000년 전의 모습을 기념물로 남겨두었다.

MAP P.462-B1 **주소** Große Burgstraße 5 **가는 방법** 성령 양로원에서 도보 5분.

유럽 한자 박물관 Europäisches Hansemuseum

한자동맹의 찬란한 역사를 집대성한 박물관으로 2015년에 개관하였다. 개관 후 매년 10만 명 이상의 방문객이 찾고 있다. 뤼베크에 국한하지 않고 한자동맹의 탄생부터 전성기, 쇠퇴기에 이르기까지 모든 역사적 자료를 충실히 전시한다. 전문적인 내용이 많아 다소 어렵게 느껴질 수 있지만 다양한 시청각 자료를 곁들여 최대한 친절히 설명하려는 노력이 인상적이다.

MAP P.462-B1 **주소** An der Untertrave 1 **전화** 0451-8090990 **홈페이지** www.hansemuseum.eu **운영** 10:00~18:00 **요금** 성인 €14, 학생 €9 **가는 방법** 부르크문에서 도보 2분.

©EHM/W.Huthmacher

Shopping 사는 즐거움

뤼베크에서 그냥 지나칠 수 없는 특산품은 니더레거 카페의 마지팬이다. 먹기 위해서 또는 구경하기 위해서 일부러라도 찾아갈 만한 곳이다.

니더레거 카페 Café Niederegger

달콤한 아몬드 과자 마지팬(마르치판Marzipan)의 기원은 분명치 않으나, 분명한 것은 세계에서 마지팬의 최강자가 뤼베크라는 것, 그리고 그 중심이 1806년부터 마지팬을 만든 니더레거 카페라는 점이다. 섬세하게 만들어 앙증맞은 패키지에 담아 판매하는 마지팬은 선물용으로도 제격이다(유통기한이 길지 않다는 건 유념하자). 2층(한국식으로 3층)에 사람 크기의 마지팬으로 구경 거리를 제공하는 마지팬 박물관Marzipan-Museum도 무료로 개방하고 있다.

MAP P.462-B2 **주소** Breite Straße 89 **전화** 0421-5301126 **홈페이지** www.niederegger.de **운영** 월~금요일 09:00~19:00, 토요일 09:00~18:00, 일요일 10:00~18:00 **가는 방법** 시청사 맞은편.

SCHWERIN 슈베린

독일 북부 메클렌부르크포어포메른의 주도 슈베린은, 도시보다 더 면적이 넓은 7개의 호수에 둘러싸여 마치 물 가운데 뜬 섬과 같은 매력을 뽐낸다. 활발한 교역으로 번영한 중세의 흔적과 휴양지에 온 듯한 청정 호수의 분위기를 함께 즐길 수 있다.

관광안내소 INFORMATION

슈베린 관광안내소는 마르크트 광장의 시청사에 있다.

홈페이지 www.schwerin.de (영어)

찾아가는 방법 ACCESS

거점 도시와 이동시간 (레기오날반 기준)

함부르크 ↔ 슈베린 : RE 1시간 25분

유효한 티켓 메클렌부르크포어포메른 티켓

베스트 코스

중앙역 → 대성당 → 마르크트 광장 → 주립박물관 → 슈베린 궁전

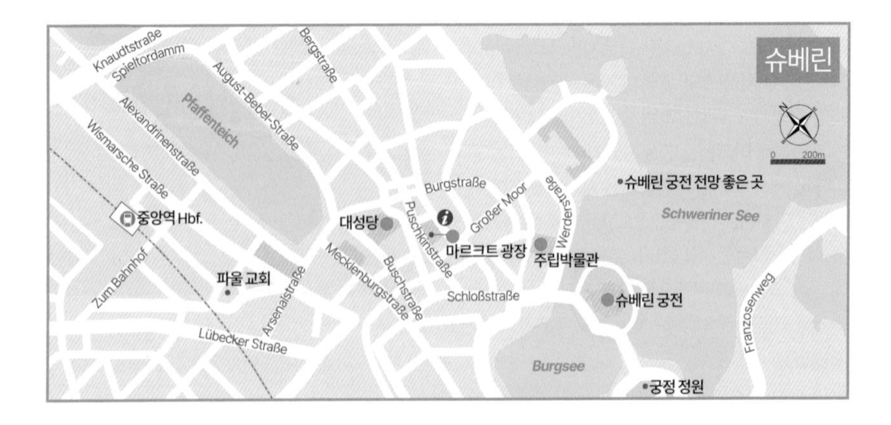

단연 최고의 볼거리는 호수 위 섬에 있는 슈베린 궁전Schweriner Schloss이다. 섬의 크기에 딱 맞게 궁전을 지어 마치 궁전이 호수 위에 떠 있는 것처럼 보인다. 르네상스 양식의 우아한 궁전은 기존의 요새를 대체하여 1837년에 영주의 거성으로 새로 지은 것이며, 프랑스의 샹보르 성Château de Chambord에서 영감을 얻었다. 영주가 머물던 시절의 인테리어를 복원해 박물관으로 개장하고 있다. 슈베린은 10세기까지 슬라브족의 정착지였다. 하인리히 사자공(P.506)이 슈베린을 점령하여 주교좌 도시를 세웠으며, 오늘날에도 마르크트 광장Marktplatz에 그를 기리는 사자상이 있다. 마르크트 광장은 시청사를 포함한 구시가지의 정취가 아름다운 곳이며, 골목 안쪽에 117.5m 높이 첨탑이 도시 어디서나 잘 보이는 대성당Schweriner Dom도 중요한 랜드마크다. 구시가지에서 보이는 호수의 풍경도 아름답고, 호수 위에 떠 있는 듯한 슈베린 궁전의 풍경도 아름다워서 호숫가에서 쉬어 가기에 좋은 휴양지 느낌도 든다. 회화 작품 위주로 전시하는 주립박물관Staatliches Museum도 안팎으로 인상적이다.

슈베린 궁전

마르크트 광장

호수 건너편에서 보이는 대성당

주립박물관

▶ 슈베린 궁전

MAP P.468 **주소** Lennéstraße 1 **전화** 0385-58841572 **홈페이지** www.mv-schloesser.de **운영** 화~일요일 10:00~18:00(10월 15일~4월 14일 ~17:00), 월요일 휴무 **요금** 성인 €8.5, 학생 €6.5

▶ 대성당

MAP P.468 **주소** Am Dom 4 **전화** 0385-565014 **홈페이지** www.dom-schwerin.de **운영** 10:00~17:00(일요일 12:00~) **요금** 무료

▶ 주립박물관

MAP P.468 **주소** Alter Garten 3 **전화** 0385-58841222 **홈페이지** www.museum-schwerin.de **운영** 화~일요일 11:00~18:00(11~3월 ~17:00), 월요일 휴무 **요금** 성인 €5.5, 학생 €4

LÜNEBURG 뤼네부르크

엘베강의 지류인 일메나우강이 흐르는 작은 도시. 소금(암염)이 채취되어 한자동맹의 일원으로 큰 번영을 누렸으며, 그 영광이 담긴 구시가지가 아름답게 보존되어 있다.

관광안내소 INFORMATION

뤼네부르크 관광안내소는 시청사에 있다.

홈페이지 www.lueneburg.info (영어)

찾아가는 방법 ACCESS

거점 도시와 이동시간 (레기오날반 기준)

함부르크 ↔ 프린 : ME 36분

유효한 티켓 HVV 1일권(€22.5) 또는 니더작센 티켓

베스트 코스 기차역 – 일메나우강 – 마르크트 광장&시청사 – 암 잔데 – 뤼네부르크 박물관

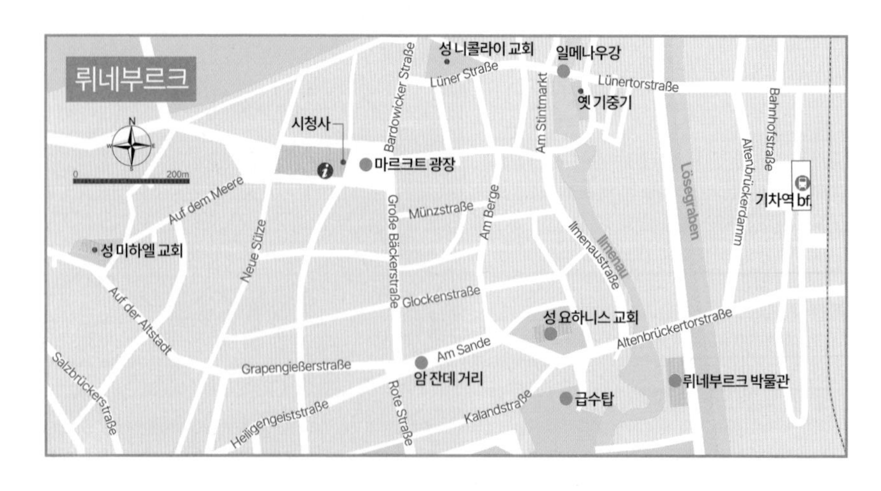

마르크트 광장

구시가지의 중심인 마르크트 광장Marktplatz은 파사드를 장식한 조각과 마이센 도자기 차임벨이 인상적인 시청사Rathaus를 중심으로 중세의 풍경을 잘 간직하고 있다. 마르크트 광장을 중심으로 크게 두 가지 길이 뤼네부르크 관광의 핵심을 완성한다. 첫째, 기차역부터 마르크트 광장까지 갈 때 만나게 될 일메나우강Ilmenau은 옛 기중기와 범선 등으로 중세 무역 도시의 분위기를 살리면서 뤼네부르크 박물관Museum Lüneburg 등의 볼거리가 강을 따라 이어진다. 둘째, 구시가지의 번화가인 암 잔데Am Sande 거리다. 북부 독일 특유의 단아한 건축물이 거리 양편에 줄지어 있는 가운데, 성 요하니스 교회St. Johanniskirche와 급수탑Wasserturm이 하늘 높이 솟아 풍경을 완성한다. 이 중 성 요하니스 교회는, 건축 당시 지붕이 기울어져 보여 건축가가 이를 확인하러 올라갔다가 실족하여 추락했지만 건초더미 위에 떨어져 천운으로 목숨을 구했는데, 자신의 행운을 기뻐하며 과음하다가 사망했다는 다소 황당한 에피소드가 전해진다. 이 이야기를 듣고 나서 성 요하니스 교회를 바라보면 탑이 약간 기울어져 있음을 느끼게 된다.

시청사

일메나우강

▶ 뤼네부르크 박물관

MAP P.470 **주소** Willy-Brandt-Straße 1 **전화** 04131-7206580 **홈페이지** www.museumlueneburg.de **운영** 화~금요일 11:00~18:00(목요일 ~20:00), 토~일요일 10:00~18:00, 월요일 휴무 **요금** 성인 €8, 학생 €4

▶ 성 요하니스 교회

MAP P.470 **주소** Bei der St. Johanniskirche 2 **전화** 04131-44542 **홈페이지** www.st-johanniskirche.de **운영** 화~일요일 11:00~18:00, 월요일 휴무 **요금** 무료(소액 헌금 권장)

▶ 급수탑

MAP P.470 **주소** Am Wasserturm 1 **전화** 04131-7895920 **홈페이지** www.wasserturm.net **운영** 10:00~19:00 **요금** 성인 €6, 학생 €4

암 잔데

HANNOVER AREA

하노버 지역

BEST 4

01

영국 왕궁에 들어온 듯한
헤렌하우젠 궁전(하노버)

02

북방의 로마를 느끼는
고슬라르 마르크트 광장(고슬라르)

03

중세 목조 건축물의 최고봉
베르니게로데 시청사
(베르니게로데)

04

독일 자동차 마니아의 유토피아
아우토슈타트
(볼프스부르크)

하노버 지역 이동 전략

하노버 지역은 니더작센주와 영역이 거의 겹치므로 하노버의 근교 여행지는 대부분 니더작센 티켓으로 다녀올 수 있다. 또한, 자유도시인 함부르크와 브레멘까지도 레기오날반으로 방문할 때는 니더작센 티켓이 유효하다. 이 책에 소개한 도시 중 베르니게로데와 크베들린부르크만 랜더티켓이 유효하지 않다.

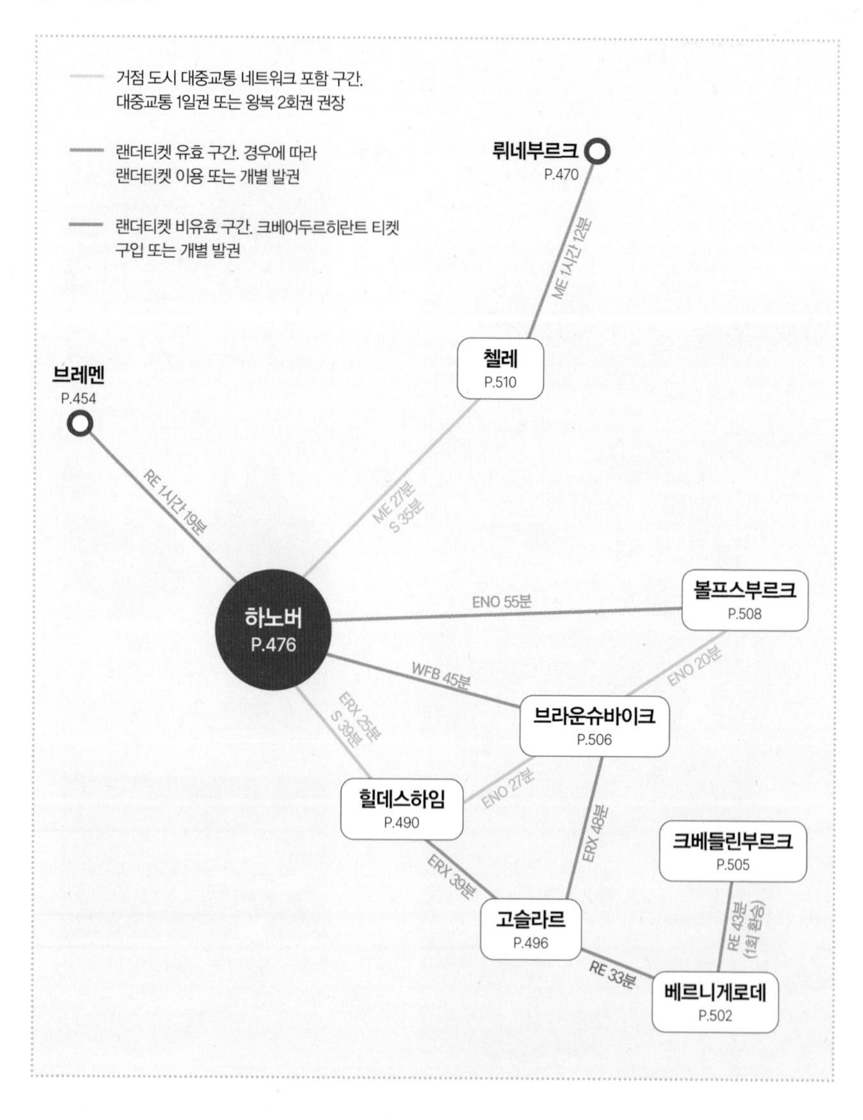

하노버 지역 숙박 전략

하노버가 매력적인 소도시의 거점이 되므로 이동이 편한 위치로 숙소를 정하면 편리하다. 박람회 등 비즈니스 여행자를 위해 박람회장 주변의 호텔도 충실하다. 이왕이면 하루 정도는 매력적인 소도시에서 조용하게 보내는 것도 훌륭한 선택이다.

☑ **중급 호텔**이 많은 곳

크뢰프케 부근 MAP P.478-B2

중앙역 정면 번화가 크뢰프케 부근에 프랜차이즈 호텔을 포함하여 다양한 중급 호텔이 많다. 이 지역은 제2차 세계대전 후 현대식으로 재건하여 호텔 규모도 크고 넓은 편이다. 대신 가격대가 저렴하지는 않다.

☑ **저렴한 호텔**을 원하면

중앙역 뒤편 MAP P.478-B1

중앙역 뒤편은 상대적으로 낡은 건물이 많은데, 중앙역에서 도보 10분 이내 거리에 여러 호텔이 성업 중이다. 크뢰프케 부근보다 호텔 가격은 조금 더 저렴한 편이며, 그 대신 객실 컨디션은 조금 떨어지는 편이다.

☑ **박람회 방문자**를 위한 곳

박람회장 부근 MAP P.478-B3

출장 목적의 비즈니스 여행자가 많은 하노버에서는 박람회장 주변에서도 프랜차이즈 호텔 위주로 다양한 숙박업소를 찾을 수 있다. 대부분 비즈니스호텔의 모범을 보여준다. 단, 대규모 박람회 기간은 극성수기에 해당하여 만실을 이루는 만큼 이른 예약을 권장한다.

☑ **소도시**에서 하룻밤

고슬라르 MAP P.497

힐데스하임, 고슬라르, 베르니게로데 등 하노버 지역의 소도시는 관광으로 유명하여 구시가지의 역사적인 건물을 호텔로 개조해 운영하는 사례를 심심치 않게 만날 수 있다. 소도시 특성상 밤이 조용하고 한적하지만, 굳이 시끌벅적한 밤 문화를 원하지 않으면 소도시에서의 하룻밤도 권장할 만하다. 고슬라르에 숙소를 두면 베르니게로데, 브라운슈바이크 등의 왕래가 훨씬 간편한 장점도 있다.

HANNOVER
하노버

독일 중북부 니더작센의 주도 하노버는 독일의 각 주요 도시를 연결하는 교통의 요지로 일찍이 산업과 공업이 발달하였으며, 오늘날에도 독일에서 박람회로 가장 유명한 도시다. 1700년대부터 영국 왕실 가문인 하노버 왕가(오늘날 윈저 가문의 전신)가 바로 이곳 출신이다.
오늘날에는 하노버 지역의 독일어 억양과 발음이 현대 독일어의 표준어로 분류된다. 그만큼 하노버는 알게 모르게 독일의 중심에 놓일 일이 많은 도시다.

지명 이야기
'높은 강둑'이라는 뜻의 고어 Honovere에서 도시 이름이 유래한 것으로 추정되지만 정확한 문헌상의 기록은 남아 있지 않다고 한다. 브라운슈바이크의 선제후가 하노버로 수도를 옮기면서 자연스럽게 지배 가문의 이름이 하노버 가문이 되었고, 독일어 발음으로는 '하노퍼'에 가깝다. 영어로 적을 때는 n을 하나 빼고 Hanover라고 적는다.

Information & Access 하노버 들어가기

관광안내소 INFORMATION

중앙역 앞 광장 맞은편에 관광안내소가 있다.

홈페이지 www.visit-hannover.com/kr (한국어)

찾아가는 방법 ACCESS

비행기

하노버 공항Flughafen Hannover(공항코드 HAJ)은 하노버 북쪽 경계 바로 바깥의 랑엔하겐Langenhagen 지역에 있다. 시내까지 거리가 가깝고, 루프트한자 및 다수의 유럽계 항공사를 이용하면 1회 환승하여 갈 수 있다. 국내에서 바로 가는 직항 노선은 없다.

• 시내 이동

공항에서 시내까지 전철 에스반으로 연결된다. 공항 전철역은 도착 터미널 지하층에 있다.

소요시간 에스반 17분 **노선** S5호선 **요금** 편도 €4.3

기차

중앙역Hauptbahnhof이 열차 교통의 중심지다. 도시 규모에 비해 기차역이 크고 붐비는데, 베를린-함부르크-프랑크푸르트-쾰른 등 독일의 대도시를 잇는 노선이 교차하기 때문이다. 박람회장 근처 메세라첸Messe/Laatzen 기차역은 대규모 박람회 시즌에 붐빈다.

*** 유효한 랜더티켓** 니더작센 티켓

• 시내 이동

중앙역부터 곧장 번화가가 시작되어 도보로 여행할 수 있다. 대중교통 이용 시에는 중앙역 지하에서 에스반을, 중앙역 앞 광장에서 우반을 탑승한다.

버스

중앙역 뒤편에 버스터미널ZOB이 있다. 규모가 크지는 않지만 대합실과 매표소 기능을 갖춘 터미널 건물이 있어 이용이 편리하다.

Transportation & Pass 하노버 이동하기

시내 교통 TRANSPORTATION

우반

우반 정류장

전철 에스반과 우반이 핵심이며, 좁은 골목은 시내버스로 연결한다. 에스반은 지하로 다니고, 우반은 일부 구간에서는 지상으로 다녀 트램처럼 보이기도 한다. 공항 이동 외에 에스반을 이용할 일은 많지 않으며, 박람회장 포함하여 하노버 여행 중 주로 이용하게 되는 교통수단은 우반이다.

• 타리프존 & 요금

· A존(시내, 박람회장 포함) : 1회권 €3.4, 1일권 €6.8

· AB존(공항) : 1회권 €4.3, 1일권 €8.6

노선 확인법 안내

• 노선 확인

하노버 교통국 ÜSTRA www.uestra.de

관광 패스 SIGHTSEEING PASS

• 하노버 카드 Hannover Card

하노버의 거의 모든 주요 관광지에서 입장료가 할인되고, 그 밖에 시티투어 할인, 레스토랑 할인 등의 부가 혜택과 대중교통 무료 이용을 결합한 상품이다.

요금 1일권 €11 **구입방법** 관광안내소에서 구입

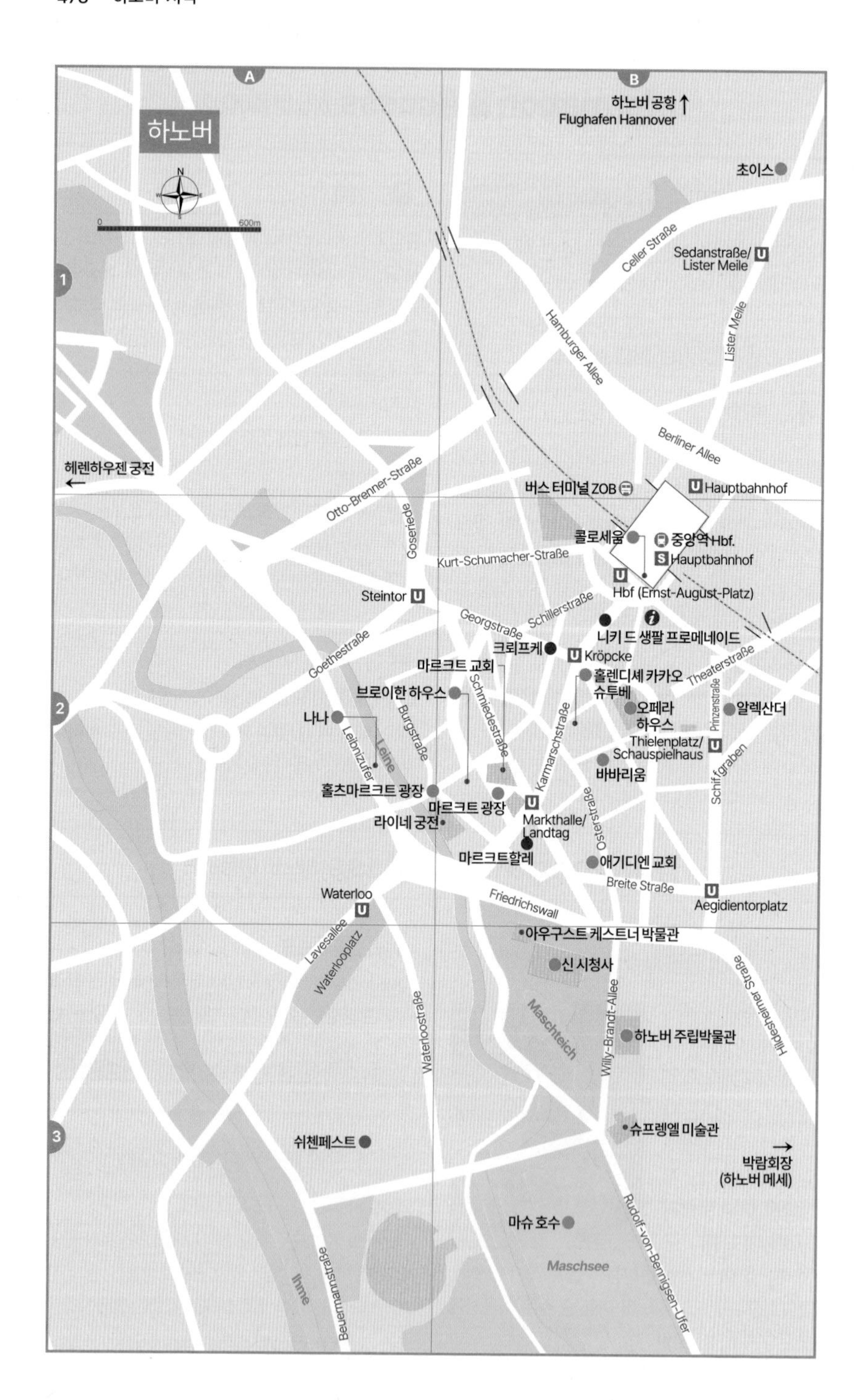
하노버
A
B
1
2
3
0
600m
하노버 공항 ↑
Flughafen Hannover
초이스
Celler Straße
Sedanstraße/
Lister Meile
Lister Meile
Hamburger Allee
Berliner Allee
헤렌하우젠 궁전
←
Otto-Brenner-Straße
버스 터미널 ZOB
Hauptbahnhof
콜로세움
중앙역 Hbf.
Hauptbahnhof
Goseriede
Kurt-Schumacher-Straße
Steintor
Hbf (Ernst-August-Platz)
Georgstraße
Schillerstraße
니키 드 생팔 프로메네이드
크뢰프케
Kröpcke
Goethestraße
마르크트 교회
Theaterstraße
홀렌디셰 카카오
슈투베
브로이한 하우스
Schmiedestraße
Karmarschstraße
오페라
하우스
Prinzenstraße
알렉산더
나나
Burgstraße
Leibnizufer
Leine
Thielenplatz/
Schauspielhaus
바바리움
Schiffgraben
홀츠마르크트 광장
마르크트 광장
Markthalle/
Landtag
라이네 궁전
Osterstraße
마르크트할레
애기디엔 교회
Breite Straße
Waterloo
Friedrichswall
Aegidientorplatz
아우구스트 케스트너 박물관
신 시청사
Lavesallee
Waterlooplatz
Hildesheimer Straße
Maschteich
Willy-Brandt-Allee
하노버 주립박물관
Waterloostraße
슈프렝엘 미술관
쉬첸페스트
→
박람회장
(하노버 메세)
마슈 호수
Rudolf-von-Bennigsen-Ufer
Maschsee
Ihme
Beuermannstraße

Best Course 하노버 추천 일정

베스트 코스

하노버는 쇼핑을 곁들여 한나절에 충분히 볼 수 있고, 내부 관람을 줄이고 부지런히 다니면 3~4시간 정도로 중심부만 볼 수 있다. 아래 코스는 헤렌하우젠 궁전까지 관람하는 풀코스이며, 궁전까지 갈 때만 대중교통 이용이 필요하다. 만약 궂은 날이나 겨울철에는 헤렌하우젠 궁전을 생략하고 짧게 여행하면서 근교의 매력적인 소도시 여행에 더 많은 시간을 할애하여도 좋다.

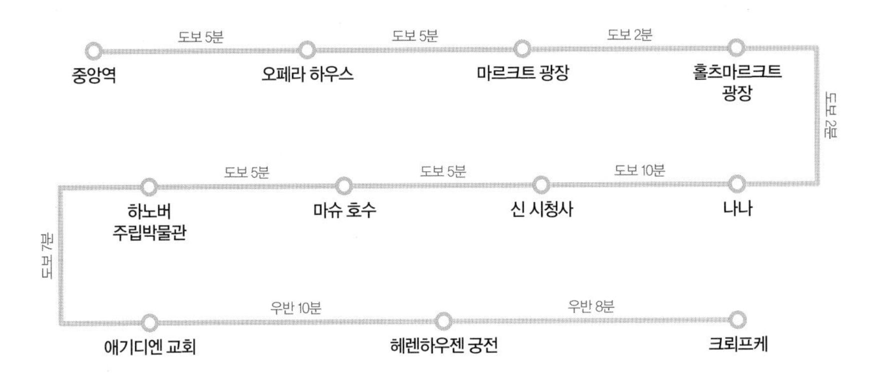

+ TRAVEL PLUS 붉은 선을 따라가세요.

하노버에서 길을 걷다 보면 바닥에 두껍게 칠한 붉은 선이 보인다. 이것은, 말하자면 하노버의 '공짜 가이드'다. 하노버의 명소와 쇼핑가, 쉬어 갈 수 있는 공원 등 관광객이 가볼 만한 36개의 장소를 연결한 루트를 만들어 표시한 것이다. 따라서 1번부터 36번까지 순서대로 붉은 선만 따라가면 하노버의 볼거리는 거의 모두 섭렵할 수 있다. 총 연장 4.3km. 각 지점마다 바닥에 번호로 표시하여 구분하며, 해당 장소에 얽힌 자세한 이야기나 매력 포인트를 풍성히 수록한 전용 지도 브로슈어를 관광안내소에서 판매한다(€3). 물론 전용 브로슈어를 구매하지 않아도 이 책의 정보를 토대로 여행하면 하노버의 매력을 충분히 즐길 수 있을 것이다. 만약 전체 구간을 걸어서 구경하고 사진을 찍으며 관광하면 약 3~4시간 소요되며, 출발점은 중앙역 맞은편 관광안내소다. 참고로, 시내에서 공사로 인해 '붉은 선'이 끊기는 상황이 간혹 발생할 수 있는데, 관광안내소에서 자세한 내용을 사전에 확인할 수 있으니 참조하여 여행하기 바란다.

크뢰프케 거리

나나 주변

Attraction 보는 즐거움

하노버는 제2차 세계대전 후 도시를 복구하는 과정에서 현대적인 모습을 갖추었다. 그러나 현대적인 시가지 틈에 존재감을 드러내는 중세의 흔적과 구시가지의 매력, 그리고 '녹색 도시'라 해도 될 정도로 넓은 호수와 정원 등의 볼거리가 있다.

오페라 하우스 Opernhaus

1852년에 건축한 신고전주의 양식의 오페라 하우스는 고급문화의 중심지로 오늘날까지도 니더작센 주립 극장의 오페라 및 발레 극장으로 수준 높은 문화가 펼쳐진다. 제2차 세계대전 당시 완전히 파괴된 후 다시 원래의 외관을 되살리되 내부는 완전히 현대식으로 바꾸어 다시 지었다. 극장 주변에는 홀로코스트 추모비 Holocaust Mahnmal와 여러 유명 인물의 동상 등으로 장식된 공원이 있고, 19세기경 경쟁적으로 지은 화려한 건물이 둘러싸고 있어 분위기가 고급스럽다.

MAP P.478-B2 **주소** Opernplatz 1 **전화** 0511-99991111 **홈페이지** www.staatstheater-hannover.de **가는 방법** 중앙역에서 도보 5분 또는 U1·2·8호선 Kröpcke역 하차.

홀로코스트 추모비

구 시청사

마르크트 교회

마르크트 광장 Am Markt

하노버 구시가지의 중심 광장이었던 곳으로, 가장 전통적인 모습을 잘 간직하고 있다. 1410년에 지어진 고딕 양식의 구 시청사Altes Rathaus는 바라보는 방향마다 다른 느낌의 건축미를 가진 독특한 매력을 지녔고, 하노버의 비종교 건축물 중 가장 오랜 역사를 가진 곳이다. 그보다 먼저 건축된 마르크트 교회Marktkirche는 97m 높이의 첨탑과 육중한 외관으로 구시가지 어디에서나 잘 보여 이정표와 같은 역할을 한다.

MAP P.478-B2 **가는 방법** 오페라 하우스에서 도보 5분.

▶ 마르크트 교회

전화 0511-364370 **홈페이지** www.marktkirche-hannover.de **운영** 10:00~18:00(토요일 ~17:30, 일요일 09:30~) **요금** 무료

라이프니츠 하우스

홀츠마르크트 광장
Holzmarkt

미적분법을 창시한 대수학자 고트프리트 라이프니츠Gottfried Wilhelm Leibniz가 연구하며 평생 살았던 라이프니츠 하우스를 중심으로 아기자기한 광장이 형성된 곳이다. 온 도시가 쑥대밭이 된 제2차 세계대전 중에도 이 부근만큼은 기적적으로 포화를 피해 하노버에서 가장 예스러운 멋을 간직하고 있다. 광장에는 하노버 지역의 400여 년에 걸친 역사를 전시한 역사박물관 Historisches Museum Hannover도 있는데, 지금은 공사로 인해 잠시 휴관 중이다.

MAP P478-A2 **가는 방법** 마르크트 광장에서 도보 2분.

나나 Nanas

알록달록한 색을 덧입은 나나는, 프랑스 예술가 니키 드 생팔Niki de Saint Phalle이 1974년에 만든 설치 작품이다. 설치 초기에는 보기 흉하다는 시민의 반대도 있었다지만, 지금은 하노버 시민의 사랑을 듬뿍 받는 마스코트다. 니키 드 생팔은 2000년에 하노버 명예시민으로 위촉되기도 하였다.

MAP P.478-A2 **가는 방법** 홀츠마르크트 광장에서 도보 2분.

여기근처

나나에서 몇 걸음 떨어진 곳에 하노버 왕가의 궁전이었던 라이네 궁전Leineschloss이 있다. 지금은 니더작센 주의회 의사당으로 사용하여 관광객에게 개방하지 않지만, 바로크 양식의 우아한 멋을 지닌 건축미를 외부에서 감상할 수 있고, '괴팅엔 7교수 사건'(1837년에 하노버 국왕의 헌법 유린에 반대하는 괴팅엔 대학교 교수 7인을 추방한 사건)을 기리는 큰 조형물이 궁전 옆을 장식한다.

[라이네 궁전] 가는 방법 나나 옆 또는 홀츠마르크트 광장에서 도보 2분.

라이네 궁전

신 시청사
Neues Rathaus

마치 궁전을 보는 듯 거대하고 웅장한 하노버 신 시청사는 1913년에 당시 독일 황제 빌헬름 2세가 참관한 가운데 성대하게 문을 열었다. 시청사와 함께 만든 연못이 딸린 넓은 공원은 시민의 쉼터가 되고, 97.7m 높이의 거대한 중앙 돔에 올라가 360도로 조망하는 전망대가 된다. 특히 돔으로 오를 때 경사진 엘리베이터를 타게 되어 신기한 경험이 된다. 웅장한 계단 홀도 반드시 구경할 만하며, 여기에 중세부터 현대에 이르기까지 도시의 청사진을 재현해 둔 것도 흥미롭다.

MAP P.478-B3 **주소** Trammplatz 2 **전화** 0511-1680 **운영** 09:30~17:30(토~일요일 10:00~) **요금** 계단 홀 무료, 전망대 성인 €4, 학생 €3.5 **가는 방법** 나나에서 도보 10분.

마슈 호수 Maschsee

하노버는 1900년대에 홍수 예방을 위해 강줄기 옆 늪지에 큰 호수를 만드는 치수 정책을 고안하였다. 워낙 큰 프로젝트여서 실행에 옮기지 못하였는데, 나치 집권 후 독일판 뉴딜 정책의 일환으로 대규모 토목 공사를 벌여 면적 0.8㎢에 달하는 초대형 인공 호수를 만들고, 독일어로 '늪'을 뜻하는 마르슈Marsch에서 유래하여 마슈 호수라고 이름 붙였다. 호수 둘레길의 총 연장은 6km 정도. 시민이 걷고 뛰고 자전거를 타는 공원이고, 호수에서 배 타고 유람하는 휴양지이며, 축구장과 축제 광장도 호숫가에 있다. 그야말로 하노버의 일상과 문화가 모인 곳이다.

MAP P.478-B3 **가는 방법** 신 시청사 옆.

하노버 주립박물관 Landesmuseum Hannover

1856년에 하노버 왕국의 게오르크 5세가 만든 예술과학 박물관이 시초가 되었고, 세계 박물관 Weltenmuseum을 표방하며 하노버에서 가장 규모가 큰 박물관이다. 크게 세 가지 세계를 테마로 제시한다. 자연의 세계NaturWelten는 화석부터 살아 있는 동물까지 두루 아우르는 입체적인 박물관이다. 인간의 세계MenschenWelten는 석기 시대부터 중세 후기까지 인간의 삶을 들여다보는 고고학 및 민족학 박물관이다. 마지막으로 예술의 세계KunstWelten는 중세 제단 예술과 르네상스 회화부터 독일 표현주의 컬렉션에 이르기까지 방대한 예술관을 담은 미술관이다. 단, 예술의 세계는 박물관 내부 리모델링으로 인해 현재 중세와 르네상스까지만 전시관을 개방함을 참조하기 바란다.

MAP P.478-B3 **주소** Willy-Brandt-Allee 5 **전화** 0511-9807686 **홈페이지** www.landesmuseum-hannover.de **운영** 화~일요일 10:00~18:00, 월요일 휴무 **요금** 성인 €5, 학생 €4, 특별전 별도 **가는 방법** 신 시청사와 마슈 호수 사이.

여기 근처

신 시청사와 마슈 호수 부근에 주목할 만한 박물관이 더 있다. 주요 컬렉션 기증자의 이름을 딴 아우구스트 케스트너 박물관Museum August Kestner은 고대 이집트 유물과 중세의 수공예품 등을 전시한다. 유럽에서도 현대미술 분야에서 높은 수준을 인정받는 슈프렝엘 미술관Sprengel Museum도 있다.

[아우구스트 케스트너 박물관] 주소 Trammplatz 3 **전화** 0511-16842730 **운영** 화~일요일 11:00~18:00(수요일 ~20:00), 월요일 휴무 **요금** 성인 €5, 학생 €4 **가는 방법** 신 시청사 옆.

[슈프렝엘 미술관] 주소 Kurt-Schwitters-Platz 1 **전화** 0511-16843875 **홈페이지** www.sprengel-museum.de **운영** 화~일요일 10:00~18:00(화요일 ~20:00), 월요일 휴무 **요금** 성인 €7, 학생 €4 **가는 방법** 마슈 호수와 하노버 주립박물관 사이.

아우구스트 케스트너 박물관

슈프렝엘 미술관

애기디엔 교회 Aegidienkirche

애기디엔 교회는 지붕이 없다. 심지어 내부도 대부분 텅 비어 있다. 전쟁의 참상을 후손에게 알려주려고 폭격으로 파괴된 교회를 그대로 놔둔 것이다. 시커멓게 그을린 채 비바람을 그대로 맞는 애기디엔 교회는 그 존재 자체로 묵직한 메시지를 전한다. 첨탑 아래에는 하노버와 자매결연을 한 일본 히로시마에서 보낸 작은 종이 걸려 있고, 일부는 온전하고 일부는 깨진 스테인드글라스가 눈에 띈다.

MAP P.478-B2 **주소** Aegidienkirchhof 1 **운영** 09:00~일몰 **요금** 무료 **가는 방법** 신 시청사에서 도보 2분 또는 U1·2·4·5·6·8·11호선 Aegidientorplatz역에서 도보 2분.

헤렌하우젠 궁전

Schloss Herrenhausen

하노버 왕가의 여름 별궁이다. 궁전 자체는 크지 않지만, 앞뒤로 넓게 펼쳐진 정원이 예술적이다. 궁전의 역사는 오래되었으나, 지금과 같은 바로크 양식의 품위 있는 궁전으로 꾸민 이는 오페라 하우스를 만들고 라이네 궁전을 바꾼 하노버 궁정 건축가 라베스Georg Ludwig Friedrich Laves다. 제2차 세계대전으로 크게 파괴된 후 정원만 복구하였는데, 정원만으로도 하노버의 대표 명소로 널리 알려졌다. 2013년에 궁전까지 복원을 마치고 박물관으로 사용 중이다. 넓은 정원의 상당 구역은 시민을 위해 24시간 개방된 시민공원이며, 가족과 반려동물이 함께 뛰어놀고 공공장소에서 바비큐를 구워 먹는 등 활기가 넘친다.

MAP P.478-A1 **주소** Herrenhäuser Straße 5 **전화** 0511-7637440 **홈페이지** www.hannover.de/Herrenhausen/ **운영** 장소 및 계절마다 다르므로 홈페이지에서 확인 **요금** 장소 및 계절마다 다르므로 홈페이지에서 확인 **가는 방법** U4·5호선 Herrenhäuser Gärten역 하차.

+ZOOM IN+

헤렌하우젠 궁전 정원

헤렌하우젠 궁전의 정원은 크게 네 영역으로 구분된다. 그리고 이 중 궁전의 앞뒤로 펼쳐지는 정원 두 곳은 고유의 매력을 지닌 관광지이고, 궁전의 측면으로 길게 이어지는 정원 두 곳은 상시 개방된 시민의 쉼터다. 아직 궁전이 복원되기 전, 정원만 존재할 때에는 '헤렌하우젠의'라는 뜻으로 어미가 변형된 '헤렌호이저 정원Herrenhäuser Gärten'이라는 표기를 주로 사용하였다.

대정원 Großer Garten

궁전 정면으로 너비 500m, 길이 1km의 직사각형 모양으로 만든 바로크 양식의 정원이며, 기하학적인 무늬 형태로 우아하게 관리된다. 마치 미로처럼 연결되며, 그 중앙의 분수Große Fontäne는 1700년대 초반에 설치되었을 때 세계에서 가장 높은 물줄기를 쏘아 올리는 곳이었다. 또한, 2000년대 초반에 니키 드 생팔이 꾸민 동굴도 독특한 볼거리다.

베르크 정원 Berggarten

하노버 왕가의 식물원이 있던 정원이다. 오늘날에도 깔끔하게 관리되는 수목원으로 개장되어 있어 꽃과 나무를 구경하며 산책하기 좋다. 온실에 열대우림을 품은 대형 수족관 '시 라이프Sea Life'는 어린이와 방문하면 즐거울 만한 곳이다.

게오르크 정원 Georgengarten

나무가 무성한 시민공원이다. 연중 개방되어 산책하거나 자전거를 타는 시민들로 가득하고, 바비큐존이 따로 구분되어 있어 공원에서 파티도 가능하다.

벨펜 궁전

벨펜 정원 Welfengarten

마찬가지로 시민에게 개방된 쾌적한 공원이다. 하노버 왕가에서 세 번째 궁전으로 벨펜 궁전Welfenschloss을 지은 자리인데, 궁전이 완성된 시기에 하노버가 프로이센에 합병된 이후였기에 마땅한 용도가 없던 곳을 오늘날 하노버 대학교 캠퍼스로 사용 중이다.

Restaurant 먹는 즐거움

중앙역 부근 번화가는 눈에 익은 프랜차이즈 체인점과 현대적인 식당이 많고, 마르크트 광장 등 구시가지에는 낡은 건물을 되살려 분위기를 살린 전통 레스토랑이 있다.

브로이한 하우스 Broyhan Haus

브로이한 하우스는 1576년에 건축한 오랜 건물을 복원한 곳으로, 동명의 레스토랑이 35년 전부터 영업 중이다. 브로이한 Cord Broyhan은 16세기의 하노버 양조업자로, 그의 이름을 딴 맥주가 선풍적인 인기를 끌었으며, 오늘날 하노버 길데 맥주의 기원이 되었다. 브로이한 하우스에서는 길데 맥주와 함께 슈니첼, 부어스트, 스테이크 등 다양한 향토 요리를 판다.

MAP P.478-B2 **주소** Kramerstraße 24 **전화** 0511-323919 **홈페이지** www.broyhanhaus.de **운영** 월~토요일 11:30~23:00, 일요일 휴무 **예산** 요리 €16~25 **가는 방법** 마르크트 광장 옆.

바바리움 Bavarium

바바리아Bavaria(바이에른의 영어식 표기)에서 파생된 이름에서 알 수 있듯 바이에른 스타일의 향토 요리와 뮌헨의 맥주를 판다. 학세 등 바이에른 스타일의 향토 요리를 가장 먼저 추천할 수 있고, 그 외에도 버거, 스테이크 등 취향에 맞게 고를 다양한 메뉴가 있다.

MAP P.478-B2 **주소** Windmühlenstraße 6 **전화** 0511-323600 **홈페이지** www.bavarium.de **운영** 월~토요일 12:00~23:00, 일요일 10:00~22:00 **예산** 요리 €16~26 **가는 방법** 오페라 하우스 옆.

알렉산더 Alexander

현지인, 특히 젊은 학생이 많이 찾는 곳. 가격이 저렴하고 분위기는 시끌벅적하며 모든 벽을 빼곡하게 장식한 옛 맥주 브랜드와 포스터나 간판 등 볼거리도 제공한다. 추천 메뉴는 소스와 사이드 디시를 달리하여 5~6가지로 구성한 하크스테이크로 가성비가 매우 좋다.

MAP P.478-B2 **주소** Prinzenstraße 10 **전화** 0511-325826 **홈페이지** www.alexander-hannover.de **운영** 월~금요일 16:00~늦은 밤, 토요일 17:00~03:00, 월요일 휴무 **예산** 하크스테이크 €11.6 **가는 방법** 오페라 하우스에서 도보 5분.

홀렌디셰 카카오 슈투베 Holländische Kakao-Stube

직역하면 '네덜란드의 카카오 가게'라는 뜻. 1895년부터 시작되어 오랜 전통을 자랑하는 디저트 카페다. 커피 등 카페 메뉴가 매우 다양한데, 여기서는 당연히 여러 종류의 핫초코 중 택해야 한다. 메뉴판의 초콜릿Schokolade 섹션에서 고르도록 하자. 달지 않고 가격도 적당하다.

MAP P.478-B2 **주소** Ständehausstraße 2-3 **전화** 0511-304100 **홈페이지** www.hollaendische-kakao-stube.de **운영** 월~토요일 10:00~18:30, 일요일 휴무 **예산** 음료 €4.5~ **가는 방법** 오페라 하우스에서 도보 2분.

콜로세움 Eiscafé Colosseum

중앙역에 있는 콜로세움은 기차를 기다리며 편하게 시간 보내기에 딱 좋은 아이스크림 카페다. 다양한 카페 음료 메뉴와 스낵 종류를 판매하는데, 역시 아이스크림이 들어간 파르페 종류가 가장 훌륭하고, 잠깐 더위를 식히기 좋은 젤라토도 있다.

MAP P.478-B2 **주소** Ernst-August-Platz 1 **전화** 0511-3069111 **홈페이지** www.instagram.com/bistrocolosseum **운영** 08:30~22:00(금~토요일 ~23:00) **예산** 젤라토 €1.5~, 파르페 €7 안팎 **가는 방법** 중앙역 정면 출구 부근.

초이스 Restaurant Chois

2008년부터 운영 중인 한인 식당. 비빔밥, 불고기, 전골, 주물럭, 찌개 등 정통 한식과 몇 가지 중식 메뉴를 판다. 최근에는 컵밥 또는 도시락 형태의 포장 메뉴도 판매 중. 유명 박람회 기간 중에는 가격이 더 오르는 것을 참조하기 바란다.

MAP P.478-B1 **주소** Lister Meile 61 **전화** 0511-313132 **홈페이지** www.restaurant-chois.de **운영** 월~토요일 12:00~14:00·18:00~22:00, 일요일 휴무 **예산** 요리 €17~25 **가는 방법** U3·7·13호선 Sedanstraße/Lister Meile역에서 도보 2분.

Shopping 사는 즐거움

번화한 상업가 크뢰프케를 중심으로 백화점과 의류 숍 등 독일에서 쇼핑할 것은 전부 모여 있다. 볼프스부르크의 디자이너 아웃렛(P.508)도 하노버에서 다녀오기 좋다.

크뢰프케 Kröpcke

각종 백화점과 아웃도어, 가전, 주방, 의류 등 유명 독일 쇼핑 브랜드는 전부 크뢰프케 어딘가에 매장이 있다. 상투적 표현으로 '하노버의 명동'이라 해도 과언이 아닌 번화가다. 1900년대 초반 이곳에서 인기 있었던 카페 이름이 크뢰프케였는데, 자연스럽게 광장의 이름이 되었다고 한다.

MAP P.478-B2 **가는 방법** 중앙역 출구 맞은편 또는 U3·7·9·12·13호선 Kröpcke역 하차.

니키 드 생팔 프로메네이드 Niki-de-Saint-Phalle-Promenade

중앙역 지하에서 시작하여 크뢰프케 지하까지 쭉 이어지는 쇼핑몰이다. 현지인이 많이 이용하는 소소한 상점과 카페 위주이며, 식자재 가게, 미용실 등 범주에 제한을 두지 않는다. 그만큼 왕래하는 사람이 많고 활기찬 느낌이어서 구경하기 좋은 쇼핑 스트리트다.

MAP P.478-B2 **가는 방법** 크뢰프케 옆.

마르크트할레 Markthalle

하노버의 전통 시장 마켓홀이다. 주로 식료품을 파는 상점 위주로 현지인이 많이 이용하나, 비어홀과 임비스도 곳곳에 있어서 소란스러운 분위기에서 시장을 구경하다가 가볍게 끼니를 해결하기에 좋다.

MAP P.478-B2 **주소** Karmarschstraße 49 **전화** 0511-341410 **홈페이지** www.markthalle-in-hannover.de **운영** 월~수요일 07:00~20:00, 목~금요일 07:00~22:00, 토요일 07:00~16:00, 일요일 휴무 **가는 방법** 구 시청사 맞은편.

Entertainment 노는 즐거움

봄부터 가을까지 마슈 호수 부근 축제 광장에서 흥겨운 민속 축제가 열린다. 세계적인 박람회는 비즈니스 목적의 여행자에게는 기억할 만한 이벤트다.

쉬첸페스트 Schützenfest

1529년부터 하노버에서 사격 축제 쉬첸페스트Schützenfest가 열렸다. 이후 500년 가까이 이어지는 하노버의 쉬첸페스트는, 약 열흘의 축제 기간 중 100만 명이 찾는 세계 최대의 사격 축제로 꼽힌다. 방문객들에겐 축제 광장에 설치된 놀이시설과 먹거리 매점을 즐기는 민속 축제다. 축제가 열리는 쉬첸 광장Schützenplatz은 하노버의 모든 축제가 열리는 곳으로, 봄에는 프륄링페스트Frühlingsfest, 가을에는 옥토버페스트Oktoberfest를 열고 흥겨운 민속 축제의 장을 마련한다. 2025년의 세 가지 축제 일정은 각각의 홈페이지를 참조할 것.

MAP P.478-A3 **홈페이지** 쉬첸페스트 www.schuetzenfest-hannover.de 프륄링페스트 www.fruehlingsfest-hannover.de 옥토버페스트 www.oktoberfest-hannover.de **가는 방법** 마슈 호수에서 도보 5분.

하노버 고유의 축제 음료 뤼티에 라게

©Deutsche Messe AG

하노버 메세 Hannover Messe

제2차 세계대전 후 1947년부터 하노버에서 시작된 산업 무역 박람회로 4~5일간의 행사 기간 중 약 20만 명이 찾는 세계 최대 규모의 박람회. 모든 기계 공업을 포괄하는 행사인 만큼 그 주제도 다채롭고, 한때는 정보통신 분야만 독립하여 하노버 박람회장에서 세빗CeBIT을 개최할 정도로 성장하였다(세빗은 2018년에 종료되었다). 2025년에는 3월 31일부터 4월 4일까지 열릴 예정.

MAP P.478-B3 **홈페이지** www.hannovermesse.de

HILDESHEIM 힐데스하임

815년에 주교구를 설립한 이래 오랫동안 종교의 중심지로 크게 번영하였다. 초기 주교 베른바르트가 도시의 틀을 완성하였고, 이때부터 도시의 중심이 된 종교 건축물은 유네스코 세계문화유산으로 등재되어 그 가치를 공인받았다.

관광안내소 INFORMATION

마르크트 광장에 관광안내소가 있다. 위치는 시청사를 바라본 방향으로 우측에 있는 건물이다.

홈페이지 www.hildesheim-tourismus.de (영어)

찾아가는 방법 ACCESS

거점 도시와 이동시간 (레기오날반 기준)
하노버 ↔ 힐데스하임 : RE 25분

유효한 티켓 니더작센 티켓 / 하노버에서 왕복 시 기차표(편도 최저 €6) 개별 발권 가능

TOPIC 힐데스하임과 장미

힐데스하임은 장미와 각별하다. 제2차 세계대전 후 폐허가 된 도시를 바라보며 모두 좌절하고 넋을 잃었을 때, 대성당의 잔해 속에서 장미꽃이 피었다. 대성당 장미 나무의 가장 오래된 줄기는 수령이 1,000년도 넘었다. 1,000년 된 장미도 살아 꽃을 피우는데 인간이 주저앉아 포기할 수 없다며 용기를 낸 시민들이 힘을 모아 다시 도시를 되살린 것이다. 힐데스하임 거리를 걷다 보면 바닥에 큰 장미가 그려진 곳을 보게 된다. 마치 하노버의 붉은 선(P.479)처럼 힐데스하임도 도시의 볼거리를 엮어 루트를 만들고, 장미로 표시한 것이다. 이것을 장미 루트Rosenroute라고 부르는데, 관광안내소에서 전용 지도(€2)를 구할 수 있다.

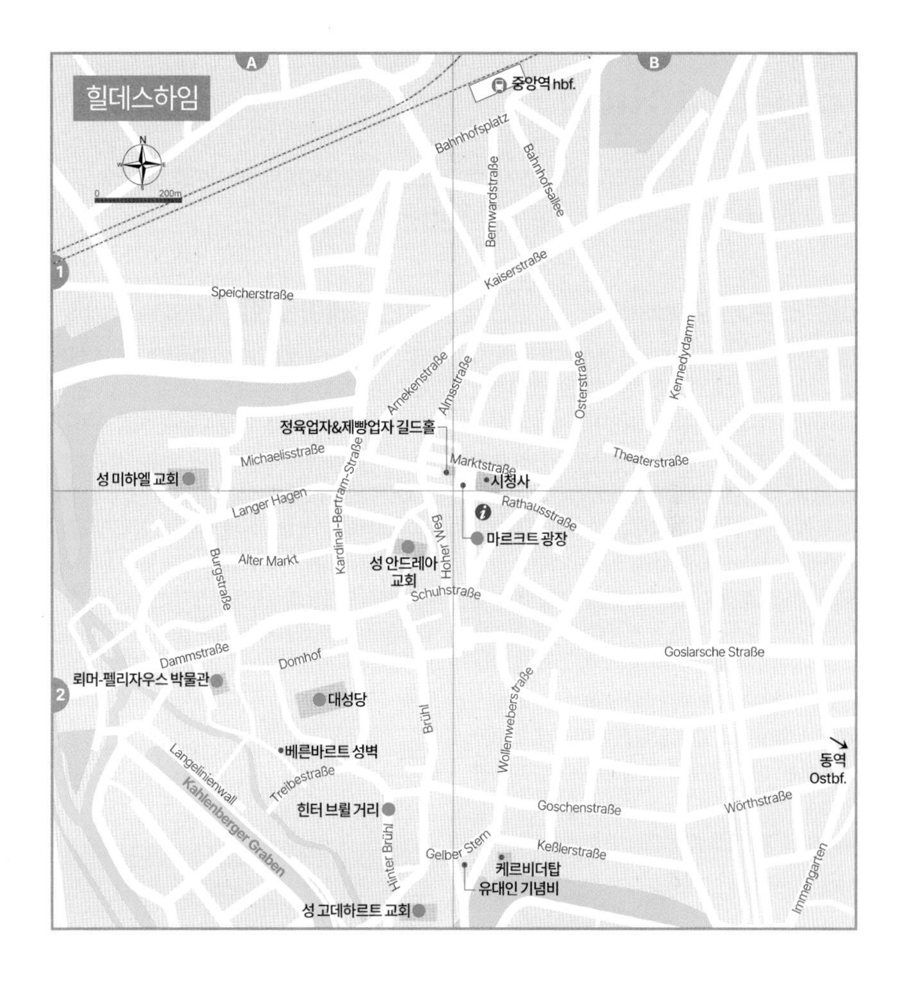

Best Course 힐데스하임 추천 일정

유네스코 세계문화유산인 성 미하엘 교회와 대성당, 그리고 성 안드레아 교회와 성 고데하르트 교회까지 총 네 곳의 교회가 힐데스하임 관광의 축을 이룬다. 마지막 장소인 성 고데하르트 교회에서 중앙역까지 시내버스로 이동(니더작센 티켓 사용 불가)한다.

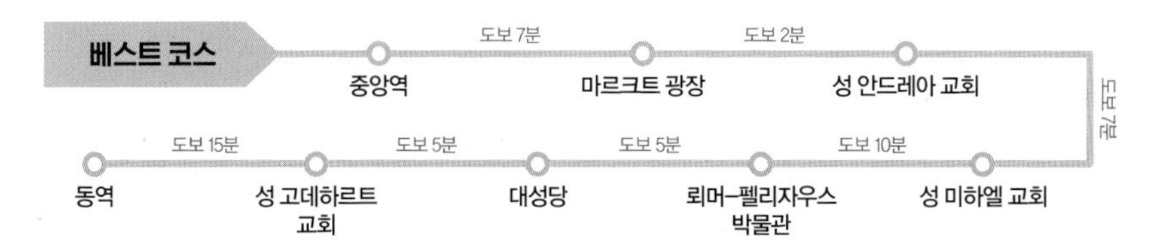

Attraction 보는 즐거움

화려함보다는 경건함을 추구하며 오랜 역사가 쌓인 옛 교회들이 자리한다. 그 사이를 연결하는 구시가지는 동화 같은 모습을 뽐낸다. 작은 도시지만 꽤 번화하고 활기찬 느낌이다.

마르크트 광장 Marktplatz

힐데스하임이 13세기에 도시 지위를 획득한 뒤 시청사가 있는 마르크트 광장은 도시의 중심으로서 상인과 귀족의 건물이 더해져 아름다운 모습을 완성하였다. 제2차 세계대전으로 완전히 폐허가 된 후 1954년에 시청사부터 시작하여 차례차례 복원을 마치고 1989년에 총 10채의 역사적인 건축물이 되살아났다. 시청사 외에도 나란히 하프팀버 양식의 품격을 보여주는 정육업자의 길드홀 Knochenhaueramtshaus과 제빵업자의 길드홀 Bäckeramtshaus이 매우 인상적이며, 귀족의 저택이었던 템펠하우스Tempelhaus와 베데킨트하우스 Wedekindhaus도 좁은 골목을 사이에 두고 나란히 독특한 멋을 자랑한다. 템펠하우스 건물에 관광안내소가 있다.

MAP P.491-B1 **가는 방법** 중앙역에서 도보 7분.

시청사

제빵업자&정육업자의 길드홀

성 안드레아 교회 St. Andreaskirche

364개의 계단을 오를 체력이 된다면 니더작센주에서 가장 높은 성 안드레아 교회의 114.5m 탑에 올라 멀리 하르츠산맥까지 보이는 전망을 즐길 수 있다. 사실 이 높은 탑의 완성은 11세기경 교회가 건축된 이래 거의 800년이 지난 1800년대 후반에서야 가능하였다. 제2차 세계대전으로 탑만 남고 완전히 무너지는 큰 피해를 겪었고, 1965년에 다시 원래의 모습으로 복원을 마쳤다.

MAP P.491-A2 **주소** Andreasplatz 5 **전화** 05121-17980 **홈페이지** www.andreaskirche.wir-e.de **운영** 본당 화~토요일 09:00~16:00(4~10월 ~18:00), 일요일 12:30~16:00, 월요일 휴무, 전망대 4~10월 금~일요일 11:00~16:00 입장 가능, 월~목요일 휴무, 11~3월 휴무 **요금** 본당 무료, 전망대 성인 €5, 학생 €3 **가는 방법** 마르크트 광장에서 도보 2분.

성 미하엘 교회 St. Michaeliskirche

힐데스하임 도시의 기틀을 잡은 베른바르트Bernward 주교의 아이디어로 초석을 놓고, 후임 주교 고데하르트Godehard 시기인 1022년에 완공한 성 미하엘 교회는, 11세기 초 로마네스크 건축 양식의 우수한 사례로 인정받는다. 제2차 세계대전 당시 크게 파손되었으나 내부의 가장 가치 있는 예술작품인 천장 벽화 '이새의 족보Jessebaum'는 화를 면하였다. 구약부터 예수 그리스도까지 성서 속 인물들의 계보를 그린 이 작품은 알프스 이북 지역의 나무 천장 벽화로는 매우 우수한 보존 상태를 자랑하며, 고개 아프지 않고 볼 수 있는 바퀴 달린 전용 거울도 비치해 놓고 있다. 제단 뒤편에 베른바르트 주교의 무덤이 있다.

MAP P.491-A1 **주소** Michaelisplatz 2 **전화** 05121-34410 **홈페이지** www.michaeliskirche-hildesheim.de **운영** 10:00~18:00(일요일 12:00~) **요금** 무료 **가는 방법** 성 안드레아 교회에서 도보 7분.

이새의 족보

뢰머-펠리자우스 박물관 Roemer- und Pelizaeus-Museum

지질학자 뢰머Hermann Roemer의 소장품으로 1844년에 박물관을 열었고, 카이로 주재 은행원 펠리자우스Wilhelm Pelizaeus의 소장품으로 1907년에 박물관을 열었는데, 뢰머-펠리자우스 박물관으로 통합하였고 2000년에 지은 큰 박물관 건물에서 약 1만 점의 소장품을 전시한다. 고대 이집트 컬렉션도 상당하고, 중국 도자기 컬렉션은 유럽에서 둘째로 큰 규모라고 하며, 고대 페루 컬렉션은 유럽에서 따라올 박물관이 없다. 가장 유명한 전시품은 쿠푸 왕의 피라미드 감독관으로 추정되는 헤미우누Hemiunu의 실물 크기 동상이다.

MAP P.491-A2 **주소** Am Steine 1 **전화** 05121-93690 **홈페이지** www.rpmuseum.de **운영** 화~일요일 10:00~17:00, 월요일 휴무 **요금** €7.5 **가는 방법** 성 미하엘 교회 또는 성 안드레아 교회에서 도보 10분.

©RPM/S. Shalchi

천년 장미

대성당 Hildesheimer Dom

힐데스하임에 교구가 설치되고 대성당이 건축된 것은 872년까지 거슬러 올라간다. 지금의 대성당은 베른바르트 주교 시절에 로마네스크 양식으로 지은 것이며, 성 미하엘 교회와 함께 유네스코 세계문화유산으로 등재되었다. 제2차 세계대전으로 파괴된 후 급하게 복원하면서 원래의 모습을 잃었지만, 2010년대에 추가로 복원을 진행하여 지금의 모습으로 되살렸다. 이 과정에서 9세기 대성당의 고고학 유적이 발굴되기도 하였다. 대성당 보물관을 포함한 여러 볼거리를 갖추고 있는데, 하이라이트는 역시 안뜰에 벽을 타고 높이 자란 천년 장미(P.490)다. 이 장미 나무와 연관하여, 815년에 프랑크 왕국의 경건왕 루도비쿠스 1세가 성모 마리아의 유물함을 가지고 사냥하던 중 유물함을 분실하였는데 나중에 장미 덤불 속에서 발견되어 회수할 수 없게 되자 그 자리에 교회를 세우기로 하고 힐데스하임에 주교구를 설치하였다는 전설이 있다. 물론 전설은 전설일 뿐이지만, 최소한 수령 700년 이상으로 추정된다고 한다.

MAP P.491-A2 **주소** Domhof 4 **전화** 05121-307770 **홈페이지** www.dom-hildesheim.de **운영** 본당 월~금요일 10:00~17:30, 토요일 10:00~16:00, 일요일 12:00~17:30, 보물관 화~일요일 11:00~17:00, 월요일 휴무 **요금** 본당 무료, 보물관 성인 €7, 학생 €5 **가는 방법** 뢰머-펠리자우스 박물관에서 도보 5분.

보물관 ©Dommuseum Hildesheim / F.Monheim

여기근처

중세 힐데스하임의 방어용 성벽 일부가 아직 남아 있다. 뢰머-펠리자우스 박물관과 대성당 부근에서 확인할 수 있는데, 도시의 설계자나 마찬가지인 대주교의 이름을 붙여 베른바르트 성벽 Bernwardsmauer이라고 부른다.

[베른바르트 성벽] 가는 방법 뢰머-펠리자우스 박물관과 대성당 사이.

베른바르트 성벽

힌터 브륄 거리 Hinterer Brühl

힐데스하임에는 1,900여 채의 목조 주택이 있었다고 전해지지만, 제2차 세계대전으로 처참히 파괴되어 대부분 사라지고 말았다. 그런데 기적적으로 화마를 피해 하프팀버 양식의 반목조 건축물이 그대로 남아 있는 약 200m 구간의 좁은 골목이 힌터 브륄 거리다. 구불구불한 길에서 울퉁불퉁한 돌바닥 양옆으로 삐뚤삐뚤한 목조 주택이 마치 사열한 듯한 모습은 독일 소도시 여행의 백미라 할 만하다.

MAP P.491-A2 **가는 방법** 대성당에서 도보 5분.

성 고데하르트 교회

Basilika St. Godehard

베른바르트 주교의 후임인 고데하르트 주교를 기리며 1172년에 건축한 로마네스크 양식의 교회. 전쟁 중 큰 피해를 겪지 않은 유일한 가톨릭 교회였기 때문에 대성당의 역할을 대신하기도 하였다. 내부도 전형적인 로마네스크 양식이며, 품위 있는 샹들리에와 제단 장식 등으로 높은 수준의 건축미를 자랑한다. 지금도 엄숙한 분위기를 유지하고 있고, 별도 매표소는 없지만 입구 안쪽에서 자발적인 소액의 헌금을 권장한다.

MAP P.491-A2 **주소** Godehardsplatz 5 **전화** 05121-34370 **홈페이지** www.st-godehard-hildesheim.de **운영** 월~토요일 08:00~17:30, 일요일 12:00~17:30 **요금** €2 헌금 권장 **가는 방법** 힌터 브륄 거리 앞.

GOSLAR 고슬라르

하르츠산맥의 작은 도시. 하지만 중세에는 무려 '북방의 로마'라 불릴 정도로 막강한 도시였다. 황제의 별장과 막대한 부를 창출하는 광산이 있었기 때문이다. 세계대전의 포화도 이곳을 피해 간 덕분에 지금도 고슬라르는 오랜 풍요가 만든 동화 같은 모습을 간직하고 있다.

관광안내소 INFORMATION

마르크트 광장의 시청사에 관광안내소가 있다. 고슬라르뿐 아니라 하르츠산맥 여행 정보도 충실히 갖추었다.

홈페이지 www.goslar-marketing.de (독일어)

찾아가는 방법 ACCESS

거점 도시와 이동시간 (레기오날반 기준)

하노버 ↔ 고슬라르 : ERX 1시간 5분

유효한 티켓

니더작센 티켓

TOPIC 북방의 로마

신성 로마제국 황제 하인리히 3세Heinrich III(재위 1046~1056)는, 당시 무려 3명의 교황이 나타나 정통성을 주장하며 혼란을 빚자, 이들을 모두 추방하고 직접 교황을 임명하면서 유럽 전역에 권력을 떨친 군주였다. 그가 다스린 시기에 신성 로마제국은 보헤미아와 헝가리까지 제국에 복속시켜 영역을 크게 넓혔다. 비록 내치內治에 실패하여 지방 군주의 반란이 일어나고 요절하는 바람에 재임 기간은 짧았지만, 지금도 다수의 역사가는 '독일 역사상 최강 군주'로 하인리히 3세를 꼽는다. 교황까지 좌지우지한 최강 권력자의 수도가 고슬라르. 이 작은 도시가 '북방의 로마'로 불린 것에는 이유가 있다. 참고로, 하인리히 3세가 요절하고 새 황제가 된 아들 하인리히 4세는 '카노사의 굴욕'을 겪으며 아버지와 극명한 차이를 보였다.

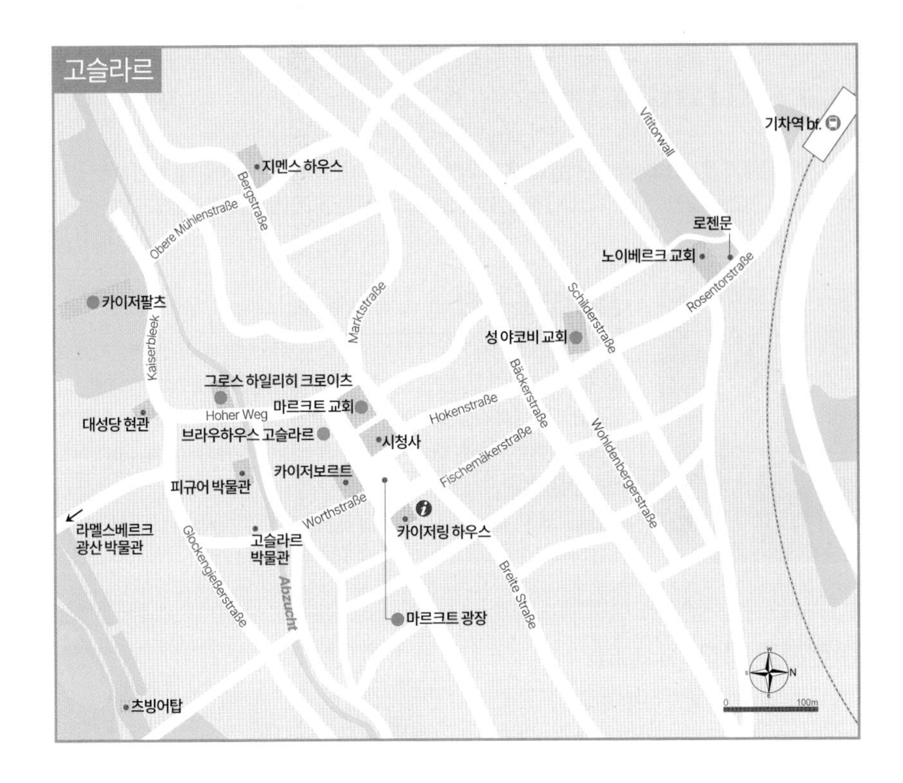

Best Course 고슬라르 추천 일정

기차역부터 출발하여 반대편 끝인 카이저팔츠까지 도보로 이동하면서 그 가운데 펼쳐지는 중세 시가지의 모습을 구경한다. 도시가 크지 않아 2~3시간이면 충분히 둘러볼 수 있고, 카이저팔츠 등 박물관 관람을 곁들이면 좋다. 만약 시간 여유가 있다면 근교의 라멜스베르크 광산까지 다녀오면 베스트. 고슬라르 구시가지와 라멜스베르크 광산은 유네스코 세계문화유산으로 등재되어 있다.

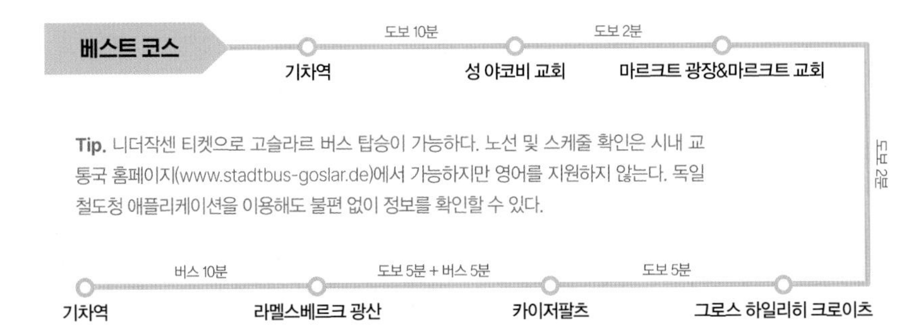

Tip. 니더작센 티켓으로 고슬라르 버스 탑승이 가능하다. 노선 및 스케줄 확인은 시내 교통국 홈페이지(www.stadtbus-goslar.de)에서 가능하지만 영어를 지원하지 않는다. 독일 철도청 애플리케이션을 이용해도 불편 없이 정보를 확인할 수 있다.

Attraction 보는 즐거움

구시가지 전체가 유네스코 세계문화유산이다. 그만큼 고슬라르는 이름 없는 골목 하나, 평범한 건물 하나까지도 인류의 유산인 곳이다. 아담한 소도시지만 늘 부강했던 역사에 어울리는 여유가 넘친다.

성 야코비 교회 St. Jakobikirche

마치 거대한 성벽을 연상케 하는 위압적인 서쪽 정면 파사드가 인상적인 교회. 힐데스하임 주교에 의하여 1073년에 지어졌다. 종교 개혁 시기에는 고슬라르가 종교 개혁에 동참하기를 촉구하는 마르틴 루터의 서신을 받은 역사적인 사건도 있었다. 내부의 웅장한 제단과 오르간이 눈에 띄나 비정기적으로 문을 연다.

MAP P.497 **주소** Jakobikirchhof 1 **전화** 05321-23533 **운영** 정해진 시간이 없으며 비정기적으로 개장 **요금** 무료 **가는 방법** 중앙역에서 도보 10분.

마르크트 광장 Marktplatz

독일 전체를 통틀어 가장 아름다운 광장이라 해도 과언이 아닌 마르크트 광장은 유네스코 세계문화유산인 고슬라르 구시가지의 중심이다. 광물 무역의 최전성기였던 16세기 전후에 형성된 아름다운 건축물들의 향연이 펼쳐진다. 가장 인상적인 건축물은 상인의 길드홀인 카이저보르트Kaiserworth인데, 발코니 난간에 역대 황제 조각이 장식되었다. 시청사조차도 카이저보르트의 비협조로 당초 계획보다 축소하여 지어야 했는데, 정교한 벽화로 장식한 훌디궁잘Huldigungssaal이 볼 만하다. 카이저링하우스Kaiserringhaus의 박공 시계에서는 고슬라르 탄광의 역사를 표현하는 특수 장치 인형이 매일 네 차례 작동한다. 광장 중앙에 황금빛으로 반짝이는 마르크트 분수Marktbrunnen는 도시의 상징인 독수리를 형상화하였다.

MAP P.497 **가는 방법** 성 야코비 교회에서 도보 2분.

마르크트 분수

카이저보르트

카이저링하우스

▶ 시청사

전화 05321-780621 **운영** 11:30~14:00 **요금** 성인 €6, 학생 €4

마르크트 교회

Marktkirche Goslar St. Cosmas und Damian

구시가지에서 가장 큰 교회이며, 1151년에 문서에 처음 언급되었다. 성 야코비 교회처럼 성벽 같은 높은 파사드에 로마네스크 양식을 더하여 66m 높이의 탑을 쌓았다. 이 중 북쪽 탑(정면을 바라본 방향에서 왼쪽)은 좁은 계단을 올라 전망대에 도달한다. 내부의 제단과 벽화 등도 볼 만한 가치가 있다.

MAP P.497 **주소** Marktkirchhof 1 **홈페이지** www.marktkirche-goslar.com **운영** 10:00~17:00(전망대 11:00~) **요금** 무료 **가는 방법** 마르크트 광장의 시청사 뒤편.

그로스 하일리히 크로이츠

Großes Heiliges Kreuz

직역하면 '큰 성십자가'인데, 적십자사 같은 구호단체 중 하나다. 1254년에 빈민, 환자, 순례자를 위한 잠자리를 제공하려고 지은 건물이다. 잘게 나뉜 방들을 활용하여 지금은 수공업자의 공방으로 사용하는 중. 가죽, 장신구, 도예, 세라믹 등 갖가지 창의적인 수공예품을 구경할 수 있다.

MAP P.497 **주소** Hoher Weg 7 **운영** 수~토요일 11:00~17:00, 일~화요일 휴무 **요금** 무료 **가는 방법** 마르크트 교회에서 도보 2분.

대성당 현관

여기 근처

마르크트 교회와 성 야코비 교회 등 고슬라르에서 흔히 볼 수 있는 독특한 건축 양식은 고슬라르에서 가장 먼저 지어진 대성당을 모델로 한 것이다. 하지만 고슬라르 대성당은 1822년에 철거되었고 대성당 현관Domvorhalle만 남겨두었다. 조금 생뚱맞기는 하지만 사람들이 잠시 걸터앉아 쉬어 갈 수 있는 공간으로 활용된다.

[대성당 현관] 주소 Kaiserbleek 2-3 **운영** 종일 개방 **가는 방법** 그로스 하일리히 크로이츠에서 도보 2분.

카이저팔츠 Kaiserpfalz

로마 교황청까지 지배할 정도로 강력한 권력을 가졌던 신성 로마제국 황제 하인리히 3세의 궁전이다. 1050년에 건축하였으며, 이후에도 독일 북부에 기반을 둔 신성 로마제국 황제가 선출되면 이곳을 종종 들렀다고 한다. 19세기 들어 민족주의 열풍이 불면서 옛 황궁을 더 크게 키우고 장식도 화려해졌다. 오늘날 내부는 박물관으로 사용되는데, 도시의 역사와 라멜스베르크 광산에 대한 전시, 복원된 황제의 방 등을 볼 수 있고, 하인리히 3세의 무덤도 있다. 재미있는 것은, 황제가 아꼈던 반려견을 순장한 뒤 무덤 발치에 개의 동상까지 세웠다는 점이다.

MAP P.497 **주소** Kaiserbleek 6 **전화** 05321-704437 **홈페이지** kaiserpfalz.goslar.de **운영** 화~일요일 10:00~17:00, 월요일 휴무 **요금** 성인 €7.5, 학생 €6 **가는 방법** 그로스 하일리히 크로이츠에서 도보 5분.

라멜스베르크 광산 박물관 Rammelsberg Museum

©Goslar Marketing GmbH/S.Schiefer

고슬라르의 뒷산 라멜스베르크는 은, 구리, 납, 아연 등이 채굴된 큰 광산이 있었다. 968년부터 가동된 광산은 무려 1,000년 이상 운영되고 총 3,000만 톤 이상의 광물을 생산한 뒤 기네스북에 오르며 1988년에 폐광하였다. 오랫동안 도시에 번영을 안겨준 광산은 1992년부터 박물관으로 다시 태어나 지상과 지하의 갱도를 둘러볼 수 있게 되었고, 유네스코 세계문화유산에 등재되었다. 특히 지하 갱도는 가장 깊은 곳이 지하 14층에 맞먹는 깊이이므로 한여름에도 긴 옷이 필수다. 광산의 역사를 전시한 박물관만 관람하거나, 최대 세 곳의 갱도를 가이드 투어로 둘러볼 수 있다.

MAP P.497 **주소** Bergtal 19 **전화** 05321-7500 **홈페이지** www.rammelsberg.de **운영** 09:00~18:00(11~3월 ~17:00) **요금** 박물관 성인 €9, 학생 €6, 가이드 투어 별도(홈페이지에서 확인) **가는 방법** 기차역 앞 또는 Rammelsberg-Haus 정류장(카이저팔츠에서 도보 5분 거리)에서 803번 버스로 Bergbaumuseum 정류장 하차.

Restaurant 먹는 즐거움

전통적인 색채를 유지하는 소도시답게 전통적인 분위기를 내는 향토 요리 레스토랑이 많다. 고슬라르의 특산품 고제 맥주도 기억해 두자.

브라우하우스 고슬라르 Brauhaus Goslar

마르크트 광장 인근에 있는 이 비어홀은, 명맥이 끊겼다가 다시 살아난 고제 맥주로 유명하다. 내부도 넓고 직원은 친절하며, 하르츠 지역 스타일로 조리하는 슈니첼과 슈바이네브라텐 등을 고제 맥주와 함께 먹을 수 있다. 선물 포장된 고제 맥주도 판매하니 유리병 파손만 주의할 수 있다면 국내에서 흔히 볼 수 없는 특이한 선물용으로도 적합하다.

MAP P.497 **주소** Marktkirchhof 2 **전화** 05321-685804 **홈페이지** www.brauhaus-goslar.de **운영** 12:00~늦은 밤(토~일요일 11:00~) **예산** 맥주 €5.3, 요리 €12~15 **가는 방법** 마르크트 교회 옆.

TOPIC 고제 맥주

고제강Gose이 흐르는 고슬라르에서 탄생한 맥주 스타일을 고제 맥주Gosebier라고 한다. 고제 맥주는 50% 이상 밀 맥아로 만드는 바이스비어의 일종인데, 특이하게도 양조 과정에서 고수를 추가하고 효모를 사용하지 않는 자연 발효 방식으로 만든다. 1300년부터 제조 기록이 남아 있으며, 고슬라르 등 하르츠 산맥 지역에서 유행하다가 1800년대에는 라이프치히에서도 유명해졌다. 그러나 바이에른의 법인 맥주순수령이 1871년부터 독일의 법이 되면서 고수가 추가되어 맥주순수령에 어긋난 고제 맥주는 하루 아침에 입지가 좁아졌고, 자연 발효 방식은 대량생산에 적합하지 않아서 자연스럽게 소멸하고 말았다. 완전히 명맥이 끊긴 고제 맥주가 부활한 곳은 1990년대 말 라이프치히. 바이스비어의 산뜻한 맛에 시큼한 첫맛이 더해진 개성적인 고제 맥주의 맛이 유행하면서 고슬라르에서도 소규모로 고제 맥주를 다시 만들기 시작하였고, 2004년에 설비를 인수해 고슬라르에서 고제 맥주를 본격적으로 되살린 곳이 브라우하우스 고슬라르다. 고제 맥주도 바이스비어를 기본으로 하는 만큼 '헬'과 '둥켈' 방식이 모두 존재한다. 이러한 역사적 배경으로 인해, 오늘날 고제 맥주가 가장 발달하고 유명한 곳은 라이프치히다.

WERNIGERODE 베르니게로데

하르츠산맥에서 가장 높은 봉우리인 브로켄Brocken산 기슭에 있는 인구 3만 명의 작은 도시로 전형적인 독일의 '중세 시골'을 볼 수 있다. 백작의 시대에 만들어진 산 위의 고성 등 풍부한 볼거리로 관광업이 발달하였다.

관광안내소 INFORMATION

베르니게로데 관광안내소는 마르크트 광장의 시청사에 있다.

홈페이지 www.wernigerode-tourismus.de (독일어)

찾아가는 방법 ACCESS

거점 도시와 이동시간 (레기오날반 기준)

하노버 ↔ 베르니게로데 : ERX+RE 1시간 51분 (Goslar에서 1회 환승)

고슬라르 ↔ 베르니게로데 : RE 33분 / 편도 €7.3

유효한 티켓 작센 티켓(하노버에서 왕복 시 유효하지 않음) 또는 크베어두르히란트 티켓

베스트 코스 중앙역 – 브라이테 거리 – 시청사 – 베르니게로데성 – 기차역

시청사

베르니게로데성

기막히게 보존된 하프팀버 건축이 줄지어 있는 브라이테 거리Breite Straße는 이쪽 끝부터 저쪽 끝까지 꼭 걸어볼 것을 권한다. 지금도 옛날 방식으로 운영하는 대장간 등의 볼거리뿐 아니라, 그냥 이름 없는 건물 하나까지 모두 예술적이다. 베르니게로데의 대표적 포토존인 시청사Rathaus Wernigerode 또한 브라이테 거리에서 바로 연결되는 마르크트 광장Marktplatz에 있다. 시청사는 하프팀버 건축물이 어디까지 멋을 부릴 수 있는지 보여주는 듯 매우 빼어난 건축미를 뽐내며, 도시의 주요 직군을 묘사한 조각으로 측면을 장식한다. 시청사 앞에는 도시를 위해 큰 기부를 한 후원자의 이름을 명패에 적어 만든 볼테터 분수Wohltäterbrunnen가 광장의 풍경에 일조한다. 옛 성벽의 흔적을 지나 산을 오르면 12세기에 건축한 백작의 거성이 아름답게 서 있다. 베르니게로데성Schloss Wernigerode은 귀족이 거주한 당시의 인테리어를 복원한 내부 박물관도 인상적이고, 내부 관람을 하지 않더라도 성의 안뜰에서 보이는 하르츠산맥 전망이 매우 탁월해 등산할 가치가 충분하다. 약 20분 소요.

브라이테 거리

성에서 보이는 전망

슐로스반

▶ 베르니게로데성

MAP P.502 **주소** Am Schloß 1 **전화** 03943-553030 **홈페이지** www.schloss-wernigerode.de **운영** 10:00~18:00(겨울은 시즌에 따라 월·화 휴무이니 홈페이지 참조) **요금** 성인 €9, 학생 €8

Tip. 마르크트 광장에서 '코끼리 열차' 타입의 관광버스 슐로스반 Schlossbahn을 탑승하면 성까지 편하게 오를 수 있다. 요금은 왕복 €8, 편도 €5이며, 시간표는 홈페이지(www.schlossbahn.de)에서 확인할 수 있다.

SPECIAL PAGE

하르츠의 마녀

베르니게로데나 고슬라르 등 하르츠산맥 부근 도시에서는 유독 '마녀' 장식이 많이 보인다. 중세 때부터 하르츠산맥은 마녀들의 집합소라는 전설이 있었다. 그래서 오늘날까지도 부근 도시가 마녀를 향해 각별한 애정을 쏟는다.

브로켄산

브로켄산은 해발 1,142m로 하르츠산맥의 최고봉이다. 브로켄산에 올라 해를 등지고 산 아래를 바라보면 그림자에 무지개 고리가 생기는 현상이 종종 발생하는데, 마치 요괴가 바라보는 것 같다고 하여 '브로켄의 요괴'라고 표현한다. 이런 신비스러운 자연 현상이 있었기 때문에 중세 사람들이 브로켄산에 마녀가 산다는 전설을 만들고도 남았을 것 같다.

©fotoweberei/L.Weber

©Harzer Schmalspurbahnen GmbH

브로켄 산악열차

하르츠산맥을 찾는 여행자가 많고 광업도 활발하였기 때문에 세 개의 노선을 가진 하르츠 협궤열차Harzer Schmalspurbahnen가 개설되었다. 그중 베르니게로데에서 브로켄산까지 연결하는 브로켄 산악열차Brockenbahn가 유명하다. 아직도 운행하는 역사적인 증기기관차를 타고 1시간 40분 동안 풍경을 감상하면서 산 정상까지 오른다.

요금 왕복 €55 **시간표** 홈페이지(www.hsb-wr.de)에서 확인

발푸르기스의 밤

4월 30일 밤, 마녀들이 브로켄산에 모여 회의를 한다. 이를 발푸르기스의 밤Walpurgisnacht이라고 한다. 괴테의 〈파우스트〉에도 등장한 덕분에 발푸르기스의 밤의 명성은 세계적으로 널리 알려졌다. 이날 사람들은 마녀를 쫓기 위해 모닥불을 피우고 밤새도록 시끄럽게 축제를 즐겼다. 그 전통이 이어져 오늘날에도 하르츠산맥 부근은 4월 30일 밤부터 5월 1일까지 축제를 연다. 마녀 분장을 한 사람들이 거리로 나와 밤을 새우며 축제를 즐긴다.

©Harzer Tourismusverband e.V.

QUEDLINBURG 크베들린부르크

하르츠산맥의 또 다른 도시 크베들린부르크는, 독일이라는 국가의 틀도 잡히지 않은 오래전 동프랑크 왕국 시절의 수도였다. 말하자면 독일의 천년 고도인 셈. 하노버에서 직접 가기에는 거리가 멀지만, 베르니게로데에서는 편하게 다녀올 수 있다.

관광안내소 INFORMATION

주소 Markt 4 **홈페이지** www.quedlinburg-info.de/en/

찾아가는 방법 ACCESS

베르니게로데 ↔ 크베들린부르크 : RE 43분 (Halberstadt에서 1회 환승)

유효한 티켓 편도 €7.3 또는 작센 티켓 사용

크베들린부르크성
Schloss Quedlinburg

독일의 첫 번째 왕 하인리히 1세는 동쪽 진출의 교두보로 크베들린부르크 언덕 위에 성을 만들고 자신의 수도로 삼았다. 말하자면, 크베들린부르크성은 독일이라는 나라의 역사 속에서 최초의 도읍이라는 상징성을 가진다. 하인리히 1세와 신성 로마제국의 첫 황제 오토 1세(하인리히 1세의 아들) 등 역대 오토 왕조의 흔적을 볼 수 있는 박물관이 있다.

주소 Schloßberg 1 **전화** 03946-905681 **운영** 내부 공사로 2024년 말까지 휴관 **가는 방법** 기차역에서 도보 20분.

성 제르파티우스 교회
Stiftskirche St. Servatius

하인리히 1세는 크베들린부르크성과 나란히 있는 성 제르파티우스 교회에 잠들었다. 미망인 성녀 마틸데St. Mathilde가 이곳에 세운 수녀원은 1803년까지 운영되었다. 이후 건물이 많이 훼손되고 건물 외관만 복구한 상태. 지하 납골당과 교회가 소장한 보물 등을 관람할 수 있다. 크베들린부르크성 및 구시가지와 함께 유네스코 세계문화유산에 등재되었다.

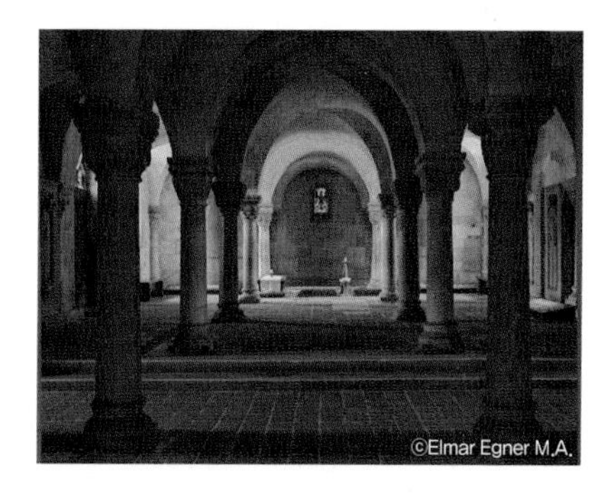
©Elmar Egner M.A.

전화 03946-709900 **홈페이지** www.domschatzquedlinburg.de **운영** 화~일요일 10:00~16:00, 월요일 휴무 **요금** 성인 €6, 학생 €4 **가는 방법** 크베들린부르크성 옆.

BRAUNSCHWEIG
브라운슈바이크

니더작센 제2의 도시. 한자동맹의 일원으로 중세 시대에 부유한 도시를 일구었다. 그 기틀을 만든 하인리히 사자공의 흔적을 지금도 도시 곳곳에서 만날 수 있다. 또한, 천재 수학자 가우스의 고향이고, 극작가 레싱이 말년을 보내며 활동하였다.

관광안내소 INFORMATION

대성당 부근에 관광안내소가 있다.

홈페이지 www.braunschweig.de (영어)

찾아가는 방법 ACCESS

거점 도시와 이동시간 (레기오날반 기준)

하노버 ↔ 브라운슈바이크 : WFB 45분

유효한 티켓 니더작센 티켓

TOPIC 하인리히 사자공

어찌나 용맹하고 호탕했던지 '사자'라는 별명을 가진 하인리히 사자공Heinrich der Löwe은 12세기에 독일 북부 작센 공국과 독일 남부 바이에른 공국을 모두 통치한 역사상 유일한 인물이다. 그는 영토 전쟁을 벌여 동쪽으로 독일의 영지를 넓혔을 뿐만 아니라 상업을 적극 육성하였다. 북부 상업 도시 뤼베크 등에 '사자'를 기념하는 동상이 있는 것은 당연하고, 심지어 훗날 남부의 중심이 되는 뮌헨의 초석을 완성한 것도 사자공이다. 활발한 상업을 기반으로 제국의 보호를 거부하고 독자적인 세력을 구축한 한자동맹(P.461)의 기틀을 닦았으니, 역사적으로 그의 존재감이 매우 거대하다. 너무 큰 성과를 보였기 때문인지, 하인리히 사자공은 당시 신성 로마제국 황제인 프리드리히 바르바로사의 군사 지원 요청까지 호탕하게 거절하였는데, 이것이 빌미가 되어 영지를 빼앗기고 추방되었으나 후대 황제의 윤허로 간신히 브라운슈바이크만 되찾을 수 있었다. 황제가 아니면서 독일 북부부터 남부까지 모두 권력을 떨쳤던 독일 역사상 유일한 군주 하인리히 사자공의 도시로 브라운슈바이크를 첫손에 꼽는 이유가 여기에 있다.

베스트 코스 중앙역 — 부르크 광장 — 구 마르크트 광장 — 레지덴츠 궁전 — 중앙역

하인리히 사자공의 거성 단크바르데로데성 Burg Dankwarderode은 1175년에 완공되었다. 군사적 목적이 강했으므로 화려함보다는 단단한 내실을 추구했다. 또한, 거성과 함께 건축한 대성당Braunschweiger Dom 역시 로마네스크 양식으로 거대한 규모를 보여주며, 사자공 및 대공비의 유골이 지하에 안치되어 있다. 거성과 대성당은 부르크 광장 Burgplatz을 사이에 두고 서로 마주 보고 있다. 사자공이 상업 도시로 육성하려 공을 들일 당시에 형성된 구시가지는 구 마르크트 광장 Altstadtmarkt 부근에서 다시 만날 수 있으며, 광장의 구 시청사 로비에 여러 시대의 도시 풍경을 재현한 청사진이 있다. 브라운슈바이크는 하인리히 사자공 이후에도 쭉 풍요를 누렸고, 제2차 세계대전 후 니더작센에 편입되기 전까지 브라운슈바이크주의 주도였다. 그 풍요를 증명하는 영주의 궁전이었던 레지덴츠 궁전Residenzschloss은, 2007년에 복원을 마치고 현재는 쇼핑몰이 되어 특이하다. 다만, 복원된 일부의 궁전 박물관과 옥상의 콰드리가가 당시의 영광을 증명한다.

단크바르데로데성

대성당

구 마르크트 광장

레지덴츠 궁전

▶ 단크바르데로데성

주소 Burgplatz 4 **전화** 0531-12152424 **홈페이지** 3landesmuseen-braunschweig.de **운영** 임시 휴관

▶ 대성당

주소 Domplatz 5 **전화** 0531-243350 **홈페이지** www.braunschweigerdom.de **운영** 10:00~17:00 **요금** 무료

▶ 레지덴츠 궁전

주소 Schloßplatz 1 **전화** 0531-4704876 **홈페이지** www.schlossmuseum-braunschweig.de **운영** 화요일·목~일요일 10:00~17:00, 수요일 13:00~20:00, 월요일 휴무 **요금** 성인 €5, 학생 €2

WOLFSBURG 볼프스부르크

14세기에 늑대가 출몰하는 습지에 세운 '늑대의 성'으로 시작한 도시. 주목할 만한 도시가 된 것은 나치 집권기 중 '국민차' 비틀을 생산하는 폴크스바겐 공장을 세우고 노동자의 거주지를 만들면서부터다. 오늘날에도 볼프스부르크는 곧 폴크스바겐이다.

관광안내소 INFORMATION

중앙역 출구 맞은편에 관광안내소를 겸하는 기념품 숍이 있다.

홈페이지 www.wolfsburg-erleben.de/en/ (영어)

찾아가는 방법 ACCESS

거점 도시와 이동시간 (레기오날반 기준)

하노버 ↔ 볼프스부르크 : ENO 55분

유효한 티켓 니더작센 티켓

+ TRAVEL PLUS 이브닝 티켓과 아웃렛 쇼핑

아우토슈타트는 월요일부터 목요일까지 저렴한 이브닝 티켓을 판다. 16:00 이후에 입장권을 구매하면 1/3 이하 가격인 €5에 입장할 수 있다. 폐장까지 2시간 남은 시간이므로 우선 자동차 박물관 차이트하우스Zeithaus를 둘러본 뒤 1~2개 브랜드 파빌리온을 구경하면 딱 알맞은 시간이다. 폐장 후에도 아우토슈타트 부지는 개방되어 있어 야간에 산책하며 분위기를 즐길 수 있다. 하노버에서 원데이 투어로 여행할 때는 아우토슈타트에서 강 맞은편에 있는 디자이너 아웃렛Designer Outlets Wolfsburg 쇼핑을 함께 즐기고, 폴크스바겐 자동차 박물관 관람 등을 추가하면 반나절 여행이 완성된다. 디자이너 아웃렛은 유명 스포츠 브랜드와 의류 브랜드, 중고가 프리미엄 브랜드 등의 매장이 많으며, 이월 상품 할인율도 높은 편이다. 입점 브랜드 및 운영시간은 홈페이지(www.designeroutlets-wolfsburg.de)에서 참조하기 바란다.

아우토슈타트 카 타워

아우토슈타트 자동차 박물관

폴크스바겐 자동차 박물관

볼프스부르크는 곧 폴크스바겐이다. 즉, 볼프스부르크 여행은 독일 자동차를 탐구하는 여행이다. 독일인은 자동차를 구매할 때 공장에서 직접 수령하는 게 일반적이다. 자연스럽게 독일에서 가장 판매량이 많은 폴크스바겐 차량 인수자가 볼프스부르크에 몰려들었고, 이에 폴크스바겐에서는 가족이 함께 와서 즐기다가 차량을 인수할 테마파크를 만들었으니, 이것이 전 세계 모든 자동차 회사의 '로망'과도 같은 아우토슈타트Autostadt다. 폴크스바겐 그룹 산하 포르쉐, 아우디, 세아트, 스코다, 람보르기니 등 모든 브랜드의 철학을 보여주는 파빌리온, 클래식카를 포함한 자동차 박물관, 출고 대기 차량이 보관 중인 두 개의 카 타워 등 온통 자동차가 주인공인 세상이다. 폴크스바겐은 한술 더 떠서 자사 클래식카만 모아둔 폴크스바겐 자동차 박물관AutoMuseum Volkswagen을 따로 운영하니 자동차 마니아라면 둘 다 관람해야 한다. 시간이 허락하면 도시의 기원이 된 '늑대의 성'도 가보자. 오늘날의 볼프스부르크성Schloss Wolfsburg은 여행 중 찾아가기에는 다소 거리가 있지만 교육 목적의 박물관 겸 미술관으로 운영되어 현지인의 문화생활에 이바지한다. 중앙역 바로 앞에 있는 과학 체험 테마파크 파에노Phaeno는 자하 하디드Jaha Hadid가 설계한 특이한 외관만이라도 구경해 보자. 지면 관계상 미처 자세히 소개하지 못하는 아우토슈타트의 매력은 QR코드를 스캔하여 확인하기 바란다.

▸ 아우토슈타트

주소 Stadtbrücke **전화** 05361-400 **홈페이지** www.autostadt.de **운영** 10:00~18:00 **요금** 성인 €18, 학생 €14

▸ 폴크스바겐 자동차 박물관

주소 Dieselstraße 35 **전화** 05361-52071 **홈페이지** www.automuseum-volkswagen.de **운영** 화~일요일 10:00~17:00, 월요일 휴무 **요금** 성인 €9, 학생 €6

▸ 파에노

주소 Willy-Brandt-Platz 1 **전화** 05361-890100 **홈페이지** www.phaeno.de **운영** 10:00~18:00, 월요일 휴무 **요금** 성인 €15, 학생 €12

파에노

CELLE 첼레

하프팀버 반목조 건축물이 잘 보존된 도시가 많은 독일에서도 첼레는 단연 첫손에 꼽히는 도시다. 이 자그마한 도시의 구시가지는 그야말로 하프팀버의 천국이다. 그래서 독일 특유의 '동화 같은 마을'로 고순위에 거론될 자격이 충분한 숨겨진 보석 같은 소도시다.

관광안내소 INFORMATION

관광안내소는 시청사에 있다. 측면 방향으로 출입한다.

홈페이지 www.celle-tourismus.de (독일어)

찾아가는 방법 ACCESS

거점 도시와 이동시간 (레기오날반 기준)

하노버 ↔ 첼레 : ME 27분, S 35분

함부르크 ↔ 첼레 : ME 1시간 49분 (Uelzen에서 1회 환승)

유효한 티켓 니더작센 티켓

베스트 코스

기차역 → 첼레성 → 첼레 미술관& 보만 박물관 → 촐너 거리 → 기차역

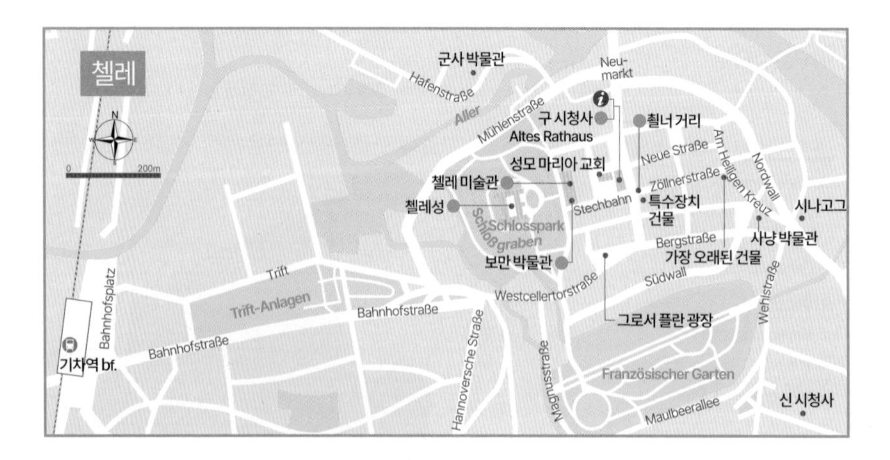

첼레성

첼너 거리

첼레는 뤼네부르크 공국의 영지로 발전하였다. 당시 영주의 거성으로 만든 첼레성Schloss Celle이 남아 있다. 외관은 투박하지만, 공원으로 가꿔진 해자에 둘러싸인 거대한 성채는 확실히 눈에 띈다. 첼레성부터 시작하는 구시가지는 온전히 보존된 하프팀버 양식의 건축물 400여 채가 골목마다 줄지어 있어 낭만적인 풍경을 완성한다. 이러한 건물들은 대부분 지금도 주거지나 상점으로 사용되고 있어 마치 '시간 여행'을 하는 기분을 준다. 가장 번화한 하프팀버 시가지는 시청사와 관광안내소에서 시작하는 첼너 거리Zöllnerstraße이며, 그 외에도 골목마다 비슷한 풍경이 이어지니 그로서 플란 광장Großer Plan 등 주변까지 구석구석 걸어보기를 권한다. 낮에는 미술관에서 작품을 감상하고, 밤에는 미술관 외벽의 조명 예술을 감상하는, 이른바 '24시간 미술관'을 표방하는 첼레 미술관Kunstmuseum Celle이나 지역의 고고학·민속학·예술·역사를 아우르는 보만 박물관Bomann-Museum을 관람해 보아도 좋다. 첼레성과 모든 볼거리는 반경 수백 m 내에 모여 있어 산책하듯 구경할 수 있으나 기차역에서 다소 떨어져 있어 시내버스를 이용하여야 한다. 니더작센 티켓은 유효하지 않으며, 버스 기사에게 티켓을 구매해야 한다.

▶ 첼레성

MAP P.510 **주소** Schloßplatz 1 **전화** 05141-124515 **홈페이지** www.residenzmuseum.de **운영** 5~10월 화~일요일 10:00~16:30, 11~4월 화~일요일 11:00~16:00, 월요일 휴무 **요금** 성인 €8, 학생 €5

▶ 첼레 미술관

MAP P.510 **주소** Schloßplatz 7 **전화** 05141-124521 **홈페이지** kunst.celle.de **운영** 화~일요일 11:00~17:00, 월요일 휴무 **요금** 성인 €8, 학생 €5

▶ 보만 박물관

MAP P.510 **주소** Schloßplatz 7 **전화** 05141-124540 **홈페이지** www.bomann-museum.de **운영** 화~일요일 11:00~17:00, 월요일 휴무 **요금** 성인 €8, 학생 €5

그로서 플란 광장

보만 박물관

LEIPZIG AREA

라이프치히 지역

BEST 4

01

괴테가 극찬한 건축 박람회장
브륄의 테라스(드레스덴)

02

독일 통일의 시발점
아우구스투스 광장(라이프치히)

03

신비롭도록 아름다운
바스타이(작센스위스)

04

독일을 잉태한 땅
바르트성(아이제나흐)

라이프치히 지역 이동 전략

가장 큰 도시는 작센의 주도 드레스덴이지만 거점 도시로는 라이프치히가 더 편하다. 바이마르, 에르푸르트, 아이제나흐 등 튀링엔 지역으로 왕복하기 편리하고, 종교 개혁의 성지 비텐베르크(P.136) 여행도 편리하며, 베를린과 하노버 등 다른 거점 도시로 연계하기에도 편리하다. 드레스덴은 근교 마이센과 바스타이를 여행할 때 편리하다.

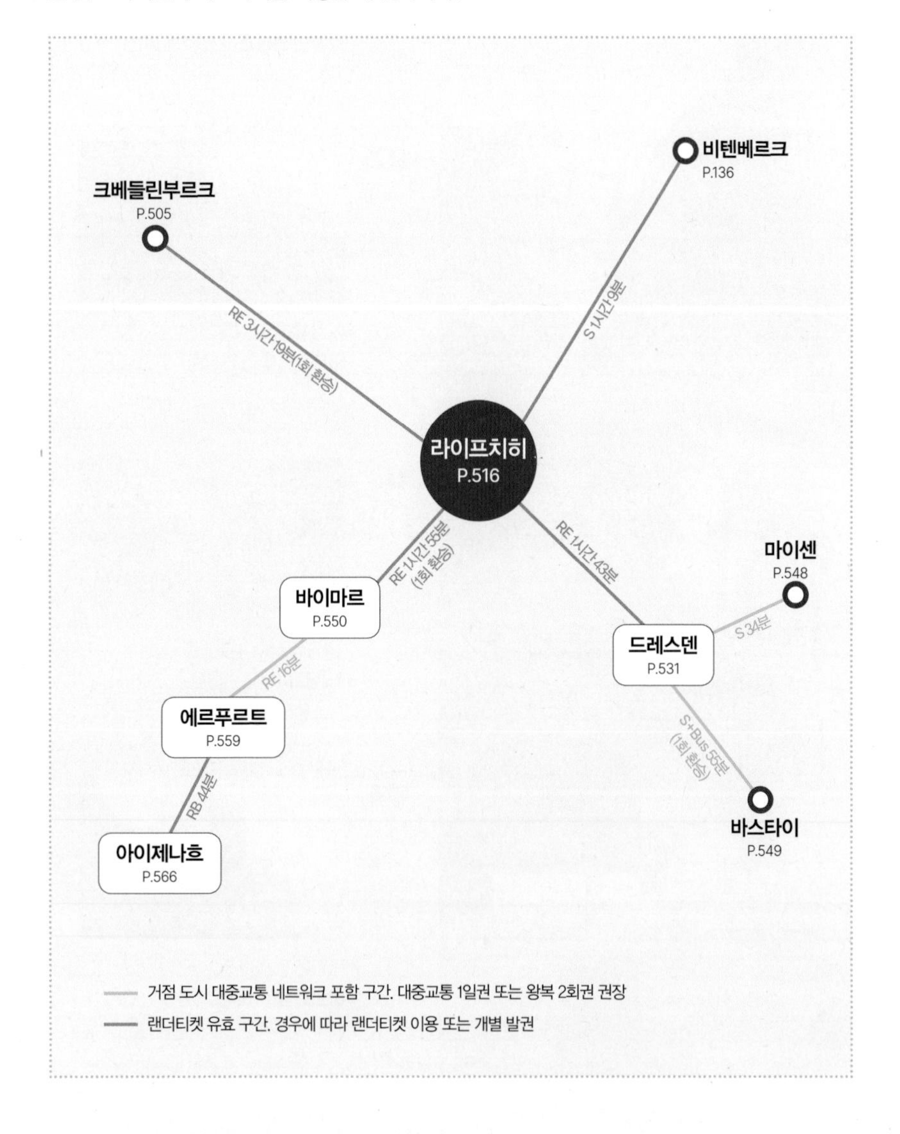

라이프치히 지역 숙박 전략

라이프치히와 드레스덴이 이 지역의 중심 도시이므로, 원데이 투어 포함, 방문하려는 도시의 여행 전략에 따라 두 도시에서 나누어 숙박하면 편하다. 도시별로 숙소 위치를 정할 때 알아두면 좋을 분류를 간략히 정리하였다.

라이프치히

☑ **신식 호텔**이 많은 곳

중앙역 부근 MAP P.518-A1·A2

2010년대 초반까지만 해도 라이프치히는 대형 박람회가 열리면 방문객을 수용하기 어려울 만큼 숙박시설이 부족한 편이었으나 최근 몇 년 사이에 중앙역 부근을 중심으로 호텔이 잔뜩 생겼으며, 신축 건물 또는 리모델링으로 쾌적한 컨디션을 갖춘 신식 호텔이 많으나 가격이 저렴한 편은 아니다.

☑ **고급 호텔**이 많은 곳

아우구스투스 광장 부근 MAP P.518-B2

아우구스투스 광장은 클래식 극장 두 곳이 마주 보고 있는 고급 문화의 중심지. 그에 어울리는 고급 호텔이 광장 주변에 여럿 있다. 글로벌 프랜차이즈 호텔이 많다.

드레스덴

☑ **대형 호텔**이 많은 곳

중앙역 부근 MAP P.534-A3·B3

드레스덴도 다른 도시와 마찬가지로 중앙역 부근에 호텔이 많은데, 수도 베를린에도 뒤처지지 않는 대형 호텔이 많다는 점이 특징이다.

☑ **호스텔**을 찾을 수 있는 곳

노이슈타트역 부근 MAP P.534-A1

드레스덴에서 저렴한 호스텔을 알아볼 때는 노이슈타트역 부근을 먼저 찾아보자. 도시에서 저렴한 숙소가 가장 많은 지역이다. 다만, 노이슈타트역이 드레스덴에서는 유흥이 발달한 편이어서 야간의 분위기가 좋지 않다는 것은 염두에 두자.

LEIPZIG
라이프치히

두 번에 걸친 끔찍한 세계대전을 치르기 전까지만 해도 라이프치히는 유럽에서 손꼽히는 큰 도시였다. 동서와 남북을 잇는 교차로 도시로서 큰 수혜를 입었고, '음악의 아버지' 바흐를 비롯하여 수많은 거장이 이 도시를 거쳐 갔다.
전쟁과 분단으로 급격히 쇠락한 라이프치히가 독일 통일에 중요한 에너지를 공급하고, 통일 후 다시 발전 속도를 높인 것은 흥미로운 지점이다. 독일의 역사를 바꾼 자부심과 진보한 시민의식이 지금도 라이프치히에 큰 힘을 보탠다.

지명 이야기
1015년에 'urbs Libzi'라는 지명으로 처음 언급되는데, 이 지역에 거주한 소르브족(슬라브족의 소수계)의 언어로 '보리수나무 아래' 또는 '라임 나무 아래'를 뜻한다. 지금도 슬라브인의 국가, 가령 체코에서는 'Lipsko'라고 부르는데, 어원과 의미가 같다.

Information & Access 라이프치히 들어가기

관광안내소 INFORMATION

구 시청사로 가는 길목인 라이프치히 미술관 옆 건물에 관광안내소가 있다.

홈페이지 www.leipzig.travel (영어)

찾아가는 방법 ACCESS

비행기

라이프치히/할레 공항Flughafen Leipzig/Halle(공항코드 LEJ)은 라이프치히와 할레(작센안할트의 주도) 사이에 있으며, 루프트한자와 소수의 저가 항공사가 취항하는 화물 운송 위주의 공항이다. 한국에서 가는 직항편은 없다.

• 시내 이동

라이프치히에서 북서쪽으로 약 16km 떨어져 있으며, 시내까지 전철 에스반으로 한 번에 연결된다.

소요시간 에스반 17분 **노선** S5호선 **요금** 편도 €5

기차

라이프치히 중앙역Hauptbahnhof은 1915년에 공사가 완료되었을 때 세계에서 가장 큰 기차역이었다. 지금도 중앙역은 바닥 면적 기준 유럽 최대 규모라고 한다. 그만큼 유동 인구가 많고 동서남북 주요 도시로 연결 노선이 방대하기 때문. 중앙역은 지하까지 쇼핑센터가 잘 갖추어져 있어 대기시간을 보내기에도 편리하다.

*** 유효한 랜더티켓** 작센 티켓

• 시내 이동

중앙역 맞은편부터 구시가지가 시작되므로 걸어서 여행할 수 있다.

버스

최근에 버스 터미널ZOB이 완성되었다. 중앙역 바로 옆 주차타워에 있으며, 동쪽 출구로 나오면 바로 보인다. 시내 이동은 중앙역과 같다.

Transportation & Pass 라이프치히 이동하기

시내 교통 TRANSPORTATION

트램

메인 운송 수단은 트램이며, 좁은 골목은 버스로 연결한다. 2000년대 들어 본격적으로 전철망을 복원하기 시작해 최근 전철 에스반 노선이 완성되었으며, 공항이나 박람회장 등 근교로 이동할 때 이용한다.

• 타리프존 & 요금

· 110존(시내) : 1회권 €3.5, 24시간권 €9.8, 단거리권 €2.3

· 단거리권은 환승 없이 네 정거장 이내로 이동할 때 유효하다.

노선 확인법 안내

• 노선 확인

라이프치히 교통국 LVB www.l.de

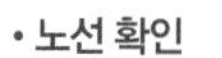

관광 패스 SIGHTSEEING PASS

• 라이프치히 카드 Leipzig Card

라이프치히에서 시내 대중교통 무료 탑승, 박물관 최대 50% 할인(일부 상설 전시는 무료입장), 다수의 레스토랑 10% 할인 혜택이 적용되는 상품이다.

요금 1일권 €14.4 **구입 방법** 관광안내소에서 구입 **홈페이지** www.leipzig.travel/en/book/welcome-cards

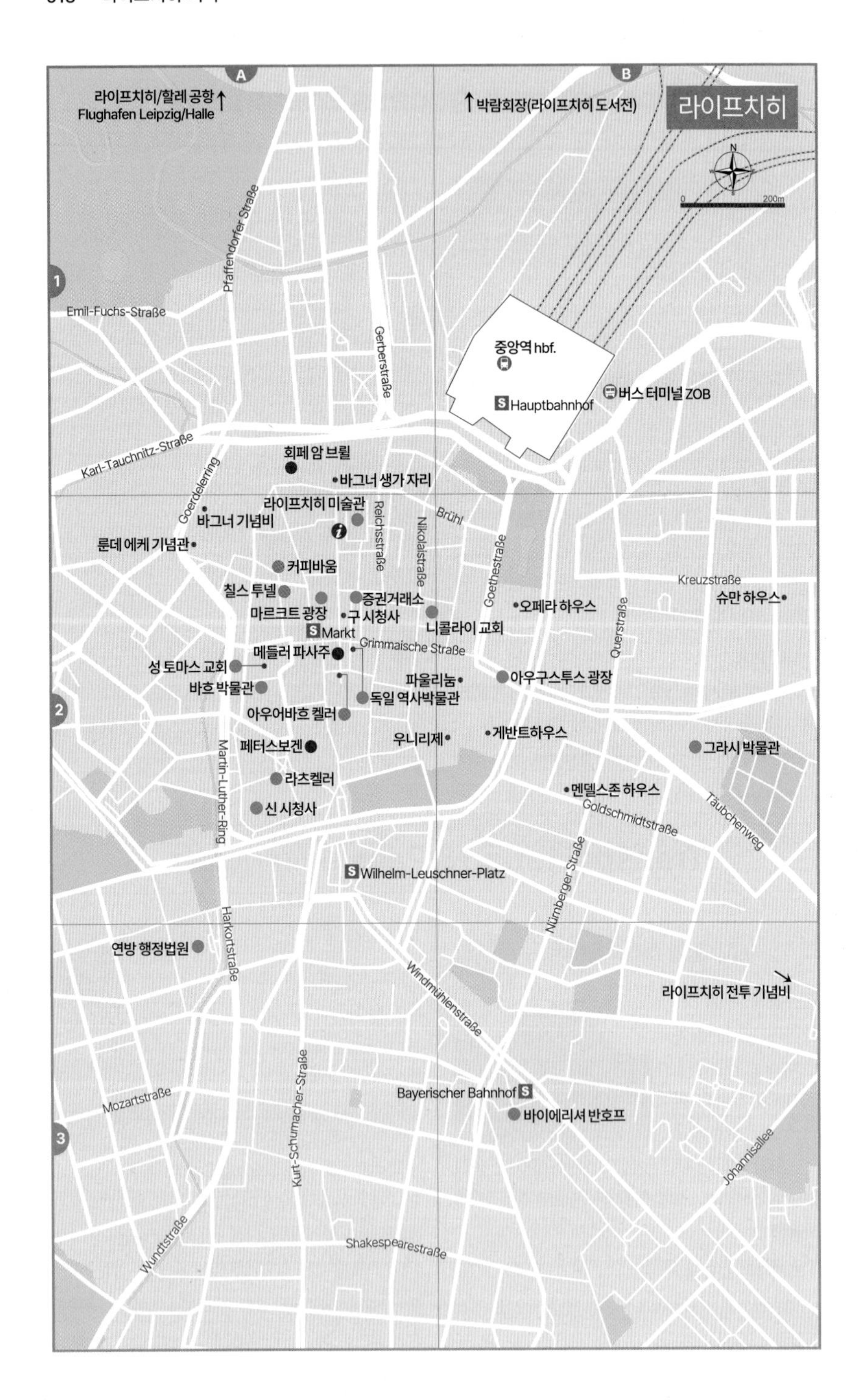
라이프치히
라이프치히/할레 공항
Flughafen Leipzig/Halle
박람회장(라이프치히 도서전)
Pfaffendorfer Straße
Emil-Fuchs-Straße
Gerberstraße
중앙역 hbf.
Hauptbahnhof
버스 터미널 ZOB
Karl-Tauchnitz-Straße
Goerdelerring
회페 암 브륄
바그너 생가 자리
라이프치히 미술관
바그너 기념비
룬데 에케 기념관
Reichsstraße
Brühl
Nikolaistraße
Goethestraße
커피바움
칠스 투넬
증권거래소
마르크트 광장
구 시청사
Markt
니콜라이 교회
오페라 하우스
Querstraße
Kreuzstraße
슈만 하우스
메들러 파사주
Grimmaische Straße
성 토마스 교회
바흐 박물관
파울리눔
아우구스투스 광장
독일 역사박물관
아우어바흐 켈러
우니리제
게반트하우스
페터스보겐
그라시 박물관
Martin-Luther-Ring
라츠켈러
멘델스존 하우스
Goldschmidtstraße
신 시청사
Täubchenweg
Wilhelm-Leuschner-Platz
Nürnberger Straße
Harkortstraße
연방 행정법원
Windmühlenstraße
라이프치히 전투 기념비
Mozartstraße
Kurt-Schumacher-Straße
Bayerischer Bahnhof
바이에리셔 반호프
Johannisallee
Wundtstraße
Shakespearestraße
A
B
1
2
3
0
200m

Best Course 라이프치히 추천 일정

베스트 코스

시내 중심부는 중앙역부터 시작해 3~4시간 내에 둘러볼 수 있다. 여기에 세계적인 음악가나 현대사의 흔적 등을 여유 있게 살펴보고, 외곽의 라이프치히 전투 기념비까지 한나절 일정이 적당하다.

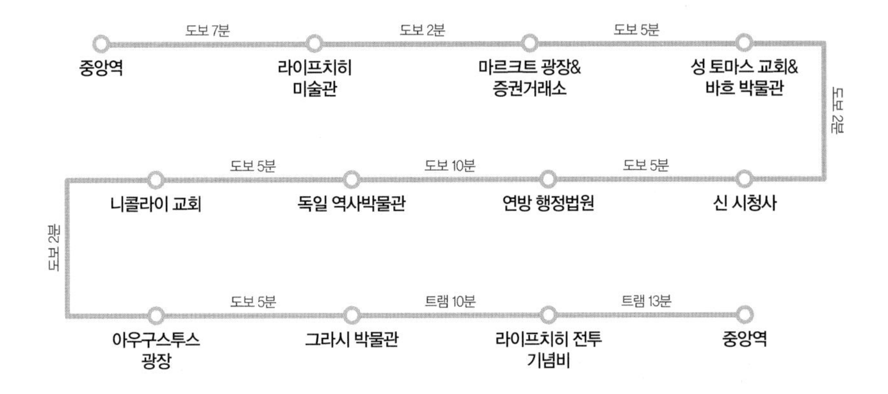

Attraction 보는 즐거움

통일 후 어수선했던 구시가지는 최근 정비를 마치고 완전히 정비된 모습을 보여주고, 바흐와 괴테의 흔적도 곳곳에 남아 있다. 기차역, 시청, 법원, 기념비 등 하나같이 스케일 큰 건축물의 향연을 즐기자.

라이프치히 미술관
Museum der Bildenden Künste

직역하면 '회화 예술 박물관'이라는 뜻. 19세기 중반부터 시민의 기부로 운영된 미술관은 2000년대 들어 거대한 미술관 건물이 완공되어 수천 점의 회화와 조각, 그리고 수만 점의 그래픽 아트를 소장한 예술의 중심지가 되었다. 르네상스 시대의 회화와 조각, 독일 낭만주의, 프랑스 인상주의 등을 전시한다.

MAP P.518-A2 **주소** Katharinenstraße 10 **전화** 0331-2708602 **홈페이지** www.mdbk.de **운영** 화요일·목~일요일 10:00~18:00, 수요일 12:00~20:00, 월요일 휴무 **요금** 상설전 무료, 기획전 별도(홈페이지에서 참조) **가는 방법** 중앙역에서 도보 7분.

구 시청사

마르크트 광장 Marktplatz

르네상스 양식의 거대한 구 시청사가 있는 광장이다. 오늘날에도 주 2회 시장이 열리고, 계절마다 음악 축제, 와인 축제, 크리스마스 마켓 등 다양한 행사가 열린다. 길이만 93m에 달하는 구 시청사는 높은 탑 좌우로 여섯 개의 박공지붕 장식이 눈에 띄는데, 탑을 중앙에 두지 않고 비대칭으로 만든 게 특이하다. 내부는 역사적인 연회장 등 중세의 모습을 재현한 공간에서 도시의 역사를 보여주는 다양한 전시 자료가 갖추어져 있다.

MAP P.518-A2 **가는 방법** 라이프치히 미술관에서 도보 2분.

▶ 구 시청사

주소 Markt 1 **전화** 0341-9651340 **운영** 화~일요일 10:00~18:00, 월요일 휴무 **요금** 무료

증권거래소 Alte Börse

무역과 상업이 발달한 라이프치히에서 번듯한 거래소가 없는 것에 대한 외국 상인의 불만을 달래고자 1678년에 만든 바로크 양식의 건물이다. 당시 증권거래소의 개념은, 상인이 계약을 체결하거나 경매를 진행하고, 어음 등 증서를 주고받는 장소를 뜻한다. 오늘날에는 이벤트홀로 사용되고 있어 내부 입장은 불가능하지만, 1903년에 세운 괴테의 동상이 바로 앞에 있어 풍경을 즐기기에 괜찮다. 대문호 괴테가 라이프치히에서 학교에 다녔기 때문에 이 동상은 젊은 날의 괴테를 모델로 한다.

MAP P.518-A2 **주소** Naschmarkt 1 **가는 방법** 구 시청사 뒤편.

괴테의 동상

바흐의 무덤

성 토마스 교회 St. Thomaskirche

'음악의 아버지' 바흐가 지휘자로 활동하며 일생을 마친 곳이다. 1212년부터 소년 합창단이 조직되어 독일에서 가장 오랜 역사를 가진 합창단 중 하나로 꼽히는데, 1723년부터 28년간 바흐가 합창단을 지휘하면서 '월드 클래스'가 되었다. 각별한 인연을 기념하여 교회 입구 앞에 바흐의 동상을 세웠고, 바흐의 무덤과 작은 박물관이 내부에 있다. 오늘날에도 토마스 합창단은 음악 축제 등 큰 행사가 없을 때는 금요일과 토요일 한 차례씩 모테트 공연을 여는데, 시작 45분 전부터 현장에서 입장권을 판매(€3)하며 자세한 일정은 홈페이지에서 확인할 수 있다.

MAP P.518-A2 **주소** Thomaskirchhof 18 **전화** 0341-22224100 **홈페이지** www.thomaskirche.org **운영** 10:00~18:00 **요금** 무료 **가는 방법** 마르크트 광장에서 도보 2분.

바흐 박물관 Bach-Museum

성 토마스 교회 맞은편 보제하우스 Bosehaus는, 바흐 활동 시기에 바흐와 친분이 있는 상인의 저택이었다. 오늘날에는 이 건물 전체가 바흐 박물관이 되어 바흐의 일생과 작품 및 활동, 그리고 대대로 음악가 집안이었던 그의 가문에 대한 방대한 자료를 전시실 12곳에서 전시하고 있다. 보고 듣는 시청각 자료, 양방향 인터랙티브 전시 자료 등 요즘 눈높이에 맞춘 흥미로운 전시를 경험할 수 있다.

MAP P.518-A2 **주소** Thomaskirchhof 15-16 **전화** 0341-9137202 **홈페이지** www.bachmuseumleipzig.de **운영** 화~일요일 10:00~18:00, 월요일 휴무 **요금** 성인 €10, 학생 €8 **가는 방법** 성 토마스 교회 옆.

바흐의 동상

신 시청사
Neues Rathaus

원래 이 자리에는 작센 선제후국의 거대한 요새 플라이세성Pleißenburg이 있었다. 19세기 말 라이프치히가 팽창하고 더 큰 시청이 필요해지면서, 라이프치히는 플라이세성을 허문 뒤 성탑 등 상징적인 캐릭터만 놔두고 거대한 시청사를 새로 지었다. 1905년에 완공된 신 시청사는 육중한 탑을 중심으로 각 면마다 도시를 상징하는 동물, 여신, 문장 등으로 장식했으며, 20세기 초 라이프치히의 위상을 자랑하려는 역사주의 건축물이다. 114.7m 높이의 탑은 독일의 시청사를 통틀어 가장 높은 곳으로 꼽힌다.

MAP P.518-A2 **주소** Martin-Luther-Ring 4 **전화** 0341-1232241 **가는 방법** 바흐 박물관에서 도보 2분.

연방 행정법원 Bundesverwaltungsgericht

1895년에 완공된 법원 건물도 신 시청사 못지않게 화려하고 웅장하며 거대하다. 나치 집권기에도 이른바 제국 법원 청사로 사용되었고, 제2차 세계대전 후 동독에서 대강 복원한 뒤 미술관으로 사용하였는데, 독일 통일 후 연방 행정법원 소재지를 라이프치히로 정한 뒤 다시 복원을 마치고 지금의 모습을 갖추게 되었다. 내부의 웅장한 로비와 대법원 박물관 등을 관람할 수 있고, 법원 주변으로 공원이 조성되어 조용히 쉬어 가기에도 좋다. 법원 앞으로 흐르는 물줄기는 한때 플라이세성을 끼고 흐르던 플라이세강Pleiße이다.

MAP P.518-A3 **주소** Simsonplatz 1 **전화** 0341-20070 **홈페이지** www.bverwg.de **운영** 월~금요일 08:00~16:00, 토~일요일 휴무 **요금** 무료 **가는 방법** 신 시청사에서 도보 5분.

세기의 걸음

독일 역사박물관 Zeitgeschichtliches Forum

본에 있는 독일 역사박물관(P.414)의 분점이며, 주로 분단 당시 동독의 생활상, 라이프치히와 동독 각지에서 벌어진 시위의 현황과 전개, 동독 정부의 탄압, 통일에 이르는 과정에 대한 자료를 전시한다. 내용이 쉽지는 않으나, 통일에 대하여 공산주의 진영에서 벌어진 사건과 시각을 담고 있다는 점에서 흥미를 끈다. 입장료도 없으니 부담 없이 관람해 보자. 입구 앞 조형물은 볼프강 마토이어Wolfgang Mattheuer의 '세기의 걸음Jahrhundertschritt'인데, 20세기의 혼란한 역사를 비유한 작품이며, 구동독 치하에 탄생한 예술작품 중 가장 논쟁적이고 유명하다.

MAP P.518-A2 **주소** Grimmaische Straße 6 **전화** 0341–22200 **홈페이지** www.hdg.de/zeitgeschichtliches-forum/ **운영** 화~일요일 10:00~18:00, 월요일 휴무 **요금** 무료 **가는 방법** 연방 행정법원에서 도보 10분 또는 증권거래소 옆.

니콜라이 교회 Nikolaikirche

12세기에 건축된 이래 계속 증축 및 보수를 거듭하면서 로마네스크, 고딕, 바로크, 고전주의 양식이 혼재된 니콜라이 교회는 겉에서 보기에는 일견 평범하지만, 세계사를 바꾼 역사적인 장소다. 1989년 9월 4일, 교회에서 열린 평화 기도회 참석자가 거리로 나가 비폭력 시위를 전개한 이래 매주 '월요 데모Montagsdemonstrationen'가 열렸고, 이것이 동베를린을 비롯한 동독 전역으로 전파되면서 정권의 종말을 가져왔다. 니콜라이 교회의 기도회에서 타오른 촛불이 베를린 장벽 붕괴를 가져오기까지 걸린 기간은 2개월밖에 되지 않는다. 이를 기념하여 1999년에 마치 월계관을 보는 듯한 기둥을 교회 내부에 설치하였고, 그 복사본을 교회 앞 광장에도 함께 전시 중이다.

MAP P.518-A2 **주소** Nikolaikirchhof 3 **전화** 0341–1245380 **홈페이지** www.nikolaikirche.de **운영** 월~토요일 11:00~18:00, 일요일 10:00~15:00 **요금** 무료 **가는 방법** 독일 역사박물관 또는 증권거래소에서 도보 2분.

아우구스투스 광장
Augustusplatz

동독 정권을 무너트린 '월요 데모'에서 7만 명이 모여 함성을 외친, 민주주의와 평화적 통일의 상징적인 장소. 실제로 수만 명이 모일 만큼 넓고, 1960년에 건축한 오페라하우스Opernhaus와 1981년에 건축한 게반트하우스Gewandhaus 콘서트홀이 서로 마주 보고 있다. 고층 빌딩부터 역사적인 건축물, 그리고 통일을 기념하는 기념물이 광장 곳곳을 채우고 있으며, 트램이 가로지르며 분주하고 활기찬 풍경을 만든다.

오페라 하우스

MAP P.518-B2 **가는 방법** 니콜라이 교회에서 도보 2분 또는 다수의 트램 노선 Augustusplatz 정류장 하차.

▶ 게반트하우스 Gewandhaus

'직물회관'이라는 뜻의 게반트하우스는, 상인들이 직물 공장에 민간 연주자를 초빙해 연 콘서트를 계기로 1743년에 세계 최초의 민간 관현악단으로 창단하였다. 1781년에 첫 콘서트홀을 지었고, 이 시기에 5·7대 지휘자로 약 10년간 오케스트라를 이끈 이가 그 유명한 멘델스존이다. 1885년에 전용 콘서트홀을 짓고 세계적인 명성을 얻었으나 제2차 세계대전으로 파괴되었고, 전후 동독에서 다시 활동을 시작한 게반트하우스 오케스트라를 위해 아우구스투스 광장에 세 번째 콘서트홀을 만들었다.

MAP P.518-B2 **전화** 0341-1270280 **홈페이지** www.gewandhaus.de

▶ 우니리제와 파울리눔 Uniriese und Paulinum

아우구스투스 광장에 바로 맞닿아 있는 라이프치히 대학교 건물이다. 큰 캠퍼스 건물과 대학 교회가 있었는데, 제2차 세계대전으로 부분 손상을 입자 동독 정권에서 대학 교회를 파괴하고 그 대신 학교 캠퍼스로 고층 빌딩을 지었다. 마치 책을 펼친 형상의 특이한 고층 건물은 우니리제('대학'과 '거인'의 합성어)라고 불렸다. 통일 후 라이프치히에서는 파괴된 대학 교회 자리에 옛 교회 형상을 닮은 파울리눔을 지어 대학 캠퍼스를 정비하였다. 그리고 우니리제는 민간에 매각해 현재 파노라마 타워Panorama Tower로 이름을 바꾸었으며, 120m 높이에 레스토랑 겸 전망대를 개방 중이다.

MAP P.518-B2 **홈페이지** (전망대) www.panorama-leipzig.de

게반트하우스

우니리제와 파울리눔

SPECIAL PAGE

라이프치히 음악가

클래식 음악 애호가에게 라이프치히는 성지와도 같다.
바흐뿐 아니라 여러 세계적인 작곡가가 라이프치히와 인연이 닿아 있기 때문이다.
기억해 두면 좋을 만한 장소를 따로 소개한다.

요한 제바스티안 바흐

1723년에 성 토마스 교회 지휘자로 부임하여 임종하는 날까지 라이프치히에서 음악 활동을 하였다. 이때만 해도 바흐의 명성이 높지는 않았다고 한다. 오히려 그의 차남 카를 바흐Carl Philipp Emanuel Bach가 동시대에 더 유명하여 베를린과 함부르크에서 활동하였다. 그러나 라이프치히에 사는 동안 거의 매주 하나의 신곡을 작곡할 정도로 왕성한 창작혼을 불태운 바흐는, 1800년대 들어 다시 세상에 알려졌고 '음악의 아버지'라고 칭송받게 되었다.

로베르트 슈만

라이프치히에서 대학교를 다니다가 본격적인 음악인의 길로 들어선 슈만은 스승의 딸인 클라라와 사랑에 빠져 스승과 법적 투쟁 끝에 결혼을 쟁취하였다. 이후 드레스덴으로 이주하기 전까지 두 사람이 4년간 라이프치히에 살았던 집이 슈만 하우스Schumann-Haus 기념관으로 공개되어 있다. 자세한 정보는 홈페이지(www.schumannhaus.de)에서 확인할 수 있으며, 그라시 박물관에서 도보 10분 미만 거리에 있다.

리하르트 바그너

독일 음악사에 거대한 족적을 남긴 작곡가 바그너의 고향이 라이프치히다. 그의 가문이 대대로 라이프치히에 살았다. 물론 바그너는 신생아 시절 라이프치히를 떠났고, 그의 생가는 허물어져 남아 있지 않지만, 그 자리에 들어선 쇼핑몰 외벽에 바그너 생가를 픽셀 아트 형식으로 프린트하여 기념하고 있으며, 라이프치히 곳곳에서 그를 기리는 모습을 만날 수 있다.

펠릭스 멘델스존

어려서부터 '천재' 소리를 들으며 성장한 멘델스존은 1835년에 라이프치히 게반트하우스 오케스트라 지휘자로 부임하였다. 딱 한 번 공연하고 묻혀버린 바흐의 '마태수난곡'을 재발굴하여 세상에 알린 이도 멘델스존이다. 그는 38세의 젊은 나이로 라이프치히에서 요절하였고, 그가 살았던 집이 멘델스존 하우스Mendelssohn-Haus 기념관으로 공개되어 있다. 아우구스투스 광장에서 걸어갈 수 있는 거리에 있으며, 자세한 정보는 홈페이지(www.mendelssohn-stiftung.de)에서 확인하기 바란다.

바그너 생가가 있던 자리

멘델스존 하우스
©Leipzig Tourismus und Marketing GmbH/A.Schmidt

그라시 박물관 Grassimuseum

라이프치히의 부유한 사업가 프란츠 그라시Franz Dominic Grassi의 기부로 문을 열었다. 민속 박물관, 악기 박물관, 공예 박물관 등 3개 테마로 이루어져 있다. 이 중 5개 대륙에서 수집한 20만 점의 소장품이 압권인 민속 박물관과 라이프치히 대학교에서 운영하는 악기 박물관이 유명하다.

MAP P.518-B2 **주소** Johannisplatz 5-11 **전화** 0341-2229100 **홈페이지** www.grassimak.de **운영** 화요일·목~일요일 10:00~18:00, 수요일 12:00~20:00, 월요일 휴무 **요금** 성인 €10, 학생 €7, 매월 첫 수요일 €3 **가는 방법** 아우구스투스 광장에서 도보 5분.

라이프치히 전투 기념비 Völkerschlachtdenkmal

러시아 원정에 실패했지만 여전히 중앙 유럽의 패권자였던 나폴레옹은 다시 한번 러시아 원정을 계획하였고, 러시아는 독일과 연합군을 형성해 1813년에 라이프치히에서 맞붙었다. 이 전투로 양측에서 10만 명 이상이 사망하였으며, 연합군이 승리했다. 이 패배로 나폴레옹은 실각하여 엘바섬으로 유배당하기에 이른다. 이처럼 유럽 근현대사의 중요한 변수가 되었던 사건이기에 라이프치히에서는 수많은 희생자를 추모하고자 1913년에 전투 현장에 기념비를 만들었다. 91m 높이의 기념비는 차라리 신전이라 하는 편이 나을 것 같다. 내부는 엘리베이터로 오르는 1차 전망대, 계단으로 오르는 2차 전망대, 기념비의 옥상인 3차 전망대까지 차례대로 오를 수 있다. 계단 구간이 꽤 길고 좁아 체력 소모가 큰 편이지만 높이 오를수록 라이프치히 외곽의 전망이 훌륭하다. 기념비 옆에는 라이프치히 전투와 관련된 작은 박물관도 있다.

MAP P.518-B3 **주소** Straße des 18. Oktober 100 **전화** 0341-2416870 **홈페이지** www.stiftung-voelkerschlachtdenkmal-leipzig.de **운영** 10:00~18:00(11~3월 ~16:00 **요금** 성인 €10, 학생 €8 **가는 방법** 2·15번 트램 Völkerschlachtdenkmal 정류장 하차.

Restaurant 먹는 즐거움

괴테의 소설에 등장하는 식당, 사라진 맥주를 되살린 식당, 독일에서 가장 오래된 카페 등 라이프치히가 품고 있는 식도락의 성찬은 독일 어디에도 뒤지지 않는다.

아우어바흐 켈러 Auerbachs Keller

1438년부터 문헌상 기록이 남아 있는 유서 깊은 레스토랑이며, 대학생 시절 괴테가 즐겨 찾았고, 〈파우스트〉에 등장하면서 전 세계에 알려졌다. 작중 악마 메피스토펠레스가 주인공 파우스트와 거래를 마치고 데리고 간 곳이 바로 아우어바흐 켈러다. 20세기 초 라이프치히에서 낡은 건물을 허물고 큰 쇼핑몰을 지으려 할 때 아우어바흐 켈러가 그 자리에 있었는데, 이 가게는 그냥 놔두고 그 위에 쇼핑몰을 올렸을 정도로 도시에서 차지하는 위상이 대단하다. 그래서 현재 아우어바흐 켈러는 쇼핑몰 내부에 있으며, 지하로 내려가는 계단 앞에 〈파우스트〉의 장면을 표현한 조각이 장식되어 있다. 누적 방문객 1억 명 이상을 자랑하는 인기 명소이며, 작센 지역의 향토 요리 위주인데 유명세 때문인지 가격대는 비싼 편이다.

MAP P.518-A2 **주소** Grimmaische Straße 2–4 **전화** 0341-216100 **홈페이지** www.auerbachs-keller-leipzig.de **운영** 12:00~22:00(화~수요일 17:00~, 금~토요일 ~23:00) **예산** 요리 €26~38 **가는 방법** 메들러 파사주(P.529) 내에 위치.

커피바움 Zum Arabischen Coffe Baum

'춤 아라비셴 커피바움', 줄여서 커피바움 또는 카페바움으로 부르는 이곳은 1711년부터 시작된 커피하우스다. 그 역사는 프랑스 파리의 카페 프로코프 Café Procope에 이어 유럽에서 두 번째로 오래된 것이다. 바흐, 슈만, 리스트, 바그너, 괴테 등이 다녀갔으며, 심지어 강건왕 아우구스트와 나폴레옹도 다녀갔다. 독일 통일 후 라이프치히시에서 인수하여 소소한 커피 박물관도 함께 운영하였는데, 2019년부터 건물의 노후화와 경영자의 은퇴로 인해 당분간 휴업 중이며, 2025년에 문을 열 것으로 전망된다.

MAP P.518-A2 **주소** Kleine Fleischergasse 4 **가는 방법** 마르크트 광장에서 도보 5분.

바이에리셔 반호프 Bayerischer Bahnhof

'바이에른 기차역'이라는 뜻. 실제로 바이에른을 오가는 기차의 종착역이었는데, 제2차 세계대전 후 파사드만 남기고 파괴되었다. 남겨진 부분을 활용하여 2000년에 고제 맥주(P.501) 전문 비어홀이 문을 열었다. 슈니첼·학세 등 독일 향토 요리와 함께 우수한 수제 고제 맥주를 마실 수 있다.

MAP P.518-B3 **주소** Bayrischer Platz 1 **전화** 0341-1245760 **홈페이지** www.bayerischer-bahnhof.de **운영** 12:00~22:00(토~일요일 11:00~) **예산** 맥주 €4.9, 요리 €15~20 **가는 방법** S1~6호선 Bayerischer Bahnhof역 하차.

라츠켈러 Ratskeller

1905년에 라이프치히 신 시청사가 문을 열었을 때 지하에는 초대형 와인 저장고가 있었다. 그 자리에 문을 연 라츠켈러는 작센 지방 스타일의 향토 요리와 직접 양조한 맥주로 인기가 높다. 로터라너 Lotteraner라는 이름의 자가 양조 맥주는 켈러비어 스타일로 풍미가 좋고, 헬·둥켈·바이첸 그리고 고제 맥주까지 종류가 다양하다.

MAP P.518-A2 **주소** Lotterstraße 1 **전화** 0341-1234567 **홈페이지** www.ratskeller.restaurant **운영** 월~목요일 17:00~22:00, 금~토요일 12:00~23:00, 일요일 11:00~16:00 **예산** 맥주 €4.9, 요리 €19~28 **가는 방법** 신 시청사 지하.

칠스 투넬 Zills Tunnel

라이프치히 중심부에서 독일 향토 요리로 유명한 곳이며, 1841년에 시작되었다. 슈니첼과 스테이크 등 다양한 육류 요리를 판매한다. 쾨스트리처 흑맥주와 1824년 라이프치히에서 고제 맥주의 유행을 선도하였던 리터구츠 고제Ritterguts Gose 등 맥주의 선택 폭이 넓다.

MAP P.518-A2 **주소** Barfußgäßchen 9 **전화** 0341-9602078 **홈페이지** www.zillstunnel.de **운영** 11:30~22:00 **예산** 요리 €18~25 **가는 방법** 마르크트 광장에서 도보 2분.

Shopping 사는 즐거움

20세기 초의 번영을 보여주는 역사적인 백화점, 21세기 초의 부활을 보여주는 최신식 쇼핑몰 등이 도시 곳곳에 있다. 아웃렛이나 전문 매장보다는 백화점과 쇼핑몰에서 독일 브랜드를 쇼핑하기에 좋다.

메들러 파사주 Mädler-Passage

도시의 전성기인 1914년에 생긴 대형 백화점. 지하에 아우어바흐 켈러가 있어서 관광객이 많이 찾아오고, 관광객이 좋아할 만한 기념품이나 선물용품을 파는 매장이 많다. 높은 통로 양쪽으로 매장의 쇼윈도가 이어져 마치 쇼핑 스트리트를 걷는 기분이 든다.

MAP P.518-A2 **주소** Grimmaische Straße 2–4 **전화** 0341–216340 **홈페이지** www.maedlerpassage.de **운영** 입점 매장마다 다르나 주로 일요일은 휴무 **가는 방법** 독일 역사박물관 옆.

회페 암 브륄 Höfe am Brühl

2012년에 개장한 대형 쇼핑몰로, 대중적인 의류 브랜드 상점과 대형 마트, 편의점 등이 있어 부담 없이 쇼핑하기에 좋다. 바그너 생가(P.525) 프린트가 그려진 외벽을 포함해 쇼핑몰의 건축미도 상당하다.

MAP P.518-A1 **주소** Brühl 1 **전화** 0341–4623400 **홈페이지** www.hoefe-am-bruehl.de **운영** 월~토요일 10:00~20:00, 일요일 휴무 **가는 방법** 라이프치히 미술관에서 도보 2분.

페터스보겐 Petersbogen

©Petersbogen Leipzig

19세기 말 대학교와 상업시설이 동시에 존재하는 유리디쿰Juridicum이라는 역사적인 건물이 있었는데, 제2차 세계대전으로 파괴되고 말았다. 그 자리에 2001년에 문을 연 페터스보겐은, 여전히 일부는 라이프치히 대학교, 일부는 상업시설인 대형 쇼핑몰이다. 대형 마트, 축구팬 숍, 편의점, 영화관 등 현지인의 라이프스타일에 친숙한 매장이 많다.

MAP P.518-A2 **주소** Petersstraße 36–44 **전화** 0341–14075610 **홈페이지** www.petersbogen-leipzig.de **운영** 입점 매장마다 다르나 주로 일요일은 휴무 **가는 방법** 신 시청사 옆.

Entertainment 노는 즐거움

세계적인 음악의 도시답게 세계적인 클래식 음악 축제가 하이라이트. 또한, 박람회의 도시로 유럽에 알려진 그 명성 그대로 지금도 세계적인 박람회 행사가 열린다.

라이프치히 도서전
Leipziger Buchmesse

©Leipziger Messe GmbH / T.Schulze

프랑크푸르트 도서전(P.165)과 함께 양대 산맥을 이루는 초대형 국제 도서 박람회가 라이프치히에서 열린다. 독일 분단 시절에도 서방 출판사가 참여할 정도로 글로벌 행사였고, 지금도 방문객의 시선에 맞춘 가볍고 개방적인 성격의 도서전으로 인기가 높다. 2025년에는 3월 27일부터 30일까지 라이프치히 박람회장에서 열릴 예정이다.

MAP P.518-B1 **홈페이지** www.leipziger-buchmesse.de **가는 방법** S2·6호선 Messe역 하차.

바흐 페스티벌 Bachfest

©www.pkfotografie.com / P.Kirschner

매년 6월 도시 전역에서 열흘간 열리는 세계적인 클래식 음악 축제다. 라이프치히와 각별한 인연이 있는 바흐를 기리며 그의 작품을 연주한다. 오페라 극장뿐 아니라 실외 광장과 교회에서도 바흐의 음악이 울려 퍼진다. 2025년 축제 일정은 6월 12일부터 22일까지.

홈페이지 www.bachfestleipzig.de

멘델스존 페스티벌
Mendelssohn Festtage

©www.gewandhausorchester.de

바흐와 함께 라이프치히를 대표하는 또 다른 음악가 멘델스존을 기리는 축제는 매년 가을 게반트하우스 극장과 멘델스존 하우스에서 열흘간 열린다. 2024년 축제 일정은 10월 29일부터 11월 4일까지이며, 자세한 내용은 멘델스존 하우스 홈페이지에서 확인할 수 있다.

홈페이지 www.mendelssohn-stiftung.de/de/mendelssohnfesttage

DRESDEN
드레스덴

작센의 주도 드레스덴은 '독일의 피렌체'라 불린 아름다운 도시였다. 사치가 심한 '강건왕' 아우구스트(P.41)에 의해 17세기경 황금기를 맞이했으며 화려한 건축물이 도시를 수놓았다. 하지만 제2차 세계대전으로 인해 아름다운 도시는 쑥대밭이 되었다. 드레스덴의 피해는 독일 전체에서도 첫손에 꼽힐 정도로 가혹했다. 독일 통일 후 비로소 아름다운 도시의 모습을 되찾았고, 대도시로 성장하였으며, 동유럽을 잇는 교두보로 많은 관광객의 발걸음을 맞이하고 있다.

지명 이야기
라이프치히와 마찬가지로 소르브족(슬라브인의 소수민족)의 언어를 기원으로 한다. 고대 소르브어로 '숲의 사람들'을 뜻하는 드레쥐자니 Drježdźany에서 유래하였다. 지금도 슬라브인의 국가 체코 언어로는 드레스덴을 드라쥐다니Drážďany라고 한다.

Information & Access 드레스덴 들어가기

관광안내소 INFORMATION

성모 교회 인근 쇼핑몰 QF 파사주 내부에 관광안내소가 있다. 또한, 중앙역에도 작은 관광 안내 데스크를 운영하고 있다.

홈페이지 www.dresden.de/tourism (영어)

찾아가는 방법 ACCESS

비행기

드레스덴 공항Flughafen Dresden(공항코드 DRS)은 가까운 베를린과 프라하에 상대적으로 큰 공항이 있는 관계로 도시 규모나 배후 지역 인구에 비하여 공항 규모가 작은 편이며, 루프트한자의 국내선 또는 유로윙스 등 일부 저가 항공사 노선 위주로 운항한다. 국내에서 가는 직항 노선은 없다.

• 시내 이동

공항 지하의 기차역에서 전철 에스반을 이용하여 드레스덴 시내까지 편하게 이동할 수 있다.

소요시간 에스반 20분 **노선** S2호선 **요금** 편도 €3.2

기차

드레스덴은 엘베강을 중심으로 아름다운 구시가지가 있는 강의 남쪽, 현대에 들어 '힙'한 도시 풍경이 완성되어 가는 강의 북쪽으로 나뉜다. 강의 남쪽은 중앙역Hauptbahnhof에서, 강의 북쪽은 노이슈타트역Bahnhof Dresden-Neustadt에서 기차를 타고 내리는 게 편하다.

*** 유효한 랜더티켓** 작센 티켓

• 시내 이동

이 책의 여행 코스는 중앙역부터 시작하는 것으로 구성하였다. 중앙역 앞부터 걸어서 여행을 시작해도 되고, 대중교통을 이용하려면 중앙역 앞에서 8·9·11번 트램을 타고 Prager Straße 정류장에서 하차한다.

버스

드레스덴 버스터미널ZOB은 중앙역 뒤편 주차장을 사용한다. 시내로 이동하는 방법은 기차역과 같다.

Transportation & Pass 드레스덴 이동하기

시내 교통 TRANSPORTATION

전철 에스반은 공항이나 마이센 등 근교 여행 시 이용한다. 또는, 중앙역과 노이슈타트역 사이 이동에도 유용하다. 관광지를 연결하는 시내 이동은 트램이 네트워크의 중심이며, 이면 골목은 시내버스가 다닌다.

• 타리프존 & 요금

· 1존(시내, 공항) : 1회권 €3.2, 1일권 €8.6

· 3존(마이센, 바스타이) : 1회권 €8.6, 1일권 €19.3

트램

• 노선 확인

드레스덴 교통국 DVB www.dvb.de

관광 패스 SIGHTSEEING PASS

• 드레스덴 시티 카드 Dresden City Card

드레스덴의 대중교통 무료 혜택과 주요 관광지 할인 혜택을 결합한 상품이다. 근교까지 포함하는 레기오 카드Dresden Regio Card도 있으나 일반적인 관광객의 동선에서 활용도는 떨어진다. 시티 카드 종류로는 1~3일권이 있다.

요금 1일권 €17, 2일권 €24, 3일권 €33 **구입 방법** 관광안내소 또는 홈페이지에서 구입 **홈페이지** www.dresden.de/en/tourism/dresden-welcome-cards.php

• 드레스덴 뮤지엄 카드 MuseumsCard Dresden

드레스덴의 박물관·미술관 수준은 가히 범유럽급이다. 뮤지엄 카드는 무려 27곳의 박물관을 이틀 동안 무료로 입장할 수 있는 상품이다. 박물관 리스트는 QR코드를 스캔하여 확인하기 바란다. 대중교통 혜택은 포함되지 않는다.

요금 €35 **구입 방법** 관광안내소 또는 홈페이지에서 구입 **홈페이지** www.museumscard.info/en/

Best Course 드레스덴 추천 일정

베스트 코스

편의상 엘베강 남쪽을 구시가지, 북쪽을 신시가지라고 칭한다. 구시가지는 무조건 보아야 할 곳이며, 드레스덴이 당신의 마음에 들었다면 신시가지도 함께 보기를 강력히 추천한다. 구시가지만 관광한다면 하루 일정으로도 적당하다. 신시가지까지 관광한다면, 박물관이 많은 도시 특성상 이틀 일정을 권장한다.

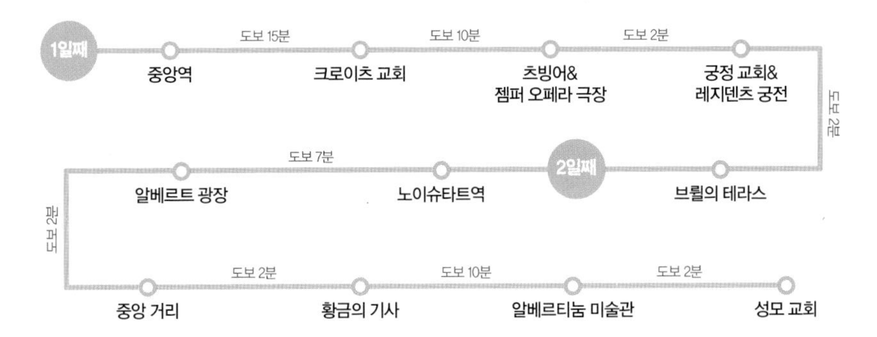

당일치기 코스

그럼에도 불구하고 드레스덴에서 딱 하루만 시간이 허락된다면, 다음과 같은 핵심 코스를 제안한다. 취향에 맞는 1~2곳은 내부까지 관람해야 한다.

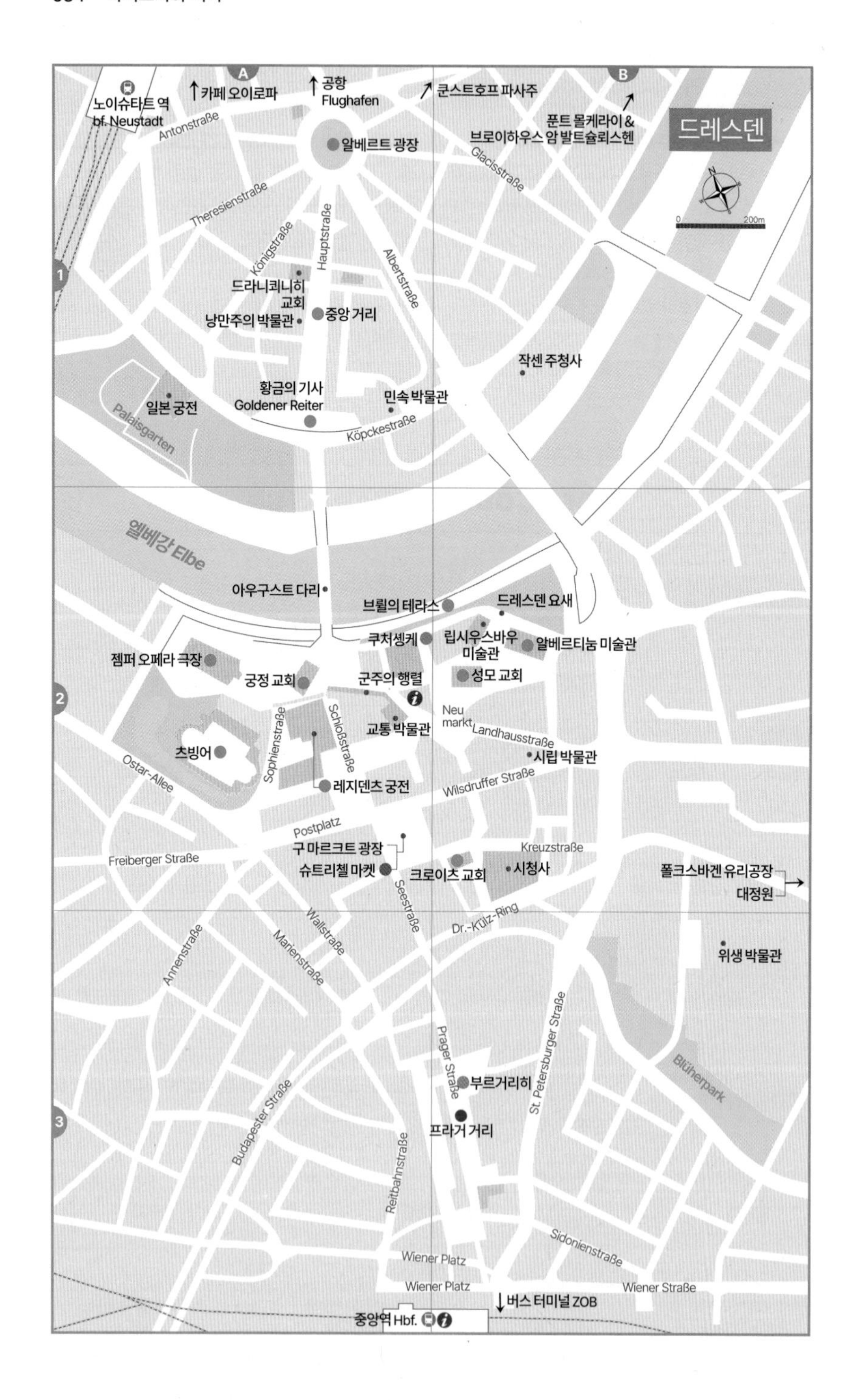

드레스덴
노이슈타트 역
bf. Neustadt
카페 오이로파
공항
Flughafen
쿤스트호프 파사주
푼트 몰케라이 &
브로이하우스 암 발트슐뢰스헨
Antonstraße
알베르트 광장
Glacisstraße
Theresienstraße
Königstraße
Hauptstraße
Albertstraße
드라니쾨니히
교회
낭만주의 박물관
중앙 거리
작센 주청사
일본 궁전
황금의 기사
Goldener Reiter
민속 박물관
Köpckestraße
Palaisgarten
엘베강 Elbe
아우구스트 다리
브륄의 테라스
드레스덴 요새
쿠처셍케
립시우스바우
미술관
알베르티눔 미술관
젬퍼 오페라 극장
궁정 교회
군주의 행렬
성모 교회
Neu
markt
Landhausstraße
교통 박물관
Sophienstraße
Schloßstraße
츠빙어
시립 박물관
Ostar-Allee
레지덴츠 궁전
Wilsdruffer Straße
Postplatz
구 마르크트 광장
Kreuzstraße
Freiberger Straße
슈트리첼 마켓
크로이츠 교회
시청사
폴크스바겐 유리공장
대정원
Seestraße
Dr.-Külz-Ring
Wallstraße
Annenstraße
Marienstraße
위생 박물관
Prager Straße
St. Petersburger Straße
Blüherpark
부르거리히
프라거 거리
Budapester Straße
Reitbahnstraße
Sidonienstraße
Wiener Platz
Wiener Straße
버스 터미널 ZOB
중앙역 Hbf.
0
200m
A
B
1
2
3

Attraction 보는 즐거움

'독일의 피렌체'라 불린 호화로웠던 중세의 영광을 되살려 궁전, 극장, 교회, 박물관 등 굉장한 건축물이 즐비하다. 사진 찍을 곳도, 구경할 것도 많고, 야경까지 눈부실 정도로 아름답다.

크로이츠 교회

Kreuzkirche

드레스덴 구시가지에서 가장 오랜 전통과 상징성을 가진 크로이츠 교회는, 다섯 번 무너지고 그때마다 다시 건축하며 같은 자리를 지켜왔다. 지금의 교회는 제2차 세계대전 후 1955년에 옛 모습을 바탕으로 복원하였으나 내부는 원래의 아름다운 장식과 예술작품 없이 단순하게 마무리하였다. 700년 역사의 소년 합창단 크로이츠코어Kreuzkor의 무대이며, 259개의 계단을 오르는 첨탑 전망대가 개방 중이다.

MAP P.534-B2 **주소** An der Kreuzkirche 1 **전화** 0351-4393920 **홈페이지** www.kreuzkirchedresden.de **운영** 계절 및 요일마다 다르므로 홈페이지에서 확인 **요금** 본당 무료, 전망대 성인 €5, 학생 €2 **가는 방법** 중앙역에서 도보 15분 또는 1·2·4번 트램 Altmarkt 정류장 하차.

TOPIC 드레스덴이 무너진 날

제2차 세계대전 중 온 독일이 쑥대밭이 되었을 때도 드레스덴은 포화를 피했다. '독일의 피렌체'라 불리는 이 아름다운 도시에 연합군도 차마 폭탄을 퍼부을 수 없었다. 드레스덴이 폭격에서 안전하다는 소식을 들은 독일인들은 살기 위해 드레스덴으로 몰려들었다. 인구가 폭증해 삶의 질은 매우 열악했지만, 그래도 전쟁의 공포를 피하는 것만으로도 위안을 삼을 만하였다.
전쟁이 막바지에 이른 1945년 2월 13일, 카니발 기간이 되자 드레스덴 시민들은 축제를 즐기며 단란한 한때를 보냈다. 하지만 미처 축제의 여운이 끝나기도 전에 영국군 전투기가 무차별 폭격을 가해 온 도시를 불바다로 만들었다. 제때 방공호로 피한 시민들조차도 불길에 휩싸였다. 그날 밤 총 세 차례의 대공습이 있었다. 300km 밖에서도 불길이 보였다고 전해질 정도였다. 하룻밤 사이에 2만 5,000명이 사망하였다. 이마저도 완전히 소실되거나 무너진 건물에 매몰된 미수습 시신은 계산조차 안 된 숫자다. 이날 독일은 사망선고를 받았다. 이후 몇 달간 명목뿐인 저항이 산발적으로 이어졌을 뿐이며, 제2차 세계대전은 사실상 이날 끝났다. '드레스덴이 무너진 날'은 독일이 패망한 날이다.
드레스덴이 아름다움을 되찾은 것은 21세기 이후다. 드레스덴이 되살아났을 때, 특히 2005년에 성모 교회가 다시 문을 열었을 때, 독일의 모든 언론이 이를 대서특필하였다. '드레스덴이 되살아난 날'은 독일인들의 마음속 깊숙이 자리 잡은 전쟁의 아픔이 치유된 날이다.

왕관의 문

츠빙어 Zwinger

츠빙어는 성벽의 외벽과 내벽 사이의 공간을 말한다. 드레스덴이 확장되면서 성벽이 제거된 뒤 츠빙어였던 공간에 '강건왕'이 만든 건축물이다. 사실상 궁전과 다를 바 없어 츠빙어 궁전이라고 적기도 한다. 넓은 공터를 둘러싼 정방형 건물을 짓고, 안과 밖을 왕관의 문Kronentor 등으로 화려하게 치장하였다. 안뜰에서 공연이나 승마 시합 등 행사를 열고 왕과 귀족은 옥상에서 편하게 관람하는 용도였으니 사실상 고대 로마의 '아레나'를 바로크 시대에 재해석한 창의적인 결과물이다. 내부를 박물관 세 곳이 나누어 사용 중이며, 안뜰과 옥상은 완전히 개방되어 있다.

MAP P.534-A2 **주소** Ostra-Allee 9 **전화** 0351-438370312 **홈페이지** www.der-dresdner-zwinger.de **운영** 안뜰 종일 개장, 박물관 P.543 참조 **요금** 안뜰 무료, 박물관 P.543 참조 **가는 방법** 크로이츠 교회에서 도보 10분.

젬퍼 오페라 극장
Semperoper

작센 오케스트라의 콘서트홀이다. 1841년에 대건축가 고트프리트 젬퍼Gottfried Semper가 만들었으며, 이 무렵 작곡가 바그너가 지휘자로 부임해 오페라 '리엔치Rienzi'를 초연하였다. 1849년의 드레스덴 봉기(왕정에 저항한 민중 혁명)로 극장이 불에 타자 고령의 젬퍼가 다시 설계해 아들의 손으로 복원하였다. 독일 클래식 극장 중 단연 첫손에 꼽을 수 있는 유서 깊은 곳이며, 내부를 가이드 투어로 구경할 수 있다. 극장 앞의 거대한 동상은 드레스덴 봉기 후 왕이 되어 극장의 재건을 승인한 작센 국왕 요한의 기념비König-Johann-Denkmal다.

MAP P.534-A2 **주소** Theaterplatz 2 **전화** 0351-4911705 **홈페이지** www.semperoper-erleben.de **운영** 공연 일정에 따라 가이드 투어 시간이 변하므로 홈페이지에서 확인 **요금** 성인 €14, 학생 €9 **가는 방법** 츠빙어 옆.

궁정 교회 Hofkirche

1751년에 '강건왕'이 궁전에 딸린 왕실 교회로 만들었다. 당시 드레스덴은 개신교 도시였는데, 작센 대공 아우구스트 2세는 '왕'의 직위를 갖고 싶어서 가톨릭 국가인 폴란드-리투아니아 왕위에 도전하면서 가톨릭으로 개종하였다. 그리고 레지덴츠 궁전 내에 자신과 왕비만을 위한 가톨릭교회를 지었는데, 그의 아들인 아우구스트 3세August III는 여기에 만족하지 않고 더 크고 웅장한 궁정 교회를 지었다. 화려하고 웅장하게 지었음은 물론이고, 폴란드에서 사망한 부친 '강건왕'의 심장을 여기에 안장하였다.

MAP P.534-A2 **주소** Schloßstraße 24 **전화** 0351-31563138 **홈페이지** www.bistum-dresden-meissen.de **운영** 월~토요일 10:00~17:00(금요일 13:00~), 일요일 12:00~16:00 **요금** 무료 **가는 방법** 젬퍼 오페라 극장 옆.

레지덴츠 궁전 Residenzschloss

13세기부터 성이 있었고, 16세기부터 작센의 군주가 거주했던 곳이다. 오늘날의 모습은 1701년의 대화재로 소실된 궁전을 '강건왕'이 르네상스 양식으로 다시 지은 것이다. 궁전 자체의 건축미도 빼어나지만, 사치와 향락을 추구한 '강건왕'의 흔적이 남은 내부의 박물관은 그 수준과 규모가 상상을 초월한다. 특히 녹색방Grünes Gewölbe이라는 이름의 박물관은 작센 군주의 보물을 모아 전시하는데, 가치를 가늠할 수 없는 어마어마한 보물이 가득하다. 긴 성벽에 마이센 도자기로 2만 4,000개 이상의 타일을 이어 붙여 역대 모든 군주를 모자이크화로 표현한 군주의 행렬Fürstenzug 벽화가 특히 유명하다.

MAP P.534-A2 **주소** Taschenberg 2 **전화** 0351-49142000 **홈페이지** www.skd.museum **운영 및 요금** P.542 참조 **가는 방법** 궁정 교회 옆.

군주의 행렬

고트프리트 젬퍼의 동상

브륄의 테라스 Brühlsche Terrasse

엘베강을 따라 옛 방어 성벽이 있던 자리. 성벽이 더 이상 필요 없게 된 후 이 자리에 '강건왕'의 2인자 하인리히 폰 브륄Heinrich von Brühl이 대저택, 도서관, 미술관, 정원 등을 만들었다. 이후 일반 시민에게 개방되면서 강변의 아름다운 건축물 앞 발코니처럼 쾌적한 공간이 되어 사람들은 '브륄의 테라스'라고 불렀다. 괴테는 이곳을 거닐며 '유럽의 테라스'라 극찬하였다. 당시 드레스덴의 건축가 크뇌펠Johann Christoph Knöffel이 다수의 건물을 설계한 덕분에 브륄의 테라스 전체가 하나의 계획된 구역처럼 느껴져 더욱 풍경이 아름답다.

MAP P.534-B2 **가는 방법** 궁정 교회 또는 레지덴츠 궁전에서 도보 2분.

여기 근처

브륄의 테라스 시작점에서 엘베강을 건너는 아우구스트 다리Augustusbrücke는 그 자체로도 중세의 고풍스러움이 느껴지는 석교이면서, 엘베강과 브륄의 테라스를 한눈에 담을 수 있는 최고의 전망대이기도 하다. 버스킹 연주자도 종종 다리 위에 등장한다.

[아우구스트 다리] 가는 방법 브륄의 테라스 옆.

다리에서 보이는 브륄의 테라스

TOPIC 유네스코 문화유산 취소 사태

레지덴츠 궁전과 브륄의 테라스, 젬퍼 오페라 극장, 츠빙어 등 엘베강 유역의 아름다운 풍경은 '드레스덴과 엘베 계곡'이라는 이름으로 유네스코 세계문화유산에 등재되었다. 하지만 2006년에 드레스덴에서 교통 편의를 위해 엘베강에 새로운 다리를 건설하면서 경관을 해치게 되자 유네스코에서 위험 목록에 올리고 경고하는 일이 벌어진다. 그럼에도 불구하고, 드레스덴은 주민투표까지 거쳐 공사를 강행하였고, 결국 2009년에 드레스덴 엘베 계곡은 유네스코 세계문화유산에서 삭제되고 말았다. 문화유산 등재 취소로는 세계 최초다.

알베르트 광장 Albertplatz

엘베강 북쪽에 신시가지를 만들면서 교통의 중심으로 알베르트 광장을 조성하였다. 노이슈타트 기차역과 강의 남쪽에서 넘어오는 5개의 다리가 모두 알베르트 광장으로 연결되도록 하여 교통의 허브를 만든 것이다. 여기에 경관 목적으로 도로 양쪽에 대형 분수를 각각 만들고 이름을 잔잔한 물Stille Wasser과 몰아치는 파도Stürmische Wogen라고 지었다. 엘베강 쪽을 바라보는 방향으로 왼쪽의 분수가 잔잔한 물이다. 실제로는 두 분수의 모양과 물살은 똑같다. 광장 이름은, 조성 당시 곧 작센의 국왕이 될 알베르트Albert von Sachsen의 이름을 붙였다.

MAP P.534-A1 **가는 방법** 노이슈타트역에서 도보 7분 또는 트램 3·6·7·8호선 Albertplatz 정류장 하차.

낭만주의 박물관

중앙 거리 Hauptstraße

알베르트 광장부터 엘베강까지 직선으로 이어지는 번화가. 차도와 분리된 널찍한 인도에 빽빽한 나무가 있어 '가로수길'이라 해도 어색하지 않다. 도로 양편에 각종 상업시설이 밀집한 가운데, 낭만주의 박물관Museum der Dresdner Romantik 등 여행자를 위한 시설도 눈에 띈다. 겨울철에는 거리 전체에서 크리스마스 마켓이 열려 또 다른 재미를 준다.

MAP P.534-A1 **가는 방법** 알베르트 광장에서 연결.

▸ 낭만주의 박물관

주소 Hauptstraße 13 **전화** 0351-8044760 **홈페이지** www.museen-dresden.de **운영** 수~일요일 10:00~17:00(토~일요일 12:00~), 월~화요일 휴무 **요금** 성인 €4, 학생 €3

기마상과 블록하우스

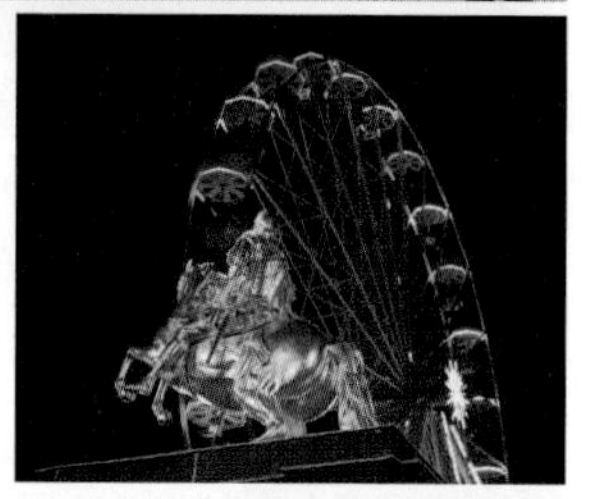

황금의 기사 Goldener Reiter

'강건왕' 아우구스트의 대형 기마상이다. 갑옷을 입고 말 달리는 용맹한 모습으로 표현하였는데, '강건왕'이 폴란드 국왕직에 골몰하여 바르샤바에 머무는 말년에 드레스덴에서 군주를 찬양하고자 제작하였다고 하나, 왕의 사망 후 완성되어 정작 '강건왕'은 황금의 기사를 보지 못했다. 제2차 세계대전 중 파괴되었으나 도시 설립 750주년을 맞아 1956년에 다시 복구하여 현재 위치에 두었다. 아우구스트 황금상이라고 부르기도 하는데, 기마상은 구리로 만든 뒤 도금한 것이다. 황금상 뒤편의 옛 검문소 건물을 복원한 블록하우스 Blockhaus는 2024년부터 컬렉터 에지디오 마르초나Egidio Marzona가 드레스덴에 기증한 아방가르드 예술 컬렉션 전시장으로 사용되고 있으니, 소정의 입장료를 내고 잠시 둘러볼 만하다.

MAP P.534-A1 **가는 방법** 중앙 거리에서 연결.

여기 근처

황금의 기사에서 가까운 엘베강변의 시선을 끄는 일본 궁전Japanisches Palais도 '강건왕'과 관련되어 있다. '강건왕'이 자신의 동아시아 예술품(주로 도자기)을 전시하려고 귀족의 저택을 개조하면서 지붕에 일본 스타일의 곡선을 가미하였다. 따라서 일본과 직접적인 연관은 없다. 당시 일본 궁전의 탄생을 이끈 왕실 도자기 컬렉션은 현재 츠빙어에 전시 중이며, 일본 궁전은 박물관 두 곳이 나누어 사용하고 있다.

[일본 궁전] 가는 방법 황금의 기사에서 도보 5분.

알베르티눔 미술관 Albertinum

16세기에 건축한 병기고 건물이 확장되어 19세기부터 박물관으로 사용되고 있으며, 알베르트 광장 명칭의 주인공인 당시 작센 국왕 알베르트의 이름을 따서 알베르티눔이라고 불렸다. 당시에는 조각 컬렉션을 전시하는 미술관이었으며, 21세기 들어 모네, 반 고흐, 드가, 카스파어 프리드리히, 뭉크, 파울 클레 등 근현대 미술을 전문으로 하는 뉴 마스터 미술관Galerie Neue Meister이 들어서 큰 인기를 얻고 있다. 물론 미술관의 기원이 된 조각품 컬렉션도 자리를 지키고 있는데, 이 컬렉션은 '강건왕'의 소장품에서 시작되었다.

MAP P.534-B2 **주소** Tzschirnerplatz 2 **전화** 0351-49142000 **홈페이지** albertinum.skd.museum **운영** 화~일요일 10:00~18:00, 월요일 휴무 **요금** 성인 €12, 학생 €9 **가는 방법** 브륄의 테라스에서 도보 2분 또는 1·2·4번 트램 Neustädter Markt 정류장 하차.

성모 교회 Frauenkirche

교회 건축에 뚜렷한 발자취를 남긴 건축가 게오르게 베어George Bähr의 유작이다. 내부 기둥 없이 96m에 달하는 대형 중앙 돔을 떠받치는 빼어난 건축 기술의 결정체다. 7년 전쟁 중 프로이센 군대의 대포 100여 발을 맞고도 무사했을 정도로 튼튼했지만 제2차 세계대전의 폭격은 버티지 못하고 무너지고 말았다. 드레스덴 시민들은 전쟁이 끝난 뒤 폐허에서 건진 벽돌에 번호를 매겨 보관하였다가 2005년에 복구를 마쳤다. 내부의 아름다운 장식과 오르간이 유명하지만, 결혼식 일정으로 꽉 차 있어 내부 관람은 운이 좋아야 한다. 승강기와 계단을 이용해 오르는 돔 전망대는 유료로 개방되어 항상 즐길 수 있다. 교회 앞 동상의 주인공은 종교 개혁가 마르틴 루터다.

MAP P.534-B2 **주소** Neumarkt **전화** 0351-65606100 **홈페이지** www.frauenkirche-dresden.de **운영** 본당 월~금요일 10:00~11:30·13:00~17:30, 토~일요일 행사에 따라 변동, 전망대 10:00~18:00(일요일 13:00~, 11~2월 ~16:00) **요금** 본당 무료, 전망대 성인 €10, 학생 €5 **가는 방법** 알베르티눔에서 도보 2분.

SPECIAL PAGE

드레스덴 박물관 자세히 보기

독일 전체를 통틀어 박물관의 '클래스'를 논할 때 드레스덴은 베를린과 1위를 다투는 최상급 인프라를 갖추었다. 특히 궁전과 같은 건축물 속에 숨어 있는 다채로운 박물관의 향연은 그냥 지나칠 수 없는데, 레지덴츠 궁전과 츠빙어의 박물관을 더 자세히 소개한다.

역사적인 녹색 방 ©SKD/H.C.Krass

무기고 ©SKD / J.Loesel

신 녹색 방 ©SKD / J.Loesel

레지덴츠 궁전의 박물관

'강건왕' 아우구스트의 어마어마한 보물·보석 컬렉션 '녹색 방'이 하이라이트. 2019년에 절도범이 침입해 수십 점을 훔쳐 달아난 어처구니없는 사건이 발생했는데, 당시 도둑맞은 보석의 가치가 최대 1조 원에 달했다고 한다. 다이아몬드, 금, 크리스털, 루비, 에메랄드 등 세상에 존재하는 모든 보석을 볼 수 있는 곳. 오리지널 전시실인 역사적인 녹색 방Historisches Grünes Gewölbe과 새로 개관한 신 녹색 방Neues Grünes Gewölbe 두 곳으로 나뉜다. 또한, 보석 박힌 검과 조각으로 장식한 총 등 그 자체가 예술작품인 무기를 전시한 무기고Rüstkammer와 수십만 점의 진귀한 동전을 볼 수 있는 동전 박물관Münzkabinett도 흥미롭고, 뒤러와 렘브란트 등 거장의 작품이 있는 판화 박물관Kupferstich-Kabinett도 있다. 뿐만 아니라, 옛 모습으로 훌륭히 복원한 궁전 자체가 화려한 박물관이다. 입장 시 위에 소개한 박물관뿐 아니라 '강건왕'이 자신의 결혼을 기뻐하며 완성한 왕의 퍼레이드 룸Königliche Paraderäume 등을 관람할 수 있으니 드레스덴 여행 중 가장 인상적인 경험을 제공할 것이다.

운영 일~수요일 10:00~18:00, 화요일 휴무
요금 역사적인 녹색 방 성인 €14, 학생 €10.5, 나머지 장소가 모두 포함된 하우스 티켓 성인 €14, 학생 €10.5

레지덴츠 궁전 박물관 자세히 보기

왕의 퍼레이드룸 ©M.R.Hennig

도자기 박물관

도자기 박물관

츠빙어의 박물관

츠빙어는 차원이 다른 '왕의 놀이터'를 구경하고 느껴보는 것이 먼저이지만, 시간을 조금 더 들여 내부 박물관까지 관람하면 더욱 좋다. 츠빙어에 박물관 세 곳이 각각 입구를 구분하여 개별 운영 중이다. 가장 유명한 곳은 라파엘의 '시스틴 마돈나' 등 유명 중세 회화를 방대하게 모아놓은 옛 거장의 회화관(올드 마스터 갤러리)Gemäldegalerie Alte Meister이다. 독일과 이탈리아, 네덜란드 등의 르네상스와 바로크 시대 작품이 상당하며, 알베르티눔 미술관(P.541)의 신 거장의 회화관(뉴 마스터 갤러리)과 함께 감상하면 금상첨화다. 두 번째 박물관은 '강건왕'과 작센 왕실의 화려한 취미생활로 수집한 동아시아 도예품과 마이센 도자기 등이 전시된 도자기 박물관Porzellansammlung이다. 마지막 박물관은 수학과 물리학의 방Mathematisch-Physikalischer Salon이다. 이름만 들었을 때는 이과생을 위한 학술적 장소 같은데, '강건왕' 시대에 수집한 지구본과 망원경 등이 전시되어 마치 중세 시대를 배경으로 하는 영화 소품을 보는 듯 매우 흥미롭다.

운영 화~일요일 10:00~18:00, 월요일 휴무 **요금** 하우스 티켓(통합권) €14, 학생 €10.5

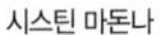
시스틴 마돈나

옛 거장의 회화관

Restaurant 먹는 즐거움

구시가지에 전통적인 분위기를 재현한 향토 레스토랑이 많고, 중앙역 부근은 현대식 쇼핑가에 프랜차이즈 체인점을 포함하여 다양한 종류와 분위기의 레스토랑이 많다.

쿠처셍케 Kutscherschänke

아늑한 분위기의 향토 요리 레스토랑이다. 구시가지에서도 '먹자골목'이라 부를 만한 뮌츠 골목에 있으며, 밤이면 시끌벅적한 분위기 속에서 시원한 맥주와 작센 스타일의 소시지나 슈니첼, 버거 등 육류 요리를 먹을 수 있다.

MAP P.534-A2 **주소** Münzgasse 10 **전화** 0351-4965123 **홈페이지** www.kutscherschaenke-dresden.de **운영** 10:00~24:00 **예산** 요리 €18~23 **가는 방법** 성모 교회에서 도보 2분.

부르거리히 Burgerlich

젊은 감각의 수제 버거 전문점인데, 운영 방식이 독특하다. 입장 후 주문 카드를 받은 뒤 테이블에 있는 태블릿 모니터로 주문하고(영어 선택 가능) 카드에 기록하여, 퇴장할 때 한꺼번에 지불한다. 버거의 종류와 사이드 메뉴가 다양하고, 음식이 빠르게 조리된다.

MAP P.534-B3 **주소** Prager Straße 4 **전화** 0351-48249628 **홈페이지** www.burgerlich.com **운영** 11:30~21:30 (금~토요일 ~22:30) **예산** 버거 €8.9~12.9 **가는 방법** 중앙역에서 도보 7분.

카페 오이로파 Café Europa

노이슈타트 지역의 번화가에 있다. 낮에는 파스타·샐러드·햄버거 등을 판매하는 식당으로, 밤에는 칵테일과 와인 및 맥주를 마시는 술집으로 지역의 젊은 현지인에게 높은 지지를 얻는다. 규모가 크지 않아 밤에는 금세 만석이 되는 편인데, 바텐더 혼자 처리하다 보니 약간의 기다림이 필요하다.

MAP P.534-A1 **주소** Königsbrücker Straße 68 **전화** 0351-8044810 **홈페이지** www.cafeeuropa-dresden.de **운영** 08:00~24:00 **예산** 요리 €15 안팎, 칵테일 €7~9 **가는 방법** 쿤스트호프 파사주(P.546)에서 도보 5분 또는 7·8번 트램 Bischofsweg 정류장 하차.

푼트 몰케라이 Pfunds Molkerei

정식 명칭은 '푼트 형제의 낙농장Molkerei Gebrüder Pfund'이다. 우유와 치즈 등 유제품을 판매하는 곳인데, 19세기 말 문을 열고 대대로 가문이 경영하였고 독일에서 최초로 연유를 생산하는 등 사업 수완도 좋았다. 무엇보다 빌렐로이 앤 보흐의 수제 도자기 타일로 벽면을 장식해 영화 세트장 같은 아름다운 인테리어가 압권이어서 실제로 영화 '그랜드 부다페스트 호텔'에 등장하기도 하였으며, 1997년에 가장 아름다운 유제품 가게로 기네스북에 올랐다. 아름다운 가게를 구경하고 기념품도 구경할 겸 꼭 들러볼 만한 곳이며, 이왕 방문했다면 위층의 카페에서 우유로 만든 아이스크림이나 크림을 얹은 카페 메뉴를 즐겨도 좋다. 물론 푼트 몰케라이에서 생산한 유제품만 사용한다.

MAP P.534-B1 **주소** Bautzner Straße 79 **전화** 0351-808080 **홈페이지** www.pfunds.de **운영** 월~토요일 10:00~18:00, 일요일 휴무 **예산** 카페 메뉴 €3~5, 아이스크림 €5~10 **가는 방법** 11번 트램 Pulsnitzer Straße 정류장 하차(2025년까지 도로 공사로 인해 대체 버스 운행).

©www.pfunds.de

브로이하우스 암 발트슐뢰스헨 Bräuhaus am Waldschlösschen

드레스덴의 로컬 양조장 중 단연코 첫손에 꼽히는 대형 비어홀이다. 시내에서 약간 떨어져 있어 트램을 타고 찾아가야 하지만, 그래도 인기 만점이다. 거대한 양조시설을 갖추고 있으며, 학세, 슈니첼, 부어스트 등 독일 향토 요리를 곁들인다. 팬데믹으로 문을 닫았다가 재개장하면서 뮌헨의 파울라너 맥주회사에서 인수하여 바이스부어스트 등 바이에른 스타일의 요리도 추가되었다. 참고로, 비어홀에서 보이는 엘베강 위의 다리가 드레스덴이 유네스코 세계문화유산의 지위를 상실하게 만든 발트슐뢰스헨 다리다. 세계적인 영예를 포기하면서까지 건설을 강행한 시당국의 결정에 대하여 생각해볼 만한 화두를 던진다.

MAP P.534-B1 **주소** Am Brauhaus 8B **전화** 0351-64825590 **홈페이지** www.paulaner-waldschloesschen.de **운영** 화~일요일 12:00~23:00, 월요일 휴무 **예산** 맥주 €5.3, 요리 €18~28 **가는 방법** 11번 트램 Waldschlößchen 정류장 하차(2025년까지 도로 공사로 인해 대체 버스 운행).

Shopping 사는 즐거움

강남과 강북의 쇼핑 시설 성격이 다르다. 엘베강의 남쪽엔 큰 백화점과 쇼핑몰이 밀집한 번화가, 북쪽엔 자유로운 예술혼이 느껴지는 독특한 공방이 나타난다.

프라거 거리 Prager Straße

알트마르크트 갈레리

중앙역부터 시작하여 크로이츠 교회가 있는 구 마르크트 광장Altmarkt까지 이어지는 드레스덴의 중심 번화가다. 독일 통일 후 21세기 들어 본격적으로 개발되어 현대식 시가지로 조성되었다. 약 1km 남짓의 보행자 거리에 갈레리아 백화점을 포함하여 독일의 유명 브랜드 숍이 다수 모여 있으며, 현지인이 즐겨 찾는 크고 작은 상점과 식당, 카페 등이 모여 있다. 구 마르크트 광장에는 백화점보다 더 큰 초대형 쇼핑몰 알트마르크트 갈레리Altmarkt-Galerie도 비교적 최근에 문을 열어 다양한 쇼핑 경험이 가능하다.

MAP P.534-B3 **가는 방법** 중앙역과 크로이츠 교회 사이.
[알트마르크트 갈레리] 주소 Webergasse 1 **전화** 0351-482 040 **홈페이지** www.altmarkt-galerie-dresden.de **운영** 월~토요일 10:00~20:00, 일요일 휴무

쿤스트호프 파사주 Kunsthofpassage

독일 통일 후 낙후되어 있던 드레스덴 노이슈타트 안쪽 시가지에 가난한 예술가들이 모여 '아지트'를 만들었다. 다섯 채의 건물에 예술가들이 저마다의 창의력을 주입하고, 안뜰을 미로처럼 연결해 하나의 거대한 아틀리에 캠퍼스인 쿤스트호프 파사주를 완성하였다. 우리가 잘 아는 브랜드 숍은 하나도 없다. 독립된 아티스트가 자신만의 감각으로 창조한 액세서리, 잡화, 기념품 등을 판매하는 공방 10여 곳이 안뜰마다 눈에 띈다. 건물 외벽을 장식한 예술적 감각도 구경해 보자.

MAP P.534-B1 **주소** Görlitzer Straße 21-25 **전화** 0351-8105498 **홈페이지** www.kunsthof-dresden.de **운영** 가게마다 차이가 있으므로 홈페이지에서 확인, 일요일 휴무 **가는 방법** 알베르트 광장에서 도보 10분 또는 13번 트램 Görlitzer Straße 정류장 하차.

Entertainment 노는 즐거움

21세기 들어 도시가 정비되고 체계를 갖추어 나가면서 '놀 거리'도 하나둘씩 자리를 잡아가고 있으며, 민속 축제는 완전히 뿌리를 내렸다. 크리스마스 마켓은 전통과 재미 모두 만족시켜준다.

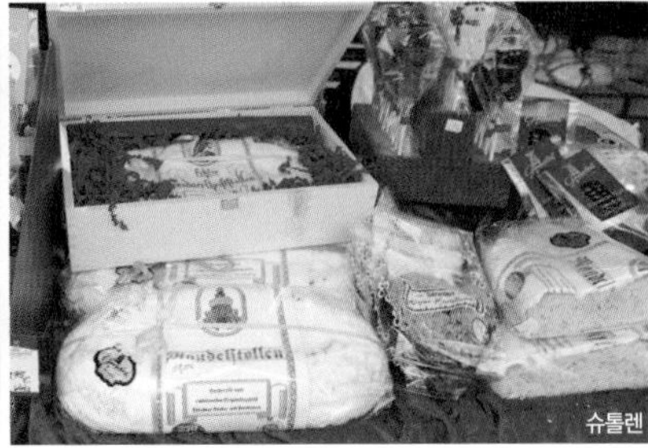

슈톨렌

슈트리첼 마켓 Dresdner Striezelmarkt

드레스덴의 크리스마스 마켓을 슈트리첼 마켓이라 부른다. 1434년부터 열려 '인증서로 확인된 가장 오랜 크리스마스 시장'으로 인정받고 있다. 여기서 슈트리첼은 '길쭉한 빵'을 뜻하는데, 우리에게도 '크리스마스 케이크'로 최근 주목받는 슈톨렌Stollen을 지칭한다. 지금과 같은 슈톨렌이 처음 등장한 곳이 1400년대의 드레스덴이고, '강건왕'은 무려 1.8톤 무게의 슈톨렌을 구워 축제에 사용하였다는 기록도 남아 있을 정도. 그러니 슈트리첼 마켓의 주인공도 슈톨렌이다. 온갖 재료를 넣어 만든 다채로운 슈톨렌을 맛보고, 크리스마스 장식과 선물을 구경하고, 놀이시설을 이용하다가 글뤼바인으로 몸을 녹이면 된다. 구 마르크트 광장 전체가 큰 시장으로 변신하고, 이외에도 성모 교회 앞과 중앙 거리에서도 시장이 열린다. 2024년의 590회 슈트리첼 마켓 일정은 11월 27일부터 12월 24일까지.

MAP P.534-A2 **홈페이지** striezelmarkt.dresden.de

카날레토 CANALETTO

©DMG/S.Dittrich

매년 여름 3일간 열리는 도시 축제. 2010년대 들어 본격적으로 축제의 캐릭터가 확립되어 50만 명 이상이 즐긴다. 처음에는 평범한 축제였으나 젬퍼 오페라 극장과 드레스덴 미술관들이 연합하여 문화예술 프로그램을 가동하면서 수준이 업그레이드되었다. 카날레토는 드레스덴의 18세기 풍경을 그림으로 남긴 이탈리아 화가 벨로토Bernardo Bellotto의 별명이며, 그가 그린 아름다운 드레스덴 풍경을 비유하는 명칭이기도 하여 축제의 이름으로 선택되었다. 2024년에는 8월 16일부터 18일까지 브륄의 테라스 등 엘베강 주변의 구시가지 곳곳에서 열린다.

홈페이지 www.canaletto-fest.de

MEISSEN
마이센

'강건왕'의 사치는 드레스덴에 국한되지 않는다. 그는 도자기 수집이라는 취미에 그치지 않고 직접 도자기를 만들고자 하였다. 수많은 시행착오 끝에 유럽 최초의 도자기가 탄생하였고, 철통같은 보안을 위해 성에서 도자기를 생산하도록 한 근교 마을이 바로 마이센이다.

관광안내소 INFORMATION

주소 Markt 3 **홈페이지** www.stadt-meissen.de/en/

찾아가는 방법 ACCESS

드레스덴 ↔ 마이센(Altstadt Bf.) : S 34분
DVB 1일권(€19.3) 또는 작센 티켓 사용

알브레히트성 Albrechtsburg

요한 뵈트거Johann Friedrich Böttger가 도자기 제조에 성공한 뒤 '강건왕'은 알브레히트성에서 도자기를 생산하도록 하였다. 마이센 대성당Dom zu Meißen과 나란히 엘베강 옆 언덕 위에 서 있는 건축미가 아름답고, 내부는 유럽 최초의 도자기 공장을 볼 수 있는 박물관이다. 마이센 도자기의 스토리는 QR코드를 스캔하면 확인할 수 있다.

주소 Domplatz 1 **전화** 03521-47070 **홈페이지** www.albrechtsburg-meissen.de **운영** 10:00~18:00 **요금** 성인 €12, 학생 €10 **가는 방법** 구시가역에서 도보 15분.

마이센 도자기 박물관
Meissen Porzellan-Museum

마이센 도자기가 선풍적인 인기를 끌면서 19세기 후반에 큰 공장을 지었다. 그리고 20세기 초부터 마이센 도자기의 쇼룸을 운영하다가 도자기 제조 250주년인 1960년에 대대적으로 박물관이 정비되었다. 클래식한 도예품부터 현대 작가들의 도예품까지 다양한 작품이 전시되어 있고, 도자기로 만든 파이프 오르간 연주 등 흥미로운 경험도 가능하다. 할인율이 높은 아웃렛 매장도 내부에 있다. 물론 할인해도 가격은 상당하지만 말이다.

주소 Talstraße 9 **전화** 03521-468208 **홈페이지** www.porzellan-museum.com **운영** 1~3월 10:00~17:00, 4월 09:00~17:00, 5~12월 09:00~18:00 **요금** 성인 €14, 학생 €12 **가는 방법** 구시가역에서 도보 10분.

SÄCHSISCHE SCHWEIZ
작센스위스

드레스덴과 체코 사이, 엘베강을 따라 그림 같은 산악지대가 절경을 뽐낸다. 18세기에 스위스 화가가 자신의 고향과 비슷하다며 '작센 스위스'라 표현한 것이 국립공원의 이름이 되었다. 바스타이는 넓은 국립공원에서 대중교통으로 찾아가기 편한 대표적인 장소다.

관광안내소 INFORMATION

홈페이지 www.saechsische-schweiz.de

찾아가는 방법 ACCESS

드레스덴 ↔ 바스타이 : S+BUS 55분(Pirna에서 1회 환승)

DVB 1일권(€19.3) 또는 작센 티켓 사용

바스타이 Bastei

직역하면 '성루'라는 뜻. 오랜 세월 동안 침식으로 생긴 둥근 기암괴석 절벽에 석조 다리를 추가하여 절경이 탄생했다. 주변의 바위산과 발아래 엘베강을 구경하는 것만으로도 시간이 훌쩍 지나갈 만큼 매력적이며, 전망대와 관람로를 만들어 구석구석 다양한 각도로 볼 수 있다. 물론 바스타이 다리 Basteibrücke도 직접 건너볼 수 있다. 이 자리에는 중세 방어요새 노이라텐성Felsenburg Neurathen이 있었는데, 지금도 그 성채의 흔적이 봉우리 사이에 남아 있으며, 실외 박물관을 조성하여 별도의 입장료를 내고 관람할 수 있다. 유료 구역에서 바스타이 다리를 보는 전망이 가장 훌륭하고 인증샷을 남기기에 좋으나 발밑이 보이는 아찔한 좁은 관람로를 지나야 하는 것을 참조하기를 바란다.

운영 바스타이 다리와 전망대 종일 개장, 실외 박물관 09:00~18:00 **요금** 바스타이 다리와 전망대 무료, 실외 박물관 €2.5 **가는 방법** S1호선 Pirna역 하차. 기차역 앞 버스터미널에서 237번 버스로 Bastei, Lohmen 정류장 하차. 이후 도보 10분 이내(237번 버스는 스케줄에 따라 중간에 같은 노선 버스로 갈아타야 하는 시간대가 있으니 DVB 교통국 홈페이지 또는 애플리케이션으로 미리 확인 권장).

바스타이 다리

전망대

WEIMAR 바이마르

바이마르 공화국은 독일 최초의 민주공화국이다. 바이마르 헌법은 세계 최초로 인간의 기본권을 법에 명시한 성문법의 바이블이다. 이처럼 위대한 사상이 잉태된 19세기의 바이마르는 괴테, 실러, 니체, 리스트 등 독일을 대표하는 지성인이 활동한 고전주의와 인문학의 메카였다. 그 영광의 흔적은 오늘날까지 바이마르에 남아 유네스코 세계문화유산으로 등록되었다.

TOPIC 바이마르 공화국과 바이마르 헌법

1871년에 카이저 빌헬름 1세에 의해 독일제국이 출범하였다. 그리고 제1차 세계대전 종전 후 1919년에 국민의회가 소집되어 민주주의에 입각한 헌법을 통과시켜 독일은 비로소 민주공화국이 되었다. 이때 국민의회가 소집된 곳이 바이마르였다. 그래서 이 헌법을 '바이마르 헌법'이라고 부른다. 바이마르 헌법은 세계 최초로 인간의 평등과 기본권을 법으로 규정하고 여성의 참정권을 보장하였으며 국민 선거로 의원을 선출하는 의원내각제를 추구했다. 개인의 재산권보다 공공의 이익을 우선한 사회주의적 민주주의 헌법이다.
바이마르 헌법이 통과된 1919년부터 나치가 집권하여 헌법을 무력화한 1933년까지의 기간을 바이마르 공화국Weimarer Republik이라고 부른다. 물론 국가의 수도는 베를린이지만, 그만큼 바이마르 헌법이 가진 상징성이 국가의 정신을 대표하였다는 방증이다. 바이마르 공화국은 민족 혁명의 순간에 휘날린 흑색·적색·금색 깃발에서 착안하여 국기를 만들었다. 그리고 훗날 독일연방공화국(서독) 정부가 수립할 때 바이마르 공화국의 국기를 그대로 계승하였고, 이것이 지금 우리가 보는 독일 국기다. 즉, 바이마르에서 태동한 정신이 오늘날까지 독일을 지배하고 있으며, 전 세계에 큰 족적을 남긴 것이다.

관광안내소 INFORMATION

마르크트 광장에서 시청사 맞은편 건물에 관광안내소가 있다.

홈페이지 www.weimar.de (독일어)

찾아가는 방법 ACCESS

거점 도시와 이동시간 (레기오날반 기준)

라이프치히 ↔ 바이마르 : RE 1시간 55분(Gera에서 1회 환승)

유효한 티켓 작센 티켓

Best Course 바이마르 추천 일정

고전주의 시대의 흔적을 간직한 바이마르 구시가지는 2~3시간 정도면 돌아볼 수 있다. 여기에 바우하우스와 괴테, 실러 등 위대한 인물의 흔적을 뒤따르려면 반일 또는 전일 일정이 적절하다.

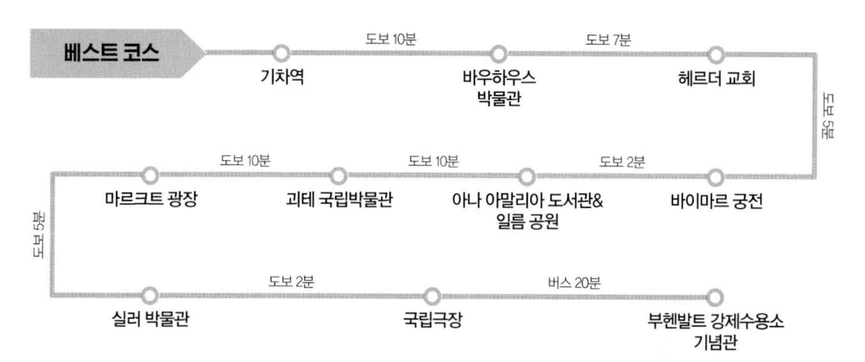

Tip. 부헨발트 강제수용소 기념관까지 둘러보려면 버스 이용이 필요하며, 승차권은 기사에게 구입(편도 €2.5)한다. 소액의 지폐 또는 동전을 지참하면 편리하다. 스케줄 및 노선은 미텔튀링엔 교통국 홈페이지(www.vmt-thueringen.de)에서 참조. 작센 티켓도 유효하다.

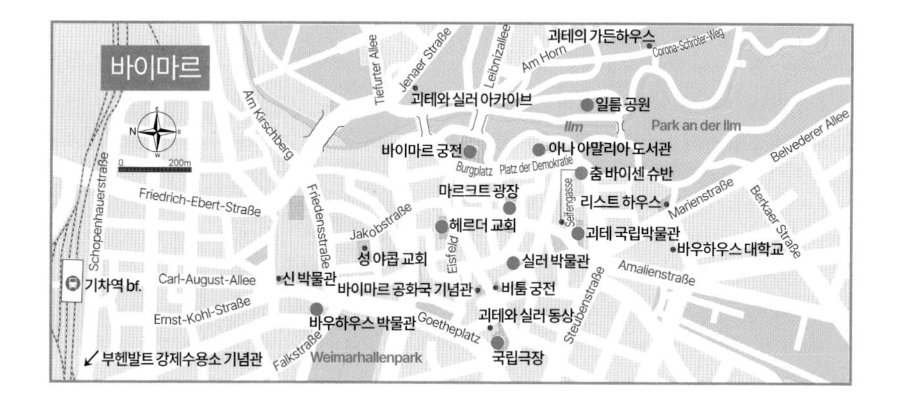

Attraction 보는 즐거움

인본주의 사상을 낳은 시가지는 화려함보다 내실을 추구한다. 겉으로 보이는 화려함보다 전체적인 조화로움이 인상적이며, 괴테와 실러 등 위대한 인물의 흔적이 곳곳에서 나타난다.

바우하우스 박물관 Bauhaus-Museum

발터 그로피우스가 1919년에 문을 연 종합예술학교 바우하우스(P.47)의 탄생지가 바로 바이마르다. 그래서 오래전부터 바우하우스 박물관이 존재했지만, 대부분 초기 작품 위주로 제한적인 자료를 전시한 기록관 개념이었다. 바우하우스는 100주년을 맞아 2019년에 바이마르에 대형 박물관을 정식으로 열고, 그들의 역사와 주요 인물의 발자취, 라이프스타일을 바꾼 오브제 등 다양한 자료를 집대성하였다. "형태는 기능을 따른다"고 주장한 바우하우스의 철학이 박물관 건물 설계부터 전시 동선까지 모든 영역을 관통한다. 건축과 디자인에 흥미가 있는 이에겐 '레전드의 성지'와도 같은 곳이며, 그렇지 않더라도 지금 우리가 사용하는 가구나 도구가 중세에서 현대로 넘어오는 전환점을 마련한 디자인의 영향력을 발견하는 지적 재미를 느낄 수 있다. 바이마르의 바우하우스 기념물은 유네스코 세계문화유산이다.

MAP P.551 **주소** Stéphane-Hessel-Platz 1 **전화** 03643-545400 **홈페이지** www.klassik-stiftung.de/bauhaus-museum-weimar/ **운영** 월요일·수~일요일 09:30~18:00, 화요일 휴무 **요금** 성인 €10, 학생 €7 **가는 방법** 기차역에서 도보 10분.

여기근처

신 박물관Neues Museum은, 바우하우스의 터를 닦은 앙리 반 데 벨데Henry van de Velde의 작품 등 바이마르의 문화적 토양에 집중한다. 바우하우스 박물관과 함께 관람하면 입체적으로 바우하우스 정신을 이해할 수 있다. 매년 테마를 정해 두 박물관이 특별전을 구성하며, 두 박물관 사이 대로변에 통합 안내소도 운영한다.

[신 박물관] 주소 Jorge-Semprún-Platz 5 **전화** 03643-545400 **홈페이지** www.klassik-stiftung.de/museum-neues-weimar/ **운영** 월요일·수~일요일 09:30~18:00, 화요일 휴무 **요금** 성인 €8, 학생 €6 **가는 방법** 바우하우스 박물관에서 도보 2분.

헤르더 교회 Herderkirche

헤르더 교회

정식 명칭은 성 페터와 파울 교회Stadtkirche St. Peter und Paul인데, 교구 책임자였던 유명한 신학자 요한 헤르더Johann Gottfried Herder의 이름을 따서 헤르더 교회라고 부른다. 마르틴 루터가 여기서 설교했고, 바흐도 오르간 연주자로 일하였던 유서 깊은 곳. 유네스코 세계문화유산으로 등록된 바이마르 고전주의 지역에 포함된다. 루카스 크라나흐의 유작인 내부의 성화 제단이 유명하다.

MAP P.551 **주소** Herderplatz **전화** 03643-8058415 **운영** 월~토요일 10:00~18:00(겨울 10:00~12:00·14:00~16:00), 일요일 11:00~12:00·14:00~16:00 **요금** 무료 **가는 방법** 바우하우스 박물관에서 도보 7분.

성 야콥 교회

여기근처

헤르더 교회에서 가까운 성 야콥 교회St. Jakobskirche는 독일에서 흔히 볼 수 있는, 묘지가 딸린 아담한 교회다. 괴테가 여기서 결혼식을 올렸고, 바흐가 오르간 제막식에 참석했으며, 루카스 크라나흐의 무덤이 있다. 가볍게 구경해 보자.

[성 야콥 교회] **주소** Am Rollplatz 4 **전화** 03643-8058420 **운영** 10:00~18:00(겨울 ~16:00) **요금** 무료 **가는 방법** 헤르더 교회에서 도보 2분.

바이마르 궁전 Stadtschloss Weimar

유네스코 세계문화유산인 바이마르 고전주의 지역 중에서도 핵심으로 꼽힌다. 그럴 수밖에 없는 이유는, 1700년대에 화재로 소실된 궁전을 재건할 때 대문호 괴테가 복원을 지휘하면서 고전주의적 요소가 크게 가미되어 궁전의 안과 밖 모두 고전주의의 전형을 보여주기 때문이다. 넓은 내부를 박물관으로 단장하였고, 2020년부터 다시 대대적인 내부 보수 및 전시 공간 확장을 위한 공사 중이어서 잠시 휴관 상태다. 2030년에 최종 복원이 완료될 예정이라고 한다.

MAP P.551 **주소** Burgplatz 4 **전화** 03643-545400 **홈페이지** www.klassik-stiftung.de/stadtschloss-weimar/ **가는 방법** 헤르더 교회에서 도보 5분.

아나 아말리아 도서관
Herzogin Anna Amalia Bibliothek

아나 아말리아는 작센-바이마르 공작 에른스트 아우구스트 2세Ernst August II의 부인이다. 결혼 2년 만에 남편을 사별하고, 상속자인 한 살짜리 아들 카를 아우구스트Carl August가 성인이 될 때까지 섭정으로 공국을 다스렸다. 이 시기에 바이마르 고전주의가 만개하였고, 그 대표적인 사례가 괴테에게 도서관장직을 부탁하면서 최고의 수준으로 관리케 했던 아나 아말리아 도서관이다. 9세기부터 21세기까지의 장서 수백만 권을 소장하고 있으며, 특히 1800년대의 문학은 타의 추종을 불허한다. 내부의 우아한 로코코 홀을 관람할 수 있다.

MAP P.551 **주소** Platz der Demokratie 1 **전화** 03643-545400 **홈페이지** www.klassik-stiftung.de/herzogin-anna-amalia-bibliothek/ **운영** 화~일요일 09:30~18:00, 월요일 휴무 **요금** 성인 €8, 학생 €6 **가는 방법** 바이마르 궁전에서 도보 2분.

©www.klassik-stiftung.de

괴테의 가든하우스 ©Thüringer Tourismus GmbH/B.Neumann

일름 공원 Park an der Ilm

바이마르에 흐르는 작은 물줄기는 잘레강Saale의 지류인 일름강Ilm이다. 강을 따라 넓은 공원이 있는데, 바이마르에 도착한 괴테가 강 동쪽 경사면의 가든하우스를 매입해 정원을 가꾼 것에서 시작하여 넓은 시민공원이 완성되었다. 너무 넓어서 전부 다 구경하기는 어려우나 바이마르 궁전 부근의 공원을 산책하고, 체력에 여유가 있으면 괴테의 가든하우스Goethes Gartenhaus까지 가보아도 좋다. 더 남쪽으로 내려가면 헝가리 작곡가 리스트가 살았던 작은 집도 나온다.

MAP P.551 **가는 방법** 바이마르 궁전 또는 아나 아말리아 도서관 바로 옆.

▶ 괴테의 가든하우스

주소 Park an der Ilm 1 **홈페이지** www.klassik-stiftung.de/goethes-gartenhaus/ **운영** 화~일요일 10:00~18:00(겨울 ~16:00), 월요일 휴무 **요금** 성인 €7, 학생 €5 **가는 방법** 아나 아말리아 도서관에서 도보 10분.

ⓒwww.klassik-stiftung.de

괴테 국립박물관 Goethe-Nationalmuseum

1782년부터 임종하는 날까지 괴테가 살았던 집은 주변 건물까지 연결하여 괴테 국립박물관으로 개방되어 있다. 박물관은 괴테의 마지막 손자 발터Walther von Goethe가 건물을 국가에 기증하면서 조성되었고, 괴테가 사용한 물건과 가구, 집무실과 서재, 예술품 컬렉션, 임종을 한 침대, 부인 크리스티아네Christiane von Goethe의 주거 공간 등 방대한 자료를 전시한다. 일반적으로 프랑크푸르트의 괴테 박물관(P.152)이 유명하지만, 전시의 양과 질은 바이마르의 괴테 박물관이 더 낫다.

MAP P.551 **주소** Frauenplan 1 **전화** 03643-545400 **홈페이지** www.klassik-stiftung.de/stadtschloss-weimar/ **운영** 화~일요일 09:30~18:00(겨울 ~16:00), 월요일 휴무 **요금** 성인 €13, 학생 €9 **가는 방법** 아나 아말리아 도서관에서 도보 10분.

마르크트 광장 Marktplatz

1841년에 건축한 네오고딕 양식의 시청사가 있는 바이마르의 중심 광장이다. 광장 서쪽의 시청사 외에도 맞은편 동쪽에 루카스 크라나흐가 살았던 크라나흐하우스Cranachhaus와 관광안내소가 있는 슈타트하우스Stadthaus 등 저마다 특색을 가진 옛 건물을 복원하여 광장 풍경을 되살렸으며, 광장 북쪽에는 450년 역사의 약국이, 남쪽에는 350년 역사의 여관을 모태로 한 현대식 호텔이 있다. 오늘날에도 광장에서 전통시장이 열리며, 우물 용도로 제작한 포세이돈 분수Neptunbrunnen 등 중세의 정취를 즐길 수 있다.

MAP P.551 **가는 방법** 괴테 국립박물관에서 도보 10분 또는 바이마르 궁전에서 도보 2분.

시청사

슈타트 하우스와 크라나흐 하우스

실러 박물관 Schiller-Museum

극작가 프리드리히 실러가 1802년부터 임종하는 날까지 가족과 함께 거주하였던 곳을 당시 모습 그대로 잘 보존하여 보여주는 기념관이다. 1988년에 건물 안뜰까지 확장하여 실러 박물관을 만들었는데, 구동독 시절에 건립한 유일한 문학 박물관이라고 한다. 실러의 생애와 작품에 관한 여러 자료를 전시한다.

MAP P.551 **주소** Schillerstraße 12 **전화** 03643–545400 **홈페이지** www.klassik-stiftung.de/schiller-museum/ **운영** 화~일요일 09:30~18:00(겨울 ~16:00), 월요일 휴무 **요금** 성인 €8, 학생 €6 **가는 방법** 마르크트 광장에서 도보 2분.

국립극장
Deutsches Nationaltheater

콘서트, 오페라, 연극, 발레, 오케스트라 등 바이마르 클래식 문화의 중심지이며, 1791년에 지금 모습으로 개관하면서 괴테가 감독을 맡았다. 덕분에 명성 높은 작가의 공연이 열렸고, 특히 19세기 중반 지휘자를 맡은 프란츠 리스트가 수준을 끌어올려 바그너의 '로엔그린' 초연이 열리는 등 독일의 정상급 극장으로 성장하였다. '빌헬름 텔'을 포함하여 실러의 후기 희곡 대부분이 여기서 초연하였다. 극장 앞에 나란히 서 있는 괴테와 실러의 동상은 이러한 인연에 따라 바이마르에서 두 거장을 기념하고자 1857년에 만든 것이며, 바이마르 고전주의를 상징하는 가장 중요한 장소다.

MAP P.551 **주소** Theaterplatz 2 **전화** 03643–755334 **홈페이지** www.nationaltheater-weimar.de **가는 방법** 실러 박물관에서 도보 5분.

여기근처

괴테와 실러 동상이 바라보고 있는 방향에 2018년까지 바우하우스 박물관이 있었다. 지금의 새 보금자리로 옮긴 뒤 이 건물은 **바이마르 공화국 기념관**Haus der Weimarer Republik이 되어 독일 민주주의 역사의 중요한 순간을 교육하는 장소로 사용되고 있다.

[바이마르 공화국 기념관] 주소 Theaterplatz 4 **전화** 03643–545400 **홈페이지** www.hdwr.de **운영** 4~10월 09:00~19:00, 11~3월 화~일요일 10:00~17:00, 11~3월 월요일 휴무 **요금** 성인 €6, 학생 €4 **가는 방법** 국립극장 맞은편.

TOPIC 바이마르 고전주의

바이마르 여행 정보에 수없이 반복되는 단어가 고전주의다. 일반적으로 1786년부터 1832년까지를 바이마르 고전주의 시대로 분류하는데, 1775년에 바이마르에 초청되어 잠깐 들렀다가 아예 눌러살게 된 대문호 괴테가 2년간 이탈리아 여행을 떠난 해(1786년)부터 사망한 해(1832년)까지이므로, 결국 바이마르 고전주의는 이탈리아 여행 중 고대 로마의 정신을 발견한 괴테가 독일에서 계몽주의를 꽃피운 시기를 뜻하며, 이 시기에 바이마르 공작의 지원으로 소위 '네 명의 별'이라 불린 괴테, 실러, 헤르더, 빌란트Christoph Martin Wieland가 동시대에 같은 장소에서 교류하며 완성한 높은 수준의 인문·예술적 바탕을 지칭하는 것이다.

이들은 인본주의 이념을 토대로 인간을 우선하고, 불필요한 낭비를 배제하고 실용에 초점을 맞추었으며, 독일인의 민족성을 고취하는 우수한 작품을 창작하여 보급했다. 이 시기에 바이마르를 수놓은 유서 깊은 건축물은 화려하지 않으나 격조와 품위가 있다. 이러한 정신이 문화적으로는 바우하우스의 태동을 이끌었고, 역사적으로는 1848년의 독일 혁명(비록 실패하였지만)을 촉발한 중대한 전환점이 되었다. 즉, 바이마르 고전주의는 근대 독일의 혁명적 변화를 일으킨 원동력이며, 오늘날까지 독일인의 머릿속을 지배하는 철학과 정신의 체계를 정리한 출발점이다.

괴테, 실러 외에도 비슷한 시기에 바이마르에서 활동한 철학자인 니체의 기념관(주소 Humboldtstraße 36)과 음악가 리스트의 기념관(주소 Marienstraße 17) 등이 유네스코 세계문화유산에 속하여 함께 개방되어 있다. 이 모든 '큰 그림'을 완성한 아나 아말리아 공작부인의 저택 비툼 궁전 Wittumspalais의 소박하나 격조 높은 모습도 만나볼 수 있다. 참고로, 아나 아말리아 공작부인이 이토록 독일의 지성인을 초청하여 작은 도시에서 예술과 학문이 만개하도록 추진한 이유는 불분명하지만, 어린 나이에 공작이 된 아들을 위한 어머니의 불타오르는 교육열이라는 평가가 지배적이다.

[비툼 궁전] 주소 Am Palais 3 **전화** 03643-545400 **홈페이지** www.klassik-stiftung.de/wittumspalais/ **운영** 화~일요일 10:00~18:00(겨울 ~16:00), 월요일 휴무 **요금** 성인 €7, 학생 €5 **가는 방법** 실러 박물관에서 도보 2분.

소박한 비툼 궁전

일름 공원의 리스트 동상

헤르더 동상

화장터

부헨발트 강제수용소 기념관 Gedenkstätte Buchenwald

시 외곽의 부헨발트Buchenwald라는 산속에 나치가 강제수용소를 만들었다. 25만 명 이상이 수감되어 1/5 이상이 사망한 악명 높은 곳이다. 전후 부헨발트 수용소를 기념관으로 보존하며 독일의 '부끄러운 과거'를 후손에게 낱낱이 보여준다. 산 전체가 기념관이나 마찬가지인데, 그중 옛 수용소 창고 건물을 개조한 박물관과 화장터만 관람해도 깊은 인상을 받을 것이다.

MAP P.551 **주소** Theaterplatz 2 **전화** 03643-430200 **홈페이지** www.buchenwald.de **운영** 화~일요일 10:00~18:00 (11~3월 ~16:00), 월요일 휴무 **요금** 무료(일부 특별전은 홈페이지 예약 필요) **가는 방법** 국립극장 부근 Goetheplatz/Zentrum 정류장 또는 기차역에서 4·6번 버스로 Buchenwald, Gedenkstätte 정류장 하차.

Restaurant

먹는 즐거움

괴테, 실러 등 유명인이 여럿 거주하며 활동했던 바이마르는, 실제 유명인의 '단골 식당'도 여전히 남아 있다. 활기찬 대학 도시의 분위기 속에 유서 깊은 레스토랑을 발견하는 재미가 있다.

춤 바이센 슈반 Zum Weißen Schwan

약 450년 역사의 레스토랑 겸 게스트하우스다. 옆집에 살던 괴테도 자주 들러 식사하였고, "늘 하얀 백조(바이세 슈반)가 날개를 펴고 환대"한다는 리뷰를 남겼다고 한다. 실러, 리스트는 물론, 현대에도 빌리 브란트 전 총리, 조지 부시 전 미국 대통령, 디자이너 카를 랑어펠트 등이 다녀간 유서 깊은 식당의 아늑한 분위기 속에 튀링엔 지역의 향토 요리를 맛볼 수 있다.

MAP P.551 **주소** Frauentorstraße 23 **전화** 03643-908751 **홈페이지** www.weisserschwan.de **운영** 11:00~23:00 **예산** 요리 €20 안팎 **가는 방법** 괴테 국립박물관 옆.

ERFURT 에르푸르트

튀링엔의 주도. 에어푸르트라고도 적는다. 마르틴 루터가 대학교에 다니다가 사제 서품을 받고 수도사로 머물렀던 도시이자 바흐의 부모가 결혼하고 활동하던 곳으로, 학문과 예술이 오랫동안 높은 수준으로 발전하였다.

관광안내소 INFORMATION

크레머 다리 서편으로 바로 이어지는 베네딕트 광장Benediktsplatz에 관광안내소가 있다.

홈페이지 www.erfurt-tourismus.de/en/ (영어)

찾아가는 방법 ACCESS

거점 도시와 이동시간 (레기오날반 기준)
라이프치히 ↔ 에르푸르트 : RB 1시간 44분

유효한 티켓 작센 티켓

시내 교통 TRANSPORTATION

• 노선 확인
에르푸르트 관할 교통국 EVAG www.evag-erfurt.de

• 요금
1회권 €2.7, 1일권 €6.9(정류장의 티켓 판매기에서 구입)

관광 패스 SIGHTSEEING PASS

에르푸르트를 여행할 때 에르푸르트 트래블카드 Erfurt TravelCard(48시간권 €21.9)를 이용하면, 유네스코 세계문화유산 및 다양한 박물관을 무료로 관람할 수 있고 시내 대중교통도 무료로 이용 가능하다. 만약 대중교통 이용 없이 부지런히 걸을 계획이라면 박물관 무료만 포함된 에르푸르트 카드Erfurt Card(48시간권 €14.9)가 더 경제적이다. 관광안내소에서 구입할 수 있다.

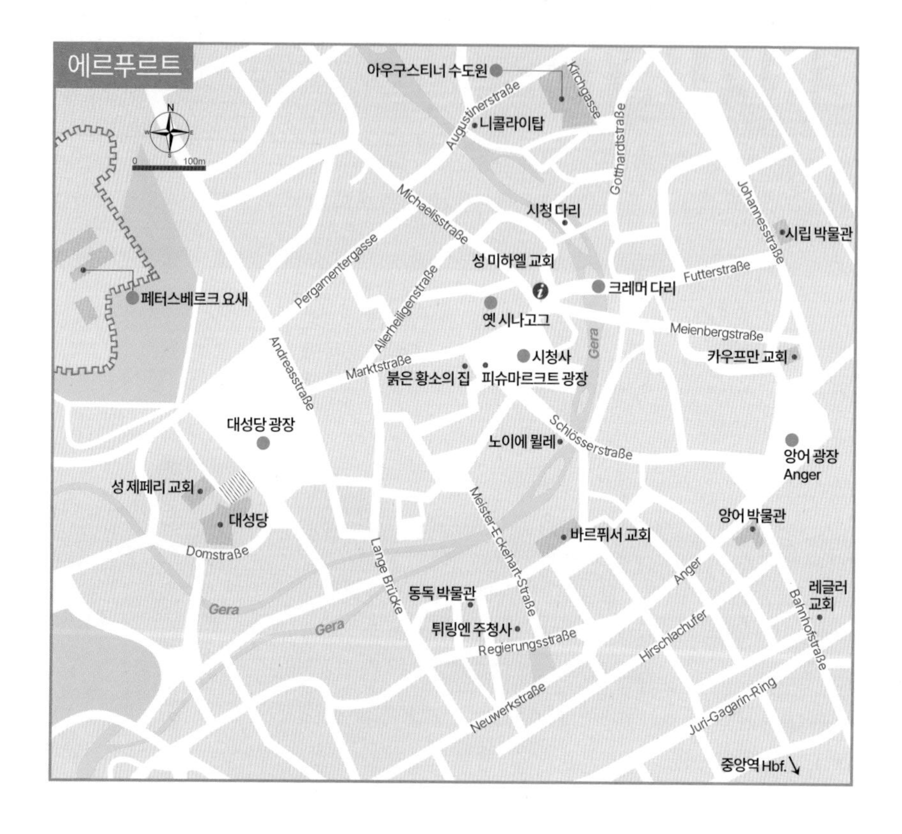

Best Course 에르푸르트 추천 일정

베스트 코스

에르푸르트의 볼거리는 구시가지에 넓게 분포되어 있다. 모두 걸어서 다닐 수 있는 거리에 있으나, 약간의 등산이 필요한 페터스베르크 요새에서는 체력 안배에 신경을 쓰자. 대중적인 박물관은 없지만, 저마다 중요한 의미를 지닌 역사적인 박물관이 여럿 있으므로 반나절에서 한나절 일정을 권장한다.

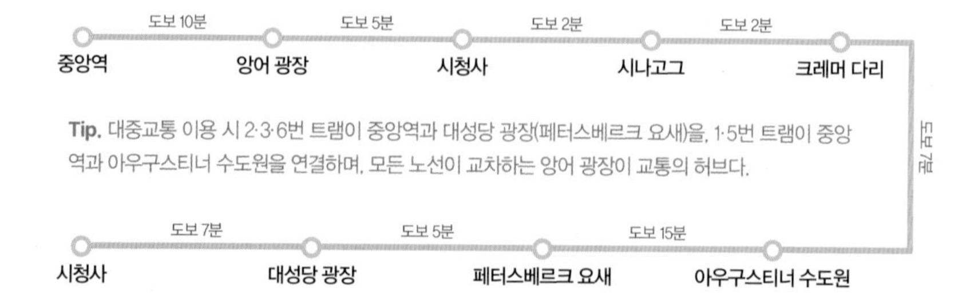

Tip. 대중교통 이용 시 2·3·6번 트램이 중앙역과 대성당 광장(페터스베르크 요새)을, 1·5번 트램이 중앙역과 아우구스티너 수도원을 연결하며, 모든 노선이 교차하는 앙어 광장이 교통의 허브다.

Attraction 보는 즐거움

소도시는 아니지만 소도시를 보는 것 같은 광장과 좁은 골목이 있다. 골목을 지나가면 거대한 성채와 교회 건축물이 나타난다. 역사적인 사건이 벌어지거나 위대한 인물에 관한 현장도 있다.

앙어 1번지

카우프만 교회

앙어 광장 Anger

중세 에르푸르트에서 상거래의 중심지 역할을 했던 곳이며, 자연스럽게 귀족과 상인의 큰 건축물이 모여 아름다운 광장이 되었고, 현대에는 트램이 지나가는 번화한 거리가 되었다. 특히 19세기 말에 지은 아르누보 양식의 건축물이 멋진 풍경을 만들고, 대형 쇼핑몰로 사용되는 앙어 1번지Anger 1 건물은 광장의 안주인과 같다. 카우프만 교회Kaufmannskirche 등 중세에 완성된 볼거리도 있으니 가볍게 둘러보면서 쇼핑도 즐겨 보자. '앙어'는 독일어로 초원을 뜻한다.

MAP P.560 **가는 방법** 중앙역에서 도보 10분 또는 1~6번 트램 Anger 정류장 하차.

여기근처

제국을 선포하며 황제로 즉위한 나폴레옹은 1808년에 에르푸르트에서 러시아, 독일의 군주와 회담을 가졌다. 회담과 별개로 자신이 일곱 번이나 읽은 소설 〈젊은 베르터의 고뇌(젊은 베르테르의 슬픔)〉의 저자 괴테를 초청하여 대화를 나누었다고 하는데, 바로 이 회담장이 앙어 광장 근처에 있는 튀링엔 주청사Thüringer Staatskanzlei다. 바로크 양식의 거대한 건물은 오늘날에도 행정관청으로 사용된다. 앙어 광장 부근에는 물레방아 노이에 뮐레Neue Mühle가 남아 있는 모습을 볼 수 있는데, 일종의 민속 박물관으로 소소한 콘텐츠를 갖추었으나 현재 공사로 인해 휴관 중이다.

[튀링엔 주청사] 주소 Regierungsstraße 73 **가는 방법** 앙어 광장에서 도보 2분 또는 2~5번 트램 Hirschgarten 정류장 하차.

[노이에 뮐레] 주소 Schlösserstraße 25a **전화** 0361-6461059 **가는 방법** 앙어 광장과 시청사 사이.

튀링엔 주청사
노이에 뮐레

시청사 Rathaus

네오고딕 양식의 에르푸르트 시청사는 1874년에 지금의 모습을 갖추었다. 3층에 있는 '축제의 방'은 역사적으로 에르푸르트에서 벌어진 주요 사건 또는 관련 인물을 역사화가 페터 얀센Peter Janssen이 벽화로 장식하여 유명하다. 또한, '축제의 방Festsaal'까지 올라가는 계단 주위에 '탄호이저'나 '파우스트' 등의 장면을 그린 벽화도 있다. 시청사가 있는 피슈마르크트 광장Fischmarkt 또한 구시가지의 아름다운 모습이 잘 간직되어 있고, 1591년에 설치한 뢰머Römer가 시청사를 바라본다. 뢰머는 고대 로마의 용사를 형상화한 것인데, 도시 수호 의지를 드러낸 것이라고 한다.

MAP P.560 **주소** Fischmarkt 1 **전화** 0361-6551145 **운영** 축제의 방 토~일요일 09:00~12:00·13:00~16:00, 평일은 공식 가이드 투어로 방문(요금 및 시간은 관광안내소에 문의) **요금** 무료 **가는 방법** 앙어 광장에서 도보 5분.

축제의 방

옛 시나고그 Alte Synagoge

에르푸르트 옛 시나고그는, 유럽에 널리 분포된 시나고그(유대인 회당)로는 현존하는 유럽 최고最古의 역사를 가졌다. 건물의 가장 오래된 부분은 900년 이상 되었다고 한다. 14세기에 도시에 페스트가 퍼지면서 포그롬(유대인 박해 및 추방)이 일어나 더 이상 시나고그로는 기능하지 못하였고 연회장 등으로 활용되었으나, 역설적으로 그 덕분에 나치 집권기에도 파괴되지 않고 건물의 골격이 남아 있었으며, 유럽에서 가장 오래 '살아남은' 시나고그가 될 수 있었다. 바로 인근 강변에 미크베(유대인 목욕시설) 유적도 발굴되어 옛 시나고그와 함께 2023년에 유네스코 세계문화유산에 등재되었다.

MAP P.560 **주소** Waagegasse 8 **전화** 0361-6551666 **홈페이지** www.alte-synagoge.erfurt.de **운영** 화~일요일 10:00~18:00, 월요일 휴무 **요금** 성인 €8, 학생 €5 **가는 방법** 시청사에서 도보 2분.

©Alte Synagoge Erfurt/A.Kirchbach

에기디엔 교회

크레머 다리 Krämerbrücke

크레머 다리는 쉽게 유례를 찾을 수 없는 '다리 위 마을'이다. 15세기에 도시 절반을 태운 대화재가 발생하고 집을 잃은 사람들이 많아지자, 다리 위에 건물을 지을 수 있도록 허가함으로써 이러한 풍경이 만들어졌다. 125m 거리에 68채의 건물이 들어섰고, 이후 건물을 합쳐 현재는 32채의 건물이 있다. 다리 위에 서면 좁은 골목에 들어온 것 같고 강이 보이지 않는다. 다리 바깥에서 보면 강 위에 건물이 떠 있는 듯하다. 다리 위의 건물은 대부분 에르푸르트 예술인과 소상공인의 공방, 아트 숍, 기념품 숍, 작은 카페 등으로 오늘날도 사용된다. 다리 동쪽에 있는 에기디엔 교회Ägidienkirche에 오르면 다리와 주변 풍경이 한눈에 들어오는 전망대가 있다.

MAP P.560 **가는 방법** 옛 시나고그 또는 시청사에서 도보 2분.

여기 근처

크레머 다리 자체가 에르푸르트의 명소임은 분명하지만, 크레머 다리만 보러 가는 게 아니다. 다리 양쪽에 바로 이어지는 두 개의 광장 또한 중세의 모습을 만날 수 있으며, 다리 주변 게라강Gera의 작은 물줄기와 주변 풍경도 낭만적이다. 교통 편리를 위해 크레머 다리 바로 옆에 추가로 건설한 시청 다리Rathausbrücke에 서면, 한쪽으로는 크레머 다리의 측면을 상세히 볼 수 있고, 다른 한쪽으로는 게라강과 주변의 소박한 풍경을 볼 수 있다.

[시청 다리] 가는 방법 크레머 다리 옆.

시청 다리에서 보이는 게라강

아우구스티너 수도원 Augustinerkloster

1277년에 고딕 양식으로 지어졌다. 이후 수백 년에 걸쳐 도서관, 예배당, 첨탑 등이 차례로 증축되었다. 에르푸르트 법학대학 학생인 마르틴 루터가 수도사가 되기로 결심한 뒤 이곳에서 약 6년간 머물렀다. 내부는 누구나 자유롭게 관람할 수 있는 교회 본당, 약 90분 분량의 가이드 투어(오디오 가이드 포함)로 둘러볼 수 있는 박물관, 루터가 고행하며 기도하였던 골방 등이 공개되어 있다. 종교 개혁의 중요한 모티브가 제공된 곳이므로 관심 있는 여행자는 꼭 관람할 가치가 있고, 그렇지 않더라도 높은 스테인드글라스가 인상적인 예배당은 구경해 보자.

MAP P.560 **주소** Augustinerstraße 10 **전화** 0361-576600 **홈페이지** www.augustinerkloster.de **운영** 본당 평일 오전부터 오후까지 비정기 개장, 가이드 투어 월~금요일 10:00~16:00, 토~일요일 11:00~14:00 **요금** 본당 무료, 가이드 투어 성인 €7.5, 학생 €4 **가는 방법** 크레머 다리에서 도보 7분.

페터스베르크 요새 Zitadelle Petersberg

30년 전쟁 이후 에르푸르트는 마인츠 선제후령에 속하였다. 전쟁 직후에 반란을 우려한 마인츠 선제후는 거대한 성채의 건설을 명하였고, 페터스베르크 요새가 완성되었다. 별 모양을 닮은 거대한 성벽의 길이를 더하면 2km에 달하는 대형 요새이며, 아직도 완벽한 모습을 보존하고 있다. 요새에서 보이는 대성당 광장 방면의 전망이 탁월하고, 요새에 속한 사령관의 집 Kommandantenhaus에 개관한 박물관에서 요새에 얽힌 다사다난한 역사를 만날 수 있다.

MAP P.560 **주소** 안내센터 Petersberg 3 **전화** 0361-6640170 **홈페이지** www.petersberg-erfurt.de **운영** 요새 종일 개장, 박물관 10:00~18:00 **요금** 요새 무료, 박물관 성인 €8, 학생 €4 **가는 방법** 아우구스티너 수도원에서 도보 15분 또는 1·3·6번 트램 Domplatz Nord 정류장 하차.

대성당 광장 전망

대성당 광장 Domplatz

언덕 위에 대성당과 성 제페리 교회, 거대한 두 교회가 세트처럼 나란히 있고, 바로 그 아래에 널찍한 대성당 광장이 있다. 중세 에르푸르트에서 시장이자 시민 축제 장소로 사용된 중심 광장이며, 주변 건물들도 중세의 풍경에 일조한다. 에르푸르트가 마인츠 선제후령일 때, 도시를 방문한 대주교를 맞이하며 세운 오벨리스크가 광장에 있고, 두 교회로 올라가는 70개의 계단이 있다. 사계절 주요 축제가 여기서 열린다.

MAP P.560 **가는 방법** 페터스베르크 요새에서 도보 2분.

▶ 대성당 Dom St. Marien

8세기에 건축된 것으로 추정되는 매우 오랜 역사를 가진 곳이다. 이름과 달리 중세에는 주교좌 성당은 아니었으며, 에르푸르트의 아우구스티너 수도회에 속한 가톨릭교회였다. 그래서 아우구스티너 수도원 출신의 마르틴 루터가 여기서 사제 서품을 받았다. 화려한 제단과 대형 스테인드글라스 등의 볼거리가 있다.

MAP P.560 **주소** Domstufen 1 **전화** 0361-6461265 **홈페이지** www.dom-erfurt.de **운영** 10:00~18:00(일요일 13:00~) **요금** 무료

▶ 성 제페리 교회 St. Severikirche

성자 세베루스의 석관

대성당과 바로 이웃한 성 제페리 교회는, 4세기경의 성자 세베루스(제페리)의 유골이 에르푸르트에 이장되면서 그 보관과 성축을 위해 지어졌다. 19세기 이후 나폴레옹 침공과 프로이센 통치 등 격동의 시기를 보내며 많이 훼손되었으나 내부는 고딕 양식의 전형적인 모습을 보존하고 있다.

MAP P.560 **주소** Severihof 2 **전화** 0361-5624921 **운영** 10:00~17:00(일요일 13:00~) **요금** 무료

EISENACH 아이제나흐

아이제나흐는 박람회의 도시로 쌍벽을 이루는 프랑크푸르트와 라이프치히를 연결하는 관문이다. 그만큼 상업과 공업이 발달하였고, 그 기반은 분단 시절에도 이어져 동독의 산업 기지 역할을 담당하였다. 지금은 바르트성 등 특별한 의미를 지닌 명소에 많은 사람이 찾아온다.

관광안내소 INFORMATION

아이제나흐 관광안내소는 마르크트 광장의 아이제나흐 궁전에 있다.

홈페이지 www.eisenach.info/en/ (영어)

찾아가는 방법 ACCESS

거점 도시와 이동시간 (레기오날반 기준)

라이프치히 ↔ 아이제나흐 : RB 2시간 34분

유효한 티켓 작센 티켓

TOPIC 독일을 잉태한 땅

바르트성의 영주는 종종 노래 경연대회를 열었고, 내로라하는 음유시인이 게르만족의 서사시와 영웅담을 읊조렸다. 훗날 바그너의 '탄호이저'에도 이 장면이 등장한다. 게르만족의 민족주의가 싹튼 이곳에서 종교개혁가 마르틴 루터가 은둔하며 라틴어 성서를 독일어로 번역했다. 이전까지 지역마다 방언 형태로 존재하며 체계적인 문법이 없었던 독일어가 최초로 체계화한 순간이어서 바르트성에서의 성서 번역을 현대 독일어의 출발점으로 본다. 19세기에 유럽 각지에서 혁명이 일어나고 자유주의가 꿈틀거릴 때, 독일에서도 자유를 외친 학생들이 텅 빈 바르트성을 본부로 사용했다. 이때 이들이 높이 든 흑색, 적색, 금색의 깃발이 오늘날 독일 국기의 모티브가 되었다. 바르트성은 평범한 유적지가 아니다. 독일의 민족주의가 발원하고, 독일의 언어가 정립되고, 독일의 국기가 탄생한 곳으로 '독일을 잉태한 땅'이다.

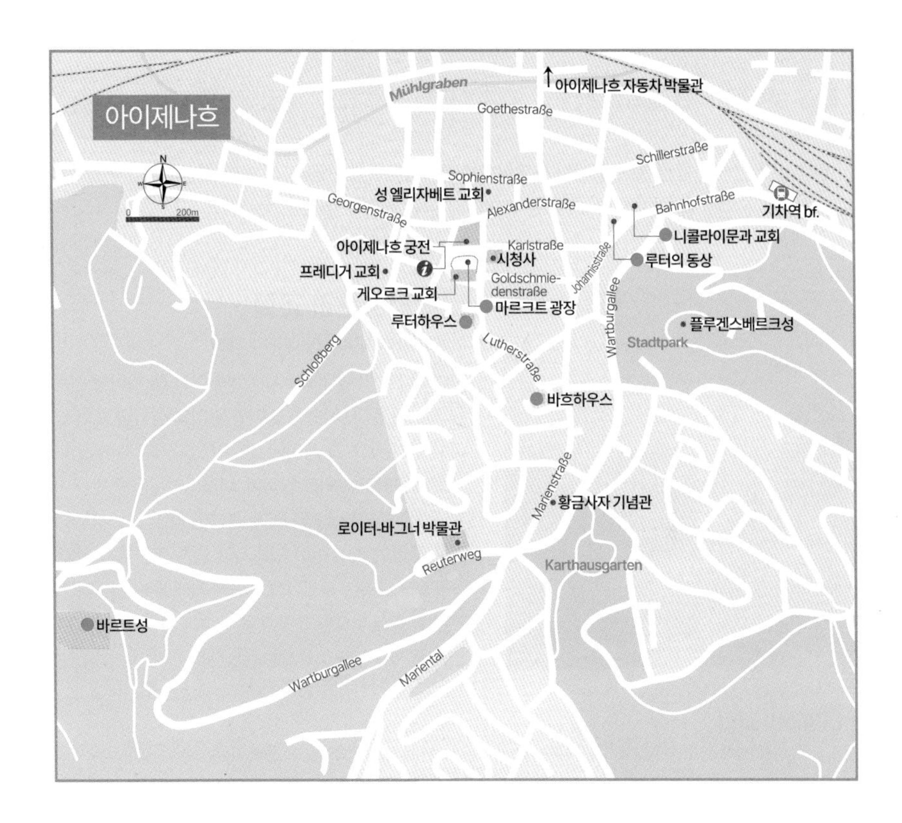

Best Course 아이제나흐 추천 일정

볼거리의 핵심은 바르트성이다. 그런데 높은 산 위에 있다. 일단 기차역에서 출발하여 구시가지를 훑으며 여행한 뒤 버스로 성에 오르자. 바르트성은 당연히 내부 관람까지 권장하며, 라이프치히에서 원데이 투어로 다녀올 수 있다.

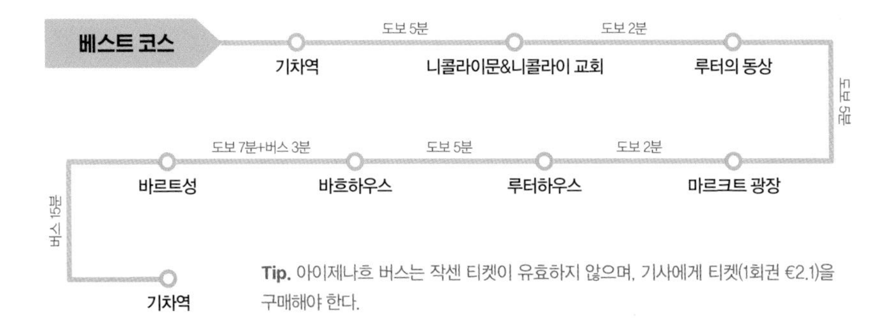

Tip. 아이제나흐 버스는 작센 티켓이 유효하지 않으며, 기사에게 티켓(1회권 €2.1)을 구매해야 한다.

Attraction 보는 즐거움

산 위에는 독일 역사를 통틀어 굉장히 중요한 의미를 지닌 고성이 있다. 산 아래에는 아담한 구시가지가 낭만적인 풍경을 뽐낸다. 루터, 바흐 등 유명인에 관한 박물관 순례도 가능하다.

니콜라이문과 교회
Nikolaitor und Nikolaikirche

아이제나흐 기차역에서 시내로 들어갈 때 특이한 관문을 지나게 된다. 비슷한 높이와 양식의 성탑과 교회 탑이 나란히 있고, 그 사이에 대문이 있다. 각각 니콜라이문과 니콜라이 교회의 탑이며, 니콜라이문은 중세 아이제나흐를 둘러싼 성벽의 5개 출입문 중 유일하게 남아 있는 곳이며 2015년이 되어서야 최종 복원을 마쳤다. 니콜라이 교회는 12세기의 수도원 자리에 19세기 때 지었는데, 중세 수도원의 조각 등 내부에 볼거리가 있다.

MAP P.567 **가는 방법** 기차역에서 도보 5분.

▶ 니콜라이 교회
주소 Karlsplatz **전화** 03691-723481 **홈페이지** www.kirchengemeinde-eisenach.de **운영** 비정기적으로 개장 **요금** 무료

루터의 동상 Lutherdenkmal

마르틴 루터와 아이제나흐의 두 차례에 걸친 인연을 기리며 1895년에 조각가 아돌프 폰 돈도르프Adolf von Donndorf가 카를 광장Karlsplatz에 만든 큰 동상이다. 동상 아래는 사면을 부조로 장식하고 있는데, 정면은 바르트성에서의 성서 번역을, 동상을 바라보는 방향으로 오른쪽에는 바르트성에서 융커 외르크Junker Jörg라는 가명을 사용하며 은신한 모습을, 왼쪽에는 어린 시절 아이제나흐에서 유학할 때 가창 '아르바이트' 모습을 표현하였고, 뒷면은 루터의 삶의 격언을 새겼다.

MAP P.567 **가는 방법** 니콜라이문에서 도보 2분.

여기근처

종교 개혁 후 개신교 도시가 된 아이제나흐에서 가톨릭 신도가 늘어나면서 네오고딕 양식의 성 엘리자베트 교회St. Elisabethkirche를 짓게 되었다. 쾰른 대성당 보수에 참여하기도 했던 건축가 후고 슈나이더Hugo Schneider가 1888년에 만들었다.

[성 엘리자베트 교회] 주소 Sophienstraße 10 **전화** 03691-203880 **운영** 비정기적으로 개장 **요금** 무료 **가는 방법** 루터의 동상에서 도보 5분.

성 엘리자베트 교회

마르크트 광장 Marktplatz

마르크트 광장은 고딕 양식의 게오르크 교회Georgenkirche가 세워진 12세기부터 아이제나흐의 중심 광장이 되었다. 게오르크 교회는 '음악의 아버지' 바흐가 세례를 받은 곳이며, 오늘날에도 교회 입구 안쪽에 바흐의 대형 동상이 있다. 게오르크 교회 맞은편에는 작센-바이마르 공국의 공작 에른스트 아우구스트 1세Ernst August I의 명으로 만든 아이제나흐 궁전Stadtschloss이 있다. 에른스트 아우구스트 1세는 바이마르의 찬란한 전성기를 이끈 아나 아말리아 공작부인의 '시아버지'인데, 이때만 해도 사치와 향락이 심하여 아이제나흐 중심부에 여러 건물을 매입해 헐어버리고 큰 궁전을 지었다. 괴테와 바그너가 손님으로 들렀던 유서 깊은 궁전은 21세기 들어 복원을 마치고 튀링엔 박물관Thüringer Museum Eisenach으로 사용한다. 19세기 후반 회화와 도자기, 공예품 등을 관람할 수 있다. 시청사도 비슷한 시기에 재건축되어 오늘날의 모습을 갖추었고, 그 앞에 게오르크 분수Georgsbrunnen가 있다.

MAP P.567 **가는 방법** 루터의 동상에서 도보 5분.

시청사와 게오르크 분수

▶ 게오르크 교회

전화 03691-213126 **홈페이지** www.ekmd.de **운영** 4~10월 10:00~12:30·14:00~17:00, 11~3월 10:00~12:00·14:00~16:00 **요금** 무료

▶ 튀링엔 박물관

전화 03691-670450 **운영** 수~일요일 10:00~17:00, 월~화요일 휴무 **요금** 성인 €4, 학생 €2

게오르크 교회

아이제나흐 궁전

루터하우스 Lutherhaus

구시가지의 낡은 하프팀버 건물 루터하우스는, 10대 소년 시절의 마르틴 루터가 아이제나흐에서 공부하며 3년간 하숙했던 곳이다. 이 당시 루터는 귀족이나 부유한 상인의 안주인에게 노래를 불러주며 용돈을 버는 아르바이트를 했다고 한다. 이러한 인연으로 루터하우스 기념관이 문을 열었고, 낡은 건물 옆에 현대식 전시관을 하나 더 지어 연결해 규모가 작지 않다. 루터의 일생, 성서 번역 등 그의 업적과 종교 개혁에 관한 자료, 루터와 친분이 있고 종교 개혁에 힘을 보탠 화가 크라나흐의 작품 등을 전시한다.

MAP P.567 **주소** Lutherplatz 8 **전화** 03691-29830 **홈페이지** www.lutherhaus-eisenach.com **운영** 화~일요일 10:00~17:00, 월요일 휴무 **요금** 성인 €10, 학생 €9 **가는 방법** 마르크트 광장에서 도보 2분.

바흐하우스 Bachhaus

'음악의 아버지' 요한 제바스티안 바흐의 고향이 아이제나흐다. 게오르크 교회에서 세례를 받았을 뿐만 아니라 처음으로 음악을 접하기도 하였다. 바흐의 생가(로 추정되는 곳)에 1907년에 바흐 박물관이 문을 열어 바흐에 관한 300점 이상의 원본을 소장하고 작품을 기록 및 보관한다. 루터하우스와 마찬가지로 옛 건물 옆에 현대식 건물을 지어 서로 연결해 전시관 규모를 키웠으며, 덕분에 독일에 있는 음악가 관련 박물관 중 규모로는 으뜸을 다툰다. 바흐가 살았던 시대의 가구와 인테리어를 재현하고, 그 시대의 악기로 콘서트를 열기도 한다.

MAP P.567 **주소** Frauenplan 21 **전화** 03691-79340 **홈페이지** www.bachhaus.de **운영** 10:00~18:00 **요금** 성인 €12.5, 학생 €10 **가는 방법** 루터하우스에서 도보 5분.

바르트성(바르트부르크성) Wartburg

튀링엔의 영주가 11세기에 부근을 지나다가 성을 짓기 좋은 산을 발견하고는 "기다려라, 산이여! 그대는 나의 성을 지탱하여야 한다"고 선언하고는 얼마 후 산꼭대기에 성을 지었다. '기다림Wart의 성'이라는 이름이 여기서 유래한다. 다만, 영어식 번역 표기를 다시 한번 한국어로 번역하면서 바르트부르크성이라는 오기誤記가 병용된다. 게르만 민족의 역사에 지대한 영향을 미친 '독일을 잉태한 땅'(P.566)이며, 훗날 바이에른의 루트비히 2세가 노이슈반슈타인성(P.232)을 지을 때에도 바르트성에서 모티브를 얻었다고 한다. 유네스코 세계문화유산으로 등록된 웅장한 성채는 안뜰까지 자유롭게 드나들 수 있고, 가이드 투어로 내부 박물관을 관람할 수 있다. 특히 마르틴 루터가 신분을 감추고 은신하여 9개월 만에 신약성서를 독일어로 번역한 골방은 꼭 구경해 보자. 남쪽 타워에 올라가면 더 높은 곳에서 전망을 즐길 수도 있다.

MAP P.567 **주소** Auf der Wartburg 1 **전화** 03691-2500 **홈페이지** www.wartburg.de **운영** 안뜰 08:30~20:00(11월 4일~3월 24일 ~17:00), 박물관 09:00~17:00(11월 4일~3월 24일 ~15:30) **요금** 안뜰 무료, 박물관 성인 €13, 학생 €9, 사진 촬영 €2, 타워 €1 **가는 방법** 기차역 부근 버스터미널ZOB 또는 Wartburgallee 정류장에서 3번 버스로 Wartburg 정류장 하차. 도착한 곳은 성의 주차장이며, 약 10분간 등산하면 성 입구 도착.

루터의 방

여행 준비
Getting Ready

단계별 여행 준비

공항 체크리스트

응급상황 매뉴얼

단계별 여행 준비

독일 여행을 결정한 당신. 그러나 당장 어디서부터 손을 대야 할지 막막하면 단계별로 하나씩 차근차근 풀어가자. 처음에는 어려워 보여도 막상 직접 해보면 아주 쉽다.

1단계 여권과 비자(계획과 동시)

- 여행 전 가장 먼저 준비할 것은 당연히 여권이다. 이미 여권이 있으면 유효기간을 체크하자. 독일 입국 시 여권 잔여 유효기간 최소 4개월 이상을 권장한다.
- 여행 목적일 때 최대 90일 무비자 체류가 가능하다. 출장과 가족 방문 등 비영리적 체류도 마찬가지. 단, 독일 외에 다른 유럽 국가를 여행할 때는 솅겐 조약을 살펴야 하며, 자세한 내용은 QR코드를 스캔하여 확인하기 바란다.

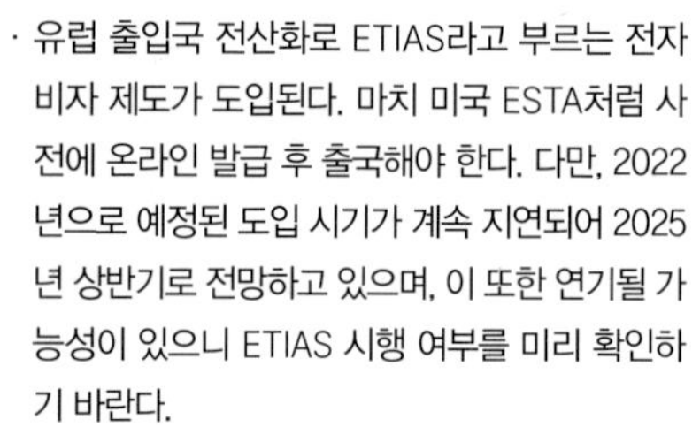

- 유럽 출입국 전산화로 ETIAS라고 부르는 전자 비자 제도가 도입된다. 마치 미국 ESTA처럼 사전에 온라인 발급 후 출국해야 한다. 다만, 2022년으로 예정된 도입 시기가 계속 지연되어 2025년 상반기로 전망하고 있으며, 이 또한 연기될 가능성이 있으니 ETIAS 시행 여부를 미리 확인하기 바란다.

2단계 항공권 구입(3~6개월 전)

여권 다음으로 준비할 것은 항공권이다. 하루 일정 차이로 수십만 원까지 가격 차이가 발생하는 만큼, 희망 일정 전후로 날짜를 바꾸어 충분히 요금을 확인한 뒤 예약하자. 항공권 예약 전 추천 코스(P.70~77)를 참조하여 대략 in-out 도시의 윤곽을 정하면 더 편하다. 출발일이 임박할수록 항공료는 오른다.

직항 운항 노선

- **인천 ↔ 프랑크푸르트** : 대한항공, 루프트한자, 아시아나항공, 티웨이항공
- **인천 ↔ 뮌헨** : 루프트한자

경유 노선

독일 국적기 루프트한자 외에도 에어프랑스, KLM, 핀에어, LOT폴란드 항공 등 유럽계 항공사는 대부분 1회 환승으로 베를린, 함부르크, 뉘른베르크, 슈투트가르트, 쾰른 등 독일 구석구석까지 갈 수 있다. 에미레이트 항공, 에티하드 항공, 터키(튀르키예)항공 등 중동계 항공사도 1회 환승 시 갈 수 있는 도시가 많다. 특히 독일에 튀르키예계 이민자가 많아서 터키항공의 운항 노선이 상당히 방대하다.

3단계 코스의 완성(3~6개월 전)

독일 여행 코스를 완성할 시간. 항공권 예약과 함께 진행하면 좋다. 코스를 정해야 그 동선에 맞는 교통편과 숙박 예약이 가능하므로 내 취향과 일정에 맞는 베스트 코스를 정한다. 이 책에서 제시하는 여행 전략(P.58)에 따라 거점 도시 간 이동만 정해 두어도 나머지 코스의 확정은 조금 더 천천히 해도 된다. 이러한 여행은 거점 도시 중심 여행에 최적화된 독일이니까 가능한 것이다.

4단계 각종 예약(2~3개월 전)

- 코스를 정하였으면 이제 동선에 맞는 교통편과 숙박을 알아본다. 어떤 도시에 언제 머무는지 확정되었고, 어디에서 어디로 언제 이동하는지 확정되었으니, 그에 맞춰 예약한다.
- 숙소는 예약을 강력히 권장하며, 부킹닷컴(www.booking.com), 아고다(www.agoda.

co.kr), 호스텔월드(www.hostelworld.com) 등 시중 유명 호텔·호스텔 예약 사이트를 활용한다. 이러한 서비스는 한국어를 지원하여도 대체로 해외 기반이므로 해외 결제 가능 신용카드가 필요하며, 화폐를 유로화로 설정하고 이용하여야 한다.

- 빈 객실(호텔)·침대(호스텔)가 있으면 현장에서 바로 숙박할 수 있다. 극성수기가 아니면 숙박 자체가 불가능하지는 않겠지만, 숙박료와 숙소의 입지가 여행에 큰 영향을 주는 만큼 굳이 예약하지 않고 현지에서 방을 찾을 이유는 없다.
- 교통편은 거점 도시 간 이동은 구간권 기차표나 버스표를 개별 예약하거나 독일철도패스(P.61)를 예약하고, 거점에서 근교의 원데이 투어는 랜더티켓과 대중교통 티켓 중 경제적인 방법을 이 책에 정리하였으니 현지에서 구매하여도 관계없다.
- 철도패스와 구간권 중 무엇이 이로운지 확인하는 방법은 QR코드를 스캔하여 확인하기를 바란다.

- 예약이 강력히 권장되는 유명 관광지, 클래식 공연, 분데스리가 축구 등 예약이 필요한 관광 콘텐츠 이용을 위하여 해당 날짜에 맞춰 홈페이지에서 예약한다.
- 만약 특정 공연이나 행사 관람이 여행에 중요한 비중을 차지하면, 먼저 해당 일정을 달력에 표시된 뒤 그에 맞춰 in-out 도시에서 동선을 연결하면 자연스럽다.

5단계 환전(1~2개월 전)

- 앞선 단계에서 항공권, 숙소, 교통편 등 큰 비중을 차지하는 지불이 완료되었다. 여비 총액은 어느 정도 정해져 있을 테니, 남은 가용 예산이 얼마인지 쉽게 계산할 수 있다. 이에 맞춰서 식사 수준을 정하고, 쇼핑 계획을 완성한다.
- 궁상떨지 않고 두 끼 밥을 사먹고 한 끼는 숙박업소의 조식이나 빵 등으로 가볍게 해결하고, 일상적인 간식이나 음료 등을 거르지 않는다면 배낭여행자 기준 하루 평균 €50~60(약 7만~9만 원) 정도를 평균 예산으로 본다. 여기에 유료 관광지 입장료가 추가된다. 만약 랜더티켓 등 현지에서 교통권을 구매하면 그만큼의 비용을 추가한다.
- 독일에서 신용카드 사용은 어렵지 않다. VISA, MASTER 등 해외 결제 가능한 카드를 지참한다. 원칙적으로 본인 명의(여권 영문 성명과 일치)와 뒷면 서명(여권 서명과 일치)이 중요하다.
- 신용카드 사용 시 원화(KRW) 결제는 피해야 한다. 환율과 수수료가 이중으로 계산된다.
- 독일에서 원화를 환전할 곳은 마땅치 않으니, 현금은 미리 국내에서 유로화를 환전하여 지참하거나 현지 은행 현금인출기를 이용한다. 은행 현금인출기는 곳곳에 있고, 구글맵으로 쉽게 검색된다.
- 독일은 유럽에서도 유독 현금 사용 비중이 높다. 유로화 사용은 필수라고 생각하자.
- 유로화 사용 시 거스름돈을 챙기다 보면 감당하지 못할 정도의 동전이 쌓인다. 10센트 미만 동전은 자판기에서도 사용하지 못하는 경우가 많으니, 나중에 처치 곤란한 동전을 짤랑거리지 말고, 평소 마트나 편의점에서 부지런히 사용하자.
- 최근에는 다수 은행에서 '트래블 월렛' 개념의 서비스를 제공한다. 파격적인 수수료로 현지에서 인출할 선택지가 넓어졌다.

6단계 기타 증명서 발급(1~2개월 전)

모든 여행자에게 필요한 단계는 아니다. 국제학생증, 국제운전면허증, 유스호스텔 회원증, 여행자보험 등 기타 증명서를 미리 발급해야 나중에 시간에 쫓기지 않는다(여행자보험은 출국일에 공항에서 모바일로 가입하는 서비스도 보편화되었으니 여유 있게 진행하여도 관계없다).

7단계 일정 최종 점검(1개월 전)

아무리 준비를 열심히 해도 무언가 빼먹거나 실수하기 마련이다. 여행 일정과 그동안 예약한 모든 준비 사항을 최종 점검하자. 특히 항공권과 교통편, 그리고 숙박업소 일정은 눈으로만 보지 말고 직접 손으로 달력에 적으며 체크해야 실수가 없다. 티켓이나 바우처에 적힌 독일식 날짜 표기는 DD(일)/MM(월)/YY(연) 순이다(예: 01/12/24 → 2024년 12월 1일).

8단계 짐 꾸리기(1~2주일 전)

· 넉넉하게 출국 2주일 전, 늦어도 1주일 전에 여행 짐을 꾸린다. 그래야 빠진 것이 눈에 보이고, 급하게 구매해야 할 때 시간 여유가 있다.

· 캐리어와 가방은 이용할 항공사 수하물 규정에 맞추어 크기와 무게를 체크한다. 수하물 규정 초과 시 큰 금액의 추가금이 발생한다.

· 여행 중 독일 또는 유럽에서 저가항공을 이용할 일이 있으면, 해당 항공사 및 운임 규정에 맞는 수하물 규정을 함께 체크한다. 저가항공은 메이저 항공사보다 수하물 규정이 빡빡하고 공항에서 추가금 발생 시 비용이 상당하다.

· 독일은 울퉁불퉁한 돌바닥이 많아 캐리어보다 배낭이 더 편하다. 캐리어는 끌기 불편할 뿐 아니라 바퀴 파손 등의 위험도 있다.

· 가이드북, 카메라, 스마트폰, 지도, 물 등 간단한 물건만 넣을 정도의 보조가방을 지참하면 편리하다. 단, 소매치기를 대비해 지퍼나 벨크로 방식으로 안전하게 여닫는 가방을 권한다.

· 짐은 최대한 가볍게 챙기자. 여건이 되면 현지에서 세탁하거나 옷을 구매해도 된다. 많은 호텔과 호스텔에 유료 세탁시설이 있다. 배낭여행자는 빨랫비누나 가루 세제를 챙겨 화장실에서 직접 세탁하기도 한다.

· 옷을 챙길 때 독일의 기후(P.68~69)를 참조하되, 기상 이변이 심하니 일기예보를 잘 살피자.

· 독일은 비가 내려도 폭우는 드물다. 현지인은 대개 비를 맞거나 외투의 후드만 쓰고 다닌다. 여행자도 이러한 스타일로 준비하면 베스트. 옷과 가방은 방수가 중요하다. 그러나 비 맞는 걸 싫어하면 작은 휴대용 우산을 챙기기 바란다. 현지에서 구매하면 비싸다.

· 여름의 맑은 날 햇볕이 꽤 따갑다. 선글라스와 모자는 사실상 필수품이며, 선크림 등은 개인의 필요에 따라 준비하자.

· 걷는 순간이 많다. 편한 신발은 필수. 호텔이나 호스텔에서 사용할 슬리퍼도 필요하다.

· 호텔에서 수건은 제공하지만 비누나 샴푸가 비치되지 않은 곳도 더러 있다. 호스텔은 수건도 유료인 곳이 많다. 결론적으로, 수건·치약·칫솔·바디워시·샴푸 등은 직접 챙기는 게 좋다.

· 독일 수돗물은 석회Kalk 성분이 포함되어 음용에 적합하지 않고, 샤워 후에도 피부가 건조해진다. 민감성 피부라면 보습 제품을 함께 준비하자.

· 화장실도 유료인 나라에선 땀을 닦는 세수도 사치일 수 있다. 물티슈가 큰 도움이 된다. 긴 여행에는 손톱깎이나 면봉 등 위생용품도 챙기면 좋다.

· 여성용 위생품은 현지에서도 쉽게 구입할 수 있으나 국내에서 챙기면 더 편리하다.

· 현지에도 약국은 많지만, 전문용어가 필요하여 의사소통은 어려울 수 있다. 진통제·설사약·소화제 등은 적당량을 가지고 가자.

· 개인의 필요로 인해 따로 챙기는 처방 약은 병원에서 영문 처방전을 받아 동봉해야 안전하다.

· 전압은 230V, 콘센트 모양은 한국과 같은 소위 '돼지코'다. 호스텔 이용 시에는 멀티탭까지 지참해야 안전하다.

· 고가의 스마트폰이나 카메라는 소매치기의 표적이 된다. 휴대 시 항상 주의하도록 하자.

· 삼각대나 셀피스틱은 필요에 따라 챙기되, 박물관이나 성당 등 일부 관람 시설에서의 이용은 금지될 수 있다.

· 호스텔 숙박 시 개인 짐을 보관할 자물쇠가 필요하다. 단, 업소마다 자물쇠 고리의 크기가 다르니 너무 굵고 튼튼한 것을 가져가면 사용하지 못할

수 있다. 적당한 자물쇠를 준비하자.
- 봉지나 비닐팩을 챙기면 빨랫감을 담거나 급할 때 쓰레기통 대용으로 사용할 수 있다.
- 휴대용 병따개가 있는 사람은 병맥주를 자유롭게 선택할 수 있어서 독일 맥주를 더 폭넓게 즐길 수 있다. 별것 아닌 듯 보여도 병따개야말로 독일 여행의 '히든 필수템'이다.
- 여권 분실 시 현지 영사관에서 빠르게 해결하려면 여권 사진(최근 6개월 내 촬영) 2매를 지참하여야 한다.

공항 체크리스트

독일 입국심사 및 세관 신고

- **입국심사 장소** : 직항은 도착지 공항이다. 환승편은 경유지가 솅겐 조약 가입국이면 환승 공항에서 받고, 중동계 항공사 등 솅겐 조약 바깥에서 경유하면 도착지 공항에서 심사 받는다.
- **입국심사 요령** : non-EU 또는 All passports라고 적힌 입국심사대로 간다. 체류 기간과 목적, 방문 도시 등을 영어로 물어볼 수 있다. 만약 영어로 답변하기 어려우면 90일 이내에 되돌아가는 귀국 티켓을 제시하면 큰 문제 없다. 주의사항 하나. 독일 공항 입국심사대는 와이파이 접속이 어려운 편이다. 귀국 티켓을 모바일에 저장하면 입국심사 중 보여주기 어려우니 e-티켓 출력물 지참을 권장한다. 독일 입국 시 2023년부터 별도의 입국신고서는 작성하지 않는다.
- **입국 허가** : 여권에 도장을 찍어 무비자 입국을 허가한다. ETIAS 도입 후에는 여권에 도장을 찍지 않고 전산으로 기록한다.
- **세관 신고** : 수하물을 찾고 공항 바깥으로 나가는 출구가 적색과 녹색으로 나뉜다. 세관 신고할 물품이 있으면 적색 출구로, 없으면 녹색 출구로 나간다. 출구 밖으로 나오면 입국 완료.
- **세관 신고 기준** : 독일 입국 시 면세 한도는 1인당 €430, 담배 200개비, 22도 이상의 술 1L 등이다. 자세한 내용은 QR코드를 스캔하여 주 독일 한국대사관 홈페이지에서 참조하기 바란다.

독일 출국심사 및 택스 리펀드

- **출국심사 장소** : 입국심사와 같다. 직항은 출발지, 환승편은 경유지가 솅겐 조약 가입국일 때 환승 공항에서 받는다.
- **출국심사 요령** : 입국심사에 비해 훨씬 간소하며, 간단한 안부 정도만 묻기도 한다. 단, 직항편 이용 시 한·중·일 항공편이 비슷한 시간대에 몰려 있어서 출국심사대가 매우 혼잡하고 대기 줄이 길다. 한국 여권 소지자는 자동 출국심사를 이용할 수 있다.
- **택스 리펀드** : 만약 시내에서 택스 리펀드 쇼핑을 하였다면, 공항에서 항공권을 수속할 때 이를 고지한 뒤 체크인 수하물을 돌려받아 공항 세관 확인을 거쳐야 한다. 만약 택스 리펀드를 받을 계획이면 늦어도 출발 3시간 전에 공항에 도착해야 한다. 프랑크푸르트 공항 택스 리펀드 과정은 QR코드를 스캔하여 확인할 수 있으나, 해마다 내용이 변경될 수 있다는 점을 참조하기 바란다.

+ TRAVEL PLUS 혹시 빠진 준비물이 있다면?

열심히 준비해도 꼭 무언가 빠지는 게 있기 마련. 혹시 현지에서 준비물을 챙기지 못했거나 분실하여 새로 구매할 때는 아래 상점을 찾아가자.

- 세면도구, 위생용품, 우산, 크림, 로션 등 : 데엠dm, 로스만Rossmann
- 휴대폰 충전기, 메모리카드 : 자투른Saturn, 메디아 마르크트Media Markt
- 편하게 걸칠 옷 : 체운트아C&A, 프라이마크Primark, 기타 번화가 의류 매장
- 슬리퍼, 운동화 : 다이히만Deichmann, 슈포르트셰크SportScheck, 대형 백화점

응급상황 매뉴얼

여행 도중 발생할 수 있는 응급상황에 대처하는 방법을 따로 정리하였다. 만약 가방을 분실하거나 지갑을 도난당하는 등 응급상황이 발생하면 아래 내용을 참조하여 침착하게 대응하도록 하자. 물론 이 매뉴얼이 필요 없는 안전한 여행을 기원한다.

여권 분실

- 독일 여행 중 여권을 분실하면 귀국 비행기에 탑승할 수 없다. 모든 여행을 중단하고 가까운 대한민국 대사관·영사관에서 여권을 재발급받아야 한다.
- 여권은 발급 기간이 1주일 안팎 소요되므로 여행증명서(귀국 시까지 유효한 임시 여권)를 발급한다. 이때 여권 사진을 2매 제출해야 하니 여행 전 미리 지참하면 편리하다. 사진이 없으면 근처 사진관이나 기차역 무인 사진기에서 촬영한다.
- 대사관·영사관은 365일 24시간 운영하지 않으므로, 사전에 전화로 업무시간을 확인하고 방문하기 바란다.
- 도난 여권이 범죄에 악용되지 않게 하려면 즉시 가까운 경찰서에 신고하여야 한다. 단, 신고 후 여권을 되찾아도 재사용할 수 없으며, 대사관·영사관에서 여행증명서를 발급하여야 함을 유의하자.

독일 내 대한민국 공관 연락처

- **대사관(베를린)**
  MAP P.102-A3 **주소** Stülerstraße 8, Berlin **전화** 030-260650 **가는 방법** 200번 버스 Corneliusbrücke 정류장 하차.
- **분관(본)**
  MAP P.414 **주소** Godesberger Allee 142-148, Bonn **전화** 0228-943790 **가는 방법** U16·63·67호선 Max-Löbner-Str./Friesdorf역 하차.
- **총영사관(프랑크푸르트)**
  MAP P.148-A3 **주소** Lyoner Straße 34, Frankfurt am Main **전화** 069-9567520 **가는 방법** 12번 트램 Bürostadt Niederrad 정류장 하차.
- **총영사관(함부르크)**
  MAP P.439-C2 **주소** Kaiser-Wilhelm-Straße 9, Hamburg **전화** 040-650677600 **가는 방법** 시청사에서 도보 5분.

휴대폰 분실

- 기기와 메모리는 어쩔 도리가 없으나 휴대폰 결제 등 추가 피해는 막아야 하므로 이동통신사 고객센터로 전화하여 분실 신고를 하여야 한다.
- 휴대폰에 연락처를 저장해두어도 분실 시 무용지물이니 자신이 이용하는 이동통신사 신고 번호를 확인하여 별도 메모해 두자.
- 통신사 신고 번호 :

현금 및 카드 분실

- 현지 경찰서에 신고하여도 현실적으로 범인을 잡는 건 어렵다.
- 현금과 카드를 한자리에 보관하지 않아야 하며, 특히 현금은 반드시 분산 보관하여야 한다.
- 신용카드나 체크카드는 분실 후 악용하지 못하도록 카드사에 분실 신고부터 하여야 한다. 일단 분실 신고가 접수되면 그 후에 발생하는 도용 거래는 면책된다.
- 카드사 신고 번호 :

교통권 분실

· 최근에는 독일철도패스 등이 모바일 티켓으로 대체되고 있으니 실물 티켓을 분실할 일은 드물다. 하지만 스마트폰 분실 시 그 속에 담긴 모바일 티켓도 함께 사라지니 더욱 주의하여야 한다.
· e-티켓 출력물을 분실하면 다시 출력하면 된다. 현지 인터넷 카페를 이용하거나 또는 호텔 프런트에 약간의 팁을 주며 출력을 부탁해도 괜찮다. 신속히 대응하려면 PDF 버전의 티켓 파일을 USB 메모리에 저장하여 휴대하거나 메일함 또는 클라우드 계정에 별도 저장하면 유용하다.

신속 해외송금 지원

· 만약 지갑과 휴대폰까지 모두 도난당하여 수중에 현금·카드·휴대폰이 모두 없어지는 최악의 상황이 발생한다면? 영사 콜센터(24시간 운영)를 통하여 긴급 송금 지원을 신청할 수 있다.
· 독일 공중전화 이용 : 00-800-2100-0404 또는 00-800-2100-1304(무료 연결)
· 신속 해외송금이란, 가족 등 국내의 연고자가 외교부에 송금하면, 해당 금액만큼 현지 영사관에서 현지 화폐로 지급하는 방식이다. 카드 분실 등으로 현지에서 현금 인출이 불가능하여 송금조차 받을 수 없을 때 활용할 수 있다. 자세한 내용은 QR코드를 스캔하여 확인할 수 있다.

경찰 신고

· 가까운 경찰서로 직접 찾아가거나 국번 없이 110으로 신고할 수 있다.
· 최근에는 여행자보험으로 통역 지원 서비스를 제공하기도 하고, 상기 영사콜센터에서도 위급 시 통역을 지원하니, 경찰 신고 시 의사소통이 어려우면 활용하기를 바란다.
· 도난 사건으로 여행자보험 접수를 위해 폴리스 리포트를 받는 경우, 신고 내용을 '분실'이 아닌 '도난'으로 기재하여야 한다.
· 현지인과 시비가 붙으면 절대 직접 해결하려 하지 말고 경찰에 신고하여 처리할 것. 이때 불리한 처우를 받으면 대사관이나 영사관의 조력을 구할 수 있다.

의료 신고

· 우리나라의 119에 해당하는 응급 의료 및 화재 신고 전화번호는 국번 없이 112다.
· 독일은 의료비가 매우 비싸고, 현지 보험이 없는 사람은 구급차 이용료도 상당하다. 따라서 병원보다는 약국을 이용하고, 약국에서 조치할 수 없는 부상이나 큰 질병은 병원을 이용하되 구급차보다 택시를 타자.
· 개인 병원은 예약제이므로 여행자가 겪는 응급 사고나 질환은 큰 병원 응급실로 가야 한다.
· 병원을 찾아가기 곤란하거나 의사소통에 조력이 필요하면, 여행자보험의 통역 지원 또는 영사콜센터의 도움을 청한다.
· 여행자보험으로 현지 의료비를 보장하는 범위는 보험 상품마다 차이가 있으니 미리 숙지하고, 병원 방문 전 먼저 보험사에 문의하도록 하자.
· 보험사 문의 번호 :

이상의 매뉴얼을 참조하더라도 수중에 최소한의 여비는 들고 있어야 한다. 대사관이나 영사관에 찾아가는 차비, 공중전화 요금 등 최소한의 여비가 있어야 대처가 가능한 법. 거듭 강조하지만, 현금과 카드는 반드시 분산 보관하여야 한다. 여행일이 지날수록 점점 현지 분위기에 익숙해지고 긴장이 풀어질 때 귀찮은 마음에 보관이 허술해지는데, 이렇게 방심할 때 난처한 일을 겪게 된다. 여행 기간이 짧든 길든 자신의 안전한 여행을 위하여 분산 보관 법칙은 꼭 기억하기 바란다.

Index

숫자&알파벳

ㄱ

ㄴ

ㄷ

ㄹ

ㅁ

ㅂ

ㅅ

ㅌ

ㅍ

ㅎ

Memo

프렌즈 시리즈 12

프렌즈 독일

발행일 | 초판 1쇄 2015년 10월 1일
개정 7판 1쇄 2024년 11월 11일

지은이 | 유상현

발행인 | 박장희
대표이사 · 제작총괄 | 정철근
본부장 | 이정아
파트장 | 문주미
책임편집 | 허진

기획위원 | 박정호

마케팅 | 김주희, 이현지, 한륜아
디자인 | 변바희, 김미연
지도 디자인 | 양재연

발행처 | 중앙일보에스(주)
주소 | (03909) 서울시 마포구 상암산로 48-6
등록 | 2008년 1월 25일 제2014-000178호
문의 | jbooks@joongang.co.kr
홈페이지 | jbooks.joins.com
네이버 포스트 | post.naver.com/joongangbooks
인스타그램 | friends_travelmate

ISBN 978-89-278-8066-0 14980
ISBN 978-89-278-8063-9(세트)

중앙books는 중앙일보에스(주)의 단행본 출판 브랜드입니다.